蕈 菌 生 物 学

Mushroom Biology

郭成金 编著

科学出版社

北京

内 容 简 介

蕈菌生物学主要由蕈菌学与蕈菌生物技术两部分有机组成。以蕈菌产业化、标准化、食品安全、高效益、生态环保为主线构建全新内容和完整的结构体系，具有通俗易懂、深入浅出、可操作性强等特点。本书首次提出植物种植、动物养殖、菌物培殖、病毒繁殖的生物学概念。全书共分33章，阐述了50种蕈菌的培殖生物技术与理论，其中重点为34种蕈菌，并且编写了全书习题集放在网络上。全书按照种菇过程中所包括的13个因素，即种、水、肥、气、热、光、pH，以及风、虫、蝇、鼠、烟、杂诸多因素综合治理，进行基本概念、基本理论、基本技术、基本实践的阐述，力图将学科发展最新成果应用到生产实践，达到理论与实践的统一；生产与经济效益的统一；安全食品生产与生态环境保护的统一；标准化生产与国际市场的统一；自主学习与实践创新的统一。为培养专业人才，为解决"三农"问题，以及建设社会主义新农村提供有力支持。

本书可以作为涉农高等院校教材，可供生物学、农业微生物学、农学、食品加工等专业相关的学生、教学科研人员、蕈菌专业的技术人员、农业技术推广人员、农业生产人员，以及其他读者使用和自主学习参考。

图书在版编目(CIP)数据

蕈菌生物学/郭成金编著. —北京：科学出版社，2014.11
ISBN 978-7-03-042406-8

Ⅰ.①蕈… Ⅱ.①郭… Ⅲ.①食用菌-生物学 Ⅳ.①S646.01

中国版本图书馆 CIP 数据核字(2014)第 259044 号

责任编辑：席 慧 / 责任校对：刘亚琦
责任印制：赵 博 / 封面设计：铭轩堂

科 学 出 版 社 出版
北京东黄城根北街16号
邮政编码：100717
http://www.sciencep.com

文林印务有限公司 印刷
科学出版社发行 各地新华书店经销

*

2014 年 11 月第 一 版 开本：787×1092 1/16
2016年1月第二次印刷 印张：25 3/4
字数：659 000

定价：59.00 元
(如有印装质量问题，我社负责调换)

前　言

　　蕈菌生物学(mushroom biology)是 20 世纪 90 年代独立出来，以大型高等真菌为对象的一门新兴学科。它是真菌学的重要分支，主要由蕈菌学和与蕈菌生物技术两部分有机组成。蕈菌生物学是研究蕈菌生命运动规律及运用这一规律为人类服务，保护生态环境的一门新兴科学。它充分体现了与其他学科的相互渗透、融合、支持。

　　在中国，迄今为止还没有完整地开设蕈菌生物学这门课程。蕈菌产业的快速发展，迫切需要中国教育、教材的改革，对传统教材进行结构性的改革。本书试图达到理论与实践的统一；生产与经济效益的统一；安全食品生产与生态环境保护的统一；标准化生产与国际市场的统一；教育创新与自主学习的统一。也是编者继 2005 年编著出版《蕈菌生物学》以来，又一次实践总结，试图反映学科发展最新成果和最高水平，以培养能与经济主战场迅速对接的实用人才为此书建设尝试和目标。

　　食药蕈菌之所以成为国际性产业，是因为它能为人类提供优质保健食品，符合联合国粮食及农业组织和世界卫生组织倡导的 21 世纪食品"天然、营养、健康"的主题。致力于蕈菌产业的志士同仁们依靠科技进步、勇于探索、奋力攀登，推动了蕈菌生物学的深入研究与发展，利用蕈菌链接了植物种植、动物养殖、菌物培殖、病毒繁殖四大学科，使物质和能量得到了高效、优质、有益的转化，从而诞生了一种低投入、高产出的生态环保、循环经济的蕈菌产业。

　　蕈菌产业也是中国的优势产业，中国是蕈菌产品生产和出口大国，正在向蕈菌产业强国迈进。急需理论的升华，与其他学科渗透、融合，更需懂技术、善管理、会经营的专业人才的培养，以及与其相配套的教材。目前，有的院校和科研院所已培养了部分专业硕士和博士，为中国乃至人类作出了贡献。

　　中国是农业大国，"三农"问题是实现小康社会的关键问题，而农民稳步增收则是重中之重。亟须探索一条规模化、设施化、产业化、标准化、智能化、高效、生态环保、循环经济模式的农业现代化新路，转变农业经济生产方式，甩掉靠天吃饭的传统农业旧帽子，为实现小康社会作贡献。

　　蕈菌生物学的内容体系与结构，注重基本概念、基本理论、基本技术、基本实践；注重知识经济在当今社会的作用；注重知识的立体化认知和多媒体教学；注重培养具有创新思维、创造能力强的创新教育；注重培养将知识升华为智慧与才能的教育。在编著过程中，试图以蕈菌的产业化、标准化、智能化、食品安全、高效益、生态环保、循环经济为主线，探索构建全新的内容结构体系。本书共分 5 篇 33 章，阐述了 50 种蕈菌培殖生物技术与理论，着重于 34 种蕈菌，并且由刘西周和宋洋编写了全书习题集，放在网络上。

　　总之，本书按照资源利用→产品生产→商品销售等物流构建教材纵向体系；按照生命科学与其他学科渗透、交叉、融合建立教材的横向体系；按照物质和能量有益、优质、高效转化，体现低耗、丰效建立三维体系，符合宽口径厚基础的要求，深入浅出，适应不同对象，具有广谱性；强调物质和能量高效、优质、有益转化的循环经济；体现培养具有创新思维和创造能力人才的教育，以便于大学生或其他读者自主学习和参考。但是，由于编者阅历、能力有限，难免有错误，在此，诚恳地希望所有读者提出批评指正。

郭成金

2014 年 6 月 18 日

目 录

第四篇　蕈菌生物技术

第五篇　其 他 技 术

第1章 绪 论

1.1 蕈菌的概念

蕈菌是能形成显著子实体或菌核组织(如茯苓),并能为人们食用、药用或作其他用途的一类大型高等真菌。所谓大型,是指其子实体肉眼可见,双手可摘者,其子实体大小一般为 $(3\sim18)cm\times(4\sim20)cm$,而且子实体的形状、大小各异;所谓高等是其生活史中,细胞经质配后,需经历较短时间(子囊菌),或较长时间(担子菌)的生殖菌丝细胞双核阶段,然后才发生核配。蕈菌子实体有肉质、胶质、软骨质、海绵质、革质、木栓质、木质等之分。蕈菌区别于一般小型真菌,如霉菌及非丝状酵母菌等。

蕈菌营养体细胞是分枝的丝状体管状结构。它的细胞壁不同于细菌和植物细胞壁。细菌细胞壁主要为黏肽、肽聚糖等;植物细胞壁主要是纤维素、半纤维素、果胶等。蕈菌的细胞壁主要是几丁质(β-1,4-N-乙酰葡萄糖胺)和葡聚糖(如 β-1,3-葡聚糖和 β-1,6-葡聚糖)。不同种群的蕈菌细胞壁,其几丁质的成分也不同,如担子菌类的香菇、蘑菇等,其细胞壁几丁质的主要成分是岩藻糖;而子囊菌类的羊肚菌等,其细胞壁几丁质的成分则是 D-半乳糖。蕈菌细胞内同样有明显的细胞核(平均 $1.68\sim4.2\mu m$)、线粒体、核糖体等其他细胞器,没有叶绿体。细胞中,常常同时存在着不同遗传特性的两个细胞核,细胞内所含糖类物质是糖原,区别于绿色植物,因其有细胞壁,也区别于动物细胞,属于微生物真菌中的大型高等真菌。

蕈菌实属异养生物,仅就蕈菌营养的类型而言,可分为腐生菌(saprophytic fungus)、共生菌(symbiotic fungus)、寄生菌(parasitic fungus)三大类。

蕈菌大多是腐生菌,又可细分为草腐菌(straw roting fungus)(如草菇)和木腐菌(wood roting fungus)(如香菇)。有的能从已死的有机体中获得营养,有的则将树木变腐朽。

有一些则是共生菌,如菌根真菌(mycorrhizal funus)松茸和美味牛肝菌等。它们所需的营养物质是从活的赤松和桦树科的树根部获得,二者营养之间是彼此有益的。有些又可细分为兼性腐生菌(facultative parasitism)(如密环菌,既能在树木上生长,又能侵入天麻等植物的根内寄生)和兼性寄生菌(facultative saprophytism)两类。

纯寄生菌(parsitism)十分罕见,如冬虫夏草。虫草菌侵染的寄主是鳞翅目,蝙蝠蛾科(Hepialidae)的昆虫。冬虫夏草由虫草蝙蝠蛾(*Hepialus armoricanus* Oberthur)幼虫上的子座与虫尸体(实质为菌核)经干燥而得,故简称为虫草。确切而言,为夏虫夏草。

蕈菌的性细胞可进行有性繁殖,产生有性孢子,也能产生无性孢子,进行无性繁殖。蕈菌(担子菌)的体细胞多为双核细胞,也能进行无性繁殖。

在中国,由于地域不同,历史上蕈菌的名称也不统一。有的称菇、有的叫蘑菇、有的称蕈、有的叫菌、有的称耳等。随着时间的推移,科学技术的发展与提高,人们通过不断地实践认识都给予了它们确切的名称,如双孢蘑菇、大肥菇、大球盖菇、香菇、草菇、卵钉菇、木耳、银耳、金耳、血耳、榆耳、槐耳、侧耳、青冈菌、滑菇、猴头菇、玉蕈、口蘑、柱状田头菇、茶树菇、牛肝菌、羊肚菌、鸡枞、鸡油菌、金针菇、鸡腿蘑、长根奥德蘑、竹荪、松茸、巴西蘑菇、茯苓、密环菌、灰树花、灵芝、云芝、树舌、冬虫夏草、竹黄、桑黄、马勃、猪苓、雷丸、黄伞等。目前，可人工培殖的蕈菌有 100 种之多。

1992 年 6 月，在巴西里约热内卢召开的 153 个国家元首参加的联合国环境与发展大会上制定了《全球生物多样性公约》。中国具有优越的地理位置及生态地貌，被确认为世界生物多样性最丰富的 12 个国家和地区之一，列第 8 位。我国地理位置南北向跨越 5 个气候带，为蕈菌的多样性提供了优越的自然条件。多数菌物学家估计地球上的菌物有 150 万种以上，现已知有 10 万余种，其中大型高等真菌有 1 万多种，有 5000 余种具有商业和经济价值，有 2000 多种基本上可以食药用。中国已知达 3000 种以上。2008 年出版的《菌物学词典》第 10 版将菌物界划分为 6 门 36 纲 140 目 560 科 8238 科 97 861 种。

18 世纪，瑞典博物学家林奈(Carolus Linnaeus，1707～1778)将生物界分成动物和植物两界。后来出现了三界系统、四界系统。1969 年，Robert H. Whittaker 首先提出了五界系统。1979 年，根据中国学者陈世骧的提议，无细胞结构的病毒应视为一界，故构成了生物六界系统，见表 1-1。Cavalier Smith (1888～1989)提出八界系统，包括细菌总界(Empire Bacteria)：①真细菌界(Kingdon Eubacteria)、②古细菌界(Kingdom Archae Bacteria)；真核总界(Empire Eukaryota)：①原始动物界(Kingdom Archezoa)、②原生动物界(Kingdom Protozoa)、③植物界(Kingdom Plantae)、④动物界(Kingdom Animalia)、⑤菌物界(Kingdom Fungi)、⑥藻物界(Kingdom Chromista)。

表 1-1 大型高等真菌在生物六界系统中的地位

生物界名称	主要结构特征	微生物类群名称
病毒界(Kingdom Virus)	无细胞结构，大小纳米级	病毒、类病毒等
原核生物界 (Kingdom Procaryota)	为原核生物，细胞中无核膜与 核仁的分化，大小微米级	细菌、蓝细菌、放线菌、支原体、 衣原体、立次氏体、螺旋体等
原生生物界 (Kingdom Protozoa)	细胞中具有核膜与核仁的分化， 为小型真核生物	单细胞藻类、原核生物等
菌物界(真菌界) (Kingdom Fungi)	单细胞或多细胞，细胞中具有核膜与核仁 的分化，无叶绿体为小型或大型真核生物	酵母菌、霉菌、蕈菌等
植物界 (Kingdom Plantae)	细胞中具有核膜与核仁的分化， 为大型非运动真核生物	不赘述
动物界 (Kingdom Animalia)	细胞中具有核膜与核仁的分化， 为大型运动真核生物	不赘述

1992 年，Patterson 和 Sogin 对 75 类有代表性生物分类单元的 16S rDNA 及其相关基因序列进行系统分析，提出了"域"的概念，出现了生物二域八界。它反映了当代人们的认识水平，也反映追求系统的客观自然性。

细菌域(Domains Porotaryota)：

1. 真细菌界(Kingdom Eubacteria)；

2. 古细菌界(Kingdom Archaebacteria)。

真核生物域 (Domains Eukaryota)：

3. 原始动物界 (Kingdom Archezoa)；

4. 原生动物界(Kingdom Protozoa)；

　　5. 植物界(Kingdom Plantae);

　　6. 动物界(Kingdom Animalia);

　　7. 菌物界或真菌界(Kingdom Fungi);

　　8. 藻物界（Kingdom Chromista）。

　　按分子系统分类方法(Alexopoulos&Mins,1996),基于核 SSU rRNA 基因和存在的线粒体嵴的类型(具有片层状嵴的线立体),现代概念的真菌物界可分为 4 个主要类群,即接合菌门(Zygofungi)、子囊菌门(Ascofungi)、担子菌门(Basidofungi)、壶菌门(Chytridiofungi),见表 1-2。关于菌物分类地位的检索,可登录 http://www.Indexfungorum org/Names.asp 网站查找每个物种的详细的分类系统学信息。

表 1-2　真菌界简明分类

真菌界分类	主要特征
壶菌门(Chytridiofungi)	有性生殖性细胞结合方式有 3 种类型,合子发育成休眠孢子进而进行减数分裂产生游动孢子;游动孢子无性繁殖形成孢子囊,具有单一的后尾型鞭毛。它含有 1 纲 4 目,按 Ainsworth 等(1973)的分类系统,属于低等真菌
接合菌门(Zygofungi)	菌体丝状,无隔;有性孢子为接合孢子,无能动的孢子。它含有 2 纲 11 目 37 科 173 属约 1056 种,按《真菌字典》(1995),属于低等真菌
子囊菌门（Ascofungi)	菌体丝状,有横隔;少数单细胞;有性孢子为子囊孢子。它含有 6 纲约 20 目约 97 科 1950 属,约 15 000 种,按 Ainsworth 等(1973)的分类系统,多属于大型高等真菌
担子菌门（Basidofungi)	菌体丝状,大多数有锁状联合;有性孢子为担子孢子。它含有 3 纲 41 目 165 科 1428 属约 22 244 种,按《真菌字典》(1995),多属于大型高等真菌

　　蕈菌主要是菌物界(Kingdom Fungi)中担子菌门(Basidiomycota)和子囊菌门(Ascomycoita)两大类群,一般认为担子菌(Basidiomycete)起源于子囊菌(Ascomyceta)。

　　本书介绍的真菌分类遵循了 1969 年,Robert H. Whittaker 首先提出的五界系统。他的菌物界实际上只有壶菌、接合菌、子囊菌、担子菌和半知菌类。1 万多种蕈菌中估计有 5000 余种具有商业和经济价值,有 2000 多个种基本上可以食药用。

　　《中国食用菌》杂志英文为 *Edible Fungi of China*。国际上食用菌英文统称为 mushroom。狭义的食用菌指伞形子实体,俗称蘑菇。香港中文大学的张树庭(奥籍华人)先生将 mushroom 译为蕈菌,是菌物界(Kingdom Fungi)中的大型高等真菌类群。公元 1703 年吴林著的《吴蕈谱》中记载"出于林者为蕈,地者为菌"。实际上除了木生菌、土生菌外,还有粪生菌、虫生菌及外生菌根菌等。

　　蕈与菌,皆指具有显著子实体的大型高等真菌。张树庭和迈尔斯(1992)认为蕈菌包括食用蕈菌(edible mushroom)、非食用蕈菌(unedible mushroom)、药用蕈菌(medicinal mushroom)、有毒蕈菌(poisonous mushroom){如春生鹅膏菌[*Amanita verna*(Bull ex Fr)Pers ex vitt]、磷柄白鹅膏菌(*Amanita viraso* Lam. ex Secr)、绿盖鹅膏菌[*A. phalloides*(Fr.)Link.]、蛤蟆菌[*Amanita Muscaria*(L. ex Fr)Pers ex Hook]等},以及未被发现的其他蕈菌(other mushroom)。这五大类的区别是相对的,有的则是食药兼用的。有毒蕈菌研究开发的潜力很大,基本上还是一块处女地。本书所讨论的蕈菌主要是食用蕈菌、药用蕈菌及有毒蕈菌三类。

1.2　研究的对象与内容及涉及的学科

蕈菌学(mushroomology)是隶属于真菌学中的一个重要分支学科。国际上，蕈菌学创立于 1934 年。日本称之为菌蕈学。蕈菌学研究的对象是广义蕈菌，主要研究蕈菌的培殖原理及生产实践，是一门应用性极强的学科。

蕈菌生物学(mushroom biology)主要研究的是蕈菌生命活动规律及合理地开发利用，是20 世纪 90 年代独立出的一门新兴学科。一般认为，蕈菌生物学研究的主要内容由蕈菌学和蕈菌生物技术两部分构成，具体包括蕈菌的形态、结构、分类、遗传、育种、生理、生化、生态环境；菌种的生产与保藏；菌类的驯化与高产培殖技术；蕈菌的集约化、机械化、自动化、规模化、产业化、周年化、标准化生产；资源的科学利用与环境保护，可持续发展、循环经济；蕈菌的发酵工程与生产工艺创新；蕈菌产品的精深加工与鲜品保鲜技术；蕈菌的烹饪与科学膳食、蕈菌市场与营销、产业结构优化，以及机械化、自动化、智能化、数字化的生产设计等。所以，它是一门综合性较强的学科。

蕈菌生物学所涉及的学科主要有微生物学、真菌学、细胞生物学、生物化学、生物物理学、蕈菌生理学、生物工程学、分子遗传学、环境地理学、土壤学、气象学、生态学、食品学、食品营养学、食品卫生学、计算机科学、经济管理学、市场营销学等。

1.3　蕈菌生物学的发展现状与意义

1.3.1　蕈菌生物学发展现状

1.3.1.1　人类正在积极寻找新的优质蛋白源

据报道，当今世界约 5 亿人口患有蛋白质营养不足症，主要存在于发展中国家。一些发达国家也需改善膳食结构，寻找优质蛋白质。判定人体蛋白质是否缺乏，简便的指标是血浆蛋白质的含量。血浆蛋白质(g/100ml)的正常值为总蛋白质 6.8(5.8～7.8)g/100ml，其中，白蛋白为 4.3(3.5～5.6)g/100ml、球蛋白为 2.2(1.6～3.1)g/100ml、纤维蛋白原为 0.3(0.2～0.4)g/100ml。当蛋白质营养缺乏时，血浆总蛋白质含量降低，其中白蛋白的含量降低更为明显。当白蛋白含量低于 3.5g/100ml 时，表明蛋白质缺乏；低于 1.5g/100ml 则为严重缺乏。美国国家科学院食品营养局建议的每人每日蛋白质需要量见表 1-3。

表 1-3　美国国家科学院食品营养局建议每人每日蛋白质需要量表　　　（单位：g）

儿童				成人	
12 岁以下	蛋白质需要量	12 岁以上	蛋白质需要量	区分	蛋白质需要量
1～3	40	女孩 16～20	85	男性	80
4～6	50	女孩 13～15	100	女性	75
7～9	60	男孩 16～20	80	孕妇	85
10～12	70	男孩 13～15	75	哺乳期妇女	100

发展蕈菌产业是人类开发工农业资源，生产优质蛋白源的新兴产业。它符合联合国粮食及农业组织(FAO)和世界卫生组织(WHO)倡导的 21 世纪食品的主题——"天然、营养、健康"；它符合食品营养学家对 21 世纪食品提出的"三低三高"的要求，即"低盐、低糖、低脂

肪,高蛋白、高维生素、高膳食纤维",以及"素、粗、野、杂"的现代食品营养理念。随着人们生活水平的不断提高,正在从温饱型向科学营养健康型发展。中国著名的保健专家洪昭光也提出"一荤、一素、一菇"为健康合理的饮食结构。1997 年 4 月 10 日,中国营养学会常务理事会通过了新的《中国居民膳食指南》。国家卫生部颁布了 2007 年版《中国膳食指南》(图 1-1)。

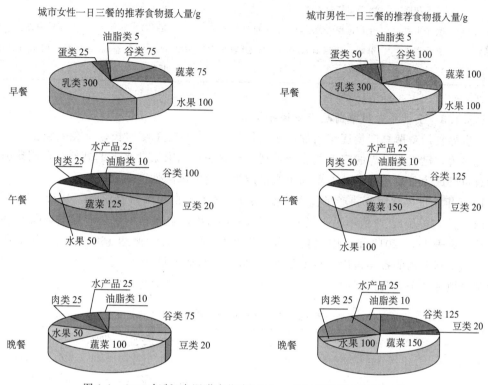

图 1-1 2007 年版《中国膳食指南》男女一日三餐推荐食物摄入量

1.3.1.2 蕈菌产业是朝阳产业,具有独特优势

科学家们认为发展蕈菌产业是 21 世纪利用有机废物开发优质蛋白源的途径之一。植物种植、动物养殖、菌物培殖、病毒繁殖是现代农业中的四大重要支柱产业。它也是今后中国农业发展优势产业之一,是高效农业、生态农业、节水农业、观赏农业、精品农业、创意农业等的一个重要组成部分。

蕈菌产业既是古老产业,又是朝阳产业;具有独特优势,即适宜性强、多为暗生长、劳动强度小、生产周期短;不与粮争地、不与农争时,为人增粮、为地增肥;原料资源丰富,价格低廉;单位复种指数高、单位效益高、食品保健,有利于农业的集约化、工厂化生产,有利于循环经济的发展。蕈菌与经济植物(包括蔬菜)的区别见表 1-4。

表 1-4 蕈菌与经济植物(包括蔬菜)的区别

序号	项目	蕈菌	经济植物
1	学科分类	菌物(高等真菌)学科	经济植物(园艺)学科
2	产业分类	蕈菌产业	经济植物产业
3	营养类型	异养型	自养型

续表

序号	项目	蕈菌	经济植物
4	产出场所	阴暗、潮湿、通风的地方	需光照、湿润、通风的地方
5	功能作用	对人类营养较全面，介于肉类与蔬菜之间	维生素多，蛋白质较少
6	生态功能	链接植物与动物	链接动物与菌物
7	种子来源	生产过程的种子以无性繁殖为主	生产过程的种子以有性繁殖为主
8	营养方式	分解、利用有机物为主，吸收氧气，放出 CO_2	利用光能合成有机物，吸收 CO_2，放出 O_2

1.3.1.3　全世界食用蕈菌总产量逐年增加

全世界食用蕈菌总产量逐年增加，正以每年 7%～10% 速度增长。它在人类生活中的作用日益显著，已引起世界的广泛关注和重视。衡量一个国家饮食水平的高低，食用蕈菌的人均食有量已成为重要指标之一。蕈菌生产已成为重要的国际性产业之一。

1950 年，世界食用蕈菌产量仅为 6.64 万 t。据中国食用菌协会统计，1978 年，中国食用蕈菌产量 106 万 t，产值不足 1 亿元。2000～2012 年，中国食用蕈菌产量平均以 10% 的速度增长，见表 1-5。2012 年，中国食用菌产量 2828 万 t，总产值达 1600 亿元。从事食用菌生产、加工和营销的各类食用菌企业达 2000 多家，从业人员 2500 万人。在中国，蕈菌业已成为某些地区经济的支柱产业。

表 1-5　近 13 年中国食用菌产量

年份	2000	2001	2002	2003	2004	2005	2006	2007	2008	2009	2010	2011	2012
产量/万 t	663	781	876	1039	1160	1335	1474	1682	1872	2020	2261	2488	2828
增幅/%	—	17.79	12.10	18.55	11.67	15.02	10.45	14.12	11.30	10.79	10.89	10.04	13.67

就中国大陆而言，蕈菌生产模式仍以分散培殖为主，主要设施是温室和塑料棚室；工厂化生产正在迅猛发展。目前，蕈菌流通主要是专业批发市场、农贸市场、超市、配货中心、专业餐馆及各大宾馆。蕈菌消费主要是各大中型城市。蕈菌产品主要有初加工、精加工、深加工产品，包括鲜品、干品、腌渍品、水煮品、即食品、保健品、药品、添加剂、调味品及工艺品等。

1.3.1.4　蕈菌的深加工正向营养、增智、保健、医疗四个方面发展

据不完全统计，中国有几百个单位在从事菌类深加工产品开发，有数百种产品已申报专利，有 7 个系列近 700 种产品已商品化生产批量投入市场，部分名牌产品已拥有较多稳定的市场，如灵芝孢子粉，已被《中华人民共和国药典》2000 年版收藏。蕈菌的深加工已成为蕈菌产业中一个引人注目的领域。蕈菌的深度开发有极为丰富的内涵，包括菌类保健食品、菌类营养添加剂、药用真菌制剂、菌类美容化妆品及菌类工艺制品等，也是蕈菌产业持续发展的动力。这有利于产品深加工、增强鲜菇产生的后劲、产品销路的通畅、食品业的更新，从而带动相关行业的发展。

1.3.1.5　蕈菌液体菌种生产与应用方兴未艾

目前，国内仍以生产与应用固体菌种为主。固体菌种较液体菌种生产周期长、营养消耗多、生长势弱。接种时，菌种易洒落，浪费严重；发菌时，易污染，育菇不齐，不便管理。

深层发酵培养生产蕈菌液体菌种，一般仅需要 3～6d。它可以用作生产性母种、原种、栽培种，也可直接接种于育菇菌袋。深层发酵培养生产的蕈菌液体菌种有八大优点，即生产周期短、速度快；菌龄一致、发育同步、易于鉴别；菌丝片段多、萌发点多、封料面早；在培养基上生长迟缓期短、萌发快、定植早；整齐健壮、抗杂菌，育菇早、育菇齐，转潮快、成品率高、产品一级品率高；便于管理；接种便捷、利于机械化、自动化操作；利于规模化、工厂化生产的发展。它是一次蕈菌菌种生产及使用的技术革命。

1.3.1.6 蕈菌的遗传育种方法的多样性

新的菌株层出不穷、更新更快、稳产高产优质、抗逆性强，尤其是基因工程在蕈菌育种方面也有可喜的发展。基因工程研究已应用于菌种的鉴别。在细胞工程方面，紫外线诱变育种技术应的最为广泛，原生质体融合技术已在蕈菌良种选育中得到了应用，保证了食品的安全性。香菇与侧耳属原生质体融合已取得新的进展。可以预料，它会给蕈菌育种带来一次前所未有革命。

1.3.1.7 中国乃至世界农业所处的三个层面

三个层面为：①天然农业层面。主要特征是靠天吃饭，即水、肥、气、热、光、pH、扎根条件等基本不可控制。②一般设施农业层面。主要特征是部分可控制，相对靠天吃饭。③高级施农业层面。主要特征是非靠天吃饭，条件基本可控制，是农业现代化工业化层面，充分体现了机械化、自动化、智能化、周年化、标准化、高效、高投入、高产出、可控的特点，是中国农业发展的必然趋势，而蕈菌生产是现代农业中最容易体现工业化的，必将从必然王国走向自由王国。

1.3.1.8 现今中国蕈菌产业正在发生十大转变与发展

十大转变与发展为：①生产方式由传统模式向现代工业化与产业化融合的模式转变与发展；②生产流程由经验技艺向数字工艺技术转变与发展；③产品安全监督由非查源型向可追溯型转变与发展；④生产原料由单一性向综合性原料转变与发展；⑤生产安排由季节性生产向周年性生产转变与发展；⑥生产力由劳动密集型向技术密集型转变与发展；⑦经营方式由小而全向专业化分工大协作转变与发展；⑧销售渠道由农贸市场批发向物流配送电子商务转变与发展；⑨蕈菌机械生产由作坊式向专业智能标准生产企业转变与发展；⑩蕈菌加工由作坊式初加工向标准企业精深加工转变与发展。

1.3.1.9 中国大陆蕈菌产业存在的问题

从总体上看，中国加入 WTO 后，机遇与挑战并存，机遇大于挑战。蕈菌的生产基本上是规模小，工厂化、机械化程度不高，分散的个体生产，企业多为民营；菇农组织化程度低；流通领域混乱、无序、不规范；有的地方盲目发展生产，自主知识产权的内容还不够丰富。

从具体上看，①在某些蕈菌技术研究方面与发达国家相比还存在一定的差距，尤其是在工厂化、机械化、智能化、标准化、生产工艺化及产业化生产方面差距较大；②产品质量与国际标准还未完全对接，某些蕈菌产品的食品安全质量不能适应国际市场的需要；③菌种质量还未标准化，而且管理制度不完善；④提高菇农种菇的理论水平迫在眉睫，在种菇过程中所包括的 13 个字，即种、水、肥、气、热、光、pH，以及风、虫、蝇、鼠、烟、杂诸多因素综合治理认识不清，造成产量不高、不稳、不优，由技术经验转变为技术工艺还需努力；⑤习惯于传统的培殖方式，创新不够，在发菌(spawn runing)期污染率高，在育菇后期，保水供水供肥不足；⑥盲目引种造成减产绝产；⑦在销售过程中，还存在欺诈行为，掺水掺杂失去原有风味，坑害消费者；⑧精深加工滞后，直接影响扩大销售；⑨对培殖蕈菌及其不同生育阶段，缺乏定量营养和量化管理意识；⑩商品意识不强，尤其是在包装及保鲜方面落后，缺乏打造品牌、创名牌产品的意识；⑪现代企业机制不健全，活力不强，竞争机制不明显；⑫最根本的还是对蕈菌生物学生命活动规律认识不清。

1.3.1.10　中国大陆蕈菌的生产发展不平衡

北方的蕈菌生产起步较南方的晚，但是发展迅猛，北方诸省相继建立了一批蕈菌生产基地，其规模大小不等，少则几千吨，多则上万吨，实现了 20 世纪 70 年代中国蕈菌专家们"南菌北移"的设想。尤其是工厂化生产，2013 年，中国大陆食用菌工厂化生产企业就有约 750 家，日产量达 5079.9t。在某种蕈菌深加工方面，应用分子生物学技术进行分类、育种方面均走在世界的前列。从总体趋势看，中国蕈菌生产实现了南北方优势互补、知识密集的地区辐射力大于知识薄弱的地区、消费量城市大于乡村、一家一户生产与企业化生产并存的格局。公司加基地加合作社加农户的生产模式，以及以大专院校、科研院所为技术依托的企业占优势。订单农业是发展方向之一。中国农业与国际农业必须接轨，一定要抓住这一机遇，与世界经济一体化的步伐同步发展，抢占国际市场，为早日实现中国农业现代化奋斗。

1.3.2　蕈菌生物学发展的意义

1.3.2.1　蕈菌能为人类提供优质保健食品

蕈菌是一种保健食品，必然有它特殊的内涵。就保健（功能）食品［health（functional）foods］而言，它是食品的一个种类，具有一般食品的共性，能调节人体机能，适于特定人群食用。但是，不以治疗疾病为目的。其功能成分能通过激活酶的活性或其他途径，调节人体机能的物质。保健食品主要有 13 类，即调节免疫功能食品、延缓衰老食品、改善记忆食品、促进生长分化食品、抗疲劳食品、减肥食品、耐缺氧食品、抗辐射食品、抗突变食品、抑制肿瘤食品、调节血脂食品、改善性功能食品、调节血糖食品等。

目前，蕈菌作为保健食品主要包括调节免疫功能类，如膳食纤维素、各种食用多糖类等；功能性甜味料（剂），如单糖、低聚糖、多元糖醇等；功能性油（脂肪酸类），如不饱和脂肪酸、磷脂、胆碱等；清除自由基类，如超氧化物歧化酶（SOD）、谷胱甘肽、过氧化物酶、过氧化氢酶等；维生素类，维生素 A、维生素 C、维生素 E 等；肽和蛋白质类，如谷胱甘肽、免疫球蛋白等；活性菌类，如乳酸菌、双歧杆菌等；稀有微量元素，如硒、锗、锌等；其他，二十八烷醇、植物甾醇、皂苷等。

（1）食用蕈菌的营养地位介于肉类与果蔬之间。它既弥补了肉类和果蔬的不足，又继承肉类和果蔬的优点。肉类中含蛋白质虽高，但脂肪也高；果蔬中含维生素虽高，但蛋白质低。中国传统的饮食文化讲究色、香、味、形、意。随着人们物质和文化水平的不断提高，饮食由温饱型向科学膳食型转变，人们日益认识到营养为先，清淡为佳。故此，中国现代饮食文化应提倡为养、色、香、味、形、意。

（2）蕈菌富含优质蛋白质。蕈菌鲜品一般含 85%～95% 的水分，约 10% 是干物质。在 10% 的干物质中，有 17%～45% 是蛋白质。若按其鲜品重计算，其蛋白质含量为 3%～4%，最高值为 5.9%，见表 1-6。它是大白菜、番茄、白萝卜等常见蔬菜的 3～6 倍。一般来讲，土生型蕈菌的蛋白质含量比木生型的高，如珊瑚菌科（Cluvariceac）蛋白质含量高达 60%。所以，科学家们公认蕈菌是 21 世纪大力开发的优质蛋白源之一。

蛋白质由 20 种氨基酸组成。在蕈菌中，氨基酸种类齐全，比例较为平衡。其优质在于主要为 L-型氨基酸（即在立体异构上与 L-甘油醛同型），具有生理活性。其中 25%～35% 是游离氨基酸，有 70% 左右的氨基酸能被人体吸收。蕈菌中的赖氨酸(lysine)、色氨酸(tryptophan)、蛋氨酸(methionine)、苯丙氨酸(phenylalanine)、缬氨酸(valine)、亮氨酸(leucine)、异亮氨酸(isoleucine)、苏氨酸(threonine)8 种人体必需氨基酸占总量的 25%～40%。1959 年，Oser 提出必需氨基酸指数这一衡量食物价值的指标。

表 1-6　常见蕈菌的主要成分表　　　　　　　（单位：%）

种类	样品	粗蛋白质 N×4.38	脂肪	碳水化合物			灰分
				总含量	无氮浸出物	纤维素	
双孢蘑菇	鲜	26.3	1.8	59.9	49.5	10.4	12.0
香菇	鲜	17.5	8.0	67.5	59.5	8.0	7.0
草菇	鲜	30.1	6.4	50.9	30.0	11.0	12.9
金针菇	鲜	17.1	1.0	73.1	69.4	3.7	7.4
滑菇	鲜	20.8	4.2	66.7	60.4	6.3	8.3
平菇	鲜	30.4	2.2	57.6	48.9	8.7	9.8
口蘑	鲜	16.7	3.1	71.9	59.4	12.5	8.3
鸡油菌	鲜	21.5	5.0	64.9	53.7	11.2	8.6
鸡㙡	鲜	20.6	4.0	67.5	59.4	8.1	7.0
毛头鬼伞	鲜	25.4	3.3	58.8	51.5	7.3	12.5
松乳菇	鲜	18.8	7.1	67.8	—	—	6.3
美味牛肝菌	鲜	29.7	3.1	59.7	51.7	8.0	7.5
黑木耳	干	8.1	1.5	81.0	74.1	6.9	9.4
毛木耳	干	7.9	1.2	84.2	75.1	9.1	6.7
银耳	干	4.6	0.2	93.8	93.4	1.4	0.4
羊肚菌	鲜	23.4	7.5	55.5	46.0	9.5	13.6

注：引自吕作舟和蔡泞山，1992。"—"表示未测

$$必需氨基酸指数 = n\sqrt{\frac{氨基酸 P - 色氨酸 P - 组氨酸 P}{赖氨酸 S - 色氨酸 S - 组氨酸 S}}$$

式中，P 代表食物蛋白质；S 代表标准蛋白质(鸡蛋)；n 代表氨基酸数。

生物价：表示蛋白质营养价值的指标。是食物蛋白质中在体内被吸收的氮与吸收后在体内储留并被利用的氮的数量比值。

$$蛋白质生物价 = \frac{氮在体内的储留量}{氮在体内的吸收量} \times 100$$

氮的储留量＝食物中含氮量－(粪中总氮量－肠道代谢废物氮)－(尿中总氮量－尿内源氮)。尿内源氮是指机体不摄入蛋白质时，来自组织蛋白质的分解。鸡蛋、牛奶、虾、白鱼、大豆、小麦、玉米的生物价分别为 94、85、77、76、64、67、60。1959 年 Oser 测定草菇生物价最高为 84.1。食用蕈菌一般为 49～80。

蕈菌还含有一些特殊氨基酸和含氮化合物，如牛磺酸、γ-氨基丁酸、鸟氨酸、氨基葡萄糖、乙醇胺、肌酸酐等。

牛磺酸($NH_2—CH_2—CH_2SO_3H$)人体不能合成，人类主要是依靠摄取动物的脑、心、肌肉等中的牛磺酸获得。据陈体强分析结果表明：原木灵芝孢子粉和破壁孢子中的牛磺酸含

量分别为(8.44～9.23)mg/100g 和(7.34～9.85)mg/100g。它是近年发现的儿童发育必需的氨基酸，也是幼儿大脑细胞及神经细胞增殖所必需的。牛磺酸可促进神经细胞的分化和成熟，对神经网络及突触(脑细胞之间信息传递的网络)形成也具有重要作用；牛磺酸可促进生长激素的分泌，对生长分化有一定的作用；牛磺酸与视网膜的发育和视觉功能也密切相关；牛磺酸有增强心肌收缩力和降低血胆固醇作用，牛磺酸是胆汁酸的组分，对人体内脂类的消化系统和胆固醇的溶解都有重要作用，可防治中老年冠心病等；牛磺酸还可促进和提高人体的免疫功能。

γ-氨基丁酸对中枢神经有普遍的抑制作用，临床上可治疗各种类型的肝性脑病，也是传递神经冲动的化学介质。

(3) 蕈菌属低脂肪、低热量食品。不同蕈菌的脂肪含量一般占干重的 1.1%～8.3%，平均为 4%。一般而言，蕈菌含脂肪种类齐全，包括游离脂肪酸、甘油单酯、甘油双酯、甘油三酯、甾醇、甾醇酯和磷酸酯等。

蕈菌热量低。以 100g 食物中的热量比较，糙米 344cal、精米 343cal、大豆 399cal、牛肉 309cal、猪肉 459cal、甘薯 118cal、鸡蛋 152cal、马铃薯 83cal、苹果 58cal、香蕉 85cal、番茄 20cal、豌豆 339cal、牛奶 59cal(1cal≈4.18J)。在蕈菌中，香菇只有 54cal，与牛奶和苹果的热量近似；双孢蘑菇仅为 11～16cal。所以，常吃菇类对防治糖尿病是有益的。

在人类的食物中，脂类一般包括三部分：脂肪、磷脂、胆固醇。脂肪是脂类中的主要成分，它是甘油和三分子脂肪酸组成的甘油酸三酯。脂肪是一种富含热能的营养素。1g 脂肪彻底氧化，可释放出 9300cal 热量，是蛋白质与糖类(4100cal)的 1 倍以上。因此，食用脂类含量高的食品，如肥肉类或油炸食品，可以产生高度饱腹的感觉，过量的食用对人体有害。动物脂肪中主要是饱和脂肪酸。人体必需脂肪酸有 3 种，即亚油酸(linoleic)、花生四烯酸(arachidonic)、亚麻酸(linolenic)。植物油中主要含不饱和双烯脂肪酸，也称亚油酸是人体必需的，人体缺乏时能导致严重的代谢紊乱，如皮肤病、皮肤粗糙、生殖机能障碍和器官病变。脂类的生物学功能是构成生物膜的重要物质，细胞所含有的绝大部分磷脂几乎都集中在生物膜中。脂肪主要的生物功能还在于体内的氧化释放能量供给机体所用。当然，也有利于食物中脂溶性维生素(A、D、E、K)的吸收。

(4) 蕈菌所含的脂肪酸以不饱和脂肪酸为主。例如，草菇脂肪中不饱和脂肪酸达 78%，与植物油近似。蕈菌中不饱和脂肪酸的含量约为牛油的 2.5 倍。另据报道，在上述几种蕈菌中的不饱和脂肪酸中，人体必需脂肪酸——亚油酸的含量为 28%～76.3%，而牛油中的必需脂肪酸仅为 2.14%。

脂类中的磷脂是人体及各种生物膜的组成成分，物质的交换、能量的转变、信息的传递、信号的转导均在其生物膜上进行，在生命活动中具有重要的作用。磷脂是人体可以自行合成，不是必需的营养成分。但是，有些磷脂是胆碱和肌醇等生物合成的原料。因此，缺乏磷脂可能会影响或限制体内胆碱和肌醇等生物合成。

总之，脂类中对人体影响较大的是脂肪和胆固醇。一般而论，脂肪食用量以占全部食物用量的 30%左右为宜。所有食用脂肪几乎全由同样一些脂肪酸构成，只是各种脂肪酸含量的比例不同。

脂类中的第三类物质是胆固醇，它为动物食品中特有。人体内血清胆固醇含量高是引起动脉硬化症与心肌梗死的一个危险因素。据流行病学调查显示，人体的胆固醇水平与心血管疾病的发病率明显成正比。

人体内的胆固醇，也称胆甾醇。1997 年，中华心血管学会参照国际标准后推荐中国的正常血脂标准为总胆固醇≤200mg/dl，或低密度脂蛋白胆固醇≤120mg/dl；血清甘油三酯≤150mg/dl；高密度脂蛋白胆固醇≥35mg/dl。因来源不同，分为内源性和外源性两种，前者是人体自身可合成的，大部分由肝脏所制造；而后者则是由膳食中获得。人体胆固醇主要由游离胆固醇、结合胆固醇组成。胆固醇需要与脂蛋白结合才能输送到人体的各个部分来维持正常机能。根据所含蛋白质密度不同又可分为低密度脂蛋白（LDL）胆固醇和高密度脂蛋白（HDL）胆固醇。前者的成分主要由饮食中获得，当它不能被完全消耗时，就沉积于血管内壁，从而促使动脉粥样硬化的发生，也是酿成血管栓塞的罪魁祸首。而高密度脂蛋白胆固醇可激活胆固醇脂酯化必需的两种酶，可降低血管中胆固醇的浓度，可防止动脉粥样硬化。由此可见，心血管疾病的发生不仅与体内胆固醇浓度高低有关，还与其组成有关。

蕈菌中的固醇为麦角固醇。菇类中双孢蘑菇、草菇、香菇和银耳中麦角固醇的含量分别为 0.23%、0.47%、0.27% 和 0.01%。麦角固醇可以抑制低密度脂蛋白质胆固醇的吸收，从而降低血液中胆固醇的含量并减少胆固醇在血液中的积累。

在这里必须说明，胆固醇是人体的重要的组成成分。人体的许多激素，如雄性激素、雌性激素等，其合成原料主要是胆固醇，胆固醇也是胆汁酸形成的原料。人体内的胆固醇适宜的含量有利于婴幼儿、青少年的生长分化。胎儿的胆固醇全由母体供给，所以，孕妇不能缺乏胆固醇。

（5）蕈菌含有丰富维生素。人体需要的维生素量虽然很少，但是人体所必需的。一般维生素可分为水溶性维生素（即 B 族维生素），包括维生素 B_1（硫胺素）、维生素 B_2（核黄素）、维生素 B_6（吡哆醇）、烟酸、泛酸、生物素、肌醇、胆碱、叶酸和维生素 C 等；脂溶性维生素包括维生素 A、维生素 D、维生素 E、维生素 K 等。

一般正常人每天约需要维生素 $B_1$1.4mg、维生素 $B_2$1.6mg、烟酸 18mg、维生素 $B_6$2mg、维生素 C 45mg。例如，双孢蘑菇，每 100g 子实体干品中含维生素 $B_1$3.92mg、维生素 B_2 24.6mg、烟酸 82mg、泛酸 8.7mg、吡哆醇 58mg、生物素 0.75mg、叶酸 3.8mg、维生素 B_{12}0.003 62mg。据测定每 100g 香菇中维生素 C 高达 59.9mg；鲜柚子和橙维生素 C 45～123mg；番茄维生素 C 12mg；尖辣椒是富含维生素 C 的蔬菜，也只有 76～185mg；猕猴桃约 100g 含维生素 C 高达 300mg。在香菇中富含维生素 D 原（麦角甾醇）。据测定，每克烘干香菇中的维生素 D 原的含量为 100～128 个国际单位（一个国际单位的维生素 D 原等于 0.05μg 的麦角甾醇），约 6.4μg，而在太阳光下晒干的香菇中，维生素 D 原含量高达 1000 个国际单位以上，而且香菇味大大提高。它是大豆（6 个国际单位）的 21 倍、紫菜的 8 倍、甘薯的 7 倍。一般正常人每天需要的维生素 D 原是 400 个国际单位，因此 3～4g 干香菇所含的维生素 D 原就足够成人一天的需要量。维生素 D 是钙质成骨的必要因素。所以，一般认为多吃香菇可以防止软骨病，预防佝偻病、骨质疏松症等。

（6）蕈菌含有丰富无机盐。目前，已知人和其他高等动物的生命必需元素共 25 种，包括 11 种大量元素（氢、氮、氧、碳、磷、氯、硫、钠、钾、钙、镁）和 14 种微量元素（铁、铬、锌、矾、锰、钴、镍、锡、氟、碘、硅、硒、钼、铜）。它们均以无机盐的形式存在，是人体的必需营养。蕈菌其菌丝体吸收基质中的矿物质并转运到子实体中，占干重的 5%～10%。据报道 K、P、Na、Ca 和 Mg 约占其总灰分的 56%～70%，其中 K 所占比例最高，接近总灰分的 45%。菇类中的银耳含钙量最高达 380mg/100g，其次是黑木耳 357mg/100g，香菇 124mg/100g。蔬菜中苋菜含钙较高，达 359mg/100g 鲜品。

　　成年人体内一般含钙总量为 1200g。人体吸收的钙质有 99% 用于合成骨骼和牙齿组织，其存在的形式主要为羟基磷灰石[hydroxyapatite, $Ca_2(PO_4)_6Ca(OH)_2$]。约 1% 的钙质在血液中和体内软组织中以游离态或结合态存留，二者处于动态平衡。成年人每日约有 700mg 的钙需要更新。人类已证实钙元素参与细胞分裂、增殖、收缩、运动、凝聚、分泌、代谢、兴奋等。人体中钙缺乏，会使骨骼的钙化作用发生障碍，严重时会出现骨质松软（多成人）或佝偻病症。主要是当食物中缺钙时，磷和维生素 D 等物质得不到充分利用，或是由于两种矿物比例不当造成的。钙的用量婴儿和儿童一般在每日 800mg，成人一般为 2000～2400mg。

　　一般人体内含磷量约占体重的万分之一以上，正常人骨骼中含磷总量为 600～900g，约占体内含磷总量的 80%。磷遍布于骨骼、肌肉、大脑、肝脏等中。磷酸盐在人体内的各种代谢途径中几乎都参与中间反应，磷元素还参与骨骼的钙化过程。磷是构成人体细胞核酸的重要成分，也是卵磷脂组分，后者可增加血红细胞的携氧量、改善细胞内呼吸和微循环等。菇类中磷含量几乎占所有无机盐的一半，一般是黄瓜、白菜等常食蔬菜的 5～10 倍。

　　铁是人体必需的最主要的微量元素之一，占人体重量的万分之一以下。人体中虽然只有 4～5g 的铁，约 70% 以血红蛋白、30% 以肌红蛋白和其他含铁化合物的形式存在。铁元素以铁蛋白血红蛋白的形式参与氧的输送，也是参与细胞氧化反应。铁元素对于成年女子尤为重要，月经失血常造成轻度铁缺乏，即常见的低血色素性贫血和血浆缺铁症。菇类中黑木耳每 100g 干品含铁 185mg，香菇中含 253mg，约为一般蔬菜中含量的 100 倍。

　　蕈菌中还含有较丰富的稀有元素，如锗（Ge）和硒（Se）等。1866 年，德国学者发现了锗。它分布在地壳中，在元素周期表第 Ⅳ 主族为半金属元素。土壤中平均含 0.21ppm[①]。很多植物中都含有微量锗，灵芝含锗量是人参的 3 倍，高达 800～2000ppm。

　　低分子锗化合物，结构通式为 $(GeR)_2O_3$。主要有：①有机锗倍半氧化物；②有机锗倍半硫化物；③β-乙氰基锗倍半氧化物，其分子式为 $(GeCH_2CH_2CN)_2O_3$；④尿嘧啶锗倍半氧化物；⑤有机锗酸酐等。

$$\text{高分子锗化合物通式}\left[\left(CH_3-\underset{\underset{R_2}{|}}{\overset{\overset{COR_1}{|}}{C}}-NH-\overset{\overset{O}{\|}}{C}-\underset{\underset{R_3}{|}}{CH}-CH_2-Ge\right)_2O_3\right]_n$$

　　1967 年日本首次研制成功了具有生物活性的有机锗氧化物 Ge-132。1984 年，世界第一界锗研讨论会在德国举行，涉及结构分析、理化性质及多种疾病疗效的临床试验，结果表明有机锗具有增强免疫功能，有调节内分泌、抗病、抗衰老及医治高血压、糖尿病、老年性骨质疏松症等功效。

　　这些有机锗含有多个锗氧键，氧化脱氢能力很强，可与体内血红蛋白结合。在组织中起到供氧作用，能增强红细胞携带氧的能力，促进新陈代谢。有机锗有利于清除血液中的胆固醇、脂肪、血栓及其他有害物质。锗氧键上的氧能与代谢物中氢结合形成水而排出体外，从而起到"血液清道夫"作用，使血液循环畅通，故而有健身美容和延缓衰老的作用。具有活性的有机锗是一种高分子含多糖体化合物，有提高人体免疫力、抑制肿瘤的作用。Ge-132 所诱导的巨噬细胞可抑制肿瘤细胞生长破坏靶细胞的功能。所诱导的干扰素（诱导人外周血单核细胞产生干扰素）具有诱发癌坏死因子的作用。活性有机锗对人体无毒害作用。

---

　　① 1ppm＝$1×10^{-6}$

硒在地壳中含量仅为亿分之一，它属于稀散元素。1817 年，瑞典化学家 Breezing 发现了硒。1973 年，世界卫生组织（WHO）宣布："硒是动物生命中必需微量元素"。它是人体谷胱甘肽过氧化物酶的活性成分。硒与维生素 E 抗生物氧化能力强，二者协同保护生物膜。它是肝脏的保护神并参与辅酶 A、辅酶 Q 的合成。有人认为有机硒蛋白的抗肿瘤活性机制在于：促进癌变细胞 DNA 的修复；直接抑制癌细胞的生长；介入某些致癌物质的代谢，阻止其致癌作用；对抗癌药物的增效解毒作用；硒是肿瘤细胞能量阻断剂；也有人认为硒可以通过提高癌细胞中环腺苷酸（cAMP）的水平，形成抑制癌细胞分裂增殖的内环境。硒元素缺乏易引起多种疾病，如心血管疾病、肝脏疾病、胰脏疾病、糖尿病或肌肉系统的疾病等，同时婴儿缺硒可影响生长分化。

据中国营养学会 1988 年提出的中国膳食每日推荐营养供给量标准，以轻体力劳动的成年男子为例，每人每天应提供能量 2600kcal、蛋白质 80g、钙 800mg、铁 12mg、锌 15mg、硒 50μg、碘 150μg、维生素 A 800μg 视黄醇当量、维生素 D 5μg、维生素 E 10μg、维生素 B_1 1.3mg、维生素 B_2 1.3mg、烟酸 13mg、维生素 C 60mg。

1996 年 8 月，中国营养学专家建议将中国金字塔型的食物结构简称为 4-4-3-3 制，即每人每天吃各种食物的份额为 400g 粮食（包括 40g 豆）、400g 蔬菜、300g 动物性食物（其中肉蛋类鱼类及奶类各占 1/3）和 30g 油脂。1997 年 4 月 10 日，中国营养学会常务理事会通过了新的《中国居民膳食指南》。2012 年，中国人均年食用覃菌占有量 21.74kg，日人均占有量为 60g；而一些发达国家在 2008 年，人均年食用覃菌占有量 28kg，日人均占有量为 80g。按营养专家提出的每日 250g 的要求，还差 210g；而中国人均年食用蔬菜 420kg。

（7）覃菌富含膳食纤维。根据中国标准，每天膳食纤维的摄入量为 35g。在国际上，膳食纤维号称第七营养素，即水、蛋白质、氨基酸、脂肪、糖类、无机盐、膳食纤维。每100g 干菇含有纤维 18%～50%。为普通蔬菜的 3～10 倍，多为可溶性纤维素，易被人体吸收。人们每天需进食 30～35g 膳食纤维，而 0.5kg 苹果，或 1kg 橘子，或 2.5kg 西瓜中，仅含约 3.5g 纤维素。膳食纤维进入肠道后体积膨胀，能加强胃肠蠕动。当肠道内缺乏足够的纤维素刺激和推动肠蠕动，易产生便秘。此外，它是肠道中的"清道夫"，能把肠道内不能消化的物质和有害物质挟裹在一起排出体外，对预防结肠癌和直肠癌是有效的。据 Arderson 和 Ward 报道，给糖尿病人以高纤维素膳食可以减少其对胰岛素的需要量，并稳定病人的血糖浓度。其原因可能是纤维素减缓了病人吸收葡萄糖的速度或减缓了病人空胃时间。

总之，膳食纤维的功能有如下 6 个方面。①吸水能力强，具有预防肠道疾病作用。膳食纤维在胃中吸水膨胀形成高密度的溶胶或凝胶，产生饱腹感，从而减少食物的用量，并增加了胃肠道的蠕动，抑制了营养物质在肠内的扩散速度，缩短了食物在肠道内停留时间，食物不能被消化酶充分分解，便继续向肠道下部移动，使粪便变软并增加其排出量，降低了肠内压，对肠道内所产生的苊紫、二丁基对苯二酚等某些致癌物质具有排毒养颜作用，起到预防便秘、阑尾炎、间歇性疝、胆结石、肾结石、膀胱结石、十二指肠溃疡、溃疡性结肠炎、结肠癌、乳腺炎、肠憩室、痔疮和下肢静脉曲张等疾病的作用。②吸附有机物，具有预防心血管疾病作用。膳食纤维能螯合胆固醇，降低胆酸及其盐类的合成与吸收，从而阻碍了中性脂肪和胆固醇的再吸收，也限制了胆酸在肝肠中的循环，进而加速了脂类物质的排泄。所以，它可以预防胆石症、高血脂、肥胖症及由冠状动脉硬化等引起的心血管系统疾病。③调节糖代谢，具有降血糖作用。水溶性的和能形成凝胶的膳食纤维可抑制糖尿病患者餐后血糖的急剧上升和平日血糖浓度的升高。另外，还可改善末梢神经组织对胰岛素的感受性，调节糖尿病人的血糖水平。④一种低能量填充剂，可防止肥胖症。⑤促进离子交换，具有降血压作用。膳食纤维尤其是酸性多糖可与 Ca^{2+}、Zn^{2+}、Cu^{2+}、Pb^{2+} 等阳离子交换，并优先交换 Pb^{2+} 等有害离子随粪便排出，起到解毒作用，对消化道 pH、渗透压、氧化还原电位均产生正面影响，营造了一个理想缓冲环境。有的膳食纤维（如海藻酸钠）能与肠道中的 Na^+、K^+ 进行交换，使尿中 K^+ 和粪便中的 Na^+ 大量排出，血液中的 Na^+/K^+ 变小，从而产生降血压作用。⑥改善肠内菌群，具有防癌作用。膳食纤维进入大肠后成海绵状，并能被肠道细菌选择性地分解发酵和利用。由此，可改善肠道内菌群的构成，促进它们的发育、繁殖和代谢。另外，由于发酵生成的乳酸、丙酸等低碳有机酸降低了肠道中的 pH，更有利于肠道有益菌群的发育和繁殖，而且还能刺激肠黏膜使粪便保持一定的水分和体积并加速粪便的排泄。肠道中的致癌物质迅速被排出，缩短了致癌物与肠黏膜的接触时间，从而起到防癌作用。

（8）蕈菌味道鲜美，风味独特。菌类核酸含量较高。蕈菌中含有较多的呈鲜味的核苷酸和核酸降解物。在一定时间和温度下，在磷酸二酯酶的作用下，核酸降解产生的 5′-鸟苷酸、肌苷酸、腺苷酸等都具有鲜味作用。蕈菌中多种氨基酸和碳水化合物都与鲜味和甜味有关。在氨基酸中，谷氨酸和天冬氨酸多呈鲜味；甘氨酸、丝氨酸、苏氨酸、脯氨酸、丙氨酸则呈甜味。碳水化合物中的甘露糖和 D-阿拉伯糖多呈甜味。

谷氨酸是食用味精的主要成分。在谷氨酸钠中加入少量肌苷酸和 5′-鸟苷酸，其鲜味可以提高数百倍。在香菇中发现有类似肌苷酸结构的 5′-鸟苷酸，每 100g 香菇煮汁中 5′-鸟苷酸的含量为 90～103mg；金针菇中为 21.1mg；松口蘑中为 64.4mg；红乳菇中为 58.1mg。羊肚菌菌丝体中谷氨酸量占氨基酸总量的 17.8%；香菇为 12.31%；侧耳为 19.42%；金针菇为 3.99%；金顶侧耳和凤尾菇分别为 18.27% 和 19.96%。在蕈菌中主要呈鲜味的物质则是 5′-鸟氨酸。因此，1963 年以来，美国、法国等国家已用发酵法生产羊肚菌菌丝体制成的超级味精。所以，一些著名的蕈菌历来被列为宴席佳品，誉称为山珍，如洁白肥嫩的双孢蘑菇、味如鸡丝的鸡菌、鲜美质脆的羊肚菌、黏滑的滑菇、多胶的木耳、滑脆的金针菇、香郁诱人的香菇、肉质细腻的口蘑、清香嫩口的竹荪、鲍鱼风味的侧耳、水果清香的鸡油菌等。

食用蕈菌香味浓郁，如具有杏仁味的杏鲍菇、具有蟹味的玉蕈及具有鲍鱼味的黑点侧耳（*P. abalonus* Han, K. M. Chen et s. Cheng,）等。食用蕈菌风味物质主要由醇类、醛类、酮类、酯类，以及次生代谢物萜烯类、含硫化合物（包括杂环化合物等挥发性香味物质和氨基酸、核酸及碳水化合物等非挥发性滋味物质）组成。八碳化合物是食用蕈菌主要的风味物质。游离氨基酸是非挥发性滋味物质中一类重要的成分。有人将氨基酸分为 4 类，即鲜味氨基酸、甜味氨基酸、苦味氨基酸（精氨酸、组氨酸、蛋氨酸、异亮氨酸、苯丙氨酸、缬氨酸、亮氨酸）和无味氨基酸（半胱氨酸、赖氨酸、酪氨酸）。随着时代的发展，人们的饮食文化也在发展，消费观念也在改变，科学营养、新鲜特异、方便快捷、天然保健已成为新的消费时尚。因此，食用蕈菌具有广阔的研究开发前景。

中国菌菜拥有四大来源。①自周秦以来的宫廷宴食中的宫廷菜，如御笔猴头、一品银耳、口蘑肥鸭等。②自唐宋以来的在缙绅士族之家形成的公府菜，如口蘑烧干鱼、煨木耳香蕈等。③随佛教的传入和中国的道教盛行于世而出现的寺院菜或斋菜，其主要原料为三菇六耳。在《玄门大法》、《正一法文》中都规定菜菇蔬食，弃诸肥遁是教徒必须遵守的“清规”。湖北黄梅县的五祖寺创建于唐咸亨年间（公元 670～673），寺中传统名菜“三春一莲”，为五祖四宝之誉。“三春”之一的烧春菇是用东山出产的松菌配以荸荠、春笋制作的又称之素三鲜。④唐宋以后，由于商品经济发展在名都大邑出现的市肆素食，如麻菇丝笋燥子、酒煮玉蕈、荤素羹、银耳燕窝。满汉全席中有口蘑鹿筋、冬菇烧海参、银耳炖鸡脯、花菇烧鸭掌、鲜蘑扒鹿肚、冰糖银耳等。古代无味精故多用菌、笋、黄豆芽汤方法以进菜肴风味，实为鲜味三霸。云南的虫草汽锅鸡、福建的佛跳墙均有名贵的菌类。

中国菌菜烹饪 28 技法包括：爆、炒、烹、炸、煎、煨、熘、炖、烧、烩、煮、扒、蒸、贴、焖、涮、汆、酿、糟、炝、拌、腌、酱、熏、醉、煸、卤、煲多种烹调方法。造型上：素鸡、素鹅、素火腿。刀工精细：鸡吃丝、鸭吃块、肉吃片、鱼吃段。

医食同源、药膳同功"蘑菇"菜肴能防治高血压、消化不良，并增加乳汁分泌；猴头菜肴能利五脏、助消化及治神经衰弱和消化系统疾病；口蘑菜肴能宣肠、益气，散热血、解表、治小儿麻疹不出，烦躁不安；香菇菜肴能益气，活风、破血，化痰理气，防止坏血病和佝偻症的发生，还能防治肝硬化，动脉硬化并降低低密度脂蛋白胆固醇；金针菇菜肴能利肝脏、益肠胃、增进幼儿智力；侧耳菜肴能追风散寒、舒筋活血，防治肝病；木耳菜肴能益气、强身、活血、抗血栓，治崩淋、痔疮、血痢、肠风、便血；银耳菜肴能滋阴、补肾、补钙、润肺、生津、补气益胃、健脑提神，治肺热咳嗽、咳痰带血、产后虚弱、月经不调、肺热胃炎、大便秘结、便中带血；羊肚菌菜肴能益肠胃，化痰理气，治消化不良、痰多气短；虫草菜肴能补精、益髓、保肺、益肾、止血、化痰、止痰咳，尤宜老人；鸡腿蘑菜肴能益肠胃、化痰理气、解毒、消肿；鸡枞菜肴能益骨、清神、治痔等。

蕈菌是国际上公认的优质蛋白质来源，并有素中之荤美称。它是舞蹈演员、体操运动员、宇航员等的可靠食品。常吃蕈菌是高水平科学饮食的一种标志。

蕈菌的生长速度快、生物效率高，其产出蛋白质的能力远远超过大多数高等植物。据测定，每年每公顷的菇房，培殖双孢蘑菇可产 22t，可直接提供食用易于消化的蛋白质。因此，发展蕈菌产业不仅是通过生物作用将粗纤维转化为人类可食用的蛋白质，更是提供了一条增加优质蛋白源，走集约化生产的重要途径。

蕈菌的核酸含量一般为 2.7％～4.1％（干重）。联合国系统蛋白质顾问组（Protein Advisory Group of the United Nations System）建议成人摄入核酸的安全限量最高为每日 4g。由于人类缺少尿素氧化酶不能氧化尿酸，尿酸是嘌呤碱基（鸟嘌呤和腺嘌呤）的难溶性代谢产物。血浆中尿酸含量高时，可导致组织和关节中的尿酸盐的沉积，也可引起肾和膀胱结石。然而，子实体一般含水量为 80％～90％，加之经烹调后的子实体可多食高于此标准的 20％，因此，作为日常蔬菜食用时，不必刻意限制其摄入量。

1.3.2.2 蕈菌的药用价值高、无毒副作用

自 1929 年英国 Fleming 发现青霉素后，60 年代又发展了新的抗生素——孢霉素，又名先锋霉素，广泛应用于临床。自 1930 年德国人发现担子菌有抑瘤活性物质以来，1969 年日本的千原吴郎报道了香菇抗肿瘤多糖之后，全球掀起了从真菌中寻找抗癌药物的热潮，现已证明 302 多种真菌具有显著的抑瘤活性。中国民间常用药用真菌达 270 多种。据统计中国拥有近 500 种药用蕈菌资源，而被利用于医疗保健的还是极少数，有极大的研究开发潜力。

近年来，研究探索的热点目标转向了植物、草本植物、菌物，以此作为天然、营养、健康的新资源。人类现代生活节奏加快，工作压力加大，引发人们免疫系统功能降低，人体抵抗力下降，从而导致疾病发病率上升。蕈菌多糖、三萜类、多肽类、有机锗等具有提高人体自身免疫力作用。蕈菌作为保健食品越来越引起世界的关注和受到人们青睐，蕴藏着无限的商机。

目前，从天然产物中已研究开发出许多有前途的抗肿瘤药物，如紫杉醇、喜树碱、内

脂、活性多糖、活性肽及三萜类等。其中天然多糖以其疗效显著、无毒副作用等特点引起人们极大的兴趣。

真菌主的要药理作用有：抗癌、抗菌、抗病毒、健胃、降血压、降血脂、降血糖、抗血栓、抗风湿、镇静、活血、止痛和利尿等。真菌抗肿瘤物质主要是多糖和蛋白多糖体等。它是一种生物反应修饰剂，能增强肌体免疫功能，间接抑制肿瘤生长扩散，起扶正固本作用。

（1）蕈菌多糖（mushroom polysaccharides）具有抗肿瘤作用。现已知的天然多糖化合物有 300 多种。在国际上，蕈菌多糖被称为"生物应答效应物（biological response modifer，BRM）"。它是一种非特异性的能够增强人体免疫功能的活性物质，可通过多条途径、多个层面对免疫系统发挥调节作用，具有抗肿瘤、抗病毒、延缓衰老、降血脂、护肝排毒、促进核酸和蛋白质生物合成等多种生物功效。由 10 个以上的糖原单位组成的糖叫多糖。一般认为 β-D-(1→3)糖苷键相连接为主的，并带有 β-D-(1→6)分支的多糖才具有免疫促进作用和抗肿瘤作用。它是生物三大分子之一，也是生命科学研究三大课题（即核酸、蛋白质和多糖的研究）之一。研究难度最大的是多糖，它涉及从胚胎发育到免疫系统控制的每一个过程。从化学结构看，蕈菌多糖可分为同多糖（包括葡聚糖、甘露聚糖等）和杂多糖（包括糖蛋白、多糖肽等）两类。同多糖是由一种单糖聚合而成的葡聚糖，如云芝多糖是一种含有少量蛋白质的同多糖；而银耳多糖则是由两种以上的单糖聚合而成的杂多糖。

人的免疫系统有三大功能。①阻止和清除各种疾病的病原体，防御感染形成抗体；②不断清除衰老和受损害的细胞废物包括自由基等，维持机体自身稳定；③及时识别和清除机体突变细胞，即免疫监视。

据获得诺贝尔生理学或医学奖的澳大利亚免疫学者法兰克巴尼特博士通过细胞学实验证明：人体的免疫细胞（白细胞、淋巴细胞）能杀死进入人体致病微生物，通过调整、激活人体免疫系统防御多种疾病。

21 世纪保健新概念是精心呵护自己的免疫系统。某些多糖能控制细胞的分裂与分化，调节细胞的生长与衰老。蕈菌包括植物多糖最重要的药理作用是提高免疫力。人体免疫功能是人体具有的一种免除疾病的能力。它是通过人体免疫系统正常的生理功能而实现的。人体免疫系统由胸腺、骨髓、脾脏、淋巴结等免疫器官和 T 细胞、B 细胞、NK 细胞（自然杀伤细胞）、K 细胞、M 巨噬细胞、CTL 细胞、LAK 细胞等免疫细胞，以及亿万个免疫细胞因子（白细胞介素、干扰素、各类刺激因子等）所组成。

早在 1957 年，Benacerraf 和 Sebestyn 发现了静脉注射来自酵母细胞壁的酵母聚糖（zymosan）对吞噬细胞有影响。1961 年，Riggi 确定了酵母聚糖中的这种活性成分是葡聚多糖，开创了葡聚多糖免疫活性物质的新纪元。1969 年，Chihand 等从香菇子实体中分离得到了香菇多糖，并证明了 β-D-(1→3)葡聚糖是抑制肿瘤作用的主要活性成分。到目前为止，从高等担子菌中已筛选出近 200 种具有活性的多糖物质。在子囊菌中，也有一些具有显著抗肿瘤活性的 β-D-(1→3)葡聚糖。

（2）蕈菌具有产生抗生素抑制病源菌、抗病毒作用。在真菌中的担子菌和子囊菌中，寻找抗人体病源菌及抗作物病虫、昆虫、线虫和杂草的新型抗生素的开发潜力很大。目前，已开发的抗生素主要抑制对象是多种革兰氏阳性细菌、革兰氏阴性细菌、分枝杆菌、噬菌体和丝状真菌等。例如，冬虫夏草（*Cordyceps sinensis*）含有虫草素（cordycepin），具有抗菌和抑制细胞分裂的作用，抑制结核杆菌、肺炎球菌、鼻疽杆菌、炭疽杆菌、猪出血性败血杆菌等的生长与繁殖。发光假密环菌（*Armillariella tabescens*），其药效成分是密环菌甲素和乙素，对革兰氏阴性细菌、其他真菌和病毒有明显的抑制作用。甲素的化学名称为 3-乙酰基-5 羟甲基-7-羟基香豆素，分子式为 $C_{12}H_{10}O_5$；乙素的化学名称为 2 羟基-2-苯基丙二酰胺，分子式为 $C_9H_{10}N_2O_3$。

假密环菌（俗称亮菌），中国已生产出亮菌片和亮菌糖浆。临床证明，它们具有消炎、退黄疸和降低谷丙氨酸转氨酶（GPT）的作用，对胆囊炎、急慢性肝炎和迁延性肝炎都有一定疗效。

香菇中双链核糖核酸（dsRNA）能使小白鼠体内诱导生成干扰素，并进一步阻止鼠体内流感病毒（A/SW15）和兔口内炎病毒的增殖。

（3）蕈菌具有降低胆固醇降血压、血脂、血糖、抗血栓作用。双孢蘑菇（*agaricus bisporus*）中含较多的酪氨酸酶，可治高血压，并能溶解一定量的胆固醇。香菇中的酪氨酸氧化酶可降血压。从长根菇发酵液中提取的小奥德蘑酮（oudenone）有强烈的降血压作用。

香菇嘌呤，又称香菇素（lentinacin），是一种无色针状结晶体，熔点 260℃，分子式为 $C_9H_{11}O_4N_5$。其中一种组分是 2、3-二羟基-4-(9-腺嘌呤)-丁酸，有明显降低胆固醇的作用，比某些著名的降血脂药物强 10 倍。

灵芝和茯苓都具有降血糖作用。灵芝子实体的水提取物能降低正常阿脲引起的高血糖鼠的原生质糖水平，活性原为 Ganodran. A. B. C。

胆固醇在正常成人的 100ml 血液中约含 200mg。它是生产性激素、肾上腺皮质素、胆汁酸的原料。在血液中，一定量的高密度脂蛋白胆固醇是保持生命不可缺少的。但是，血液中低密度脂蛋白胆固醇超量增加后，沉积在动脉管壁上引起动脉硬化，血管弹性减弱，就容易患脑出血、高血压、心脏病等疾病。香菇素或香蕈素（lenticin），在 1970 年日本药学会上提议统称为香菇腺嘌呤物质，其降低血清胆固醇含量的作用机制是在肠内阻碍胆固醇和胆汁酸的吸收；在组织内部阻碍胆固醇的合成；限制其他组织向血液排放胆固醇或者促进从血液中其他组织转换胆固醇等。

（4）蕈菌具有抗血栓作用。黑木耳（*Auricularia auricula*）可能含有一种腺苷(9-6-D-ribofuranosyl adenine)，能阻止血凝固。黑木耳的该活性物质不影响花生四烯酸合成凝血恶烷。毛木耳（*Auricularia polytricha*）中的腺嘌呤核苷能破坏血小板的凝集抑制血栓形成。经常食用毛木耳，可减少粥样动脉硬化症的发生。灵芝也具抗血栓的形成作用，每天服用灵芝可以溶解新形成的血栓。

（5）蕈菌具有助消化健胃作用。羊肚菌（*Morchella esculenta*）有健胃补脾、助消化理气化痰等功效，用以治疗脾胃虚弱、消化不良、痰多气短等病。猴头菇对消化不良、胃溃疡、十二指肠溃疡及慢性胃炎、慢性萎缩性胃炎有较好的治疗效果，对胃癌、食道癌也有一定疗效。

（6）蕈菌具有保肝利尿作用。云芝（*Coriolus versicolor*）、树舌（*Ganoderma applanatum*）、双孢蘑菇都具保肝作用，治疗迁延性肝炎和慢性肝炎等。玉米黑粉菌（*Ustilago maydis*）可预防和治疗肝脏系统和胃肠道溃疡，助消化通便，治小儿疳积。雷丸的菌核含有大量的镁，因而具有导泻作用。茯苓和猪苓均具有利尿作用。

（7）蕈菌具有强身滋补作用。灵芝能滋补强壮、扶正固本。冬虫夏草具有补肺益肾、止血化痰等功能，可作强壮剂，镇静剂用于虚劳病后虚弱症、肺结核吐血及老年衰弱引起的慢性咳喘、盗汗、自汗、贫血诸症。冬虫夏草还能壮阳、治疗性功能低下症。银耳能强精、补肾、滋阴、润肺、生津、养胃、止咳清热、润肠、益气、强心、补脑。茯苓又名万灵精、不死面，具有延年抗衰老作用。

(8) 蕈菌具有防腐作用。长裙竹荪（*Dictyophora indusiata*）和短裙竹荪（*Dictyophora duplicata*）的煮沸液可防止食物变馊；若与肉共煮，也能起防腐保鲜作用。

总之，食用蕈菌是一优质保健食品，其营养搭配合理，对人身体十分有益；药用蕈菌是中药中的瑰宝；有毒蕈菌是一块急待开发的处女地。故此，前景甚广，开发潜力很大。

1.3.2.3　集约化、规模化、产业化生产蕈菌有利于农业可持续发展

农业可持续发展和发展循环经济，在于人类对宇宙认识的不断提高，包括人类对自己的认识；在于科学技术的不断提高；在于人们掌握科学技术水平的不断提高；在于人们的整体素质的提高；在于不断地解放和发展生产力；在于人类如何处理好合理利用自然资源与充分保护自然资源的关系，使物质和能量优质、高效、有益地转化，满足于人们对物质和精神生活日益增长的需求。

众所周知，绿色植物能利用太阳能、CO_2、水和无机盐类，制造有机物质为动物和微生物提供物质和能源。许多微生物包括大型高等真菌——蕈菌，可将动物、植物遗体、残体分解为绿色植物能利用的形式，改良土壤、增加土壤肥力。植物所积累的三大物质又可被有益微生物转变为优质菌体蛋白，而某些家畜、家禽等动物则可利用这些菌体蛋白，或直接食用植物的种子及秸秆变成动物蛋白，进入下一次循环。

蕈菌的生产在农业生态系统中，可以通过各种分解酶类加速绿色植物中大量纤维素、半纤维素、木质素等成分的分解转化，增加植物、微生物产品的输出量，并链接和加速了动物产品输出量，充分起到了桥梁和纽带作用。蕈菌的生产把植物、动物、微生物有机而紧密地联系在一起，它们彼此对立又统一，由此，形成了多层次物质和能量的优质、高效、低耗、生态、安全转化的循环利用体系，从而大大地提高了整个区域生态系统的优质产品输出能力，更有利于农业的可持续发展，形成循环经济。

从物质转化角度看，利用工农业中废弃的带有纤维素、半纤维素、木质素等的有机物培殖蕈菌，可清除环境污染，开发资源转化为菌体优质蛋白，保护生物的多样性，促使农业生态良性循环。

从能量转化角度看，在农业生态系统中，加入了蕈菌生产这一环节，就把原来贮藏在秸秆等农副产品中的能量有益、高效地转移到了蕈菌菌体中，再由蕈菌菌体中转移到动物体中，而生产蕈菌子实体后的菌糠、菌体又被动植物所利用，并形成其产品的输出，从而形成了人们对生物量（即物质和能量）多层面、全方位、大空间的合理利用。详见图1-2。

(1) 发展蕈菌产业是合理高效利用资源的有效途径之一。从某种意义看，废物也是一种资源。在科学技术面前，只有物质和能量的不断转化。一切物质和能量都可以转化的，可以再开发利用，关键在于对其了解的程度及其利用价值和成本的高低。利用带有纤维素和木质素等的有机废料通过大型高等真菌生产优质高蛋白、营养丰富的保健食品，是合理利用资源的有效途径之一，有利于农业可持续发展和经济的良性循环。

据联合国粮食及农业组织统计，全世界可利用的禾谷类作物秸秆23.25亿t。又据英国Penn(1976)报道农作物秸秆中大约有36%都被烧掉，而发达国家被烧掉的竟达60%。物质、能量转化利用率之低，可谓浪费惊人。

中国人口众多，耕地少，以占世界10%耕地养活占世界近25%以上人口，这给中国开发新的蛋白源，带来了机遇和挑战。利用农业有机废弃物培殖蕈菌，可以消除环境污染，开发新的资源转化为菌体优质蛋白，保护生物多样性，促使农业生态良性循环。

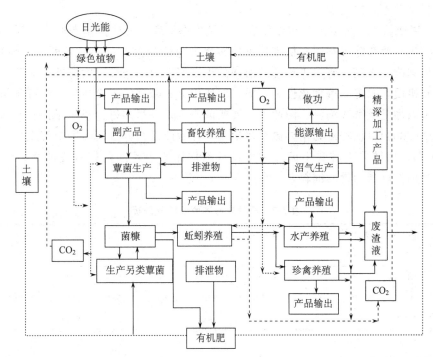

图 1-2　蕈菌生产在农业生态系统中多层次、全方位、大空间物质转变和能量转换示意图

　　蕈菌培殖是一种节水农业。每生产 1kg 蕈菌产品消耗 2.7～5.0kg 水，而生产小麦、玉米、水稻则需要 370～1000kg 水。

　　中国是农业大国，可利用的农作物秸秆总量约为 3.7 亿 t。假设全部用来种菇，育菇原料利用率 40％，即产生 2.22 亿 t 菌糠。菌糠的含氮量一般为 1.7％。2.22 亿 t 菌糠的含氮量是 377.4 万 t，相当于 821.7 万 t 尿素的含氮量，能满足 3 亿 2868 万亩（1 亩≈0.067hm^2）土地，即一般作物一个季节对氮的需求。在培殖蕈菌获得主产品的同时，经过处理将产出大量优质的有机肥，这有利于土壤肥力的增加和改善土壤物理性状。

　　据测算，中国每年动植物生产过程中，约产生 30 亿 t 废弃物，可以说一切含有纤维素、木质素、蛋白质等有机物都可以作培殖蕈菌的原料。若将其中 10％用于蕈菌生产可产出至少 2000t 蕈菌干品，由此所增加的优质蛋白质相当于 1200～1500t 瘦肉或 1900～2000t 鸡蛋，或 7000～10 000t 牛奶的蛋白质含量。

　　从培殖蕈菌的原料历史看，经历了由利用自然基质到代料培殖、由粗放培殖到用锯木屑瓶培殖的过程。而且，锯木屑瓶培殖迄今已有 50 多年的历史。在 20 世纪 70 年代改用棉籽皮、木屑、塑料袋大棚培殖。1972 年，河南省的刘纯业用生料棉籽皮培殖侧耳成功后，河南南阳、湖北天门、河北晋县等开始大面积生产。1975 年，已有中国第一批利用棉籽皮发展蕈菌的生产基地。1978 年，河北晋县利用棉籽皮培殖蕈菌获得大面积高产后，中国利用棉籽皮培殖蕈菌开始推广，棉产区用棉籽皮培殖侧耳、猴头菇迅速得到扩大，成为棉区农民的主要副业之一。由于新的代用料被开发及生产技术的不断提高和优良品种的推广，使得生物学效率有了飞跃性的提高，侧耳由原生物学效率低于 100％，现可达到 150％以上。到了 20 世纪 90 年代，中国用于培殖蕈菌的代用料主要有棉籽皮、木屑、甘蔗渣、甜菜废丝、玉米穗轴、大豆秸、稻草等。单一主料培殖蕈菌以棉籽皮原料的产量较高。为降低成本，现已向其综合料培养基方向发展，其潜力巨大。

（2）发展蕈菌产业可变废为宝促使农业区域生态平衡。发展蕈菌产业，有利于农业生态良性循环。生产蕈菌除了利用有机废物迅速转化为菌体蛋白外，菌糠还可再次种其他的菇，也可作有机肥改良土壤，有益于环境的协调。生产蕈菌后的菌糠是很好的农家肥源，它可以增加土壤有机质，改善土壤理化性，克服长期使用化肥带来的不良后果。也可制作花卉专用肥料，还可以加工成畜牧饲料。因此，发展蕈菌产业是一举多得造福于子孙后代的大事。

郭成金（2003）以棉籽皮为主要原料培殖侧耳并做前后营养分析，即棉籽皮与其菌糠成分分析（表1-7），由结果不难看出菌糠的各项数据均比培殖蕈菌前棉籽皮的高，而且营养丰富，可完全用作反刍动物的饲料。

表 1-7　棉籽皮与其菌糠成分分析

成分种类	氮(N)/%	磷(P)/(μg/g)	钾(K)/%	钙(Ca)/%	镁(Mg)/%	硫(S)/%	钠(Ma)/%	铁(Fe)/%	硅(Si)/%	锰(Mn)/(μg/g)
棉籽皮	1.5	2100	0.109	0.158	0.213	1.660	0.024	0.0127	0.170	12.40
菌糠	1.7	2800	2.190	5.100	1.820	22.690	0.781	2.230	7.800	102.10
差值	+0.2	+700	+2.081	+4.942	+1.607	+21.030	+0.657	+2.2173	+7.630	+89.7

成分种类	锌(Zn)/(μg/g)	钼(Mo)/(μg/g)	镍(Ni)/(μg/g)	钴(Co)/(μg/g)	硼(B)/(μg/g)	铬(Cr)/(μg/g)	铜(Cu)/(μg/g)	铅(Pb)/(μg/g)	镉(Cd)/(μg/g)	氯(Cl)/(μg/g)
棉籽皮	17.50	0.97	0.38	0.08	11.78	0.03	4.03	0.45	0.01	未测
菌糠	110.00	3.79	15.10	11.00	37.13	13.41	54.50	25.21	0.01	未测
差值	+92.50	+2.82	+14.72	+10.92	+25.35	+13.38	+5047	+24.76	0.00	未测

（3）生产蕈菌转化快、效益高、劳动强度小，是致富有效途径之一。常言道民以食为天。换言之，人们离不开柴、米、油、盐、酱、醋、茶，吃、喝、作、玩、乐、睡。蕈菌作为一种优质保健安全系数高的食品，有长久的生命力。中国人口众多，生活水平不断提高，科学饮食的意识不断提高，人们需要优质食品。然而，蕈菌作为一种商品还要不断地开辟新市场，稳定和扩大销路。市场的占领最终依赖于商品优质、价廉，对消费者有诱惑力。卖者卖的是信誉，买者买的是满意。作为一种商品，从市场要素分析，人口、购买力及购买欲望三要素均占优势。

生产蕈菌见效快、效益高。种植冬小麦，北方每年的9月中下旬种，到来年6月中上旬收，历时近9个月；种水稻（北方）每年5月种10月收，历时5个月。二者最高产量分别为300～400kg/亩，800～1000kg/亩，收入在2000～2500元/亩（1亩≈666.67m²）。而生产蕈菌，一般每3～4个月1个周期。而且，可根据蕈菌对温度要求不同安排周年生产，可立体生产，每平方米可生产侧耳15～20kg鲜菇，可充分利用空间，提高单位面积的利用、率复种指数，产量高。每亩的土地可盖1栋大棚，按每周期产鲜菇约10 000kg计算，投入产出比一般为1∶（1.5～3.0），可获毛利50%～100%，比现有园艺农业和一般商业利润率都高。

生产蕈菌劳动强度小。每个菌袋不过重3kg，易于搬动，从种到收劳动强度不大。对土地质量要求不高，占地少，不仅适于一家一户小规模生产，也适于大规模工厂化生产，更适应发展龙头企业实施公司加农户订单农业的规模化，产业化生产。总之，生产蕈菌具有周期短、投资少、见效快、原料丰富、成本低、销路好、效益高的特点，是有效致富途径之一。

1.3.3 中国蕈菌产业发展方向

目前，中国的蕈菌产业发展趋势良好，正向如下 8 个方面协同发展。

（1）品种多样化。根据市场需求发展多品种，尤其是国内外畅销的或将要畅销的新品种。

（2）菌种标准化。菌种选育目标是优质、高产、稳产、抗逆境性强、耐贮运。育种技术重点向细胞工程和基因重组技术方面发展。不断地引进国外先进育种技术和新品种，并加快有前途的野生品种驯化研究。研究开发带有中国知识产权的菌种。

（3）资源利用合理化。根据保护生态原则适度发展蕈菌专用林或场地，充分利用林地空间和树枝桠材，同时扩大代用料的范围。利用当地林木和工农业带有纤维素、木质素等的有机下脚料资源，通过对其营养生理、生化及原料成分分析，精选配料，先做育菇实验，筛选最佳配方，提高原料的利用率，提高菇农培殖的水平，带动相关产业的发展。调整区域经济结构和优化产品结构，实现菌糠的再利用，达到植物、微生物、动物之间物质和能量有益高效的转化。保护生态环境，实现农业可持续发展。

（4）蕈菌生产国际标准化。引用 HACCP 体系，对生产链的各环节进行 HA（即危害分析）和 CCP（即关键点控制），实现良好操作规范（GMP）。提高单产达到稳产，提高产品一级品产出率、优质率。由龙头企业收购产品，并组织产品精深加工，进行产品全面包装，提高产品附加值，提高食品的安全系数，走蕈菌产业化、标准化、集约化、机械化、工厂化、自动化、产供销一体化、国际标准化道路。

（5）企业管理现代化。建立一支高素质、懂业务、善管理、结构合理精干的领导班子。以科学技术为依托，大力开发具有自己企业知识产权的产品，善于资本的运作，特别注意人力资本的运作，充分整合利用各种资源共享。领导班子成员应具备创新意识、超前意识、非凡的整合力、凝聚力、务实精神、以身作则、任人唯贤、奖惩分明等综合优良素质。

（6）商品名牌战略。大力发展名、优、新、特、珍、稀、奇等蕈菌。科学种菇，运用高新技术进行精深加工，实施精品名牌战略。

（7）融入世界经济一体化。在不断开拓国内市场的同时，积极开拓国际市场，提高蕈菌产品技术含量，按照国际标准提高产品的质量和安全系数，针对消费群体研究消费对象，更多地占有国际市场份额，扩大产品出口创汇。

（8）大力宣传和提升蕈菌饮食文化。研发蕈菌食品更多的花色品种，不断扩大蕈菌消费群体，提高人们的科学饮食水平，富民强国。

小 结

蕈菌是能形成显著子实体或菌核组织（如茯苓），并能为人们食用、药用或作其他用途的一类大型高等真菌。蕈菌的细胞壁不同于细菌和植物细胞壁，主要是几丁质（β-1,4-N-乙酰葡萄糖胺）和葡聚糖（如 β-1,3-葡聚糖和 β-1,6-葡聚糖）。蕈菌细胞内同样有明显的细胞核、线粒体、核糖体等其他细胞器，没有叶绿体，属于微生物真菌中的大型高等真菌。

蕈菌实属异养生物，仅就蕈菌营养的类型而言，可分为腐生菌、共生菌、寄生菌三大类。蕈菌的性细胞可进行有性繁殖，产生有性孢子，也能产生无性孢子，进行无性繁殖。目前，可人工培殖的蕈菌有 100 种左右。蕈菌包括食用蕈菌、非食用蕈菌、药用蕈菌、有毒蕈菌及其他未被发现的蕈菌。蕈菌含有较高的优质蛋白、维生素、膳食纤维等营养物质，是一种保健食品；具有较高的药用价值，蕈菌多糖被称为"生物应答效应物"；蕈菌是可持续发展的绿色产业，可将动植物残体、工农业废料等物质转化为优质蛋白，将植物、动物、微生物，以及农、林、牧、副、渔各行业紧密联系，变废为宝，促进生态平衡。

思 考 题

1. 名词解释：蕈菌、广义蕈菌、蕈菌生物学、蕈菌多糖
2. 蕈菌生物学研究的主要内容？
3. 简述蕈菌生产的独特优势。
4. 蕈菌培殖过程中，主要因素包括哪13个字？
5. 食用蕈菌的营养地位如何？
6. 膳食纤维的功能有哪几个方面？
7. 蕈菌的生产在农业生态系统中的作用？

第一篇 蕈菌基础知识

生物新陈代谢简称代谢（metabolism），是生命的基本特征之一，是生命活动过程中的生物化学变化的总称，包括物质的转变、能量的转化、信息的传递、信号的转导、形态建成及细胞的衰亡六大方面的综合反应。它充分体现了生命的 4 个基本特征，即自我更新、自我复制、自我调节、细胞的建成与衰亡。

第 2 章　蕈菌的形态结构

蕈菌是真菌中能形成显著子实体或菌核组织的一类大型[一般为(3～28)cm×(4～20)cm]高等真菌。在真菌分类学上，目前绝大部分(约 90%)属于担子菌，少数(约 10%)属于子囊菌。二者之间的主要区别在于有性阶段孢子产生方式不同。子囊菌的有性孢子着生在子囊内，常见的有羊肚菌、竹黄、冬虫夏草等。担子菌的有性孢子着生在担子上，常见的有灵芝、银耳、猴头菇等，又以蘑菇目或伞菌目(Agarieales)较多。为此，在阐述蕈菌形态结构时，多以伞菌目为例。

2.1　子　实　体

子实体(fruit body)是大型高等真菌的繁殖器官，由已分化的二次菌丝体构成，属三次菌体特殊组织，是主要食用或药用的部分。担子菌的子实体又称担子果(basidiocarp)，子囊菌的子实体又称子囊果(ascocarp)。子实体的形态、大小、质地因其种类不同而异。蕈菌的子实体大多呈伞状、喇叭状、棒状、花朵状、珊瑚状、头状或球状等，其大小几厘米至几十厘米。伞菌一般都有菌盖和菌柄。

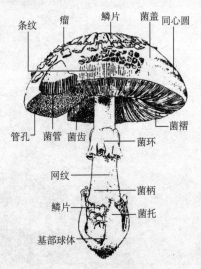

图 2-1　伞菌子实体模式图
(引自黄年来，1993)

2.1.1　子实体形态结构

伞菌子实体的模式图可分为菌盖、菌褶、菌管、菌幕、菌柄、菌环、菌托及子实层等(图 2-1)。不同种类蕈菌子实体的生长习性、形态也不相同，有单生、丛生、簇生、覆瓦状等。子实体通常生于基质表面，完全埋生在基质中的种类不多。

2.1.2　子实体发育过程

子实体发育过程是由已生理成熟的菌丝体经扭结分化成原基，再分化成菌蕾，进而发育成成熟子实体。

2.1.3　子实体的组成

原基(primordium)。原基是子实体的原始体，或器官形成的胚胎，由已生理成熟的菌丝体经扭结分化而成。蕈菌的原基一般呈颗粒状或钉头状(图 2-2)，可进一步分化形成菌蕾。原基的形成标志着菌丝体已由营养生长阶段转入了生殖生长阶段。原基形成一般需要适宜的光、氧气、低温、硫胺素，以及其他外界因素，包括物理、化学及生物的刺激。

菌蕾(button)。菌蕾是指未发育成熟的幼嫩子实体，具有成熟子实体的雏形。菌蕾与原基不同，在菌蕾中，菌盖、菌柄等器官已分化完成。有些蕈菌的菌蕾期是采收期，如双孢蘑菇、草菇等。

菌盖(pileus)。菌盖是子实体的帽状部分，由表皮、菌肉和菌褶或菌管等组成。一般表皮层细胞内含有色素。故此，菌盖表面的颜色多种多样。菌盖的表面有的光滑，有的具皱

钉头状

颗粒状

图 2-2　原基呈颗粒状或钉头状

纹、条纹或龟裂，有的干燥，有的湿润、水浸状、黏、黏滑、胶黏等。因种类不同，而形状有别，有的在幼时和成熟也不一样，基本形状常以成熟时为特征。菌盖的边缘的形状不同，也是以个体成熟时为标准特征。靠近菌盖表皮下面的是菌肉，由长形菌丝细胞组成，或在长形菌丝细胞中间夹杂着许多由丝状分枝细胞膨大形成的泡囊，两者共存而构成。有时泡囊成了菌肉的主要部分，故而显得菌肉松脆易碎。菌肉多为白色，有的机械损伤后变色或乳汁变色，常是分类上的重要特征依据。

　　菌褶(gill)和菌管(tube)。伞菌菌盖最下面辐射生长的片状物叫菌褶，由子实层与子实层基及菌髓组成，是伞菌产生担孢子的地方，一般为白色，孢子成熟时则成孢子印颜色。菌褶与菌柄之间的连接方式有离生、直生、延生、弯生等，是伞菌分类的依据之一。子实层是着生有性孢子的栅栏组织，由平行排列的子囊或担子及不孕细胞组成，是真菌产生子囊孢子或担孢子的地方。菌管为管状子实层体，菌管在菌盖腹面多呈辐射状排列。菌管的长短、粗细及管口形状和颜色是牛肝菌和多孔菌分类的重要依据。

　　菌柄(stipe)、菌环(annulus)、菌托(volva)。菌柄是支持菌盖的部分，也是输送营养的组织，与菌盖的着生关系多为中生，也有偏生或侧生的。菌柄有实心或中空之分。大多数蕈菌的菌柄为肉质、蜡质、纤维质、脆骨质、半革质、革质。菌柄的长短、粗细直接影响销售与销售价格。蕈菌的主要食用部位是菌盖，也有以食用菌柄为主的，如金针菇。有些菌类菌柄上有菌环，基部有菌托，有的蕈菌还有菌幕(veil)等。菌幕是包裹在未成熟的伞菌子实体外面或连接在菌盖和菌柄间的膜状组织。前者为外菌幕，后者为内菌幕。它是子实体幼小时与环境最外层屏障，起保护作用。菌环是内菌幕残留在菌柄上的环状痕迹。菌托是外菌幕遗留在菌柄基部的袋状物。

　　子实层(hymenium)。子实层是蕈菌子实体着生有性孢子的栅栏组织，由平行排列的担子或子囊及不孕细胞(如囊状体、侧丝等)组成，是蕈菌产生担孢子或子囊孢子的地方。担子菌的子实层与子囊菌子实层的结构不同。担子菌子实层结构主要有担子、担孢子、囊状体(隔膜)，有的还有侧丝(隔丝)等。

　　(1) 担子(basidium)：担子菌产生担孢子的细胞，由处于子实层部位的双核细胞即原担子发育而来。

　　在原担子细胞中融合了的双核，经减数分裂(处在减数分裂的担子又称中担子)产生 2～8 个担孢子，典型的 4 个。担子细胞有有隔、无隔或纵横隔之分。在担子菌中，担子的形态结构是重要的分类标准。在覃菌中常见的担子(有 4 种形式)、子囊及子囊孢子见图 2-3。

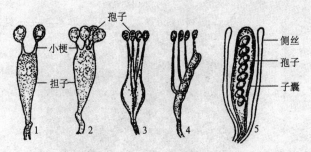

图 2-3　担子和孢子及子囊和孢子(引自吕作舟和蔡衍山，1992)
1、2. 担子；3. 具纵隔；4. 具横隔；5. 子囊及子囊孢子

　　A. 木耳等的横隔担子：通过锁状联合形成的双核菌丝顶端细胞呈柱状的幼担子，核配后减数分裂过程中第一次核分裂后产生一个横隔，第二次核分裂后产生两个横隔，使成熟担子成 4 个细胞，每个细胞产生一个长的管状上担子，有人称之为小梗，每个小梗先端着生一个担孢子。

　　B. 银耳等的纵隔担子：双核菌丝顶端细胞形成的幼年担子称原担子，核配后，减数分裂仍在这里进行，原来为单细胞球形、卵形、梨形或棒状的原担子，长大且十字形纵向分隔成 4 个细胞，横切面呈"田"字形，每细胞的顶部伸出一长的管状物为上担子，其先端小而尖锐称小尖，它担负着担孢子的形成和掷射。这时已纵裂发育成的担子称下担子。

　　C. 蘑菇等的无隔担子：构成菌褶组织的双核菌丝顶端细胞经核配和减数分裂成熟后，仍然是圆形或棒状的单细胞，没有隔膜，典型地在其顶端伸出 4 个小梗，每个小梗上形成一个担孢子。

　　D. 桂花耳等(桂花科)的叉担子：担子不分隔，幼时棍棒状，成熟时上部呈二叉式，形成两个长臂，并在臂先端产生一小尖形成一个担孢子。这种二叉式担子称叉担子，因其全貌像音叉，故又称音叉型担子，典型的担子只产生两个担孢子。因为减数分裂产生的 4 个子核中，两个早期退化，另两个则是有功能的核。

　　(2) 子囊(ascus)：子囊菌产生有性孢子的囊状体，由子囊和侧丝组成。子囊是由特殊的双核菌丝——产囊菌丝发育而成。产囊菌丝经核配和减数分裂，能产生一定数量子囊孢子。

2.2　担孢子和子囊孢子

　　担子菌的担孢子(basidiospore)和子囊菌的子囊孢子(ascospore)都是有性孢子，前者是在担子上产生的外生孢子，典型的是 4 个孢子；后者则是在子囊内产生的内生孢子，典型的有 8 个孢子(图 2-3)。

　　担子及担孢子的形成。担子起源于双核菌丝的顶端细胞。开始是顶端细胞逐渐膨大成担子，两核结合，经减数分裂产生 4 个单倍体的核，担子顶端生出 4 个小梗，小梗顶端膨大成幼担子，4 个单倍体的核通过小梗进入幼担子内，最后发育成 4 个单细胞即单核单倍体的担孢子，但是，也有只产生两个担孢子的，如花耳科、珊瑚菌科中有些种只产生两个单核担孢子，另两个子核担子消退了；双孢蘑菇则产生两个双核担孢子。然而，有时也会出现异常现象，一个担子上只产生一个担孢子，或 1～6 个担孢子。

子囊及子囊孢子的形成。先经单核菌丝细胞交配后，经质配形成双核细胞的产囊菌丝。由产囊菌丝顶端的双核细胞伸长和弯曲成为一个钩状体，双核并列，形成 4 个子核。其中两核移到钩头，一核在钩尖，另一核在钩柄。继之，钩头与钩尖、钩柄之间各生横壁将钩状体分成 3 个细胞，钩尖、钩柄各有一核，钩头细胞含两核，此双核细胞即为子囊细胞，由它引长与双核进行核配而发育成子囊。子囊中的双倍体细胞核，经过减数分裂形成 4 个单倍体的细胞核，经过一次有丝分裂形成 8 个细胞核。以后，围着每核的细胞质与子囊中细胞质分裂，并形成细胞壁，成为 8 个子囊孢子。

2.2.1　孢子（spore）

孢子的形状、大小、颜色、表面特征及孢子壁厚薄等是进行常规分类的重要依据之一。种类不同，孢子的形状不同，常见的有球形、卵形、椭圆形、圆柱形、腊肠形、肾形、多角形、星形、柠檬形、棱形、纺锤形等。孢子的外表面呈光滑、粗糙、麻点、小疣、小瘤、刺棱、网棱、沟纹、纵条纹等。用扫描电镜拍摄的照片，孢子壁各种纹饰更清晰（图 2-4）。

孢子的颜色，在显微镜下大多是无色透明的，也有带颜色的，但是，大量孢子成堆时，呈现出各自的群体色彩。孢子堆的颜色是蘑菇

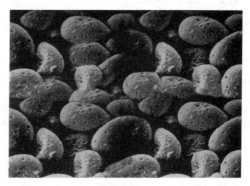

图 2-4　电镜下的灵芝孢子

目中分类的重要依据之一，通常用制备孢子印作鉴别。其方法是将已经成熟且新鲜的子实体，从菌盖下将菌柄切去，使菌盖覆在白色或黑色的蜡光纸上，孢子色深的种类用白纸，孢子为白色用黑纸，在特殊情况下，也可用一张白纸和一张黑纸拼在一起置于菌柄的两侧，然后在菌盖上加盖玻璃钟罩或其他透光的覆盖物，以防止菇体干燥或气流吹散孢子。在 10～20℃下，经数小时，移去菌盖，就可得到由大量孢子沉积在纸上而形成的孢子印。

制作孢子印时也可不切去菌柄，将菌柄穿在铁丝或其他支架上，也可在附有纸的硬纸板上，打近似子实体菌柄直径大小的孔，将其菌柄穿于洞中，菌柄向下接盛有半杯水的杯口上并加盖玻璃钟盖，再按上述步骤收取孢子印。

孢子释放（released spore）是指孢子从产孢结构上脱落的过程。真菌的孢子释放有被动和主动两种方式。被动释放是借助风力、雨水、冲刷滴溅或昆虫携带的媒介作用而脱离产孢组织。例如，马勃目（Lycoperales）子实体成熟时脱水干燥，粉状的孢子即靠风的抽吸而释放；鬼笔属（Phallus）、竹荪属（Oictyophora）、笼头菌属（Clathrus）的产孢体成熟时会分泌发臭的黏液吸引昆虫，孢子即借昆虫而释放；块菌（Tuber）位于地下，其孢子则靠子实体成熟时产生的特殊气味，由啮齿类动物啃食而释放；鬼伞属（Coprinns）真菌的孢子则依靠子实体自溶，由雨水冲刷而被动释放。不少真菌的孢子能自动释放，伞菌担孢子在成熟时孢子与小梗连接处分泌液滴，随着液滴迅速膨胀，内在增大而使孢子脱离小梗。例如，盘菌则通过子囊顶端或近顶端侧面的开裂强力弹射而使孢子脱离子囊；弹球菌属（Sphaerobolus）的真菌则有一种特殊的释放机制，其孢子埋裹在小包内，担子果成熟时，内包被细胞糖原水解成还原糖，吸水扩展，由水引起的张力可使内包被突然反卷而将小包弹射出外，远及 2m 以上。

真菌的成熟期内几乎每天都可释放孢子，但 Sreeramulu（1963）和 Ho 等（1981）测定，树舌（Ganoderma applanatum）等灵芝属（Ganoderma）真菌的孢子释放以午夜时分最多，而白

天午时释放最少。真菌释放孢子的数目十分惊人，有人统计，紫芝（*G. sinense*）每天可产2.5 亿颗孢子，而鳞多孔菌（*Polyporuss quamoseus*）和木层孔菌（*Phellinus* sp.）一生中所产的孢子数多达 36 亿～300 亿。

孢子类似种子，是真菌经无性或有性所产生的繁殖单位。在适宜条件下，它萌发成管状丝状体，称为菌丝（hypha）。菌丝以顶端部分进行生长，每一个细胞都有潜在的生长能力。在显微镜下，菌丝多为无色透明、管状结构的丝状体。当多条菌丝聚集在一起时，肉眼可见多为白色。菌丝可分为气生菌丝、基上菌丝、基内菌丝，又称营养菌丝。菌丝还可以分为单核菌丝、双核菌丝、多核菌丝。

2.2.2　孢子萌发

孢子在适宜条件下，萌发成管状的丝状体，称为菌丝。依靠孢子繁殖是蕈菌主要特点之一。在一般情况下，孢子呈休眠状态存在。在适宜的外界条件下，如足够的水分、一定的营养、适宜的温度、酸碱度和充足的氧气等，孢子才能正常萌发。

水分是孢子萌发必备的第一步，水分首先是孢子壁膨胀软化，氧透过孢子壁，增加孢子的呼吸；水分可使孢内凝胶状态的原生质体转变化溶胶状态，使一系列酶发生作用，大分子物质得以降解，参与反应代谢加强；水分可促进孢子内可溶性物质运输到正在生长部位，供吸收或形成新细胞及其组分的需要。孢子在干燥的环境中不能萌发，如将草菇孢子放在水中浸泡 22～26h 萌发率最高。由此可见，充足的水分是孢子萌发的首要条件。

许多孢子在一定的营养和温度条件下才能很快地萌发。如将脱离担子的香菇孢子置于马铃薯、蔗糖、琼脂培养基上，在 25℃下培养，2h 后孢子膨胀约 1.5 倍，12h 后形成隔膜成为具两个细胞的单核菌丝。又如新鲜的木耳担孢子，放置栎木浸出液和蔗糖培养液中，在30℃下培养 6～8h 就可见到孢子壁突起长出芽管，培养 24h 萌发率可达 50%，60h 后发芽率为 94.67%，而在蒸馏水中培养的孢子极少萌发。这说明孢子的萌发温度和营养是必要的。

营养条件在决定孢子萌发的方式中有显著的作用。华中农业大学将银耳芽孢子接种在每升培养基中含有麸皮 100g、麦芽糖 10g、蔗糖 10g、蛋白胨 2g、过磷酸钙 1g、磷酸二氢钾1g、硫酸镁 0.5g、琼脂 30g 的培养基上，15d 左右在芽孢子菌落边缘可见萌发的菌丝，将菌丝移植于每升培养基含有麸皮 100g、麦芽糖 10g、葡萄糖 10g、硫酸铵 1g、过磷酸钙 1g、琼脂 30g 的培养基上培养，菌丝会比较稳定而旺盛的生长。而银耳担孢子，在培养基斜面上则难以直接萌发成菌丝，常以芽殖方式产生酵母状分生孢子（芽孢子）。

又如木耳担孢子萌发也有两种方式：①直接发芽，孢子萌发后呈菌丝状；②不直接萌发为菌丝，而是在担孢子中先产生隔膜，隔成多个细胞，每个细胞可长出 1 或 2 个小梗，小梗的基部粗顶端细，上面可着生多个钩状分生孢子。此外，糖的浓度是控制这两种萌发方式的主要因素，糖浓度在 1% 以下时，担孢子萌发多产生分生孢子；糖浓度在 1% 以上则主要进行直接发芽。双孢蘑菇担孢子萌发时特别需要依赖于其子实体或菌丝体浸出液的刺激，或异戊酸、酪酸、丙酸 10mg/L、醋酸 5mg/L 液的刺激。

孢子萌发的生理生化过程是一酶促反应，因此与温度关系密切。孢子在一定温度下才能萌发，不同的孢子萌发时对温度要求也不同，主要与其种性和原生境有关，如草菇孢子萌发最适温度为 39～40℃；香菇孢子萌发的最适温度为 22～26℃；银耳担孢子萌发的最适温度为 20～25℃；双孢蘑菇担孢子萌发的最适温度为 23～25℃；凤尾菇担孢子萌发的最适温度为 22～26℃；木耳担孢子萌发的最适温度为 30℃，萌发的最低温度为 6～10℃，最高温度为 40℃。通常新形成的孢子萌发率低，经过一定时期的休眠后才能正常萌发。孢子的萌发一般以萌发百分率或萌发速率表示。在适宜温度下孢子不但萌发率高，而且萌发所需时间也短。

　　大多数蕈菌孢子萌发对环境 pH 也有一定的要求，一般以 pH4.5～6.5 为宜。另外，在培养基上，一般植入孢子密度较大，其发芽快，萌发率也高。

2.3　菌　丝　体

　　菌丝体(mycelium)是菌丝的集合体，纵横交错，形态各异，具有多样性。菌丝细胞的分裂多在每条菌丝的顶端进行，前端分枝。菌丝在基质中或培养基上蔓延伸展，反复分枝网状成菌丝群，通称菌丝体。其功能至少有吸收营养、代谢物质的运输、代谢产物的储藏及繁殖 4 种。按照发育顺序，菌丝体可分为初生菌丝体、次生菌丝体和三次菌丝体。

　　蕈菌的培殖，无论是营养生长阶段，还是生殖生长阶段，主要受 13 个因素影响：种、水、肥、气、热、光、pH、风、虫、蝇、鼠、烟、杂(即杂菌)。

2.3.1　菌丝形态结构

　　蕈菌的菌丝有横隔膜(septum)，将其隔成单核、双核或多核的多细胞构造。细胞横隔膜上有小孔，直径 0.1～0.2μm。细胞结构是由细胞壁、细胞质膜、细胞核、线粒体、内质网、液泡、油滴、糖原等组成的菌丝细胞(hypha cell)(图 2-5)。

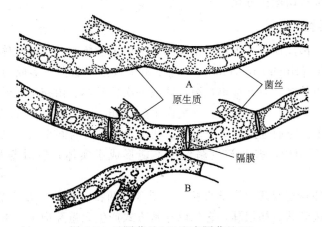

图 2-5　无隔菌丝(A)和有隔菌丝(B)

　　菌丝细胞是真菌的基本组成单位，圆筒状，一般直径 2～4μm，长 3～10μm。凡菌丝细胞只有一个核的称单核菌丝细胞，两个核的称双核菌丝细胞，含多核的称多核菌丝细胞。绝大多数蕈菌的菌丝，一般为双核菌丝细胞。蕈菌菌丝细胞壁一般是由几丁质的纤维组成，因其组别不同，几丁质的成分也不同。例如，子囊菌门的羊肚菌(*Morchella* spp.)、马鞍菌(*Hewella* spp.)细胞壁几丁质的主要成分是 D-半乳糖；担子菌门的蘑菇、香菇等几丁质的成分主要是岩藻糖。此外，还有氨基糖、蛋白质、甘露糖和葡萄糖等。

　　不论是子囊菌还是担子菌，它们菌丝的横膈膜在电镜下观察均有小孔，相邻细胞发生细胞质的流通，进行物质、能量及信息的交换。

　　发菌(spawn running)。发菌又名养菌，也称走菌，是指在培养基中，营养菌丝细胞生长分化，以及菌丝前端分支蔓延生长过程。在培养基中，菌丝有由表及里的生长特点。正常的发菌，一般需要 4 个基本条件。发菌的原则应是菌丝早萌发、早定植、早满袋、速战速决。

发酵(fermentation)。广义的发酵是指微生物分解有机物的新陈代谢过程,狭义的发酵是指微生物或其离体的酶分解糖,并产生乙醇或乳酸和二氧化碳等各种代谢产物的过程。发酵泛指通常为利用微生物制造工业原料或工业产品的过程。蕈菌的发酵生产有固体发酵和液体发酵两种。

深层发酵(submerged fermentation)。深层发酵是生物细胞团液体培养的一种方式。液体培养可分为表面培养和深层培养两类。表面培养是将静止培养在浅盘内的方法;深层培养也叫沉没培养或深层发酵,是一种培养物沉没在液体培养基中的培养。

菌类深层培养是在特定容器内,按照不同菌类的理化特性及其发育特点制成培养液,经灭菌后,在无菌条件下接入菌种,并在一定的压力、pH、通氧量、通气洁净度、废气排出、碳氮比、搅拌转数、搅拌方式、培养密度、菌体活力等条件下,使其在较短的时间内大量增殖,并适时采取菌体细胞或发酵液的过程。深层发酵的特点是无菌生产条件可控制;在短时间可获得大量细胞物和代谢物;可自动化控制大规模工厂化生产。发酵工程属生物过程中五大工程(细胞工程、基因工程、酶工程、发酵工程、生化反应器工程)之一。

搔菌(mycelium stimulation)。搔菌是在蕈菌生产过程中,采用工具机械除去原接种点、气生菌丝体、菌皮。搔菌时,要尽量少损伤培养基中的菌丝体,并露出新鲜面的菌体。搔菌是一种机械刺激可促进菌丝体分化。

2.3.2 菌丝体类型

按照发育顺序,菌丝体可分为初生菌丝体、次生菌丝体和三次菌丝体。

(1)初生菌丝体(primary mycelium)。它是由单核孢子萌发所形成的菌丝体,并有桶状隔膜,多为单核、单倍体,故又称单核菌丝体或一次菌丝体。由初生菌丝体上可产生厚垣孢子(chlamdospore)、芽孢子(gemma)、分生孢子(conidium)、节孢子(arthrospore)、粉孢子(oidium)等无性孢子。它们也是单核单倍体。初生菌体发育时间很短,以后发育方向主要是次生菌丝体。在担子菌中,多数初生菌丝体不能形成子实体,但滑菇及蜡伞属的几个种除外。

少数担子菌,如双孢蘑菇的孢子萌发时,则含有两核。另外,有些蕈菌的孢子萌发时,也不是一开始就成菌丝状。如银耳,它先以芽殖方式产生大量芽孢子,再由芽孢子萌发为单核菌丝;木耳的担孢子有时也并不直接萌发为菌丝,而是先在担孢子中产生横隔,隔成多个细胞,每个细胞又产生多个钩状分生孢子,再由钩状分生孢子萌发成菌丝。这些孢子都是无性孢子,又为次生孢子(secondary spore)。粉孢子通过菌丝顶端直接断裂形成薄壁的繁殖体,每段可长成新的个体。分生孢子通常着生于分生孢子梗上,由单核菌丝,或双核菌丝的顶端,或旁侧分别形成的薄壁细胞,萌发后又变成单核菌丝或双核菌丝,如金针菇、滑菇、黑木耳在生活史中均能产生单核分生孢子。厚垣孢子由菌丝细胞壁增厚而变成,它呈圆球形,间生,成熟后脱离或不脱离菌丝。由于厚垣孢子细胞内富含水及营养物质,能抵御不良环境,因此条件适宜时,它能萌发形成菌丝体。厚垣孢子在草菇、蘑菇、鬼伞中较常见。节孢子又称节状分生孢子,它是由菌丝细胞分隔后断裂而成的单个细胞,一般长椭圆形,两端浑圆,节孢子常见于银耳目菌类生活史中,它是银耳的重要特征之一。银耳的单核菌丝、双核菌丝均能以断裂方式或形成节孢子方式,其节孢子通常以出芽方式增殖,形成类似酵母状芽孢菌落(colony)。

(2)次生菌丝体(secondary mycelium)。它由两条可亲和的初生菌丝细胞经原生质融合

（质配）发育而成，因此有两个核。担子菌的初生菌丝配对在早期进行。在形成次生菌丝体时，两个初生菌丝的细胞核并不融合，因此，双核菌丝细胞是担子菌类的主要菌丝细胞形态。次生菌丝体的每个细胞含有两个核，故而又称双核菌丝体，遗传学上可用 $n+n$ 表示，以区别于单核细胞（n）和合子（$2n$）。一个细胞中的两个核，在遗传上可以来源于同核，也可以源于异核，前者形成同核双核菌丝体，后者则形成异核双核菌丝体，又称异核体（hetero caryon）。子囊菌类的双核菌丝是在产生子囊前夕才形成，它们的子实体实际是初生菌丝和双核菌丝的融合物。无论担子菌还是子囊菌，其初生菌丝只有发育到一定阶段，开始性成熟才发生性行为，即使细胞双核化。

在蕈菌中，约占 75％的次生菌丝体为异核体，只有 25％的次生菌丝体为同核体双核菌丝形态，而且是大多数担子菌的蕈菌丝状态。担子菌的初生菌丝细胞的质配在早期进行，其子实体是由双核菌丝发育而成。因此，大部分蕈菌的子实体都是由这种双核菌丝发育而成。在培殖过程中，只要切取子实体的组织块就可以分离出双核菌丝菌种。

双核菌丝同样有幼和老之分，幼嫩菌丝细胞的原生质浓稠，染色时着色深且均匀；老化的菌丝细胞内被气泡所充满，生活力衰退。所以，菌种分离和移植都要选用菌丝尖端幼嫩部分。

在大自然中，双核菌丝的生长分化通常是从一点出发不断地向四周辐射扩展，由于中心老的菌丝体死亡，其菌丝体尖端仍有旺盛的生命力，向四周辐射生长新菌丝体呈圆形、半圆形或马蹄形，产生子实体形成"蘑菇圈"，又称仙人环，在森林中，尤其在草原上可寻找到。这一点也充分证明菌丝尖端生长的特点。

按双核菌丝在基质中的生长表现可分为气生菌丝和基内菌丝两类。气生菌丝生长在基质表面，而基内菌丝则生长在基质通体。无论哪种菌丝都以顶端部分生长。但是，菌丝的每一个细胞有潜在的生长分化能力，也就是当将菌丝由机械断裂后，其菌丝的端点同样表现为生长优势。

绝大部分担子菌在双核菌丝阶段进行细胞分裂时，能形成锁状联合（clamp connection）。它是一种类似锁臂的菌丝连接过程，现被认为是绝大部分担子菌（包括少部分子囊菌）双核细胞分裂繁殖的一种方式，双孢蘑菇和草菇除外。在子囊菌中，只有某些块菌有锁状联合。凡发生锁状联合的就一定能产生子实体。锁状联合形成过程见图 2-6。先在顶端细胞两核间的细胞壁产生一个喙状突起，双核中的一个核移入喙突的基部；双核同时分裂，形成 4 个核，其中两个核留在

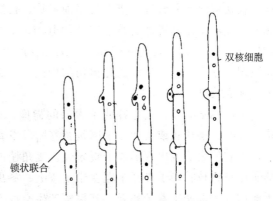

图 2-6　形成锁状联合的细胞分裂模式图

细胞的上部，二者中的一个核留在细胞基部，另一个核进入细胞喙突部位；在原细胞两核间产生隔膜，把细胞分为前后两部分及喙突部，其前端细胞为双核，后部细胞和喙突部均为单核；喙突部后部细胞壁共邻沟通，喙突中的核移入后部细胞形成一个带有喙突部的双核细胞，从而，一个双核细胞分裂成为两个双核细胞。确切地说，在两个细胞内留有一个喙突痕迹，形似锁臂故而得名。

（3）三次菌丝体（thrid mycelium）。它是由次生菌丝体发育而成，又称结实性双核菌丝

体，是一种组织化的双核菌丝体。子实体中的菌丝体，包括骨骼菌丝体、生殖菌丝体、缠绕菌丝体及菌核、菌索、子座、菌根、菌膜中的专营输导或营养贮藏的菌丝体等。

　　骨骼菌丝(skeletal hyphae)。它是一类厚壁、无隔膜的长形菌丝，起支撑作用，以加强菌丝体的形态的稳定性。骨骼菌丝一般挺直，或稍弯曲，无锁状联合，大多数多孔菌的骨骼菌丝无分枝，但是，灵芝或乌芝类菌的骨骼菌丝有分枝。

　　生殖菌丝(generative hyphae)。它是子实体的基本结构单位。薄壁、分枝、通常有隔膜，有或无锁状联合，在一定条件下可以发育成担子及担孢子，也可以分化为骨骼菌丝或联络菌丝。生殖菌丝不同于骨骼菌丝或缠绕菌丝，它存在于所有的子实体中。

　　缠绕菌丝(ligative hyphae)。它是一种无隔膜、多分枝的厚壁或薄壁菌丝。它比骨骼菌丝细而弯曲，常交织在一起，缠绕于骨骼菌丝和生殖菌丝上。也有人称它为联络菌丝(binding hyphae)。

　　营养菌丝(vegetative hyphae)。它是指子实体组织中除生殖菌丝以外的其他菌丝，包括骨骼菌丝的联络菌丝等。

　　菌核(sclerotium)。它是由菌丝体密集而成的有一定形状的休眠体。质地坚硬，色深，大小不一，小到枣核，大到头颅。菌核的表层为皮层，由一至数层紧密排列的厚壁细胞组成。菌核的内层为菌髓，由无色菌丝交织而成。菌核中养分较多，抗逆性强，在冬季$-30{}^{\circ}\!C$的内蒙古草原，口蘑是通过形成菌核过冬的。口蘑的菌核多分布于近地面 $24\sim30cm$ 土壤中。

　　中国名贵药材如茯苓、猪苓、雷丸等都是真菌菌核的典型代表。菌核也是繁殖体。在环境条件适宜时，菌核可萌发产生菌丝，或者由菌核上直接发育成子实体，释放孢子，繁衍后代。所以菌核既是休眠体，又是贮藏器官，还是菌种的繁殖体。

　　菌索(rhizomorph)。它是对不良环境的一种适应形式，遇到适宜条件可由生长点恢复生长。它是一种类似索状的菌丝体组织，似植物的根须。顶端部位为其生长点，可不断延长生长，长达数厘米和数米。菌索的粗细不等，长短不齐，表面色暗，其横断面可分皮层和髓两部分。皮层由排列紧密的数层厚薄细胞组成，中央髓部分为薄壁疏丝组织，如密环菌(Armillaria mellea)和发光假密环菌(Armillariella tabescens)都能形成菌索。菌索是真菌的疏导组织，也可作药。治疗跌打损伤的中药——鬼毛针，就是安络小皮伞(Marasmius androsaceus)的菌索。

　　子座(stroma)。它是容纳子囊果的褥座，由似薄壁组织和疏丝组织聚集而成，多呈垫状、栓状、棍棒状或头状。子座是营养阶段发育到繁殖阶段的一种过渡形式，子座发育成熟时，在它的表面或内部形成子囊果壳。麦角菌的子座呈头状，子囊壳埋生于子座内；蛹虫草的子座呈树枝状，子囊壳半埋生于子座上；冬虫夏草的"草"是冬虫夏草的子座呈棍棒状，在子座的前半部密生着子囊壳，其该菌产生有性孢子——子囊孢子的器官。

　　菌根(mycorrhiza)。它是真菌与植物根系结合形成的共生体。已知约有80%的植物能与真菌形成菌根，以高等种子植物中的松、雪松、冷杉、栎、榛、山毛榉、桦、杨、赤杨等植物最著名，苔藓和蕨类也能与真菌形成菌根。菌根有外生菌根和内生菌根之分。前者的菌丝包裹在根系的表面形成菌套(哈氏网)，不侵入根细胞内，仅在根细胞的间隙间蔓延；后者的菌丝则侵入植物的根细胞内。真菌可以通过植物获得碳水化合物和维生素 B_1 等，而菌根植物通过真菌菌丝对矿物质及有机物的分解获得无机盐、氮素营养和促生长物质(如胡敏酸和富敏酸)，彼此有益。能与植物形成菌根的真菌称菌根真菌。菌根真菌广泛分布于子囊菌门中的块菌和大团囊菌属，以及担子菌门中的牛肝菌、口蘑、鹅膏菌、杯伞、蜡伞、丝盖伞、铆钉菇、乳菇、松塔牛肝菌、齿菌、鸡油菌、革菌等中。

菌膜(velum)。它是在培殖生产过程中，当菌丝体达其生理成熟后，在培养基表面上形成的菌皮。它是菌丝紧密交织成的一层膜状物，也称其为菌皮，常见于老化菌种的表层老化的菌体。它是菌丝体老化的特征，也是受到逆境自我保护的一种适应现象，常常会影响菌丝扭结、原基分化、显蕾。接种时，应除去菌膜，取菌丝体生长旺盛的部位。

小　　结

蕈菌的子实体是大型高等真菌的繁殖器官，可分为菌盖、菌褶和菌管、菌幕、菌柄、菌环、菌托及子实层等。根据蕈菌有性阶段孢子产生方式不同，分为担子菌和子囊菌。担子菌的担孢子和子囊菌的子囊孢子都是有性孢子。前者是在担子上产生的外生孢子，典型的有4个孢子；后者则是在子囊内产生的内生孢子，典型的有8个孢子。孢子是真菌经无性或有性所产生的繁殖单位，其形状，大小、颜色、表面特征、孢子壁厚薄等是进行常规分类的重要依据之一。菌丝可分为气生菌丝、基上菌丝、营养菌丝。菌丝还可以分为单核菌丝、双核菌丝、多核菌丝。

蕈菌的菌丝有横隔膜，将其隔成单核、双核或多核的多细胞构造。细胞横隔膜上有小孔，直径 $0.1 \sim 0.2 \mu m$。细胞的结构是由细胞壁、细胞质膜、细胞核、线粒体、内质网、液泡、油滴、糖原等组成的菌丝细胞。

锁状联合是一种类似锁臂的菌丝连接过程，被认为是绝大部分担子菌双核细胞分裂繁殖的一种方式。菌丝在基质中或培养基上蔓延伸展，反复分枝网状成菌丝群，通称菌丝体。其功能至少有吸收营养、代谢物质的运输、代谢产物的储藏及繁殖等4种。

思　考　题

1. 名词解释：菌丝体、孢子、原基、菌蕾、子实体、搔菌
2. 简述锁状联合的形成过程。
3. 什么是子实体？伞菌子实体模式结构由哪几部分构成？

第 **3** 章　蕈菌的生态环境

　　蕈菌的生态环境包括生物和非生物环境，研究的是蕈菌与周围环境的相互关系，以地理环境为主。蕈菌的分布与地理纬度、海拔高度、地形地貌、植被类群、土壤结构、土壤酸碱度、土壤肥力、土壤微生物、土壤动物，以及近地面大气、温度、湿度、光照等都有密切关系。因此，驯化某种蕈菌离不开地理环境要素，模拟当地理环境诸要素是非常必要的。

　　掌握蕈菌的生活习性与其生活环境的关系，了解蕈菌在自然界分布的规律，有助于蕈菌的驯化和高产培殖，合理地利用资源，繁荣经济。

　　蕈菌的生长分化离不开水、肥、气、热、光、酸碱度等非生物条件，同样也与植物、动物及其他微生物等有着密切联系，蕈菌与环境是对立统一的有机整体，共同形成存在于对立统一的生态系统中。

　　蕈菌的繁殖是靠有性孢子和无性孢子及其菌丝体，并借助于气流、水流、土壤、动物、植物等因素传播到其他的地方。

　　蕈菌主要可分为三大类，即腐生性蕈菌、寄生性蕈菌、共生性蕈菌。

　　第一类腐生性蕈菌，蕈菌绝大多数都是腐生菌，它们靠分泌各种胞外或胞内酶，将死亡的有机体，主要是纤维素分解吸收，从而构成菌体，或从中取得能量。它们不仅在维持自然界物质转化和能量转换中发挥作用，也为人类提供优质的食品。然而，大型高等真菌中也有许多种类会引起木材腐朽，造成经济损失。

　　第二类寄生性蕈菌，其中绝大多类引起植物病害，少数种类还能导致人畜的皮肤病，或寄生于昆虫和线虫中。蕈菌中的密环菌与假密环菌属兼性寄生菌类，而冬虫夏草则纯属寄生菌类。

　　第三类共生蕈菌，它与高等植物，特别是木本植物发生共生关系，与后者的根部形成菌根，如美味牛肝菌、松口蘑、松乳菇和黑孢块菌等。

　　蕈菌的生态环境，是以地理环境为主，蕈菌的分布与地理经纬度、海拔高度、地形地貌，植被类群、土壤结构、土壤酸碱度、土壤肥力、土壤微生物、水体微生物、大气微生物等都有着密切的关系。

3.1　蕈菌的生物环境

　　蕈菌的生物环境一般是指影响蕈菌个体、种群、群落和生态系统的一切生物因素。蕈菌的生长分化、繁殖及衰亡与其周围的其他微生物、动物、植物、病毒密切相关，是对立统一体。

3.1.1　蕈菌与微生物

　　蕈菌的有益微生物为蕈菌提供营养物质，如假单孢杆菌（*Pseudomonas* sp.）、嗜热真菌[腐质霉（*Humicola*）]和嗜热放线菌[嗜热链霉菌（*Str. thermophilus*）、高温单孢菌（*Thermo polyspora*）、高温放线菌（*Thermo actinomyces*）]等能分解纤维素、半纤维素、软化秸秆，为蘑菇生长提供必需的氨基酸、维生素和醋酸盐等。死亡微生物菌体蛋白质和多糖体等养分是蘑菇生长分化所需的良好养料。嗜热放线菌可产生生物素、硫胺素、泛酸和烟酸等。腐质菌可合成 B 族维生素。培殖蘑菇的培养料堆制发酵过程主要靠有益微生物来完成。在堆肥中，有两种真菌：嗜热毛壳菌(*Chaetomium thermophile*)和一种腐质菌(*Humicola insolens-var, thermoidea*)，它们在堆肥的产热期大量存在。前者的纤维素酶活性强，可把纤维素分解为纤维二糖和葡萄糖；后者的纤维素酶活性不强。但是，可将纤维素二糖降解为葡萄糖利于双孢蘑菇对养分的吸收。另一方面，培养料中的微生物繁殖过多，消耗料中的营养物质过大，也会降低培养料的质量。

有的蕈菌必须与其他微生物伴生，如银耳的芽孢子(酵母状分生孢子)不能有效地分解纤维素和半纤维素，也不能很好地利用淀粉，只有利用香灰菌分解纤维素得到糖，才能繁殖结耳。因此，制银耳菌种时，常混入香灰菌。

有些微生物能促进蘑菇子实体的形成，如假单孢菌属(*Pseudomonas*)、节细菌属(*Arthrobacter*)、芽孢杆菌属(*Bacillus*)及沙雷氏菌属(*Serratio*)等，其中的臭味假单孢菌(*Pseudomonas putida*)能促进蘑菇子实体的形成。这些球形菌丝微生物(spherical mycelioid microorganisms)被蘑菇菌丝体产生挥发性代谢物"吸引"或在菌丝体周围；另外这些微生物所产生的甾醇、核苷酸及激素类物质，又促进蘑菇菌丝体的生长和发育。

双孢蘑菇(*Agaricus bisporus*)培殖料的正确堆制发酵是创立双孢蘑菇优质高产的关键。Stanek(1974)发现，嗜热放射菌和耐热真菌分解纤维素产生维生素，有利于蘑菇菌丝生长。后来，人们又发现，由于嗜热细菌的活动产生的多糖，可以更好地被蘑菇菌丝吸收利用。

覆土可以促进双孢蘑菇从营养生长向生殖生长的转化，在这过程中，除温度、湿度、碳水化合物及其浓度和 pH 有一定影响外，起关键作用的是一些存在于覆土层的细菌。这些细菌中，影响较为明显的被鉴定为致腐假担孢杆菌(*Pseudomonas putida*)。Viuscher(1978)和Rainey(1989)通过室内研究也表明，没有这些特殊微生物的作用双孢蘑菇难以完成从营养生长向生殖生长的转化。Stanek(1974)研究发现蘑菇菌丝碰到腐假担孢杆菌，一是扩展速度明显加快；二是促进原基的形成。

蘑菇子实体的形成实际上是其菌丝体和特定微生物共同作用的结果。培殖蘑菇覆土的作用在于吸附菌丝体产生挥发性代谢物，使覆土层中的有益微生物得以适度繁殖。因此，蘑菇、鸡腿菇等的子实体只有覆土后才能大量形成。

杨佩玉等(1990)研究证明，固氮菌和高固氮菌与草菇菌丝共生或促进，草菇能在固氮菌落上生长，而且菌丝浓密健壮。除此之外，还能促进草菇菌丝的扭结与菇体的发育。

银耳(*Tremella fuciformis*)及其伴生菌(*Hypoxylon* spp.)相互关系的研究为银耳大面积培殖的推广打下了理论基础。1954 年，杨新美通过实地考察和研究首次发现，在培殖银耳的木段上，有一种灰色线菌及一种球壳菌经常与银耳伴随生长，这种被菇农称之为"香灰菌"的真菌。以后被证明是银耳的一种伴生菌。徐碧如(1983)研究了两者的关系，发现银耳在培养基上能正常发育成子实体，而在木段上和木屑上就不能形成子实体，必须有香灰菌的参与才能形成子实体。

无论大自然中存在的猪苓[*Polyporus umbellatus*(pers.)Fr.]菌核，还是人工培殖的猪苓菌核，只有被密环菌[*Armillaria mella* (Vahl es Fr.)Quěl.]侵染后，才能成功地萌发新苓。徐锦堂等阐明了密环菌对猪苓菌核的侵染是一种主动侵染过程。由于密环菌的侵染，诱导了菌核防御结构的发生和分化，并在侵染初期阶段，菌核菌丝还可以反侵入到密环菌菌索皮层细胞中，形成内生结构，获得菌核发育的营养。密环菌在猪苓菌核中生存，并不引起菌核的破坏，相反可以促进菌核的生长分化。

一般讲，菌根蕈菌担孢子的自然萌发率很低，大都需要生物因子的刺激才能有利萌发，如马勃属（*Lycoperdon*）和秃马勃属的孢子在胶红酵母（*Rhodtoruda mucilaginosa*）、血红球似酵母（*Torulopsis sanguiner*）的影响下才能顺利萌发。

总之，有益微生物与蕈菌相互作用的机制主要表现为以下 4 个方面：①有益微生物对培养基质的转化作用为蕈菌的生长分化提供营养；②有益微生物是合成蕈菌生长分化的必需物质；③有益物质的代谢活动可清除抑制蕈菌生长分化的因子；④有益微生物的活动导致环境的改变，为蕈菌提供一个更适合的生境。

蕈菌的有害微生物主要与蕈菌争夺养料，污染菌种和培养料及腐蚀子实体，最终造成蕈菌减产质量低下，经济效益下降。蕈菌的有害微生物种类繁多，主要有细菌类、放线菌类、酵母菌类、真菌类、病毒类等。

（1）细菌（*Bacterium*）类：污染蕈菌菌丝体的主要有枯草杆菌黏液变种（*Bac. subtilus* var. *mucoides*）、蜡状芽孢菌黏液变种（*Bac. cerens* var. *mucoides*），都是革兰氏阳性细菌，含有芽孢产生黏液分布广、繁殖快。前者的芽孢位于菌体中央；后者的芽孢则位于菌体一端。荧光假单孢菌（*Pseudomonas fluorescens*）、拖氏假担孢菌（*P. tolaii*）等是蘑菇细菌性斑点痘痕病的主要病原菌。在菇房湿度过高时，常会使子实体带有黄褐色斑点，影响产品价值。

（2）放线菌（*Actinomycete*）：常污染蕈菌菌丝体，主要存在于土壤和厩肥中，常见的有白色链霉菌（*Streptomyces albus*）、湿链霉菌（*Str. humidus*）、链霉菌（*Str. sp.*）等。

（3）霉菌（*Mould*）：霉菌不是分类学上的名词，而是一些微观丝状真菌的总称，主要有曲霉、青霉、毛霉、木霉、脉孢霉、根霉等。

A. 主要污染蕈菌丝和培养料的有：曲霉，如黑曲霉（*Aspergillus niger*）、黄曲霉（*A. flarus*）、白曲霉（*A. condidus*）、土曲霉（*A. terreus*）。青霉，常见的有圆弧青霉（*Penicillium cyclopium*）、绳状青霉（*P. funiculosum*）、产紫青霉（*P. purpurogenum*）等。木霉，常见的有绿色木霉（*Trichoderma viride*）、粉绿木霉（*T. glaucum*）、康宁木霉（*T. koningii*）等。交链孢霉，常见的有细交链孢霉（*Alternaria tenuis*）、互隔交链孢霉（*A. alternata*）等。脉孢霉（*Neurospora*），又名链孢霉、红色面包霉，污染菌丝体和子实体主要是粗脉纹孢霉（*N. crassa*）和面包脉纹孢霉（*N. sitoohila*）。此外，还有根霉（*Rhizopus*）中的黑根霉[*R. stolonifer*（Ehrenb Fr）]、主霉（*Mucor*）（又名长主菌），黑面包霉中的总状主霉（*M. racemosus* Fr）。

B. 引起蕈菌子实体病害的丝状真菌主要有：头孢霉，又名褶霉，侵害蘑菇和香菇菌褶，常见的有菌褶头孢霉（*Cephalosporium lumellaecola*）、考氏头孢霉（*C. constantnii*）。轮枝孢霉，是蘑菇褶斑病的病原，常见的有伞菌轮枝孢霉（*Verticilium agaricinum* Corda）、菌生轮枝孢霉（*V. mallhousei*）和乳菇轮枝孢霉（*V. lactarii* Peck）。瘤孢霉，常生于蘑菇、牛肝菌、珊瑚菌、马鞍菌、银耳等的子实体，可使蘑菇腐烂，常见的有黄褐疣孢霉（*Mycogone cervina*）、红丝菌疣孢霉（*M. rosea*）、有害疣孢霉（*M. perniciosa*）等，其中有害病孢霉是蘑菇褐腐病（白腐病）的主要病源。镰孢霉（镰刀菌），是蘑菇猝倒病的病源，常寄生菇柄髓部，使菇体萎缩、变褐僵化，有尖镰孢霉（*Fusarium oxysporum*）、菜豆链孢霉（*F. martii*）。黄瘤孢，即黄麻球孢霉（*Sepedonium chrysospermum*），多寄生于绒盖牛肝菌、紫牛肝菌、假密环菌、蘑菇、白木耳等子实体上。假块菌，又称胡桃肉状菌（*Pseudobalsamia microspora*），主要危害蘑菇菌丝体，所及之处很少形成子实体。星孢寄生菇，又名蕈寄生

（*Nyctalis asterop* Hore Fr.），它专寄生在伞菌子实体上，此外还有其他一些寄生菌。

（4）酵母菌（yeast）：它是一群单细胞真菌的总称。在分类学上，分别归属于子囊菌门、担子菌门和半知菌类。在蕈菌生产中，主要有红酵母（*Rhodotorula rubra*）、橙色红酵母（*R. aurantica*）、黑酵母（*Aureobasidium pullulans*）。

（5）病毒（virus）：感染真菌的病毒称为真菌病毒。典型的真菌病毒颗粒直径为 25~48nm，呈全对称型，极少为棒状或其他形状。通常病毒核心包含双链 RNA（dsRNA），也包含双链 DNA（dsDNA）。真菌病毒在宿主细胞中复制，并产生新的病毒颗粒。真菌病毒不能直接传染到整体真菌细胞中去，一般认为是通过真菌细胞的细胞质交换。

3.1.2　蕈菌与动物

（1）蕈菌的有害动物：危害蕈菌生长分化的动物主要是昆虫类。它们吞噬菌丝体，或啃食子实体，伤口易受到微生物的侵染而带来病毒，一些蛾类或甲虫则通过危害栽蕈菌的菇木、耳木造成对蕈菌的间接危害。常见的有：①蝇蚊类，其中有菇蝇（*Sciaro* spp.）、菌蚊（*Mycophila fungicol*a），它们的幼虫称菌蛆，咬食子实体；②螨类，有食酪螨（*Tyrophagus* sp. *T. Lintneri loxgior*）、根螨（*Rhizophagus phlloxerae*）、长足螨（*Linopodes antennaepes*）、钝足螨（*Histiostoma gracillipes*）、跗线螨（*Tarsonemus floicolus*）、红辣椒螨（*Pigmaeophorus americanus*）等；③跳虫类，有紫跳虫（*Hypogastrura commanis*）、大青疣跳虫（*Moruina giganter*）、菇疣跳虫（*Achorutes armarus*）、蓝跳虫（*Lepidocyrtus cyaneus*）、菇跳虫（*L. lanuginosus*）、原跳虫（*Isotoma simplex*）等；④线虫类，有尖线虫（*Ditylenchus myceliophagus*）、滑刃线虫（*Aphelenchoides composticola*）等。以上这些害虫主要危害菌丝体和鲜菇。危害干菇的有香菇菜蛾（*Acrolepia shiitakei*）、锯谷盗（*Oryzaephilus surinamensis*）、赤颈郭公虫（*Necrobia ruficollis*）、扁谷盗（*Laemphloeus turcicus*）等。危害蕈菌的动物还有马陆、蜗牛、蛞蝓、尺蠖、潮虫、家鼠、田鼠等。

（2）对蕈菌有益的动物：白蚁（*Odontermes* sp.）常与鸡枞菌（*Termitomyces albuminosus*）形成共生关系，凡鸡枞菌生长处必有白蚁，鸡枞菌子实体的菌柄与白蚁巢相连。这可能是鸡枞菌利用蚁粪和白蚁分泌物促进生长，而白蚁则以鸡枞菌的白色菌丝球为食料。有些动物能传播蕈菌的孢子，如竹荪的孢子是靠蝇类传播；块菌的子囊果生于地下，它的孢子是通过野猪挖掘才能得到传播。

3.1.3　蕈菌与植物

1885 年，Frank 已将树木根部的菌与根合体称为菌根，它们是共生关系。已知有 80% 的植物能和真菌形成菌根。这些植物包括苔藓、蕨类和高等种子植物，尤其是雪松、冷杉、栎、榛、栗、山毛榉、桦、杨、赤杨等最凸显。能与植物形成菌根的真菌称菌根真菌。菌根真菌广泛分布于子囊菌门中的块菌和大团囊菌属，以及担子菌门中的牛肝菌、口蘑、鹅膏、杯伞、蜡伞、丝盖伞、柳钉伞、乳菇、蘑菇、松塔牛肝菌、齿菌、鸡油菌及革伞等属中。

中国常见的菌根蕈菌有喇叭菌、美味牛肝菌、雅致乳牛肝菌、点柄乳牛肝菌、褐绒盖牛肝菌、褐疣柄牛肝菌、红黄褐孔菌、潞西褶孔菌、卷边桩菇、铆钉菇、松孔菇、红汁乳菇、松口蘑、皱皮鳞伞、白环鳞伞、绒圈鳞伞、草鸡枞、橙盖鹅膏伞等。

菌根按菌丝在植物根部的存在位置可分外生菌根（*Ectomycorrhiza*）和内生菌根（*Endomycorrhiza*）两类。前者菌丝包裹在植物根系的表面，形成菌套（哈氏网），菌丝不侵入细胞内，仅在植物根系细胞间隙间蔓延；后者菌丝则侵入植物根细胞内。菌根的共生关系在于菌根能扩大植物根系的吸收面，增强根系吸收矿物和含氮有机物等能力，并分泌维生素、酶和抗生物质，既有利于真菌的发育和子实体的形成，还能为菌根的生长提供碳源和能源，因此，两者通过形成菌根彼此受益。

3.2 蕈菌的非生物环境

蕈菌的非生物环境一般指影响蕈菌个体、种群、群落和生态系统的一切非生物因素，包括①气候因子，如温度、水分、光照、风、气压及雷电等；②土壤因子，如土壤结构、土壤理化性质、土壤垂直深度等；③地形因子，如陆地、海洋、海拔高度、山脉走向及坡度等；④天体因子，如地球纬度、经度，地球、月球、太阳，包括其自转与公转。

3.2.1 蕈菌的水环境

蕈菌发育同样离不开水。水是生命体包括蕈菌的组成部分，也是生命体内生化反应的介质。水分子的极性、水的高热容、水的特殊密度的变化、水的相变等，包括水质、含水量、湿度、酸碱度等，每时每刻地影响蕈菌的生长、分化，繁殖、衰亡。它是适应环境的统一体。

陆地降水分布：赤道南北两侧 20°范围内为低纬度湿润带，年降雨量（不包括雪、冰雹）达 1000～2000mm；再向南北两侧扩展到 20°～40°为中纬度湿润带，年降雨量大于 250mm；极地地区为干燥地带。

大气湿度反映了大气中气态水含量。单位容积空气中的实际水汽含量（e）与同一温度下的饱和水汽含量（E）之比为相对湿度（RH），即 $RH = e/E \times 100\%$。相对湿度随地理位置而异。热带雨林地带，相对湿度通常在 $80\% \sim 100\%$，而荒漠与半荒漠地带，相对湿度低于 20%。如中国东南季风地带，冬季受西伯利亚高压干燥大陆气流控制，夏季则受夏威夷暖湿气流影响，因而冬季寒冷干燥，夏季多雨潮湿。由此产生了适应蕈菌不同生存条件的特异性蕈菌。

中国降水量的基本规律是由东南向西北降水量逐渐减少，大致可分为 7 条等雨线：华南降水量为 1500～2000mm；长江流域降水量为 1000～1500mm；秦岭和淮南地区降水量约为 750mm；从大兴安岭西坡向西，经燕山到秦岭北坡降水量为 500mm；黄河中上游降水量约为 250～500mm；内蒙古西部至新疆南部降水量为 100mm 以下，由于降水量地域分布不同而影响生物（包括蕈菌）的分布特征。

3.2.2 蕈菌的气环境

蕈菌发育同样离不开气，包括大气的质量、气压、风速等。蕈菌的生长、分化、繁殖、衰亡，是适应的统一体，尤其与大气的成分、有益气体和有害气体有直接关系，如 O_2、CO_2 的浓度直接影响着蕈菌发育、产品质量。

大气是指自地球表面到 1100km 范围内的空气层。越往上空气密度越稀薄，气压越低。大气是由氮、氧、二氧化碳、氩、氖、氙、氢、氪、氙、氨、甲烷、臭氧、氧化氮以及不同含量的水蒸气组成。在干燥的空气中，O_2 占大气总量的 20.95%；N_2 占 78.9%；CO_2 占 0.032%。在空气成分中，与生物关系最为密切的是 O_2 和 CO_2。没有 O_2 生物就无法生存。CO_2 是绿色植物光合作用的底物之一，又是生物氧化代谢的最终产物。绿色植物吸收 CO_2，放出 O_2。而蕈菌则吸收 O_2，放出 CO_2。

3.2.3 蕈菌的光环境

太阳辐射光谱主要由短波（紫外线、波长<380nm）、可见光（380～760nm）和红外线波

长(波长＞760nm)组成,如图 3-1 所示。三者分别占有太阳辐射总能量的 9％、45％和 46％,约 50％的辐射能是在可见光谱范围内。太阳辐射能是生物圈赖以生存的基础,使生物能够生长、分化及繁衍。

　　地球表面的太阳辐射主要受 4 个方面的影响:①最后到达地球表面的仅占太阳辐射的 47％,其中直接辐射为 24％、散射为 23％;②太阳高度角影响了太阳辐射强度,以平行光束射向地球表面的太阳辐射与地面的交角称为太阳高度角,太阳高度角越小,太阳辐射穿过大气层的路程越长,辐射强度越弱(图 3-2);③地球公转时,轴心以倾斜的位置接受太阳辐射(地球自转的平面与其公转轨道平面的交角为 23°27′)(图 3-2),由此导致地球表面不同纬度、不同时节、每天接受太阳辐射的时间呈周期性变化;④地面的海拔高度、朝向及坡度也会引起太阳辐射强度和日照时间的变化。

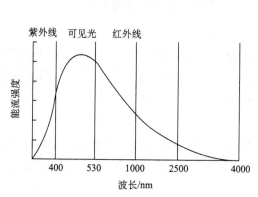

图 3-1　进入大气的太阳光谱

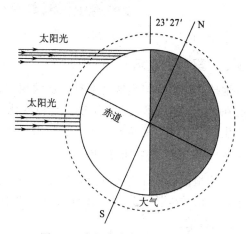

图 3-2　太阳高度角随纬度的变化

　　从光质看,低纬度地区短波光较多,随纬度增高长波光增加,随海拔高度升高短波光增加;夏季短波光较多,冬季长波光较多;早晚长波光较多,中午短波光较多。不同光质对绿色植物的光合作用,对生物的色素形成、向光性、形态建成、产品的品质及品像影响不同。

　　从日照时间看,除两极外(北极和南极都有极昼和极夜之分,一年内大致连续 6 个月是极昼,6 个月是极夜;一日之内,太阳都在地平线以下的现象,即夜长超过 24h),春分和秋分时全球昼夜相等。北半球日照在夏至(22/6)昼最长,并随纬度升高昼长增加(图 3-3);在冬至(22/12)昼最短,并随纬度升高昼长变短;在春分(21/3)和秋分(23/9)时各为 12h;从春分至秋分,昼长夜短。赤道附近终年昼夜相等。各地日照时数不同,对生物生长、分化及繁衍影响也不同。

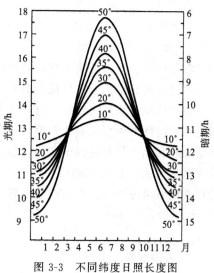

图 3-3　不同纬度日照长度图

3.2.4　蕈菌的温度环境

太阳辐射是地球表面的热能来源。无论生物还是非生物，一切物体在吸收太阳辐射后，均会体温升高，也会释放出热能。太阳辐射成为地表和地表大气层的主要来源。

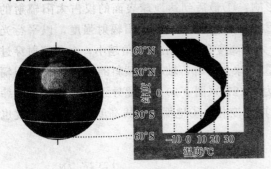

低纬度地区太阳高度角大，太阳辐射量也大。随纬度逐渐增加，太阳辐射量逐渐减少，导致地表气温也逐渐下降（图3-4）。大约纬度每增加1°，年平均气温则降低0.5℃，由此产生了自赤道北极形成了热带、亚热带、北寒带和寒带。

蕈菌的生长、分化、繁殖及衰亡与其环境温度密切相关。它是适应环境的统一体，形成了特定纬度的蕈菌菌群。

图 3-4　不同纬度的温度变化

3.2.5　蕈菌的土壤环境

地球土壤温度与当地气温有一定的相关性，特定的土壤理化性质，使其有自身的特点。一般在1m深度以下，土壤温度无昼夜变化。30m以下，土壤温度无季节变化。有的蕈菌实为土生菌，有的蕈菌需要覆土才能长出子实体，同样是适应环境的统一体。

3.2.6　蕈菌的酸碱度环境

无论是蕈菌营养生长阶段，还是生殖生长阶段，各种蕈菌不仅对培养基酸碱度有特定的要求，蕈菌的生长、分化、繁殖以及衰亡的生物化学反应，尤其是酶促反应都是在适宜的pH下进行的。

小　　结

蕈菌的分布与地理纬度、海拔高度、地形地貌、植被类群、土壤结构、土壤空气、土壤酸碱度、土壤肥力、土壤微生物、土壤动物，以及近地面大气、温度、湿度、光照等都有密切关系。

蕈菌的生长分化、繁殖与其周围的非生物和其他生物环境是对立统一体。

单孢杆菌、嗜热真菌等有益微生物为蕈菌提供营养物质，死亡微生物菌体蛋白质和多糖体等养分是蘑菇生长分化所需的良好养料。银耳的芽孢子不能有效地分解纤维素和半纤维素，也不能很好地利用淀粉，与香灰菌形成了共生关系。双孢蘑菇的生长离不开覆土，其作用是利用特殊微生物完成从营养生长向生殖生长的转化。有害微生物主要与蕈菌争夺养料，污染菌种和培养料及腐蚀子实体，危害蕈菌生长分化的动物主要是昆虫类；白蚁常与鸡枞菌形成共生关系。有80％的植物能与真菌形成菌根，形成共生关系。菌根按菌丝在植物根部的存在位置可分外生菌根和内生菌根两类。

思　考　题

1. 名词解释：菌根
2. 蕈菌按照营养代谢方式分为哪几类？
3. 有益微生物与蕈菌相互作用的机制主要表现为哪几个方面？
4. 菌根按菌丝在植物根部的存在位置可分哪几种？
5. 以白蚁与鸡枞为例说明蕈菌与动物共生的关系。

第 **4** 章　蕈菌的生理

蕈菌生理学(mushroom physiology)是认识、研究蕈菌生命活动规律(包括研究蕈菌细胞结构、理化性质、细胞的生长繁殖、菌丝体的生长、子实体的形态建成)、物质能量代谢、信息传递、信号转导、环境因子等生命活动中的联系和关系,并服务于人类的科学;为蕈菌的优质高产提供理论基础,从而使人类更充分、更合理地利用和保护自然资源的科学。

蕈菌生命活动的基本特征是自我更新、自我复制、自我调节,以及形态建成与衰亡。蕈菌自身与环境之间严格有序地进行着物质的转变、能量的转换、信息的传递、信号转导、形态建成及衰亡的过程。

4.1　蕈菌细胞的化学组成及其亚细胞结构特点

蕈菌的细胞是由水分、蛋白质、核酸、碳水化合物、脂肪、有机酸、矿物质、维生素和其他次生代谢物质所组成。

4.1.1　蕈菌细胞的化学组成及其特点

(1) 蕈菌的细胞化学元素组成:构成蕈菌细胞的化学元素受天体与地球化学的限制,也受地区地形、地貌等的限制。蕈菌细胞化学元素种类较多,表现为多样性。对其生命活动起重要作用的主要有 C、H、O、P、N、K、Mg、S、Ca、Fe、Na 等,其中 C、H、O、N、P、S、Mg、Ca 为大量元素,浓度一般在 10^{-3} mol/L。蕈菌生长分化所需要的微量元素均在 10^{-6} mol/L,或者更少,主要有 Fe、Cu、Mn、Zn、Mo 等。某些蕈菌生长分化也需要某些稀有和稀散元素,如锗、硒等。

(2) 蕈菌细胞中的主要化合物:蕈菌中的碳水化合物主要是多糖(葡聚糖、淀粉、糖原、几丁质、脱乙酰几丁质、甘露聚糖、葡甘露聚糖、半乳甘露聚糖等),单糖的含量一般很低,且主要以磷酸衍生物的形式存在,这些磷酸衍生物在中间代谢中具有重要的作用。蕈菌多糖种类多,在细胞内外都有分布,常以同质多聚体、异质多聚体、糖蛋白和肽聚糖的形成存在。多糖作为贮藏物质是其功能之一,糖原在蕈菌中(除卵菌外)也普遍存在。

香菇多糖、银耳多糖、灵芝多糖、云芝多糖、茯苓多糖、朴菇素、灰树花多糖、猪苓多糖、姬松茸多糖、猴头菇多糖等多具有较高的药用价值。

蕈菌含有较多的蛋白质、多肽及氨基酸,而且有些蕈菌中的蛋白质含量高,氨基酸种类丰富,尤其是人体必需氨基酸较为齐全。蕈菌多肽具有一定的抗肿瘤作用。

蕈菌细胞中的 DNA 含量较低,且较为恒定;而 RNA 的含量较高,且变化幅度大。蕈菌细胞中的重复 DNA 序列一般为中度或低度重复,高度重复的 DNA 序列很少见。蕈菌 DNA 的(G+C)%范围为 27%～70%(与细菌的 25%～75%基本相同)。DNA 中(G+C)%,被分子生物学技术列为真菌分类标准之一。人们发现伴随真菌由低等向高等的进化,其 DNA 中的(G+C)%也随之递增。因此,有人认为它可以用于真菌的起源和系统发育的研究。

从脂肪烃链看脂类,真菌碳链多为 27 个、29 个和 31 个碳原子(Weete,1974),而植物的脂肪烃链多为 29 个、31 个和 33 个碳原子。从脂肪酸看,真菌细胞内的脂肪酸主要是软脂酸、油酸和亚油酸。在真菌中，细胞膜含有较多的游离脂肪酸区别于其他生物。蕈菌中同样也含有各种有机酸。

蕈菌含有丰富的维生素。在矿物质中除钙和铁无机化合物含量特别丰富外，还含有一些在人体中起重要作用的稀有元素的有机化合物，如锗（以有机锗的形式存在）、硒等。

蕈菌次生代谢物主要有3个特点：①高度专一，往往仅限于某一个种或特定种内的某一株系；②次生代谢物在蕈菌生命活动中作用不明显；③次生代谢物的产生是在蕈菌生长分化过程中受到逆境时的产物，也是生态环境需要的产物。

蕈菌次生代谢物主要有抗生素、类胡萝卜素、橡胶物质等。这些蕈菌次生代谢物对人类有很高的利用价值，具有很大的开发潜力。

4.1.2　蕈菌的亚细胞结构及其特点

蕈菌的一般特征是无叶绿体、无根、无茎、无叶，具有明显的细胞壁，子实体不能迁移，并以孢子或双核细胞菌丝体进行繁殖。真菌常由丝状多细胞组成。广义蕈菌是大型高等真菌，同样具有真菌的一般特征。

真菌的原生质体与其他真核生物有相同的结构，细胞核具有核膜，核膜为两层，并具有特征膜孔，有核仁，当核进行分裂时，有时核仁会消失。在细胞质中，常见的细胞器和内含物有线粒体、液泡泡囊、内质网、核糖体、微粒体、微管等（图4-1），而高尔基体或分散高尔基体在真菌中却不常出现，至少不以它们的典型形式出现。

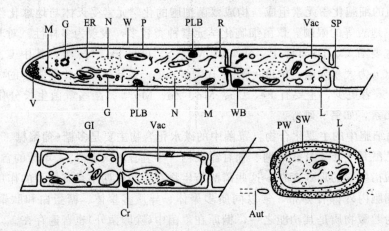

图4-1　真菌的菌丝，显示菌丝顶端、逐渐变老的菌丝和液泡，自溶现象和厚垣孢子的形成

注：V. 泡囊；M. 线粒体；G. 高尔基体；ER. 内质网；N. 细胞核；W. 细胞壁；P. 原生质膜；PLB. 膜边体；R. 核糖体；WB. 沃鲁宁体；Vac. 液泡；SP. 隔膜孔；L. 脂肪体；GI. 糖原；Cr. 结晶体；Aut. 自溶现象；PW. 初始壁；SW. 厚垣孢子的次生壁

真菌细胞壁含有特殊的多糖，如β-1,3-葡聚糖和β-1,6-葡聚糖、脱乙酰几丁质等。绝大部分真菌细胞壁的主要成分为葡聚糖，同时还会有其他的几丁质成分。

真菌细胞壁从外至内分为4层：①不定形的葡萄糖苷层，厚80~100nm；②糖蛋白层，此层不规则网状，厚约25nm，网孔宽约75nm，糖蛋白埋在异源的基质中，基质由不定形的葡聚糖苷组成；③蛋白质层，厚8~10nm，此层还存在着一些其他成分，但是，具体成分还不清楚；④几丁质微纤丝与蛋白质混合层，此层厚约20nm。

真菌细胞膜为典型的单位膜，其细胞膜的碳水化合物含量较其他生物膜高10%左右。

且游离脂肪酸含量较高，还含有蛋白质和糖蛋白。

真菌的细胞核小，一般为 $1\sim5\mu m$，含量一般不到 $10\mu g$。真菌细胞核的另一特点是具有修饰的组蛋白补体和维管蛋白组成的纺锤体状的构造。这种纺锤体状的构造可抗秋水仙碱（卵菌除外），而对苯炳咪唑杀菌剂敏感。真菌细胞核分裂的过程较植物要简单得多，一般很少形成纺锤体。

真菌线粒体的形状不规则，一般变化较大，其大小介于动植物之间。线粒体的脊具有盘状和管状两种形式。线粒体中的 DNA 常形成一些闭环，其周长为 $19\sim26\mu m$，植物的则 $30\mu m$，动物的 $5\sim8\mu m$。线粒体中也含有核糖体，一般体积较小，含有较少的，并含有各种碱性组分，核糖体的功能是合成某种蛋白质。真菌中已发现有两种核糖体，即细胞质核糖体和线粒体核糖体。

真菌细胞液泡是一种由一单层膜围成的囊状结构。人们推测液泡可能有 3 种功能，即氮素和磷素的贮存；水解酶的装贮和分泌；胞外多糖的合成与分泌。还有人认为，真菌液泡可能控制着某些代谢过程。

4.2　蕈菌的生长与繁殖

蕈菌菌丝体是由菌丝多细胞组成的。生长（growth）是在发育过程中，细胞、器官、有机体的数目、大小及重量不可逆的增加。它是量的变化，细胞的生长是有限的。

（1）分化（differentiation）。在蕈菌发育过程中，同质细胞在遗传、形态、机能、化学结构上发生了互不相同的细胞发育过程叫细胞分化。细胞分化是质的变化。分化主要是由于特定基因活动引起，在特定时间和空间内通过基因的选择，DNA 的复制、转录、翻译并形成特异蛋白质，发生特定的代谢反应，从而导致不同性状的形态上的变化过程。然而，细胞分化过程中，特异蛋白质的合成与降解及酶的激活与钝化虽然受基因支配，但是必须在细胞内和细胞外环境条件（光、温度、激素、代谢物、细胞和位置等）信号作用下才能实现。

当菌丝细胞达到一定的生理成熟时，在外界条件的刺激下，细胞则开始分裂，并形成两个子细胞。菌丝细胞顶端生长并向外延伸，由于菌丝活细胞都具有潜在的生长能力，几乎任何微小的菌丝段都能产生新的生长点，形成多细胞菌体。这种细胞分裂，使得个体数目增加称为细胞水平的繁殖。然而，在蕈菌中，从孢子萌发到子实体的形成乃至产生新的孢子，经历了营养体生长阶段和生殖体生长阶段。两者发生了质的变化，这过程中贯穿着生长和分化是发育的全过程。如果说有机体生产新的个体的过程（即个体的数目增加）称之为繁殖，那么蕈菌从孢子到新的孢子的发育过程即可称为繁殖过程。

（2）发育（development）。在蕈菌生命周期中发生的形态、大小、组织、结构、功能上的变化为发育。整个发育过程可分 3 个阶段，即胚胎建成阶段、营养体建成阶段、生殖体建成阶段。蕈菌发育又可以分不同水平，即分子水平、细胞器水平、细胞水平、组织水平、器官水平、个体水平，当然还可以有种群水平、群落水平、区域生态水平、生态系统水平、生物圈水平等。

总之，在发育的每个阶段都是彼此联系的。在前一阶段中已孕育着后一阶段的发生，而后一阶段是依前一阶段为前提发展而来的。发育始终贯串着植物生长和分化。发育有两个特点，即时间上严格有序性和空间上巧妙设计性。

4.2.1　菌丝的生长

菌丝由薄而透明的管状细胞构成，其中充满着密度不同的原生质体。大多菌丝中的原生质体被横隔膜所分割而形成多细胞。在多数高等真菌中，隔膜中间具有一特殊的类似桶形的膨胀物。隔膜两边的原生质体通过小孔与邻近细胞相连接，细胞核的移动通过小孔而受阻。

真菌菌丝的生长点菌丝顶端呈钝圆形，生长点位于此钝圆锥形的顶部。用苏木精染色时，生长点颜色较深的是真菌菌丝旺盛生长的部位，靠生长点后面可生分枝，每个分枝的顶端也都具有生长点。在生长点内 $1\sim2\mu m$ 处，主要含有浓度很高的原生质体和泡囊（vesicle）两大类物质。不同类群的真菌菌丝顶端聚集的泡囊大小和排列方式也不同。具有隔膜的丝状真菌，在生长时，靠近菌丝顶部有一易染色或折射力强的小球，称为顶体（spitzenkorper）。顶体是由亚泡囊围绕组成的核心泡囊。如用透射电镜观察，这一区内的细胞质呈典型颗粒状，并常常含有许多小泡囊。生长点后面一小段区域称亚顶端部分，该部分除含有细胞核、细胞质和大小泡囊外，还含有线粒体、内质网、核糖体、液泡、微管、晶体和糖原等细胞器和内含物。泡囊主要是在亚顶端处形成，它的结构基本与液泡相似，并且不断地将合成的物质向生长点输送，参与顶端生长点的生长。

真菌菌丝的生长为顶端生长，这对指导生产有重要意义，并且已获得了形态学和细胞学的证据。通过放射自显影技术研究表明，用 ^3H 标记的 ^3H-葡萄糖和 ^3H-乙酰基葡萄糖的细胞壁前体物掺入到细胞壁的顶端。这些结果有力地支持了 Grove 等（1970）提出的菌丝顶端生长的泡囊假说。丝状真菌的泡囊由高尔基体或内质网的特定区域产生。距顶端 $1\sim2\mu m$ 的顶部区域的大量泡囊内所含的物质用于菌丝壁的形成，并可能包括细胞壁合成过程中的酶，或软化预先存在于细胞壁中的物质。现已得知泡囊中不但含有细胞壁和质膜前体物质，而且含有丰富的多糖合成酶（β-葡聚糖合成酶）、水解酶（如纤维素酶、β-1,3-葡聚糖酶、细胞壁溶解酶、酸性磷酸酯酶、碱性磷酸酯酶、蛋白酶等）。

另外，还有含微泡囊的壳质体（chitosome），其中壳壮颗粒能合成几丁质纤维丝。壳质体的功能在于运输几丁质酶到细胞表面。几丁质合成酶定位于微泡囊中，即壳质体内。菌丝生长时，菌丝顶端有泡囊的聚集，生长停止时，这些泡囊从顶端消失，只有当泡囊在菌丝顶端再聚集时，生长才重新开始。

4.2.2 泡囊假说

关于泡囊的活动与细胞壁伸长的关系，泡囊假说认为泡囊来自内质网软化的特化片段。当菌丝生长时，泡囊随原生质流动被输送到菌丝顶端，泡囊与原生质膜结合，释放其内含物。首先，泡囊中的各种细胞壁分解酶，将其壁中的微原纤维和多糖降解，使细胞壁软化；其次，泡囊中的细胞壁合成酶将几丁质前体合成几丁质，合成多糖，进而将其填充到细胞壁内。总之，菌丝顶端的生长过程，就是泡囊中各种酶使细胞壁物质不断分解和合成与细胞内物质不断变化的过程。

现在人们一般认为顶端泡囊可能有 3 种作用：①输送各种酶，如细胞壁溶解酶可使原细胞壁成分间的连接键断裂，便于插入新的成分；②输送新的细胞壁成分，如在壁合成酶的作用下结合成细胞壁，增加细胞壁的面积；③在菌丝顶端细胞生长中增加原生质膜的表面积。

顶端生长的驱动力：①细胞质的流动驱使和带动泡囊移向顶端；②泡囊借助于顶端和亚顶端区域间的水的电位势梯度而驱动；③微管与菌丝生长方向平行，因此微管运输泡囊到菌丝顶端；④微管是细胞骨架成分，其上有肌动蛋白和肌球蛋白。

一条未分枝的菌丝几乎沿着长度的任何一点都能产生分枝。菌丝分枝的产生是从现存的成熟菌丝前端产生一个新的顶端。它的形成与菌丝顶端的生长机制基本相似，同样伴随着泡囊的聚集。第一次分枝上产生第二次分枝，周而复始，最终形成菌落。菌落（colony）是指菌丝在固体、半固体或液体表面上向四周辐射生长而形成的菌丝丛。它可以由一个乃至几个孢子或细胞萌发生长而成。前者为单菌落、纯菌落（必须由单孢子或单细胞萌发生长而成）；后者则为多孢子或多细胞菌落。菌落的厚度、菌丝的疏密度、菌丝生长速度、有无色素和无性孢子产生等特征可作为菌种鉴定的重要依据。

菌丝分枝是顶端生长的一种改变。切取任何一正常菌丝片段，但必须包含未被破坏的完整细胞，都将会产生新的顶端。菌丝片段的隔膜被沃鲁宁体及其他蛋白质晶体堵塞（图4-2），然后大量泡囊聚集此处，进而在隔膜上产生新的顶端。

顶体的出现与菌丝顶端生长密切相关。有人以杂色云芝 [*Polystictus versicolor* (L.) Fr]为材料研究证明，如将生长菌丝的顶端

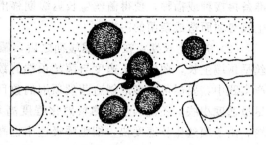

图 4-2　沃鲁宁体堵塞隔膜孔

暴露在强光下，很短时间以后，顶体从菌丝顶端向基部运动（相差显微镜观察），如果继续在强光下，顶体则完全消失。在这种情况下，即使菌丝顶端还存在泡囊（图 4-3），但是，菌丝生长已停止。短时期后，顶体能再次出现，菌丝的生长也能从新开始。另外还发现，在菌丝生长过程中，顶体位置的改变，往往发生在菌丝生长方向改变之前。所以，有人推论，顶体可能以某种方式调节菌丝的生长。这对于解释菌丝生长一般在黑暗条件下是有利的，以及当某蕈菌子实体形态建成后，再改变其所处光的方向会影响子实体的质量有重要的理论指导意义。

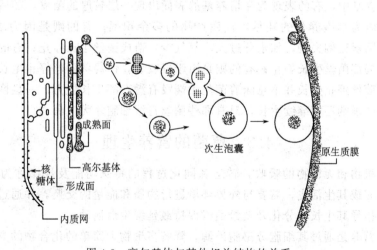

图 4-3　高尔基体与其他相关结构的关系

当以菌丝体作菌种时，或者改变生长环境时，菌丝的生长常表现为 3 个时期，而孢子萌发后菌丝生长的 3 个时期并不明显。

（1）生长迟缓期：这个时期是菌丝体适应新环境的过程。在这个时期没有菌丝生长明显迹象，生长迟缓的长短与接种的菌种遗传特性、菌丝体龄及所处的环境（如温度、湿度、培养基的成分）有关。如 4℃下保存 6 个月的菌种在同一温度培养基下培养灵芝则需要 3～4d的迟缓期，侧耳菌种则需要 2～3d，草菇则需要 1～2d，这说明与其菌种的遗传性有关。总

之所处的环境与新的环境条件力度越大，菌丝生长迟缓期越长，反之则越短。因此，我们在生产实践中要尽量地创造与原环境条件差别小，或设法使其尽快地渡过迟缓期。如在培殖中，要挑选那些菌丝生长旺盛新鲜的菌种或菌丝尖端等，以及培养条件与原来的接近些。如果是冰箱内的保存种，或是较低温度下存放的菌种，需在适温下过渡几天作旺盛生长的生理准备再接种或播种，使得菌丝生长迟缓期移出生产培殖过程之外。这样，可以避免由于菌丝生长势弱而造成杂菌的污染。

（2）快速生长期：在生长迟缓期之后，菌丝适应了所处的生长条件，开始快速生长。菌丝呈顶端生长，菌丝生长速度与菌丝顶端的数目和供给菌丝顶端养分的速度有关。所以在生产实践中，要尽可能多地创造菌丝顶端的数目，如使用液体菌种或接种播种时使固体菌种块尽量适度小些。还应当使培养料熟化程度高及培养料中有足够的水分，这有利于养分的运输。由于菌丝生长速度快，细胞呼吸速率也高，产热量也大。所以要及时通风换气给以足够的氧气，常翻垛，及时散热，依其协调最适温度发菌较好。在快速生长期的某一时间范围内，菌丝生长量为一个指数生长期。单条菌丝生长量可用下列公式表示：

$$单条菌丝生长量(\mu m) = \frac{菌丝总长度(\mu m)}{菌丝顶端数}$$

（3）生长停止期：当菌丝遇到逆境条件菌丝就会由快速转向迟缓再由迟缓转入生长停止期。这时逆境条件起主要作用，包括不良的水、肥、气、热、光、pH、风、虫、蝇、鼠、烟、杂等都会引起菌丝延缓或停止生长。当然，菌丝本身老化必然停止生长。

在液体培养基中出现较多的氮和磷时，菌丝干重逐渐减少。镜检时，可发现细胞内液泡越来越多，原生质和储藏物质越来越少。

在固体培养基中，有的表现为在培养基的表面出现一层较厚的菌皮，随后是菌丝出现自溶现象。有的因为细胞养分的耗尽，代谢产物的多余积累；有的则是因为培养基中的水、肥、气、热等因素比例失调，如水分过大，氧气少，造成菌丝生长停止；有的则是培养基内杂菌污染造成局部菌丝生长停止；有的则是由于鼠咬食，使局部菌丝停止生长。但是，这里需要说明的是菌丝停止生长并不意味着菌丝尖端没有潜在的生长能力。一旦恢复菌丝适宜的生长条件，菌丝顶端还能继续生长，只有那些菌丝自溶细胞才无生命力。

4.3 蕈菌的营养生理

蕈菌对有机物和无机物的吸收，转运和同化过程的特殊功能及规律称为蕈菌的营养生理。蕈菌为了完成其生活史，需要与外界环境进行物质和能量的交换，并通过自身信息传递和信号转导，指导其生长、分化乃至繁殖以保持或延缓生命活动。

蕈菌吸收营养是通过其细胞分泌胞外酶，降解多聚物为简单的化合物的方式而进行的。

蕈菌的代谢包括碳水化合物的代谢、蛋白质和氨基酸的代谢、脂类代谢、核酸代谢及次生物质的代谢等，其中以氮代谢和碳代谢最为主要，详见图4-4、图4-5。蕈菌的代谢同样遵循着细胞生物学中所涉及的代谢规律。

那些能够完成蕈菌生活史所需要的物质包括有机的、无机的，矿质的，液体、气体、固体的等统称为蕈菌的营养物质。

蕈菌生长、分化及繁殖离不开水、肥、气、热、光、pH等营养与环境因子，必须给予足够的、逐一的、综合的认识，从中探索出其规律性的东西，以便指导人们的生产实践。

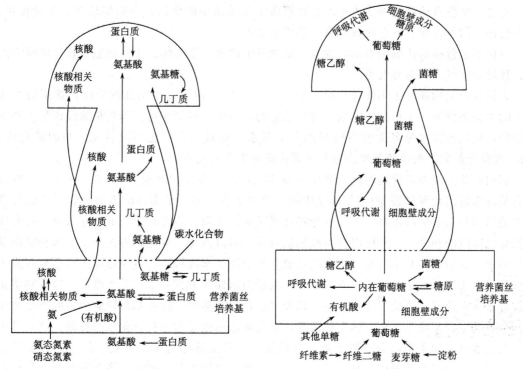

图 4-4　氮素化合物的营养代谢（张甫安等，1992）　　图 4-5　碳水化合物的营养代谢（张甫安等，1992）

4.3.1　蕈菌的水

　　水的物理性质如下。①水的比热容（specific heat）：水的比热容指使单位质量的物质温度升高 1℃所需的热量。水具高比热。水的比热容为 4.187J/（g·℃），仅次于液态氮。此对菌体体温有巨大的调节作用。②水的沸点和汽化热：当液体蒸汽压等于外界压力时的温度为沸点（boiling point）。在一定的温度下，将单位质量的物质由液态转变为气态所需的热量称为汽化热（vaporization heat，latent heat of vaporization）。1 个标准大气压下水的沸点为 100℃，此时水的汽化热为 2.257kJ/g；在 25℃时，为 2.45kJ/g。水具高汽化热。在液体中，水的汽化热最大。这有利于菌体通过蒸发作用有效地降低体温。③水的密度：水在 4℃（严格的是 3.98℃）时体积最小，密度（density）最大，为 $1.0 \times 10^3 kg/m^3$ 或 $1g/cm^3$。故此菌体内生化最慢，利于菌体保鲜。④水的蒸汽压-饱和蒸汽所产生的压力为饱和蒸汽压（saturation vapor pressure）。子实体-培养基-空气中的水分是连续的统一体，总的趋势是处于动态平衡，但某特定时间和空间分布不均。所以，因地因时调控子实体-培养基-空气中的水分是获得目的的关键。⑤水的内聚力、黏附力和表面张力：同类分子间具有的分子间引力叫做内聚力；有着固、液、气之间的变化，液相与固相间的相互引力叫黏附力（adhesion）；处于界面的水分子均受着垂直向内的拉力，这种作用于单位长度表面上的力，称为表面张力（surface tension）。⑥毛细作用：指液体与固体相接触的表面间的一种相互作用，由内聚力、黏附力和表面张力的共同作用产生的毛细作用（capillarity）。⑦水具有较高的抗张（拉）强度（tensile strength）：某种物质抵抗张（拉）力的能力，称之为抗张（拉）强度。⑧水的不可压缩性（incompressibility）：自然界中液体体积难以压缩的特性称为不可压缩性。⑨水的电性质：水是一种极强的电解质，纯水也有微弱的导电性，水也能电离。

总之，水特有的理化性质决定着它在蕈菌生命活动中的作用，即物质转变、能量转化、信息传递、信号传导、形态建成及衰亡都离不开水。

蕈菌的水包括菌体细胞中的代谢水、培养基中的水、子实体、菌体细胞生长分化所需的水、环境中空气的相对湿度等。

人们从蕈菌的新鲜子实体含水量一般为 $80\%\sim95\%$ 也可以说明其重要性。蕈菌是在相当高的水分条件下，生长分化完成自身生活史的。不论是在蕈菌的营养生长阶段还是生殖生长阶段，它们所需水分多少虽不同却都离不开水。而且，水质也不可忽视。水的矿化度、pH、水温等都会影响蕈菌菌丝细胞和子实体正常生长和发育。

培殖蕈菌的培养基种类不同，含水量也不同，培养基中含水量多为 $55\%\sim65\%$。有关培养基含水量的计算见表 4-1。培养基中的水分由于菌丝体、子实体的不断吸收，且随育菇潮次的增多与蒸发量的逐渐加大，水分将逐渐减少，所以，应经常适当地补充水分。在实体生长分化阶段的补水，一般应以较为温和的方式，多以汽化、雾化的方法向子实体和料面及空间给水。补给培养基中的水分则可以采取直接加压注水或减压，或向地面浇水靠地气或毛细管作用渗入培养基中，或增加空间湿度，或浸湿菌棒等方式补水。关于水质，应特别防止有害毒素和重金属，或放射性物质进入以及水温过冷过热等，这些都将影响蕈菌的产量和质量。培养基中含水量不足菌丝体生长缓慢，子实体也不能正常生长分化、产量低。培养基中加一些保水剂，如化学高分子吸水物、硅藻土、蛭石及珍珠岩等均有利于保水。含水量过多、氧气过少会引起菌丝体生长缓慢，常发生萎缩，自溶现象，也易污染各种杂菌，包括原基或菌蕾变黄萎缩，严重的连同子实体一起腐烂。

表 4-1　　蕈菌培养基含水量计算表

培养基含水量/%	100kg 干料应加入的水/kg	料水比（料水）	培养基含水量/%	100kg 干料应加入的水/kg	料水比（料水）
50.00	74.00	1∶0.74	58.00	107.10	1∶1.07
50.50	75.80	1∶0.76	58.50	109.60	1∶1.10
51.00	77.60	1∶0.78	59.00	112.20	1∶1.12
51.50	79.40	1∶0.90	59.50	114.80	1∶1.15
52.00	81.30	1∶0.81	60.00	117.50	1∶1.18
52.50	83.20	1∶0.83	60.50	120.30	1∶1.20
53.00	85.10	1∶0.85	61.00	123.10	1∶1.23
53.50	87.10	1∶0.87	61.50	126.00	1∶1.26
54.00	89.10	1∶0.89	62.00	128.90	1∶1.29
54.50	91.20	1∶0.91	62.50	132.00	1∶1.32
55.00	93.30	1∶0.93	63.00	135.10	1∶1.35
55.50	95.50	1∶0.96	63.50	138.40	1∶1.38
56.00	97.70	1∶0.98	64.00	141.70	1∶1.42
56.50	100.00	1∶1.00	64.50	145.10	1∶1.45
57.00	102.30	1∶1.02	65.00	148.80	1∶1.49
57.50	104.70	1∶1.05	65.50	152.20	1∶1.52

注：风干培养料含结合水以 13% 计

蕈菌子实体生长分化阶段，要求有较高的空气相对湿度，这有利于菌盖的菌丝细胞分裂与伸展生长，一般为75%～95%。湿度过高、过低都会对子实体生长分化造成不良影响。空气相对湿度低于60%，不利于菌丝细胞分裂和生长，低于40%使子实体不再形成，已分化的原基、菇蕾也会干枯死亡。有的会出现菌蕾、子实体开裂，影响产量和质量。如花菇的形成是人为控制外部环境造成的香菇有益畸形的过程。空气相对湿度高于95%，子实体表面形成一层水膜造成对氧气的吸收不足，蕈菌生长分化空间氧气缺少，子实体内水分蒸发慢，以水分为介质的物质运输速度也慢，不利于子实体的正常发育，反而有利于杂菌孳生。

培养基中由于菌丝体生长、子实体的发育需要不断地吸收水分，而且随育菇潮次的增多、蒸发量加大，培养基中水分含量逐渐减少。所以，应经常适当地补充水分。在子实体生长分化过程中，不要恒定一种水分，而应见湿见干。这有利于菌蕾与子实体的发育。每100kg干料应加入水的计算公式：

$$100kg\ 干料应加入的水(kg) = \frac{含水量 - 培养料结合水}{1 - 含水率} \times 100\%$$

在菌丝体生长阶段，所需要的水分主要来源于培养基中。在发菌期间，培养物是在塑料袋内，保持空气相对湿度要小，一般保持在65%～70%即可，空气相对湿度高容易被杂菌污染。此时的主要矛盾是控温与通风换气。因为，菌丝生长所需要的水分培养料中，是培殖者给定的，是相对稳定的因素。但是，在菌袋打孔通气时，孔径的大小、打孔的多少要依据当地的气候条件，季节温差、昼夜温差大小及环境的整洁度而定。以免过多地散失水分不利于菌丝的生长分化，或在通气孔处染菌造成损失。就空气相对湿度而言，一般营养生长阶段比生殖生长阶段要低。从而，创造一个相对无杂菌繁殖的环境。

磁化水有利于蕈菌培殖产量的提高。磁化水是指经过磁场处理后的水或水溶液。根据磁化处理的方式分为动态磁化和静态磁化。动态磁化是指水以一定流速垂直地流经适当强度磁场的磁化方式。静态磁化是指水静止在磁场中水流速等于零的磁化方式。

磁化水理化性能的变化。磁化水的电导率、渗透压、表面张力与黏度、溶解氧的含量、pH、化学位移、光学性能均发生了变化，增加了细胞膜的透性，有利于膜内外的物资交换，引起了一系列的生物效应。

磁化水的生物效应。磁化生物技术是生物磁学研究的重要领域之一。研究表明，磁化水可提高淀粉酶、过氧化氢霉、纤维素酶、谷氨酸脱氢酶、葡萄糖氧化酶、脂酶同工酶的活性，加速养分的分解与利用。

2008年，郭成金等[①]实验结果表明，在静磁场下12d，积累茯苓菌丝体生物量为432.00mg/100ml，较CK(350.00mg/100ml)提高了23.43%；在动磁场下的茯苓菌丝体生物量为407.17mg/100ml，较CK(350.00mg/100ml)提高了16.33%；在静磁场下的茯苓菌丝体生物量(432.00mg/100ml)，较动磁场下的茯苓菌丝体生物量(407.17mg/100ml)也提高到了6.14%。这说明无论是在静磁场下还是在动磁场下，对于茯苓深层培养过程中菌丝体生物量的增加均有正面影响。因此，指导深层培养获得多的菌丝体生物量和液体菌种的应用，在理论与生产实践方面意义重大，同时也为菌丝体深层培养所用仪器设备的改进提供了一条有益的思路。

菌种在200～800G(高斯)的恒定磁场中，磁化6～20min或用500～800G的磁化水喷

---

① 郭成金，吕龙，郭娜. 2008. 磁场对茯苓深层培养过程中菌丝生长的影响研究，食品科学，29(3)：301-303

浇，其产量比对照增加 16％～35％。大量实验表明，喷浇磁化水的香菇，转潮快，育菇齐，菇体肥厚，每簇香菇的有效个数减少而体积增加，还能多收一潮菇。

在菌丝生长阶段，磁化水有促进生长的作用，且较低磁强度磁场处理的磁化水更显著；子实体生长阶段，用较高强度磁场处理的磁化水，则有利用子实体原基化分化，并且在一定范围内，磁场强度越大，子实体的分化越早。

磁化水水分子更容易渗透子实体细胞，从而使水溶液中养分得以运输，促进子实体的生长分化，达到增产的效果。

广东教育学院生物系徐亦春等的磁化水培殖灵芝实验表明，在菌丝生长阶段，磁化水有促进生长的作用，且发现较低磁强度的磁场处理的磁化水更显著；子实体生长阶段，用较高磁场处理的磁化水，则有利用子实体原基化分化，并有在一定范围内，磁场强度越大，子实体分化的越早。

据分析子实体中脂酶的结果表明，磁化水拌料和喷浇处理的 $E\sim E_8$ 酶带较对照组的宽，且染色深，说明酯酶同工酶的含量活性都有所提高，而且增加了一条酶带 E_3，说明可能有新的酶合成。

由于磁化水的缔合度小，渗透压增加，表面张力的变化，使磁化水与子实体的接触角相应变小，能够迅速完成润湿子实体。水分子更容易渗透子实体细胞，水溶液中养分得以运输，促进子实体的生长分化，达到增产的效果。

4.3.2　蕈菌的肥

肥是指蕈菌所需的各种营养，一般包括碳源、氮源、矿物质、维生素、激素及生长调节剂。广义营养还应包括氧气和水等。

蕈菌属异养生物，能够利用各种不同的有机物质，在各种特定的环境中生长繁衍。蕈菌的营养类型绝大多数属腐生菌。它们分泌各种胞内酶或胞外酶，将腐朽的有机体分解吸收同化，从而构建自身或从中获取能量，见图 4-6～图 4-8。它们不仅在维持自然界物质能量转化与循环中发挥作用，而且为人类提供优质食品。然而，大型高等真菌中也有许多种类可引起木材腐朽并造成经济损失。不过，代料培殖可大大消除这种损失。在蕈菌中，有少数的属

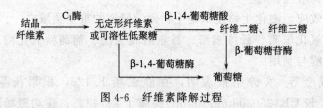

图 4-6　纤维素降解过程

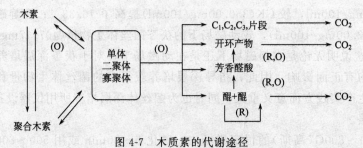

图 4-7　木质素的代谢途径

于兼性寄生菌，如密环菌、假密环菌等；还有不少属共生菌，如美味牛肝菌、松口蘑（松耳）、松乳菇和黑孢块菌等。

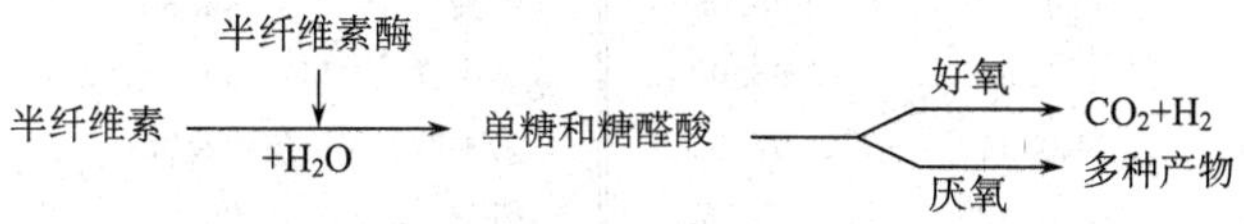

$$\text{半纤维素} \xrightarrow[+H_2O]{\text{半纤维素酶}} \text{单糖和糖醛酸} \begin{cases} \xrightarrow{\text{好氧}} CO_2+H_2 \\ \xrightarrow{\text{厌氧}} \text{多种产物} \end{cases}$$

图 4-8　半纤维素降解过程

碳素是蕈菌菌体中含量最多的元素，占菌体成分的 50％～60％。碳素是其菌体细胞的结构物质和能源物质。当然，也是其组织和个体的骨架物质等。

蕈菌一般不能利用无机碳，但是许多真菌有固定 CO_2 的能力。蕈菌主要利用有机碳源，如纤维素、半纤维素、木质素、果胶、淀粉等大分子化合物，必须通过纤维素酶、半纤维素酶、果胶酶、木质素酶，分解成阿拉伯糖、木糖、葡萄糖、半乳糖和果糖后才能被蕈菌细胞吸收利用。凡是单糖、有机酸和醇类等小分子化合物都可被蕈菌的细胞直接吸收利用。从上述不难看出，凡含纤维素、半纤维素、果胶、木质素等物质的工农业有机物及其下脚料，均可作为培殖蕈菌的碳源。

蕈菌发育所需的氮源，主要有蛋白质、氨基酸、尿素、嘌呤、嘧啶、核酸、氨基糖、几丁质以及各种维生素、铵盐离子等，这些可被蕈菌细胞消化吸收利用。蛋白质必须经蛋白酶分解成氨基酸才能被吸收利用。在蕈菌培殖中，常用粗麦麸、细米糠、新鲜玉米粉、豆饼、菜籽饼、棉籽饼、蚕蛹、酵母液、玉米浆、禽粪、畜粪等作为氮源。通常食品中测得含氮量乘以 6.25 为蛋白质含量。蕈菌细胞的含氮量则应乘以 4.38 为其蛋白质的含量。

氮素是蕈菌细胞合成生命物质蛋白质、核酸以及含氮化物的必要元素，与碳素相比用量小。然而，碳素和氮素的比例，对蕈菌的生长分化很重要。一般认为在菌丝生长阶段碳氮比（C/N）以 20∶1 为宜；子实体发育阶段 C/N 以（30～40）∶1 为好。真菌细胞中的 C/N 约（10～12）∶1，生物的 C、N 转化率低于 40％。因此，培养料中的 C/N 以（30～40）∶1 为好。当然，各种蕈菌要求的 C/N 不同。

在培养基中，一般碳素和矿质元素含量较为丰富，只需添加少量氮素就可以。一般添加量为 5％～20％，如麦麸、细米糠、玉米粉、豆粕或大豆粉等。

（1）碳氮比。碳氮比指土壤和肥料中碳素与氮素含量的比例。蕈菌培养料中的 C/N 是衡量其质量优劣的重要指标，直接影响菌丝的生长状况，以及子实体的发生、产量和质量。常用主辅料碳氮比见表 4-2。

表 4-2　常用培养料碳氮比

种类	C/%	N/%	C/N	种类	C/%	N/%	C/N
棉子皮	64.40	1.50	42.92	高粱壳	56.70	1.63	34.78
玉米芯	42.30	0.48	88.13	小麦麸	55.40	2.84	19.79
大豆秸	62.70	1.47	42.65	细米糠	47.26	2.08	22.72
杂木屑	49.18	0.24	204.92	玉米粉	69.60	1.53	45.50
稻草	45.59	0.63	72.30	大豆粉	28.90	5.86	4.93
玉米秸	46.69	0.48	97.20	纺织屑	59.00	2.32	25.43
小麦秸	46.50	0.48	96.90	马粪	47.60	0.40	119.00
大麦秸	47.09	0.64	73.58	鸡粪	4.00	3.00	1.33

种类	C/%	N/%	C/N	种类	C/%	N/%	C/N
花生壳	44.22	1.47	30.08	牛粪	36.80	1.78	20.67
谷壳	41.64	0.64	65.00	小牛粪	39.78	1.27	31.30
蔗渣	42.00	0.41	97.56	奶牛粪	31.79	1.33	23.90
花生饼	49.04	6.32	7.76	猪粪	25.00	0.56	44.64
大豆饼	47.46	7.00	6.78	甜菜渣	64.5	1.47	43.88

20 世纪 90 年代，培殖蕈菌代用料的开发较为广泛，主要有棉籽皮、木屑、甘蔗渣、甜菜废丝、玉米芯、大豆秸、稻草等其他作物秸秆 7 种。单一的蕈菌培殖料以棉籽皮为原料的产量最高。为降低成本，现已向其综合料培养基方向发展，潜力巨大。掌握以下 6 种原料的营养和物理性状，有利于经济合理地使用和提高培殖产量。C∶N 为 (25～40)∶1 为宜；在生殖生长阶段适宜的 C∶N 为 (73～200)∶1。

（2）棉籽皮。棉籽皮是指脱去长绒，棉籽进榨油厂，取出棉仁，剩下的带有短绒的种皮，人们常称它为棉籽皮。实际上它由棉籽皮和棉籽皮上的短绒两部分组成。它是棉油加工厂的下脚料，其质地松软、吸水性强、透气性好，营养较为丰富。一般含水量 10.81%，其棉籽皮占棉籽总量的 32%～40%（其中短绒约占 10%）。据华中农业大学测定，棉籽皮含氮 1.5%、磷 0.66%、钾 12%、纤维素 37%～48%、木质素 29%～42%，尤其是棉籽皮内含粗蛋白质达 17.6%。而且，棉籽皮的脂肪链中，26～30 个碳原子的分子含量丰富，这利于蕈菌的消化吸收。棉籽皮能为蕈菌生长分化提供较丰富的养分，供肥均衡，有利于菌丝细胞对其逐步分解吸收，而且后劲足。同时棉籽皮上残留棉纤维易于吸水保水。棉籽皮形状不规则，颗粒间空隙较大，培养料颗粒间通气性好，有利于菌丝的生长；而且棉籽皮本身呈碱性，可以抑制霉菌的生长繁殖，减少杂菌的危害，有利于多种菇类的生长分化，但是，在高湿季节，一定要控制好水分，最好掺入 10%～15% 稻草以解决通气问题。

（3）杂木屑。以硬杂木为好，带有形成层的边材为佳。木屑需经堆制 3～6 个月后再使用较新鲜的好。樟、松、柏、杉、楠木等需自然堆积 1～2 年方可使用。因其含有较多的易挥发的芳香族物质和萜烯类化合物，后者对蕈菌菌丝细胞的生长发育有害。一般木屑的含水量约 23.35%、粗蛋白质 0.39%、灰分 0.56%、粗纤维 42.7%，单独使用需补加氮磷肥等。同时还应考虑其物理性质合理搭配大小颗粒，创造蕈菌生长分化良好的物理条件，一般与棉籽皮、大豆秸、玉米芯混合使用为宜。根据日本学者山腾次郎等（1992）报道，培养料中木屑的粗细程度以 0.85mm 以下木屑颗粒占 22%、0.85～1.69mm 木屑颗粒占 58%、1.69mm 以上占 20% 为适宜。这样颗粒搭配的木屑培养料，其物理性状好，只要含水量适宜，即有利于蕈菌菌丝的生长分化。

（4）甘蔗渣。甘蔗榨取糖蜜后的下脚料。新鲜干燥的甘蔗渣呈白色或黄白色，有甜味，含水分 8.5%；有机质 91.5%，其中粗蛋白质 1.5%、粗脂肪 0.7%、粗纤维 44.5%、可溶性碳水化合物 42.0%、灰分 2.9%，其碳 (42) 氮 (0.41) 比 (C/N) 为 97.56∶1，是中国南方蕈菌代料培殖的主要原料之一。使用时，碎细度约 1.0cm。它也是制药工业用以培养猴头菇、灵芝菌丝体的固体培养基的药典指定培养料。

（5）甜菜渣。甜菜渣是北方糖厂甜菜榨糖后的残渣，也称甜菜废丝。每吨甜菜榨糖后可得残渣约 900kg，其营养成分含蛋白质 9.2%、脂肪 0.08%、粗纤维 56.45%、可溶性糖

8.1％、全氮 1.7％、全磷 0.1115％、全钾 10.3％，C/N 为 43.88：1，适宜培殖多种覃菌，生物学效率一般在 85％以上。使用时，切成 1cm 左右的小段，注意控制好水分。保藏时注意应充分晒干。一般情况下，培殖使用时只需稍加氮肥即可。

（6）玉米芯。玉米芯为玉米棒脱去籽粒后的穗轴，在中国南北方地区均有培殖，北方盛产。由于玉米穗轴丰富，价格比棉籽皮便宜，因此它是培殖覃菌主要原料之一，谷草比 1：4，含粗蛋白质 2.0％、粗脂肪 0.7％、粗纤维 28.2％、可溶性碳水化合物 58.4％、粗灰分 2.0％、钙 0.04％、铁 0.25％。干玉米芯含水分 8.7％，碳（42.30）氮（0.48）比（C/N）约为 88.13：1。从粗蛋白质、粗纤维和可溶性碳水化合物看，其含量较为丰富，只要稍加补氮、磷、钙肥，即可使用。玉米芯需充分晒干保存。培殖时，将其粉碎为玉米粒、黄豆粒及米粒大小即可。但是，加水时一定要均匀，因玉米芯吸水量较大，最好将其加水浸泡后使用。

购置玉米芯的一般标准：14％水分以下。颗粒碎细度：在 7mm 以下，其中 7mm 以上的含量不超过 1％；2～6mm 的含量大于 65％；2mm 以下的含量在 30％以下。容重压缩前在 0.18～0.28g/ml，压缩后 0.20～0.30g/ml。压力 150～300kg/cm²。无霉变、结块、生虫、发热现象。颜色：新鲜红、白色玉米芯粉。包装物为白色编织袋，每袋 30kg。

（7）大豆秸。一般指黄豆、青豆、黑豆秸。在中国南北方各省均有培殖，北方盛产，谷草比为 1：4，含水量与棉籽皮接近，粗蛋白质为 9.2％，碳（62.70）氮（1.47）比（C/N）为 42.65：1，低于棉籽皮，高于玉米芯。粗纤维 28.7％高于棉籽皮，低于杂木屑、甜菜渣及玉米芯。可溶性碳水化合物为 42.7％，高于棉籽皮、杂木屑和甘蔗渣，而低于玉米芯。在上述几种原料中，大豆秸含钙最高达 1.41％，灰分最高达 7.6％。培殖覃菌时，需将其晒干、粉碎，碎细度为 0.5～1.0cm。由于其总体营养成分接近棉籽皮，所以只需加些氮肥即可使用。

（8）稻草。有早季稻草、中季稻草、晚季稻草之分。早季稻草柔软，易腐熟，通气性差；中季稻草、晚季稻草是较为理想的原料。风干稻草的有机物一般为 78.60％，可溶性碳水化合物 34.60％，碳（47.09）氮（0.64）比（C/N）为 73.58：1。磷和钾的含量分别为 0.19％和 1.07％。

（9）麦秸。大麦秸优于小麦秸。风干的大麦秸其有机物含量 81.20％，可溶性碳水化合物 36.90％，其中含碳量 45.59％，含氮量 0.63％，C/N 为 72.37：1。磷和钾的含量分别为 0.11％和 0.85％。风干的小麦秸其有机物含量 81.10％，可溶性碳水化合物 35.90％，其中含碳量 47.03％，含氮量 0.48％，C/N 为 98.00：1。磷和钾的含量分别为 0.11％和 0.85％。也可以麦秸与稻草混用，一般为 1：3。

（10）矿质元素。多数学者认为覃菌以磷、钾、镁、钙、硫等矿质元素最重要，称为大量元素。培养基中适宜浓度 10^{-4}～10^{-3}mol/L。Eger(1976)发现添加磷酸盐时，对气生菌丝生长有促进作用，加入 $CaCl_2$ 则可抵消过量磷酸盐所产生的不良影响。在琼脂培养基中添加 1％ $CaSO_4$，菌丝生长的特别旺盛。

铁、锰、钼、锌、铜、钴、硼等元素，覃菌生长分化需要的量甚微，故称微量元素，一般培养基所需浓度 10^{-9}～10^{-6}mol/L。

磷元素多以 KH_2PO_4、K_2HPO_4、过磷酸钙（SP）的形式提供，浓度一般为 $4×15^{-4}$mol/L。SP 也称过磷酸钙石灰，其颜色为灰白至深灰色，或是带粉红色的粉末。有酸的气味，主要化学成分磷酸二氢钙 $[Ca(H_2PO_4)_2 \cdot H_2O]$ 和无水硫酸钙（$CaSO_4$），其磷含量（P_2O_5）为 14％～20％，用量 0.5％～1％。

其他矿质元素：钙元素常以生石灰（CaO）、熟石灰、消石灰 $[Ca(OH)_2]$、大理石

（$CaCO_3$）、石膏（$CaSO_4 \cdot H_2O$）的形式提供。前三者不仅能提供 Ca 元素，而且可提高培养基中的 pH，有杀菌消毒的作用。$CaCO_3$ 经 900℃ 煅烧可得；熟石灰水解而成，溶解度为 15.6g/100g 水。[氢氧化钙别名：消石灰、熟石灰，主要成分：$Ca(OH)_2$，相对分子质量约为 74.10。生产方法：由氧化钙（即生石灰）加水消化后干燥、过筛、风选（或分级粉碎）而得成品。物化特性：微细的白色粉末，呈强碱性，置于空气中逐渐吸收二氧化碳而变成碳酸钙，微溶于水，能溶于酸中，密度 22.4g/cm^3，其澄清的水溶液是无色无嗅的碱性透明液体，pH12.4。]

石膏粉，其钙含量 17％，S 含量 20％，用量一般为 1％～2％。Ca^{2+} 可与培养料中有机颗粒发生一系列的电化学反应，产生絮凝作用，有助于培养料的酯化，增加氧气和水分的吸收，使培养料的物理性状得到改善。石膏的溶解度比 $CaCO_3$ 的溶解度高，可调节培养基的酸度，也起补钙的作用。

钾元素多以 KH_2PO_4 的形式提供，其浓度为 $(1\sim4)\times10^{-4}$ mol/L；或草木灰的形式提供，一般培养料中较为充足，可不必外加。镁元素多以 $MgSO_4 \cdot 7H_2O$ 的形式提供，其浓度为 1×10^{-4} mol/L。铁元素多以 $FeSO_4$-EDTA、$FeCl_3$、柠檬酸铁的形式提供，其浓度为 0.1～0.3ppm。锌元素多以 $ZnSO_4$ 的形式提供，其浓度一般为 0.1～0.5mg/L。锰元素多以 $MnSO_4$ 的形式提供，其浓度一般为 0.005～0.01mg/L。铜元素常以 $CuSO_4$ 的形式提供，在 0.1～1.0mg/L 浓度下均可维持真菌的正常生长。

激素类包括生长素类：NAA、IAA、IBA、2,4-D、茉莉酸、油菜内脂、三十烷醇等；细胞分裂素类：KT、6-BA、ZT、ZiP 等；赤霉素类：GA_3、GA_7 等。激素的使用浓度，一般为 5～15mg/L。激素能促进菌丝的生长，增加子实体的产量。但是，使用浓度要慎用。三十烷醇适宜的使用浓度为 0.5～2.0ppm，以 1.0ppm 为最好。超过 2.5ppm，菌丝生长受抑制。用 500mg/L 浓度的乙烯利，在凤尾菇的菌蕾期、幼菇期和菌盖伸展期喷 3 次，每次 50ml/m^2 有促进现蕾和早熟作用，可增产 20％左右。

维生素类主要指水溶性维生素。真菌一般不需要维生素 C 和脂溶性维生素 A、维生素 D、维生素 E、维生素 K。据目前文献得知，通常最缺乏的是硫胺素和生物素。然而，在香菇人工合成培养基中补加的维生素有肌醇、硫胺素、P-氨基甲醇、烟酸、吡哆醇、核黄素、泛酸、生物素、氢钴胺素、叶酸共计 10 种。

缺少维生素 B_1（硫胺素），蕈菌生长缓慢，一般培养基中的适宜浓度为 0.01～0.05mg/L，也可用 2％～3％的麸皮代替。

核酸和核苷酸是促进蕈菌子实体生长分化的生长因子，特别是环腺苷酸（cAMP）能单核菌丝体发育成子实体。美味牛肝菌等菌根菌，必须依靠活松树提供的营养才能形成子实体。在人工培养基中，只要添加 $10^{-7}\sim10^{-5}$ mol/L 的环腺苷酸和茶碱就可以使其形成子实体。

稀土元素能促进蕈菌菌丝体和子实体的生长分化。福建师范大学的曾庆桂等用 $La(NO_3)_3Ce(NO_3)_3$ 及稀土硝酸盐的混合物，以中温型的侧耳和高温红侧耳的试验表明，最终浓度为 100～500mg/L 的稀土比对照组早约 2d 现原基，而且产量有明显增加。江西大学生物系何宗智用稀土营养液（RE）对侧耳、草菇分别在液体菌种、栽培种的制作和草菇子实体生长中拌料或喷施试验，实验证明，在一定低浓度范围内，对蕈菌有明显的增产作用。南京市食用科技中心的丁凤珍，江苏省农业科学院遗传生理研究所蒋宁等用稀土元素 [$R(NO_2)_3$ 为固体混合物，氧化物含量为 34％]在金针菇子实体形成期，喷施稀土适宜浓度为液体 5mg/L，固体 50mg/g，可提早育菇，尤其第 3 潮菇最为明显，幅度达 4～8d，并有增产的效果。关于其作用机制尚不清楚。

4.3.3　蕈菌的空气

生物在其生长分化的生命过程中，始终贯穿着呼吸作用。蕈菌是一类大型高等好氧真菌，在它一生中均伴随着氧的参与。新鲜空气中氧气多，通风换气的实质是提供充足的氧气，排除其他浊气。

蕈菌没有叶绿体，不能同化二氧化碳。当空气中的二氧化碳含量增加时，氧分压相对降低。空气相对湿度大、培养基中含水量大，氧气也会相应减少，影响蕈菌的呼吸，进而影响蕈菌整个生活周期正常生长分化。

在蕈菌培殖的实践中，通气不良，不及时，氧气不足，二氧化碳浓度过大，常会导致菌盖与菌柄生长比例失调，菌柄徒长，菌盖不大且菌盖薄，甚至可能造成菇类生长畸形，商品价值差。通气的目的在于将室内浊气排出，换进较多的氧气。可以这样认为，在通气较温和，并且尽量保湿、保温的条件下，怎样做都不为过。更值得注意的是，菇房内不得有任何烟雾，如 H_2S、醛、酚农药蒸熏气体等，否则，也会造成菇类的畸形和食物中毒。

在正常的空气中，氧的含量约为 21%，二氧化碳的含量是 0.03%，不同种类的蕈菌忍耐二氧化碳的能力各不相同，如双孢蘑菇的菌丝体，在二氧化碳浓度为 10% 时，生长量只有正常空气条件下的 40%。侧耳忍耐二氧化碳浓度高，一般为 20%～30%，菌丝体都能较正常生长。当二氧化碳浓度大于 30% 时，菌丝生长量才迅速下降。在子实体的分化阶段，对氧气的需求量略低，比正常空气中略高的二氧化碳浓度，对原基分化有利，甚至是必需条件，如 0.034%～0.1% 的二氧化碳浓度，对双孢蘑菇和草菇子实体的分化是必要的。子实体生长分化期，需要大量的氧气，其二氧化碳的浓度一般控制在 0.1% 以下。

4.3.4　蕈菌的温度

温度对蕈菌生长分化的影响表现为两方面：一方面随温度的上升，菌体细胞中的生化反应速率加快；另一方面，菌体细胞内的重要组成成分如蛋白质，包括各酶类、核酸等对温度较敏感，随温度升高可能不同程度地变性或被破坏，使菌体不能正常生长分化，甚至会死亡。

不同的蕈菌对温度的要求不同，如香菇菌丝体生长最适温度为 22～26℃，草菇菌丝体生长最适温度 35～36℃，木耳、茯苓生长的最适温度为 30℃左右，银耳菌丝体为 27℃左右。金针菇菌丝体、双孢蘑菇、美味侧耳等菌丝体生长的最适温度为 24℃左右。不论哪种蕈菌菌丝生长除有最适温度外，还有其上下极限，即最高和最低菌丝生长温度，甚至同一种蕈菌不同菌株对温度的要求也不同，如银丝草菌丝最适生长温度为 27℃左右，而一般草菇菌丝最适生长温度为 35～36℃。有些菌株对温度适应的范围很广，如侧耳沪良-3 号，一般在 7～32℃下子实体都能生长。对大多数蕈菌，菌丝营养阶段对温度的要求都高于本身原基分化发育温度的要求。

所谓最适温度(optimal temperature)，一般是指菌丝体生长最快和子实体生长最快的温度，这一温度对于菌丝体的健壮生长，对于子实体营养的积累、创造优质的产品往往是不适宜的。由于在较高温度下，物质消耗太快，得不到足够的积累，其结果反而较低温度下生长的弱。在生产实践中，为了培育健壮的菌丝体和优质的子实体，常常要求较最适温度低一些，即在协调最适温度(coordination optimal temperature)下进行培养。如双孢蘑菇培殖时，一般 22～23℃ 为菌丝体培育协调最适温度(而最适温度为24～25℃)；侧耳沪良-3 号菌丝体生长最适温度为24～25℃，培殖时则在 19～22℃ 为协调最适温度，其子实体生长分化在20～22℃ 下较在 24～26℃下，商品价值好。温度高长得快，菌盖薄而脆，尤其是菌盖的边缘，容易开裂，不易贮运。

4.3.5　蕈菌的光

　　光，包括光质、光照时间、光照度，以及光散射的均匀度等，对蕈菌生长分化和子实体商品价值的作用。多数蕈菌菌丝体在完全黑暗的条件下生长分化良好，光照越强，菌丝生长越慢。光照对猴头菇、香菇等多数菌类菌丝的生长有抑制作用。有报道紫外光，波长 380～540nm 蓝光抑制菌丝的生长；红光（570～920nm）对菌丝的生长无影响。

　　蕈菌子实体生长分化对光照的要求不同，一般的多数需要强度不同的散射光，因为光照与环—磷酸腺苷（cAMP）代谢有关，而 cAMP 等是子实体形成的传导物。湖南农业大学蕈菌研究所刘明月等以金针菇的黄色品系为材料，在育菇阶段进行不同光质和黑暗处理，以探讨不同光质对子实体生长分化的影响，并找出适合金针菇子实体生长分化的较佳光谱，为获得高产优质的商品金针菇提供理论依据。用赤、橙、黄、绿、青、蓝、紫七色灯泡分别照射金针菇，研究对其子实体原基分化的影响，另设一不照光为黑暗处理，同时在室内设一散射光为照射处理。光照处理时间每天 8h。试验结果表明，不同光质处理均有利于金针菇子实体原基的提早形成 3～5d，且无论何种光质的处理，金针菇子实体原基分化的数量均有不同程度的增加，尤以散射光、绿光、蓝光、黄光处理增加显著，分别达到 41.8%、38.5%、29.6%、25.5%。

　　不同光质处理对子实体发育的影响主要体现在菌柄长度、粗细度，菌盖大小，子实体的色泽、形状，以及生长整齐度等方面。暗培养有利于子实体菌柄的伸长。但是，菌柄变纤细，菌盖变小，育菇整齐度差。光质处理对子实体菌柄伸长有不同程度的抑制作用，以绿光、紫光、青光的散射光抑制作用最显著，黄光、橙光和红光的散射光抑制作用较小。但菌柄都有不同程度的增粗，菌盖变大。散射光、蓝光、绿光处理使子实体的色泽变深，为黄褐色，其他光质培养的子实体为淡黄色。绿光紫光处理使子实体参差不齐，商品性下降；红光、黄光、散射光培养处理子实体整齐一致，商品性较好；其他处理介于两者之间。

　　研究者认为光处理的机制主要是诱导机制，在子实体生长分化的前期阶段进行光处理尤为重要，后期没有必要，其结果有待进一步研究。该试验光照度为 50lx 是否是最佳的及密度也有待深入研究。从原基分化到子实体形成以黄光最为适宜。

　　双孢蘑菇、大肥菇可以在完全黑暗的条件下完成其生活史，而且菇的颜色纯正质量好。一般情况下光线强、光照时间长可使子实体颜色暗深。但是，香菇、滑菇、草菇等菌类在完全黑暗条件下不能形成子实体。波长 370～420nm 适于香菇子实体原基的形成促进子实体的分化。Piumkett 的研究也证明，金针菇在表面 6h 散射光照射所得子实体的重量是完全黑暗条件下的 1.7 倍，如果每天有 12～24h 的散射光照射则子实体的产量是黑暗条件下的 11 倍。适度的散光是促使蕈菌早熟丰产的重要的生态条件。

4.3.6　蕈菌的酸碱度

　　多数蕈菌在微酸的条件下生长分化。蕈菌所处不良酸碱环境会影响菌丝体细胞内酶的活性、细胞膜的渗透性以及对金属离子的吸收能力。培养基的 pH 取决于溶液中的离子状态，如镁、钙、锌、铁等，在呈碱性时，易形成不溶性盐，不能被菌丝吸收利用；反之，在过酸的培养基中，抑制硫胺素合成酶等酶的活性，从而影响蕈菌菌丝体和子实体的生长分化。适宜大多数蕈菌菌丝生长的 pH 为 3～8，以 pH6～6.5 为宜；pH 大于 7 时，生长受阻；pH 大于 9 时，几乎完全停止生长。但是，不同种类的蕈菌对 pH 的要求不同。

　　首先需说明的是在培殖中，培养基内 pH 是动态的，这是由于蕈菌菌丝的生长呼吸、新陈代谢产生一些有机酸，如大分子糖类被降解后，常产生柠檬酸、延胡索酸、琥珀酸、醋酸、草酸等；蛋白质被分解为氨基酸、有机酸，使培养基质显微酸性。其次培养基（料）在灭菌后或堆料后 pH 也要下降。因此，在配制培养基时，应将 pH 适当调高，有利于菌丝生长，也有利于抑制杂菌孳生。但是，对那些喜酸性蕈菌如猴头菇、灰树花要谨慎调 pH。

　　为了使菌丝稳定健壮地生长，在配制培养基时可适当添加 K_2HPO_4 和 KH_2PO_4 等缓冲物质，或添加碳酸钙中和酸碱。另外，除稻草、麦草、棉籽皮、偏碱性外，多数原料为酸性，一般加适量生石灰调高 pH。

4.4　蕈菌吸收营养物质的转运方式

　　蕈菌与植物不同，没有特化的摄取营养的器官，其生命活动所需要的营养物质是通过细胞完成的。蕈菌体内各种物质的吸收和转运都直接依赖于细胞膜的功能，在质膜上，物质的运输主要有以下几种方式。

4.4.1　简单扩散（simple diffusion）

　　小分子（如水、氧气、二氧化碳等）的热运动可使分子以自由扩散的方式从细胞质膜的一侧进入另一侧，其结果是分子内浓度高的一侧转运到浓度低的一侧，即沿着浓度梯度降低的方向转运。对于离子，同样是以离子浓度高的一侧向离子浓度低的一侧转运。离子转运既是沿着浓度梯度，也是沿着电化学梯度转运。分子或离子以自由扩散的方式作跨膜转运时，不需要细胞提供能量，也没有膜蛋白的协助，因此称为简单扩散。但是，不同的小分子物质跨膜转运的速率不同。分子的通透性有很大差异，如 O_2、N_2 和苯等极易通过细胞质膜，水分子也较容易通过，尿素的通透性是水分子的 1/100，而离子又是尿素的 1/106。但是，在细胞生命活动中也具有一定的生理功能。

　　一般认为，在简单扩散的跨膜运动中，跨膜物质溶解在膜脂中，再从膜脂一侧扩散到另一侧，最后进入细胞质水相中，因此其通透性主要取决于分子的大小和极性，小分子比大分子容易穿膜，非极性分子比极性分子容易穿膜，而带电离子的跨膜运动则需要更高的自由能，具有极性的水分子容易穿膜可能是因为水分子非常小，可以通过由于膜脂运动而产生的间隙。

4.4.2　协助扩散（facilitate diffusion）

　　协助扩散也是小分子物质沿其浓度梯度（或电化学梯度）减小方向的跨膜运动，不需要细胞提供能量，都属被动运输。在协助扩散中，特异的膜蛋白"协助"物质转运速率增加，转运的特异性增强。膜转运蛋白可分为两类：一类为载体蛋白（carrier proteins）；另一类为通道蛋白（channel proteins），它可形成亲水的通道，允许一定大小和一定电荷的离子通过。载体蛋白相当于结合在细胞膜上的酶，可同特异的底物结合，转运过程具有类似于酶与底物作用的动力学曲线；有人将载体蛋白称为通透酶（permease）。同样载体蛋白像酶一样，不能改变反应平衡，只能增加达到反应平衡的速率，因此，协助扩散只能加快物质自由能减小的方向进行跨膜运动的速度。与酶不同的是载体蛋白对转运分子不作任何共价修饰。

　　目前，发现的通道蛋白已有 50 余种，它们几乎都与离子的转运有关，称为离子通道。离子通道对被转运离子的大小与电荷都有高度的选择性，而且转运速度高，可达 10^6 离子/s，为载体蛋白 100 倍以上。离子通道多数情况下呈关闭状态，只有在膜电位或化学信号物质刺激后，才开启形成跨膜的离子通道，因此又分别称为电位门通道和配体门通道。转运膜蛋白为跨膜多次的内在膜蛋白，其转运物质的确切机制尚不清楚。推测转运膜蛋白与被转运物质结合或接受某种信号后，分子结构发生改变，形成了特异的跨膜通道，从而完成了对某种物质的转运。

4.4.3　主动运输（active transport）

主动运输是物质由浓度低的一侧向浓度高的一侧跨膜运动的方式，或物质逆浓度梯度或电化学梯度运输的跨膜运动方式，转运物质的自由能变化为正值，因此，需要与某种特效能量的过程相偶联。目前，认为由 ATP 直接提供能量和间接提供能量两种基本类型来完成。

ATP 直接提供能量的主动运输，在细胞膜的两侧存在很大的离子浓度差，特别是阳离子浓度差，K^+ 和 Na^+ 逆浓度与电化学梯度输入和输出的跨膜运动就是一种典型的主动运输方式。它是由 ATP 直接提供能量，通过细胞质膜上的 Na^+-K^+ 泵来完成，而高等植物细胞营养的主动吸收则以 H^+-泵来完成。

除 Na^+-K^+ 泵外，还有 Ca^{2+} 泵和质子泵。Ca^{2+} 泵又称 Ca^{2+}-ATP 酶，主要存在于细胞质膜和内质网膜上，它将 Ca^{2+} 泵出或泵入内质网膜中贮存起来，从而维持细胞内低浓度的 Ca^{2+}。质子泵可分为 3 种：①与 Na^+-K^+ 泵和 Ca^{2+} 泵结构类似，在转运 H^+ 的过程中涉及磷酸化和去磷酸化，存在于真核细胞的细胞质膜上，称为 P-型质子泵；②存在于溶酶体膜中植物液泡膜上，转运 H^+ 过程中不形成磷酸化的中间体，称为 V-型质子泵；③存在于线粒体内膜、植物类囊体膜和多数细菌质膜上，它以相反的方式发挥起生理作用，即沿浓度梯度运动将所释放的能量与 ATP 合成偶联起来，如在线粒体中的氧化磷酸化作用和叶绿体中的光合磷酸作用，因此称为 H^+-ATP 酶更恰当。

协同运输是一类靠间接提供能量完成的主动运输方式，物质跨膜运动所需要的能量来自膜两侧离子浓度梯度。根据物质运输方向与离子沿浓度梯度的转运方向，协同运输又可分为同向协同和反向协同。同向协同是物质运输方向与离子转移方向相同；反向协同是指物质跨膜运动方向与离子转移方向相反。

4.4.4　基团转移

基团转移是细菌在吸收营养物质时采用的一种物质跨膜运输的方式，通过对被转运到细胞内的分子进行共价修饰，使其在细胞中始终维持较低的浓度，从而保证这种物质不断地沿浓度梯度从细胞外向细胞内转运。

基团转移过程中所需要的能量由磷酸烯醇式丙酮酸提供，首先在酶Ⅰ的催化下将磷酸基团转移到一个中间载体———一种热稳定蛋白（HPr）上，然后在酶Ⅲ的催化下将磷酸基团转移到乳糖分子上，以维持细胞内较低的乳糖浓度，使细胞外的乳糖继续沿浓度梯度进入细胞。携有带电磷酸基团的乳糖很难穿过细胞质膜而滞留在细胞质中。酶Ⅰ和酶Ⅲ已被纯化并能在体外分别催化上述两步反应。酶Ⅲ具有专一性，不同的是酶Ⅲ可以催化不同糖的磷酸基团转移反应，而酶Ⅰ性质几乎相同，因此一旦酶Ⅰ失活，则各种糖的磷酸基团转移反应都将停止。

酶Ⅱ是一种膜蛋白，就其本身的转运方式更类似协助扩散，但是，整个转运过程中需要能量，因此有人把基团转移归为主动运输的方式之一。

4.4.5　大分子与颗粒性物质的跨膜运输

真核细胞通过内吞作用(endocytosis)和外排作用(exocytosis)完成大分子与颗粒性物质的跨膜运输。在转运过程中,物质包裹在脂双层膜围绕的囊泡中,因此又称膜泡运输。这种运输方式常常可同时转运一种或一种以上数量不等的大分子和颗粒性物质,因此也有人称之为批量运输(balk transport)。

内吞作用是通过细胞内陷或延伸形成囊泡将外界物质裹进并输入细胞的过程。根据内吞的物质是否专一性,可将内吞作用分为受体介导的内吞作用(receptor mediaed endocytosis)和非特异性的内吞作用。前者是被转运的物质配基与细胞质膜上专一的受体相结合后诱发的内吞作用;后者则无选择识别性。

根据内吞物质的大小,内吞作用又可分为胞饮作用(pinocytosis)和吞噬作用(phagocytosis)。二者的主要区别:①内吞泡大小不同,胞饮泡直径为 $0.1\sim0.2\mu m$,而吞噬泡直径大于 $0.25\mu m$,一般可达 $1\sim2\mu m$,这也反映了所能吞噬颗粒的大小;②内吞泡形成的机制不同,胞饮泡的形成需要笼形蛋白(clathrin)或这一类蛋白的帮助。配基与膜上受体结合后,笼形蛋白聚集在膜下的一侧,逐渐形成直径 $50\sim100\mu m$ 的质膜洼陷凹陷,最终质膜形成由笼形蛋白包被的胞饮泡,将配基与部分胞外液体摄入细胞,几秒钟后笼形蛋白便脱离包被小泡返回质膜附近重复使用,无包被的胞饮泡进一步与其他内吞泡融合。

吞噬泡的形成则需要有微丝及其结合蛋白的帮助,如果用降解微丝的药物(细胞松弛素B)处理细胞,则可阻断吞噬泡的形成,但是,胞饮作用仍继续进行。吞噬作用多见于原生动物摄取营养的一种方式。

细胞的外排作用是将细胞的分泌泡或其他某些膜泡中的物质通过细胞质膜运出细胞的过程,从形式上可以看做是与内吞作用相反的过程。但是,至今对外排作用的确切过程及机制还不清楚。

4.5　蕈菌的抗性生理

蕈菌在自然界遵循适者生存,用进废退这样一种规律。蕈菌对自然界的环境有适应的一面,也有不可抗拒的一面。对蕈菌的不良环境大致可分两大类:一种是自然产生的;另一种是人为造成的。这种分法强调人的社会性,当然人也有自然属性的一面。

研究蕈菌在不适环境条件下的生命活动规律,为培育和驯化出一些适应暂时不利条件,或长期生活在严酷条件的优良菌株,或提供指导性理论和可行的技术和措施,进一步提高蕈菌高质量生产具有十分重要的意义。

逆境(stress):在物理学上称应力,或胁强;在蕈菌学中称胁迫。它是指对蕈菌生长分化产生不利的各种环境因素的总称,包括水、肥、气、温度、光、酸碱度等。水是指不利的水质、含水量大小、空间湿度等;肥是指养分的丰缺、养分的平衡、养分的存在形式等;气是指氧气、二氧化碳、其他气体的浓度等;温度是指不利的气温过程,包括热害、冷害、冻害等;光是指不利的光质、光照时间、光照度等;酸碱度是指不利的 pH 的过程。

蕈菌逆境生理(stress physiology):蕈菌对各种不同的逆境有不同生理反应,这些生理反应的规律为之蕈菌逆境生理。

蕈菌逆境生理学(stress physiology):人们对蕈菌逆境生理的种类、生理生化变化规律的认识,并为防御逆境提供指导性理论和技术措施为之蕈菌逆境生理学。

蕈菌的抗逆性(stress resistance):蕈菌对逆境的抵抗和忍耐能力为之蕈菌的抗逆性,简称蕈菌的抗性(hardiness)。抗性是蕈菌对环境的一种适应性反应。

蕈菌对逆境的抵抗有 3 种方式：避逆性、御避性、忍耐性。

蕈菌通过对生育周期的调整避开逆境的干扰，在相对适宜的环境中完成生活史，称为逆境避逆性。特点：通过对生育周期的调整避开完成。

蕈菌通过各种方式摒拒逆境，主要是通过蕈菌形态的变化完成对逆境的抵抗为之逆境御避性(stress avoidance)。特点：通过蕈菌形态的变化完成。

蕈菌经受逆境后可通过代谢反应，阻止降低或修复由其造成的损伤，使其保持低水平的生理活动，这种称为逆境忍耐性(stress tolerance)，通过生理生化变化完成的。特点：通过生理生化变化完成。

以上逆境所造成的损伤是可逆转的，超出御避的范围和忍耐自身修复能力，蕈菌将受害畸形甚至死亡。

应该指出：蕈菌对逆境抵抗往往具有双重性，在某一逆境范围内蕈菌表现为御避性抵抗，超出某一范围时，又表现为忍耐性抵抗，有时则不能截然分开。蕈菌所表现的抗性是逐步形成的。蕈菌对不利环境逐步适应的过程叫锻炼(hardening)。

人们对蕈菌的引种驯化(domestication)就是根据蕈菌对陌生环境逐步锻炼出对新环境的适应能力，所以锻炼实际上也是一种驯化过程，而真正的驯化可改变物种或品种的特性，是经过长期锻炼而获得的。

4.6　蕈菌抗性生理通论

逆境对蕈菌的形态结构与代谢的影响如下。

(1) 环境变化：环境干燥导致子实体菌盖的边缘细胞不分裂，菌盖边缘发黄，菌盖增厚，有甚者导致菌盖内外生长不同步发生龟裂或菌蕾枯死。环境相对湿度过大导致菌盖发黄、子实体水浸泡状、水饱和，细胞缺氧不能正常分裂或不分裂，最终烂掉；高温过高导致子实体徒长，细胞间隙加大，菌柄加长，菌盖薄，容易破碎不耐运储等。

(2) 生物膜改变：生物膜的膜相发生不良变化，甚至变性；细胞按室分工的职能被破坏等。

(3) 光合速率下降：任何逆境都会使光合速率下降，同化物减少，主要影响光合过程酶的失活或变性。

(4) 呼吸逐渐下降：遇 0℃以上低温或干旱逆境时，一般蕈菌呼吸先上升后下降；遇高温逆境表现为呼吸显著增高，耗能大，子实体品质差。

(5) 可溶性物质增加：逆境下使蛋白质、糖类转变成可溶性物质而增加，主要是合成酶下降，水解酶活性增加。

(6) 碳氮比例失调：碳肥过量会造成菌丝体纤细、生长势弱、实体弱小等；氮肥过量会造成原基不能分化成菌蕾，或导致二次分化等。

(7) 某些抗性基因开启指导合成新的抗逆蛋白。

总之，蕈菌对逆境抵抗的表现规律一般是代谢活力低时抗性强；代谢活动强时抗性中等；子实体成熟期代谢旺盛抗性最弱。此外，健壮子实体株抗逆性强；瘦弱子实体抗逆性弱。

蕈菌逆境的种类见图 4-9。

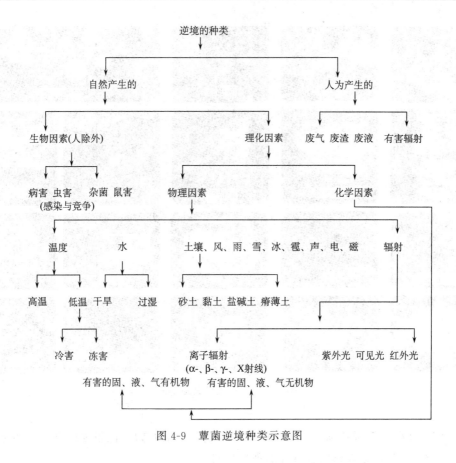

图 4-9　蕈菌逆境种类示意图

4.7　蕈菌生产其他物品

其他物品是指蕈菌生产中所必备的塑料培殖袋等容器，温室棚膜、喷灌设备等。

4.7.1　容器

所谓容器是指制种所用的容器，包括母种容器、原种容器、栽培种容器及培殖容器等，包括各容器都应使用棉塞或能满足滤菌和透气要求的无棉塑料盖代替棉塞，如图 4-10 所示。容器规格应符合 NY/T 528—2002 中 4.7.1.1 规定。

（1）母种、原种、栽培种的容器。母种的容器应使用玻璃试管和棉塞。其试管 18mm×180mm 或 20mm×200mm，其棉塞应使用梳棉，不应用脱脂。

原种的容器应使用 650ml、750ml、850ml、1100ml、1400ml 的耐 126℃高温的无色或近无色的玻璃菌种瓶，或耐 126℃高温白色半透明的 GB9687 卫生规定的塑料菌种瓶，或 15mm×28mm 耐 126℃高温 GB9688 卫生规定的聚丙烯塑料袋。

栽培种的容器可使用≤17mm×35mm 耐 126℃高温 GB9688 卫生规定的聚丙烯塑料袋。各容器都应使用棉塞或能满足滤菌和透气要求的无棉塑料盖代替棉塞。

（2）培殖容器。培殖容器可使用(17～26)cm×(45～55)cm×(0.035～0.045)mm 聚丙烯塑料袋或聚乙烯塑料袋。

（3）塑料袋或塑料袋筒料材质。目前市场上供应的蕈菌专用塑料袋或塑料袋筒料的材质有高密度低压聚乙烯(HDPE)、聚丙烯(PP)、低密度高压聚乙烯(LDPE)3 种。

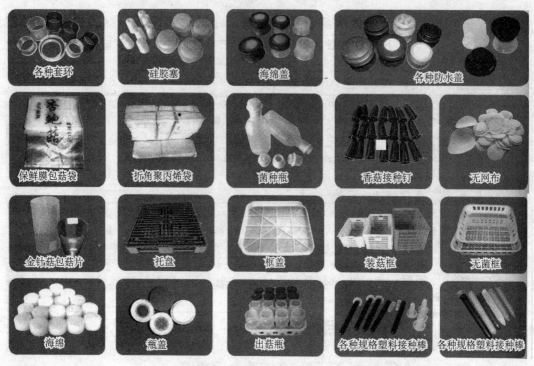

图 4-10　蕈菌生产其他物品

　　HDPE，又称低压聚乙烯，呈白色蜡状、半透明、柔而韧、抗张强度高、抗折率强，能耐高温 115～135℃，是香菇袋栽首选的理想材料。

　　LDPE，又称高压聚乙烯，呈白色蜡状、透明、柔而韧、耐冲击、拉伸强度高，能耐高温较 HDPE 弱，是平菇袋栽首选的理想材料。

　　PP 强度与刚性好，透明度高、耐高温 132℃、质地脆硬、抗冲击较差、装料不仅易出现空隙，引起气生菌丝的发生，也易由空气引起感染杂菌。

　　蕈菌专用塑料袋或塑料袋筒料的物理性状见表 4-3。

表 4-3　蕈菌专用塑料袋或塑料袋筒料的物理性状

化学名称		聚丙烯	高密度低压聚乙烯	低密度高压聚乙烯	备注
代号		PP	LDPE	HDPE	
透明度		45～55	30～60	半透明	
透气性/ [cm³/(m·24h)]	CO_2	2300	6800	2840	薄膜厚度 $100\mu m$ 条件下
	H_2	5600	4900	2200	
	NH_3	165	530	200	
	O_2	590	1700	730	
熔点/℃		160～170	105～110	115～135	
抗张强度/(kg/cm²)		300～385	70～161	217～385	
抗张模数/(kg/cm²)		1200～1600	1190～2450	4200～10500	

4.7.2　温室棚膜

棚膜品种规格多，性能各异，按树脂原料分，有聚乙烯膜、聚氯乙烯膜和乙烯-醋酸乙烯膜。按结构性能特点可分有普通膜、长寿膜、长寿无滴膜、漫反射膜、转光膜、复合多功能膜等多种。目前，南方大棚蔬菜生产上应用较多的是聚乙烯膜，聚氯乙烯膜应用较少，乙烯-醋酸乙烯膜正在示范推广中。

（1）聚乙烯普通棚膜。新膜的透光率80％左右，吸尘性弱，耐低温性强，透湿性差，雾滴性重，不耐晒，延伸率大，不耐老化，连续使用时间4～5个月。膜厚0.06～0.12mm，幅宽折径2～4m。不适用于高温季节的覆盖培殖，可作早春提前和晚秋延后覆盖培殖，多用于大棚内的二层幕、裙膜或大棚内套小棚覆盖。

（2）聚乙烯长寿膜。聚乙烯长寿膜克服了聚乙烯普通棚膜不耐高温日晒、不耐老化的缺点，可连续使用2年以上，成本低。厚度0.1～0.12mm，幅宽折径1～4m，每亩用膜100～120kg。此膜应用面积大，适合周年覆盖培殖，但要注意减少膜面积尘，维持膜面清洁。

（3）聚乙烯长寿无滴棚膜。聚乙烯长寿无滴棚膜在聚乙烯膜中加入了防老化剂和无滴性表面活性剂，可使用2年以上，成本低。无滴期为3～4个月，厚度0.1～0.12mm，每亩用量100～130kg，无滴期内能降低棚内空气湿度，减轻早春病虫的发生，增强透光，适于各种棚型使用，可用于大棚内的二层幕、棚室冬春连续覆盖培殖。

（4）聚乙烯复合多功能棚膜。聚乙烯复合多功能棚膜在聚乙烯原料中加入多种添加剂，使棚膜具有多种功能。如薄型耐老化多功能膜，就是把长寿、保温、防滴等多功能融为一体。耐高温、日晒，夜间保温性好，耐老化，雾滴较轻，撕裂后易粘合，厚度0.06～0.08mm，幅宽折径1～4m，能连续使用1年以上，每亩用量60～100kg。透光性强，保温性好，晴天升温快，夜间有保温作用，适于塑料大棚冬季培殖和特早熟培殖及作二层幕使用，已大面积推广。

（5）漫反射膜。漫反射膜是在聚乙烯中掺入对太阳光漫反射晶核，可抑制垂直入射阳光的透过作用，降低中午前后棚内高温峰值，防止高温危害。夜间保温性较好，积温性强，适宜于高温季节使用。

（6）聚乙烯调光膜。聚乙烯调光膜以低密度聚乙烯树脂为原料，添加光转换剂后吹塑而成，有长寿、耐老化和透光率好等特点，厚度为0.08～0.12mm，可使用2年以上，透光率85％以上，在弱光下增温效果不显著，主要用于喜温、喜光作物。

4.7.3　喷灌设备

蕈菌培殖在子实体发育过程中，需要较大量的水，而且给雾状水最佳。市场上喷灌设备种类较多，可根据需要选择。具体见表4-4。

表 4-4　几种常见微喷和雾化喷头

	231T 旋转喷头	231T 折射喷头	全圆雾化喷头	简易雾化喷头	低速旋转喷头	十字雾化喷头
额定工作压力/MPa	0.2～0.25	0.2～0.25	0.18～0.28	0.15～0.30	0.15～0.35	0.22～0.28
流量/(L/h)	40～120	40～120	27～41	30～60	120～300	24～33
喷射半径/m	2.8～4.0	1.2～2.2	1.5～2.1	0.7～1.0	6～8	1.2～1.8

4.8　培殖场地的选择与棚室建设

4.8.1　培殖场地的选择

选择那些交通运输便利，地势较高，有充足水和电源的理想培殖场地。若地下水位高，应有排水设施。以砂土、壤土为主，黏土不宜。如天津地区的春季，多风干燥、风向不定、风速大、昼夜温差大；夏季以东南风和西南风为主，每年 7 月、8 月、9 月 3 个月为集中雨季，可达全年降水量的 80%～90%；秋季天高气爽，气候宜人；冬季多以西北风为主，寒冷、干燥、降水少。因此，选择培殖场地时，一定弄清当地的气候地理条件，包括土壤、植被、大气、水文、日照、风速、风向、降水、无霜期、积温等。为防止杂菌污染以提高食品的安全性，培殖场地必须远离（一般是 500m 以内）主要公路、垃圾堆、粪场、鸡舍、鸭舍、猪舍、马舍、牛舍、羊舍、油漆厂、化工厂、核污染区等区域。总之，应按照食品安全等级，即无公害食品、绿色食品、有机食品生产要求选择培殖及加工场地。

4.8.2　棚室建设

目前，在中国以地上或半地下温室（这取决于地下水位高低）培殖最经济实用，也有比较先进的连栋温室、日光温室等，见图 4-11～图 4-16。而且，相对比北方蔬菜温室矮些。它可以充分利用日光能，满足保温、保湿、通风、给排水、环境整洁 5 个基本条件。关于旧菇室的消毒，在华北地区利用 7 月、8 月、9 月 3 个月揭膜暴晒，并利用雨水冲刷，是既经济又有效的方法之一。

图 4-11　双层充气膜温室

图 4-12　聚酯 PC 板温室

图 4-13　双层充气膜温室室内

图 4-14　日光温室内部

图 4-15　日光温室外部

图 4-16　砖混结构白灵菇房

（1）连栋温室。温室骨架采用热镀锌钢管连栋结构；覆盖可采用单层膜、双层充气膜及中空 PC 板；自然通风：电动天窗、侧窗启闭机构，或手动、电动卷膜；配置内遮阳保温幕及外遮阳系统；风机温帘：可实现盛夏季节强制通风降温；自控及电力系统：对温度、湿度、光照、气象等实现自动控制；双层充气膜温室常见的有两种。①跨度：6/8m，开间：4m，顶高：4.5～5.2m，天沟高：3.0～3.5m，抗雪载：300N/m²，抗风载：500N/m²；

② 跨度：7m，开间：4m，顶高：4.8m，天沟高：3m，抗雪载：$300N/m^2$，抗风载：$500N/m^2$。

（2）日光温室。骨架，可分为组装式、焊接式两种，抗雪压 $200\sim240N/m^2$。进口膜、国产膜、压膜线、固膜卡槽、卡簧。前坡保温被、后坡保温被。卷被机、卷帘机、卷膜器。

菇棚建设模式：一是拱棚模式。棚体宽 10m、长 25m，墙高 2m，脊高 2.5m，下挖40cm，4 层架，床面南北走向；二是土墙固定菇房。用土坯搭建固定菇房，宽 8m、长15m，设置 6～8 层床架。这两种模式建设成本低，便于推广层架式培殖和二次发酵技术。

小　　结

蕈菌具有真菌的一般特征结构，无叶绿体、无根、无茎、无叶，具有明显的细胞壁，子实体不能迁移，并以孢子或双核细胞菌丝体进行繁殖。在蕈菌中，从孢子萌发到子实体的形成乃至产生新的孢子，经历了营养体生长阶段和生殖体生长阶段。二者发生了质的变化，这过程中贯穿着生长和分化是发育的全过程。

真菌菌丝的生长为顶端生长。泡囊假说认为菌丝顶端的生长过程，就是泡囊中各种酶使细胞壁物质不断分解和合成与细胞内物质不断变化的过程。菌丝生长分为 3 个时期：生长迟缓期、快速生长期、生长停止期。

蕈菌生长、分化、繁殖离不开水、肥、气、热、光、pH 等营养因子和环境因子。蕈菌在孢子繁殖、菌丝体生长、子实体生长的 3 个阶段中，一般对水的需求是由低到高、对温度的需求是由高到低的变化规律。多数蕈菌在微酸性的条件下生长发育，酸碱环境影响了菌丝体对营养的吸收能力，是重要的影响因素之一。

蕈菌的营养吸收方式有简单扩散、协助扩散、主动运输、基因转移、跨膜运输。

蕈菌抵抗逆境的方式有避逆性、御避性、忍耐性 3 种。对蕈菌的引种驯化就是根据蕈菌对陌生环境，逐步锻炼出对新环境的适应能力，从而改变物种或品种的特性。

思　考　题

1. 名词解释：蕈菌生理学、生长、分化、发育、碳源、氮源、碳氮比、棉籽皮、最适温度、协调最适温度、逆境
2. 用泡囊假说简述菌丝顶端生长机制。
3. 菌丝体生长分几个时期，各自特点是什么？
4. 简述培殖蕈菌主要原料棉籽皮的特点是什么？
5. 蕈菌对逆境的抵抗有哪几种方式，有何指导意义？
6. 如何选择培殖场地？

第二篇　常见蕈菌培殖技术

　　在常见蕈菌培殖技术中，阐述了目前技术最成熟的 10 种菇类，每一种菇类为一章，各有特点，各有侧重。以糙皮侧耳为典型实例的侧耳培殖技术，实质上涵盖了目前 33 种商业性侧耳。这些常见蕈菌大都具有侧耳通用基本技术，只是有细微不同。有的原基分化要求的温度不同，有的主要食用子实体的部位不同；有的则是对子实体市场需求不同等。因此，导致其培殖技术的差异。

第**5**章 侧耳培殖技术

5.1 概 述

侧耳俗称平菇，也叫北风菌、冻菌、天花蕈等。因其菌盖似贝壳或舌状，故又名蚝菌。狭义平菇特指糙皮侧耳 *Pleurotus ostreatus Ostreatus*（Jacq.）P. Kumm.，Führ. Plzrk.（Zwickzu）：24，1.4（1871）。英文名为 oyster mushroom。侧耳在分类属于真菌界（Kingdom fungi）担子菌门（Basidiomycota）层菌纲（Hymenomycetes）伞菌目（Agaricales）侧耳科（Plenrotaceae）侧耳属[*Pleurotus*（Fr.）（Kumm，1871）]，见图 5-1～图 5-3。

图 5-1　糙皮侧耳的墙式培殖

图 5-2　箱装商品糙皮侧耳

图 5-3　盒装商品糙皮侧耳

已知有侧耳 100 多种。据文献得知，在中国大约在 1330 年开始培殖。20 世纪初，意大利首次进行木屑培殖技术。1936 年，日本森木彦三郎和中国黄范希实验盆栽。1969 年，欧洲人 Luthard 用山毛榉等其他阔叶木屑培殖，同年 Joth 用压碎的用玉米芯培殖平菇。1972 年，河南省刘纯业首次采用棉籽皮生料培殖成功。1978 年，河北晋县用棉籽皮培殖首次获得大面积高产。20 世纪 90 年代，平菇进入稳步发展期，除糙皮侧耳外，姬菇、秀珍菇、鲍鱼菇等相继引入实际生产。棉籽皮是目前培殖最广泛，品种较多，产量较高的主要原料之一。每年可生产 1～3 个周期，单个周期 80～150d，生物学效率可大于 100%。侧耳培殖总产量居各种蕈菌的首位，2011 年中国大陆达 563.34 万 t（图 5-4）。迄今为止，侧耳主要有以下33 种可供培殖。

（1）*P. abalonus*，Han，K. M. Chen et s. Cheng，鲍鱼菇，又名黑点侧耳、分布于台湾、福建等地。

（2）*P. albellus*（pat.）Pegler，白侧耳，多分布于广东等地。

（3）*P. anserinus*（Berk.）Sacc，短柄侧耳、鹅色侧耳，分布于云南、广西、四川、西藏等地。

（4）*P. applicatus* Quél，小灰侧耳，多分布于吉林等地。

（5）*P. calyptratus*（Lindbl. Apud Fr.）Saccado，具盖侧耳，多分布于河南、宁夏、台湾等地。

（6）*P. chioneus*（pers.）Fr，薄皮侧耳，多分布于广东等地。

（7）*P. citrinopileatus* Sing，金顶侧耳，又名榆黄菇，分布于河北、内蒙古、广东、香港、吉林、黑龙江、云南、贵州、西藏等地。

（8）*P. cornucopiae*（paul. ex pers.）Rolland，白黄侧耳，小平菇，俗称姬菇，它是侧耳属中低温型蕈菌，分布广东等地。

（9）*P. corticatus*（Fr.）Quél，裂皮侧耳，分布于黑龙江、吉林、广东、贵州、新疆等地。

（10）*P. cystadiosus* O. K. Mill，囊盖侧耳、泡囊侧耳，也叫台湾侧耳，分布于浙江、福建、广东、台湾等地。

（11）*P. dryinus*（pers,：Fr.）Quél，栎侧耳，分布于福建、浙江、台湾、河北、黑龙江、新疆等地。

（12）*P. djamor*（Fr.）Boedjin. Sense Lato，淡红侧耳，属于高温菇类，多分布于福建、广东热带等地区。

（13）*P. eryngii*（DC,：Fr.）Quél，刺芹侧耳，杯形侧耳，杏鲍菇，属中低温菇类，分布于新疆、四川等地。

（14）*P. eugrammus*（Mont.）Dennis，真线侧耳，分布于广东等地。

（15）*P. nebrodensis*（lnzenga）Quél，白灵侧耳、阿魏蘑、白灵菇，属低温菇类，在中国多分布伊犁、塔城及木垒等地。在国外，多分布于法国、西班牙、土耳其、捷克、匈牙利、摩洛哥、中非、哈萨克斯坦、吉尔吉斯斯坦、乌兹别克斯坦等国及印度的克什米尔等地。

（16）*P. flabellatus*（Berk. er. Br.）Sacc，扇形侧耳，主要分布于非洲、亚洲热带地区。在中国多分布于广东、西藏、云南等地。

（17）*P. floridanus* Sing，佛州侧耳，又名佛罗里达侧耳，白侧耳，属高温菇类，分布广。

（18）*P. usgeesteranus* Singer，印度鲍鱼菇，原生于罗氏大戟（*Euphoribia royleana*）的树桩上。

（19）*P. japonicus* Kawam，日本发光侧耳，月夜菌，有毒，分布于吉林等地。

（20）*P. geesteranu*，环柄香菇，原产印度，生于罗氏大戟的树桩上。

（21）*P. lignatilis*（Fr.）Gill，腐木生侧耳，分布较广，主要分布于吉林、四川、西藏、广东等地。

（22）*P. limpidus*（Fr.）Gill，小白侧耳，分布于吉林、广西、云南、台湾、西藏等地。

（23）*P. nidulans*（Pers,；Fr.）Gill，黄毛侧耳，分布于西藏等地。

（24）*P. ostreatus*（Jacq.）P. Kumm.，Führ. Plzrk.（Zwickzu）：24，1.4（1871），糙皮侧耳，又名北风菌，分布广。

（25）*P. porrigens*（pers. ex Fr.）Gill，贝形侧耳，分布广。

（26）*P. pulmonarius*（Fr.）Quél，肺形侧耳，秀珍菇，俗称珍珠菇，分布广。20世纪90年代由台湾引入广东清新县。

（27）*P. rhodophyllus* Bres，红褶侧耳，分布于福建、广东、海南、广西、云南等地。

（28）*P. sajor-caju*（Fr.）Fr.，漏斗状侧耳，又名凤尾菇，菌盖边缘波浪状，分布广。

（29）*P. salmoneostraminus Vasileva Agarikovye*，桃红侧耳，分布于福建、江西等地。

（30）*P. sapidus*（schulz ap. Kalchbr.）Sacc，紫孢侧耳、美味侧耳，又名灰侧耳，分布广。

（31）*P. spodoleucus* Fr.，长柄侧耳、灰白侧耳，分布于吉林、云南、贵州、西藏等地。

（32）*P. ulmarius*（Bull. ex Fr.）Quél，榆干侧耳，分布于青海、吉林、黑龙江等地。

（33）*P. tuber-regium*（Fr.）Sing，具核侧耳，又名虎奶菇、核茸菇，是一种食药兼用的高温菌类，主要分布于热带和亚热带地区，如中国云南省（腾冲、章风），以及马来西亚、澳大利亚、尼日利亚、加纳、肯尼亚等国家。

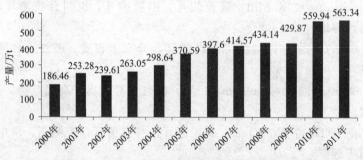

图5-4　2000～2011年度全国平菇逐年产量统计

20世纪90年代初，河北农业大学刘振岳等获得平菇与香菇属间原生质体融合成功，经过4年10个世代的培育，现已培育出体细胞杂交新菌株，命名为"平香一号"。试验证明其菌丝粗壮、体洁白，菌柄中生，无孢子，生育期比香菇短，生物转化率154.6%，产量超过双亲，栽种优势显著。2003年，上海师范大学生命与环境科学学院的王淑珍和复旦大学生命科学学院的白辰进行了灵芝与糙皮侧耳原生质体融合子生物学特征的研究，结果表明，其菌丝体与灵芝和糙皮侧耳均不相同，其木栓质化程度大于糙皮侧耳，小于灵芝。

（1）营养价值。鲜侧耳含水量一般为80%～90%。每百克干品中蛋白质含量一般为35%～46%。游离氨基酸含量丰富，达20种，其谷氨酸含量最高达2.847mg，总氮量为2.8～6.05。总糖量为26.8%～44.4%，水溶性糖含量为14.5～21.2mg。据河北省微生物所报道，侧耳含矿物质成分比羊肉高，不饱和脂肪酸占总脂肪酸的83%。常食用侧耳能降低血液中低密度脂蛋白胆固醇，可防治高血脂、高血压。侧耳中酸性多糖，对肌瘤细胞有强烈的抑制作用。据华中农业大学姜自彬等研究得知，在糙皮侧耳多糖的作用下，S180 腹水瘤细胞逐渐膨胀，并在细胞膜上形成一些泡状突起，在 1h 内完全破碎凋亡，而且对脾脏、肝脏、肾脏、胸腺等细胞无毒副作用。因此，侧耳是一种营养丰富，具有一定食疗价值的保健食品。

（2）生物学特征。侧耳子实体多簇生、丛生、覆瓦状等，单生的甚少。其菌盖多为贝壳状、扇状及漏斗状等。其幼菇的菌盖表面有蓝灰色、黑灰色、灰白色、白色、浅褐色、浅黄色和粉红色等。除菌株种性之外，低温或强光是造成颜色深的外界因素之一。子实体成熟时，或温度相对升高时，颜色变浅。菌柄较菌盖的颜色浅，长短各异，粗细不等。菌柄多为侧生或偏生(图 5-5)。在菌柄发育期，CO_2 浓度高时，菌柄易长长，而低温则使菌柄变粗。菌肉多为白色。菌褶白色。孢子为圆柱形，十几微米，光滑、无色。

图 5-5　不同种类的侧耳

侧耳属异宗结合，四极性，双因子控制，即其性别由独立分离的遗传因子 A、B 所控制。每个担子上所产生的 4 个担孢子，分别为 AB、Ab、aB、ab 4 种类型，近似于 4 种性别，称为四极性。侧耳的生活史见图 5-6。

侧耳子实体在成熟时，其菌褶处开始弹射出大量担孢子。孢子遇到适宜条件开始萌生出

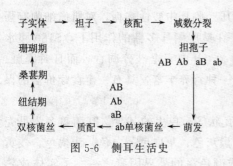
图 5-6　侧耳生活史

芽管，初期多核，很快产生隔膜，每个细胞有一个核。芽管不断分枝伸长，形成一团单核菌丝体。由侧耳孢子产生 4 种（AB、Ab、aB、ab）单核菌丝，当两种不同基因型菌丝结合后（质配）形成双核菌丝细胞，每个细胞都含有遗传物质不同的两个核。在形态上，两核保持相对独立性，如各自保持其特有的核膜。双核细胞菌丝尖端借助于锁状联合不断进行细胞分裂产生分枝，进行营养生长。

5.2　侧耳生长分化的条件

侧耳生长、分化及繁殖离不开水、肥、气、热、光、pH、雷、电、磁等营养与环境因子，必须给以综合的认识，从中探索出规律性的东西，以便指导生产实践。

5.2.1　水分要求

侧耳生命中的物质转变、能量转化、信息传递、信号传导、形态建成等都离不开水。侧耳的水包括培养基中的水、子实体中的水、细胞代谢中的水、生长中的水、分化中的水，以及环境空气中的相对湿度等。

磁化水有利于蕈菌的培殖产量的提高。磁化水系指经过磁场处理后的水溶液。根据磁化处理的方式分为静态磁化和动态磁化。动态磁化是指水以一定流速垂直地流经适宜强度磁场的磁化方式。静态磁化是指水静止在磁场中水流速等于零的磁化方式。

磁化水理化性能的变化。磁化水的电导率、渗透压、表面张力与黏度、溶解氧的含量、pH、化学位移、光学性能均发生了变化，正是这些变化引起了一系列的生物效应。

磁化生物技术是生物磁学研究的重要领域之一。研究结果表明，磁化水的生物效应是可提高淀粉酶、谷氨酸脱氢酶、葡萄糖氧化酶、脂酶同工酶的活性。

郭成金等关于磁场对茯苓深层培养过程中菌丝生长的影响研究表明，无论是在静磁场还是动磁场下，对于茯苓深层培养过程中菌丝体生物量的增加均有正面影响。以此指导深层培养获得多的菌丝体生物量和液体菌种的应用，在理论与生产实践方面意义重大。同时，也为菌丝体深层培养所用仪器设备的改进提供了一条有益的思路。

菌种在 $200\sim800G^{①}$（高斯）的恒定磁场中，磁化 $6\sim20min$ 或用 $500\sim800G$ 的磁化水喷浇，其产量比对照增加 16%～35%。大量实验表明，喷浇过磁化水的侧耳，其转潮快、育菇齐、菇体肥厚，每簇侧耳的有效个数减少，而体积增加，还能多收一潮菇。

在菌丝生长阶段，磁化水有促进生长的作用，且较低磁强度磁场处理的磁化水更显著；子实体生长阶段，用较高磁强度磁场处理的磁化水，则有利用子实体原基化分化，并且在一定范围内存在磁场强度越大子实体的分化越早的现象。

磁化水水分子更容易渗透子实体细胞，从而使水溶液中养分得以运输，促进子实体的生长分化，达到增产的效果。

侧耳新鲜子实体含水量一般为 80%～95%，由此可以看出，在侧耳生活史中水的重要性。无论是在其营养生长阶段，还是生殖生长阶段，所需水量与给水的形态虽然不同，却都

---

① $1G=10^{-4}T$

离不开水。水的矿化度、矿物质成分、pH、水温、磁化程度等都会影响侧耳菌丝细胞的生长分化和子实体发育，也影响侧耳的产量和质量。而且，水质也不可忽视，关于水质，应特别防止有害物质和重金属及放射性物质进入。

侧耳为耐湿性蕈菌，其菌丝体与子实体本身含水量均在 90％ 左右。其水分要求，包括培养基和菌体环境中的含水量，一般要求基质含水量为 58％～65％。低于 58％ 菌丝生长慢，发育不良，尤其是在生殖生长阶段，不利于子实体的形成和发育；培养基含水量高于 65％，因氧气少菌丝生长也慢。遇到高温会引起杂菌大量繁殖，致使培养基酸变，最终导致发菌失败。菌体环境的空气相对湿度一般掌握在 65％～75％。

培养料含水量的计算公式如下：

$$培养料含水量(\%)=\frac{培养料自身含水量＋加水量}{培养料量＋加水量}×100\%$$

例：100 棉籽皮自身含水量为 13％，要求加水 110，则培养料含水量为

$$培养料含水量(\%)=\frac{100×13\%＋110}{100＋110}×100\%=58.57\%$$

侧耳子实体生长分化要求空气相对湿度在 85％～95％。空气相对湿度低于 85％ 时，子实体生长缓慢，菌盖边缘细胞难以分裂，多呈现黄锈色；高于 95％ 时，菌柄徒长变长，菇蕾颜色变黄，甚至整簇死掉。如果处理不及时，还会造成菌棒的二次染菌。在子实体发育过程中，需要较高的空气相对湿度。但是，不能恒定一种湿度，要干湿交替，有湿度变化。只有这样，才能保证子实体发育所需的物质正常运输和细胞生长分化正常呼吸所需的氧气。

5.2.2　营养要求

侧耳系朽木腐生菌。自然界多簇生、丛生于杨、柳、榆、栎等阔叶树种的枯木上，或活树的朽枝上。培殖侧耳的原料广泛，包括木屑、禾谷类秸秆、棉籽皮、工业废棉绒、玉米穗轴、纸浆渣、葵花籽壳、油菜籽壳、其他作物秸秆、蚕豆皮、酒糟、醋糠、甜菜渣、甘蔗渣、香蕉茎叶、梧桐树叶、大豆秸、葵花盘、花生壳、部分中药渣等。总之，凡含有纤维素和木质素的有机废物都可以作为培殖侧耳的培养料。

侧耳的生活力强，对营养的要求比较广泛。其菌丝体生长所需要的碳源，主要由淀粉、葡萄糖、果糖、麦芽糖、蔗糖、甘露醇、果胶、纤维素、半纤维素、木质素、乙醇等提供；所需要氮源，主要由蛋白胨、玉米浆、黄豆饼粉、酵母粉、酒石酸铵、硫酸铵、天冬酰胺、丝氨酸、丙氨酸及甘氨酸、二铵、尿素、多元复合肥等提供。尿素的使用量一般为 0.5％。也可适量补加一些 P、Ca、Fe、Mg、K 等矿物质。从 Hashimoto 的研究中可以看出，甘露醇、淀粉、葡萄糖等有利于平菇菌丝体的生长，而蔗糖、果糖、淀粉等有利于其子实体发育（表 5-1）。因此，合理使用碳源具有一定的生产指导意义。

表 5-1　不同碳源对侧耳发育的影响

碳源/1%	菌丝体/(mg/20ml)	子实体/(mg/20ml)	总质量/(mg/20ml)	最终 pH
葡萄糖	65.7	18.3	84.0	5.5
果糖	50.1	31.2	81.3	5.2
甘露醇	78.6	24.5	103.1	5.3
蔗糖	41.2	36.1	77.3	5.4
麦芽糖	60.3	19.3	79.6	5.0
淀粉	77.2	28.6	105.8	5.8
纤维素	—	27.0	—	5.2

　　侧耳具有较强分解有机物的能力。在以棉籽皮为主料的培养基中，一般碳素和矿质元素含量较为丰富，只需添加少量氮素就可以正常生长。一般添加量为 10%～15%，如麦麸、细米糠、玉米粉、大豆粕及大豆粉等，常能促进菌丝健壮生长，提高子实体的产量。侧耳营养生长阶段 C/N 为 20:1，生殖生长阶段 C/N 为 (35～40):1。在生殖生长阶段，适量补加些碳素、矿质元素及维生素 B_1 是有益的。但是，补加氮素应特别慎重，防止过量，否则，在生殖生长阶段原基不分化。

5.2.3　空气要求

　　侧耳营养生长阶段对 CO_2 的耐受力较强。在 CO_2 浓度达到 12%～20% 时，仍能正常生长。室内发菌，随着培养基中菌丝的生长分化，细胞不断呼出 CO_2，其浓度相对增加达到 30%，氧气减少，菌丝生长速度急剧下降。

　　在发菌期间，要坚持四项基本原则，即①环境整洁干燥，室内空气相对湿度控制在 65%～75%；②常通风换气，室内空气新鲜，O_2 控制在 20%～23%，以没有异味为标准；③暗培养，光照度一般几十至几百个勒克司(lx)，全黑条件菌丝也能正常生长；④适宜的温度是菌丝生长最快的温度，而协调最适温度则是菌丝生长最健壮的温度，所以实际生产中应确保菌丝体最健壮。在发菌期过程中，主要是要调节好湿度、氧气、温度之间的矛盾。例如，在通气时，掌握适宜的打孔时间、孔径的大小、密度，通风的时间与温度和湿度等的密切关系。在确保一定温度和湿度的条件下，经常通风换气最为重要，并且一定要温和地通风；过冷、过热、过强等都对菌丝生长不利。可以讲，在保证温度和湿度的同时，较为温和地通入新鲜空气，越多越好。

　　侧耳子实体发育阶段不耐 CO_2。菇房内 CO_2 浓度高于 0.06% 时，菌柄伸长生长，菌盖发育受阻，严重者形成菜花状原基，或出现二次分化等现象；菇房内 CO_2 浓度高于 0.03% 时，可能出现畸形菇。因此，要限定单位空间，菌棒的摆放量、垛堆高度、通风孔的大小、数目、方向等。这与提高发菌成品率、提高产菇量及其质量都有密切关系。

5.2.4　温度要求

　　侧耳孢子形成以 12～20℃ 为宜。孢子萌发最适温度为 24～28℃。菌丝在 3～37℃ 均可生长，最适温度为 19～25℃，最适协调温度为 17～22℃。以 3℃ 下或 37℃ 以上菌丝生长极为缓慢，故 4℃ 左右保藏菌种。有的菌株遇高温常表现为菌丝逆境现象，出现羽毛状菌丝，而且稀疏。超过 40℃ 48h 菌丝失去生活力，超过 42～45℃，2h 则菌丝细胞死亡。低于 0℃ 菌丝处于休眠状态，遇到适宜温度仍能恢复生活力。菌丝生长温度一般都高于该菌株原基分化温度 3～5℃。在发菌期间，应掌握温度在 17～22℃。这样有利于菌丝细胞营养累积生长健壮。低温发菌，还可抑制杂菌的繁殖，降低污染率。当然，发菌时间会稍长些。

　　子实体是人们收获并食用的主要部分。侧耳原基分化的温度 7～22℃，子实体的生长温度为 7～35℃。变温对侧耳子实体的分化有促进作用。如侧耳在出现原基前，以 15℃ 为中心，每天昼夜温差 7～8℃，给予菌丝体以温差及其他刺激，原基能早形成，也有利于原基分化成菌蕾。

5.2.5　光的要求

　　光照度、光照时间、光的波长对侧耳不同发育阶段有不同程度的影响。侧耳菌丝生长不需直射光，强光抑制菌丝生长，暗光条件下菌丝长势最好。子实体的分化发育需要一定的散射光。子实体原基形成需要 200lx，照射 12/24h 以上。子实体发育期以 500～1500lx 的光照度才能满足子实体正常发育要求，但不能大于 2500lx。日光为佳，波长以蓝光有利于菌体生长，红光抑制菌体的生长。相反，促进原基的分化，有利于子实体的发育。长期直射光或光照度过大，也不利于子实体正常发育，强光照能使子实体的颜色变深。侧耳子实体具有向光性，引起向光弯曲的生长效应，从而降低产品的商品价值。

5.2.6 酸碱度要求

在 pH4.5～7.5 侧耳菌丝均能生长。在其生长过程中，由于代谢作用使培养料的 pH 逐渐下降，下降的多少依不同菌株而异。用稻草作培养基，在偏碱的条件下，到产生子实体时，一般可下降到 pH4.8～5.5，有的可至 pH4.5。为了使侧耳在整个生长过程中较好地生长分化，降低污染率，获得高产，在配制培养料时应调至 pH 偏碱，掌握在 8.0～9.0 为宜。pH 过高或低于 5.5 时，则菌丝生长缓慢。遇高温易使培养料变酸，菌丝难以生长。

5.3 侧耳培殖技术

5.3.1 引种与选种

侧耳的生产一般需要三级菌种，即母种、原种和栽培种。母种的来源可以从有菌种销售许可证的部门索取，也可以从孢子萌发得来，或通过组织分离获得。无论哪一种方式，若大批生产，一定要做严格的育菇试验，以减少盲目性，增强目的性。为获得更大的效益，还应注意下面几个问题。

（1）菌株（strain）温型。不同侧耳菌株对温度要求不同，根据原基分化对温度要求可分为高温型、中温型、低温型、广温型 4 类（表 5-2）。夏季当然要培殖高温型菌株；春秋季可以种植中温型和广温型菌株；冬季、秋末、春初可以培殖低温型和广温型菌株。另外，根据当地的气候条件，选不同温型菌株可进行周年生产，提高复种指数。

表 5-2 侧耳原基的分化温度与温型

类型	最低分化温度/℃	最高分化温度/℃	最适分化温度/℃
低温型	5	20	7～15
中温型	15	25	16～23
高温型	26	36	25～30
广温型	10	32	15～28

（2）菌株抗性（hardiness）。菌株的抗性是指侧耳菌丝细胞、组织、器管等在营养生长阶段和生殖生长阶段对不良环境的适应性和抵抗能力，即对水、肥、气、热、光、pH、风、虫、蝇、鼠、烟、杂菌等的抗逆性。从某种意义讲，菌株抗逆性越强，越有利培殖者。但是，对某一特定菌株而言肯定有其最突出的一面，要根据培殖者、市场及地理环境特点要求选定。

（3）菌株遗传稳定性。所谓菌株遗传稳定性强，是指菌株变异性小，能高产稳产。一般要稳定在 5 年以上，才有大面积推广意义。就侧耳而言，其生物学效率应稳定大于 100%。此外，应以市场为导向，选择那些营养丰富、含量高、利于人体吸收、味道鲜美的菌株。对子实体生长发育，一般则要求育菇快、育菇齐、转潮快、周期短。但是，也有的经营者则要求每潮均衡育菇；有的则要求集中在头两潮菇。

（4）菌丝体质量要求。菌株纯，不能混入其他菌丝体，更不能有任何竞争性杂菌；菌丝生长势强、粗壮浓密，菌丝体洁白纯正，菌丝尖端同步生长；试管菌种有气生菌丝，菌丝有爬壁合抱管现象；菌丝体的菌龄适中。镜检时，菌丝透明、呈分枝状，横隔、锁状联合明显，菌种的特征明显。若为原种或栽培种，长势均匀。其菌种应有相当的重量，紧实不糠，手拍咚咚作响，能任意掰成小块不散。菌块掰开，充满菌丝体，统体洁白，并有侧耳香味。

（5）拮抗现象（antagonism）。拮抗现象是指具有不同遗传基因的菌落间产生不同生长区带，或形成不同形式的对峙线形边缘、沟状、脊形，以及色素沉积等现象。

（6）子实体形态要求。应当选择那些子实体商品性好，即簇生、覆瓦状、菌盖单片肉厚，菌柄短或无柄，每朵大小匀称、颜色纯正、菇体韧性强、便于运输、最大限度地适应各类消费者。目前，鉴于中国家庭结构单元的特点，一般 400～500g/簇为宜。但是，这些不是绝对的。如麻辣烫所用，侧耳则需要菌盖单片大稍薄最好；又如韩国食用侧耳基本是幼菇，菌盖 2.0～2.5cm，且色深，颜色黑灰色，菌柄中实，而且又粗又长（3～4cm），颜色洁白；在加拿大和美国市场则需要菌肉厚、片大、颜色深的侧耳子实体，主要用于烧烤。所以，应以市场为导向，选择那些市场对路的菌株。

5.3.2　原料的购贮

在中国北方地区，一般每年 10 月，从南到北，新棉籽皮陆续开始出售。当年的棉籽皮含水量较大，隔年棉籽皮水分较少。每年 3～6 月北方地区购进棉籽皮最为适宜。此时，棉籽皮含水量较小，易于贮藏保存。多用标准塑料编织袋包装（40～50kg/袋）。也有压成扎的，大约 100kg/扎。一般讲，棉籽皮上绒长、绒多、颜色发青头、有少量破碎棉籽仁的质量优；相反，棉籽皮上绒短、绒少、壳多、颜色发红、棉籽多则不好。有结块现象的为非正品。陈旧棉籽皮可作栽培种用。

无论哪一种存放方式都不要与地面（土地面、水泥地面）直接接触，应设有防潮层，以枕木上铺油毡或干草为宜，防止结块发霉，更重要的是要有防火设施。

5.3.3　培殖场地的选择

培殖场地应选择那些交通运输便利、地势较高、水源和电源充足的地方。若地下水位高，应有良好的排水设施。以砂土、壤土为佳，黏土不宜。

如天津地区春季，多风干燥、风向不定、风速大、昼夜温差大；夏季以东南风和西南风为主，每年 7 月、8 月、9 月 3 个月为集中雨季，可达全年降水量的 80%～90%；秋季天高气爽，气候宜人；冬季多以西北风为主，寒冷、干燥、降水少。因此，选择培殖场地时，一定弄清当地的气候地理条件，包括土壤、植被、大气、水文、日照、风速、风向、降水、无霜期、积温等。为防止杂菌的污染，提高食品的安全性，培殖场地必须远离（一般是 500m 以内）主要公路、垃圾堆、粪场、鸡、鸭、猪、马、牛、羊舍，以及油漆厂、化工厂、易核污染等区域。总之，应按照食品安全等级（即无公害食品、绿色食品、有机食品）生产要求选择培殖及加工场地。

目前，在中国以地上或半地下温室（这取决于地下水位高低）培殖最经济实用。而且，较北方蔬菜温室矮些。它可以充分利用日光能，满足保温、保湿、通风、给排水、环境整洁5 个基本条件。对于旧培殖室的消毒，在华北地区，应利用 7 月、8 月、9 月 3 个月揭膜曝晒，并利用雨水冲刷是既经济又有效方法之一。

5.3.4　生产母种（mother culture）的制作

母种（stock culture）：按照规范育种程序繁育出的具有特异性、结实性、一致性和稳定性，经鉴定为种性优良的纯培养物作为种源，接种在试管斜面培养基上，扩繁得到的纯菌丝体称为母种，也称试管种、一级种。

以糙皮侧耳 *P. ostreatus*（Jacq.：Fr.）Quél 为例，首先将冰箱保藏的母种提前 3～5d 取出活化备用，然后要对该菌种进行提纯复壮。

菌种提纯复壮（spawn rejuvenation）：在良种繁育过程中，为防止菌种退化采取的技术措施，主要包括两个方面：①通过化学或物理的方法，将菌丝体上带有病毒，或极少杂菌除掉，达到纯化的目的；②将弱势生长的细胞菌丝通过个体选择、分系比较、营养等条件，使其成为具有强势分生能力的菌丝细胞，最终使其能健壮发育。

具体的方法有菌丝尖端稀释法、平板菌落尖端数次挑取法、抗菌剂杀灭法、根据不同温度区别杀灭法等。

（1）生产母种的制作：取新鲜无霉变的稻草（或棉籽皮），稻草切段成 1.5cm（或棉籽皮）200g；另取 200g 削皮、除芽的马铃薯切成棱形块，金橘大小，放入冷水盆备用。用不锈钢锅，加 2000ml 蒸馏水或自来水（pH7.0～7.5）同煮，煮沸计时 30min。将上述浸提液用双层医用纱布过滤，取过滤液近 1000ml，加琼脂 20g，完全溶化后，再加入葡萄糖 20g，$MgSO_4 \cdot 7H_2O$ 1.5g，KH_2PO_4 3g，维生素 B_1 4mg 完全溶解后，定容至 1000ml，pH 自然。在 45℃以上，趁热分装于（18×180）mm 的硬质试管 110～125 支中，大约每支试管中装有 8～9ml 溶液，塞好棉塞，将试管口用牛皮纸或耐高压的聚丙烯塑料薄膜包好，5 支或 7 支一捆灭菌备用。

灭菌时，先向灭菌锅内加足蒸馏水或无离子水。接通电源预热，将罐装好的试管放入灭菌锅的套桶里，盖上锅盖，平行拧好螺栓，打开放气阀，待水蒸气溢出时，关上放气阀。待气压达 0.05MPa 时，打开放气阀，放尽冷气，立即关闭放气阀。待锅内压力达 0.12～0.15MPa 时计时，利用调压器保持 25～30min。切断电源，待锅内压力降到零点时，打开锅盖，留缝隙，使蒸汽迅速溢出。其目的是用热蒸汽将棉塞烘干。大于 45℃时，将培养基试管取出，轻轻转动或震荡试管，防止冷凝水集于试管内。制备生产母种，摆斜面可稍长些；作保藏菌种则稍短些，并将包纸去掉，尽量使棉塞迅速干燥，以免造成棉塞被污染。24h 后查有无细菌，48h 后查有无霉菌。若有杂菌坚决弃掉，并及时处理。每批试管培养基的污染率不得超过 2%～3%。否则，必须重做。灭菌合格的试管培养基标准：软硬适度、表面光滑，如同镜面一般光滑，无冷凝水、无麻点。

作者在研究中发现培养基灭菌前后 pH 的变化规律，见表 5-3。由此表可以看出，pH 在灭菌后的整体变化趋势是下降，其总的变化规律为 pH5.5 附近的培养基经灭菌后△pH 较小，离 pH5.5 越远，培养基的△pH 越大。一般而言，菌丝生长最适 pH 是指灭菌后的 pH。

表 5-3　高温灭菌对培养基 pH 的影响

处理	4.0	5.0	5.5	6.0	6.5	7.0	7.5	8.0	8.5
灭菌前	4.03	5.00	5.50	6.03	6.51	6.99	7.49	8.02	8.51
灭菌后	4.15	5.11	5.46	5.80	6.24	6.66	6.94	7.14	7.25
△pH	+0.12	+0.11	−0.04	−0.23	−0.27	−0.33	−0.55	−0.88	−1.26

（2）生产母种的扩繁：以保藏母种（18×180）mm 硬质试管为标准，每支可转接 30～60 支生产种。可以在无菌室内或在超净工作台上接种，也可在接种箱内接种等。一般方法

是选优质菌种块或菌丝体，在无菌区内迅速接入试管培养基上。接种时，可以一点接种，也可以多点接种。接种时，接种器不得过热，以免烫伤菌体。接种后，25℃条件下暗培养，20~24h菌丝开始萌动，整个培养时间（试管前端一点接种）需8~10d菌丝可长满管。在此期间，一般每天检查一次，发现有杂菌，应及时弃除。有星点污染或可疑的也不能要，甚至虽无污染但长势不健壮的也要弃掉，严格把住菌种关。

5.3.5　原种（primary spawn）的制作

原种是由生产母种转接到培养基上，在适宜的培养条件下，形成菌丝体纯培养物与培养基的混合体称为原种，也称二级种。常以玻璃瓶、塑料瓶、聚丙烯塑料袋为容器。

原种培养基原料有用谷粒的，包括大麦、小麦、燕麦、玉米、谷子、稻谷、高粱等；也有用棉籽皮、锯木屑、木条、树枝、快餐筷子、冰糕棍等。高粱或谷子培养基综合考虑较好。它营养适中、颗粒圆整，且体积较小、分散度高，接种后萌发点多，易提早封料面，可减低污染率，而且其价格也相对便宜。

麦类的原种具有营养高、菌丝粗壮、菌丝体洁白、商品价值好、长势快、老化的也快，相对保质时间较短的特点。用小麦制原种水分不易掌握，且小麦胚可能带有杂菌，或易被杂菌污染。

玉米原种营养及商品性都好，不足之处颗粒大、非圆形体、接种时不易滚动分散。接栽培种后萌发点少、接种数量少。

用棉籽皮制原种经济，与下级栽培种的营养接近，在栽培种上菌种萌发迟缓期短，定植较早。但接种费工费时，接栽培种的数量也少。木屑制备原种既要注意水分的控制，又要注意氮素的添加量，更要注意物理性状即透气性保水性。其优点是保质时间相对较长，而且经济。接种后，萌发点虽多，但菌丝生长迟缓期长，长势慢，不易尽快封料面。

总之，应选那些营养适中、两级菌种之间营养差距不太大、透气保水性好的培养基。

高粱或谷子与水的比为1:0.9。浸泡8~12h，待其吸水充分膨胀后（切勿胚根突破种皮），沥水风干表面水分后装瓶；也可以在谷粒吸水膨胀后，再用2.0%~2.5%石灰水浸泡3~4h，可减少污染。一般选用透明的便于检查菌种的通用标准原种瓶。装瓶不要太满并用双层聚丙烯薄膜覆盖（膜单层厚度0.03~0.035mm），系好胶圈。常压灭菌8~12h或高压灭菌1.5~2.0h，待冷却到35℃左右接种。先将原种瓶移入接种室进行室内消毒，然后在超净台上或接种箱内接种，也可两人配合接种，每支试管种可接原种5~6瓶。接种时，应把试管原接种点的区域刮掉后再接种。接种菌种块，要尽量放到培养基表面的中央或洞穴中，这有利于菌丝提早封面减少污染。接种过程应始终不得离开酒精灯的无菌区，而且接种越快越好。接种后1~2d观察有无细菌、霉菌等（如根霉、黄曲霉、链胞霉、毛霉、酵母菌等）污染。制种的原则是培养基一定要灭菌彻底。每批原种一般不得高于4%的污染率，否则必须将这批原种倒出晒干重新灭菌，重新灭菌的原种接种后长势非常慢。为使原种长得快而健壮，待菌丝封料面后，可在菌种瓶口的盖膜上扎微孔15~20个通气。扎孔前，一定要室内灭菌一次。扎孔后，立即用无菌纸盖上，防止杂菌落入，造成二次污染。25℃条件下，500ml的瓶13~15d菌丝体可满瓶；750ml/瓶，15~18d满瓶。待菌丝复壮3~5d后再接栽培种为宜。没有百分之百的把握，不得摇瓶培养。若使用液体菌种，一般每15ml接一瓶。

使用液体菌种是一次技术革命，是国际领先的技术。液体发酵生产菌种与传统的固体菌种相比，具有八大优点，即菌丝片段多，可充分利用菌丝尖端生长的特点，萌发点多；在培养基上更贴近培养基，定植早；菌体迟缓期短，萌发快；可立体生长，生长速度快，周期短

（缩短 3～6d）；菌种适龄；接种便捷，便于机械化、自动化操作；便于识别菌种的污染；便于发菌管理、育菇管理等。

5.3.6　栽培种（culture spawn）的制作

栽培种由原种转接到培养基上，在适宜的培养条件下，形成菌丝体纯培养物与培养基的混合体称为栽培种，也称三级种，只作为培殖育菇所用菌种，也可直接育菇，但不可再次扩大繁殖菌种。常以玻璃瓶、塑料瓶、聚丙烯塑料袋等为容器。

（1）配料与装袋。配料：棉籽皮 69%、锯木屑 15%、细米糠或麸皮 10%、生石灰 3%、石膏粉 1%、过磷酸钙 1%、氯化钠 1%。水与料比为 1：（1.2～1.5）。充分拌匀，并闷料 6～12h，使水分充分润湿培养料，诱导杂菌孢子萌发，迅速装袋灭菌。在整个装袋、灭菌、接种、运输等过程中，一定要轻拿轻放菌袋，提高栽培种的成品率。菌袋规格用高压聚丙烯筒料。一般（17～20）cm×（41～45）cm×0.04mm，可装干料 600～700g，菌棒柱高大约 20cm，直径 10cm。为灭菌彻底，防止料袋胀裂，菌袋口不要系的过紧，同时也利于接种后菌丝早萌发，早定植，早覆盖菌袋的两端。灭菌后的培养基不得久放，应在36～37℃下，及时趁热接种。机械装袋效率较高，也标准。

（2）灭菌（sterilization）。栽培种的灭菌可以采用人工土灶（窑洞式最好）、大型灭菌箱、大型灭菌锅、灭菌隧道、配蒸汽炉等；也可开放式灭菌，即将当天装好的 2500～3000 只培殖袋装，装入专用灭菌筐中，将灭菌筐有规律地码放在砖砌的台上，盖上棚膜，再盖草帘或保温被。在砖台下，通有 2～4 根供气管，连通蒸汽炉，在 4～6h 必须达 100℃，记时保持 8～16h，停火闷料 6～8h，即可彻底灭菌。

（3）接种（inoculation）。在无菌条件下，36℃±1℃接种，接种温度要设法较高于环境温度。接种量稍大些好。原种转接栽培种时，先将原接种点及最上面的一层菌皮刮掉，再用接种勺将菌种轻轻打散，迅速接于菌袋内，应尽量使菌种布满料面，系好袋口，进行发菌培养。500ml 瓶的原种可接栽培种（两端接种）15 袋。若使用液体菌种，一般每 30ml 接一袋（两端接种）。

（4）发菌（spawn runing）。发菌的 4 个基本条件：①暗培养，光对菌丝的生长有抑制作用；②充足的氧气，要时常通风换气，并且是较温和的通风，室内保持空气清新；③保持室内外整洁干燥的环境，一般 60%～65% 的空气相对湿度，既可抑制环境中杂菌的繁殖，又可防止菌袋的污染；④适宜的温度，发菌前期，升温至 27～28℃，使其菌丝早萌发、早定植；发菌中后期，控温防止烧料，一般掌握在 17～22℃ 条件下发菌，料温一般在 22～24℃。

在发菌过程中，温差不能过大，以免菌袋内壁凝结较多的冷凝水，造成局部缺氧，污染杂菌。在协调最适温度下，有利于菌丝营养的积累，生长健壮。待菌丝体满袋后再复壮 5～7d 便可使用。每批栽培种，一般不得高于 12%～15% 的污染率，超过 15% 将会大大增加成本。

5.3.7　育菇菌棒的制作

（1）培养料的配制。配料：侧耳在不同生长分化阶段对水、肥、气、热、光、酸碱度等条件的要求不同。所以，侧耳培殖产量高低，配料是基础。总之，要依据侧耳自身生长分化的要求，来确定各培养料的有机结合及其物理性状。侧耳营养生长阶段的 C/N 为以 20：1；子实体生长阶段则以（35～40）：1。

目前，国内外常用主原料有棉籽皮、木屑、甘蔗渣、甜菜渣、大豆秸、玉米芯、稻草等禾本科秸秆等。从平衡营养角度看，主要补加一些氮素和矿质元素即可，如添加一些新鲜的细米糠、麦麸、玉米粉、豆粉、0.5%尿素，以及适量的石膏、过磷酸钙、NPK 全肥等，进而建立起不同菌株所需要的平衡营养。

碳氮比(carbon-nitrogen ratio，C/N)：在肥料学中，C/N 指土壤和肥料中碳素与氮素含量的比率。蕈菌培养料中的 C/N 是衡量其质量优劣的重要指标，直接影响菌丝的生长状况，以及子实体的发生、产量及质量。经化学分析，真菌细胞中的 C/N 为(10～12)∶1。蕈菌培养料中的 C/N 应高于细胞中的 C/N。生物的碳氮转化率低于 40%，即生物细胞要建造自身需要消耗基质中大量的碳氮营养，特别是碳素营养，以获取合成代谢中所需要的能量，并以 CO_2 的形式被释放，即呼吸作用释放 CO_2。估计转变为细胞物质的碳与以呼吸作用中 CO_2 释放的碳素量大体近似，因此，侧耳营养生长阶段 C/N 应大于 20∶1(这不包括培养基中其他微生物生命所需要的碳素)；生殖生长阶段由于细胞呼吸更为强烈，加之子实体的迅速发育，碳素的需要量应大于营养生长阶段，一般为(35～40)∶1。常用培养料 C/N 见表 5-4。配料中 C/N 的计算列举(1000kg 为计)：

棉籽皮　C：650kg × 64.4% =418.6kg　　木屑　C：150kg × 49.1% =73.77kg

　　　　　N：650kg × 1.5% =9.75kg　　　　　　N：150kg × 0.24% =0.36kg

细米糠　C：200kg × 49.26% =98.52kg　尿素　N：2.5kg ×46% =1.15kg

　　　　　N：200kg ×2.08% =4.16kg

C(418.6＋73.77＋98.52)÷N(9.75＋0.36＋4.16＋1.15) =590.89÷15.42 ≈38.31，即 C/N =38∶1。

表 5-4　常用培养料 C/N

种类	C/%	N/%	C/N	种类	C/%	N/%	C/N
棉子皮	64.40	1.50	42.92	高粱壳	56.70	1.63	34.78
玉米芯	42.30	0.48	88.13	小麦麸	55.40	2.84	19.79
大豆秸	62.70	1.47	42.65	细米糠	47.26	2.08	22.72
杂木屑	49.18	0.24	204.92	玉米粉	69.60	1.53	45.50
稻草	45.59	0.63	72.30	大豆粉	28.90	5.86	4.93
玉米秸	46.69	0.48	97.20	纺织屑	59.00	2.32	25.43
小麦秸	46.50	0.48	96.90	马粪	47.60	0.40	119.00
大麦秸	47.09	0.64	73.58	鸡粪	4.00	3.00	1.33
花生壳	44.22	1.47	30.08	牛粪	36.80	1.78	20.67
谷壳	41.64	0.64	65.00	小牛粪	39.78	1.27	31.30
蔗渣	42.00	0.41	97.56	奶牛粪	31.79	1.33	23.90
花生饼	49.04	6.32	7.76	猪粪	25.00	0.56	44.64
大豆饼	47.46	7.00	6.78	甜菜渣	64.5	1.47	43.88

在中国培殖侧耳主要有生料培殖、熟料培殖和发酵料培殖 3 种。

A. 生料培殖：生料培殖是指将已确定的各种原料与水混匀后，直接装袋、播种的培养过程。生料培殖省工时、成本低，适于空气杂菌密度相对小的冬季培殖，而且产量高。拌料后，闷料时间的长短依据气温而定。气温 15℃以下，闷料 6～8h；气温 15℃以上，闷料 4～

6h。在华北地区，一般在 11 月初至第二年 2 月底间可生料培殖。采用大袋[高压聚乙烯筒料规格：（24～28）cm×（52～55）cm×（0.03～0.035）mm]培殖。生料培殖装袋播种后第 5 天开始升温，直到第 22 天为自产热的最高时期。可以利用这一特点，将菌袋适当密集堆放，靠自身产热提高发菌温度。另外，注意防鼠害。

B. 熟料培殖：熟料培殖是通过常压，或高压灭菌的培养料。熟料培殖费工费时、成本相对大，适于夏季培殖。夏季里空气杂菌密度大，繁殖率高。因此，需要将培殖料全部彻底灭菌。菌袋规格可采用（21～22）cm×（49～51）cm×（0.03～0.035）mm。一般采用两端接种，也可在菌袋的中部打穴接种。接种后熟料自产热相对低，可避免烧料。

C. 发酵料培殖：适于春秋季培殖。使用发酵料可省工时，适宜大面积生产。菌袋规格一般采用（24～25）cm×（51～53）cm×（0.03～0.35）mm。原料的堆制发酵是一种复杂的物理化学和生物化学的加工过程。若原料发酵不熟，则等于培养了杂菌，直接影响到发菌的成败，以及子实体的优质高产。发酵过期，培养料中的营养成分被破坏造成减产，甚至完全不能使用，所以一定要技术过关。

（2）堆制发酵（composting and fermentation）。原料发酵成熟后，大分子有机物分解，蕈菌菌丝细胞所吸收的物质增多，有益微生物得以生存，而且抑制了竞争性微生物孳生，从而得到选择性培养基质。那些竞争性杂菌容易在未经发酵或发酵未熟的基质上繁殖，因为，大多数有害杂菌属中温微生物，其生长温度在 5～37℃。一般经过 57～58℃，3～4h 便可杀死，但不能杀死其芽孢或孢子，故而，堆制的时间可长一些。而那些能长时间忍受 60℃ 左右高温微生物（主要是高温放线菌、纤维分解细菌等）则被保留下来，而且对蕈菌菌丝生长有益无害。

侧耳培养料堆制发酵与拌料：首先对场地和工具进行彻底消毒；其次对原料进行曝晒，再将 65％棉籽皮、15％大豆秸、15％玉米芯（或陈旧的杂木屑）、5％细米糠；2％～3％生石灰、1％石膏、25％多菌灵（加入量 0.1％）、65％～70％水，用拌料机将培养料拌匀。要求做到三均匀，即主料辅料均匀、干湿均匀、酸碱度在料中均匀。建堆：堆宽约 1.2m，高约 1.0m，长不限。高温季节料堆要缩小，低温季节料堆可增大，自然堆起。每 30～40cm 打一孔，品字形打孔。在冬季或深秋，还应在料堆膜上再覆草帘或保湿被保温。翻料：高温季节每 1～2d 翻料一次，发酵期为 6～7d；低温季节每 2～3d 翻一次，发酵期为 8～9d。发酵的关键在于通气与保温并举，CO_2 浓度达 20％较为理想。温度过低产热量不足达不到杀菌和分解大分子物质的目的；温度过高造成厌氧状态，也容易烧料。通气的方法可在建堆前，在水泥地面上或塑料膜上放一只竹筐，将鼓风机的风管插入料堆内的竹筐里，用 150W 鼓风机定时鼓风送氧。冬季，也可用产汽炉，向料堆内吹热蒸汽，促使快速升温。在距地面 30cm 处料堆中插一温度计，温度达 60～65℃ 时维持 48h，然后将温度控制在 50～55℃。在此期间，每 24h 翻一次料，并注意保持水分，维持 4～5d 即可发好料。

总之，在发酵过程中，既注意保温，又要防止烧料。既要注意及时通气，又要注意水分和热量的过度散失。若水分散失过大要及时补水，一定要补加石灰水或消毒水，切忌补生水、冷水、污水。

发酵料标准：质地松软、有弹性、浅褐色、无异味。在料堆上，可见到白茫茫的很厚一层嗜热放线菌，而且有料香味。

（3）装袋与播种（spawning）。侧耳培殖的方式有箱式、菌块式、圆柱式、墙式、地栽床式、床架式、袋式等。

精选优质栽培种，手拿起感觉沉甸甸的，用手拍打咚咚作响，有实的感觉，而不是噗噗的响，有空和发散的感觉；用手掰费力，可以随意掰成大小块；菌种表面无菌蕾，菌棒通体洁白、无污染、有菌丝体香味。所谓播种，是将菌种在开放的条件下植入培养基的过程。

装袋前，先将料堆扒开散热排除杂气，并防止料面被吹干。播种时，将菌种掰成金橘大小的块。若菌种块过大，发菌中菌种易提前老化形成菌皮，影响菌棒质量；若菌种块太小，菌丝受损伤严重，延长生长迟缓期。所以，严格把住菌种关，最好有专人精心挑菌种，菌种要现掰现使。也可在多菌灵 2‰溶液里先将菌种浸蘸一下消毒，再掰成小块并放入整洁的容器里备用。采用大菌种量(20%～25%)分层或点播播种。一般 4 层菌种 3 层料，或 5 层菌种 4 层料，最好还是点播，这样可以避免菌种出现老化带。装料要下松上紧，并将菌种放在菌袋内壁处，不得出现凹凸不平及空隙，更不应出现菌棒大小头。菌棒的表面要平圆挺拔。在播种封口菌种后，还要再取一把料覆盖在菌种上。系绳前，轻压料头，使菌种块与料紧密接触，利于菌种早萌发、早定植。高压聚乙烯筒料规格：24cm×52cm×0.035mm 的筒料，可装培养料约 3kg(湿)，熟练工每人 8h 可装 800～1200 只，包括运入附近的发菌室，或就地发菌。

5.3.8 发菌管理

发菌(germination)也称走菌，是指在培养基中，营养菌丝细胞生长、分化，以及菌丝前端分枝蔓延生长过程。在培养基中，菌种有先活化再定植(又称吃料)，然后菌丝有由表及里的生长特点。

在发菌期，主要是要处理好控温与通风的关系。此时，细胞所需要的水分主要来源于培养基。因为，菌丝生长所需要的水分已在培养料中被容器包裹，是培殖者给定的，是相对稳定的因素。

发菌的基本原则：多点接种，大菌种量、大通气、菌丝早萌发、早定植、早满袋，速战速决。这样污染率小，损失少。一般掌握在 20～25d 菌丝满袋，7～10d 后熟，30～35d 内开始育菇。

按菌丝在培养料上的发育顺序可分为 4 个时期。①菌丝萌发期是指在适宜的条件下，在接种后的菌种块上长出白色绒毛状菌丝的过程。这一时期需要 1～3d。在菌丝萌发期，温度低萌发慢，甚至停止萌发。菌丝长期不萌发，培养基易污染杂菌。可适当提高温度 2～3℃发菌。温度过高，菌种不萌发，甚至干枯致死。②菌丝定植期是指菌丝萌发后与培养料接触，并开始向四周辐射生长，初见菌落的过程，俗称吃料。这一过程需 4～5d。此时，尽量不要翻动菌袋。定植的快慢与菌种和培养基的质量(包括其物理性状)及培养的环境条件有关。③菌丝快速生长期是指菌丝定植形成菌落后旺盛生长的过程。在适宜的条件下，随着菌丝前端的不断分枝，菌丝生长逐渐加快，呼吸速率逐渐加快，培养料的温度不断升高。此时，要特别注意散热通风换气。在确保协调温度的条件下，温和地通风换气是最主要的。采用协调温度发菌，有利于培养健壮的菌丝体并可降低污染率。④菌丝体生理成熟期是指菌丝体布满整个培养基后，还需要几天低温"串菌"，即菌丝进一步分枝、复壮过程。此时，菌棒表面菌丝细胞生长缓慢，有的地方出现黄水珠。手拍菌棒咚咚作响，这标志着菌丝体已达生理成熟。

冬季生料培殖，菌袋可码垛 7～8 只高进行发菌，甚至十几个高。行距不必过大，便于保温，同时要注意防鼠害。春秋用发酵料培殖，菌袋可码放 5～6 只高进行发菌，可码放菌棒 23～25 只/m²。菌棒两端菌丝体封料面后，立即在菌袋的两端打一大通气孔。选长 50cm、孔径约 8 号铅丝作探条，另取长 40～45cm、内径 6cm 的塑料管，一端用木塞堵死，类似于剑鞘，从另一端装入石灰粉，将探条插入管内蘸石灰粉，每打一孔，蘸一次石灰粉。打孔时，一定要打透，从菌袋一端的上方穿入，到菌袋的另一端的下方穿出，并轻轻转动退出探条，这样可造成空气微对流，便于通气。但是，在打孔的前一天，应向发菌室内用喷粉器向空间喷洒石灰粉，其目的是消毒和降低空气相对湿度防杂菌污染。

按发菌的时间顺序可分为发菌前期、中期和后期 3 个时期。①发菌前期，尤其是菌丝定植期之前不要翻垛。翻垛过勤，菌丝容易受机械损伤，不利菌丝恢复与生长。要牢牢地把握发菌过程中的 4 个基本条件，即暗培养、适宜的温度、充足地氧气和环境干燥整洁，并且注意它们的相关性。努力提高发菌的成品率，严格控制污染率和料温，及时供氧通风换气，防止发菌时菌袋内壁产生水珠积水。菌棒上表层积水是由于温差大而产生的冷凝水。长此下去，菌袋的局部会产生绿霉、青霉等造成后期污染。此时，室内温差应不超过 5~6℃。②发菌中期，菌丝快速生长期，应及时通氧，翻垛散热，轻拍菌棒赶走水汽和杂气。不只是将菌棒上下换位，还要将每个菌棒朝向换位，防止菌棒下面积水(受重力作用引起的)，造成菌棒局部腐烂。为防止大面积的污染，应以预防为主，早发现，早治疗。当发现小于黄豆粒大小的污染源时，立即用注射器注射高浓度的石灰水，或其他抗菌药剂将杂菌杀灭在萌芽中。③发菌后期，即菌棒整个表层全部吃料后，菌棒统体为白色。此时，应及时挑选分类，将完全白色的菌棒移入育菇室，及时进行降温、串菌、复壮步骤，控制昼夜温差有 6~10℃的变化。串菌复壮 6~7d，可育菇或出售菌棒。

总之，在发菌阶段，要特别注意菌棒内料温的变化。这与季节变化、昼夜温差、菌丝生长的强弱，以及发菌时期等有密切的关系。在冬季发菌，保温与通气是一对矛盾，保温是矛盾的主要方面；在夏季发菌，降温与通气是一对矛盾，则降温与通气同等重要，与此同时，还要防止菌丝体老化，产生大量菌皮，或菌丝细胞自溶影响育菇。在华北，春秋两季发菌主要应解决昼夜温差大的矛盾。

5.3.9　育菇管理

育菇管理是通过一系列的管控措施达子实体稳产、高产优质的目的。在子实体发育阶段，控温、调湿、通氧、散射光四者同等重要。应以较温和的方式进行补水，常以雾状水的方式喷向地面和空间及子实体上给水；育菇后期，补给培养基中的水分，则可以采取直接加压注水、减压补水、向地面浇水、借土壤毛细管水作用渗入培养基中、增加空间湿度或浸湿菌棒等方式补水。培养基中含水量不足，菌丝体生长缓慢，子实体也不能正常发育，产量也低。因此，在培养基中适当填加保水剂，如硅藻土、蛭石和珍珠岩，有利于保水。

育菇管理一般可分 5 个时期，即扭结期与管理、桑葚期与管理、珊瑚期与管理、子实体发育期与管理、子实体的成熟期与管理。

大多数侧耳的育菇温度都比菌丝生长阶段的温度低一些，而原基分化的温度又比子实体生长的温度更低一些。如此，可促进菌丝体的生理成熟(气生菌丝倒伏、生长势普遍减弱、其颜色逐渐变深、菌棒表面出现黄色小水珠，甚至菌棒表面出现菌皮等)。接下来，对菌棒进行分选，将达到生理成熟的菌棒移入育菇室。一般不要待菌棒出现许多原基再移入育菇室，这样会造成营养大量损失影响产量。在菌棒进入育菇室的同时，进行排袋码垛，可码垛 7~8 层(指冬季或早春)，也可以十几层；秋季春末码放 5~6 层高；夏季码放 2~3 层高。

(1) 扭结期与管理。菌棒移入室后，先拉大温差促进原基的分化，白天与夜间温差为 6~8℃为宜。并给予散射光，照射 12/24h，光照度 200lx。与此同时，可两端育菇，在每个菌棒两端各纵向开口约 1.5cm，大小 1~2 个，定植育菇。在增大空间相对湿度 80%~85%

的前提下，加强通气换气进行培养。双核菌丝借助于锁状联合不断地进行细胞分裂，产生分枝形成菌丝体，经过一个时期的发育，达到生理成熟。从生理角度看，菌丝生理成熟的过程也是菌丝扭结的过程，其实质是从营养生长阶段向生殖阶段转化的过程。这个时期外界物理与化学刺激是必要的，主要的外界刺激包括低温、光照、机械震动、雷电、湿度变换、喷施维生素 B_1 刺激等。

（2）桑葚期与管理。当双核细胞菌丝达到生理成熟时，定向划破袋口通过外界物理与化学刺激，主要是低温和光等的刺激，菌丝开始扭结，并发育形成许多子实体原基，即在培养基上出现许多白色粒状物，形似桑葚，所以称为桑葚期。在适宜条件下，从菌丝扭结到出现大量原基需 5～7d。此时，可对培养空间稍加湿度，一般在相对湿度 85％～85％，切勿向菌棒上直接喷水。为培育优质菇，可以采用手碾压原基的方法进行"疏花疏果"，去掉多余的原基。

（3）珊瑚期与管理。几天后，部分原基逐渐伸长，其余的日渐萎缩。为提高产量，使营养集中供应，可以再次采用"疏花疏果"的方法去掉多余的原基或菌蕾。原基开始向四周呈放射状伸长，下粗上细，发育成参差不齐的原始菌柄，形如珊瑚，故称为珊瑚期。这一时期主要是菌柄发育期，原始菌柄不断伸长和加粗，也是控制 CO_2 和 O_2 相对浓度，调节菌柄的长短的关键时期。在其顶端出现青灰色、蓝灰色等颜色不同的扁球体，即为原始菌盖。自桑葚后期到珊瑚期需 3～5d，呈现许多菌蕾群。可以视其生长势强弱，再次进行"疏花疏果"，留大弃小，留壮弃弱，留俊弃丑，减少无谓的营养消耗。并保持空间相对湿度 85％～95％，防止室内温差过大，过冷过热，包括所喷雾状水的水温，避免干燥，并给予散射光。此时，主要管理措施是通风、保湿、控温。否则，会造成菌柄长、菌盖小、优质菇率低。

（4）子实体生长分化期与管理。幼菇期，菌柄长势慢下来，主要是菌盖发育期。在适宜条件下，子实体迅速生长分化。菌蕾群中的大部分停止生长，最后只有少数几个长大。菌盖生长分化特点是以菌盖边缘扩展为主，菌盖边缘细胞的分裂势最强。因此，要保持空间较高的相对湿度，否则菌盖边缘失水最快，细胞难以分裂扩展生长。当遇低温、干燥、干冷风时，菌盖都会出现只增厚的现象，有甚者还会出现菌柄加粗发育成畸形菇，所以，在幼菇期，空间相对湿度应逐渐加大到 85％～95％，确保细胞快速分裂时所需要物质正常运输。湿度过大，氧气相对少，则不利于细胞的分裂和生长，会出现黄菇、烂菇现象。喷水原则水质要整洁，符合食品卫生标准，水温要适宜，少量多次，掌握轻喷、细喷、勤喷。待菌盖长至 5 分硬币大小，可直接向子实体上喷雾状水。菌盖大的，多喷雾状水，菌盖小的少喷水，针对每簇菇的长势大小、老幼，区别对待喷水。在子实体生长分化期，通风与保湿、保温是一对矛盾。常通风换气，供以足够的氧气是非常必要的。而在子实体生长分化时期还应给予充足散射光，即光照时间 12/24h，光照度 800～1500lx，空间湿度 85％～95％交替变换，则有利于优质菇的发生。待菇七八成熟，即菌盖的边缘仍向下向内弯曲生长时，可采摘。采摘菇前的8～12h 应通风，停止喷水，降低空气相对湿度。采收后，立即清除菇脚，并打扫场地，停水 3～5d 养菌。以后按照常规管理第 2、3 潮菇，每潮菇间隔 7～14d。

（5）子实体的成熟期与管理。子实体的成熟一般是培殖者不希望见到的时期。这个时期，在形态上与子实体发育期不同，子实体成熟期，其菌盖边缘薄，有明显的上翘趋势；子实体成熟期最明显的标志是在子实层中棍棒状的双核菌丝顶端细胞产生担子。在担子中，两个细胞核融合，进行核配，产生一个双倍核，接着立刻进行二次核分裂，其中一次为减数分裂。双方的遗传物质进行重组和分离，产生 4 个子核，每一个子核都移到担子小梗的顶端，各形成一个担孢子。孢子成熟后，从菌褶上弹射出来，完成一个生活周期。

5.3.10　产品包装与保鲜(refreshing)

子实体是培殖者的主要产品。所有的产品都有一定的质量，质量是商品的基础。培殖者和消费者都希望获得较多的合格产品或优质产品。作为产品需要分类、划定级别，这需要按客户的标准进行采收和包装，国外 2kg 为一纸箱，1～4℃保存。产品的质量包括菌株无差错、菌盖大小、菌盖的形状、菌盖的色泽、菌柄的粗细长短、菌柄中空与否、菌柄的色泽、菌盖表面有否纹理、对纹理的要求、菌褶的色泽、菌盖圆整度等。总之，产品作为商品要保质、保量、安全，包装要科学、经济、牢固、美观、实用。遵循以质量为基础，以信誉为根本的原则。双方都要坚决地履行自己的义务，重视买卖双方的根本利益，不断地实现矛盾的统一，才能稳定客户，持久发展。

侧耳与多数蕈菌一样有其共同的特点，采收后仍为活体，受机械损伤后细胞呼吸增强，会产生大量热是一消耗的过程，而且无营养的补充。对包装物的材料性质、质地及大小都有一定的要求。侧耳的装箱一般是子实体菌褶朝上，便于散热、也美观，因菌褶色泽一致，多为白色。另外，蕈菌的子实体还有一大特点是耐寒怕热，这是鲜销可以利用和注意的一点。

侧耳的盐渍工艺流程：精选原料→分级→清洗→烫漂→急速冷却→腌制→检验→调酸→装桶→质检→成品→进库。其工艺关键控制点：精选原料；漂烫均匀透彻、不过火；急速冷却透彻；加盐调酸达标。HACCP 是保证是食品安全的利器。

盐渍加工保藏原理：蕈菌腐烂变质主要原因如下。①有害微生物在蕈菌上的生长繁殖；②这些微生物分泌出的酶类作用于蕈菌的结果。食盐溶液为真溶液，由于钠离子和氯离子的存在，渗透势大水势变低。据测定 20％食盐溶液渗透势为 12.34MPa，而一般微生物细胞液的渗透势为 0.343～1.64MPa。在 20％以上的盐溶液中，微生物细胞严重脱水造成其生理干旱；同时，由于产生单盐毒害，微生物生命活动受到抑制甚至死亡。

5.4　姬菇的培殖技术特点

姬菇[*P. cornucopiae* (paul. ex pers.) Rolland.]是侧耳属中一种低温型蕈菌，食用的部位是菌柄和菌盖，以菌柄为主。

育菇室一般为半地下，排水设施好。下挖 60m，宽 5～6m，长 30～40m。挖出的土筑北墙，高 1.7～1.8m，南墙高 0.6～1m。两端做山墙，山墙外连有耳房，并设有通风窗。也可参照金针菇育菇室标准建造。姬菇有立式和卧室培殖法见图 5-7、图 5-8。

图 5-7　姬菇立式袋栽法

图 5-8　姬菇卧式袋栽法

　　根据姬菇商品标准要求采摘幼菇。姬菇的培殖主要特点是掌握其子实体发育规律，把握菌柄的发育时期。前期，促进已达生理成熟的菌棒分化出大量原基，为实现高产打下基础；中后期，确保尽可能多的原基顺利向珊瑚期转化，控温、控湿、控 CO_2 浓度、调光，并适当"疏花疏果"，使菌柄充分发育促其柄长、柄粗、柄直挺；降温和创造菌袋微室，限制菌盖的生长，促使菌盖加厚，提高一级品率。

　　附录 A（规范性附录）常用母种培养基及其配方
　　A.1　PDA 培养基（每升）：马铃薯 200g、葡萄糖 20g、琼脂 20g。
　　A.2　CPDA 培养基（每升）：马铃薯 200g、葡萄糖 20g、磷酸二氢钾 2g、硫酸镁 0.5g、琼脂 20g。
　　附录 B（规范性附录）常用原种和栽培种培养基及其配方
　　B.1　谷粒培养基：小麦（谷子、玉米或高粱）98%、石膏 2%、含水量 50%±1%。
　　B.2　棉籽皮麦麸培养基：棉籽皮 84%、麦麸 15%、石膏 2%、含水量 60%±2%。
　　B.3　棉籽皮培养基：棉籽皮 100%、含水量 62%±2%。
　　B.4　木屑培养基：阔叶树木屑 79%、麦麸 20%、石膏 1%、含水量 60%±2%。
　　附录 C（规范性附录）常用培殖性状检验培养基
　　棉籽皮 98%、石灰 2%、含水量 62%±2%。

小　结

　　侧耳属于异宗结合，四极性，双因子控制蕈菌。侧耳有 100 多个品种，总产量居于蕈菌首位。侧耳属朽木腐生菌，有较强的分解有机物能力，营养来源广泛，抗性较强。根据原基分化温度需求不同，可分为高温型、中温型、低温型、广温型，也可根据气候特点，进行周年式生产。侧耳的培殖方式有生料培殖、熟料培殖和发酵料培殖。菌丝体生长阶段分为萌发期、定植期、快速生长期和后期。子实体发育阶段一般分为 5 个时期，即扭结期、桑葚期、珊瑚期、成型期和成熟期。两个不同阶段发育特点不同。

思　考　题

1. 名词解释：菌株温型、菌株抗性、菌株遗传稳定性、拮抗现象、母种、原种、栽培种、生料培殖、熟料培殖、发菌

2. 发菌的 4 个基本条件是什么？

3. 什么是菌种提纯复壮，如何进行？

4. 简述手提式高压灭菌器的灭菌操作流程。

5. 菌丝在培养料上的发育顺序可分为哪 4 个时期？

第 **6** 章 香菇培殖技术

6.1 概　述

香菇隶属菌物界或真菌界（Kingdom Fungi）担子菌门（Basidiomycota）层菌纲（Hyme-nomycetes）伞菌目（Aganicales）口蘑科（Tricholomataceae）香菇属（*Lentinus*）。香菇学名普遍采用 Singer（1941）定名的 *Lentinus edodes*（Berk.）Sing，欧美学者则采用 Pegler（1975）定名的 *Lentinula. edodes*（Berk.）。

香菇是世界著名蕈菌之一，也是中国主要出口菇类之一。在中国，香菇又称香蕈、冬菇、过雨菇、暗花等。中国古籍名尚有柯蕈、香蕈、雪蕈、楮耳等美称。日本称之为椎茸。目前，中国可食香菇属共有 9 种。香菇的英文名为 forese mushroom、black forese mushroom、dried mushroom、shiitake、oak mushroom 等。

香菇是一种木腐菌。子实体伞型，多为单生，也有丛生和蔟生的（图 6-1、图 6-2）。菌盖圆形似铜锣，一般直径为 3～5cm。菌盖表面多为浅褐色或深褐色。有的菌盖表面有鳞片，菌肉白色。菌褶和菌柄为白色或淡黄色，菌柄长 3～5cm。孢子印白色，孢子近似椭圆形，其大小一般为(5～7)μm×(3.4～4)μm。香菇菌丝有锁状联合。菌丝细胞不能在活树上生长，只能在失去生命力的木段上生长，分解木材组织使木材腐杇。

图 6-1　温室床架香菇

图 6-2　袋栽香菇

中国香菇培殖经历了砍花法（公元 1000 年以前）→人工接种木段培殖法→木屑瓶栽法（1958 年，福建）→塑料袋培殖法（1967 年，中国台湾）→木屑菌块培殖法（1979 年，上海）→木屑、棉籽皮菌棒培殖法（1986 年，福建）等不同发展阶段。此外，1989 年，澳大利亚、美国出现了香菇大袋培殖法。

1987 年，中国香菇产量达 17.88 万 t，第一次超过日本。从此，中国的香菇产量跃居世界第一。2011 年，中国香菇产量达 501.79 万 t。传统香菇木段培殖周期，一般需要 8～12 个月，平均生物学效率（biological efficiency）15% 左右。代料香菇培殖其周期缩短到 6～8 个月，平均生物学效率 70%～80%，有的生物学效率则可达 100%，为木段培殖产量的 5～6 倍。

香菇的营养价值：香菇干物质中，含粗蛋白质 19.9%、粗脂肪 4%、可溶性无氮物 67%、粗纤维 7%、灰分 3%。香菇含有丰富的人体必需氨基酸，不饱和脂肪酸比重大。在香菇中含有六大酶类的 40 多种酶。

香菇中含固醇为麦角甾醇(ergosterol)和菌甾醇(fungi sterol)。麦角甾醇(维生素 D 原)经紫外线后可以变成麦角钙化甾醇(维生素 D_2)，它可以促进钙和磷的代谢，影响骨骼无机化过程。正常烘烤干的香菇每克中维生素 D_2 的含量一般为 110~130IU[一个国际单位(IU)的维生素 D_2 等于 0.05μg]，而经自然光干燥的可达 1000IU 以上。一般认为每克干香菇中含有 128IU，而小豆中只有 8.0IU、地瓜 16.2IU、大豆 6.0IU、裙带菜 61.4IU、紫菜 14.6IU、海带 12.6IU。一般正常人每天需要的维生素 D_2 约 400IU。因此，3~4g 干香菇所含的维生素 D_2 就足够一位成人一天的需要量。

《本草纲目》认为香菇"甘平、无毒"。《日用本草》认为香菇"益气、不饥、治风破血"。《本经逢原》认为香菇"大益胃气"。《现代本草》认为香菇为补偿维生素 D_2 的药剂，预防佝偻病，并治疗贫血。香菇富含酪氨酸氧化酶可降低血脂。香菇多糖可增强人体免疫力，有抗肿瘤的作用。

香菇鲜美之风味，主要来源于其核酸分解酶催化底物分解为核苷酸，如 5′-GMP、5′-AMP、5′-UMP、5′-CMP，尤其 5′-鸟苷酸鲜味更浓。1968 年，有人测定了香菇煮出液的核苷酸含量是 5′-GMP 3.96%、5′-AMP 2.08%、5′-UMP 3.62%、5′-CMP 1.58%。

香菇特殊的香味主要是一种挥发性环状含硫化合物，分子式 $C_2H_4S_5$，化学名称为 1，2，4，5，7-五硫杂环庚烷(图 6-3)。

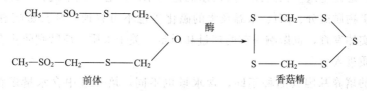

图 6-3　香菇精——1，2，4，5，7-五硫杂环庚烷

香菇培殖源于中国浙江省龙泉、庆元、景宁。香菇培殖创始人吴三公，字昱，排行第三，原名吴继山，尊称吴三公，查宗谱吴氏祖先于唐代，由三阴(今绍兴)迁居到尤岩。他于宋高宗建炎四年(公元 1131 年)3 月 17 日出生于龙泉、庆元、景宁三县之交的龙岩村。

惊蕈是创始人吴三公发明的香菇培殖一种技术工艺，广泛应用于其他菇类的培殖。其原理是通过机械拍打使菌丝断裂，萌发点增多；另外，由于拍打震动，赶走了杂气，新鲜空气进入，氧气的进入有益于菌丝细胞生长分化。

根据叶耀庭《菇业备要》一书中记载，明太祖朱元璋奠都金陵，因久旱求雨而食素。每当无素菜作下筷之物时，刘伯温便以香菇进献于太祖。太祖嗜之甚喜，旨令每岁置备若干。刘伯温系青田人，顾念龙泉、庆元、青田三县(当时景宁为青田辖内，明景泰三年，即 1452 年从青田分出，单独设县)田少山多、地瘠民贫，乘机奏请太祖以种香菇为三县之专利。

近年，日本岩手大学工学部副教授高木浩一课题组从"雷多之年香菇丰收"得到启发，自 2006 年起，在盛冈市森林进行试验，用 4 台蓄电器开发一个特殊装置，于香菇收获的 14~30d 内，在 $1/10^7$s 内，对菌棒或菌木段施加 1 万~10 万 V 的电压，结果发现香菇产量增产 1 倍。其原因尚不清楚，但发现其香菇分泌的蛋白质和酶等物质呈先减少后大幅度增加的趋势。

6.2　香菇生长分化的条件

香菇生长、分化及繁殖离不开水、肥、气、热、光、pH 等营养与环境因子，必须给予综合的认识，从中探索出规律性的东西，以便指导生产实践。

香菇属异宗结合菌类，双因子控制，四极性。香菇的生活史见图 6-4。

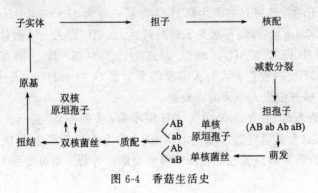

图 6-4　香菇生活史

6.2.1　水分要求

香菇的水包括培养基中的水、子实体中的水、细胞代谢中的水、生长分化中的水及环境空气中的相对湿度等。香菇新鲜子实体含水量一般为 80%～95%，由此说明，无论是在其营养生长阶段，还是生殖生长阶段，所需水的量与水的形态虽然不同，却都离不开水。而且水的矿化度、矿物质成分、pH、水温及水的磁化等也不可忽视，都会影响香菇菌丝细胞的生长分化和子实体发育，也影响香菇的产量和质量。关于水质，应特别防止有害物质、重金属及放射性物质进入。

培殖香菇的培养基因其品种不同，含水量也不同，培养基中含水量多在 55%～58%。培养基中由于菌丝体生长、子实体的发育，需要不断地吸收水分，而且随育菇的潮次数增多、蒸发量加大，培养基中水分含量逐渐减少。因此，需适当地补充水分。

在发菌阶段，主要是要处理好控温与通风换气的关系。菌丝细胞所需的水分主要来源于培养基。因为，菌丝生长所需要的水分已在培养料中被容器包裹，是培殖者给定的，是相对稳定的因素。这个阶段要求空气相对湿度较小，一般保持在 58%～75%。在打孔通氧时，孔径的大小、打孔的数量，要根据当时的空气相对湿度、季节温差的变化、昼夜温差的变化及环境整洁度的高低而定，以免过多地散失水分，一则不利于菌丝的发育，二则可能会因打孔通气造成染菌。当空气相对湿度低于 58% 时，发菌环境过于干燥，菌丝生长慢、发育不良；当空气相对湿度高于 75%，因氧气相对少，菌丝生长分化也慢，遇到高温高湿会引起厌氧菌大量繁殖，导致培养基变酸败，菌丝停止生长，甚至造成发菌的失败。

在实体发育阶段，控温、调湿、通氧三者同等重要。应以较为温和的方式进行补水，常以雾状水的方式，向地面和空间及子实体上喷水。育菇后期，补给培养基中的水分，则可以采取直接加压注水、减压补水，向地面浇水、借土壤毛细管水作用渗入培养基中、增加空间湿度或浸湿菌棒等方式补水。培养基中含水量不足，菌丝体生长缓慢，子实体也不能正常发育，产量也低。因此，在培养基中适当填加保水剂，如硅藻土、蛭石和珍珠岩等有利于保水。

香菇子实体生长分化要求空气相对湿度 85%～95%，长时间低于 80% 时，不利于菌丝细胞分裂和伸长，已分化形成的菇蕾，也会干枯死亡，有的会出现子实体开裂，影响产量和销售。空气相对湿度低于 40% 时，不能形成子实体。空气相对湿度高于 95%，子实体表面形成一层水膜，影响对氧气的吸收。子实体生长缓慢，菌盖边缘细胞难以分裂，多呈现铁锈色。菇蕾的颜色变黄，甚至整蔟菇腐烂。如果处理不及时，还会造成菌棒、菇蕾的二次被染菌。在子实体发育过程中，需要较高的空气相对湿度，但是，不能恒定一种湿度，要有湿度变化，只有这样才能保证子实体发育所需物质正常运输，以及细胞生长分化所需的氧气和水分及时供给。

磁化水有利于蕈菌培殖产量的提高。磁化水是指经过磁场处理后的水或水溶液，根据磁化处理的方式分为动态磁化和静态磁化。动态磁化是指水以一定流速垂直地流经适当强度磁场的磁化方式；静态磁化是指水静止在磁场中水流速等于零的磁化方式。

磁化水理化性能的变化。磁化水的电导率、渗透压、表面张力与黏度、溶解氧的含量、pH、化学位移、光学性能均发生了变化，正是这些变化引起了一系列的生物效应。

磁化水的生物效应。磁化生物技术是生物磁学研究的重要领域之一。研究表明，磁化水可提高淀粉酶、谷氨酸脱氢酶、葡萄糖氧化酶、脂酶同工酶的活性。

郭成金等关于磁场对茯苓深层培养过程中菌丝生长的影响研究表明，无论是在静态磁场还是动态磁场下，对于茯苓深层培养过程中菌丝体生物量的增加均有正面影响。以此指导深层培养获得多的菌丝体生物量和液体菌种的应用，在理论与生产实践方面意义重大，同时也为菌丝体深层培养所用仪器设备的改进提供了一条有益的思路。

菌种在 200～800G（高斯）的恒定磁场中，磁化 6～20min 或用 500～800G 的磁化水喷浇，其产量比对照增加 16%～35%。大量实验表明，喷浇磁化水的香菇，转潮快、育菇齐、菇体肥厚，每蔟香菇的有效个数减少而体积增加，还能多收 1 潮菇。

在菌丝生长阶段，磁化水有促进生长的作用，且较低磁强度磁场处理的磁化水促生长作用更显著；子实体生长阶段，用较高强度磁场处理的磁化水，则有利用子实体原基化分化，并且在一定范围内，存在磁场强度越大子实体分化越早的现象。

磁化水水分子更容易渗透子实体细胞，从而使水溶液中养分得以运输，促进子实体的生长分化，达到增产的效果。

香菇木段培殖，其菇木的含水量以 33%～40% 最适宜[菇木水分含量(%)＝(湿重－绝对干重)/湿重×100%]。若含水量低于 20%，菌丝停止生长；若水分过多，氧气供应不足，菌丝呼吸作用受阻碍而抑制生长，同时容易孳生杂菌。菌丝生长阶段，空气相对湿度为 60%～70%。在育菇阶段，以木段含水量 55%～60% 为宜。子实体生长分化期空气相对湿度一般为 80%～95%。

用木屑等为原料制菌种，或制作育菇菌棒时，其含水量以 55%～58% 为宜。在育菇阶段，空气相对湿度同样应为 80%～95%。若空气相对湿度低于 50% 以下，子实体会干死；如果相对湿度长期高于 95%，菇的肉质变软，并易腐败。

6.2.2　营养要求

碳素是蕈菌菌体中含量最多的元素，占菌体成分的 50%～60%。碳素是其菌体细胞的结构和能源物质。

蕈菌一般不能利用无机碳，而有机碳源，如纤维素、半纤维素、木质素、果胶、淀粉等大分子化合物等几乎不能直接利用，必须通过纤维素酶、半纤维素酶、果胶酶、木质素酶等分解成单糖或双糖(如葡萄糖、半乳糖、果糖、阿拉伯糖、木糖等)后才能被蕈菌细胞吸收利用。也就是说，凡是单糖、双糖、有机酸和醇类等小分子化合物都可被覃菌的细胞直接吸收利用。综上所述，凡含纤维素、半纤维素、果胶、木质素等物质的工农业有机物及其下脚料，均可作为培殖覃菌的碳源。

覃菌对纤维素的分解是通过菌丝细胞外分泌纤维素酶的作用实现的。纤维素酶是一种复合酶包括 C_1 酶、C_x 酶和葡萄糖苷酶 3 种酶。纤维素被分解是靠这 3 种酶协同作用完成，最终分解成葡萄糖被利用。

木质素是简单酚类的醇衍生物，即 4-香豆醇、松柏醇、芥子醇、5-羟阿魏醇的聚合物。覃菌对木质素的降解是通过菌丝细胞外分泌酚氧化酶(漆酶)、酪氨酸酶等使木质素降解为原儿茶酸类化合物(如咖啡酸、阿魏酸、香豆素、伞形酮、补骨脂内酯及香兰素、水杨酸等)后，再经分子环的裂解而被利用。

有人认为木材中的单宁酸有加速香菇菌丝生长作用。香菇菌丝细胞除了利用木材作为碳源外，还能利用韧皮部细胞中原生质，以及沉淀于导管中有机氮、无机氮作氮源。形成层细胞中的氮素化合物最丰富，边材次之，心材最差。因此，培殖香菇以选大边材、较小心材的木材为宜。

不同树种及不同树龄养分含量也不同。最好选用壳斗科、山毛榉科、桦树科、槭树科、金缕梅科、杜英科和桦木科等的一些树种，如壳斗科树种中的麻栎、栓皮栎、青冈栎(椆栎)、板栗、蒙古栎等硬木。木段培殖香菇，一般选直径 $10\sim15cm$ 的木段培殖。总之，选用含单宁酸多、营养丰富、质地较硬、适龄树木为原料，才能为获高产优质香菇打下物质基础。

氮素可用于香菇细胞蛋白质和核酸等的合成。香菇能利用某些有机氮，却不能很好地利用硝态氮和亚硝态氮，以及组氨酸和赖氨酸及含氮化合物等。培养料中的 C/N 直接影响菌丝的生长状况以及子实体的发生、产量和质量。香菇营养生长阶段 C/N 为 $(25\sim40):1$ 为宜；生殖生长阶段 C/N 为 $(73\sim200):1$，最适 C/N 为 $(30\sim40):1$。真菌细胞中的 C/N 约 $(10\sim12):1$，生物的 C、N 转化率低于 40%。碳素浓度较高的培养基有利于原基分化成子实体。当然，各种覃菌要求的 C/N 不同。

覃菌发育所需的氮源，主要有蛋白质、氨基酸、尿素、嘌呤、嘧啶、核酸、氨基糖、几丁质及各种维生素、铵盐离子等，这些可被覃菌细胞消化吸收利用。蛋白质必须经蛋白酶分解成氨基酸才能被吸收利用。在培养基中，一般碳素和矿质元素含量较为丰富，只需添加少量氮素就可以正常生长，常用粗麦麸、细米糠、新鲜玉米粉、大豆粉、豆粕、菜籽饼、棉籽饼、蚕蛹、酵母液、玉米浆、禽粪、畜粪及甘氨酸、二铵、尿素、多元复合肥等作为氮，一般添加量为 $5\%\sim20\%$，尿素的使用量一般为 0.5%。它们常能促进菌丝健壮生长和提高子实体的产量。但是，补加氮肥应特别慎重，不得过量，否则其原基不分化。通常食品中测得含氮量乘以 6.25 为蛋白质含量，覃菌细胞的含氮量则应乘以 4.38 为其蛋白质的含量。

除镁、硫、磷、钾元素外，培养基中添加锰、锌、铁一般为 $2mg/L$，可以促进香菇菌丝的生长；铜、钼、钴也能促进香菇菌丝的生长；锡和镍离子 $(2\times10^{-9}\sim5\times10^{-9}mg/L)$ 可以促进子实体的发生。在培养基中，添加 $100\mu g/L$ 的维生素 B_1 利于香菇菌丝的生长。

6.2.3　空气要求

香菇属于好气性真菌。在其生长分化过程中不断进行呼吸，排出 CO_2，吸收大量的氧气。在香菇菌丝体生长阶段，缺氧其菌丝体生长受到抑制。菇木接种后，对周围环境要进行除草遮阴，保持新鲜空气流通，确保正常发菌。所谓发菌是指在培养基中，营养菌丝细胞生长、分化和菌丝前端分枝，蔓延生长的过程。发菌已毕的菇木，为提高其含水量需要适当浸泡。如果在水中浸泡时间过长，通气不良，菇木内菌丝细胞也会因窒息而死亡。高浓度的 CO_2 中，子实体不易形成；当空气中 CO_2 浓度超过 1% 时，子实体小，且易开伞。

6.2.4　温度要求

香菇孢子萌发适宜温度为 22～26℃。菌丝生长温度是 5～32℃，以 22～26℃ 较适合，25℃ 最适宜，协调最适温度为 20～23℃，35℃ 停止生长，38℃ 以上死亡。原基分化温度为 7～21℃，以 12～17℃ 较适合，12℃ 最适宜。子实体发育温度为 5～24℃，适合温度为 10～20℃，15℃ 最适宜。

香菇属中低温变温结实性菌类。子实体生长分化以 15℃ 为中心，创造每日在 7～10℃ 的温差变化，即昼间温度较高(20℃ 左右)，夜间温度较低(10℃ 左右)，加之环境整洁、干湿交替等条件，可形成优质的厚菇或花菇。高温对香菇菌丝的生长影响较低温敏感。例如，将生长在培养基上的香菇菌丝在 35℃ 下培养 3d 后，再放回 24℃ 适温条件下培养时，菌丝只能较微弱生长；若在 40℃ 以上培养 1h，菌丝细胞就死亡；若将长满菌丝的菇木放在 -40～-20℃ 低温中，经过几天，再放到常温中时，菌丝仍能健壮的生长。因此，香菇菌丝体有耐低温的特性。

日本学者把香菇的育菇温度划分为三大类型：低温品种(5～15℃)、中温品种(10～20℃)和高温品种(15～25℃)。这只是一种粗略的划分而已。在中国，现已培育出更高温型的香菇菌株。在自然条件下，可周年培殖香菇。

香菇原基分化成幼菇后，如在较高温度下，子实体生长迅速，很快开伞，菌肉薄，柄长，易得品质较差的薄菇；低温下，香菇生长缓慢，菌盖肥厚，菌柄粗短，质地致密，易得优质厚菇。尤其是在低温环境中，进行干湿、冷暖交替等刺激，香菇菌盖容易形成龟裂，易得极品花菇。

6.2.5　光照要求

香菇菌丝在黑暗条件下也能生长。散射光线可促进菌丝发育，以及色素的转化和沉淀，而在直射光下，菌丝体形成茶褐色的菌膜，抑制菌丝生长。无光时，一般不能分化形成子实体，或子实体生长分化不良。总之，直射光对香菇菌丝体和子实体的正常生长分化发育都不利。据报道，香菇原基分化的最适光照度为 100lx。香菇原基形成最有效的波长为 370～420nm 的紫外光和紫光。曝光时间过长，子实体的数目增多。散射光对菇木上的子实体发育有利，一般为 300～1000lx 即可。

6.2.6　酸碱度要求

香菇菌丝发育需要偏酸环境。一般 pH 在 3～6 范围内都可以生长，最适 pH 为 4.5 左右。若在碱性环境中，包括用偏碱水浇菇木也会抑制菌丝生长。原基形成和子实体发育时期适合 pH 为 3.5～4.5。

6.3　香菇的培殖技术

香菇的培殖工艺流程：培殖场地选择→备料→三级菌种制作，或制备液体菌种→配料→拌料→装袋→灭菌→打穴、接种、封口→发菌→检查生长情况→通氧→菌棒达到生理成熟→移入育菇室→脱袋、排场→转色→催蕾→育菇→采收→加工→质检→入库→销售。

培殖香菇技术要点是抓住其菌丝细胞生长需要环境偏酸的特点，以硬杂木形成层和边材的原料为培养基，并注意搭配好其培养基的理物性状，控制好含水量；在发菌阶段，最大限度地降低污染率，提高发菌的成功率，培养健壮的菌丝体；在生殖生长阶段，把握香菇的发育特点，如转色时机、光照时间、光强度、干湿交替、增大温差，创高产优质菇。

6.3.1　培殖场地的选择

香菇培殖可参照侧耳培殖选择场地。在中国，一般采用温室或大棚培殖，其面积多为420～560m²/栋。床架式，其有效面积可摆放菌棒 48 只/m²；平地斜式摆放，可排放菌棒32～35 只/m²。

6.3.2　母种和原种制作

母种和原种(stock culture and primary culture)培养基的制作可与侧耳的方法相同，也有用木条作原种原料的。香菇母种和原种培养所需时间较长，正常温度 25℃下培养，用固体菌种接种，菌丝体满管(18mm×180mm 试管)、满瓶(500g 罐头瓶)，一般分别需要 10～13d、18～20d。

2013 年，王红等[①]获得香菇菌丝体生长的最适液体培养基为红糖 30.00g/L、蔗糖30.00g/L、麦麸 15.00g/L、牛肉膏 3.00g/L、KH_2PO_4 3.00g/L、$MgSO_4 \cdot 7H_2O$ 1.50g/L、维生素 B_1 0.008g/L，pH 自然。25℃静置培养 72h，120r/min 摇瓶培养 11d，其生物量可达4.60g/L。用液体菌种接原种，其使用量一般为 20～25ml。当然，液体菌种的使用量越大，满瓶越早。一般可提前3～5d。

6.3.3　栽培种的制作技术

栽培种(culture spawn)是由原种菌体进行再移植增殖而成。它的制作方法和培养基的成分与其原种基本相同，常用培养基原料多为木屑、棉籽皮等。培养料可以用瓶装，也可用聚丙烯塑料袋装。袋装的具有装料多、便于搬运和易取种等特点。不过，使用塑料袋时要仔细检查，以防有沙眼造成污染。

(1) 配方：棉籽皮 40kg、木屑(0.5～1.0cm² 的片块为佳)40kg、麦麸 15kg、玉米粉5kg、过磷酸钙 0.5kg、糖 0.5kg，水 55%～59%，料水比为 1：(0.9～1.1)。

(2) 拌料：根据制种需要，按营养成分配比称量好各种原料，然后将棉籽皮、木屑和麦麸及玉米粉先混合在一起；另将过磷酸钙、糖等在水中搅拌均匀，再用搅拌机将二者搅拌均匀。

(3) 培养基(culture medium)含水量：培养料拌好后，用手抓一把培养料握在手中，用力攥紧，从手指缝中有水印、无水滴出现，张开手指料不成团最为合适，此培养基含水量为55%～58%。

(4) 装袋：将拌好的培养料，装入聚丙烯塑料袋。菌袋规格：桶料长 35cm×折径17cm×厚 0.045mm，一般可装干料 500g 左右。采用机械装袋，最好在 6～8h 将料装完。要求紧实而又有弹性，并用手压紧料口处。

(5) 封口：先将一只耐高温的塑料颈环套放在塑料袋口上，翻卷袋口，并将颈口塞上棉塞，再用一小块耐高压塑料薄膜将棉塞包好，用线绳捆扎结实，立即灭菌。

(6) 灭菌(sterilization)：根据生产者的生产量选用灭菌锅的型号。大型卧式高压蒸汽灭菌锅，一次可以灭菌达上千袋(图 6-5)。灭菌方法，由于各种型号灭菌锅的使用方法稍有差

---

① 王红，郭成金. 正交设计法香菇菌丝体液体培养基的筛选. 2013. 中国酿造，32(4)：74-77

异，应严格按灭菌锅使用说明书要求操作。一般要求 0.14～0.15MPa 下，2～2.5h，常压 16～24h 进行湿热灭菌。无论高压灭菌，还是常压灭菌，及时排尽冷气最关键，保证灭菌时间与温度最重要。

图 6-5 高压灭菌

（7）接种(inoculation)：将菌种袋放入接种室，或接种箱内，紫外线灯消毒杀菌。接种栽培种，一人在无菌操作条件下用接种勺或大镊子取适量原种菌体，迅速将原种接到袋中，迅速塞棉塞、系袋口。接种量为 15 袋/瓶原种。也可在每袋正面打 3 穴，背面错开打 2 穴，穴深≤1.0cm，穴径 1.5～2.0cm，迅速接种，并用胶粘带(3.5cm×3.5cm)封穴。每瓶原种可接 80～100 个穴，约 20 只菌棒。

（8）发菌：接种完毕，将栽培种放到 25℃ 左右的条件下"井"字码垛发菌。严格按照发菌的4个条件，即暗培养、环境整洁干燥、适宜的温度、常通风换气。经 30～45d 培养后，菌丝体可长满培殖袋。在发菌阶段，若在菌种处有黄、绿、黑等杂色斑点或菌落，说明菌种污染；若在未长菌丝处有污染，说明菌袋上有沙眼或灭菌不彻底。

6.3.4　育菇菌棒(fruiting mycelian column)的制作

（1）木屑的选择：培殖香菇要选营养丰富的硬杂木屑。混有松、柏、杉等木屑最好不鲜用，一定要曝晒、熏蒸，促使易挥发性芳香物质彻底分解后再使用，而桉、樟、苦楝等含有害物质树种不能使用。木屑使用隔年的为好，并应保持新鲜、无霉变。片状颗粒长 1cm×宽 1cm×厚 0.1cm 以下大小不等，或近似圆形颗粒以黄豆粒绿豆粒大小不等为宜(图 6-6)。

图 6-6　香菇木屑片状颗粒培养料

（2）培养料的配制：木屑 78kg、麦麸或细米糠 20kg、白糖或红糖 1kg、石膏 1kg；或木屑 77kg、麦麸 15kg、玉米粉 5kg、红糖 1kg、石膏 1kg、硫酸镁 0.4kg、过磷酸钙 0.6kg。可直接拌料装袋。培养料的配方可因地、因原料不同而有所不同。泰国配方：杂木屑 100kg、米糠 5kg、$(NH_4)_2SO_4$ 1kg、尿素 0.7kg、石灰或 $CaSO_4$ 1kg，含水量 70%，堆高 1.12m 锥形堆，每隔 3～4d，翻料一次，共翻 4～5 次。经 20～25d，当堆料变为棕褐色时，为堆制成熟方可装袋。

（3）拌料：将木屑和麦麸、石膏粉等按需要量称好，先将其干料混匀。其他红糖、过磷酸钙等辅料溶于水中，然后分批加入木屑干料中，用搅拌机搅拌均匀，测含水量方法见栽培种制作方法，并立即装袋。

（4）装袋：一般采用 17cm×55cm×0.05cm 的聚丙烯菌袋，每袋可装干料 1.0～1.2kg。培养料配好后，机械装袋。每台装袋机配一组 7 人，其中填料 1 人、撑袋口 1 人、套袋 1 人、系袋口 4 人。袋筒的上方留有 6cm 高的空间，料头压实，清理袋口，擦掉粘上的木屑，随后用线绳在紧贴培养料处系紧。6h 以内必须完成每批要灭菌的装袋任务。

（5）灭菌：培养料袋装好后，立即进行灭菌。由于生产量大，一般不采用高压灭菌，采用常压进行灭菌，每次可灭菌 3000～4000 袋。将培养基袋装入专用灭菌筐直接灭菌。必须在 6～8h 内迅速升温至 100℃，一般维持 16～18h。灭菌后，待温度下降至 40℃ 左右时，将其移入冷却室迅速排湿冷却，再进入接种室趁热（28℃ 左右）迅速接种。

（6）接种：接种技术是香菇培殖的重要环节。其操作程序是用镊子夹取 75% 的酒精棉球，将灭菌袋接种的部位擦拭消毒，用接种打孔器，在消毒的部位等距离打 3 个洞（直径 1cm×深 1.5 cm）。将原种瓶横卧放置瓶架上，瓶口靠近酒精灯火焰，轻轻打开瓶盖，用接种枪挖取木屑菌种，对准培养基上的洞穴，迅速将菌种接入。接种的菌体应略高出培养基表面 2～3mm，立即用胶粘带封穴，并用无菌干布，将洞穴周围擦净。再将培养基翻转 180° 按上述方法消毒、错开穴位、打孔、接种、封穴。若套袋发菌，可不必封穴。

6.3.5　发菌管理

造成菌棒污染，可能有如下 14 个方面：非壮龄、纯正、优质的菌种；培养料干湿不均匀；消毒、灭菌操作不严格；培养基灭菌不彻底；培养基因烧料而污染；菌袋不合格，有沙眼；培养基因高温高湿污染；因通风或翻垛交叉污染；环境不洁、刺孔通气污染；鼠害污染；因烟雾而造成缺氧污染；因强光直射而污染；因培养基水分过大，抑制菌丝生长造成杂菌占优势而污染；发菌期间温差过大，至使菌袋内壁聚集较多的冷凝水缺氧而造成污染等。只要注意了上述问题就可以大大地提高发菌的成品率。

发菌的 4 个基本条件：①暗培养，强光对菌丝的生长有抑制作用；②充足的氧气，要时常通风换气，并且较温和的通风，室内保持空气清新；③保持室内整洁干燥的环境，一般 65%～75% 的空气相对湿度，这样可抑制环境中杂菌的繁殖，防止菌袋的污染；④适宜的温度，发菌前期升温至 27～28℃，使其菌丝早萌发，早定植；以后适温培养，即一般掌握在 19～21℃ 条件下发菌，料温在 22～24℃，发菌中期，控温防止烧料。在最适温度下，下调 3～5℃（即协调最适温度）进行发菌有利于菌丝营养的积累生长健壮。

（1）堆垛发菌。在深秋和冬季温度低时，可采用外加温，或靠自身产热发菌。接种后的菌棒一般在发菌室内进行培养。应预先消毒培养室，并要求通风条件好，地面最好为水泥或石灰地或砂土地面。菌袋堆放方式每 4 袋一层，层间纵横交错呈"井"字形。菌袋上的接种洞穴应向两侧，一般码垛高 80～120cm。

（2）通氧发菌。接种后，当接种穴菌丝呈放射状蔓延，菌落（colony）直径可达 6～8cm 时，可将封穴胶粘带揭开一角，或将接种块拔出或采用机械扎眼通氧（图 6-7），也可以脱掉外套，增加菌袋供氧量，以满足菌丝生长旺盛时对氧气的需求。通气后，菌丝生长旺盛产热量大。若料温超过 28℃时，立即拆高垛变矮垛，及时散热通风；也可以进行二次通氧促进其生理成熟。

图 6-7　机械通氧与惊蕈

6.3.6　香菇育菇管理

（1）香菇菌棒的脱袋与排场。发菌 40～50d，其菌丝体已满袋。60d 左右在菌棒表面逐渐形成菌膜，接着出现隆起瘤状物，由硬变柔软，并逐渐分泌出褐色物质。细胞分泌多酚氧化酶使木质素、醌类等物质分解氧化。这时，一般认为菌丝体已达生理成熟。确定菌棒生理成熟指标有 4 个：①菌棒有肿胀现象，手摸有弹性，有菌膜形成；②菌棒上呈现 2/3 不规则的疙瘩状突起；③接种穴四周有部分呈棕褐色；④折断菌棒，其断面充满菌丝体，几乎见不到培养料。

菌丝体达到生理成熟，一般需要 5℃以上有效积温 60～90d，早熟品种需 60～65d，中晚熟的则需 70～80d，海拔高气温低的地方则需 90d 左右。当隆起的瘤状凸起约占菌袋面积的 50% 以上时，可以脱袋、排场。

A. 脱袋：一般选阴天不下雨，或避光，无干热风进行，防止高温造成污染和菌棒过量失水。脱袋方法：将菌袋塑料膜用锋利小刀轻轻划破并撕下，注意尽量不要损伤菌丝体。

图 6-8　香菇排场

B. 排场：将裸露或非脱袋的菌棒合理地摆放于菇畦中的过程称为排场。排与排之间距离 18cm，棒间距 3～4cm，棒与地面成 75°～80°倾斜角，如图 6-8 所示。就有效面积而言，温室利用率占 55%～60%。可排放菌棒 32～35 只/m²（人工搭架荫棚，可排放菌棒 19～22 只/m²）。排场多采用边脱袋、边排场、边盖地膜的方式。所盖地膜不必隆起。排场后 3～5d（高温时 3d，低温时 5d）不要掀动地膜。此时，地膜内壁出现一层水珠，造成高湿的环境。其相对湿度 85%，以保湿为主，通风降温为辅，以促进气生菌丝的生长，促使菌棒颜色转为白色。几天后，逐步过渡到通风保湿相间，直到以通风为主，强制气生菌丝倒伏，向转色方向发展。

（2）香菇菌棒的转色与催蕾。转色（colouring）在一定条件下，菌丝细胞由于代谢而产生色素和醌类物质等使菌棒表面发生颜色变深的过程称为转色。香菇菌棒的人工转色，一般有两种方式：①脱袋、排场、转色；②不脱袋、排场、转色。前者要求技术高，其转色同步化较好，育菇较为集中；后者要求技术一般，其转色同步化较差，育菇不集中，育菇时间拉长，但是保水性好，产量也高。香菇正常转色是将菌棒表面的菌丝体由白色转为红棕色。在菌棒表面褐色物质中，有某种生物活性物质可催蕾，还有一类物质（如醌类）对菌棒有保护作用。

转色结果通常有 4 种状况，即深褐色、红棕色、黄褐色及灰白色。以红棕色最为理想，深褐色和黄褐色其次，灰白色最差。菌棒表面深褐色，育菇迟、育菇稀疏、菇体大、质量好、产量较高；菌棒表面红棕色，育菇正常、子实体疏密适当，菇体大小适中、质量好、产量高；菌棒皮黄褐色，育菇较早、子实体较密，菇体较小、质量一般，产量较高；菌棒表面灰白色，育菇早而密、菇体小质量差、产量低。

遇高温菌丝老化，或菌龄长、开袋迟，一般转色为深褐色；若菌龄幼小、开袋早，则转色慢，且色泽呈黄褐色或灰白色；若排场后通风好，湿度达到要求，其转色则为红棕色；若光线充足且散射光，转色快，颜色深；反之则慢，色泽淡。若菌棒培养料中 C/N 过小也会导致菌丝徒长，难以转色。

总之，转色的好坏与香菇菌棒育菇迟早、菇潮次数、产量的高低、子实体的质量都有密切地关系。

促进转色的一般方法：菌棒串菌后，在菌棒的表面，当有一层菌膜时，应及时增大温差；增多掀盖膜的次数，让菌棒与干燥空气接触；提高散射光的强度，相对延长光照时间，促使浓密绒毛状菌丝迅速倒伏分泌色素等，并形成一层薄薄的具有光泽的红棕色菌膜。

A. 脱袋转色：菌棒脱袋后，昼间温度控制在 20～22℃，夜间在 12℃左右，在夜间或清晨通风。脱袋 4～5d 后，开始揭膜通风，逐渐增加通风次数，一般每天通风 2～3 次，并给予散射光诱导，光照度至少 300～400lx。当菌丝体会出现吐"黄水"现象，应及时用 1.5％石灰水冲洗掉，或用 70％酒精棉球吸干，也可适当延长通风时间，防止污染。总之，既要促使菌棒内菌丝生长健壮，又要抑制菌棒表面菌丝生长，使菌棒迅速转色。

B. 非脱袋转色：菌棒含水量 50％～55％，昼时，18～22℃，保持空气相对湿度 85％；夜时，掀膜通风 30～40min。昼夜温差在 10℃左右，并给予散射光诱导，光照度至少 300～400lx。连续处理 8～10d，即可转色。与此同时，菌丝体便可扭结形成原基。当菌棒出现 50％瘤状物凸起时，定向开口，每棒划 10～12 个"十"字口，大小 1～1.5cm，诱导原基分化。

（3）育菇管理。催蕾（inducement to primordium）是指通过物理或化学的方法促进原基分化形成幼菇的过程。香菇是低温变温结实性真菌。只有通过环境条件的变化，即必须进行光照、干湿、温差、机械震动、喷洒适量的维生素 B_1 溶液等刺激才能顺利转入原基的形成和分化。

在正常情况下，脱袋 10d 左右，菌棒基本上转色完成。若条件适合，子实体原基的出现与菌棒转色可同步发生。子实体的发生温度，低温型的 5～15℃；中温型为 10～20℃；高温型的 15～25℃。

香菇原基的形成及其分化温度一般在 10～20℃，以 12～15℃最佳。香菇原基形成和分化最有效的波长为 370～420nm 紫外光和紫光，最适光照度为 400lx。此时，昼夜温差要求达 10℃左右。白天可盖严地膜减少通风量，保持 80％～85％的空气相对湿度，保温不超过 25℃。夜间揭开膜与白天形成干湿刺激和低温刺激。经 1 周左右后，会有较多原基分化发育成菇蕾。为使其发育成商品菇，可弃去生长过密的原基和菇蕾，进行必要的"疏花疏果"。一般，每棒保留 10 朵左右为宜。

气温高于 20℃，子实体生长快，菇盖薄，易开伞，质量差。温度过高其原基不能分化，常发现菌丝细胞自溶；温度较低时，10～12℃下子实体生长分化较慢，菌盖肉厚，品质好。育菇以 15℃为中心，一般光照时间(8～12)h/24h，光照度在 300～800lx，保持 85％～90％的空气相对湿度并加强通风换气。如此，可得优质菇，如图 6-9 所示。

图 6-9　温室香菇

　　A. 秋菇：一般指 9～11 月初育菇。菇潮高峰 3～4d，每潮间隔约 7d，共可育菇 3～5潮。在管理上，创造以 15℃为中心的温度条件是关键，并进行干湿交替、冷热刺激，可得优质菇。秋菇采收 3～4 潮后，当气温低于 12℃时，每天通风 1～2 次，保持菌棒湿润即可顺利越冬，待到春季气温回升到 12℃以上时，再进行补水、催蕾，进行育菇管理。

　　B. 冬菇：一般指 11 月至第二年的 3 月初育菇。气温低，注意通气保温是关键。中午以后 2～3 时通风为宜，并要温和地通风，湿度不宜过大，更不能喷洒冷水，每潮菇为 12～16d。由于气温偏低，子实体生长分化慢，易得厚菇或花菇。鲜冬菇转干率一般为 9：1，易保藏。

　　C. 春菇：一般指 3～6 月所出的菇，易得厚菇和薄菇，菇的质量不等。在我国北方昼夜温差大，干燥少降水，蒸发量大，风速大，风向不定，所以，注意当地气候变化，菌棒的补水保水是关键。后期既要注意通风散热，又要注意保湿，适量补加营养液。

　　D. 夏菇：一般指 7～9 月育菇。在我国北方气温炎热多雨，降水量充沛。此时，育菇注意降温与通风换气是关键。子实体生长速度快，多为薄菇，菇的质量一般，菇柄也长，更需及时采收。

6.3.7　香菇采收保鲜及干制

　　(1) 采收与保鲜。在香菇发育期间，温度的高低决定菌盖开伞的快慢。采收过早，影响产量；采收过迟，又会降低香菇商品质量。一般以菇盖开到七八成，其边缘仍向下内卷(铜锣边)，菌褶下的内菌膜破裂不久为最佳。此时，菇形、菇质、风味、色泽等均为最佳时期。采菇应选择晴天时进行，遇阴天空气相对湿度过大尽量不采摘。若鲜销，采收前数小时内不能喷水，以减少菇体内的含水量。如此这样，子实体保鲜时间可延长。采菇时，菇柄不能残留在菌棒上，也不要碰伤菌盖及菌褶，更不要碰伤周围小菇蕾。原则是采收较大的香菇并轻轻放入小竹篓或筐内，堆积过多过久散热不好，及时分选、装 2.5～5kg 塑料泡沫箱、1～4℃保鲜。

　　(2) 采收后的菌棒管理。第一潮菇采收后，可停水养菌。经一周养菌后，在菌棒采菇后留下的凹陷处长出许多气生菌丝，即白色绒毛状菌丝。此时，白天盖膜紧闭，提高温湿度；夜间揭膜通风散湿，促使气生菌丝倒伏。如此连续 3～4d 干湿交替，冷热刺激，空气新鲜，相对湿度在 85%～90%，通常以盖膜的内壁呈雾状、有水珠但不滴下为湿度指标。如此这般，可诱导第二批菇子实体的形成。当菇蕾形成后，开始喷雾状水，喷水次数与喷水量应根据空气相对湿度具体情况而定。气温高时，早晚向空间喷水，阴雨天少喷水。直至第 2 潮菇采收。

第 2 潮菇采收后菌棒过度失水，可采用穿刺棒补水的方法，即将菌棒用 8 号铁丝刺数个洞，然后将菌棒放入浸水池内，在水池上面盖上木板，压上石块，以防菌棒漂浮。一般浸泡 4～6h 即可，然后放掉水，使菌棒表面水蒸发后，重复上述育菇管理方法。总之，菌棒补水办法较多，如淹没浸水法；注水器加压插入注水法；密封容器中加压补水法、抽真空减压补水器补水法；增加空气相对湿度淋水法；砌泥墙（包括营养土）补水法等。补水应特别注意菌棒中三相物质（即固相、液相、气相）的比例关系，一般掌握"宁少勿多"的原则。以菌袋内培养料含水量达 55％ 为宜。另外，要特别注意补加营养液时氮肥的用量，由于生殖生长阶段所需 C/N 高。因此，应多补碳肥少加氮肥，否则菌丝体难以分化成子实体。

（3）香菇的干制。香菇采收后，若非鲜菇销售，应立即进行烘干加工。木段培殖干鲜菇转换率一般为（7～8）∶1，而代料培殖的则为（5～14）∶1，一般为（9～10）∶1。关于香菇标准按照中华人民共和国商业行业标准 SB/10039—92 执行。

晴天采收后，应及时分级、修剪、去杂，并置于通风处的晒席或网筛等晒具上将菌褶朝上晒干，一般 3～4d 可以完成干燥。此法所得干香菇含维生素 D_2 高。但是，澳大利亚等国家则禁止进口晒干菇，必须再烘干 2h。

香菇的浓郁之香烘烤后更为突出。香菇的烘干烤制工艺流程为：采收→剪柄去杂→分级→烘筛上晾晒 24h→进干机烘烤→成品封装。

在香菇贸易中，对香菇质量要求一般是根据客户的要求而定。通常以菌盖大小（如直径 3～4cm、4～5cm、2.5～3.5cm 等）、菌盖表面的形态与色泽、菌盖表面龟裂与否、裂纹多少深浅、菌肉厚薄、菌盖圆整度及破碎度、菌盖边缘向下内卷程度、菌褶白、直立、整齐度等综合因素来衡量质量的高低。木段培殖的香菇一般是自然菌柄。代料培殖的香菇分为有菌柄和无菌柄，其柄长可分为 0.5cm、1.0cm、1.5cm、2.0cm、5cm 等；子实体含水量小于 11％～12％。

外贸香菇分级为花菇、厚菇、薄菇和菇丁四大类。用香菇干燥机干燥应分为 3 个阶段控制烘烤温度。第一阶段，先使机内温度降低，一般 36～40℃，再摆放鲜菇，菇体受热后，逐渐调至子实体的表面干燥温度 45～50℃，机内湿度近饱和状态，及时采取最大通风量使水蒸气迅速排出机外，这样可固定菌褶直立不倒伏。此时，应控温 36℃ 大约 4h。第二阶段，子实体内脱水，待菇形基本固定后，将烘烤温度由 36℃ 逐渐升高至 50℃，以后每小时升高 2～3℃，待机内相对湿度达 10％，维持 10～12h。技术关键控制温度稳步上升到 50℃ 后必须恒温，否则将会造成菌褶片倒伏，色泽不亮。同时，应及时交换干燥筛的位置，使其干燥一致。第三阶段，为整体干燥阶段，50～55℃ 干燥 3～4h，烘烤至 8 成干时，再次 58～60℃ 烘烤，直至烘干为止，含水量达 11％～12％ 以下。代料香菇转干之比一般为（9～10）∶1。一般在 15℃ 以下，相对湿度 50％，封袋遮光保存。

6.4　花菇的培殖技术

6.4.1　形成花菇的主要机制与条件

花香菇又名菊花菇，有暗花菇、明花菇、天白花菇之分，见图 6-10～图 6-12。它不是香菇种性所决定的固有属性，而是在特定的环境条件下进行有益畸形发育而成。

图 6-10　暗花菇　　　　　　　　图 6-11　明花菇　　　　　　　　图 6-12　天白花菇

香菇子实体发育要经过 3 个阶段,即原基形成阶段、菌蕾分化生长阶段、生殖成熟阶段。在这 3 个阶段中,子实体的发育部位不同。第一阶段主要为菇柄的发育;第二阶段主要是菇盖的发育;第三阶段主要为菌褶和子实层的发育。根据香菇不同的发育阶段其发育部位不同来合理调控环境因子,创造优质花菇发育条件,达到培殖者的目的。

形成花菇的机制是香菇进入菌蕾生长期,在强光、干冷、低湿的作用下,菌盖表面组织细胞生长非常缓慢,直至停止生长。此时,香菇菌柄把菌丝体中的养分和水分仍能输送给菌盖内部细胞,使其菌盖内部细胞分裂生长,从而导致菌盖不断加厚。由于菌盖表皮细胞和菌盖内部细胞生长分化不同步,最终造成表皮胀裂露出白色菌肉。随着时间的推移,其裂痕逐渐增多和加深形成明显的花纹,即成花菇。菌盖在幼菇生长期裂痕越多、越早、越深,白肉外露就越多,花菇的质量越优。

香菇呈现龟裂的四大综合因素:①控制子实体菌盖内湿外干,并给以较强的光照刺激,使菌肉细胞与菌盖表皮细胞生长不同步,致使菌盖表皮出现均匀和较多的裂纹;②利用冬季干燥的冷风刺激菌盖表皮,加速其出现均匀和较多的裂痕;③通过干湿的变换刺激,加深菌盖裂痕;④利用冷热的变换刺激,加深菌盖裂痕。

确定华北地区最佳接种时间。一般接种时间掌握在 8 月 20 日～9 月 20 日,香菇菌丝长满菌袋,并达到生理成熟时,恰是 11 月底 12 月初为宜。自接种日起,在 22～24℃以下培养,需要 80d 左右,可达到菌丝体生理成熟。

(1) 花菇的培养棚室。在北方华北地区有培养花菇的优势条件,昼夜温差大,冬季与初春干燥,而且降水少。一般需要建造特殊培养棚室即培养室总长 8m×宽 3m×高 2m,也有采用长(40～60)m×宽 7.0m 的。用砖砌垒两山墙和一腰墙。以腰墙隔为两室,每室约为 12m²。起拱形脊,脊高 0.5m。在两山墙和腰墙中间各留门,门高 1.8m,宽 0.6m(中间留宽 0.6m 的人行道)。其门不要太高太宽,只要人能进出即可。在垒墙的同时,两室内用竹竿连通建造花菇培养床架。层与层间距 30～35cm,共 5 层架,约 2m 高,底层离地面 20cm。地面铺油毡或薄膜隔水防潮,隔水防潮层上铺垫 20cm 厚土层,以防隔水防潮层被破坏。棚室四周有排水设施。每棚室内一共可摆放约 500 只菌袋,其规格为 25cm×55cm×0.045mm。棚室上铺盖棚膜,从上到下,南北向,一盖到底,并用丝绳固定。棚膜上再覆盖草帘挡风保温,防雨水。

(2) 培养基配方。以优质栎树或其他边材多、心材少的硬杂木屑为原料。木屑要求纯、无杂质、干燥、无霉变,碎细度以 3～5mm 为适宜,基础配方为过筛木屑 100kg、麸皮 20kg、过磷酸钙(SP)10kg、石膏 2kg、生石灰 1kg,含水量 55%。营养生长阶段培养基的

C/N 为 40：1。

(3) 菌袋规格。选用 (24～25)cm×(50～55)cm×(0.040～0.045)mm 低压聚丙烯筒料，大袋发菌和育菇，装干料 1.8～2.0kg。装料稍紧实为宜，迅速装袋灭菌。常压灭菌多在 36～48h 以上。28℃条件下接种。枝条菌种，直径 0.5～1.0cm，长 30～35cm，每袋接种 2～3 只。将菌棒置于棚室，横卧发菌。24℃条件下，常规发菌管理，可就地育菇。

6.4.2　培殖花菇的技术要点

创造优质花菇的技术要点主要体现在转色、催蕾、育蕾、蹲菇、催花、育花、保花 7 个步骤。

(1) 菌棒的转色。一般采用不脱袋转色。瘤状物形成也在塑料袋内完成。当瘤状物的出现已占整个菌棒表面积 2/3、吐黄水、分泌棕色物质时，表明菌丝体已达到生理成熟进入转色期。此期需要 9～12d，最长 15d。调控温度、湿度、光照、通气，促使其顺利转色。一般掌握在 15～24℃，最佳温度 18～22℃。超过 25℃，黄水分泌过多；低于 15℃，分泌的黄水浓度过大难以排除。空气相对湿度 75%～80%，最高 85%。昼夜温差 8～10℃。干湿差 10%～15%。转色要适度，以褐白相间为最好。转色期要防止气温高于 28℃。

(2) 催蕾。在菌棒转色后开始催蕾，即瘤状物已由硬变软，转色适度，菌棒含水量达 55% 左右。若含水量过大过小都应逐个进行处理。

催蕾的方法：广义惊蕾，包括机械振动刺激、浸水催蕾与干湿交替刺激、低温与温差刺激、光线刺激、新鲜空气(氧气)诱导、人工制造雷电刺激等。例如，菌棒浸水的目的主要是给以干湿刺激和温差刺激。其浸水量，应使原装菌袋重达 3.5～4kg 为宜。选择距浸水和菇棚较近、干净、向阳、避风、平坦的场地。先铺一层麦草，将浸水后的菌棒竖立在干草上，白天 18～22℃，昼夜温差 8～12℃，不低于 6℃，干湿交替。湿时，相对湿度 80%～85%；干时，相对湿度 65%～70%。常通风换气，干湿差 15%。白天无风时可揭去草帘和薄膜，接受太阳光的直射刺激，使菌袋温度 18℃左右。经 3～5d 可显蕾。

(3) 疏蕾护蕾。待菌蕾菌盖直径≥(0.5～1)cm 时，用小刀开口，在菌柄处划开小口的 4/5 呈 "V" 字形。每袋留 6～8 只幼菇，使其得到充足的营养，株距尽量均等。做到定时、定位、定形、定量，并适当通风照光。温度控制在 12℃左右，不低于 6℃，空气相对湿度 80% 左右。

(4) 育蕾。保持菇棚温度在 8～16℃，空气相对湿度 80%～90%，适量的散射光和新鲜空气，幼菇生长初期的 5～7d，不宜揭膜。常通风换气，让太阳光直射幼菇，控制菌柄伸长。

(5) 蹲菇。菌盖直径在 2.0～2.5cm，要蹲菇 7～8d，抑制其生长过快。目的是累积更多营养，使菌肉致密坚实，菌盖加厚为培育优质花菇打下物质基础。主要控温 3～8℃，空气相对湿度 65%～70%，培养 3～4d，适当给予光照和充足的氧气。揭膜时间的长短以温、湿、气、光 4 个因素综合考虑，目的是使幼菇缓慢生长形成短粗柄和圆整健壮厚实的菌盖。整个催蕾、育蕾、蹲菇过程需要 15～20d。

(6) 催花。幼菇应具备了菌盖直径≥2.5cm、菇肉致密坚实、菇盖圆整等条件开始催花。催花时菌棒含水量达 55% 左右，不低于 45%；菌棒内料温不低于 15℃。催花应在微风、晴天、干燥、空气湿度小的冬季进行。昼夜温差 10℃左右，干湿差在 5%～10%，空气相对湿度 60% 左右，大于 80% 不能形成龟裂；小于 50% 也不能形成花菇。白天上午 10 时揭膜通风，下午 2～3 时盖膜；晚上 11～12 时开始棚内加温至 30℃，料温 15℃以上。为防止菇棚内湿度超过 70％，需加温排潮（加温后，再排潮），使幼菇菌盖表面湿润软化，加温 4～5h 后，突然把菇棚上的薄膜全部掀去，幼菇菌盖表皮由湿热状态骤然遇干冷风刺激，会立刻出现裂纹。在菌盖表皮出现裂纹的情况下，直至第 2 天上午，菇棚上的薄膜仍未盖上。让微风吹拂和冬季太阳直接照射（1500～2000lx 的光照度）。下午 2～3 时再盖菇棚上的薄膜。

（7）育花。待裂纹出现后，在连续四五天晚上 11～12 时，菇棚内加温排湿 4～5h，保持空气相对湿度在 60％左右，菌袋料温 15℃以上。在白天晴天揭膜，阳光直射形成天白花菇或爆花菇。

（8）保花。保花期大约 10d。空气相对湿度为 70％～75％，并维持 3～4h，温度 15℃以上，防止雾、露侵袭。待菌盖下卷边，开伞七八成时，及时分批采收。整个催花、育花、保花过程一般需要 15～20d。

总之，催蕾在于人工创造微环境，使已达生理成熟的菌丝体在袋内原基分化成菇蕾；育蕾在于人工创造小环境，使刚发生的幼菇顺利并健壮地生长，控制菌柄伸长；蹲菇在于控制生长促壮菇，使幼菇个体体积缓慢增大，而营养得到充分积累，使菌肉致密厚实，造成菌柄短粗，为培养优质花菇打下物质基础；催花在于使香菇菌盖表皮出现均匀较多较深的裂纹，露出白色菌肉；育花在于使菌盖裂纹向纵深发展，白色菌肉呈龟裂状，表皮脱落，只剩下斑点褐色或全部变白；保花在于形成花菇后，裸露的白色菌肉，在低温和干燥的条件下，使其不再发生原表皮褐色，始终保持白色不变。一潮菇后，到下潮菇出现前是菌丝恢复生长积累营养的过程。利用小棚大袋立体培殖花菇，不仅可培育出优质花菇，而且可以收 4～5 茬。花菇转干率为 5∶1。

小　　结

香菇又称香蕈、冬菇、过雨菇、暗花等，是我国主要出口蕈菌之一。香菇营养丰富，其含有的麦角甾醇和菌甾醇，可促进人体钙质吸收。香菇属于木腐菌，为中低温变温结实性菌类。香菇分级为花菇、厚菇、薄菇和菇丁四大类，在自然条件下，可实现周年培殖。在培殖中必须经历转色，转色的好坏与菌棒出菇早迟、子实体质量等有密切关系。

花菇是香菇中极品，尤其是天白花菇。花菇是在特定环境下呈现的有益畸形。花菇的形成主要是在外界环境的刺激下，菌盖表面组织细胞与内部细胞生长的不同步，导致了表面龟裂现象的发生。

思　考　题

1. 名词解释：惊蕈、转色、催蕾
2. 香菇的培殖工艺流程是什么？
3. 如何确定香菇达到菌棒生理成熟？
4. 花菇形成的机制与条件是什么？

第7章 黑木耳培殖技术

7.1 概 述

木耳 [*Auricularia auricular-judae*（Bull.）Quel.，Enchir. fung.（Paris）：207（1886）]，英文 wood ear，俗称黑木耳、光木耳、细木耳等。在分类上属真菌界（Kingdom Fungi）担子菌门（Basidiomycota）层菌纲（Hymenomycetes）木耳目（Auriculariales）木耳科（Auriculariaceae）木耳属（*Auricularia* Bull.：Mer.）。木耳主要分布于热带和亚热带的高山地区，主要产地在亚洲的中国、日本、菲律宾、泰国等。木耳属全世界约50种，中国有约10种，如黑木耳 [*A. auricula*（L. ex Hook.）Underw.]、皱木耳 [*A. delicata*（Fr.）Henn]、毛木耳 [*A. polytricha*（Mont.）Sacc]（俗称粗木耳，又称黄背木耳）、琥珀木耳 [*A. fuscosuccinea*（Mont.）Farl.]（又名褐黄木耳）、角质木耳 [*A. cornea*（Ehrenb. ex Fr.）Spreng]、盾形木耳（*A. peltata* Lloyd）等。毛木耳有黄背木耳和白背木耳之别，前者背面密生白色绒毛，腹面表层着生粉红色的粉状物，而后者背白绒毛状，腹黑。

人类最早培殖的蕈菌是木耳，源于中国。早在公元533～544年间，北魏贾思勰撰写的《齐民要素》中记载制木耳菹的方法。唐朝的苏恭在《唐本草注》中叙述："桑、槐、楮、榆、柳，此为五木耳，软者并堪唦，楮耳人常食，槐耳疗痔。煮浆粥，安诸木上，以草覆之，即生蕈耳。"当时，劳动人民对木耳的食药用价值已有了较为深刻的认识，并掌握了一定的培殖方法。目前，主要有两种培殖法，即袋栽和木段栽法。在中国以滇、桂、黔、川、鄂、豫、陕、吉、黑为黑木耳重点九大产区，以黑龙江省的产品质量最好。据刘培田等（1987）对黑木耳、紫木耳、毛木耳的营养成分分析（表7-1、表7-2）及有关数据得知其蛋白质、氨基酸、多糖、矿物质、膳食纤维等较为丰富。代料与木段培殖的营养比较分析（表7-3、表7-4）。黑木耳的干湿比为1：（12～15）。每100g干木耳含蛋白质10～15g，含铁和钙分别为185mg和375mg。膳食纤维丰富是纺织工人与矿工的优质保健食品。

表7-1　木耳不同种内含物的分析

氨基酸	含量/%		
	黑木耳	紫木耳	毛木耳
蛋白质	14.90	13.00	8.07
粗脂肪	0.74	0.45	1.43
粗纤维	5.05	5.05	19.80
可溶性糖	5.01	5.02	3.79
灰分	7.71	3.95	7.25

黑木耳含有一种可能是腺苷（9-6-D-ribofuranosyl adenine）的物质，能阻止血凝固。黑木耳的该活性物质不影响花生四烯酸合成凝血恶烷。毛木耳中的腺嘌呤核苷酸能破坏血小板的凝集抑制血栓形成，防治冠状动脉粥样硬化心血管病。美国明尼苏达大学研究也表明，黑木耳可降低血液中的凝块，缓解动脉粥样硬化，调节人体代谢功能，还能降低低密度脂蛋白胆固醇（LDL），治疗高血压疾病。

表 7-2　木耳不同种氨基酸含量分析（刘培田，1987）

氨基酸	含量/(mg/100g)		
	紫木耳	毛木耳	黑木耳
天冬氨酸	867.54	470.92	891.49
苏氨酸	495.34	266.78	526.35
丝氨酸	532.99	284.94	544.09
谷氨酸	944.14	508.48	889.60
脯氨酸	342.16	178.18	336.16
甘氨酸	477.22	263.04	462.78
丙氨酸	646.28	335.22	647.80
胱氨酸	59.24	52.92	77.57
缬氨酸	512.68	281.34	486.83
蛋氨酸	54.24	46.65	76.79
异亮氨酸	487.22	283.89	596.46
亮氨酸	679.09	366.67	683.32
酪氨酸	152.21	97.04	204.78
苯丙氨酸	416.62	255.48	401.56
赖氨酸	341.82	196.38	297.57
组氨酸	183.85	102.14	88.25
精氨酸	525.24	116.25	189.84
合计	7718.33	4106.32	7401.24

表 7-3　代料培殖与木段培殖木耳主要营养成分（100g 含量）比较

种类	蛋白质	脂肪	碳水化合物	钙/mg	磷/mg	铁/mg
棉籽皮木耳 *	12.50	0.78	66.00	887	475.0	265
棉籽皮木耳 **	13.85	0.60	66.22	280	392.9	1.7
木段木耳 **	11.76	1.01	65.20	340	292.2	5.0

* 江苏木耳资料引自高邮县供销合作社资料；** 河北木耳数据引自河北省科学院微生物研究所数据

表 7-4　代料培殖与木段培殖木耳氨基酸含量比较　　　　　　　（单位：%）

氨基酸	江苏省 棉籽皮木耳	河北省 棉籽皮木耳	河北省 木段木耳
天冬氨酸	1.03	1.16	0.96
苏氨酸	0.644	0.71	0.55
丝氨酸	0.541	0.60	0.49
谷氨酸	1.08	1.49	1.09
甘氨酸	0.531	0.53	0.44
丙氨酸	0.786	0.94	0.77
胱氨酸	0.114	0.56	0.28
缬氨酸	0.619	0.81	0.73
蛋氨酸	0.133	0.21	0.14
异亮氨酸	0.96	0.43	0.38

续表

氨基酸	江苏省 棉籽皮木耳	河北省 棉籽皮木耳	河北省 木段木耳
亮氨酸	0.904	0.81	0.72
酪氨酸	0.335	0.42	0.36
苯丙氨酸	0.429	0.57	0.47
赖氨酸	0.493	0.57	0.46
组氨酸	0.273	0.35	0.26
精氨酸	0.602	0.71	0.43
脯氨酸	0.419	0.38	0.39
色氨酸	—	0.25	0.14
合计	9.893	11.50	9.06

注：江苏木耳资料引自高邮县供销合作社资料；河北木耳数据引自河北省科学院微生物研究所数据

20 世纪 50 年代(1955 年)，中国成功地获得了黑木耳纯菌种，开始采用人工木段培殖法。木段直径一般为 5～15cm，平均产干耳 10～13kg/m³。20 世纪 70 年代初，中国开始采用代料培殖，并相继出现了吊袋培殖法和塑料袋地培殖法等，使产量、质量大大提高，代用料种类不断增多，成本下降收益提高。以木屑为主的混合料，塑料袋地栽黑木耳生物学效率(干)达 4.0%～5.0%。关于黑木耳的中华人民共和国国家标准参照 GB6192—86。20 世纪 90 年代以来，全世界年总产量达 40 万 t，黑木耳占世界黑木耳总产量的 90%，中国出口黑木耳占世界贸易总量的 2/3。2011 年，中国大陆黑木耳总产量达 346.06 万 t，毛木耳总产量达 143.50 万 t。

木耳的培殖经历了如下阶段：木段培殖法→木屑瓶培殖法→木屑菌块培殖法→大地阳畦培殖法→床架卧式菌袋培殖法→挂袋培殖法→塑料袋地培殖法。这充分证明了劳动人民无穷的创造力，也证实了科技的进步依赖于社会经济的发展，同时使人们清醒地认识到保护生态平衡的重要性。

1983 年，河北省微生物研究所采用棉子皮袋培殖黑木耳，每 100kg 风干料可收获其干品 8.5kg，通过省级鉴定，并迅速得以推广。辽宁省朝阳市蕈菌研究所国内外首创塑料袋地栽黑木耳。1994 年 3 月 1 日通过了省科委鉴定："此项技术的应用比传统木材培殖产量提高 7.9 倍，经济效益提高 24.6 倍，黑木耳商品性质高符合国际一级黑木耳的质量，取得了明显的经济效益和社会效益。"

20 世纪 50 年代中期，在中国开始采用固体菌种木段培殖黑木耳。随着黑木耳生产量的增加和培殖面积的不断扩大，过量地砍伐自然林的树木，在某种程度上破坏了生态平衡。按木材与产出干黑木耳 12.9kg/m³ 的比例计算，全国年产 46.5 万 t 木耳，则耗费 240 多万 m³ 木材资源。木段生产完成一个生产周期需要 1.5～2 年的时间，而代料生产一般 4～5 个月即能完成，且代料培殖的产量较木段生产的可提高 5 倍以上。

黑木耳适应性强、产量高、经济效益显著，是一种目前蕈菌培殖普遍、生物学效率较高的食用蕈菌，也是人们消费量最大的食用蕈菌。可根据黑木耳品种的不同，或不同菌株的子实体原基分化所需的温度不同进行春秋两季生产，获得显著的经济效益。塑料袋地栽黑木耳每袋生产成本 0.5 元左右，可得干黑木耳 40～50g。666.7m² 可培殖 1 万袋，生产成本 5000 元左右，可产干黑木耳 400～500kg，按 50 元/kg 计算毛利润 1.5 万元以上。一年一般可生产两个周期。塑料袋地栽黑木耳具有转化快、周期短、效益高、劳动强度小的特点，是广大农民致富有效途径之一。

7.2　黑木耳生物特性

7.2.1　黑木耳形态结构与生活史

黑木耳的担子有分隔，菌丝有锁状联合。担孢子发芽时，产生钩状或马蹄铁状分生孢子。子实体较薄，耳状或不规则片状，边缘多波浪状。子实体初时圆锥形，黑灰色，半透明。湿润时，子实体呈半透明胶质状，柔软有弹性，基部纤细近无柄；干后脆而易碎，为黑褐色，子实体背面凸起，密生柔软的短绒毛。腹面下凹，在子实层中可弹射担孢子。孢子无色透明，且光滑，呈腊肠形或肾形。孢子大小为$(9\sim14)\mu m\times(5\sim6)\mu m$。地栽黑木耳见图7-1，林菌间作黑木耳见图7-2。

图 7-1　地栽黑木耳

图 7-2　林菌间作黑木耳

7.2.2　黑木耳生活史

黑木耳属异宗结合蕈菌类，单因子控制，二极性。其生活史如图7-3所示。

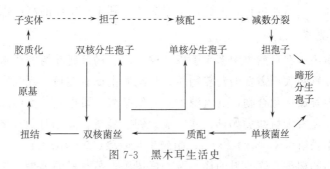

图 7-3　黑木耳生活史

木耳担孢子萌发也有两种方式：一种是直接发芽，孢子萌发后呈菌丝状；另一种是不直接萌发为菌丝，而是在担孢子中先产生隔膜，隔成多个细胞，每个细胞可长出1或2个小梗，小梗的基部粗顶端细，上面可着生多个钩状分生孢子。已发现糖的浓度是控制这两种萌发方式的主要因素。糖的浓度在1%以下时，担孢子萌发多产生分生孢子，由分生孢子再萌发形成菌丝；糖浓度在1%以上时，则主要进行直接发芽，形成菌丝。最初，菌丝为多核细胞,随后产生横隔,为单核细胞的初生菌丝。两个有性单核细胞结合后形成双核细胞,并通过锁状联合,进而发育成双核细胞的次生菌丝。后者在适宜的基质上不断分枝蔓延,菌丝体待达到生理成熟时在基质表面形成原基,进而发育成成熟子实体,产生新的孢子完成黑木耳的生活史。值得注意的是,木耳为异宗结合,单孢不孕,在采用孢子分离法获得菌种时,需采用多孢子分离法,只有这样才能产生子实体。

7.3 黑木耳生长分化条件

黑木耳的生长、分化及繁殖离不开种、水、肥、气、热、光、pH、雷、电、磁等营养与环境因子。不同生长分化时期所需要的条件不同,而且都有其主要矛盾及矛盾的主要方面。必须给予综合的认识,从中探索出规律性的东西,以便指导生产实践。

7.3.1 水分的要求

黑木耳是喜湿性菌类,其生命中的物质转变、能量转化、信息传递、信号传导、形态建成等同样离不开水。黑木耳的水包括培养基中的水、子实体中的水、细胞代谢中的水、生长中的水、分化中的水及环境空气中的相对湿度等。黑木耳新鲜子实体含水量一般为 $85\%\sim95\%$,由此也说明,黑木耳中水的重要性及其发育特点。无论是在其营养生长阶段还是生殖生长阶段,所需水的量与水的形态虽然不同,却都离不开水。而且,水质也不可忽视,水的矿化度、矿物质成分、pH、水温、水的磁化等都会影响黑木耳菌丝细胞的生长分化和子实体发育,也影响黑木耳的产量和质量。关于水质,应特别防止有害物质和重金属及放射性物质进入。

黑木耳属喜湿性真菌。发菌阶段,木段培殖含水量为 $40\%\sim45\%$,代料袋培殖养基含水量 $60\%\sim65\%$;空气相对湿度 $60\%\sim70\%$。黑木耳最适诱导原基相对湿度为 $70\%\sim75\%$。子实体发育阶段,黑木耳子实体胶质有极强的吸水能力,相当于干重的 $12\sim15$ 倍。为使其子实体正常发育,应上调空气相对湿度至 $85\%\sim95\%$,干湿交替有为重要。低于 70% 子实体则不能形成;长期空气相对湿度超过 95%,则表现为烂耳。短时缺水子实体细胞不死。在野生木耳子实体生长的旺盛期,当遇下雨天时,晴天后,子实体逐渐干缩,甚至停止生长,再下雨,又迅速生长。因此,干湿交替有利于子实体的高产优质。

7.3.2 营养的要求

黑木耳属木腐菌。在自然界中多生于栎、桦、榆、杨等阔叶树的朽木上,通过自身不断地分泌多种酶来分解吸收所需要的营养物质。其碳源主要有淀粉、纤维素、半纤维素、木质素、葡萄糖、蔗糖等碳水化合物;其氮源主要有氨基酸、蛋白质、蛋白胨、酵母、肽类等含氮化合物。此外,还有无机盐类如钙、镁、磷、钾、硫等。水溶性维生素 B_1、维生素 B_6 也是必需的。营养生长阶段 C/N 约 20:1;生殖生长阶段(30～40):1。

木段培殖常用的树种有壳斗科的柞、栗、栎树等;蔷薇科的苹果、李、杏、李等;榆科的白榆、青榆、大叶榆等;杨柳科的白杨、山杨、大青杨等;桦木科的水冬瓜、白桦等;木樨科的水曲柳、花曲柳等阔叶树种。

代料培殖,常用原料有棉籽皮、硬杂木屑、玉米芯、大豆秸、甜菜渣、甘蔗渣等带有纤维素、半纤维素、木质素等有机物。一般需要适量补加氮肥,如麸皮、黄豆粉、豆饼、0.1% 硝酸钙等。黑木耳生长分化还需要微量的维生素,如维生素 H、维生素 B_1、维生素 B_2、维生素 B_6,以及泛酸、叶酸、烟酸等。

7.3.3　空气要求

黑木耳为好气性真菌。在发菌阶段，室内空气应始终保持新鲜，即空气中 O_2 的浓度约为 21%，CO_2 的浓度为 0.03%。在保证湿度和温度的同时，常通风换气是发菌的关键。做到温和地通风，以室内无异味为原则。在子实体发育阶段，子实体细胞分裂的更快，细胞强烈呼吸需要大量氧气。因此，适宜的温度、湿度、常通风换气，三者同等重要。CO_2 浓度高会导致子实体畸形。

7.3.4　温度的要求

黑木耳属中温型真菌。孢子萌发适宜温度 22～28℃，低于 10℃高于 40℃孢子萌发受到强烈抑制，甚至不能萌发。菌丝在 5～36℃均能生长，28～30℃生长最快，20～24℃为生长协调温度，低于 5℃高于 36℃菌丝生长受到抑制。菌丝抗低温能力强，−40～−30℃也不会冻死。菌丝体变温结实，原基分化温度 10～28℃，最适温度 15～25℃。同样，子实体也较耐低温，0℃气温也不会冻死。当地平均气温 10℃时为出耳排产期。

7.3.5　光的要求

散射光对黑木耳菌丝体生长有促进作用，一般掌握在光照度 50～100lx 为宜。子实体的形成与发育需要一定的散射光，无光不能分化成子实体；200～400lx 的光线子实体呈浅黄褐色；低于 15lx 子实体颜色发白、耳肉薄、朵畸形。木段培殖时，子实体生长分化阶段需要散射光光照度 800～1000lx。而袋栽时，则需要光照度 1000～1500lx。这样可使子实体颜色深，生长健壮，耳片肥厚。人工培殖，在中国的南方采用"三分阳，七分阴"，中部地区"半阳，半阴"，北方地区则"七分阳，三分阴"的遮光条件。

7.3.6　酸碱度的要求

黑木耳属喜酸性真菌。pH4～7 都能生长，pH5～6.5 较为适宜。低于 pH3，高于 pH8 菌丝不能正常生长。在配制培养基时，应谨慎调酸碱度。

7.4　黑木耳培殖技术

木段培殖黑木耳工艺：菌种选择→耳场选择整理→树种选择→木段准备（砍树→整理→架晒）→人工接种→建堆发菌管理→育耳管理（散堆→排场→起架→管理）→采收→干制→包装→入库→销售。

7.4.1　黑木耳母种的扩繁

黑木耳母种培养基与侧耳的基本相同，只是要谨慎调 pH。由于黑木耳菌丝较纤细，抗杂性弱。因此，在母种培养基中添加蛋白胨 5g/L 是必要的。黑木耳生产母种的扩繁，应注意的是菌丝体生理成熟后常常分泌一些色素。故此，常在培养基斜面的底部出现乳白色、淡褐色、深褐色等，此为正常现象。在无菌条件下，扩繁母种，25～28℃条件下培养，其温度前高后低。需要 13～15d，绒毛状菌丝布满试管斜面。菌丝体呈白色、平铺、细羊毛状、毛短且整齐为优质菌丝体。已制得的母种尽量在 15d 内用完。

7.4.2　原种的制作

黑木耳原种培养基一般以木屑为主料。具体配方：78%阔叶树种的硬杂木屑、15%细米糠或大皮麦麸、5%黄豆粉、糖、石膏粉各 1%。料水比为 1.0∶(1.0～1.1)，含水量为 55%～60%，pH 为 6.5～7.0。将上述所有培养料，按常规顺序加入，充分搅拌、混匀，装入标准培养瓶中，料面中央打深穴，擦净瓶口，封盖，高压 0.15MPa 灭菌，1.5～2.0h。常压灭菌 105℃，6～8h。25～28℃下，暗培养。25～30d 菌丝体满瓶。污染率不得超过 3%～5%，一般 25～30d 用完，否则低温保存。

7.4.3　栽培种的制作

配方 1：阔叶树种硬杂木屑 86%、麦麸或细米糠 10%、黄豆粉 3%、石膏粉 1%；配方 2：棉籽皮 88%、麦麸或细米糠 10%、石膏粉 2%；配方 3：棉秆粗粉 50%、硬杂木屑 23%、玉米芯颗粒(绿豆粒大小)12%、麦麸 10%、豆饼细粉 3%、石膏粉 2%。培养基的含水量 60%～65%。栽培种的制作与其原种的相同只不过是扩大而已。

7.4.4　育耳菌棒的制作

黑木耳塑料袋地栽法的优点在于室内外养菌相结合，发菌的基本条件可控制，通气好，大大降低了污染率；由一年一季只出一茬耳，改为地栽，春秋两季可产两茬耳，提高了复种指数和产量；由挂袋出耳，需勤浇水，后期污染严重，改为地栽，浇水少，接地气，易保湿，少污染。充分地满足了黑木耳菌生殖生长的条件，从而，黑木耳能稳产、高产、优质。

有关黑木耳塑料袋地培殖养料的配方很多，在此不逐一介绍。可采用上述栽培种配方和拌料方法。菌袋规格一般采用(17～20)cm×33cm×0.04mm 的低压聚丙烯筒料。每袋料柱高 17～18cm，湿料重 1.1～1.2kg。机器装袋，6～8 人一组，平均可装袋(50～60)只/(人·h)。装袋表面要平整挺直，不得出现凹凸现象。用直径 2.0～2.5cm 木锥在培养料横截面中央打孔至袋底，转动退出木锥，收紧袋口并加无棉封盖。值得注意的是，所有已拌好的培养料尽量当天用完，并立即灭菌。

灭菌是培养基降低污染率的主要环节。无论是常压灭菌，还是高压灭菌都是湿热灭菌。它是依靠湿和热及一定的压力将生命物质(即蛋白质与核酸)永久变性的过程。

灭菌室内设大门、大窗和强排风装置。灭菌室内设有钢筋水泥结构窑洞式，能承 0.20MPa 三联体弓形灭菌灶即长×宽×高等于 5.3m×3.8m×2.2m。室内自地面起建造 20cm 的水泥台，四周留有 30cm 的冷凝水排水沟，并配有地漏，连接带有热水截门的 6 分镀锌排汽水管。灭菌灶门为锣杠密封门。灭菌灶配有带热水截门的进气管、安全阀、放气阀、温度指示装置等。采用灭菌筐长 44cm×宽 33cm×高 26cm，12 只/筐。灭菌，每灶灭菌容量为 3000～4000 只。高压 0.15MPa 灭菌，2～3h。常压灭菌 105℃，6～8h。湿热灭菌首要的是要迅速达到灭菌温度，排尽冷气；其次是严格控制灭菌温度和时间；其三是停火闷料时间不能过长，一般为 2～3h，并及时缓缓降压排气。也可将灭菌后的菌袋移入冷却室冷却至 32～35℃接种。

菌种(固体或液体)的质量优劣好坏是蕈菌生产的基础。接种过程是营养生长阶段降低菌袋污染率的关键环节。接种的方式方法有多种，大致可归纳如下几种：无菌室接种法、超净工作台接种法、接种箱接种法、可移动接种帐接种法、综合接种法等；还可以分为火焰下接种、蒸汽下接种、干热条件下接种；人工接种、自动化接种机接种等。接种的原则是稳、准、快。一般采用较大菌种量接种，接(60～80)袋/750g 瓶菌种，整个接种过程始终严格遵守无菌操作和速战速决的原则。

7.4.5　发菌管理

发菌阶段也称营养生长阶段。只有菌丝体发育的好，才能为以后子实体良好地生长分化打下坚实的基础。无论是室内发菌还是室外发菌都要具备 4 个条件，即暗培养、环境整洁干燥、适宜的温度、常通风换气。一般情况下，室外发菌较室内的好，主要是通气好，昼夜温差大，利于健壮菌丝体的培养。可根据当地季节、昼夜气温的不同码放菌袋的数量。发菌前期料温保持 25～28℃，空气相对湿度 50%～65%，前 7～10d 可不必通风和翻动，目的是缩短菌种生长迟缓期，早吃料，早定植。待菌丝吃料 3～5cm 时，及时控料温至 23～25℃，每天通风 2～3 次，每次 15～30min，通风换气要温和，保持空气新鲜。空气相对湿度保持在 60%～70%。暗光培养，一般掌握在 50～100lx 为宜。时常检查菌丝长势，测量料温，轻翻垛，发现杂菌要及时清除。发菌后期要适当增大昼夜温差 6～10℃，菌袋温度一般掌握在 15～23℃。30～40d 菌丝体满袋。

7.4.6　培殖场地的选择

培殖场地的选择，可参照侧耳培殖场地。

7.4.7　室外地栽出耳方式

室外地栽出耳，一般可分为立摆出耳、脱袋出耳、卧袋出耳、浅槽出耳、深槽出耳、林地出耳、大田套种出耳等，以浅槽和深槽法出耳最佳。土壤以沙壤土最佳。根据当地的地下水位设定地槽的深浅。出耳床以地平面为准，上高或下挖 20～30cm，床宽 1.0～1.5m，长度不限，床与床之间留 50～60cm 宽的作业人行道。耳床做好后，向床面浇重水一次，使床面均匀地吃足吃透 1%～2% 生石灰水，并将覆盖菌袋的草帘用生石灰水浸泡沥干备用。待菌丝体距菌袋底还差 1～2cm 时，将其菌袋回折，用消过毒的细绳扎死，去掉无棉封盖(下次使用)，袋口一定要紧。以保证在口处形成原基，早出耳。

划口与袋。用消过毒的锋利的刀在菌袋上划"V"字形口，"V"字的夹角为 45°～60°，两斜边等长，为 1.5～2.5cm，口深度 0.5cm 左右。柱高 1～18cm 的菌袋，每袋划 2～3 层口，"品"字形排列，4 层共划口 8～12 个。"V"字形口具有挡住下落的水珠和尘埃，防止袋内进水，减少污染。营造一个湿度较大利于子实体生长分化的微环境；开口适度、保湿、换气兼顾利于子实体标准朵型的形成；划口时，适度地切断了菌丝体，造成机械损伤则有利于菌丝体扭结形成原基。菌袋摆放间隔 10cm 左右，每 666.7m² 可摆 10 000 袋，实际土地利用率约为 60%，菌袋摆放大约 25 只/m²，"品"字形摆放菌袋，地槽上等距离加横担，覆上述草帘准备出耳。

7.4.8　育耳的管理

在黑木耳的培殖过程中，根据当地气候条件严格排产是至关重要的。育菇时间确定后，前推 50～60d 为发菌和复壮的时间。当地平均气温大于等于 10℃ 为开始出耳时间。无论收获秋耳，还是春耳，整个出耳期为 65～80d。

(1)原基的形成期管理。这个时期一般为 7～15d。气温在 15～22℃ 时，昼夜温差 10℃左右，逐渐加大空气相对湿度为 80% 左右，需要 5～8d 原基可大量出现。此时，通风与适度保湿是一对矛盾，而矛盾的主要方面是通风换气。为通风，可在夜间风时，揭帘大通风，其原则是温和地通风换气。为保湿，可在湿润的草帘上，再加盖草帘。为防雨，可在草帘上覆薄膜。

(2)子实体的分化期管理。由原基形成珊瑚状耳基，待长至杏核大的圆球体以后开始分化耳片，这个时期需要 5～7d。温度掌握在 15～25℃，协调最适温度 16～20℃。空气相对湿度 80%～90%。光照度 800～1000lx，光照时间 6～8h，并常以冷热、干湿、光暗交替，保持空气新鲜，让耳基缓缓地分化，有利于优质耳的形成。

（3）子实体生长时期管理。这个时期需要 7～10d。温度掌握在 15～25℃，协调最适温度18～20℃。空气相对湿度 90%～95%。此时通风与保湿同等重要。生长期的黑木耳耳片每天可增长 0.5cm 左右。常喷雾状水，自由下落。待耳片外伸 1.0～1.5cm 时，可直接向耳片上喷雾状水。给予足够的散射光，增加光照度 1000～1500lx，光照时间 6～8h。

7.4.9　采耳的管理

子实体进入采收期的标志是耳片充分展开，边缘变薄，耳色转浅，耳根收缩，孢子将要弹出。采收前 2～3d 停止喷水，及时降低空气相对湿度，大通风。可整茬采收，大小不留，稍带培养基，全部采收干净，便于二茬耳的管理；也可采大留小，保护耳基，及时清理菇床，并给予 2～3h 的阳光直晒杀菌，及时分选黑木耳、剪根、清洗、晾晒。一般每 15～20d 采收一茬，共可采收 3～4 茬。平均每袋产干耳 44.5g，其生物学效率（干耳/干料）4.5%。每次采收后停止浇水 3～4d 使菌丝恢复生长，以后进行常规管理采收下潮耳。

7.4.10　鲜耳的干制

鲜耳的采收之后，须及时加工干制。目前，有两种方法，即自然晾晒法与机械烘干法。

将已分选、洗净后的鲜木耳单摆放在晾晒的竹席、竹筛上或带有塑料窗纱的木筐内，晾晒 1～3d。在木耳晒干过程中，不宜多次翻动防止形成拳耳，或耳片碎裂。

采收量大或遇连阴雨天时，需热动力烘干。一般采用烘灶、烘房、隧道式烘干机、带式烘干机、箱式烘干机及真空冷冻干燥等。采用机械烘干法，即将鲜木耳均匀地单摆在层架上，鼓热风烘干。依次 38℃→40℃→60℃→40℃，每隔 2h 变换一次，并及时排潮。烘干后的黑木耳含水量一般为 12%～13%，应及时包装。

小　结

黑木耳属异宗结合覃菌类，单因子控制，二极性。其担孢子萌发有直接出芽成菌丝和产生分生孢子两种形式。黑木耳是喜湿性、喜酸性、好气性、中温型木腐菌类。木耳膳食纤维丰富是纺织工、煤炭工的优质保健食品；含有的腺苷物质能阻止血液凝固，具有缓解动脉硬化、调节人体代谢、降低血压的功能。目前主要的培殖方法为袋栽和木段培殖法。

思　考　题

1. 木段培殖黑木耳工艺流程是什么？
2. 黑木耳培殖过程中对水分有何要求？
3. 如何进行鲜耳的干制？

第8章 银耳培殖技术

8.1 概　述

银耳[*Tremella fuciformis* Berk.，Hooker's J. Bot. 8：277(1865)]又称白木耳、雪耳、白耳子等。在分类上属真菌界（Kingdom Fungi）担子菌门（Basidiomycota）层菌纲（Hymenomycetes）银耳目（Tremellales）银耳科（Tremellaceae）银耳属（*Tremella*）。英文名 white fungus，jelly fungus，silver ear。

据彭寅斌估计银耳属全世界约 60 余种，主要有银耳（*Tr. fuciformis* Berk.）、茶银耳（*Tr. foliacea Pers.*：Fr.）、大锁银耳（*Tr. fibulifera* Moeller）、橙黄银耳（*Tr. lutescens* Fr.）、金黄银耳（*Tr. mesenterica Retz.*：Fr）、珊瑚银耳（*Tr. ramarioides* Zang）、金耳（*Tr. aurantialba* Bandoni et Zang）、金色银耳（*Tr. Aurantia* Schw）等。

银耳可以生长在 18 个科的 58 种以上的树木上，其中 28 种树木最适于培殖生长。银耳分布于世界各地，以中国四川通江银耳和福建漳州的雪耳最著名。银耳培殖起源于川鄂接壤的大巴山东段的湖北房县、四川通江等地，以房县最早。自宋初以来被视为菌中上味。据杨庆尧的考察中国培殖银耳始于清光绪 20 年（公元 1894 年）。

1923～1928 年，金坛、王清水发明银耳干粉菌种。1941 年杨新美在贵州湄潭采用银耳子实体进行担孢子弹射分离，获得银耳纯菌种，属国内外首创。1942～1944 年，利用孢子液进行田间人工纯菌种对比实验，取得了显著的效果和肯定的结论，这在国际上属首创。1959 年，陈梅明首次分离到银耳和香灰菌的混合菌种，并进行了椴木培殖获得了子实体。木段培殖是 20 世纪 60 年代唯一应用的方法。

1974 年，福建省古田县姚淑先改进了银耳的瓶栽法。随后，该县的戴维浩发展为袋栽法。20 世纪 80 年代全部应用塑料袋培殖法。木段培殖生物学效率 15%～40%，袋料塑料袋培殖生物学效率可达 90%～150%，而且营养成分也不同，见表 8-1、表 8-2。中国单产和总产均居于世界领先地位。

银耳是一种珍贵的胶质食药兼用菌，银耳甘平、无毒、强精、补肾、生津、养胃、止渴、清热、补脑、养颜、补钙（含钙最高达 380mg/100g 干品）等多种功效。

8.2　生物学特征

银耳（图 8-1）是一种阔叶树枯木上的腐生菌，由菌丝体和子实体两部分组成。担孢子萌发成菌丝，菌丝较纤细，菌丝体灰白色。菌丝是细胞分枝、有隔的丝状体。银耳菌丝体具有很强的抵御干旱的能力。菌丝体在基质中达到生理成熟后，在外界条件适宜时形成子实体。

子实体的形状一般为菊花状，也有鸡冠状的。由 5～14 薄片而皱褶成的瓣片组成，长×宽为（5～15）cm×（4～12）cm，厚 0.5～0.6mm。纯白色、胶质、富有弹性、表面光滑、呈半透明状，如图 8-1 所示。子实层在子实体的两侧，重量不等，单朵鲜重一般为 80～150g。子实体干时呈角质，硬而脆，白色或米黄色，基部是橘黄色的耳基，吸水量大，一般为干重的 10～40 倍。干时生长缓慢或停止生长，潮湿时还能继续生长。银耳的孢子呈卵圆形（6～

图 8-1　银耳(*Tremella fuciformis* Berk.)

7.5)μm×(4～6)μm。孢子印为白色。成熟的孢子能从担子上自动弹出，在适宜的条件下萌发自然繁殖。

银耳生活史较复杂，其有性世代为典型的四极性，异宗配合类型，即银耳担子纵裂为四，并在各自的顶端产生一个担孢子。单孢子萌发后，形成单核菌丝，由两条可亲和的单核菌丝细胞相互融合形成双核菌丝，并可发生锁状联合，其菌丝体在基质中大量繁殖，在适宜的条件下，扭结成银耳子实体原基，进而形成子实体。耳片成熟后，则弹射出下一代担孢子。由此，完成了其有性世代生活史。但在特定的条件下，银耳的担孢子也可以通过芽殖的方式生成酵母状分生孢子。分生孢子在适宜的条件下萌发成单核菌丝，并按照有性世代完成生活史。另外，还可以生成大量节孢子，在其双核菌丝上也能产生节孢子萌发成菌丝，形成菌丝体，最终形成子实体。

银耳伴生的香灰菌，其孢子呈铜绿色或草绿色，香灰菌的生长速度极快，而且具有对木材很强的分解能力。银耳菌丝依靠香灰菌丝分解的营养物进行其营养生长和生殖生长，完成生活史。银耳纯菌与香灰菌丝属单向共生关系，生长银耳的菌丝属混合菌丝类型。

表 8-1　银耳的一般成分(杨新美，1988)

成分	野生银耳	栽培银耳
水分/g	14.0	13.6
粗蛋白质/g	6.1	7.6
氨基酸/g	5.42	7.54
粗脂肪/g	0.6	1.2
粗纤维/g	1.1	1.3
灰分/g	5.9	7.2
钙/mg	248	132
磷/mg	254.1	288.2
铁/mg	20.1	11.1
核黄素/mg	1.1	1.6
尼克酸/mg	4.25	4.37

表 8-2　银耳氨基酸的组成(杨新美，1988)

种类	木段培殖的银耳		木屑培殖的银耳	
	游离氨基酸含量/%	残基氨基酸含量/%	游离氨基酸含量/%	残基氨基酸含量/%
必需氨基酸				
异亮氨酸	0.23	0.19	0.52	0.45
亮氨酸	0.41	0.35	0.84	0.72
赖氨酸	0.39	0.35	0.93	0.82
蛋氨酸	0.09	0.08	0.16	0.14
苯丙氨酸	0.29	0.26	0.51	0.46

种类	木段培殖的银耳		木屑培殖的银耳	
	游离氨基酸含量/%	残基氨基酸含量/%	游离氨基酸含量/%	残基氨基酸含量/%
苏氨酸	0.27	0.23	0.698	0.59
缬氨酸	0.24	0.21	0.59	0.50
酪氨酸	0.26	0.24	0.52	0.47
色氨酸	1.16	1.06	0.24	0.22
非必需氨基酸				
丙氨酸	0.32	0.26	0.74	0.59
精氨酸	0.59	0.53	1.59	1.43
天冬氨酸	0.47	0.41	1.25	1.09
胱氨酸	0.12	0.02	0.11	0.11
甘氨酸	0.26	0.19	0.67	0.51
组氨酸	0.21	0.19	0.298	0.26
脯氨酸	0.26	0.22	0.62	0.52
丝氨酸	0.31	0.26	0.64	0.53
谷氨酸	0.59	0.52	1.56	1.37
半胱氨酸	0.016	0.014	0.009	0.008
羟氨酸	0.134	0.115	0.054	0.046
氨	0.47	0.47	0.58	0.58
共计	6.99	6.17	13.13	11.40

注：含量不准确，因为用盐酸水解时估计损失 60%；胱氨酸、羟脯氨酸因含量低计算准确

香灰菌的菌丝被接种在琼脂培养基上，24～26℃条件下，培养经 3～4d 菌丝成放射状生长，需要 5～6d 可长满试管斜面，菌丝体为分支羽毛状白色，菌丝爬壁力强。当菌丝体满管后，多形成黑色圈痕。随时间的推移其菌丝体的颜色由开始的淡米黄色→淡黄绿色→绿黑色→褐黑色→黑色。香灰菌孢子呈橄榄形，有隔，淡绿色，大小为 (3.5～6.5)μm×(4.5～7.5)μm，不芽殖能顺利生长出菌丝。

银耳菌体接种在琼脂培养基上，在 23～25℃条件下培养。银耳菌丝生长较慢，24h 只长1mm。其形态特征是以接种点为中心生长成菌丝体呈绒毛状乳白色、半透明、黏糊状、边缘整齐、表面光滑的酵母状芽孢菌落，即银耳孢子菌落。随着时间的推移其菌落不断扩展和加厚，从乳白色、半透明逐渐变成淡黄色不透明，以至成为土黄色。

银耳的生长分化同样需要水、肥、气、热、光、pH 等条件，除此之外，特别需要生物条件。不同生长分化时期所需要的环境条件都是综合的。每个时期，所处的矛盾及矛盾的主要方面不同。

8.2.1　水分要求

银耳菌丝抗旱能力较强，在较长期干旱条件下不易死亡。在多湿条件下，菌丝体易产生酵母状分生孢子。香灰菌菌丝耐干旱能力则较弱，而在潮湿的条件下，生长比较旺盛。根据这一特点培养基的含水量应有所兼顾。因此，在发菌阶段，袋培殖养基含水量一般不超过60%。以棉籽皮为主的培养基含水量应以 50%～55% 为宜；以木段为培养材料时，其含水量控制在 42%～47%；以木屑为主的培养基时，其含水量一般掌握在 48%～52%。发菌阶

段，室内空气相对湿度控制在 55%～65%。在原基分化发育阶段，逐渐提高空气相对湿度控制在 80%～95%，木段出耳含水量 45%～50%。而且，以干干湿湿相互交替的湿度条件最有利于银耳子实体的生长分化。

8.2.2 营养要求

银耳是一种木腐菌。其菌丝细胞可直接利用简单的碳水化合物，分解纤维素、半纤维素、木质素的能力较黑木耳的弱。以边材和形成层，质地较松软的原料为佳。阔叶树龄以 5～15 年均可。凡含有松脂、醚、醇等杀菌物质及含有芳香物质的松、柏、杉、樟、楠、安息香料的树种均不能直接用作银耳培殖的原料。目前，以代料培殖产量最高品质也好是木段培殖产量的 8～10 倍。

8.2.3 空气要求

银耳整个生长分化过程始终需要充足的氧气，尤其是在发菌的中后期，进而原基形成以后，即生长呼吸旺盛的时期，更需要加强通风换气。特别注意的是一定要温和地通风换气。所谓温和是指空气新鲜、风速不大、气温和湿度适宜等。氧气不足时菌丝呈灰白色，耳基不易分化，在高湿不通风的条件下，子实体成为胶质团不易开片，即使成片，蒂根大，商品质量差。

8.2.4 温度要求

银耳是一种中温型耐旱耐寒能力强的真菌。担孢子在 15～32℃可萌发为菌丝，以 22～25℃最为适宜。菌丝抗逆性强，2℃菌丝停止生长，在 0～4℃冷藏 16 个月仍然有生活力。-17.7℃ 2h，或 39℃以上失去生活力。菌丝的生长的温度为 6～32℃，以 23～25℃生长最适宜。30～35℃易产生酵母分生孢子，35℃以上菌丝停止生长，超过 40℃菌丝细胞死亡。子实体生长分化在 20～26℃最好，而且耳片厚、产量高。长期低于 18℃，高于 28℃，其子实体朵小，耳片薄，温度过高易产生"流耳"。香灰菌菌丝生长适宜的温度 26℃左右。

8.2.5 光的要求

银耳在营养生长阶段需要暗培养，子实体生长分化需要 150～800lx 的散射光，适当的光照可促进子实体的分化，可得优质银耳。

8.2.6 酸碱度要求

银耳菌丝对 pH 的适应性较广。混合菌体在 pH5～8 的木屑培养基上都能正常生长分化，以 pH5～6 最为适宜。

8.2.7 生物因素

据近十年的研究表明，银耳菌丝细胞几乎不能自行分解纤维素、半纤维素及木质素。银耳之所以能在枯木上顺利完成其生活史，完全得益于一种"友菌"——香灰菌。香灰菌菌丝是银耳生长分化中不可缺少的生物因子，这也是银耳在营养上的一个特点。据福建三明真菌研究所报道，香灰菌可能有两个属 3 或 4 个种，其中一个为阿切尔炭团菌，它是一种能分解纤维素、半纤维素、木质素的子囊菌亚门核菌纲球壳目炭角菌科炭团菌属真菌。其菌丝为白色羽毛状，有细长的主丝和略呈羽毛状的侧生分枝菌丝。香灰菌丝生长较快，菌丝老化的颜色变化，由浅黄到浅棕色直至变为绿黑色或黑色。银耳菌丝与香灰菌菌丝的配合具有一定的专一性。一般认为，二者菌丝的配合应是来自同一块耳木所分离的纯菌丝。

8.3　银耳培殖技术

　　子实体生长的最适温度为 20～25℃。故此，在排产时，当地气温需达到 20℃以上。

8.3.1　银耳母种的扩繁

　　银耳母种的扩繁是指混合型菌丝母种的扩繁。目前，在人工培殖的蕈菌里仅有银耳和金耳。它们子实体的生长分化，甚至菌丝体的健壮而旺盛的生长需要香灰菌。又如金耳则需要粗毛硬革菌的菌丝细胞分泌酶类分解基质中的木质素、纤维素，提供它们所需要的营养成分。所谓混合是指将两种相应的菌丝体混接在一种培养基上进行培养的过程。其接种技术：当银耳菌丝长至类似绣球状黄豆粒大小（需要 5～6d），在无菌条件下，向银耳母种试管中，距银耳纯菌丝团约 2cm 处接入绿豆大小的香灰菌块（包括一些培养基）。在 22～24℃下恒温培养 2～3d，可见白色的菌丝体，培养 13～15d 菌丝体形成白色绒毛团（白毛团能形成原基和子实体，是判断银耳菌种能否使用的重要依据），吐露金黄色水珠，此时为接种的最佳菌龄。而以后会出现菌丝自溶现象，有红、黄色水珠出现。

8.3.2　银耳原种的制作

　　原种培养基：杂木屑 80%、新鲜大中皮麦麸或细米糠 18%、糖（蔗糖或绵白糖）1%、石膏粉 1%，先将木屑、麦麸、石膏粉混匀，然后加入糖水再次混匀。含水量 48%～50%，如果主料以棉籽皮为主料，其含水量应提高到 50%～55%。闷料 3～4h，立即装瓶至 3/4 处，封口灭菌。在 0.15MPa 下灭菌 1.0～1.5h，备用。

　　接种时，如果是试管斜面母种，按 1∶(1～4) 接原种；如果是芽孢（用孢子分离获得的银耳芽孢木种）木屑培养基的母种按 1∶(40～50) 接种。特别要注意的是，将菌种瓶内的菌种上下混匀（香灰菌一般长得快，在瓶子的下部）再接种。

　　银耳原种的培养总的原则是 4 个条件：暗培养、环境干燥整洁、适宜的温度、常通风换气。在发菌的前 3～5d 室温控制在 26～27℃，使其菌丝快速度过迟缓期，早萌发早定植。待菌丝菌落达 3～5cm 后，将室温调至 20～23℃培养，并注意常通风换气，保持空气相对湿度在 65% 左右。时常检查有否杂菌，将带有杂菌或菌丝体长势弱的培养瓶及时清出，及时处理。大约 15d 后，将温度至 18～20℃继续培养；培养 20～25d 菌丝体满瓶，方可使用。此时，可见菌体上出现黄色水珠的菌丝细胞自溶现象。

8.3.3　银耳栽培种的制作

　　栽培种培养基：杂木屑 78%、新鲜大中皮麦麸或细米糠 19%、糖（蔗糖或绵白糖）1%、石膏粉 1%、过磷酸钙 1.0%，先将木屑、麦麸、石膏粉混匀，然后加入糖水再次混匀。含水量 48%～50%，如果主料换成棉籽皮，其含水量应提高到 50%～55%。闷料 3～4h，马上机械装袋或装瓶。一般采用 17cm×45cm×0.04mm 的聚丙烯筒料。一般可栽 220～240 只培殖袋/kg 聚丙烯筒料，可装干料 0.50～0.55kg/袋，机械装袋 600～800 只/h，5 人组，封口灭菌。最好用特制的灭菌筐灭菌。在 0.15MPa 下，灭菌 2.0～2.5h。常压灭菌 6～8h，闷料 3～4h。

　　接种：在无菌的条件下，用接种器接种。先在横卧菌袋的一侧，用消毒布擦净，再用接种器取出菌种，直接插入菌袋至 1.5cm 深处，推进菌种，如此接种下一点，在横卧菌袋的另一侧如此错位接种。每袋可接 3～4 个点，并外套一菌袋，封袋培养。每瓶原种可接栽培种 60～80 袋。从而，改变了粘贴橡皮膏或胶粘带等繁琐工序和发菌慢的弊端。

栽培种发菌培养与原种相同，掌握4个基本条件，即暗培养、环境干燥整洁、适宜的温度、常通风换气。

8.3.4 银耳培殖菌棒的制作

根据华北的气候条件，利用自然温度条件培殖，一年可培殖两个周期。银耳出耳期为40～45d，春季培殖可安排在3月中旬至5月初进行，秋季培殖可安排在9月中旬至10月底进行。前推60d左右是整个培殖期。总之，当地平均气温在18℃左右，最高气温不超过28℃时，即可安排出耳培殖，有条件的可以周年培殖。

培养基配方与制作：①杂木屑81%、麦麸15%、黄豆粉2%、蔗糖1%、石膏粉1%、硫酸镁0.5%，含水量48%～50%；②棉籽皮79%、麦麸15%、玉米粉5%、石膏粉1%、硫酸镁0.5%，含水量50%～55%；③玉米芯(绿豆粒大小)68%、杂木屑10%、麦麸15%、玉米粉5%、石膏粉1%、过磷酸钙1%，含水量52%～55%。机械拌料，将上述原料分为三组，主料为第一组；糖或生石灰为第二组；其他辅料为第三组。依次拌匀，先将第三组与第一组混匀后，再将第一组与其混匀。闷料2～3h，立即装袋。菌袋材质大小不等，目前，一般采用(15～20)cm×(45～55)cm×(0.04～0.05)mm，每袋装干料600～1200g。在中国的南方一般采用较小的袋培殖，而在北方则习惯采用较大的袋子培殖。机器装袋时，需将袋底部的两角内塞，防止破损和涡留杂气造成污染。装袋机可装袋600～800只/(h·台)。装料松紧适度，料柱的表面要圆润平整，不得出现凹凸不平现象，以防凹处涡留杂气造成污染或产生过多的气生菌丝消耗营养。料面整平，用直径2.0～2.5cm木锥在培养料横截面中央打孔至袋底，转动退出木锥，收紧袋口，并加无棉封盖。值得注意的是，所有已拌好的培养料必须在6～8h装完，并立即灭菌。

灭菌是降低菌袋污染率的主要环节。无论是常压灭菌，还是高压灭菌，都是湿热灭菌，即依靠湿和热及一定的压力将生命物质(即蛋白质与核酸)永久变性的过程。采用特制灭菌筐灭菌，受热均匀容易灭菌彻底。每灶灭菌容量为3000～4000只。高压0.15MPa下，灭菌2.0～2.5h；常压灭菌105℃，6～8h。湿热灭菌首要的是要迅速达到灭菌温度，排尽冷气；其次是严格灭菌温度和时间；其三是停火闷料时间不能过长，一般为3～4h，并及时缓缓降压排气。有条件的可将灭菌后的菌袋移入冷却室冷却至28～30℃接种。

8.3.5 接种

在无菌的条件下，用接种器接种。先在横卧菌袋的一侧，用消毒布擦净，再用接种器取菌种，直接插入菌袋至1.5cm深处，推进菌种，菌种略高出菌袋的平面。穴直径一般为1.2～1.5cm。如此接种下一点，在横卧菌袋的另一侧如此错位接种。每袋可接5～6个点，并外套一菌袋(此菌袋一定要薄而无沙眼)封袋培养。每袋栽培种可接种60～80袋。

8.3.6 发菌管理

菌棒的发菌培养，同样掌握4个基本条件：暗培养、环境整洁干燥、适宜的温度、常通风换气。在发菌的前2～3d，室温控制在26～27℃，使香灰菌的菌丝尽快萌发生长到接种穴的周围避免杂菌的污染，使银耳菌丝快速度过迟缓期早定植，此时不宜翻动，不必通风。4～5d以后，菌落已形成。将室温调至22～25℃培养，并注意常通风换气，保持空气相对湿度在40%～65%，时常检查有无杂菌，将带有杂菌的菌袋及时清除。7～8d后，将温度降至20～22℃继续培养。10～12d后，菌落向外辐射其直径在8～10cm，各菌落开始相连时，可脱掉套袋培养。此时要特别注意气温、垛温、料温，应及时降温通风换气。培养17～18d菌丝体已吃透料。后期发菌，可提高空气相对湿度 75%～80%，加大通风量，并给予散射光，光照度 150～200lx，光照时间(10～12)h/24h。此时，可见在菌种处菌丝体上出现黄色水珠，菌袋洞穴处表面胶质化，个别的已分化形成原基。这标志着菌丝体已达生理成熟，可移入出耳室进行出耳管理。

8.3.7　育耳管理

菌棒的排放方式有上床架卧式摆放和地槽立式摆放两种。前者是单向出耳，需在发菌的菌丝体未达到生理成熟时，用生石灰膏，或胶粘带封死一面的接种穴(最好将原种块清除，并填充干草木灰)，只留另一面接种穴出耳；而后者，因是立式摆放，可周身出耳。留作出耳的接种穴必须清除原接种块，并且用无菌刀向四周扩穴 0.5～1.0cm，给予菌丝体一机械损伤，增氧便于原基的分化。

当原基形状似半个米粒，且白色时，开始分化耳片。这个时期需要 5～7d。温度掌握在 22～25℃，协调最适温度 22～23℃。空气相对湿度 80%～90%。光照度 300～600lx，光照时间 6～8h。此时，常以冷热、干湿、光暗交替刺激，保持空气新鲜，缓缓地分化，有利于优质耳的形成。

子实体生长时期这个时期需要 7～10d。温度掌握在 23～25℃，协调最适温度 23～24℃。空气相对湿度在 90%～98%，干湿交替，防止烂耳。此时，通风与保湿同等重要，也是这个时期的主要矛盾。生长期的银耳的耳片每天可增长 0.3～0.5cm。常喷雾状水，自由下落。待耳片伸展 1.0～1.5cm 时，可直接向耳片上喷雾状水。给予足够的散射光，光照度 600～800lx，光照时间 10～12h。

8.3.8　采耳

子实体进入采收期的标志是其耳片充分展开，子实体直径 8～12cm，边缘变薄下垂，耳片色泽由透明转为白色，耳根收缩，孢子将要弹出。采收前 1～2d 停止喷水，及时降低空气相对湿度，大通风，空气相对湿度为 80%～85%。用竹刀或不锈钢刀采收。可全茬采收，大小不留，稍带培养基，全部采收干净，便于二茬耳的管理；也可采大留小，保护耳基，及时清理菇房，并给予 2～3h 的阳光直晒杀菌，及时分选银耳剪根、分割成 4～6 小朵、清洗、晾晒。一般每 10～15d 采收 1 茬，共可采收 2～3 茬。其生物学效率为 180%～260%，个别的高达 280%。每次采收后停止浇水 3～4d，使菌丝恢复生长。以后，进行常规管理，采收下潮耳。

8.3.9　鲜耳的干制

鲜耳的采收之后，需及时加工干制。银耳干制率为(15～18)：1。将已分选、洗净后的鲜银耳单摆在晾晒的竹席、竹筛上，或带有塑料窗纱的木筐内，晾晒 1～3d。在银耳未晒干时，不宜多次翻动，防止形成拳耳或耳片碎裂。采收量大，或遇连阴雨天时，需动力烘干，一般采用烘灶、烘房、隧道式烘干机、带式烘干机、箱式烘干机及真空冷冻干燥等。采用机械烘干法，即将鲜银耳均匀地单摆在层架上，鼓热风烘干。依次 38℃→40℃→60℃→40℃，每隔 2h 依次变换，并及时排潮。烘干后的银耳含水量一般为 12%～13%，应及时包装。关于银耳卫生标准参照中华人民共和国国家标准 GB11675—89 执行。出口银耳外包装瓦楞夹心纸箱其规格：长×宽×高为 68cm×50cm×48cm，每箱可装小花银耳 8kg，增白雪耳 9kg；小箱：长×宽×高为 48cm×38cm×34cm，小花银耳 3.5kg，增白雪耳 4.0kg。纸箱内衬塑料袋，放银耳前，袋内加放适量的防潮剂，放足银耳，折袋封口，胶带封箱。

　　木段培殖银耳工艺：菌种筛选→ 菌种伴生→耳场选择整理→ 树种选择→ 木段准备（砍树→整理→架晒）→人工接种→ 起堆发菌管理→出耳管理（散堆→排场→起架→管理）→ 采收→ 分选→干制→ 包装→质检→入库→销售。

小　　结

　　银耳又称为白木耳、白耳子，是阔叶树枯木腐生菌，分解纤维素、木质素能力较弱，与香灰菌形成共生关系，并具专一性配对，是银耳培殖中必不可少的生物因子。银耳属于中温耐旱耐寒蕈菌，我国袋栽银耳的生物学效率可达 90％以上，居于世界领先水平。

思 考 题

1. 名词解释：香灰菌
2. 银耳的食药用价值是什么？
3. 银耳的木段培殖工艺是什么？
4. 生物因素——香灰菌在银耳的培殖过程中发挥什么作用？

第 9 章 金针菇培殖技术

9.1 概　述

金针菇学名［*Flammulina velutipes* （Curtis）Singer. Lilloa 22：307（1949）var. *velutipes*］，在分类上属于真菌界（Kingdom Fungi）担子菌门（Basidiomycota）层菌纲（Hymenomycetes）伞菌目（Agaricales）口蘑科（Tricholomataceae）小火焰菌属（*Flammulina*）或金钱菌属（*Collybin*）。英文名为 winter mushroom，又名朴菇、冬菇、构菌、毛柄金钱菌、冻菌、金菇、青刚菌、枷菌（中国台湾）、增智菇（日本）、一休菇等。

金针菇分布较广，多分布于中国、日本、俄罗斯西伯利亚和小亚细亚及欧洲、北美洲、澳大利亚等地。

金针菇是中国最早进行人工培殖的蕈菌之一，唐末五代初，韩鄂撰写的《四时纂要》记载古代流行在中原地区一种培殖方法："三月种菌子，取烂椿（构）木及叶于地埋之，常以泔浇灌淋湿，三两日即生。"明朝俞宗本的《种树书》也记载"正月种蕈，取烂谷木截断，埋于水地，用草盖之常以泔浇之，则生，宜用丁卯（开）日采"。据裘维蕃（1952）、刘波（1964）考证，这些珍贵史料所述的菌子就是金针菇。

在 1928 年，日本的森木彦三郎发明了金针菇瓶栽法。1932 年，日本长野县等地用木屑和米糠为原料在暗室里培养，并驯化出子实体均成白色的金针菇。目前，金针菇生产品种有两大类，一类是金黄色的，其特点是适应温度范围较宽，一般均在 6～16℃以内育菇，育菇早，鲜菇质地脆嫩，子实体对光较敏感；另一类为白色的，特点是对温度敏感，一般均在 4～10℃以内育菇。晚育菇，产量多集中在 1、2 潮菇，子实体的质地鲜嫩柔软，对光敏感有向光性（图 9-1、图 9-2）。

图 9-1　白色金针菇［*Flammulina velutipes*（Fr.）Sing.］　　　图 9-2　黄色金针菇

从 20 世纪 60 年代开始，日本利用空调设备各种测量仪表及自动化装置，调节温度、湿度、通风、光照等环境条件，用定型的塑料培殖瓶装瓶装筐和搬运机器等，构成一套完整的生产标准体系，实现了金针菇人工培殖工厂化生产。

20 世纪 30 年代，中国裘维蕃等进行了金针菇的瓶栽试验。1964 年，福建三明真菌研究所开始在全国各地采集野生菌株。从 20 世纪 60 年代起，中国福建三明真菌研究所的黄年来致力于金针菇的培殖研究和推广工作。1983 年，选育出了"三明 1 号"菌株，在福建、陕西等地才开始金针菇的商品生产。1986 年，浙江省常山县金针菇的高产培殖及其深加工，列入国家级星火计划，无疑对中国金针菇人工培殖的推广工作起了巨大的推动作用。

金针菇属于低温型弱木腐菌。适于秋末、冬季、早春较冷的季节培殖，也可空调培殖。目前，生物学转化率 80%～120%。多以熟料培殖。

据上海食品工业研究所分析，每 100g 干菇中，含蛋白质 13.9～16.2g、脂肪 17～1.8g、碳水化合物 60.2～62.2g、热量 320～322kcal、粗纤维 6.3～7.4g、灰分 3.6～3.9g、钙 61～76mg、磷 280～343mg、维生素 B_1 0.16mg、维生素 B_2 1.59mg、尼克酸 23.4 mg。据福建农业科学院分析，金针菇中含有 18 种氨基酸，每 100g 干菇中所含氨基酸总量达 20.9g，各种人体必需 8 种氨基酸占氨基酸总量的 44.5%，其中赖氨酸和精氨酸含量特别丰富，分别达 1.024g 和 1.231g，能促进儿童的健康成长和智力发育，国外称之为增智菇、一休菇等。金针菇所含的朴菇素(flammulin)是一种碱性蛋白，具有显著抗癌作用。据日本的千原吴郎报道，金针菇热水提取物对小鼠肉瘤 S180 的抑制率为 81.1%，全治愈率为 33.3%。常食金针菇可以预防高血压，使胆固醇含量降低，还可以促进胃肠蠕动，防止消化道病变。金针菇所含的酸性和中性的膳食纤维能吸收胆汁酸盐，调节胆固醇代谢，治疗肝脏及肠胃道溃疡病。金针菇菌盖黏滑，菌柄滑脆，味道鲜美。1984 年 5 月，美国总统里根访华期间，在国宴上品尝了用金针菇做成的名菜——"彩丝金钮"，倍加赞赏。

9.2　金针菇生长分化的条件

金针菇的生活史金针菇属于异宗结合的菌类，双因子控制，四极性。金针菇单核菌丝也能形成子实体，不过子实体小，而且发育不良，无商品价值。金针菇无性阶段，可产生大量单核或双核的粉孢子。它在适宜条件下，萌发成单核或双核菌丝，而且按双核菌丝的发育方式继续生长分化，完成生活史。金针菇菌丝体还可以断裂成节孢子，依照上述方式完成生活史。

9.2.1　水分要求

金针菇属喜湿性菌类。菌丝在含水量 60%～70% 的培殖料中能正常生长。培殖料含水量以 65%～68% 为宜，一般较侧耳喜湿性强。手捏测试，使手指间滴出 4～5 滴水珠为宜。菌丝生长阶段空气相对湿度应控制在 60%～65%，湿度大，污染率高。子实体发育阶段空气相对湿度应控制在 75%～95% 且所用水一定要整洁，水温要适宜。

9.2.2　营养要求

金针菇与侧耳、香菇等不同，它分解木材的能力较弱。金针菇菌丝利用的单糖中以果糖为最好，其次是甘露糖、葡萄糖、阿拉伯糖和半乳糖；双糖中以赤砂糖为最好，其次是蔗糖、麦芽糖；多糖中以淀粉和糊精为最好，棉籽糖、羧甲基纤维素钠次之。在甘露醇和山梨醇的培养基中，菌丝也能很好的生长。选木屑为原料时，新鲜木屑需要堆制半年以上，尤其是松、桧、柏、衫、楠等树种的木屑，则需自然堆制一年以上，最好使用已堆制 2～3 年的陈木屑。桉、樟、苦楝等含有害物质的树种不能使用。

圆盘锯、带锯下的木屑因颗粒太小，不宜单独使用。玉米芯为主料，应先曝晒，粉碎至玉米粒、蚕豆大小不等的颗粒，并填充 1/3 的木屑，泼水堆积 5～7d，并适时翻料，还应补加氮肥。棉籽皮作主料时，需添加 15%～20% 米糠或麸皮等。

在金针菇培养中，增加一定量的氮素（比侧耳的要高）可促进菌丝生长。米糠、麦麸等不仅能促进菌丝的生长，而且能缩短育菇期，提高育菇量。金针菇培殖一般要求营养生长阶段的 C/N 为 (20～25)：1，生殖生长阶段 C/N 为 (30～40)：1。米糠、麦麸的用量一般 15%～25%，另加 5%～8% 玉米粉、1%～3% 大豆粉。金针菇菌丝可利用多种有机氮、氨基酸作为氮源。在制作母种培养基时，适量加有机氮、酵母粉或酵母膏、酪蛋白酶解物、蛋白胨、L-精氨酸、L-丙氨酸等为佳。

在培养基中，增加 Mg^{2+}、$H_2PO_4^-$ 的含量对金针菇菌丝生长有促进作用，也可促进原基分化。$MgSO_4 \cdot 7H_2O$ 和 KH_2PO_4 各 0.6%、过磷酸钙（SP）1%～2%，以及各种微量元素，如铁、锰、铜、钴、钼等元素，对金针菇菌丝的生长和子实体的形成也是必需的。普通水中的含量也能满足其需要，一般不用再另加。

金针菇是维生素 B_1、维生素 B_2 的天然缺陷型。在含有维生素 B_1、维生素 B_2 丰富的培养基上菌丝生长速度快，粉孢子量少。麦麸和米糠富含 B 族维生素。维生素 B_1 不耐高温，在 120℃ 以上易分解。

在金针菇的显蕾、齐蕾和菇柄伸长期，喷施三十烷醇（0.5ppm）、乙烯利（500ppm）、赤霉素（10ppm）、α-萘乙酸（10ppm）、激动素（5ppm）均可促进金针菇提早育菇，子实体数量和产量增加，色泽和整齐度提高，尤其是三十烷醇（0.5ppm）＋赤霉素（10ppm）混合液喷施效果更为明显，增产率达 17.1%。这可能与其具有提高酶的活性、促进核酸与蛋白质的合成等生理功能有关。

9.2.3　空气要求

金针菇是好气性菌类，尤其是在菌丝生长阶段。据测定，在其原基发生整齐、育菇好的催蕾室中，CO_2 浓度约为 0.2% 以下。在整个生殖阶段 CO_2 浓度控制在 0.6%～3.0%。随着 CO_2 浓度的增加，菌盖直径逐渐小。当其质浓度超过 1% 时，就会抑制菌盖的发育；超过 5% 时，不能形成子实体。但是，其较高的浓度能促进菌柄的伸长，CO_2 浓度 3% 不会抑制菌柄生长。如果超过 3% 则菌柄迅速伸长，菌盖生长受抑制，子实体的总重量增加。

9.2.4　温度要求

金针菇属低温型，恒温结实性真菌。在 15～25℃ 时，金针菇孢子大量形成，在 16℃ 时孢子萌发，24℃ 最为适宜，超过 30℃ 时不能萌发。菌丝在 3～34℃ 生长，最适温度为 22～25℃。34℃ 时菌丝生长极其缓慢，超过 34℃ 不久菌丝细胞死亡。菌丝的耐低温能力很强，在 -21℃ 时经过 138d 仍能存活。8～14℃ 有利于原基的形成，在 14～16℃ 原基分化最快，形成子实体的数量亦多。子实体形成温度 5～21℃。据报道，在英格兰冬天晚上，森林的气温有时低于 -12℃，白天都可在病死的榆树上见到金针菇的子实体。高温菌株在 23℃ 也能育菇。3℃ 以下菌盖变为麦芽糖色，冰点以下变为褐色。

9.2.5　光的要求

在暗光下，金针菇的菌丝能正常生长并可形成原基，菌柄也能伸长。但是，不易分化成菌盖，或菌盖发育不良。光照时间在 (18～24)h/24h 的散射光，光照度一般在 100～210lx。子实体重量是暗光条件下的 11 倍。子实体有明显的向光性。

9.2.6　酸碱度要求

金针菇菌丝在 pH5～8.4 都能生长，最适为 5.5～6.5。培养料中，pH 一般为 7.0～7.5。拌料时可不加生石灰，为了杀菌或防止培养基酸变，若放生石灰也不可超过 1.5%。

9.3　金针菇的培殖技术

菌种的获得同样可以从有权威资质的研究单位购得，也可以采用组织分离或孢子分离萌发获得，或菇木及基质中挑取菌丝纯化获得。无论是哪一种都必须做育菇试验。

利用空调可进行周年生产。在自然的气候条件下，中国北方从 9 月下旬到第二年 3～4 月初为培殖季节，气温平均每天 5～15℃，育菇期从 11 月中下旬开始，到第二年春天。无论在哪个地区，育菇阶段的温度保持在 5～15℃ 可获得金针菇的优质产品，也是适时排产的原则依据。

目前，一般以熟料培殖为主。培殖的方式有瓶栽，一般采用 750ml、800ml 或 1000ml 的玻璃瓶，或聚丙烯塑料瓶，瓶口径 7～8cm 为宜，其口径直接影响菌蕾的大量发生。口径太小，通气差，菌蕾发生量就少。瓶栽的优点是污染率低、瓶子可重复使用。不足之处是占空间大，刷洗、装瓶、人工掏瓶费工时。袋栽法口径可任意选择，免去套筒的手续，菌蕾能大量发生。因通气好，筒料的上端可用薄膜遮光、保湿，能使菌柄整齐生长，而且袋子一次性使用省工时、成本也低。一般选用 17cm×40cm、18cm×45cm、19cm×50cm 或 20cm×50cm 的，厚度一般为 0.045～0.06mm 高压聚丙烯或聚乙烯筒料。高压聚丙烯筒料，较为挺直便于袋口的撑开，但遇冷发脆，易破裂。袋子不能太薄，易出现沙眼，也不利于袋口的撑开。袋口直径不宜过大，否则不利于菌柄长长，不利于菌柄直立易倒伏。床式培殖法，有利于大规模生产，但是，技术要求较高。

9.3.1　培殖场地选择

在中国，农户生产最好选择半地下式菇棚，可下挖 0.40～1.0m，四周垒墙培土，上做弓棚，最高处为 1.8～2.0m，并覆薄膜盖草帘。这有利于保温保湿，控制二氧化碳与氧气的比率获得优质子实体。有条件的可设床架培殖。

目前，金针菇的培殖方式有 5 种，即套袋立式育菇、半袋提膜立式育菇、披膜半袋立式育菇、卧式单端育菇、卧式双端育菇。

9.3.2　母种与原种的制作

母种和原种的配方与侧耳的相同。在培养母种或原种时，应注意适量 Mg^{2+}、$H_2PO_4^-$ 和维生素 B_1、维生素 B_2 的添加，前者 1.5～3.0g/L，后者为 4～6mg/L。在 25℃ 条件培养下，母种需要 10～12d 长满管，而且是 18mm×180mm 试管斜面顶端一点接种。其菌丝体发白较细密、气生菌丝少。有时，在冰箱内，其保藏管会出现子实体。每支母种可接原种 5～6 瓶，在 25℃ 条件下培养，500ml 瓶 20～25d 满瓶。采用液体菌种，一般每 15ml 接瓶一瓶。也可以直接种育菇袋，用量一般每 30ml 接一袋（两端接种）。当然，接种量越大菌丝满瓶、满袋的时间越短，相对育菇时间也就越提前。

9.3.3　育菇培养基的配方

（1）棉籽皮 75%、粗玉米粉 5%、麦麸 15%、大豆粉 2%、石灰 1%、石膏 1%、白糖 1%。

（2）棉籽皮 75％、黄豆粉 5％、麦麸 15％、SP 2％、石灰 1％、石膏 1％、白糖 1％。

（3）棉籽皮 78％、麦麸 20％、石膏 1％、白糖 1％、$MgSO_4 \cdot 7H_2O$ 50g、KH_2PO_4 50g。

（4）棉籽皮 60％、麦麸 20％、木屑 15％、SP 3％、石灰 1％、石膏 1％。

（5）棉籽皮 50％、玉米粉 5％、木屑 23％、细米糠 20％、食糖 1％、石膏 1％。

（6）棉籽皮 60％、陈木屑 20％、麦麸 18％、石膏粉 2％。

（7）玉米秸 42％、棉籽皮 30％、麦麸 20％、玉米粉 5％、SP 2％、石膏 1％、$MgSO_4 \cdot 7H_2O$ 1％、KH_2PO_4 0.1％。

（8）棉籽皮 55％、破棉絮 21％、麦麸 10％、玉米粉 10％、SP 2％、石灰 1％、石膏 25％、多菌灵 0.2％。

（9）棉籽皮 52％、木屑 20％、麦麸 15％、玉米粉 10％、SP 2％、石膏 1％、石膏 25％、多菌灵 0.2％。

（10）豆秸粉 64％（小于 1cm 段）、麦麸 10％、干鸡粪 5％、玉米粉 15％、豆饼粉 5％、SP 1％、尿素 0.2％。

（11）棉籽皮 88％、麦麸 10％、SP 1％、石膏 1％。

（12）棉籽皮 95％、玉米粉 4％、蔗糖 1％。

（13）木屑 73％、麦麸 25％、蔗糖 1％、石膏 1％。

（14）玉米芯 73％、麦麸 25％、蔗糖 1％、石膏 1％。

（15）甘蔗渣 33％、棉籽皮 43％、麦麸 17％、玉米粉 5％、碳酸钙 1％、糖 1％、尿素 0.2％、碳酸镁 0.2％、磷酸二氢钾 0.2％。

（16）稻草 73％、麦麸 25％、SP 1％、石膏 1％。

（17）甜菜废丝培养料 73％、米糠 25％、石灰 1％、石膏 1％。

（18）醋糟培养料 50％、棉籽皮 25％、米糠 20％、石灰 3％、石膏 2％、$MgSO_4 \cdot 7H_2O$ 0.2％、KH_2PO_4 0.3％。

（19）麦秆 65％、米糠 30％、石灰 2％、糖 1％、石膏 2％。

（20）豆秸屑 70％、麦麸 15％、玉米粉 10％、石灰 3％、食糖 1％、石膏 1％。

9.3.4　育菇菌棒的制作

（1）拌料与装袋。金针菇培养基适宜含水量 65％～70％。金针菇子实体丛束发育，菇体表面积大，蒸发量大于一般菇类，而且育菇阶段袋口一般是敞开的，也容易散失水分。在配制料时，还应考虑原料、辅料的物理性质，既要利于保水保肥，又要利于通气。根据日本的山中腾次郎和桥本阳一的实验结果：采用木屑为原料时，颗粒直径在 0.85mm 以下的约占 22％，0.85～1.69mm 颗粒约占 58％，1.69mm 以上约占 20％。这样能保证当培养基含水量为 65％时，颗粒之间具有最佳的通气孔隙，以满足菌丝生长分化条件。一般选用折径 (17～20)cm×(38～45)cm×(0.045～0.050)mm 的高压聚丙烯筒料。无论是一头育菇，还是两头育菇；也无论是人工用手填料，还是用机械填料，都要尽量装的紧实平整，菌袋的两端填料一定要平整紧实。填料后的高度为 15～16cm，培养料干重 300～350g。一端或两端留 12～15cm 的空筒作以后育菇之用。

（2）封口。填料后，采用常规专用塑料环套入，并将袋口薄膜向下翻折，塞上棉塞，环套尽可能往下拉，减少内存空气。目前，专用塑料环套有倒圆台型和喇叭型两种，后者使用较为方便，前者棉塞塞得较紧。打折法封口，将袋口折叠后，同样需要贴紧料面用胶圈或塑料绳系好。袋口不要系得过紧、过松。过紧，则不利于串气灭菌，还易涨袋，出现沙眼造成杂菌污染；过松，则胶圈易脱落散袋。

（3）灭菌。灭菌锅的选择，小规模灭菌可采用汽油桶式，也可将汽油桶 2 个或 4 个并用，即 2 个汽油桶的直径粗，2 个汽油桶高连在一起。汽油桶的下方选直径 1m 不等的铁锅加水作蒸汽发生器，也可以外加多用蒸汽炉，内引进气管向灭菌锅内通蒸汽。4 个汽油桶可装 1800～2200 只菌袋。

大规模生产可用周转筐，筐内径为长 45cm×宽 22cm×高 50cm，铁棍直径为 6.3mm，每筐竖直放 16 袋，环套封口的必须设计为单层立放，而折叠封口的以双层竖放为宜。可以将周转筐直接码放在露天的砖台上，上盖棚膜，再盖草帘或保温被。筐下通有送气胶管并联通多用蒸汽炉供气常压灭菌。这样装卸方便，一次可灭 3000～4000 袋，搬运方便省时。

灭菌的关键是灭菌初期大火猛攻，争取 4～6h 迅速升温到 100℃，并保持 100℃ 10～12h。停火后闷料 6～8h，揭膜散热。灭菌后，可直接整筐搬运至接种室。

（4）接种。精选菌种进接种室，刮弃菌种瓶内的原接种点和上部菌皮层，在超净台上或酒精灯上用灭菌过的接种勺冷却后，轻轻打散谷粒菌种块，将菌种迅速接入菌袋内，最好薄薄地铺入一层菌种颗粒，这样利于菌种早萌发、早定植、早封面，同步生长污染也少。接种时，最好 4 人配组，1 人取种接种，另 3 人解袋口，系袋口。如果两端育菇，应两端接种。每小时接种 60～80 袋。每只 750g 瓶的菌种一头可接 20～25 袋。接种后，可直接用专用推车将周转筐运到培养室。这样，自菌袋入筐灭菌直至上架培养，中间几道工序均在筐内进行，减少工作量，节省生产成本，也减少了菌袋培养基的污染。

9.3.5　发菌管理

菌袋上架，一般可摆放 65～80 袋/m²，这要根据季节和保温散热条件而定。前 2～3d，26～28℃ 培养，这样利于菌种早萌发、早定植、早封面，同步生长污染也少。以后一般保持温度在 20～24℃，18～20d 后降至 17～18℃ 培养。整个发菌期间，同样需要暗培养，保持适宜的温度，保持室内整洁，空气相对干燥，常通风换气，给予充足的氧气。一般空气相对湿度为 60%～65%，不超过 70%。时常检查菌袋，发现污染的菌袋及时清除。正常情况下，接种后 25～35d 菌丝袋满。满袋后，再经 5～7d 串菌，可达菌丝体的生理成熟。发现在培殖袋的两端菌丝体表面上出现许多浅黄色的小水珠，培养料的表面有时出现裂痕，整个菌袋有肿胀感觉，这标志着菌丝体已达生理成熟，此时可移入育菇室进行催蕾。

9.3.6　育菇管理

金针菇子实体是人们收获的对象。吃的主要部分是菌柄，所以一级品菇为菌盖直径 1.5cm 以下，未开伞，半球型，柄长 15～16cm，菌柄直径 1～3mm，色泽统体为纯白或乳黄色。因此，在培殖管理中要努力多创造出一级品菇。目前，有两种育菇管理方式。

一种方法是在菌丝体达生理成熟后，采取轻搔菌、慢催蕾的方式，如此，可育菇齐、育菇多。一般气温在 15℃ 左右，待菌丝已吃料的深度距培养料端面 5～7cm 开始搔菌。

搔菌（mycelium stimulation）是轻轻刮去菌种点和气生菌丝及菌皮，尽量少损伤培养基中的菌丝体，露出新鲜面的菌体，通过机械刺激促进菌丝体发育的过程。搔菌后，立即系口码垛，地面垄沟里浇足水，披盖地膜保湿长原基促分化成催蕾。通过披膜、揭膜、地面浇水等措施创造长原基分化催蕾的小气候，诱导菌蕾的形成。这个时期，既防止通气过猛，使料面失水过多；又要防止通气差，而空气湿度过大，会使气生菌丝疯长。掌握其措施要点：地面要浇足水或多喷、勤喷雾状水，提高空气湿度，控制温度，抑制料面水分过地多蒸发；勤掀盖地膜，每日早、中、晚各一次，24h 保持空气新鲜，防止风直吹料面；光强度在 100～150lx，以能见 5 号字为准，散射光照时间 12h/24h。待菌袋端面菌丝体出现黄水珠时，松袋口但不完全撑开。待幼菇长至 5cm 左右时，撑开袋口并挽下袋口 1/2，停止向地面洒水，降低空气湿度，揭去地膜增加光照度至 150～210lx，使菌盖、菌柄、菌基部及料面水分缓慢蒸发掉，保持 2～3d。此时，料面不再有原基和菌蕾发生，菌蕾基部也不再分枝，无效菌蕾明显减少，更无气生菌丝发生。检查全部袋口，立即盖膜。由于此时加强了光照和控制了空间相对湿度及通气量，保持了子实体生长优势，使其转向菌盖加厚菌柄伸长和加粗，10～15d 便可得优质菇。

另一种方法，据湖南大学蕈菌研究室的刘明丹等报道，待原基形成后，向下挽折袋口，露出原基，采用自然或机械吹风，使较长的针状菌蕾失水，暂时萎蔫。加湿后，从菌柄基部又重新形成众多侧枝，适时逐渐拉高袋口，促使子实体直立生长，提高袋内 CO_2 的相对浓度，以抑制菌盖的展开，促使菇柄伸长直到商品菇采收。

自然通风一般需 4～7d，视培殖空间通气量及相对湿度而定。机械吹风一般仅需 1～2d，即达到萎蔫的适宜程度。检验方法是手掌触摸，菌蕾顶端有轻微针刺感。然后，停止通风，促菌蕾基部多分蘖，长出密集的新生原基或菌蕾。也可以将培殖袋的上口覆盖上浸湿的地膜，其目的是造成局部有一定相对湿度的小气候，使萎蔫菌蕾的基部吸水复原。利用菌柄和生理成熟的菌丝体在高湿缺氧下，具有较强的原基再生能力的特点，诱导出更多的菌蕾。一般经 3～4d 后，密集菌蕾发生。当菌柄长到 3cm 左右时，将下挽的袋口上翻，随长随提高。这种方式非正品菇少，商品菇显著增加。此阶段，一般保持空气相对湿度在 80%～90%，温度控制在 8～10℃。在保持空气相对湿度下，及时通风并给予 180～210lx 的散射光，光质以黄、蓝、红光的诱导效果最好，这样可以使金针菇子实体原基提早 3～5d 形成，以后每天对菇房进行 8h，150～180lx 弱光处理，可增产 46.41%～70.24%。其增产原因是光诱导子实体数量增多，菌柄增粗，菌盖增厚。弱光处理，还可以促使转潮快，而且以黄光、红光的综合效应好，金针菇的产量和商品性高。

金针菇优质高产稳产，必须精选优良种，改进袋制和接种方法，配制比例适宜的高水、高肥、高容量、高质量的培养基，提高发菌成品率，适时搔菌与锻炼，利用金针菇的生物学特点、营造微室小气候、培育高产优质菇等措施，进行综合技术管理才能达到预期目的。

9.3.7　采收与保鲜

当菌柄长度达 15～17cm，菌盖 0.5～1.0cm，菌盖边缘向下向内卷时，即可采收。采收前，先停止喷水 24h，控制室内相对湿度 75%～80%，室内 CO_2 浓度控制在 8000mg/L 以上，戴一次性手套，将整簇金针菇采下，自上而下依次采收。一般采用塑料袋真空包装，内装金针菇 0.3～0.6kg，4℃下可保藏 7～10d。

采收后，整理菌袋，扒弃育菇料面菌层 0.5～1cm，拉直袋口，重新套环加棉塞。停水培养 3～5d，促使育菇端面菌丝恢复生长。然后打开袋口，增加室内空气相对湿度。黄色品种头潮菇的产量可达总产量的 80%～90%，白色品种菇的产量可达总产量的 70%～80%。

保鲜处理。包装温度与采收温度一致为 5℃。采用 2.5kg 包装，包装袋为 0.020mm 低密度聚乙烯。切菇脚，标称，将低密度聚乙烯袋套入专用模具，将标称好的金针菇整齐排入模具，压实后抽出模具，插入家用吸尘器，抽气 2min，密封，放入预冷过的外包装箱，即聚苯乙烯保温箱。然后，预冷 4～6h，温度保持 2℃。采取冷链(0～3℃)运输。

9.4　白色金针菇工业化生产关键技术

（1）主要工艺：原料→配料→拌料→装袋→灭菌→冷却→（制试管种→制摇瓶种→液体发酵生产种）→接种→发菌→催蕾→均育→抑菌→育菇→采菇→包装→低温保鲜→销售。

（2）控温技术：发菌温度控制范围 19～22℃，二氧化碳浓度 1500～2000mg/L，每 1000g 湿料 25～28d 菌体满袋。育菇温度控制范围 17～4.5℃。将菌丝体达到生理成熟的菌瓶移入育菇室第 1～3 天养菌阶段，室内温度控制在 16℃±1℃；自第 4～10 天催蕾阶段，室内温度控制在 13℃±1℃；自第 11～12 天均育阶段，室内温度控制在 8℃±1℃；自第 13～19 天抑菌阶段室内温度控制在 4℃±1℃；自第 20～25 天套筒营造微室育菇阶段，实质为促柄抑盖生长。当子实体长出瓶口 2～3cm 时完成套筒，7℃±1℃恒温培养。

（3）调湿技术：在整个育菇期，育菇室空气相对湿度一般要控制在 75%～90%。在此范围内，温度一定时，湿度越小，品质越好，越耐贮藏保鲜；相反，湿度越大，越易形成水菇，产量越高，越不耐贮藏保鲜。在菌蕾形成阶段，空气相对湿度一般控制在 90%左右；菌柄长至 0.5cm 时，空气相对湿度一般控制在 85%左右；菌柄长至 1.0cm 时，空气相对湿度一般控制在 80%左右。目前，增湿多采用超声波加湿。

（4）控光技术：育菇期需要一定的散射光，无光则不易形成子实体。较强的光，金针菇生长缓慢，整齐度好，密度大，产量相对高；在暗光下，金针菇的菌丝能正常生长并可形成原基，菌柄也能伸长。但是，不易分化成菌盖，或菌盖发育不良。光照时间在(18～24)h/24h的散射光，光照度一般在 100～210lx，有的达到 600lx。子实体重量是暗光条件下的 11 倍。子实体有明显的向光性，因此注意给光要均匀。

（5）调气技术：主要是控制氧气与二氧化碳的比例，发菌时，温度一定时，二氧化碳的浓度越是接近于新鲜空气的比例，换言之，体系中氧气越多，菌丝生长越快，发菌越快。在菌蕾形成阶段，二氧化碳浓度控制为 3500～4500mg/L；均育阶段，二氧化碳浓度控制为 3000～3500mg/L；抑菌阶段，室内二氧化碳浓度控制为 2000～2500mg/L；套筒营造微室阶段，室内二氧化碳浓度控制为 5000～6000mg/L。

小　　结

金针菇因营养丰富，又名增智菇，所含的朴菇素是一种碱性蛋白，具有显著抗癌作用。金针菇属喜湿性、好气性、低温型、弱木腐菌，目前生物学转化率 80%～120%。多以熟料培殖。目前培殖方式有套袋立式育菇、半袋提膜立式育菇、披膜半袋立式育菇、卧式单端育菇、卧式双端育菇，以及工业化瓶栽。菌柄是金针菇的主要食用部分，在出菇管理中，量化控制 CO_2 和 O_2 的比例，是获得高产的关键。

思　考　题

1. 名词解释：一休菇、朴菇素
2. 金针菇的培殖方式有哪几种？
3. 叙述白色金针菇工业化生产的主要工艺是什么？

第 10 章 猴头菇培殖技术

10.1 概　述

猴头菇学名为 *Hericium erinaceus*（Bull.）Pers. *Comm. fung. clav.*（Lipsiae）：27（1797），在分类上属于真菌界（Kingdom Fungi）担子菌门（Basidiomycota）层菌纲（Hymenomycetes）多孔菌目（Polyporales）齿菌科（Hydnaceae）猴头属（*Hericium erinaceus*）。英文名为 monkey herd mushroom，又名猴头蘑、猴头菇、刺猬菌、花菜菌、羊毛菌、猴头菇、对脸菇或阴阳菇等，日本叫山伏菌，有的国家也叫熊头菇（bear's-bead mushroom）。野生猴头菇分布很广，西欧、俄罗斯、美国、日本等均有分布，中国主要产于黑龙江、吉林、四川、云南等省份，其他地区如新疆、山西、贵州、河北等省份也有少量生长。相传早在3000 年前的商代已有人采摘食用。有猴头菇记载见于 370 年前明代的徐光启《农政全书》。1959 年我国对猴头菇开始驯化，并在 1960 年用木屑瓶培殖获得成功。20 世纪 70 年代开始批量培殖推广，20 世纪 80 年代普及。上海农业科学院从齐齐哈尔野生猴头中分离得到纯菌种。

（1）营养与药用作用。因为猴头菇有苦味，所以在烹调前，要先将其浸于冷水中，然后挤干，如此反复数次，再进行烹调。猴头菇是我国名贵的菜肴，常以山珍猴头、海味燕窝、鱼翅或海参而著名。人们把猴头菇、熊掌、燕窝、鱼翅列为四大名菜。猴头菇与其他食用菌不同，单独烹调时，味很淡，所以必须和其他味鲜的食物配合烹调，猴头菇与鸡、鸭、火腿肉等共烹调，味道特别鲜美。主要菜谱有御笔猴头、红烧猴头、扒猴头、排骨清炖猴头、猴头炖老鸭、菜心炒猴头、猴头菇炖狗鞭、冬笋烧猴头、猴头扒海参、虫草炖猴头等。

每 100g 猴头菇干品中含蛋白质 26.3g、脂肪 4.2g、碳水化合物 44.9g、粗纤维 6.4g、磷 856mg、铁 18mg、钙 2mg、维生素 B_1 0.69mg，维生素 B_2（核黄素）1.89mg、胡萝卜素 0.01mg、热量 3234cal、钴胺素维生素 B_{12} 1.86mg、尼克酸 16.2mg；含有 16 种氨基酸，其中，7 种是人体必需氨基酸。

猴头菇是药食兼用菌。1977 年，用猴头菇制成药品取名为猴菇菌片。据刘波《中国药用真菌》（1978）记载，猴头菇性平、味甘，能利五脏、助消化、滋补、抗癌，治疗神经衰弱。现主要医治消化不良，以及胃溃疡、食道癌、胃癌、十二指肠癌、贲门癌等消化系统的疾病，尤其对胃黏膜有较好保护作用，能帮助溃疡愈合。主要有抗溃疡和抗炎症作用；抗肿瘤作用；保肝护肝作用。

猴头菇的活性物质包括多糖、多肽、脂肪族、酰类等。其中最主要的是猴头菇多糖（hericium erinaceus polysaccharides，HEP），多糖的活性部分 β-(1→3)键连接的主键和 β-(1→6)键连接成的葡萄糖非直接性杀伤癌细胞，而是通过增加巨噬细胞的吞噬作用，促进免疫球蛋白的形成，升高白细胞，提高淋巴细胞转化率，并提高机体本身的抗病能力或增强机体对疗效、化疗的耐受性，以达到抵抗癌细胞的目的，抑制癌细胞的生长和扩大。猴头菇的多糖和多肽类物质对艾氏腹水癌细胞的 DNA 和 RNA 的合成有抑制作用。近代医学研究证明，猴头菇对消化道肿瘤也有一定的治疗作用。

猴头菌菌丝中分离出的齐墩果酸（oleanolic acid，五环三萜类化合物，分子式为 $C_{30}H_{48}O_3$）、皂甙等对慢性乙肝疗效达 32%。造成肝硬化的原因是氨基酸代谢发生异常，主要是血浆中支链氨基酸的含量降低，芳香族氨基酸含量升高。同时，进入脑中的色氨酸和 5-色胺被脑吸收，二者在脑中的浓度增加，而导致肝性脑病。南开大学李兆星所提供的试验数据表明猴头菇液体发酵生成的菌丝体中支链氨基酸高于芳香族氨基酸总量，比值接近 3 倍。因此，从猴头菇菌丝体中提取氨基酸制成注射液，可用于临床治疗慢性肝病和肝硬化患者。1979 年，浙江省某厂开展金刚刺酿酒残渣培养猴头菇子实体的研究，获得成功。目前，除国内食药用外，有少量出口，药品有猴头片、胃友、胃愈、猴头菇太阳神口服液、胃乐新冲剂等。

　　（2）猴头菇形态特征。子实体块状，直径 5～10cm。不分枝；肉质绵软；鲜时白色，干燥时变黄色至褐色；刺生于子实体生的表面，菌刺覆盖整个子实体，刺的长短和生长条件有密切关系，刺长 1～5cm，呈圆柱形，尖端尖锐或略带弯曲，如图 10-1 所示。刺粗 1～2mm。孢子白色，球形至近球形。直径 5～6μm，表面平滑，内含一个油滴。

图 10-1　猴头菇[*Hericium erinaceus*（Bull.）Pers.]

　　猴头菇属中常见种有猴头菇、假猴头菇（*H. laciniatum*）、珊瑚状猴头菇（*H. coralloides*）3 种。它们的主要区别是猴头菇子实体块状，不分枝；假猴头菇子实体分枝，均匀地生长于小树枝等下侧；珊瑚状猴头菇子实体分枝，刺成丛生。

10.2　猴头菇生长分化条件

　　自然界中，猴头菇大多数长在柞树、栎树、胡桃树的枯死处，一般都在 8～9 月，气温 20℃左右时生长。

10.2.1　水分要求

　　猴头菇在甘蔗渣、米糠培养基上生长时，含水量为 65%～75% 为宜；在锯木屑、米糠培养基上，含水量为 60%～65% 利于菌丝生长。总的规律是：（基质）疏松、通气好，应当增加水分；若培养料（基质）致密，含水量应适当降低；含水量高，菌丝生长快，易衰老，保存时间较短；含水量低，菌丝生长慢，菌丝细，不易衰老，能保存较长时间。

　　子实体发育保持适宜的空气相对湿度，以 85%～90% 为宜，因为猴头菇子实体表层没有保护层组织，水分易蒸发。但是，一般不应直接向子实体喷水。若空气相对湿度低于80% 时，易失水，将导致子实体表面萎缩，甚至发黄，个体变小；若空气相对湿度高于95%，子实体的刺长，易腐烂，且不易干制，食时发苦。

10.2.2　营养要求

猴头菇是一种木腐菌。目前，用于碳素营养来源的培养料有甘蔗渣、棉籽皮、锯木屑、稻麦草秆、酒糟、金刚刺酿酒残渣、棉花秆、甘薯粉、蔗糖、葡萄糖等。

猴头菇对某些无机态氮，如尿素、硫酸铵、硝基态氮也能利用，但生长情况不如有机态氮好。碳氮比，菌丝生长阶段以(20~25)∶1 为好，子实体发育阶段以(35~45)∶1 为好。

猴头菇生长也需要磷、钾、钙、镁、锌、铜、铁等矿质元素。这些元素能提高菌丝的生理活性，也是菌丝体及子实体的必要元素。

10.2.3　空气要求

猴头菇是一种好气性真菌。猴头菇菌丝体和子实体的不同生长阶段对二氧化碳的忍受力不同。在营养生长阶段，能在浓度较高的二氧化碳条件下生长。一般能忍受 0.1%~0.3%，甚至更高。因此，在有棉塞的菌种瓶中，猴头菇的菌丝生长很好。在生殖生长阶段，猴头菇子实体生长对二氧化碳极为敏感，若通风不良，原基不能分化或菇柄拉长，并会产生分枝、刺弯曲成畸形、孢子形成迟缓等；通风换气好，空气中二氧化碳质浓度低，子实体生长分化就迅速加快。子实体生长时，空气中二氧化碳浓度一般以不超 0.1% 为好。否则，易形成珊瑚状，或子实体难以形成。

10.2.4　温度要求

猴头菇属中温型真菌，而且是变温结实菇性菌类。子实体生长温度与菌丝生长温度不同。菌丝能够生长的温度是 6~32℃，其中适宜温度为 23~25℃。温度过高，30℃菌丝生长受到抑制而纤细，且稀疏易老化，超过 35℃菌丝完全停止生长。温度较低时，生长缓慢，但菌丝粗而且浓，生命力强。低于 6℃时，菌丝几乎停止生长。0~4℃下，保存数月后仍生长。子实体的生长温度是 6~25℃。低于 6℃或超过 25℃不能形成子实体。18~22℃是子实体形成的最适宜温度。温度低时，子实体的分化生长缓慢，低于 14℃，子实体颜色将变红，随温度降低，而子实体红色加深；低于 6℃时，子实体完全停止生长；低于 10℃时，原基不能分化形成菌蕾。温度高时，子实体的刺长，球块小，松软，且往往形成分枝状；温度低时，刺短球块大而坚实。

10.2.5　光照要求

猴头菇丝在有光或黑暗的条件下均能生长，而且在黑暗的条件下生长更快。所以，猴头菇丝的培养可以不需要光照。子实体生长则需要一定的散光刺激，以 50~400lx 为宜，弱光子实体发白；光照过强，达到 1000lx 以上时，子实体生长就会受到抑制，颜色也变为粉红色。

10.2.6　酸碱度要求

猴头菇是喜酸性菌生长的菌类，适宜的酸碱度为 pH4~5。pH7 以上或 pH4 以下，菌丝生长不良，菌落呈不规则状，当 pH2 或 pH9 时菌丝则完全停止生长。最好培养基中加1% 石膏粉或碳酸钙，对酸碱度起缓冲作用，即延缓培养料的酸化同时也为猴头菇生长提供营养。

10.3　猴头菇的培殖技术

华北地区的培殖季节每年的 10 月到第二年的 4 月。创造 23~25℃发菌的培养条件，子实体形成生长分化期温度 18～22℃，18～20℃为最佳条件。

在正常温度条件下，母种满管 15～20d，原种 25～30d，培殖瓶 30～35d，显蕾 12～17d，原基出瓶口 16～20d，子实体采收 15～17d，转潮 10～15d，历时 110～120d。

10.3.1　母种的制作与培养

PDA＋KH₂PO₄ 3g＋MgSO₄·7H₂O 1.5mg＋维生素 B₁ 4mg＋蛋白胨 5g，pH5.5（用柠檬酸调 pH）制成试管培养基。常规培养基，25℃恒温培养，3d 左右菌丝开始萌发，15～20d 可满管（18mm×180mm 的硬质试管），作生产母种之用。

10.3.2　猴头菇原种配方

棉籽皮 83%、麸皮 10%、黄豆粉 5%、石膏粉 1%、糖 1%，加一定量柠檬酸，调 pH 到 4.5～5.5，加水 130%左右。拌匀。

木屑 70%、麸皮 20%、黄豆粉 8%、石膏粉 1%、糖 1%，加一定量酸，调 pH 到 4.5～5.5，加水 120%～130%。拌匀。

棉籽皮 40%、稻草或其他秸秆粉碎物 38%、麸皮 12%、黄豆粉 8%、石膏粉 1%、糖 1%，加适量食醋，调 pH 到 4.5～5.5。拌匀。

玉米粉 38%、棉籽皮 40%、麸皮 12%、黄豆粉 8%、石膏粉 1%、糖 1%，加适量醋酸、水。拌匀。

酒醋糖 78%、豆腐渣 10%、麸皮 10%、石膏粉 1%、糖 1%，加适量水。拌匀。

酒醋糖 60%、木屑 16%、豆腐渣 10%、麸皮 12%、石膏粉 1%、糖 1%，加适量水拌匀。

棉籽皮 89%、麸皮 10%、石膏粉 1%，加水。拌匀。

碎纸屑 78%、黄豆粉 10%、麸皮 10%、石膏粉 1%、糖 1%，加水。拌匀。

锯木屑 78%、细米糠或麦麸 15%、黄豆粉 5%、白糖 1%、石膏粉 1%，水 60%～63%。

棉籽皮 78%、麸皮或细米糠 15%、黄豆粉 5%、白糖 1%、石膏粉 1%，水 60%～63%。

棉籽皮 69%、麦麸 20%、玉米粉 2%、黄豆饼粉 3%、石膏粉 2%、过磷酸钙 3%、糖 1%，含水量 62%。

棉籽皮 64%、硬杂木屑 17%、麦麸 10%、黄豆饼粉 3%、石膏粉 2%、过磷酸钙 3%、糖 1%，含水量 62%。

10.3.3　猴头菇原种的制作

将配料充分拌匀，并闷料 3～4h。装瓶（500～750g，口径 3cm）松紧适度，装料至距瓶口 2.0～2.5cm 处，并在瓶内中间打一洞，穴约 10cm 深，穴口径 1.5cm 用聚丙烯塑料膜双层盖封。常压灭菌 6～8h，高压灭菌一般 2h。28℃无菌条件下接种，每试管母种可接 5～6 瓶原种，25℃条件下，恒温培养 25～30d，菌丝满瓶。

10.3.4　猴头菇栽培种的制作

栽培种制作的培养料可与原种配料相同。菌袋（17～18）cm×（35～40）cm×（0.04～0.045）mm 聚丙烯筒料，装料稍紧实，而且装料后菌袋要平整。常压灭菌 10～12h，高压灭菌一般 2h。每瓶原种一头接种可接栽培种 50～60 袋。25℃条件下培养，菌丝体 30～35d 满袋。也可以直接育菇。

10.3.5　猴头菇育菇菌棒的制作

育菇培殖袋可以选用（15～17）cm×50cm×0.045mm 聚丙烯筒料，可装干料 0.80～

0.85kg，也可装小袋 17cm×33cm 的筒料，利于墙式两端育菇。装料要紧实，加双套环棉塞封口。常压灭菌，要求先大火猛攻 4～5h 迅速达到 100℃，以后保持 12h。灭菌后降温移入接种室，每棒打 4～5 个穴接种，穴深 2cm 左右，直径 1.2cm。迅速接种，胶带封穴口。

10.3.6　接种与发菌

接种应严格做到三要求、四消毒、四注意。三要求：要求袋温降至 28℃ 以下接种；要求刮除表层老化菌丝；要求选择晴天的清晨或阴天的晚上接种。四消毒：接种前接种室提前 24h 消毒；料袋和工具一并进室消毒；工作人员更衣戴帽并双手消毒；菌种瓶口消毒。四注意：即开启穴口的胶带时，注意仅限于露出穴位；注意将菌种在酒精灯火焰上通过，并迅速接入穴内，迅速粘好胶带；注意将菌种块接入穴内，略高于袋面，并轻轻压平；注意接种后温和通风换气 30min。

发菌的 4 个必要条件是暗培养、空间相对湿度干燥整洁、适宜的温度、常通风换气。合理地码放菌袋，既注意要保温，又要注意通风换气。促菌种在培养料上早定植、早萌发。保持室温 26～28℃，前 3～4d 不要翻动菌袋。第 15 天后，为菌丝生长的快速期，菌袋的料温一般开始升高。应及时翻袋，降温到 20～23℃，并检查有否杂菌，每隔 5d 检查一次。及时剔除感染杂菌袋。阴雨天，应少通风，并向地面撒石灰粉，吸潮干燥空间。在发菌期，还应特别注意的是不要在菌棒上打孔通气，以免从打孔处过早育菇。始终给予暗培养，防止过早出现原基。25℃ 条件下培养，菌丝体 25～35d 满袋。菌丝体达生理成熟，移入育菇室。

10.3.7　育菇管理

猴头菇育菇一般要经历诱导、定穴、育菇 3 个阶段。将 2～3 个接种穴的胶带掀起一封隙（开口一定不要大，否则子实体品行差），约黄豆粒大小，进行通气诱导，不久会出现子实体的原基。一般将菌棒直立斜靠排场（猴头菇子实体及其菌刺均有明显的向地性），这样有利于菌刺向下伸长生长；也可墙式两端育菇。一般按 45～55 只/m² 摆放菌棒。菌袋的袋口必须扎紧，防止育菇。一般在菌棒两端提前各扎一孔，孔径在 0.5～1.0cm。这样，子实体发育的朵形好，商品价值优。

催蕾与育菇，降温到 16～18℃，空气相对湿度保持 80%，促使其原基分化。随着幼菇的生长分化逐渐变大，尽量创造 18～20℃ 的条件，并向空间增喷雾状水，室内空气相对湿度一般掌握在 85%～90%。低于 70% 的相对湿度子实体将干缩变黄；若高于 90% 则会出现烂菇，或颜色变红。可开沟灌水，或加盖地膜保湿，并且早晚接膜，通风换气各 30min。还应给予散射光，50～400lx 为宜，三分阳，七分阴，或 60～100W 灯泡每天光照 8h。自现菌蕾到采收一般需 10～15d。

10.3.8　采收与保鲜

当子实体大小直径 10cm 左右，七八成熟时，室内停水 1～2d，开始采摘那些色泽洁白，菌刺长 1cm 左右的子实体。用小刀蘸 75% 的乙醇从瓶或袋口内切下，削去菇根蒂，并在瓶或袋内留菇根蒂 0.5cm 左右，便于再生子实体，并清理料面。采收后室内停水 3～5d，使菌丝恢复生长，常规管理。大约 15d 后，第 2 潮菇出现，整个生长周期约 60d。生物学效率可达 100%。

若鲜销，可采用聚乙烯袋真空包装，2.5～5kg 纸箱外包装。−1～4℃ 保藏可保鲜 15～20d。烘干：一般采用 40～50℃→55℃→60℃ 风干或文火烘干。盐渍：去杂，菇根蒂，用清水洗净，放入 0.1% 柠檬水中，煮沸 10min，以杀青物不漂浮为准，捞出放入冷水中，急速冷却沥干 15min，按新鲜猴头菇质量分数加 22％～25％精盐溶液，并且调至 pH4.5～5.5，贮于罐中，上压竹片，将菇体全部浸入卤水中。浸渍过程搅拌倒罐 3～4 次，质检合格的入库。

小　　结

猴头菇又名猴头蘑、猴头菇，属于名贵菌类，是一种药食兼用覃菌。猴头菇多糖的活性物质可通过增加巨噬细胞的吞噬作用，促进免疫球蛋白的形成，升高白细胞，抑制癌细胞的生长和扩大。猴头菇是一种木腐菌，属于喜酸性、中温型、变温结实菌类，更适合在黑暗的条件下生长。

思　考　题

1. 猴头多糖类活性物质抗癌机制是什么？
2. 猴头培殖过程中对接种与发菌有何要求？
3. 如何进行猴头育菇阶段管理？

第**11**章　双孢蘑菇培殖技术

11.1　概　　述

双孢蘑菇的学名是 1954 年巴黎国际植物学会通过的，把各种异名统一为 *Agaricus bisporus* (J. E. Lange)Inbach, Mitt. naturf. Ges. Luzern 15：15(1946)。在中国叫蘑菇、洋蘑菇、白蘑菇、双孢蘑菇等，如图 11-1、图 11-2 所示。其分类地位属于真菌界(Kingdom Fungi)担子菌门(Basidiomycota)层菌纲(Hymenomycetes)伞菌目(*Agaricaceae*)伞菌科(*Agaricaceae*)蘑菇属(*Agaricus*)。还有双环蘑菇[*Agaricus bitorquis* (Quel)Sacc]，又名双层环伞菌、大肥菇等。

图 11-1　双孢蘑菇

图 11-2　双孢蘑菇簇生

双孢蘑菇(*Agaricus bisporus*)有白色、棕色、奶油色、米色 4 个品系(变种)。目前，蘑菇属的种类约 40 种。白色的双孢蘑菇培殖生产起源于法国。据记载，1607 年法国农学家拉昆提尼(La Quintinie)曾在巴黎法国皇帝路易十六的花园里的草堆上培殖出了白蘑菇。1707 年，被称为双孢蘑菇培殖之父的法国植物学家特涅非特(Tourntfort)总结了白色霉状物栽种在半发酵的马粪堆上的经验，覆土后，终于长出蘑菇，并写出了蘑菇人工培殖法。1810 年，詹布瑞(Chambry)证明在地窖里黑暗条件下更适合蘑菇生长，为以后人们建造菇房提供了科学依据。1825 年，荷兰人哈伦(Haarlem)试用洞穴种菇成功。与此同时，在法国巴黎附近的石灰石废矿洞穴里进行了人工培殖。1893 年，Costentin 和 Matruchut 发明了蘑菇孢子培养法。1894 年，法国人孔斯汤坦开始用孢子进行菌丝培养菌种。1902 年，杜格(Dugger)用组织分离法培育纯菌种获得成功。当时，法国已成为世界培殖白蘑菇的中心。棕色蘑菇也称为波希美亚种；奶油菇又称哥伦比亚品系。1905 年，美国人达哥(Dargirl)开始用组织培养获得蘑菇菌种。1936 年，皮热(Pearol)开始用堆肥培殖蘑菇。目前，已有 80 多个国家进行蘑菇生产，总产量为 100 多万吨，以美国、中国、法国、英国、韩国、德国等产菇最多。

蘑菇菌落形态有气生型和匍匐型两类。前者应选择那些菌丝尖端生长直挺、长势强、分枝清晰、其基内菌丝生长旺盛，而且菌丝前端下扎培养基较深的菌株，它产量高、品质好、管理较粗放；后者应挑选菌丝呈绒毛状、颜色白，与培养基表面贴生，呈扇状或云彩状，从试管背面看，呈明显的轮状生长，其基内菌丝粗而密，它产量高、品质差，管理更要精细。

目前，双孢蘑菇培殖最广。子实体稍大，初为扁半圆形，后边平展，有时中部下凹，白色至乳白色，光滑或后期丛毛状鳞片干燥时边缘开裂。

大肥菇菌肉白色。子实体大。菌盖的直径6～20cm，初半圆形，后扁半球形，顶部平或下凹，白色，后变为暗黄色到深蛋壳色，中部色深，边缘内卷，表皮超越菌褶，毛鳞片、双菌环、菌肉白色。因此市场上有鱼目混珠的现象。

在1910年，美国就创建一批适合当地条件的地面标准菇房，包括空调和自动化管理、机械作业等。面积在27 867m² 菇厂占全国总数的3％。在美国东部宾夕法尼亚大学，集中了一批科研力量，专门研究白蘑菇，协助解决生产问题，使生产技术整体水平大为提高，所以美国白蘑菇的总产量常居世界首位。荷兰白蘑菇大型生产厂也很多，菌种生产、机械配套、指导生产都达到相当高的水平。目前，荷兰是世界蘑菇平均单产最高的国家，全国蘑菇平均单产约27kg/m²（每平方英尺3kg，1平方英尺≈0.092 9m²）最高单产可达30～35 kg/m²，美国蘑菇一季单产最高达32kg/m²，全年可连续生产5～6.5个周期，故而全年总产量可达160kg/m²。

双孢蘑菇在20世纪30年代传入中国，北京、上海、杭州、福州等大城市开始人工培殖蘑菇。目前，我国平均单产在7～10kg/m²，高的达15～23kg/m²，台湾单产较高。我国大棚地栽最低产值30元/m²左右，投入产出比1∶3以上。每占地666.7m²，实际培殖有效利用面积约500m²，利用率为71％，可获万元以上的收入。如果是立体培殖收入会更可观。

11.2　生　活　史

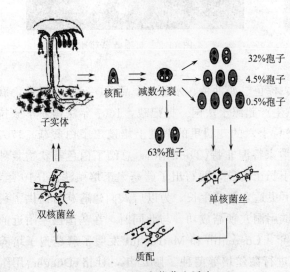

图 11-3　双孢蘑菇生活史

双孢蘑菇担子上95％的着生2个担孢子，孢子有2个核、萌发而成的初生菌丝为单相的双核菌丝。多数人认为双孢蘑菇属于次级同宗结合的菌类，如图11-3所示。

双孢蘑菇子实体七八成熟后，在菌褶处开始弹射出大量担孢子。双孢蘑菇95％的担子上只形成2个担孢子，而不是4个担孢子；4.5％的担子上产生3个担孢子；只有0.5％的担子上产生4个担孢子。从图11-3上可看出含有异核体的担孢子占63％，为自体可育的担孢子。它们萌发后可以发育成为可育菌丝，这也是双孢蘑菇通过单孢分离选育优良品种的研究基础；然而形成同异核体的概率也高达33.5％；形成单核单孢子的概率也高达3.5％，后两者为自体可育的担孢子。其萌发后必须通过具有亲和能力的单核菌丝进行质配，才能形成可育菌丝。在育种过程中，通过单孢分离获得的双孢蘑菇菌株约有1/3根本不能形成子实体，故此，单孢菌株必须经过育菇实验，才能应用于生产实践。

11.3 双孢菇生长分化条件

11.3.1 水分要求

双孢蘑菇菌丝生长阶段，培养料的含水量应保持在 60%～63%。低于 50% 时菌丝生长缓慢，绒毛菌丝多而纤细不易形成子实体；高于 70% 时易出现羽毛状菌丝生活力差。在育菇旺盛期，粗颗粒土的含水量 20% 左右，细土的含水量以 18%～20% 为宜。菌丝体生长阶段，空气相对湿度以 70% 左右为宜，子实体生长阶段以 85%～90% 为宜。

11.3.2 营养要求

蘑菇是一种草腐生菌，依靠嗜热和中温型微生物及蘑菇细胞所分泌的酶分解简单的蘑菇菌丝细胞可利用的物质。蘑菇菌丝体阶段主要利用木质素，子实体阶段主要利用纤维素。以秸秆堆肥为营养源，其中包括了碳水化合物，主要是植物纤维素和半纤维素、木质素多糖类物质；含氮化合物如蛋白质、氨基酸及有机、无机的含氮化合物，蘑菇不能直接利用蛋白质，但能很好地利用其水解产物。培养料的碳氮比(30～32)∶1，发酵后的料碳氮比(17～18)∶1 为宜。无机盐类则需要一些大量元素和微量元素；生育因子硫胺素和生物素类等也是蘑菇生长分化过程所必需的。

蘑菇生长分化所需的碳源，主要有葡萄糖、果糖、木糖、蔗糖等糖类。蘑菇细胞内纤维素酶能利用纤维素粉末、黏胶纤维、羧甲基纤维素而使细胞生长分化。但是，却不能利用醋酸纤维素。Styer(1930)报道，蘑菇菌丝在麸皮、鹅掌楸和腐木上生长浓密，单在腐殖质和醋酸纤维素培养基上生长不良。

椐 Hayes(1972)报道，包括原基形成期和菌蕾发育期，即子生殖生长阶段，其营养要求与其营养生长阶段不同，糊精、醋酸盐、铁离子、臭味假单孢杆菌是必需的。臭味假单孢杆菌(*Pseudomonas putida*)能消除蘑菇菌丝产生抑制原基形成的物质，还能促进铁或铁的螯合物起作用，有利于原基的形成。但是，Wood(1976)实验结论认为醋酸盐是无效的。Waksman(1969)认为蘑菇营养生长阶段主要是消耗木质素和蛋白质，在子实体形成期，则利用纤维素和半纤维素。微生物生长最活跃的碳氮比为 30∶1 左右。秸秆未腐熟的堆肥碳氮比是 20∶1；腐熟的堆肥碳氮比为(15～17)∶1；采收结束后，菌糠的碳氮比为(11～15)∶1。营养生长的菌丝能分泌多种活性很强的水解酶类，有利于秸秆分解各种蛋白质作为蘑菇生长分化所需的氮源。这些蛋白质，在胞外蛋白酶的作用下分解被蘑菇菌丝细胞吸收利用。各种氨基酸，特别是苯丙氨酸和酪氨酸等均为最容易被利用的氮源。堆肥中，蘑菇菌丝细胞可以利用的氮源，一是源于秸秆细胞中与木质素结合的蛋白，或肽类化合物；二是源于在堆制过程中合成和积累起来的微生物蛋白。

蘑菇生长分化需要多种矿质元素，以无机盐类的阳离子形式作为蘑菇营养。非金属元素的磷，则以磷酸盐的形态为营养，磷的最高浓度 10^{-3} mol。钙离子对子实体形成是必要的。蘑菇需要的无机盐类。菌类一般都需要 10^{-9}～10^{-6} mol 的硫胺素和 10^{-10}～10^{-6} mol 的生物素。

磷是核酸和能量代谢中的重要代谢物质，没有磷，碳和氮不能很好地利用，钾有利于细胞代谢正常进行；钙能促进菌丝体生长和子实体的形成，提高细胞水的水合度利于保水，也有利于在培养料发酵后使腐殖质胶体变为凝胶状态，促使培养料不致黏稠而成疏松状态。

培养料堆制时的碳氮比为(30～33)∶1，原基分化和菇蕾发育期的最适碳氮比为(17～

20)：1。据研究堆肥中 N、P、K 质量分数以 13：4：10 为好。

11.3.3　空气要求

在菌丝体生长阶段，CO_2 质量分数在 0.10％～0.5％；在子实体生长阶段，CO_2 质量分数应在 0.03％～0.1％。因此，需要常通风换气。

11.3.4　温度要求

双孢蘑菇属于变温型结实性高等真菌。适宜孢子弹射的温度为 18～20℃，孢子萌发的最适温度 23～25℃，菌丝生长的最适温度 20～25℃，生长范围为 5～35℃，30℃以上菌丝生长受抑制，低于 15℃菌丝生长缓慢，冬季可耐 0℃的低温。子实体生长最适温度为 14～16℃。菌柄矮壮，肉厚，质量好而产量高。高于 28℃质量差；高于 23℃将造成死菇；低于 12℃生长慢。

11.3.5　光照要求

蘑菇菌丝体可在完全黑暗的环境中培养，形成子实体时需 50～100lx 散射光的刺激。

11.3.6　酸碱度要求

蘑菇菌丝生长要求 pH 为中性偏碱。因此，培养料在播种前 pH 应在 7.0～7.5。育菇前，土粒的 pH 为 7.0～8.0。

11.3.7　培殖方式

早期的蘑菇培殖是在露地以作畦式的方法开始的。这种垄畦式菇床最厚 45cm，畦底宽 60cm，上部宽 150cm。

Callow(1831)试建专用的培殖室，室内把支撑在墙上的架子堆叠起来，它就是以后床架式培殖室。

1894 年，美国在宾夕法尼亚建筑了专用的培殖房，规格为 5.5m×18m×4.9m 木制的架子，2 行 6 层，培殖面积 400～500m²。采用自然通风方式。通常 2 栋菇房合一个屋顶，所以称为美国式菇房。

欧洲的菇房小，菇床也较狭窄，人行道宽，便于操作，通风良好，到 1950 年成为全世界极为流行的方式。1934 年，Knaust 兄弟申请了菇箱浅培殖法专利。

1956～1960 年，欧洲多采用菇箱式培殖，特别是把杀菌和发菌放在一起进行。菇箱的大小为 1.75m×1.20m×0.20m。将菇箱用升降机和传送带，从一个菇房灵活地移动到另一个菇房，效率大大提高。

1960～1970 年，菇箱式培殖方法加上机械发展，采用多室培殖方式扩大培殖面积，用流水作业提高工效，培殖室耐用的年数增加。

荷兰和美国把机械化引入制（单室）的床架培殖中，使床架式培殖再次兴旺起来，其特征是装料采用机械化。

意大利和法国发明了处理大量堆肥的集中堆制（发酵）方式，把二次发酵和菌丝育成与床架培殖方式结合起来，培殖者购入已发了菌的培养料（堆肥），只要进行采菇和管理等简单的操作，个人培殖面积扩大，经济效益也得到提高。

1959 年，丹麦发明了塑料袋培殖法，蘑菇菌丝可以吸收利用培养料中垂直距离 180cm 以上的成分，袋装与床架和菇箱式相比，可以把堆肥装的更厚些，容易搬运。意大利、法国使用堆肥，其厚度高 40～45cm，表面积 0.3m²，重量 30～40kg 的塑料袋。冰岛用堆肥厚

(高)60~70cm，堆肥重 20kg/m² 的塑料袋。

现在除了三大培殖方式(床架式、箱式和袋式)之外，正在开发新的培殖方式，其中深槽(深床)式(堆肥厚度 1m)的研究是有希望的。在中国，还有塑料大棚床、龟背形培殖方式。

11.4　双孢菇培殖技术

培养料配方：按培殖面积 100m²，配稻草 3000kg、干黄牛粪 1000kg、干鸡粪 720kg、饼肥(菜籽饼豆饼等)100kg、尿素 15kg、石膏粉 75kg、过磷酸钙 40kg、生石灰 50kg；或麦草 3530kg、干黄牛粪 1000kg、饼肥 200kg、尿素 40kg、硫酸铵 20kg、过磷酸钙 70kg、石膏粉 70kg、生石灰 70kg、40% 多菌灵 0.25kg。

每 100g 蛋白质平均含氮 16g，而推算每 1g 氮，相当余 6.25g 的蛋白质。这样，我们可以按照培殖双孢蘑菇所需要的碳氮比推算培养料中应补加的氮肥。

生石膏粉($CaSO_4 \cdot 7H_2O$)，煅烧后熟石膏粉 $CaSO_4$，一般用量 1%~2%，调节其培养料 pH。具有缓冲酸碱度作用，并提供 Ca^{2+} 和 SO_4^{2-} 离子。培养料中添加生熟石膏粉均可，要求碎细度为 80~100 目的白色粉末。

$CaCO_3$ 超过 8% 易发生木霉(*Trichoderma* sp.)，但不加 $CaCO_3$ 蘑菇的产量则急速下降。

培养料中添加 1% 食糖，有利于接种后菌丝的恢复，诱导糖化酶的产生，对降解大分子糖类起促进作用。但是，易造成培养料的污染和增加成本。

育菇时间的推算，最佳育菇时间是在当地气温 14~18℃。华北地区温室内，一般在 11~12 月育菇(自然条件下)。

双孢蘑菇培殖工艺：选料→前期发酵→后期发酵→制种；作畦→建弓棚→铺料→播种→发菌→覆土(2 次覆土)→原基诱导→育菇→采收→分级→包装→销售。双孢蘑菇生产周期约 150d。

在天津地区，双孢蘑菇秋菇培殖，育菇期从 10 月下旬至 11 月、12 月及第二年的 1 月。春菇培殖，自 3 月下旬、4 月、5 月到 6 月上旬为育菇期。

二次发酵的优点是可提高单位面积产量；节省时间，降低劳动强度；可提早育菇；杀菌效果好，可减少污染。

11.4.1　培养料的一次发酵(前期发酵)

(1) 前期发酵一般工艺。选料将粪肥(马、牛、鸡粪、饼肥等)预堆→前 3~4d 麦草预湿→建堆发酵→第 5~7 天第一次翻堆→第 11 天第二次翻堆→第 15 天第三次翻堆→第 18 天→第 20 天第四次翻堆→第 23~25 天前期发酵结束。前期发酵的时间与当地、当时的气温有密切的关系，时间不是绝对的。

其目的在于原料混匀调湿，通过微生物群的活动对物料进行分解，并通过其产生的热量脱蜡质、软化物料等，杀灭杂菌和害虫。前期发酵的关键技术在于调节好水与通气的问题，生产上讲究"一足、二调、三补水"，即在建堆和第一次翻料时加足加匀加透水；第二次翻料时要将堆料基本调好；第三次翻料时，一般不再补水。

(2) 粪肥预堆。建堆的前 4d，将晒干的粪肥预湿，含水量 50% 左右。尿素、饼肥等[先用 0.5% 阿魏生物杀虫液拌湿(30%)饼肥后，用塑料膜密封 12h]与粪肥混合进行预堆，其目的在于为某些微生物提供养料，进而快速升温发酵。

(3) 麦草预湿。建堆前 4d 预湿，将麦草切成 10~15cm 长段，然后将麦草在水泥地上铺宽约 3m，厚约 30cm，长度不限，边踩边喷水。浸湿后再铺 30cm 厚的麦草，如此重复，并从麦草堆的顶部每天早晚各喷一次水，2d 后麦草即可润湿。手拧麦草可见有水滴出现，其含水量在 60% 左右。麦草预湿关键在于润湿均匀。

（4）建堆发酵。将麦草与粪肥等充分混合堆成一定形状的过程。建堆要做到四原则，即保温、保湿、保肥、通气。它是将一层稻草，一层粪肥，逐层垛叠，二者总厚度为 15～20cm。一般可垛叠 10～12 层，堆的高度 1.5～1.8m，堆的宽度 2.3～2.5m，堆的长度不限，一般不小于 5m。堆成车厢状，四周垂直，顶部呈龟背状。料的顶部用一层牛粪全面覆盖。堆料时，应边垛叠，边喷水，充分润湿培养料，并且插温度计于料堆中，以便观察温度的变化。

建堆发酵方法有三种，即常规堆料发酵法、通气堆料发酵法、太阳能堆料发酵法（图11-4）。如外加热，堆料发酵可大大缩短时间。

建堆后，参与发酵的有寄生于禾本科植物的菌类，主要有蜡叶芽枝霉（*Cladosporium herbayum*）、出芽短梗霉（*Aurebasidium pulluans*）等；原料保存过程中附着的曲霉、青霉等；藻状菌类冻土毛霉、微根毛霉等。

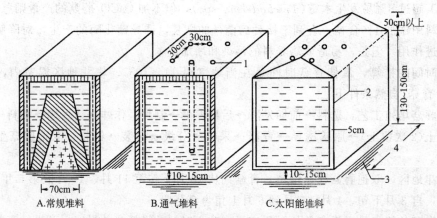

图 11-4　食用菌培殖原理与技术（引自杨曙湘，1992）

注：///干料层（不发酵），5cm 厚；|||半干料，低温层（30～35℃，是杂菌繁殖、害虫藏匿场所），5～10cm 厚；- - -中温好气发酵层（55～65℃）；\\\高温好气发酵层（60～80℃）；+++嫌气发酵层；1. 通气孔（孔径为 5～8cm）；2. 塑料薄膜；3. 地面；4. 堆料的长度不限

（5）翻堆。将料堆按顺序移位，翻松料堆，并重新建堆，其目的是改变堆肥中各发酵层的理化性状（图 11-5），使之均匀地获得更多的氧气，释放出其他的废气。翻堆关键要做到料松、均匀、迅速。

翻堆的时间应依据料堆的温度变化规律来确定。自然条件下，当料堆的中心位置温度升至 65～70℃时，开始第一次翻堆，共需翻堆 5 次。一般为第 5～7 天→第 11 天→第 15 天→第 18 天→第 20 天，各翻堆一次，共需 20～23d，并按顺序依次加入相应的辅料。

第一次翻堆时，应均匀地加入石膏粉，减小堆宽 20～30cm。翻料后，在料堆的表面喷清水，加盖草帘，防止雨淋、日照。第二次翻堆时，应均匀地加入生石灰。建堆后，沿料堆的长度每隔 20～30cm 处，棋盘式打通气洞，防止厌氧发酵。第三次翻堆时，应均匀地加入磷肥。再建堆时，同样建造通气洞，翻堆后的第 2 天，可将培养料移入室内进行二次发酵。

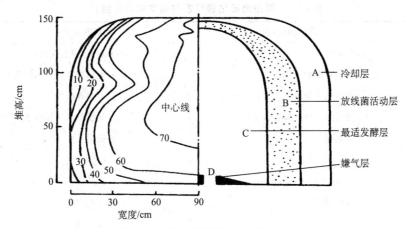

图 11-5　各发酵层的理化性状(引自桥本一哉，1994)

前发酵培养料的质量标准　发酵好的料呈浅咖啡色，有一定的光泽，料柔软，富有弹性，并有较强的拉力，有甜面包香味和少量氨味，pH7.8～8.2。含水量 68%～73%，手握有滴水渗出。稍有黏性，握后手黏有堆肥；含氮量 1.8%～2.0%，含氨量 0.15%～0.4%。

11.4.2　后期发酵

(1) 后期发酵的方法。料要蓬松，堆形尽量高一些，料堆边尽量呈直角，这样便于保温和后期发酵均匀。加温时，一定要严格控制温度和时间，通风要温和及时。后期发酵主要利用高温放线菌在 45～55℃将原料腐熟。

后期发酵是在室内有效地控制温度、空气、湿度而进行的好气发酵。目的是杀菌和培养料的腐熟，进一步提高培养料的专一性和选择性，更适于蘑菇的生长分化。后期发酵一般可分为如下 3 个阶段。

第一阶段为升温阶段。将料堆温度上升至 5～60℃，并保持 6～8h 是巴氏消毒的过程，其作用为：①在高温下将大部分病原性真菌中的酶钝化，尤其是呼吸酶致死；②高温可使有害生物包括昆虫、线虫(成虫、幼虫及卵)病毒等体内的核酸和蛋白质永久变性；③在这一温度范围内，为嗜热有益微生物提供生存活动的营养和必要环境条件；④连续的腐熟过程中，通过高温菌群的作用，除去残留氨气的过程。氨的含量在 0.07%以上蘑菇菌丝就不能繁殖。因此，杀菌的目的是维持适合于同化氨的菌群繁殖的环境，蓄积菌体蛋白质。

第二阶段是恒温阶段。将菇房中的料温，通过通风降温至 50～55℃，并保持该温度 6～7d，其作用为：①通风降温改善了有益微生物需氧的状况，促进嗜热微生物类群(包括嗜温细菌放线菌和嗜温霉菌)繁殖；②将前一阶段后发酵中残留下的病菌进一步杀死。

第三阶段是降温阶段。将料温逐渐降至 45～50℃，维持 12h 后立即开窗，使料温降至 27～28℃接种。

(2) 后期发酵后培养料的标准。色泽呈深咖啡或暗褐色，柔软性好，弹性强，手握料不黏手，有浓厚的料香味，无氨味，无害虫，无竞争性杂菌，有大量的白色放线菌和淡灰色腐殖霉菌，含水量 65%～68%，pH7.2～7.5。详见表 11-1。

表 11-1　双孢蘑菇培养料发酵结束的理化指标

判断名目	前期发酵标准	后期发酵标准
色泽	暗褐色	灰色(附着霜状)
秸秆强度	硬,有强的抗拉力	柔软稍有抗拉力和弹性
气味	稍有氨味和厩肥味	有料香味
手感	黏着强,滑,粪肥沾手	无黏着强,不沾手,有弹性
浸出液	非透明	透明
N/%	1.8~2.0	2.1~2.4
C/N	30∶1~33∶1	17∶1~20∶1
pH	7.8~8.2	7.2~7.5
NH_3/%	0.15~0.4	≤0.04
含水量/%	68%~73%(手握有滴水渗出)	65%~68%(手握无滴水渗出)

11.4.3　播种与发菌

(1) 播种前的准备。应做到 6 检查:①检查培养料是否腐熟,并将培养料全部翻松、翻匀、整平,使其铺床薄厚均匀,培养料中获得更多的氧气,利于以后菌丝生长,培养料的厚度一般在 25~30cm,风干料 45~50kg/m²;②检查料温应在 27~28℃,此时,应该与菇房内空气温度相等或高 1℃,但是不能大于 1℃,否则应继续翻料,直至达到目的为止;③检查培养料有无氨气,如有氨气,立即排除,可大通风排除,也可用 2%甲醛溶液向料面喷洒,一般为 0.45~0.50kg/m²,再进行翻料直至无氨味和甲醛味,CO_2 含量为 0.5%~1.5%时方可播种;④检查培养料的含水量,播种培养料的水分以 65%~68%为宜,室内要保持相对湿度为 75%~80%,若过湿,可采用翻料通风的办法解决,若过干,可喷洒 pH8.0~8.5 的生石灰水调整培养料的含水量;⑤必须严格检查菌种,优质菌种的标准是瓶壁内菌丝呈线状或绒毛状,绒毛状菌丝较多,其基内菌丝粗而密,菌丝洁白,健壮浓密,有蘑菇香味,制种一般需要 50~60d;⑥必须检查室内是否消过毒,是否整洁。

(2) 播种有各种方法。播种方法包括条播、穴播、撒播、混播等。播种量应根据菌株特性及播种季节而定。属于密生小粒型的菌株菌种量一般 0.4~0.5 瓶(750ml 瓶)/m³,属于单生大粒的菌株播种一般 0.5~0.6 瓶/m³。自然季节培殖播种量一般 0.06%左右,如果反季节培殖,播种量一般 10%左右。播种的关键在于培养基的表面和边缘的菌种要多于内部和底层。

(3) 蘑菇的发菌管理。由菌丝体萌发定植到长成幼菇大致会有如下过程:菌丝体成熟→菌索→扭结→原基分化→幼菇。

发菌的关键要通气、保湿、保温、暗培养,在适宜的条件下,播种的第 3 天菌种开始吃料定植,床温保持为 21~25℃,室内空气相对湿度保持 85%~90%,经 16~21d,蘑菇菌丝发满床。待菌丝向下长至培养料厚度的 2/3 时,准备开始覆土。发菌状况见图 11-6。

11.4.4　覆土与原基的诱导

(1) 覆土。预先对其粗土和细土进行日光曝晒消毒。先覆粗土,生土含钙镁多、钠离子少,素土、黏土(石灰性土壤),粗土粒蚕豆大小。土层厚 2.0~2.5cm,立即调控粗土水,掌握勤喷雾状水,3d 内调透土粒,至土粒无白心,水滴不得渗至料面;7~10d 后,再覆

图 11-6　发菌状况

(腐殖)细土，一般黄豆大小。土层厚 $1.5\sim2.0$cm，立即调细土水，喷雾状水，逐渐调湿，覆土层含水量达 $18\%\sim20\%$。用土量为 25kg/m^2。

覆土的主要作用：①在于防止培养基过干，可均匀地提供水分，使发育子实体的周围保持充分稳定的湿度状态，成为扩散释放气体和补给氧气的通路，促进蘑菇生长分化；②覆土对菌丝体有物理刺激作用；③土壤中有益微生物(如臭味假单胞杆菌等)生命的代谢物对双孢蘑菇菌丝及子实体的生长分化都有促进作用；④防止杂菌污染。覆土的关键是先粗土，生土，后细土，把握土壤的湿度。

(2) 原基的诱导。覆细土后，调料温 $20\sim26$℃。此时，室温在 $21\sim23$℃。需 $1\sim2$d 菌丝体均匀地侵入覆土层。经 $5\sim7$d，菌丝体侵入土达 2/3 时，覆土层可见蘑菇菌丝菌落。此时，通过喷重水，即结菇水，用水量 $2.7\sim3.0$kg/m^2。实施覆土、搔菌等工艺，其目的在于使蘑菇原基在覆土表面同步发生；也可防止蘑菇子实体发生丛生。为诱导原基的形成，还应降温至 $14\sim16$℃，加大通风量进行刺激，通风量每吨堆肥，为 $80\sim120$m^3/h，控制二氧化碳的含量在 $0.6\%\sim0.8\%$ 以下，并保持适宜的湿度。这样有利于促进菌丝体达到生理成熟状态，并迅速扭结诱导原基的发生。诱导原基的关键是把握结菇水的时期和用水量。

11.4.5　育菇管理

育菇管理是指促使优质幼菇形成的过程。自原基分化后就开始了双孢蘑菇的育菇管理。原基长到黄豆粒大时，约需要 7d 时间。以后应保持料温在 $14\sim16$℃，增大通风和喷水量。需喷育菇水，用水量 $2.2\sim2.8$kg/m^2，喷水后要连续温和通风12h，从原基的发生数可以推测所需要的喷水量。一般讲，子实体含水量为 $89\%\sim91\%$。双蘑菇总需水量约 2.5kg。菇水比 1∶2.5，即长 1kg 子实体 则需要 2.5kg 的水[正常大小的子实体水分蒸发率6mg/(h·m^2)]。育菇状况见图 11-7。

维持子实体生长协调最适温度为 $13\sim15$℃，空气相对湿度为 $85\%\sim90\%$。保持室内空气新鲜和暗培养，是创造双孢蘑菇菌柄矮而粗壮、菌盖肉厚、子实体表面无污染和病虫害质量好产量高的基础条件。育菇管理的关键是把握子实体生长所需的水、气、热，协调供应。

11.4.6　采收与保鲜

第一潮菇，一般在覆土后的第 $18\sim20$ 天开始，以后 $7\sim10$d 为一个周期。收获 $5\sim8$ 潮。采收时空气相对湿度保持在 $80\%\sim85\%$。

在幼菇时期，即纽扣期采收。1970 年，联合国粮食及农业组织颁布了双孢菇国际标准

图 11-7　育菇状况

（Codex Alimentarius Commission No.38），是根据英国的情况起草的，其内容如下。

纽扣期（buttons）有包裹较紧密的外菌幕，外菌幕刚刚形成；菌柄长不超过 2cm，菌盖直径 2.5～6.0cm。

伞形菇（caps）有发育很好的外菌幕或菌幕刚刚裂开，菌盖形状明显，菌柄不超过 2.5cm，菌盖直径 2.5～7.0cm。

开伞菇（flats or opens）稍过于熟伞形菇，菌盖与菌柄呈"T"字形，菌盖直径 5.0～7.0cm，菌柄长不超过 2.5～3.0cm。

采收时要做到轻采、快切、轻放，与菌柄成直角切断，不留机械伤痕，不留手指印，菇柄不准带泥根，采收工具要清洁。保证白蘑菇颜色纯，并及时严格分出等级。在育菇旺期，需每天采收两次，以保证质量。双孢蘑菇的鲜销，一般是小包装 200～250g，外包装为纸箱。低温保藏，一般为 4～10℃。

盐渍双孢蘑菇一般工艺为：采收→分选→漂洗→杀青→急速冷却→沥干→加饱和盐卤→护色→调酸→包装→质检→入库→销售。

11.4.7　经济效益分析

（1）建立林间培殖两种菇技术规范，推广 30 万 m²，纯利 41.5 元/m²。

估算依据如下。

单位总成本：14.5 元/m²

原料成本 12.5 元/m²（25kg/m²，0.5 元/kg）＋制作成本 1.0 元/m²［0.45 元/m²（0.01 元/kg×45kg/m²）＋设施费 0.55 元］＋其他成本 1 元/m²（销售、管理、固定资产、风险等）

单位产鲜菇：8kg/m²（一般产量 6kg/m²，增产 2kg/m²）

单位销售价：7 元/kg

纯利润：41.5 元/m²（7 元/kg ×8kg/m²－14.5 元/m²）

总利润：1245 万元（41.5 元/m²×30 万 m²）

新增效益：420 万元（14 元/m²×30 万 m²）

（2）温室培殖两种菇推广 10 万 m²，纯利 53.5 元/m²。

估算依据如下。

单位总成本：16.5 元/m²

原料成本 12.5 元/m²（25kg/m²，0.5 元/kg）+制作成本 1.0 元/m²［0.45 元/m²（0.01 元/kg×45kg/m²）+设施费 0.55 元］+其他成本 3 元/m²（销售、管理、固定资产、风险等）

单位产鲜菇：10kg/m²（一般产量 8kg/m²，增产 2kg/m²）

单位销售价：7 元/kg

纯利润：53.5 元/m²（7 元/kg ×10kg/m²−16.5 元/m²）

总利润：535 万元（53.5 元/m²×10 万 m²）

新增效益：420 万元（14 元/m²×30 万 m²）

（3）累计总利润：1780 万元，新增效益 560 万元，人均获利 1.2465 万元。

小　　结

双孢蘑菇又称蘑菇、白蘑菇，是世界培殖最广泛的菌类，生产起源于法国。双孢蘑菇是一种草腐生菌，依靠嗜热和中温型微生物及蘑菇细胞所分泌的酶分解营养物质，培殖料一般需经过腐熟才能使用。双孢蘑菇的生活史复杂，属于次级同宗结合的菌类。

双孢蘑菇的培殖方法主要有床架式、袋式、箱式，其中荷兰的箱式培殖法单产量世界第一。覆土是双孢蘑菇培殖中的必需步骤，其作用是保水、补气和物理刺激。双孢蘑菇人工培殖最重要环节是培养料的堆置发酵，一般分为前发酵和后发酵两个阶段。后发酵分升温、恒温、降温 3 个时期，逐步杀死有害微生物，使有益微生物得以生长。

思　考　题

1. 双孢蘑菇培殖过程中覆土的作用是什么？

2. 双孢蘑菇培殖工艺是什么？

3. 双孢蘑菇培殖前期发酵一般工艺是什么？

4. 双孢蘑菇前发酵培养料的质量标准是什么？

5. 双孢蘑菇后期发酵后培养料的标准是什么？

6. 腌渍双孢蘑菇的工艺是什么？

第12章 草菇培殖技术

12.1 概　述

草菇[*Volvariella Volvacea*(Bull.)Singer，in Wasser，lilloa 22：401(1951)(1949)]，英文名称 straw mushroom and Chinese mushroom。在分类上属于真菌界(Kingdom Fungi)担子菌门（Basidiomycota）层菌纲（Hymenomycetes）伞菌目（Agaricales）光柄菇科(Pluleaceae)小苞脚菇属（Volvarella）。草菇又名杆菇、稻草菇、麻菇、苞脚菇、南华菇、兰花菇、贡菇、中国菇等。

草菇属中有100多种(包括变种)。目前，无毒可食用的草菇只有7种，其中进行商业化培殖的只有4个种，分别为中国培殖的草菇[*V. volvacea*(Bull. ex Fr.)Sing](图12-1～图12-3)、泰国培殖的美味草菇（*V. esculenta*）、印度培殖的白草菇（*V. diplasia*）和银丝草菇[*V. bombycina*(pres.：Fr.)Sing](图12-4)。

图12-1　黑草菇

图12-2　灰草菇

图12-3　开伞的草菇

图12-4　银丝草菇

鲜草菇蛋白质含量2.66%、脂肪为2.24%、还原糖1.66、转化糖0.95%、灰分0.91%、其他矿物质24.42%，其中含SiO_2极高，每100g干物质中含SiO_2高达43.822g，是其他蕈菌的几十倍到上百倍。

福建省三明真菌研究所的黄年来和吴淑珍于 1981 年 8 月在哈尔滨市柞木上和 1982 年 4 月在三明市悬铃木上，先后采到野生银丝草菇，并人工分离驯化培殖成功。银丝草菇是草菇属中的一种木腐菌，风味独特香味浓郁，营养价值高。据福建农业科学院中心实验室测试银丝鲜草菇含水量 88.50%、干物质为 11.50%、蛋白质含量 42.01%、脂肪 1.03%、粗纤维 10.0%、总糖 10.82%、灰分 11.44%、磷 1.40%、铁 0.012%、钙 0.004%、维生素 7.5mg/100g 干品。其蛋白质含量较高，氨基酸也较高，且人体中必需的 8 种氨基酸齐全，含磷也高。草菇不同生长期的营养成分不同，因此应在纽扣期和卵形期及时采收，见表 12-1。银丝草菇生长分化所要求的温度较黑草菇的低一些，属中温型菇类。子实体多丛生，菌蕾为卵形或棒槌形，乳白色至略带鹅毛黄色，较黑草菇不易开伞。

表 12-1　草菇不同生长期的营养成分（100g 鲜重）

化学成分	纽扣期	卵形期	伸长期	成熟期
水分/g	88.63	89.17	88.87	89.46
蛋白质/(g，N×4.38)	3.48	2.50	2.37	2.24
粗脂肪/g	0.13	0.17	0.23	0.38
粗纤维/g	0.72	0.55	0.79	1.40
灰分/g	1.00	0.88	0.94	1.00
无氮碳水化合物/g	4.93	5.47	5.50	4.20
热量/kJ	134.06	129.79	130.71	11.83
钾/mg	471.50	402.84	489.00	645.12
磷/mg	150.17	105.62	140.30	115.00
钙/mg	37.05	37.48	20.65	35.60
铁/mg	1.32	1.26	1.40	1.61

注：引自杨国良和薛海滨，2002

据估计首次进行人工培殖食用蕈菌始于公元 600 年，即 1400 年前。第一种实行人工培殖的菇类是木耳；第二种是金针菇，比木耳晚 200～300 年；第三种是香菇，在公元 1000～1100 年间。在 1600 年，法国首次进行人工培殖双孢蘑菇。1822 年，草菇人工培殖起源于中国广东省北部韶关附近的南华寺。中国是世界上最大的草菇生产国。

草菇培殖起源于中国。据道光二年（1822）阮元等纂修：《广东通志》引《舟车闻见录》："产于曹溪南华寺者，名南华菇"，又称兰花菇，为南华菇之音讹，即今之草菇（*Volvariella volvacea*），或称"杆菇"。因系南华寺僧人所培植，故称"家蕈"或家生菇。南华寺僧人何时开始培殖草菇，没有明确记载，但是，在明俞宗本著《种树书》中有"正月种蕈，取烂谷末截断，埋于水地，围草盖，常以米泔浇之，则生"，书中虽未明言何菌。但是，从以谷末为培养基，在水田作菇场，并在菇床上加盖草被这些特点来看，只能是草菇。中国的草菇培殖始于明代初年，有一定依据。同治十三年（1894）林述训等修《韶州府志》说："贡菇，产南华寺，味香甜，种菇以早稻草堆积，清水浇之，随地而生。"据马来西亚人 Baker J A（1934）与泰国人 Jalaricharana K（1950）的研究，在 1932～1935 年由华侨将培殖草菇的方法带到菲律宾、马来西亚。抗战期间，发展甚快，数年间，遍及东南亚和北非，故在世界上有中国蘑菇（Chinese mushroom）之称。福建闽西一带和湖南浏阳又分别称其杆菇、麻菇或广东蘑菇。草菇又称稻草菇（straw mushroom），直到 1875 年才作为贡菇献给皇室。光绪元年 1875 年出版的广东曲江县志记载"贡菇产南华寺，国朝岁贡四箱"。

12.2　草菇生长分化的条件

草菇属一种喜高温、高湿、高碱、高氧，腐生于稻草等禾本科和废棉絮等纤维素丰富的废料上的菌类，实属草腐快生菌类。从播种到收大约 14d。生物学效率一般在 15%～35%，有的可达 50%。废棉絮培养料培殖的产量最高。

12.2.1　水分要求

培养基含水量 65%～70%，最适宜草菇菌丝生长分化，最高不得超过 70%。草菇菌丝不怕短时间浸淹，泥土里子实体发育良好。室内的空气相对湿度 85%～90%，最适于草菇子实体的发育。在相对湿度 95% 以上菇体易腐烂，而且易染杂菌；在相对湿度 80% 以下草菇的生长迟缓，子实体表面粗糙，缺少光泽，商品价值差。

12.2.2　营养要求

草菇对纤维素的利用效率高，在营养生长阶段所适宜的 C/N 在 (32～80)∶1 都有效，有的文献上则为 20∶1，而生殖生长阶段较适宜的 C/N 为 (40～60)∶1。

12.2.3　空气要求

草菇是一种好气性较强的大型高等真菌。因为是速生菌呼吸量大，约为蘑菇的 6 倍。培殖空间 CO_2 浓度在 0.034%～0.1% 时，能促进子实体形成。当 CO_2 浓度增至 0.5% 以上时，子实体发育受阻，CO_2 浓度大于 1% 时，草菇子实体将停止生长。

12.2.4　温度要求

草菇菌丝生长的温度 15～42℃，低于 15℃ 高于 42℃ 菌丝生长受强烈的抑制，10℃ 细胞停止生长，呈休眠状态。长期在 5℃ 以下，或 45℃ 以上菌丝细胞死亡。菌丝生长适宜温度 30～39℃，在 15～25℃ 的室温内草菇菌丝可以越冬。草菇菌丝 -10℃ 贮 6h，或 0～5℃ 贮 12h，或 10～15℃ 贮 24h 以后，菌丝在移到的培养基上不会生长。草菇菌种的保藏要给以特别的关注，10℃ 条件下保藏，一般每 3 个月继代一次。

草菇的原基分化发育最适宜温度是 28～33℃。平均 23℃ 以下或 45℃ 以上，菌蕾会萎缩而死亡。草菇在恒温下才能形成子实体，只有温度在 28～33℃ 才开始发生大量菌蕾。35℃ 以上子实体易开伞，商品价值低劣。低于 25℃ 或高于 45℃ 草菇孢子都不萌发，孢子萌发的最适温度为 40℃ 左右。

中国华北地区多在 6～9 月培殖草菇。但是，一定要在当地平均气温达到 23℃ 以上。

12.2.5　光照要求

草菇子实体生长需要一定的散射光。光照度为 50～200lx，光照时间为 (8～9)h/24h。

12.2.6　酸碱度要求

草菇是喜碱性大型高等真菌。母种培养基调 pH 为 7.2～7.6 最适宜。生产上常将 pH 调到 9～10。这是因为草菇菌丝细胞具有高呼吸的特点，以及为提高草菇菌丝细胞对杂菌的竞争力的缘故。子实体发育阶段 pH 一般为 6.5～7.2。

12.3　草菇的培殖技术

引种与选种：草菇的生产一般需要三级菌种，即母种、原种和栽培种。母种的来源可以从有菌种销售许可证的部门索取，也可以从孢子萌发得来或通过组织分离获得。无论哪一种方式，一定要做严格育菇实验。以减少盲目性、增强目的性。为获得更大的效益，还应注意以下几个问题，草菇主要培殖品种见表 12-2。

表 12-2　草菇主要优良品种及其性状

品种名称	来源	菇形	颜色	味道	抗逆性
V23	广东省微生物研究所	大	深灰	浓郁	较弱
奥诱 1 号	广东省农业科学院	中	灰白	佳	一般
屏优 2 号	福建屏南科委实验站	大	白	佳	一般
VP	广东省微生物研究所(由香港引进)	大	白	佳	一般
V906	广东省微生物研究所	大	白	佳	一般
V20	广东省微生物研究所	小	黑灰	浓郁	较强
V844	河北省微生物研究所(由泰国引进)	中	灰	浓郁	耐低温
V7403	河北省微生物研究所(由泰国引进)	大	灰	浓郁	一般
V7301	福建省广宁地区育成	中	灰	浓郁	一般
GV34	广东省微生物研究所	小	深灰	浓郁	较强
V19	上海植物生理生化研究所	中	黑灰	佳	不易开伞
银丝草菇	中国农业大学	大	牙白	浓郁	耐低温

总之，培殖者根据当地的气候条件和市场需求，选不同菌株可进行周年生产，提高复种指数和棚室的利用率。

12.3.1　母种的制作

母种与转接生产母种的制作：稻草或棉料壳、土豆块各 200g 同煮 30min 后，取浸提液近 1L，加琼脂 20g 融化后，加葡萄糖 30g、KH_2PO_4 3g、$MgSO_4 \cdot 7H_2O$ 1.5g、酵母膏 50g、维生素 B_1 4mg，完全溶解，调 pH7.8～8.5，定容至 1L。45℃ 以上，趁热分装于 125～135 支、180mm×18mm 的硬质试管内，及时灭菌。0.105MPa，25～30min 条件下灭菌后摆斜面，查无杂菌备用。每支母种可转接 50～60 支生产母种。转接后，28℃ 条件下培养 4～6d 可满管。

12.3.2　原种的制作

原种培养基与接种：15kg 稻草铡成寸段，用 8%～9% 生石灰水浸泡 8～10h 捞起沥干。取棉籽皮 65kg、麸皮 15kg、生石灰 5kg、石膏粉 0.5kg，另加腐殖土 10%，充分拌匀装瓶或装低压聚乙烯筒料袋 17cm×35cm×0.045mm。装瓶或袋不要过于紧实，并用自制木锥在瓶料面中央打打一穴，不必穿透到瓶底。及时进行常压灭菌。接种时，在无菌条件下，迅速将菌种块接入洞穴中，或袋内，进行正常发菌培养。14～15d 菌丝体可满瓶。最好是培养料里菌丝发生较多厚垣孢子再使用。

12.3.3　栽培种的制作

30kg 稻草铡成寸段，用 8%～9% 石灰水浸泡 8～10h 捞出沥干备用。取棉籽皮 60kg、麸皮 10%、生石灰 6%，另加腐殖土 10%，加水拌匀，含水量 68%，闷料 3～5h。装袋(17cm×35cm×0.04cm 的聚丙烯袋)，常压灭菌 8～10h，停火并闷料 6h。35℃ 左右下接种，每 500g 的原种可接栽培种 25～30 袋。接种时需将菌种尽量放入菌袋深处，这样利于菌丝的同步生长，菌龄一致，28～30℃ 下培养 14～16d 后使用。

12.3.4 培殖场地的选择与作畦

场地的选择，在当地气温稳定在 23℃ 以上，地面温度达 25～26℃，可利用日光温室或塑料大棚进行培殖。场地的选择是关键的一环，应选择那些地下水位低，给排水方便，土壤疏松肥沃的土地，沙壤土为宜，一般不选黏土。

目前一般床式培殖，沟式培殖，袋栽较少。床式培殖需要作床，在棚室内作床面 100cm 床长度不限。床面中间起小埂，埂高 20cm，宽 20cm。床边建大埂为人行道宽约 30cm，埂高 30cm。实为单小埂双床面各约 50cm。将床面、人行道及小埂全部夯实，撒生石灰粉拍光，浇一次水。当无明水、不黏脚时，再撒一层生石灰粉防水蛭、蝼蛄、螨类等对草菇菌丝体或子实体的破坏。

(1) 培殖料的处理方法与播种。以下提出了麦秸、稻草、棉籽皮、棉花废短绒、旧棉絮、陈旧料、污染料、菌糠 8 种培殖草菇原料的处理方法与播种。

(2) 秸秆处理与播种。将麦秸或稻草曝晒 3～5d，并压扁麦秸，铡成寸段，经 pH9～10 石灰水浸泡 6～12h，除去蜡质并软化麦秸或稻草，捞起沥干，添加 3%～5%玉米粉、4%～5%麦麸或细米糠，按干料质浓度 100%，加入 6%～8%干鸡粪和 10%～20%干圈肥，再加 0.3%～0.5%氮磷钾复合肥。播种时，可分层播种，一层培养料，一层菌种。总料厚度 10～15cm，培养料干重 8～9kg/m²。播种量占培养料干重的质浓度 5%～6%。原则是内少边缘多，最后起垄，呈波浪式，波峰 15cm，波幅宽 25cm。料的最边缘可再点播一次菌种，并全部撒上草木灰，上覆薄膜保湿保温。常通风换气，常规发菌管理。

(3) 棉籽皮的处理与播种。每 100kg 棉籽皮，加入已浸过 7%～8%石灰水的稻草 30～50kg。料水比 1:(1.3～1.5)，加生石灰 6%～8%。pH11.0 左右，进行正常发酵。堆积发酵选择向阳的地势高干燥处，按每平方米堆积 50kg 培养料，一般为长条形。堆料后，在料堆顶部的侧上方，每隔 0.3m 打直径 4cm 的一孔洞，利于透气。当料堆温度达 60℃ 时，需翻料 3 次。关于翻料次数应根据气温和发酵情况而定。每隔 12～24h 翻垛一次，然后盖上地膜。直至温度为 40℃ 不变，再维持其温度 24h 结束发酵。此时，在料的表面会出现大量放线菌，并有料香味。培养料发酵后采用层播、点播、混播均可。为增加育菇面积和便于发菌时获得充分的氧气，同样需起垄呈波浪式，波峰波幅与上述相同，可按每平方米 8～9kg 投干料，播种量一般掌握在 5%～6%，轻拍料面，并撒一层草木灰盖上地膜，常规发菌管理。

(4) 废短绒或旧棉絮的处理与播种。先用 5%～6%石灰水浸泡 4～6h。然后，拧干使其含水量 70%，pH8～9。可直接铺床面进行分层播种。播种原则是边缘多于内部，最表层可多播些菌种。菌种用量控制在 5%～6%，按 1.5kg/m² 投培养干料。上面撒一些草木灰，并加盖地膜，常规发菌管理。

(5) 陈旧料和污染料的处理与播种。陈棉籽皮或发菌过程污染的培养料曝晒 5d 后，添加 10%～20%麦秸或稻草、玉米粉 3%～4%，使干料达 100%，并加 0.3%～0.5%氮磷钾复合肥，4%～5%麦麸或 4%～5%鸡粪、10%～20%圈肥。麦秸曝晒压扁，并用 pH9～10 石灰水浸泡 6～12h，鸡粪和圈肥同样打碎、曝晒、过筛后加水拌匀，闷料 3～5d，铺床面投干料 10kg/m²，播种量 5%～6%，常规发菌管理。

(6) 菌糠培养料的处理与播种。选用以棉籽皮、玉米芯、大豆秸为主料培殖侧耳、香菇或金针菇等的菌糠粉碎后添加 20%～30%麦秸、4%～5%玉米粉，使干料达 100%，并加 0.3%～0.5%氮磷钾复合肥、5%～6%鸡粪和 10%～20%圈肥，按上述发酵处理方法处理，料腐熟后铺床面，按干料 10kg/m² 播种，下种量 5%～6%，常规发菌管理。

（7）整稻草的处理与播种。无论早、中、晚稻的稻草，只要晒干不霉变即可。堆草前，先将稻草浸入加生石灰 6%～7% 水中，以田水、塘水最好，溪水、自来水次之，井水最差。水温在 25℃ 左右浸水 4～6h。总之，含水量掌握在 65%～68% 为宜。堆草前，在畦面上距边缘 15cm 处播上一圈菌种，再取一把干重 0.5kg 左右的稻草，两手用力在中间扭转弯折捆成"8"字形的草把，平放在畦的四周，弯折部朝外，中间用乱草填满踩实，并淋少量的水，这样每堆一层草播一圈菌种，结合踩踏淋水，堆至 4～5 层，每堆一层草，向里收缩 5～6cm 建成梯形菌床，表面撒草木灰加盖地膜进行常规发菌管理。

12.3.5　发菌管理

发菌需暗培养，温度掌握在 28～30℃ 下培养。注意保持培养料的湿度和空间的相对干燥，还要常通风换气，每天通气 1～2 次，采用掀膜通气换气的方法。膜上下抖动数次进行通风。床温度低于 26℃，增盖遮阳网使其增温，料温保持 32～35℃ 为宜。遇连阴雨天通蒸汽增温，反之，冷水降温通风换气开始时少通风，中期多通风。前者每天 2 次，后者每天 3～4 次，但是，风速不可过大。后期可有散射光，光照度 50～200lx，散射光（8～9）h/24h。不可直射光，可喷浇 9%～10% 石灰水，增湿。经 5～6d 床面可长满草菇菌丝体。

12.3.6　育菇管理

草菇属高温速生型菌类。从播种到采收仅需 7～14d。华北地区从南到北每年 6～9 月为自然培殖草菇期。一个培殖周期只需 25～30d，生物学效率一般可达 15%～35%，高的可达 40%～50%。3 潮菇产量比为 7：2：1。育菇期温度应较发菌期的稍低，一般料温控制在 30～33℃。育菇前应向地沟灌水一次，育菇过程中一般不灌水。灌水和喷水的水温应在 30℃ 左右，切不可用井水或过冷过热的水。

草菇子实体发育与育菇管理：播种后适宜条件 7～10d 即可育菇。草菇子实体发育可人为分为 6 个不同时期，即针头期、细纽形期、纽形期、蛋形期、伸长期和成熟期。

（1）针头期。草菇菌丝体经过纽结，形成白色的圆点，像大头针的突起，故称针头期。其外菌幕洁白无瑕，表面披有白色绒毛内实。然后在其内上半部形成一空腔，在垂直切面上看不出。但是，尚未有菌盖和菌柄的分化，整个结构由一小团菌丝体细胞组成可称为原基。此时，不得向料面喷水。空间相对湿度需保持在 80%～85%，温度保持在 30～35℃，并常通风换气，历时 2～3d。

（2）细纽形期。钉头期 2～3d 后，发育成圆形或扁圆形的结构为细纽形期，可称为原始幼菇。其顶部颜色深，向下颜色渐浅，基部为白色，表面披有短绒毛。到针头后期其内出现空腔，基部出现一个半圆形突起，而空腔外层组织则为原始的外包被。以后继续分化形成菌盖、菌褶和菌柄。此时应增大空间相对湿度为 85%～90%，温度保持在 30～35℃，并常通风换气，历时 1～2d。

（3）纽形期。纽形期时间为 1～2d。这时，整个子实体结构仍被外菌幕包被，包裹的各部分均在生长，里面是未张开的菌盖，菌柄仅在纵切面可见，此结构为纽形期，也可称为幼菇初期。此时，管理与细纽形期管理基本相同，但是，温度应稍低，利于营养的积累。

（4）蛋形期（卵形期）。在纽形期过后 1d 内，子实体迅速增大为椭圆形，称为蛋形期。此时，外包被将被菌柄突破，外菌幕残留下来成为菌托。在菌褶组织中开始形成囊状体和担子，但是，担孢子还未产生担子正处在小梗的阶段能看到囊状体和侧丝。此为蛋形期或幼菇期，也为采收期。此时，可增加到空气相对湿度为 90%～92%，可向菌床上喷雾状水，温度保持在 29～32℃，并增大通气量。到此为止，整个采菇期 9～10d，见图 12-5。

图 12-5　蛋形期草菇

(5) 伸长期。蛋形期过后几个小时内菌柄迅速伸长，称为伸长期。此时，子实体发育重点在菌柄和菌盖，外包被停止发育而残留菌柄基部，成为菌托。菌柄伸长部位主要集中在菌柄上半部，即生长点部位，使菌柄几乎达到成熟的长度。在菌柄伸长期间，菌褶的子实层中发生着复杂的变化。在显微镜下，可观察到担子发育的各个阶段。子实层的菌丝末端逐渐膨大成棒状细胞，并可见到一个细胞核，随细胞的膨大，担子中的两个单元核进行核配，融合成一个较大的双元核。然后，2 个双元核进行减数分裂，形成 4 个单核。与此同时，担子顶端长出 4 条小梗(担子梗)，小梗的顶端逐渐膨大，形成担孢子幼体。随后 4 个单元核和一些细胞质向上移动，分别经过担子小梗进入孢子幼体，最后发育成 4 个单核的担孢子。而留在小梗下面的便是一空担子。由于担孢子的产生和存在，菌褶的颜色由白色逐渐变为粉白色。

(6) 成熟期。伸长期过后，子实体进入成熟期，时间需 1～1.5d，此时，菌盖钟形，随后逐渐平展成平板状。菌褶颜色淡红色至肉色，最后为深褐色，为成熟担孢子的颜色。当菌褶呈淡红色时，孢子便从担子梗上弹射出来，若将白纸置于菌盖下，经过几小时，便能收集到完整的孢子印。孢子弹射的时间大约 1d。

在成熟期，菇体分为 3 个部分：菌伞或菌盖、菌柄、菌托。

菌托是菌丝围绕菌柄膨大的基部生成的膜状薄片，事实上，菇体的每部分均由网状菌丝构成。菌托肉质白，柄状，边缘不整齐，菌托基部是从基质吸收营养的菌索。构成菌索的菌丝不同于菌盖部位的菌丝。前者粗而疏松并且具有许多贮藏在营养的膨胀细胞和称为灰色体(brown bodies)的东西，后者细而紧密亦无灰色体膨胀细胞。

菌托生于菌伞下面中央处并与菌托相连。菌柄长度取决于菌盖直径，一般为 3～5cm，直径 0.5～1.5cm，白色肉质菌环。菌伞，充分展开的菌伞为圆形，边缘平整，表面光滑，菌伞中部色深边缘色浅，直径为 6～12cm。

菌伞下表面生有许多菌褶，其数目为 280～380，直生并有平整边缘。菌褶有 4 种：全长、3/4 长、1/2 长、1/4 长，即使全长的菌褶也不与菌柄相连，相距约 1mm。

12.3.7　采收与保鲜

蛋形期是草菇最适宜的采收期，及时采收是非常必要的，它的商品价值最高。从播种后在适宜的条件下 7～10d 即可育菇，子实体有单生和丛生，每粒子实体都连在一起。采收时一般用竹刀，或不锈钢刀修剪每个子实体的基部，并立即分类，伸长期为次品或等外品开伞的则无商品价值。由于草菇子实体生长快，极易开伞，所以，每天需采收 4～5 次，包括夜间的采收，及时杀青。采收后的草菇还容易开伞，一般 $12\sim24h$ 以上，即有 $30\%\sim40\%$ 的开伞率。但是，不能直接置冰箱的冷藏室，极易脱水软化，无商品价值。鲜草菇的保鲜法具体是：将鲜草菇用 0.05% HCl 溶液喷洒，或浸泡鲜草菇数分钟。还可将鲜草菇去杂洗净，草菇与水的比例为 $1:(5\sim10)$，先将草菇轻轻倒入沸水中，煮沸 $5\sim10min$，捞出后全部草菇均浸没在水中为准，在水中加入 $7\%NaCl$ 更好。然后，轻轻捞起沥水，急速冷却后置于冷水盒内，再放入冰箱冷藏室，24h 换一次水，可保鲜 $10\sim14d$。也可用盐比进行盐渍保鲜。

小　结

　　草菇属一种喜高温、高湿、高碱、高氧，腐生于稻草等禾本科和废棉絮等纤维素丰富的废料上的菌类，实属快生草腐恒温结实的菌类，从播种到采收仅需 $7\sim14d$。草菇子实体发育可分为针头期、细纽形期、纽形期、蛋形期、伸长期和成熟期 6 个不同时期。草菇属中变种近 100 种，其中可食用的只有 7 种。

　　草菇的生产也需要三级菌种，分别是母种、原种、栽培种。培殖的方式以床培殖法和沟式培殖为主。

思　考　题

1. 名词解释：纽形期、蛋形期
2. 草菇生长分化的条件是什么？
3. 草菇子实体各生长时期特点是什么？
4. 草菇生物学和营养学特性是什么？

第 **13** 章 滑菇培殖技术

13.1 概　述

滑菇[*Pholiota nameko* (T. Ito), S. Ito et Imai & S, Imai B0t, Mag, Tokyo47：388 (1933)]，又名光帽磷伞、光滑锈伞、珍珠菇、滑子菇、滑子蘑等。在分类上属于真菌界(Kingdom Fungi)担子菌门(Basidiomycota)层菌纲(Hymenomycetes)伞菌目(Agaricales)丝膜菌科(Cortinariaceae)或球盖菇科(Strophariaceae)鳞伞属(Pholiota)。目前，在中国有 13 种，其中分类细节仍有争论。

滑菇主要分布于中国和日本，在中国多分布于台湾、广西、西藏等地。秋季，丛生或群生于阔叶树木倒木或树桩上，以壳斗科树木为主。早在 1921 年，在日本开始用木段砍花法人工培殖。1931 年，用锯木屑制成栽培种。从 20 世纪 50 年代起，日本开始用木屑加麦麸进行滑菇的商业性培殖。滑菇培殖经历了由木段人工培殖到 20 世纪 60 年代开始利用木屑箱式培殖过程。1976 年中国辽宁省引进日本种进行实验培殖，现在黑龙江、吉林、辽宁及河北等地已成为滑菇的主要产地，其产量跃居世界首位，2009 年，中国滑子菇总产量达 31 万多吨。

滑菇味道鲜美，营养丰富，是煲汤的佳品。每 100g 干菇含有粗蛋白质 33.76g(高于平菇)、纯蛋白 15.13g、脂肪 4.05g、总糖 38.89g(其中还原糖 32.24g，戊糖胶 2.77g，甲基戊糖胶 0.94g，菌糖 3.67g，甘露醇 3.20g)、纤维素 14.23g、灰分 8.99g。氨基酸含量丰富，每 100mg 氨基酸中含异亮氨酸 0.73mg、亮氨酸 1.09mg、赖氨酸 0.64mg、蛋氨酸 0.30mg、苯丙氨酸 0.80mg、苏氨酸 0.94mg、缬氨酸 1.31mg、酪氨酸 0.50mg、丙氨酸 1.08mg、精氨酸 0.84mg、天冬氨酸 1.79mg、谷氨酸 2.87mg、甘氨酸 0.84mg、组氨酸 0.41mg、脯氨酸 0.76mg、丝氨酸 0.88mg，其中人体必需基酸总量为 5.81mg，占氨基酸总量的 36.81%。

滑菇是一种食药兼用菌。滑菇子实体表面黏性物质是一种核酸，它对人体保持精力和脑力十分有益，并且有抑制肿瘤的作用。子实体的氢氧化钠水溶液提取物多糖，其成分 B 含 β-(1→3)-D 葡萄糖-α 葡萄糖苷的混合物对小白鼠肉瘤 S180 的抑制率达 90%，对艾氏腹水癌抑制率达 70%，还可预防葡萄球菌、大肠杆菌、肺炎杆菌、结核杆菌等的感染。

子实体多丛生。其形态特征菌盖初生时，半球形；成熟时，中凸或平展呈淡黄色或黄褐色，颜色中央色深边缘浅。子实体鲜时，菌盖有胶状黏液覆盖，故称之滑菇(图13-1)。菌盖直径一般为 2.5～15cm，菌盖

图 13-1　滑菇[*Pholiota nameko*
(T. Ito)，S. Ito et Imai]

厚为 0.2～0.4cm。菌褶延生或弯生，呈白色
或黄色，成熟时，多为锗色。菌柄圆柱形中
生，直径为 0.3～1.5cm，等粗，柄长为
2.5～80cm，有膜质菌环痕迹，其上部菌柄呈
淡黄色，下部为浅黄褐色。菌柄液被有黏液。
在棒状的担子上生有 4 个小梗，着生 4 个二
极异宗结合的孢子。孢子呈椭圆形或卵形，表
面光滑，无芽孔，红褐色孢子壁两层，外层有
黏性物质包围。孢子大小为(5～6)μm×(2.5～
3)μm。特殊条件下可形成分生孢子。

　　滑菇的有性繁殖是异宗结合。由一对等
位基因控制单核菌丝细胞之间的亲和性。两
个不同结合型单核菌丝细胞结合后形成的双
核菌丝。滑菇生活史见图 13-2，一般需
要 60d。

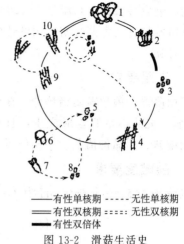

——有性单核期 ----- 无性单核期
＝＝有性双核期 ::::: 无性双核期
■■有性双倍体

图 13-2　滑菇生活史

1. 有性双核期子实体；2. 担子；3. 担孢子；4. 单核菌丝
体；5. 单核期分生孢子；6. 单核期子实体；7. 单核担子；
8. 单核期担孢子；9. 单核菌丝融合；10. 双核菌丝体

13.2　滑菇生长分化的条件

13.2.1　水分要求

　　滑菇子实体含水量为 85％～90％。在营养生长阶段，木段培殖应使其含水量为
35％～42％；代用料培殖其含水量一般应在 68％～72％。发菌空气相对湿度一般在
60％～75％。在生殖生长阶段，要求空气相对湿度一般为 85％～95％。在原基形成与
分化成菌蕾阶段，不能直接向基质与菌体上喷水，应以逐渐加大空气相对湿度的方法
增加湿度。

13.2.2　营养条件

　　滑菇属于木腐菌。许多阔叶树木屑、少数针叶树木屑可以作人工培殖原料，以阔叶树山
毛榉科的木屑最佳。滑菇生长分化所需要的 C/N 在营养生长阶段为 20：1；生殖生长阶段
为(35～40)：1，与平菇的基本相似。其氮源不必过高，否则菌丝纤细，也不易分化子实体。
若加入米糠以 10％～15％为宜。

13.2.3　空气要求

　　滑菇是好气性真菌。在营养生长阶段，室内通气不良，或培养基质透性差，菌丝细胞生
长分化呼吸排出的 CO_2 不能及时排出造成 O_2 不足。从而，影响菌丝体的正常生长分化，同
时造成厌氧环境，杂菌孳生，培养料被污染。在生殖生长阶段，菌体细胞呼吸更为强烈，故
此需要的氧气量更大。常通风换气，而且是较温和的保持室内空气新鲜是非常必要的。否
则，环境中 CO_2 浓度过高会导致原基不分化、晚育菇、菌柄长而粗、菌盖小、子实体易
畸形。

13.2.4　温度要求

　　滑菇是低温、变温结实性菌类。菌丝在 4～32℃都能生长，适宜温度为 25～26℃，15～
20℃菌丝发育最健壮，32℃以上停止生长，40℃以上菌丝细胞趋于死亡。长时间处于 -5℃
以下可产生冻害或病害，菌丝细胞再生能力受影响。子实体生长分化温度一般为 5～20℃，

可分为高中低温型菌株：高温型 7～20℃；中温型 7～12℃；低温型 5～10℃。当地气温达 10℃时是滑菇较好的育菇时期。菌丝达生理成熟后，应进行 7～12℃的变温刺激，促使原基的发生和分化。

13.2.5　光照要求

在发菌阶段，菌丝需要暗培养。在生殖生长分化阶段则需要散射光，一般掌握在 500～800lx 为宜。光线不足原基形成少，且难以分化成菌蕾；子实体的菌盖薄而小，菌柄长而细，菌肉糠软，商品价值差。子实体具有向光性，光质以蓝光为佳。

13.2.6　酸碱度要求

滑菇菌丝体细胞生长分化 pH 为 3.5～6.5，在配制培养基时，一般掌握在 pH6.5～7.0。

13.3　滑菇的培殖技术

目前，滑菇主要培殖方式有木段培殖法，即以直径 15～20cm，每段长 15～16cm 的杨、椴、赤杨、山毛榉等阔叶树种的短木段为原料，或短木段，即直径 10cm 左右，长为 1.0～1.5m 的木段；代料箱式培殖法：箱体规格长×宽×高为 60cm×35cm×10cm，1.2m×1.0m 的包装膜，可装干料 4kg；代料塑料袋栽法：一般聚丙烯筒料的规格为 17cm×35cm×0.035mm，装干料 0.65kg。

13.3.1　母种的制作

滑菇母种的制作与平菇的相同。18mm×180mm 试管斜面母种，25℃条件下培养需要 8～12d 菌丝体满管。

13.3.2　原种的制作

滑菇原种的制作与平菇的相同。500ml 培养瓶原种 25℃条件下培养，需要 15～18d 菌丝体长满瓶。

13.3.3　栽培种的制作

阔叶树木屑 34%、棉籽皮 45%、麦麸 15%、玉米粉 5%、石膏粉 1%，含水量 68%。按正常顺序拌料混匀装袋。菌袋的规格为 17cm×35cm×0.04mm 聚丙烯筒料。一般装干料约 650g，湿重约 1.3kg。常压灭菌 8～12h，高压灭菌 1.5～2h。趁热接种，每瓶原种可接栽培种（两端接种）15 袋。常规发菌管理，25～30d 菌体长满袋。

13.4　滑菇箱式培殖技术

（1）培养基配方。阔叶树木屑 35%、棉籽皮 45%、麦麸 15%、玉米粉 5%、生石灰 1%、石膏粉 1%，含水量 60%；棉籽皮 40%、锯木屑 40%、麦麸 20%、过磷酸钙 1%、石膏粉 1%，含水量 60%；棉籽皮 45%、锯木屑 40%、麦麸 15%、活性炭 4%、过磷酸钙 1%、石膏粉 1%，含水量 60%。

（2）装箱灭菌。木制箱规格长×宽×高为 60cm×35cm×10cm。内衬聚丙烯塑料薄膜（薄膜面积 1.2m×1.0m），装湿料约 8kg。箱体四边压实，料面用木版压平，料厚约 8cm，并用打孔板（6 行×4 孔）打接种孔。孔径 2cm 的锥形孔，洞深 6cm。常规灭菌高压 2h，常压灭菌 8～12h。

（3）接种与培养。冷却至 28℃接种，500g 原种接 3～5kg 干料。发菌培养前期 3～5d，

28℃培养，以后 15～20℃协调温度培养。在整个发菌期间同样掌握 4 个基本条件，即环境整洁干燥、暗培养、适宜的温度、常通风换气。45～50d 菌丝发满。此时，培养基表面形成橙黄色的菌膜，而且菌体有弹性。

（4）育菇管理。包括促使菌丝体扭结原基发生、原基分化成幼菇、育菇 3 个阶段。

A. 原基发生：当菌体表面的菌膜由橙黄色变为橘红色菌皮时，说明菌丝体以达生理成熟，上架进行变温培养，增大昼夜（昼 20℃，夜 10℃）温差，低温 10℃刺激，与此同时，开包搔菌促使菌丝体扭结原基发生。在打开菌块上面的塑料薄膜时，用消毒后的壁纸刀搔菌即在菌块上表面均匀地划若干个 3cm 见方、深度为 1cm 的方块，立即盖膜促使菌丝体扭结。在此期间，逐渐增加空间相对湿度达 80%，并给予散射光，光照时间 12h/24h，光照度为500～600lx，光质以蓝光为佳。

B. 原基分化：原基分化需要外界刺激、包括物理刺激和化学刺激。保持低温 10℃左右刺激。当原基为米粒大时，提高菇房相对湿度至 85%～90%，保持散射光，光照时间为12h/24h，光照度为 500～600lx，加强通风换气，而且要温和地通风换气。25d 左右原基分化成菌蕾，此时可进行疏花疏果，提高成品菇。

C. 育菇：待菌该长至 0.5cm 时，可向菌块上喷雾状水，水温 15～16℃。提高室内空气相对湿度为 90%～92%，并给予散射光，光照时间 12/24h，光照度为 700～800lx，光质以蓝光为佳，温和地通风换气，保持低温 12～15℃育菇。

13.5 采收与保鲜

滑菇的分级：可分为一级、二级、三级和等外品共 4 级。

一级：菌盖直径小于 1.6cm，菌柄长小于 3cm，子实体完整未开伞，自然光泽。

二级：菌盖直径 1.7～2.2cm，菌柄长小于 3mm，子实体完整半开伞，开伞小于 20%，自然光泽。

三级：菌盖直径 2.8～4.0cm，菌柄长小于 3mm，子实体完整半开伞，开伞小于 40%，自然光泽。

采收前停水 12h，采收后停水一周，清理菇床和整个菇房，适当提高温度促使菌丝恢复生长。一般可出 3～4 潮菇。生物学效率可达 80～90%。

滑菇的盐渍工艺流程：精选原料→分级→清洗→杀青→急速冷却→腌制→检验→调酸→装桶→成品→质检→入库。

其工艺关键控制点：精选原料；漂烫透彻、均匀不过火；急速冷却透彻；加盐调酸达标；杀青（一般 100kg 15% 食盐水，煮沸后，投放 30～40kg 鲜滑菇，煮沸计时1～2min。杀青水只可连续用 3 次）；急速冷却至室温腌制（盐渍过程中，始终应保持盐浓度≥22°Bé）。

小 结

滑菇属于木腐菌类，是低温性、变温结实、好气性真菌。多分布于中国和日本的壳斗科树木，多丛生。主要的人工培殖方式有木段培殖、代料箱式培殖、代料塑料袋培殖。根据子实体形态特征，滑菇共分为 4 个等级。

滑菇是食药兼性菌，具有较高营养价值。子实体表面黏性物质是一种可以抑制肿瘤细胞的核酸。滑菇生活史是异宗结合的有性生殖。

思　考　题

1. 培殖滑菇的营养条件是什么？
2. 目前滑菇的培殖方式有几种？
3. 滑菇的盐渍工艺流程是什么？

第14章 鸡腿菇培殖技术

14.1 概 述

鸡腿菇[*Coprinus comatus*(O.F mull.)Pers.，*Tent. diap. meth*，*fung*(Lipsiae)：62(1797)]，又名鸡腿蘑、毛头鬼伞。英文名：lawyer swtg；shaggy tnk cap；shaggy mane。在分类学上属于真菌界(Kingdom Fungi)担子菌门(Basidiomycota)层菌纲(Hymenomycetes)伞菌目(Agaricales)鬼伞科(Coprinaceae)鬼伞属(*Coprinus comatus*)。

子实体多丛生，成熟后开伞，幼蕾期菌盖圆柱形，直径3～5cm，高达9～11cm，菌盖表面初期光滑，后期表皮开裂成平展的鳞片，初期为白色，中期淡锈色，后渐加深为褐色，菌肉白色(图14-1)。菌柄长7～25cm，粗13cm，圆柱形向下渐粗，中实，有丝状光泽白色，纤维。菌环乳白色易脱落。菌褶密集离生，易液化为黑色汁液。孢子光滑，黑色，椭圆形，大小(12.5～16)μm×(7.5～9)μm。囊体无色，顶端钝圆。

图14-1 鸡腿菇[*Coprinus comatus*(mull. ex.：Fr.)S. F. Gray]

多发生于春夏秋季雨后田野、树下、草坑里，分布广泛。世界各地均有，中国主要产于华北、东北、西北和西南等地。幼时可食，味美鲜嫩。但与酒同食易中毒，含有石炭酸，对肠胃有刺激。

据分析得知鸡腿菇每100g干菇中含粗蛋白质25.4g、脂肪3.3g、总糖58.8g、纤维7.3g、灰分12.5g，并含有20种氨基酸，包括8种人体必需氨基酸。其氨基酸总量为18.8g，人体必需氨基酸总量为7.5g，占氨基酸总量的40.05%。鸡腿菇是一种食药兼用菌，味甘性平，有益脾胃、清心安神、治痔等功效。鸡腿菇的子实体热水提取物对小白鼠肉瘤180和艾氏癌抑制率分别为100%和90%。据阿斯顿大学报道，鸡腿菇含有治疗糖尿病的有效成分。联合国粮食及农业组织(FAO)和世界卫生组织(WHO)将其确定为16种珍稀食用菌之一。

20世纪60年代，德国、英国、法国等国家开始对鸡腿菇驯化。中国最早对鸡腿菇人工驯化的报道是福建三明真菌研究所吴淑珍(1987)的工作。20世纪末开始规模性生产。一般生物学效率为100%。2009年，中国总产量达44万多吨。

14.2 生长分化条件

14.2.1 水分要求

鸡腿菇培殖基质含水量60%~65%。发菌期间空相对湿度55%~70%；育菇阶段空气相对湿度80%~90%。覆土层含量一般在0~20%，要求手捏成团，触之即散。在覆土期间20d内空气相对湿度75%左右；育菇期间空气相对湿度85%~95%。

14.2.2 营养条件

野生鸡腿菇生于腐质土中。鸡腿菇菌丝细胞分解利用营养的能力较强，可利用的碳源广泛，如葡萄糖、木糖、半乳糖、麦芽糖、棉籽糖、甘露糖、淀粉、纤维素、石蜡等，均可利用。鸡腿菇营养生长阶段C/N较高为40∶1，生殖生长阶段C/N为60∶1。蛋白胨、酵母粉、大豆粉等是鸡腿菇很好的氮源。据说鸡腿菇菌丝细胞有较强的固氮能力。鸡腿菇菌丝细胞分解能力强，所需营养广泛，适应性强。许多工农业带有纤维素、半纤维素、木质素的有机下脚料都能作鸡腿菇的培殖基，甚至有些其他种菇菌糠，也可再次种鸡腿菇。

14.2.3 空气要求

鸡腿菇是一种好气性真菌。由于其生长速度快，整个生长过程中都需要大量氧气，尤其是子实体生长分化阶段更是需要常通风换气。在保证湿度和温度条件下，怎样温和的通风都不为过。

14.2.4 温度要求

鸡腿菇属广温真菌。其菌丝生长温度在3~35℃，适宜温度22~26℃。菌丝体抗寒、抗旱、抗热能力均强。－30℃下仍冻不死，30℃下60d后覆土仍能正常育菇。当温度超过36℃菌丝细胞自溶。子实体生长分化温度为9~30℃，最适土温12~22℃。

14.2.5 光照要求

菌丝生长阶段一般需要暗培养，而在生殖生长阶段则需要散射光。光照度500~1000lx的散射光可提高鸡腿菇的质量和商品价值。

14.2.6 酸碱度要求

鸡腿菇菌丝体在pH5~8.5的培养基都能生长，适宜pH6.5~7.5。

14.2.7 覆土

鸡腿菇子实体发生特点是必须覆土，其主要作用是给予生理成熟的菌丝体以刺激，包括重力、湿度的刺激及土壤微生物的作用。

14.3 鸡腿菇的培殖技术

14.3.1 菌种的制作

母种和原种与侧耳的相同。25℃条件下培养分别7~10d和18~20d可满管或满瓶。每支试管种可接原种培养基5~6瓶。

栽培种培养基：棉籽皮85%、麦麸10%、玉米粉5%、生石灰3%、石膏粉1%，含水量 65％；经曝晒的棉籽皮废料 66％、1.0～1.5cm 的碎稻草 10％、麦麸 12％、玉米粉 8％、生石灰 3％、石膏粉 1％、含水量 65％；上搅拌机充分搅匀，立即装袋灭菌。趁热 28℃接种，常规培养，约 25d 菌丝体可发满袋。

液体培养基：4％的鲜玉米渣和 2％的麦麸沸水浸提 30min，双层医用纱布过滤，取其液体加入 0.1％ KH_2PO_4、0.05％ $MgSO_4 \cdot 7H_2O$ 完全溶解后定容 100％。培养条件：pH7.0，25℃，搅拌速度 120～180r/min，通气量 1：（0.5～1.2）。接原种 15ml/瓶，接栽培种 30ml/袋。

14.3.2　袋式发菌床式覆土育菇

鸡腿菇可生料、熟料、发酵料培殖。培殖方式有床式培殖法、袋式培殖法等。目前，以袋式发菌床式覆土效果最好。育菇期 100d 左右，可采 4～5 潮菇，熟料培殖生物学效率可达 100％以上。

菌袋规格为 17cm×35cm×0.035cm，装干料大约为 600g。常规灭菌，趁热接种。常规发菌 25℃条件下，25d 左右菌丝体可发满袋。

棚室内南北向作畦，畦宽 1.0m，畦长不限，畦深 25cm。两畦之间建人行道 25～30cm，宽土埂。北墙下建 1.0m 宽东西向甬道。棚室内实际利用率为 60％～65％。

将达生理成熟的菌棒均匀地排放于畦内，排场后床面最终为鬼背形。菌棒直立排放，间隔 3～5cm，其间隙质土填充，菌棒的上方覆土（消毒过的 70％的菜园土与 30％沙壤土）2～5cm。一次浇足水，将露出的菌棒再次覆土。菌棒排场密度一般为 30～36 只/m²。

14.3.3　育菇管理与采收

常规育菇管理，约 7d 显蕾，10d 后采收。当子实体七八成熟时，及时采收，边采收边清理菇脚，并及时杀青或腌制。

小　　结

鸡腿菇属于珍稀食药兼用菌。其子实体对肿瘤细胞有较强抑制，且对糖尿病有治疗作用。野生鸡腿菇生于腐质土中，是一种广温型、好气性真菌。其菌丝体具有较强分解和固氮能力，营养来源广泛，适应性强。

覆土是鸡腿菇人工培殖的必需环节，其作用在于对菌丝体产生物理刺激。目前主要有床式培殖法和袋式培殖法。

思　考　题

1. 代料培殖中，鸡腿菇的营养来源有哪些原料？其 C/N 在各阶段是多少？

2. 鸡腿菇在蕈菌产业中的优势有哪些？

3. 鸡腿菇培殖的特点是什么？

第15章 鲍鱼菇培殖技术

15.1 概　　述

鲍鱼菇[*Pleurotus cystdiosus* O. K. Mill.，*Mycologia* 61：889(1969)]，又名黑点侧耳；商品名为鲍鱼菇、台湾平菇，英文名为 abalone mushroom。

鲍鱼菇属真菌界(Kingdom Fungi)担子菌门(Basidiomycota)层菌纲(Hymenomycetes)伞菌目(Agaricales)侧耳科(Pleurotaceae)侧耳属(*Pleurotus*)。

中国台湾 20 世纪 70 年代开始培殖，已投入商业化生产，其数量仅次于欧美国家普遍食用的平菇(*Pleurotus ostreaeus*)。产品除以鲜品供应市场外，还制成罐头出口东南亚和香港市场。

1972 年，中国大陆开始鲍鱼菇的开发研究。福建三明真菌研究所，首先在福建的晋江采集并分离到鲍鱼菇的野生菌株，之后在泉州、厦门、同安、霞浦等地，以及浙江的杭州一带采集和分离鲍鱼菇野生菌株进行驯化培殖试验。上海师范学院生物系等科研单位也分离了野外菌株进行培殖试验，该品种已在中国大陆部分地区开发和推广投入商业化生产。

鲍鱼菇肉质肥厚，菌柄粗壮，脆嫩可口，特别是在炎热的夏季，它可一枝独秀。其营养十分丰富，具有独特鲍鱼风味，颇受人们的欢迎。

图 15-1　鲍鱼菇(*Pleurotus abalonus*
Hai，K. M. Chen et S Cheng)(黄年来提供)

子实体的形态特征：子实体单生或丛生，如图 15-1 所示。菌盖直径 3～24cm，暗灰褐色，中央稍凹。菌褶延生，呈黄白色，有明显的暗褐色边缘。菌肉厚，质地致密。菌柄长 5～8cm，中实，淡白色。其主要特征是双核菌丝能形成黑头的分生孢子。有时，在成熟的子实体的菌褶和菌柄上边会产生大量的分子孢子。分子孢子成链状发生，(14～16)μm×(5.2～6.4)μm。孢子无色，光滑，长椭圆形，(10.5～13.5)μm×(3.8～5)μm。

鲍鱼菇是一种高温、木腐菌型类。夏季，野生鲍鱼菇一般发生于榕树、刺桐、凤凰木、番石榴、法国梧桐等腐朽的树木上。鲍鱼菇多分布于台湾、福建、浙江等省。

15.2　生长分化条件

15.2.1　水分要求

鲍鱼菇菌丝生长的适宜含水量为 65%～68%。但是，夏季培殖的鲍鱼菇菌株，因气温高，水分散失快。故此，配制培养基时含水量以 70% 为宜，发菌室的相对湿度以 60%～65% 为宜，湿度太高，菌棒的污染率大。育菇培养室的相对湿度保持在 90%～92% 时对子实体的发育最有利。

15.2.2　营养要求

鲍鱼菇的碳素营养源主有葡萄糖、蔗糖等。在生产中，常以棉籽皮、秸秆、废棉、木屑、甘蔗渣、玉米芯等作为培养料。鲍鱼菇的氮素营养源，如蛋白胨、氨基酸、尿素等。另外，天然的含氮化合物，如牛肉浸膏、酵母等也可利用。在生产中，常以细米糠、麸皮、玉米粉、大豆粉、花生饼粉、棉籽粉等作为主要氮素营养源。在鲍鱼菇的生产过程中，还需要无机盐和维生素，需求量虽然少，但又不可缺少，因为马铃薯、米糠、水中已含有，配制培养基时不必再添加。对于菌丝生长慢的鲍鱼菇菌株，添加一定量的硫胺素（维生素 B_1）和核黄素（B_2），可使菌丝生长加快、旺盛，缩短菌丝生长时间。

15.2.3　空气要求

鲍鱼菇的营养生长阶段对 CO_2 的浓度要求不甚严格。但是，生殖生长阶段需要充足的氧气。随着子实体不断生长分化和高温的缘故，氧气需求量不断增加。通气不良，鲍鱼菇的子实体的柄长、菌盖小，或不发育不良，容易形成畸形菇。

15.2.4　温度要求

鲍鱼菇属中温偏高的菌类。其菌丝生长温度以 15～35℃ 为宜，最适宜的温度是 24～28℃。子实体发生的温度为 15～35℃，最适宜温度为 25～30℃，低于 20℃ 和高于 35℃ 时，菌蕾发生的数量少，或不产生菌蕾。温度还会影响子实体的颜色，气温 25～28℃ 时，子实体呈灰黑色，28℃ 以上时呈灰褐色，若气温下降至 20℃ 以下时，子实体呈黄褐色，并逐渐萎缩。

15.2.5　光要求

鲍鱼菇的营养生长阶段不需要光照，而生殖生长阶段则需要 500～1000lx 的光照。黑暗条件下，不易分化成菌盖，子实体有明显的趋光性。

15.2.6　酸碱度要求

鲍鱼菇的菌丝在 pH5.5～8 的培养基中均能生长，菌丝生长和子实体形成的最适 pH 是 6～7.5。

15.3　鲍鱼菇的培殖技术

中国南方地区以每年的 5 月至 10 月较为适宜。中国北方地区可根据鲍鱼菇在 25～30℃ 能正常育菇的要求，合理安排培殖季节。关于培殖场的选择，可参照本书糙皮侧耳培殖的技术进行。

15.3.1　菌种的制作

鲍鱼菇的母种、原种及栽培种的制作与糙皮侧耳的基本相同。故此，可参照其制作。

15.3.2　育菇菌棒的制作

(1) 育菇菌棒的制作工艺流程：母种→原种→栽培种→配料→装袋→灭菌→接种→发菌→育菇管理→采收→分选→加工→质检→入库→销售。

(2) 培养基配方：①棉籽皮 65%、木屑 15%、麸皮 18%、糖 1%、碳酸钙 1%、含水量 70%；②棉籽皮 92%、麸皮 5%、糖 1%、碳酸钙 2%、含水量 70%；③木屑 71%、麸皮

20％、玉米粉 5％、糖 1％、碳酸钙 3％，含水量 70％。

（3）培养基制作：将上述任何一种配方的原料用搅拌机充分混匀，并闷料 2～3h。机械装袋 17cm×35cm×0.45mm。装干料重 500～600g/袋，并在培养基中间打一直径 1.0～1.5cm、深 15cm 的洞。然后，套上套环、塞上棉花，装筐进行灭菌。高压灭菌 2～2.5h，常压灭菌 100℃，8～10h。无论是高压灭菌还是常压灭菌，必须在灭菌筐的上方铺垫纸。

（4）接种：在彻底消毒的条件下，一般 4 人一组，配合操作。750ml 瓶菌种，两端接种可接育菇菌棒 15 袋左右；湿重 1.25kg 的栽培种可接育菇菌袋 25 个。

15.3.3 发菌管理

鲍鱼菇的营养生长阶段同样掌握 4 个基本条件：①暗培养，强光对菌丝的生长有抑制作用；②要充足的氧气，要时常通风换气，并且较温和的通风，室内保持空气清新；③保持室内整洁干燥的环境，一般 55％～65％ 的空气相对湿度，这样可抑制环境中杂菌的繁殖，防止菌袋的污染；④适宜的温度，发菌前期升温至 27～28℃，使其菌丝早萌发、早定植。发菌中期，控温防止烧料，协调最适温度培养，一般掌握在 19～21℃ 条件下发菌，料温在 22～24℃。这有利于菌丝营养的积累及生长健壮，降低污染率。经过 25～30d 菌丝体满袋。

15.3.4 育菇管理

鲍鱼菇属于恒温性结实性菌类。当菌丝体满袋后，应立即搬至培殖室，拔掉棉花塞，脱掉套环，准备育菇。由于鲍鱼菇的菌丝生长温度与育菇温度近似，菌棒的表面常会出现原基或菌蕾，必须刮掉。气温在 25～28℃ 时，一般经 56d 后，原基开始形成，或分化成菌蕾。菇蕾的发育至子实体采摘需 3～4d。第 1 潮菇采收后，停水减低室内空气相对湿度，使菌丝恢复生长 3～5d，进行常规育菇管理。第 2 潮菇采收后，发生的菇蕾较少。

鲍鱼菇的培殖关键是要根据各个生育阶段对温度、湿度和光照的不同需求进行细致的科学管理。

鲍鱼菇生殖生长阶段调温度、控湿度是关键，要勤喷水，少量多次，墙壁、地上均喷水以降低温度，促进菇蕾的发生。夏季空气干燥，水分蒸发快。因此，必须十分注意水分的供给，培殖房的空气相对湿度达 90％～95％ 最为合适。催蕾时，喷洒少量水，保持培养料表面湿润。子实体生长时，喷水量需逐步增大，以满足菇体生长的需要。但是，还需根据当时的气候变化灵活掌握。如雨天空气湿度大可少喷水；晴天干燥多喷水。气温高时，培殖房要保持潮湿。否则，相对湿度偏低，造成原基不分化，菇蕾干死，子实体颜色变棕褐色。但是，湿度过大，菌棒表面会产生较多的分生孢子，进而出现黑色的液滴，造成菇蕾发育不良。所以，合理地调控湿度是鲍鱼菇能否高产的关键。鲍鱼菇原基分化需要光线，一般需要 500～1000lx 的光照，更需要常通风换气，保持室内空气新鲜。

15.3.5 采收与加工

当子实体发育至菌盖近平展，菌盖边缘稍有内卷时，立即采收。采摘时，一手压住培养料，一手握住菌柄轻轻转动，将菇采下。采收之后，将料面清理干净，降低湿度，使菌丝尽快恢复生长。鲍鱼菇自催蕾开始到采收完毕，整个培殖周期大约 90d。生物效率一般为 70％～90％。一般子实体菌盖直径 2～5cm，菌柄长 1～2cm。菌盖直径 2～3cm，菌柄长 1～2cm 的为一级菇；菌盖直径 4～5cm，菌柄长 1～2cm 的为二级菇。

软罐头加工方法与其他食用菌的加工方法基本相似。水煮工艺：原料精选去杂修整→预水煮 3～5min→清水急速冷却→切片→配汤→小包装→密封→杀菌→冷却→质检→保温库。

杀菌时间共计 45min，分别为 125～100℃，7min；100～80℃，30min；80～60℃，5min；60～38℃，3min。37℃保藏 10～15d，质检后入保鲜库。

小　　结

鲍鱼菇属于高温、变温结实性、木腐菌类，丛生或单生，营养来源广泛。其营养生长阶段需满足 4 个基本条件：暗培养、充足氧气、整洁的环境、适宜温度。其人工培殖的场地和菌种制备与糙皮侧耳相似。

思　考　题

1. 鲍鱼菇的培殖工艺流程是什么？
2. 鲍鱼菇水煮工艺是什么？

第三篇　珍稀蕈菌培殖技术

　　该篇阐述了 24 种菇类，包括商业规模化生产的 9 种，商业批量化生产的 9 种，正在攻关驯化的 6 种。所谓珍稀菇类，一是营养、子实体形状、味道、颜色、功能等特点突出；二是稀少；三是培殖技术要求高等。珍稀菇类与一般常见菇类均具有时空内涵，随时间的推移，人们的认识水平的提高，科学技术的不断发展，珍稀菇类可转变为一般常见菇类，甚至会相互转变。

第16章 白灵菇培殖技术

16.1 概　述

白灵菇[*Pleurtus nebrodensis* (lnzengae) Quél. ，*Enchir. fung.* (Paris)：148(1886)]，隶属于真菌界(Kingdom Fungi)担子菌门(Basidiomy cota)层菌纲(Hymenomycetes)伞菌目(Agaricales)侧耳科(Plenrotaceae)侧耳属[*Pleurotus* (Fr.)Kumm. (1871)]。

白灵菇多生于伞形花科的草本植物，如阿魏、刺芹、拉嫈草等植物茎基部。它与刺芹侧耳亲远关系相近，又名白灵侧耳、翅鲍菇等。白灵菇子实体，手掌形、贝壳状，菌盖厚，子实体初期近扁球形，较成熟的子实体基部上粗下细，菌柄侧生，几乎无柄，如天山二号；白阿魏侧耳[*P. eryngii*(DC. : Fr)var. *nebrodensis* lenza.]，漏斗形(棒状)，柄粗长，如天山一号，是刺芹侧耳的白色变种；阿魏侧耳(*P. ferulae* lenzi.)，马蹄形，柄短粗，偏生，如天山三号。目前白灵菇有3个菌株，人们多习惯统称其为白灵菇，见图16-1～图16-3。

图 16-1　温室墙式培殖白灵菇　　　　图 16-2　出口白灵菇　　　　图 16-3　工厂化瓶栽白灵菇

白灵菇是一种干旱草原上的低温变温型腐生菌，有时也有寄生性质，实属于腐生兼寄生菌。在国外，南欧、中非、北非、中亚地区包括法国、西班牙、土耳其、捷克、匈牙利、摩洛哥、哈萨克斯坦、吉尔吉斯斯坦、乌兹别克斯坦等国家及印度的克什米尔高山均有分布，东欧、西亚也都有分布。在中国多分布于新疆的伊犁、塔城、阿勒泰、木垒、青河、托里等沙漠戈壁上。每年早春4月到5月初雪融化后自然生长。民间誉为"天山神菇"。

1958年，印度、法国、德国等真菌学家首次证明可以人工培殖。1977年，Ferri 成功地进行了商业性培殖。1983年，中国生物新疆沙漠土壤研究所曹玉清等进行了野生阿魏侧耳的采集和驯化培殖，并获得成功，其后，新疆木垒县食用菌开发中心赵炳学进行了大面积培殖。1990年，通过单孢配对选育优质高产菌株 kH_2。1992年5月10日通过专家鉴定。1997年，北京有了大面积培殖。1998年，天津地区开始培殖。现主要培殖地区有新疆、河南、河北、天津、北京等地。

目前，生物学效率一般在35%～50%，覆土墙式培殖可达60%～90%。其生物转化率有很大的开发潜力，关键在于搞清其生物学和生理学特性。棉籽皮培养料培殖的产量最高，从接种到收需95～120d。

白灵菇形态特征，子实体单生或丛生，以单生较多。有的子实体呈马蹄状，有的呈贝壳形，菌盖肥厚，直径达6～14cm，菌盖厚达4～8cm，子实体单朵鲜重可达100～200g，最大达 360～400g。菌肉白色，菌盖边缘下卷后渐平展，菌褶密集，长短不一，近延生，也为白色。菌柄长，一般 2～5cm，柄粗 2～5cm，上粗下细，有的无菌柄，中实。有的子实体呈棒状，菌盖小，菌柄粗，一般上下等粗或上粗下细，通体白色柄长达 10～20cm。从培殖角度考虑，马蹄状或贝壳形的子实体较棒状的生长周期要长一些。孢子无色光滑，椭圆形或长椭圆形，大小一般为（11～12）μm×（5～6）μm，有内含物，孢子印白色。菌丝锁状联合明显。

　　白灵菇是一种食药兼用的大型真菌，其子实体色泽洁白，肉质细嫩，味如鲍鱼，久煮不烂，质地细嫩鲜美口感极佳，是优质保健食品。据国家食品监督检验中心检测，白灵菇中含蛋白质 14.7%、脂肪 4.315%、粗纤维 15.4%、碳水化合物 43.3%、维生素 C 26.4%、维生素 E 小于 0.025%、真菌多糖 19.0%（以葡萄糖计），氨基酸总量为 10.6%，均含有人体 8 种必需氨基酸，占其氨基酸总量的 35%。尤其是赖氨酸、精氨酸比金针菇还高 3～4 倍，分别为 569mg/100g、1002.3mg/100g。谷氨酸 1707.0mg/100g；脯氨酸 699.6mg/100g；天冬氨酸 1174.9mg/100g（表 16-1）。矿物质也很丰富，其中含钾 16.398g/1000g、钠 0.19g/1000g、钙 0.098g/1000g、镁 0.597g/1000g、磷 5.19g/1000g、锰 2.2mg/1000g、铜 3.2mg/1000g、硒 0.068mg/1000g。

表 16-1　白灵菇氨基酸的含量　　　　　（单位：mg/100g）

检验项目	测定值	检验项目	测定值	检验项目	测定值
天冬氨酸	1174.9	缬氨酸	674.6	氨	468.7
苏氨酸	450.4	蛋氨酸	154.8	组氨酸	213.5
丝氨酸	450.2	异亮氨酸	470.1	精氨酸	1002.3
谷氨酸	1707.0	亮氨酸	490.23	脯氨酸	699.6
甘氨酸	555.7	酪氨酸	241.3	色氨酸	—
丙氨酸	562.3	苯丙氨酸	447.8	合计	10679.9
胱氨酸	47.5	赖氨酸	569.0		

　　白灵菇的药用价值在于它有消积、杀虫、镇咳、消炎、治疗妇科肿瘤的作用。现代药理学表明其多糖有提高人体免疫力水平的作用，具有抗病毒、抗肿瘤作用，而且还能降低低密度胆固醇含量，防止动脉硬化。

16.2　白灵菇生长分化的条件

　　白灵菇属于异宗结合，四极性，双因子控制，即它的性别由独立分离的遗传因子 A、B 所控制。每个担子上所产生的 4 个担孢子，分别为 AB、Ab、aB、ab 4 种类型，近似于 4 种性别，称为四极性。白灵菇的生活史见图 16-4。

　　白灵菇子实体七八成熟后，在菌褶处开始弹射出大量担孢子。孢子遇到适宜条件开始萌生出芽管，初期多核，很快产生隔膜，每个细胞有一个核。芽管不断分枝伸长，形成一团单核菌丝体。由侧耳孢子产生单核菌丝 AB、Ab、aB、ab 4 种基因型。当两种不同

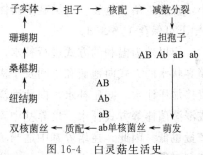

图 16-4　白灵菇生活史

基因型菌丝结合后(质配)形成双核菌丝细胞。每个细胞都含有遗传物质不同的两个核。在形态上，这两个核保持着相对独立性，如各自保持其特有的核膜。双核细胞菌丝尖端借助于锁状联合不断进行细胞分裂产生分枝，进行营养生长。

白灵菇生长、分化及繁殖离不开水、肥、气、热、光、pH 等营养与环境因子，必须给予综合的认识，从中探索出规律性的东西，以便指导生产实践。

16.2.1 水分要求

白灵菇生命中的物质转变、能量转化、信息传递、信号传导、形态建成等都离不开水。白灵菇的水包括培养基中的水、子实体中的水、细胞代谢中的水、生长中的水、分化中的水，以及环境空气中的相对湿度等。白灵菇新鲜子实体含水量一般为 $80\% \sim 90\%$，由此也说明，白灵菇中水的重要性及其发育特点。无论是在其营养生长阶段还是生殖生长阶段，所需水的量与水的形态虽然不同，却都离不开水。而且，水质也不可忽视，水的矿化度、矿物质成分、pH、水温、水的磁化等都会影响白灵菇菌丝细胞的生长分化和子实体发育，也影响白灵菇的产量和质量。关于水质，应特别防止有害物质和重金属及放射性物质进入。培殖白灵菇的培养基因其品种不同，含水量也不同，培养基中含水量多在 $60\% \sim 65\%$。培养基中由于菌丝体生长、子实体的发育，需要不断地吸收水分，而且随子实体的增大，育菇潮次的增多、蒸发量加大，培养基中水分含量逐渐减少。所以，应经常适当地补充水分。

培养基的料水比为 $1 : (1.1 \sim 1.4)$，含水量 $60\% \sim 65\%$，手捏测试，使手指间滴出 $4 \sim 5$ 滴水珠为宜。

在发菌阶段，菌丝细胞所需要的水分主要来源于培养基。要求空气相对湿度较小，一般保持在 $60\% \sim 65\%$。这个阶段的主要矛盾方面是控温与通风换气。因为，菌丝生长所需要的水分已在培养料中，是培殖者给定的，是相对稳定的因素。当空气相对湿度低于 60% 时，菌丝生长慢、发育不良；高于 65% 菌丝生长分化也慢，因氧气少，遇到高温会引起厌氧菌大量繁殖，致使培养基变酸臭，常导致菌丝停止生长，甚至造成发菌失败。

在子实体发育阶段，随着子实体的不断增大，应逐渐加大湿度。空气相对湿度应在 $80\% \sim 95\%$。空气相对湿度高于 90%，子实体表面形成一层水膜，影响对氧气的吸收。子实体生长缓慢，菌盖边缘细胞难以分裂，多呈现铁锈色。菇蕾颜色变黄，甚至整簇菇腐烂。在子实体发育过程中，需要较高的空气相对湿度毋庸置疑，但是，不能恒定一种湿度，要有湿度变化，只有这样才能保证子实体发育所需物质正常运输和细胞生长分化所需的氧气和水分及时供给。空气相对湿度长时间低于 80% 时，不利于菌丝细胞分裂和伸长，已分化形成的菇蕾，也会干枯死亡；低于 40% 时，不能形成子实体。在低温 $6 \sim 7^{\circ}\mathrm{C}$，空气相对湿度过小，常发生菌盖龟裂。白灵菇子实体有含水量小、耐干旱的特点，所以，较易于保存，$1 \sim 4^{\circ}\mathrm{C}$ 下可保存 $15 \sim 30\mathrm{d}$。

应以较为温和的方式进行补水。子实体生长分化所用水一定要整洁，水温要适宜。常以喷雾状水的方式向地面和空间及子实体给水。育菇后期，补给培养基中的水分，则可以采取直接加压注水、减压补水、向地面浇水、借土壤毛细管水作用渗入培养基中、增加空间湿度或浸湿菌棒等方式补水。培养基中含水量不足，菌丝体生长缓慢，子实体也不能正常发育，产量也低。因此，在培养基中适当填加保水剂，如高分子吸水物、硅藻土、蛭石和珍珠岩，有利于保水。

16.2.2　营养要求

白灵菇是腐生兼寄生菌。培殖白灵菇原料较广泛，主要有禾谷类秸秆、棉籽皮、工业废棉绒、玉米穗轴、纸浆渣、葵花籽壳、油菜籽壳、其他作物秸秆、蚕豆皮、酒糟、醋糠、甜菜渣、甘蔗渣、香蕉茎叶、梧桐树叶、大豆秸、葵花盘、花生壳、部分中药渣等。20 世纪 90 年代，培殖蕈菌代用料的开发较为广泛，主要有棉籽皮、木屑、甘蔗渣、甜菜废丝、玉米芯、大豆秸、稻草、麦秸等作物秸秆 8 种原料。单一的蕈菌培殖料以棉籽皮为原料的产量最高。为降低成本，现已向其综合料培养基方向发展，潜力巨大。总之，凡含有纤维素和木质素的草本植物的有机物都可以作为培殖白灵菇的培养基。

白灵菇菌丝利用单糖中以果糖为最好，其次是甘露糖、葡萄糖、阿拉伯糖和半乳糖；双糖中以赤砂糖为最好，其次是蔗糖、麦芽糖；多糖中以淀粉和糊精为最好，其次是棉籽糖、羧甲基纤维素钠。在甘露醇和山梨醇的培养基中，菌丝也能很好的生长。

白灵菇营养生长阶段 C/N 为（35～40）：1，生殖生长阶段 C/N 为（70～80）：1，氮素浓度过高则影响其原基分化。矿质元素可加 $CaCO_3$、$MgSO_4$、过磷酸钙、钙镁磷肥等。第 2 潮菇较少，菇形也差。覆土育菇生物学效率可达 80%～90%。但是，优质菇较少。

培殖白灵菇的氮肥主要以麦麸、玉米粉、黄豆粉等。在白灵菇培养中，增加一定量的氮素可促进菌丝生长。米糠、麦麸等不仅能促进菌丝的生长，而且能缩短育菇期，提高育菇量。白灵菇菌丝可利用多种有机氮、氨基酸作为氮源。在制作母种培养基时，适量加有机氮、酵母粉或酵母膏、酪蛋白酶解物、蛋白胨、L-精氨酸、L-丙氨酸等为佳。

在培养基中，增加 Mg^{2+}、$H_2PO_4^-$ 的含量，对白灵菇菌丝生长有促进作用，也可促进原基分化。$MgSO_4 \cdot 7H_2O$ 和 KH_2PO_4 各 0.6%、过磷酸钙 1%～2%，以及各种微量元素，如铁、锰、铜、钴、钼等元素，对白灵菇菌丝的生长和子实体的形成也是必需的。在普通水中的含量也能满足其需要，一般不用再另加。

在白灵菇的显蕾、齐蕾和菇柄伸长期，喷施三十烷醇（0.5ppm）、乙烯利（500ppm）、赤霉素（10ppm）、α-萘乙酸（10ppm）、激动素（5ppm）均可促进白灵菇提早育菇，子实体数量和产量增加，色泽和整齐度提高，尤其是三十烷醇（0.5ppm）＋赤霉素（10ppm）混合液喷施效果更为明显，增产率达 17.1%。这可能与其具有提高酶的活性、促进核酸与蛋白质的合成等生理功能有关。

白灵菇生长分化的营养要求并不苛刻，所有阔叶树的木屑、棉籽皮、甘蔗渣、大豆秸秆、玉米芯等均可培殖成功。氮肥主要以麦麸、玉米粉、黄豆粉等。白灵菇营养生长阶段 C/N 为（25～40）：1，生殖生长阶段 C/N 为（40～70）：1，氮素浓度过高则影响其原基的分化。矿质元素可加 $CaCO_3$、$MgSO_4$、过磷酸钙、钙镁磷肥等。中国北方地区 7～8 月制作生产母种、原种、栽培种；8 月下旬到 9 月底制育菇菌棒；11 月至第二年 3 月底为育菇时间。第 2 潮菇很少，菇形也差。覆土育菇其生物学效率可达 80%～90%。但是，优质菇较少。有报道使用激素 GA_3 2×10^{-6}、2,4-D 20×10^{-6}、6-BA 1×10^{-6} 组合，可增产 15% 左右。

16.2.3　空气要求

白灵菇是一种好气性强的蕈菌。白灵菇在整个生长分化期均需充足的氧气，常通风换气是非常必要的。发菌期能忍受较高的二氧化碳浓度。二氧化碳浓度超过 0.4%，白灵菇原基难分化容易产生畸形菇，尤其是子实体生长分化阶段更要加强通风换气。自原基分化到子实体采摘二氧化碳浓度应保持在 $0.03\% \sim 0.08\%$。随着子实体的不断长大，应逐渐加大通风量。其通风换气必须是温和的，主要是指温度、湿度和风速。

16.2.4　温度要求

白灵菇属**低温变温型**菇类。菌丝生长温度 $5 \sim 35℃$，最适温度为 $22 \sim 25℃$，$5℃$ 以下生长缓慢，$36℃$ 菌丝停生长。其菌丝体则需要 $45 \sim 50d$ 生理成熟时间。菌丝生理成熟后，立即 $-3℃$ 冷冻 $7d$，有利于育菇齐。分化成原基需要低温等刺激。一般控制温度在 $6 \sim 15℃$，最适温度为 $8 \sim 12℃$。特殊情况下，遇 $-20℃$ 以内低温刺激，照常能育菇。子实体生长温度 $6 \sim 18℃$，最适温度为 $6 \sim 8℃$，$18℃$ 以上子实体不长或生长畸形。显蕾后，则尽量恒温育菇，可得优质菇。从接种到采收需 $95 \sim 120d$；从现蕾到采收需 $15 \sim 18d$。当菌盖边缘刚要上翘时，方可采收。在中国华北地区最佳接种期为每年的 8 月中旬至 9 月底，最佳育菇季节为 11 月至第二年的 3 月底。白灵菇菌种 $10℃$ 条件下保藏，一般每 6 个月继代一次。

16.2.5　光照要求

白灵菇在菌丝生长阶段，暗培养可以正常生长，但不利于后熟。子实体分化和生长阶段需散射光，有利于子实体的发育，商品性好。一般光照强度在 $900 \sim 1500lx$，光照时间为 $(12 \sim 14)h/24h$。无散射光子实体发育慢、产量低、质地疏松、品质差。

16.2.6　酸碱度要求

据研究表明白灵菇的菌丝在 $pH5 \sim 11$ 的基质上均可生长，最适 pH 为 $6.5 \sim 7.5$。实际生产中常将培养料 pH 可调到 $9 \sim 10$。这是因为白灵菇菌丝细胞具有高呼吸、产生更多的酸性物质的特点，适当调高 pH 还可提高抗杂菌的能力。子实体发育阶段 pH 一般为 $6.5 \sim 7.0$。

16.3　白灵菇培殖技术

白灵菇培殖技术工艺：制种→培养基制作→接种→发菌→菌丝体生理成熟→搔菌→养菌→低温刺激→原基出现→催蕾→疏蕾→育菇→采收→保鲜与加工→销售。

16.3.1　母种与原种的制作

母种和原种的制作与一般平菇基本相同。不过发菌阶段和菌丝生理成熟期较长，易于污染，所以更需严格操作。其原种以谷粒培养基为佳。其配方：95% 高粱粒、5% 石膏粉；95% 玉米粒、5% 石膏粉；95% 小麦粒、5% 石膏粉；33% 谷粒、57% 棉籽皮、5% 麦麸、3% 生石灰，2% 石膏粉，加水混匀。无论哪种培养基谷粒都要浸泡或预煮，使其充分膨胀后再与其他料拌匀装瓶或装袋。高压灭菌，$126℃$，$0.15MPa$，$1.5 \sim 2.0h$；常压灭菌则需要 $6 \sim 8h$。试管种 $25℃$ 下，一般 $10 \sim 15d$ 可以长满管。一支试管种可接原种 $5 \sim 6$ 瓶。750g 瓶原种 $20 \sim 25d$ 长满瓶。

16.3.2　栽培种的制作

配方：棉籽皮 87%、玉米粉 3%、麦麸 5%、石膏粉 2%、生石灰 3%。培养基的料水比 $1：(1.1 \sim 1.4)$，充分拌匀闷料 $5 \sim 6h$，迅速装袋，低压聚乙烯筒料的折径 $(17 \times 34)cm \times 0.04mm$ 或 $(20 \times 40)cm \times 0.04mm$，可装干料 $600 \sim 650g$，在菌袋内，培养基料柱高约 20cm。常压灭菌 $16 \sim 18h$。750g 瓶原种两头接种可接 $15 \sim 20$ 袋栽培种。常规 $25℃$ 下培养，$25 \sim 30d$ 菌丝可满袋。

16.3.3　白灵菇菌种质量要求

白灵菇菌种（pure culture of *Pleurotus nebrodensis*）按照中华人民共和国农业行业标准 NY862—2004 执行。

（1）母种。

A. 容器规格应符合 NY/T 528—2002 中 4.7.1.1 规定。

B. 感官要求应符合表 16-2 规定。

表 16-2　母种感官要求

项目		要求
容器		整洁、完整、无损
棉塞或无棉塑料盖		干燥、整洁、松紧适度，能满足透气和过滤要求
培养基距瓶（袋）口的距离		顶端距棉塞 40~50mm
接种量（接种物）		(3~5)mm×(3~5)mm
菌种外观	菌丝生长量	长满斜面
	菌丝体特征	洁白浓密、生长健壮、棉毛状
	菌丝体表面	均匀、舒展、平整、无角变；色泽一致
	菌丝分泌物	无
	菌落边缘	较整齐
	杂菌菌落	无
	虫（螨）体	无
斜面背面外观		培养基无干缩，颜色均匀，无暗斑、无明显色素
气味		具特有的清香味，无异味

C. 微生物学要求应符合表 16-3 规定。

表 16-3　母种微生物学要求

项目	要求
菌丝生长状态	粗壮、丰满，菌匀
锁状联合	有
杂菌	无

D. 菌丝生长速度：25℃±1℃下，在 PDPYAA 培养基上，10~12d 长满斜面；在 90mm 培养皿上，8~10d 长满平板；在 PDA 培养基上，12~14d 长满斜面；在 90mm 培养皿上，9~11d 长满平板。

E. 母种遗传培殖性状：供种单位应培殖性状清楚，且经育菇实验确证农艺性状和商品性状等种性合格后的母种，方可用于扩大繁殖或出售。产量性状在适宜条件下生物学效率（鲜重）不低于 30%。

（2）原种。

A. 容器规格应符合 NY/T528—2002 中 4.7.1.2 规定。

B. 感官要求应符合表 16-4 规定。

C. 微生物学要求应符合表 16-3 规定。

D. 菌丝生长速度：培养室室温 23℃±1℃下，在谷粒培养基上，20d±2d 菌丝长满容器；在棉籽皮、麦麸培养基，或棉籽皮、玉米粉培养基上，30～35d 菌丝长满容器；在木屑培养基上，35～40d 菌丝长满容器。

表 16-4 原种感官要求

	项目	要求
	容器	整洁、完整、无损
	棉塞或无棉塑料盖	干燥、整洁、松紧适度，能满足透气和过滤要求
	培养基上表面距瓶(袋)口的距离	50mm±5mm
	接种量(接种物大小)	≥12mm×12mm
	菌丝生长量	长满容器
	菌丝体特征	洁白浓密、生长旺健
	培养物表面菌丝体	生长均匀、无角变、无高温圈
菌	培养基及菌丝体	紧贴瓶(袋)壁，无干缩
种	培养基表面分泌物	无
外	杂菌菌落	无
观	虫(螨)体	无
	拮抗现象	无
	菌皮	无
	出现原基瓶(袋)数	无
	气味	有白灵菇菌种特有香味，无酸、臭、霉等异味

（3）栽培种。

A. 容器规格应符合 NY/T528—2002 中 4.7.1.3 规定。

B. 感官要求应符合表 16-5 规定。

C. 微生物学要求应符合表 16-3 规定。

D. 菌丝生长速度：培养室室温 23℃±1℃下，在谷粒培养基上，25d±2d 菌丝长满容器；在其他培养基上，25～35d 菌丝长满瓶，长满袋应 30～35d。

表 16-5 栽培种感官要求

	项目	要求
	容器	整洁、完整、无损
	棉塞或无棉塑料盖	干燥、整洁、松紧适度，能满足透气和过滤要求
	培养基上表面距瓶(袋)口的距离	50mm±5mm
	菌丝生长量	长满容器
	菌丝体特征	洁白浓密、生长旺健、饱满
	不同部位菌丝体	生长均匀、色泽一致、无角变、无高温圈
菌	培养基及菌丝体	紧贴瓶(袋)壁，无干缩
种	培养基表面分泌物	无
外	杂菌菌落	无
观	虫(螨)体	无
	颉颃现象	无
	菌皮	无
	出现原基瓶(袋)数	无
	气味	有白灵菇菌种特有香味，无酸、臭、霉等异味

16.3.4 抽样

（1）母种按品种、培养条件、接种时间分批编号；原种、栽培种按菌种来源、制种方法和接种时间分批编号。按批随机取被检样品。

（2）母种、原种、栽培种的抽样量分别为该批菌种量的 10％、5％、1％。但每批抽样数量不得少于 10 支（瓶、袋）；超过 100 支（瓶、袋）的可进行两批抽样。

16.3.5 试验方法

（1）感官检验。

按表 16-6 逐项进行。

（2）微生物学检验。① 表 16-6 中菌丝和杂菌用放大倍数不低于 400× 的光学显微镜对培养物的水封片进行观察，每一检样应观察不少于 50 个视野。② 细菌观察：取少量疑有细菌污染的培养物，按无菌操作接种于 GB/T4798.28—2003 中 4.7 规定的营养琼脂培养基中，28℃下培养 1～2d，观察斜面表面是否有细菌菌落长出，有细菌菌落长出者，为有细菌污染，必要时用显微镜观察；无细菌菌落长出者，为无细菌污染。③ 霉菌检验：按无菌操作接种于 PDA 培养基（见附录 A）中，25～28℃培养 3～4d，出现白灵菇以外菌落的，或有异味者为霉菌污染物，必要时进行水封镜检。

表 16-6 感官要求检验方法

检验项目	检验方法	检验项目	检验方法
容器	肉眼观察	接种量	肉眼观察、测量
棉塞、无棉塑料盖	肉眼观察	气味	鼻嗅
培养基上表面与距瓶（袋）口的距离	肉眼观察和测量	外观各项［杂菌菌落、虫（螨）体，子实体原基除外］	肉眼观察和测量
斜面长度	肉眼观察和测量	杂菌菌落、虫（螨）体	肉眼观察，必要时 5× 放大镜观察
斜面背面外观	肉眼观察	子实体原基	随即抽取样本 100 瓶（袋），肉眼观察有无原基，计算百分率

（3）菌丝生长速度。① 母种：PDA 培养基，直径 90mm 培养皿，倾倒 25～30ml/皿，菌龄 7～10d 菌种，用灭菌过的 5mm 直径打孔器在菌落周围相同菌龄处打取接种物，接种后立即置于 2℃±1℃下暗培养，计算长满所需天数。② 原种和栽培种按附录 B.1 至 B.4 中规定的配方任选其一，在 25℃±1℃下培养，计算长满所需天数。

（4）母种培殖性状。将被检母种制成原种。采用附录 C 规定的培养基配方，制作菌袋 45 个。接种后分 3 组（每组 15 袋），按实验设计排列，进行常规管理，根据表 16-7 所列项目，做好培殖记录，统计检验结果。同时将该母种的出发株设为对照，做同样处理。对比二者的检验结果，以时间计的检验项目中，被检验母种任何一项的时间，较对照菌株推迟 15d 以上（含 15d）者为不合格；产量显著低于对照菌株者为不合格；菇体外观形态与对照不同或畸形者为不合格。

表 16-7 母种栽培种农艺性状和商品性状检查记录

检验项目	检验结果	检验项目	检验结果
长满菌袋所需时间/d		总产/kg	
出第一潮菇所需时间/d		平均单产/kg	
第一潮菇产量/kg		色泽、质地	
第一潮菇生物学效率/%		菇形	
生物学效率/%		菇盖直径、厚度、菌柄长、柄直径/mm	

16.3.6 留样

各级菌种都要留样备查,留样的数量应每个批号母种 3~5 支,原种和栽培种各 3~5 瓶(袋),于 4~6℃贮存,母种 6 个月,原种 5 个月,栽培种 4 个月。

16.3.7 检验原则

判定规则按质量要求进行。检验项目全部符合质量要求时,为合格菌种,其中任何一项不符合要求,均为不合格菌种。

16.3.8 标签、标志、包装、运输、贮存

(1)产品标签:每支(瓶、袋)菌种必须贴有清晰注明以下要素的产品标签。

A:产品名称(如白灵菇母种);

B:品种名称(如天山一号);

C:生产单位(如×××菌中厂);

D:接种日期(如 2008 年××月××日);

E:执行标准(如 NY 862—2004)。

(2)包装标签:每箱菌种必须贴有清晰注明以下要素的包装标签。

A:产品名称、品种名称;

B:厂名、厂址、电话、传真、E-mail、网址;

C:出厂日期;

D:保质期、贮存条件;

E:数量;

F:执行标准。

16.3.9 包装储运图示

按 GB/T191 规定,应注明以下图示标志。

A:小心轻放标志;

B:防水、防潮、防冻标志;

C:防晒、防高温标志;

D:防倒置标志;

E:防重压标志。

16.3.10 包装

(1)母种外包装采用木盒或有足够强度的纸材制作的纸箱,内部用棉花、碎纸、报纸等具有缓冲作用的轻质材料填满。

(2)原种、栽培种外包装采用有足够强度的纸材制作的纸箱,菌种之间用碎纸、报纸等

具有缓冲作用的轻质材料填满。纸箱上部和底部用 8cm 宽的胶带封口，并用打包带捆扎两道，箱内附产品合格证书和使用说明（包括菌种特性、培养基配方及使用范围等）。

16.3.11　运输

（1）不得与有毒物品混装。

（2）气温达到 30℃ 以上时，需用 20℃ 冷藏车运输。

（3）运输中必须有防震、防晒、防尘、防雨淋、防冻、防杂菌污染的措施。

16.3.12　贮存

（1）菌种生产单位使用的各级菌种，应按计划生产尽量减少贮藏时间。

（2）母种供应单位应在 4～6℃ 冰箱中贮存，贮存期不超过 90d。

（3）原种应尽快使用，在温度不超过 25℃，清洁、通风、干燥（空气相对湿度 50%～70%）、避光的室内存放，谷粒种不超过 7d，其余培养基原种不超过 14d。在 4～6℃ 下贮存时，贮存期不超过 45d。

（4）栽培种应尽快使用，在温度不超过 25℃，清洁、通风、干燥（空气相对湿度 50%～70%）、避光的室内存放，谷粒种不超过 10d，其余培养基原种不超过 20d。在 4～6℃ 下贮存时，贮存期不超过 45d。

白灵菇附录

附录 A（规范性附录）常用母种培养基配方

A.1　PDPYA 培养基：马铃薯 200g、葡萄糖 20g、蛋白胨 2%、酵米粉 2%、琼脂 20g，水定容 1000ml，pH 自然。

A.2　PDA 培养基：马铃薯 200g、葡萄糖 20g、琼脂 20g，水定容 1000ml，pH 自然。

附录 B（规范性附录）常用原种和栽培种培养基及其配方

B.1　谷粒培养基：小麦、谷子、玉米、高粱 98%，石膏粉 2%，含水量 50% ±1%。

B.2　棉籽皮麦麸培养基：棉籽皮 84%、麦麸 15%、石膏粉 2%，含水量 60% ±2%。

B.3　棉籽皮玉米粉培养基：棉籽皮 93%、玉米粉 5%、石膏粉 2%，含水量 60%±2%。

B.4　木屑培养基：阔叶树 79%、麦麸 20%、石膏粉 1%，含水量 60%±2%。

16.4　育菇菌棒的制作

16.4.1　育菇培养基的制作

育菇培养基的制作包括装袋或装瓶、灭菌、接种。当地平均气温 20℃ 左右开始装袋。配方：棉籽皮 92%、3% 玉米粉、麦麸 5%；棉籽皮 70%、木屑 13%、玉米粉 3%、麦麸 7%、石膏粉 2%、生石灰 3%～5%。培养基含水量 65%，充分拌匀，建堆发酵，加入发菌剂（属嗜热微生物由放线菌、酵母菌、有益细菌三大类 20 多种微生物菌群组成）。发酵料堆底宽 1.2m，堆高 1.0m，料堆长不限。自然建堆后打孔通气，孔距 40～50cm。当料堆温达 55℃ 左右时，保持 48h 后，进行第一次翻堆，再建堆打孔覆膜，当料堆温达 60～70℃ 时，再次翻堆。每隔 1d 翻堆一次，并充分换位，共需 7～9d。待料为通体棕褐色，质地均匀，富有弹性，有料香味，料内有一定量的放线菌时，说明料发酵成功。散堆降温，pH7.5～8.0，含水量 63% 可装袋。选折径为 17cm×37cm×0.05mm 低压聚乙烯筒料。装干料600～650g，菌袋培养基的料柱高约 18cm，中央打孔，插入塑料打孔钉，孔径 1.5cm，孔深约16cm，加套环和无棉塞。6～8h 内将料装完，立即灭菌。

(1) 灭菌。依据自己的经济实力可以采用人工土灶（窑洞式最好）、大型灭菌箱、大型灭菌锅、灭菌隧道、配蒸汽炉等。也可开放式灭菌，即将当天装好的 2500～3000 只菌袋，装入专用灭菌筐中，将摆放两层的 16 只菌棒（瓶）/灭菌筐，有规律地码放在砖砌的台上，盖上棚膜，再盖草帘或保温被。在砖台下，通有 2～4 根供气管，连通蒸汽炉，在 4～6h 必须达100℃，计时保持 12～16h，高压灭菌 5～6h，停火闷料 6～8h，冷却至 36℃下趁热接种。

(2) 接种。在无菌条件下，35℃±1℃接种，接种温度要设法较高于环境温度，营造正压环境。较大接种量接种。先将原接种点及最上面的一层菌皮刮掉，再用接种勺将菌种轻轻打散，接着拔掉塑料打孔钉，迅速接于菌袋内，尽量使菌种布满料面，并加盖无棉塞。500ml 瓶的原种可接栽培种（两端接种）15 袋；若使用液体菌种，一般每 30ml 接一袋（两端接种）。4 人配组接种最佳，协助完成要做到三快，即快撑袋口、快接种、快盖塞。一般两头接种，菌种与料面紧贴，紧贴料面系绳。每袋在培种可接育菇菌棒 20～25 只。

16.4.2　发菌

发菌要具备 4 个条件，即暗培养、环境干燥整洁、适宜的温度、常通风换气。育菇菌棒的培养可分为 4 个时期。①菌丝萌动定植期：接种后的 3～5d，控制环境温度在 26～28℃，少通风或不通风，尽量不搬动菌袋。目的是使菌丝体尽快渡过其迟缓期，早萌发、早定植。接种后的 24h 菌种开始萌发，48h 菌丝开始吃料定植，呼吸量逐渐加大，产生的热量也逐渐增多。②菌丝生长旺盛期：第 6 天后应保持料温 19～22℃，空气相对湿度 60%～70%，每天通风 2～3 次，通风要温和，闭光培养。在第 15～25 天，需通氧 1～2 次，即在环境与器具消毒的条件下，在菌丝体生长的前端适当扎微孔通氧散热。时常检查菌丝长势，查料温，翻垛，发现杂菌要及时剔除。30～35d 菌丝满袋，但菌棒的硬度不够。③菌丝体复壮期：此时，菌袋表面虽然已布满菌丝体，但是，其菌棒的内部不一定布满菌丝体，所以要对菌棒进行菌丝体复壮。在此期间，需要 18～20℃培养 7d 左右。此时，菌棒的硬度提高。④菌丝体的后熟期：所谓后熟期，在此是指由营养生长转入生殖生长的预备期，主要是菌丝细胞内部的生理生化变化，为生殖生长物质和能量作准备，此时菌棒变的坚硬。后熟需要 35～45d，及时排除袋内集水（菌丝老化细胞自溶出现的黄水）。控制温度在 20～25℃，控制光照在500～800lx，适当减少通气，可减少菌棒表面出现过多的菌皮。后熟的菌棒在 4℃下，保存一年仍可育菇不减产。育菇菌棒培养的中后期应对菌棒进行最终分类，即一般分选成 4 个等级：长势最好的为一级、长势好的为二级、长势中等的为三级、长势差的为等外级。待菌棒表面出现少量原基进行育菇。

16.4.3　墙式育菇管理

墙式育菇管理主要工艺：将 4 个等级的菌棒分别排场→搔菌→养菌→低温为主的刺激→疏花疏果→育菇→采菇→采菇后管理。

(1) 排场。温室育菇方式有多种，如自然码垛两端育菇方式、自然码垛隔层一端育菇方式、菌墙覆土育菇方式、梯形菌墙覆土育菇方式、全脱袋覆土育菇方式及半脱袋覆土育菇方式等。每种方式各有利弊，可根据实际情况选择使用。按每平方米摆放 45～54 只菌袋，650m^2 的温室可摆放 28 000～30 000 只菌棒，大约 27kg 干料/m^2。选生长分化一致的菌棒，上下层，左右袋，错开覆土码垛，只在搔菌端育菇。也可垒菌墙育菇，具体的方法是对所用土进行常规消毒处理，割去菌袋薄膜 2/3，育菇端留 1/3，将两个裸露端相对，砌成双排菌墙 10～23 层高，墙中间填 10cm 宽的土，层与层和袋与袋之间间隔 2cm，用泥勾缝，顶部留水槽，便于灌水。

图 16-5　工厂化生产发菌

工业化生产发菌的利用率可达 600～800 瓶/m^2（图 16-5）。育菇利用率可达 200～250 瓶/m^2。

（2）搔菌。菌丝体生理成熟后进行搔菌。其生理成熟的指标有 5 条：①菌棒内菌丝体洁白浓密；②菌棒表面出现菌皮；③菌棒坚硬；④个别菌棒已出现白色米粒状原基；⑤有效积温达到 2200～2500℃（有效积温＝平均日温×天数）。要及时进行搔菌，去掉无棉塞，抻直袋口，即只在菌棒一端的中央处，挖去约大衣纽扣大小（直径 3.5～4.0cm）的菌皮，露出新鲜菌丝体。搔菌过早或过迟均影响育菇。

图 16-6　养菌

（3）养菌。将搔菌后的菌袋抻直袋口，迅速升温至 22～25℃ 培养，尽量恒温培养，使损伤的菌丝体得以恢复，即在搔菌处，长出较多直立菌丝体，有时会出现气生菌丝体，需要 3～5d（图 16-6）。

（4）低温为主的刺激促使原基形成与菇蕾分化。待搔菌处菌丝体几乎看不到培养料时，给予菌棒 -3～0℃ 冷冻刺激 5～7d 后，回温至 6～12℃，以 8℃ 为中心。大于 18℃ 原基难于分化形成子实体。昼夜温差应保持 10℃ 以上，连续 7～14d。将空间湿度提高到 75%～80%，只是在地面上洒水或向沟里灌水即可，切记向袋口喷水，并给予通风换气，二氧化碳浓度不得超过 0.3%，散射光照度 800～900lx。总之，通过温差、湿差、光差、通氧换气、机械、声、电、磁等理化刺激，待显原基即白色的点状物（菇农称它为虮子）后，继续给予上述刺激，促使其原基分化成菌蕾，如图 16-7 所示。

（5）疏花疏果。当原基黄豆大小时，割弃或上挽袋口一半，并进行疏花疏果，留大去小，留壮弃弱，只留一个长势健壮，形状规则的菇蕾，且不可改变菌蕾方向或菌棒位置。待菇蕾发育至鸽子蛋大小时，将袋口完全挽起或割去袋口。此间，通氧和保持空间湿度特别重要（图 16-8）。

图 16-7　低温刺激原基形成与菇蕾分化

图 16-8　疏花疏果

（6）育菇。疏花疏果后，迅速调室内相对湿度为 80％～85％，散射光强度 900～1200lx，光照度(12～14)h/24h，提升温度至 8～12℃恒温培养，这有利于优质菇更多出现，常通风换气，二氧化碳浓度维持在 0.05％以下。需 12～15d，待其菌盖将要平展即可采收，如图 16-9、图 16-10 所示。

图 16-9　未采收的成品菇

图 16-10　已采收的成品菇

16.4.4　采收加工与保鲜

白灵菇从菌蕾发生到采收完毕需 12～15d，转潮需 15～18d。当白灵菇菌盖边缘将要上翘时，即可冷采收。每只白灵菇 150～200g，菌盖直径 8～15cm，菌盖厚度为 6～10cm，菌柄小于等于 2.0cm，采摘最适宜。采收前 1d，停止喷水。每天 4℃下采收一次。白灵菇大致可分 4 个等级，即一级：子实体马蹄形或掌形，菇形圆整，菇体洁白，菌盖直径 8～15cm，每只 120～200g，菌盖平展，表面光滑，边缘圆整，菇形规则，无明显的皱褶或裂痕；菌褶排列整齐；菌柄小于 2.0cm。二级：菇体洁白，菇形马蹄状或掌形，菇形基本圆整，菌盖直径 8～16cm，每只 75～250g，菌盖较平滑或稍有波纹，基本圆整，没有明显的裂痕；菌褶排列较整齐；菌柄小于 2.0cm。三级：菇体洁白，菇形掌状或马蹄状，菇形较圆整，菌盖直径 7～16cm，每只 50～250g，菌盖有波纹边缘呈波浪形，表面有细微的裂痕；菌褶排列不整齐，无明显病斑；菌柄在 2～5.0cm。等外品：不符合上述三级产品的统称为等外品。

16.4.5　保鲜与加工

将掌形或马蹄形子实体的菇菌柄切至 2.0cm，用食品软纸包好每个子实体，放入泡沫箱中，泡沫箱的底部和顶部各放 3 层软纸。30cm×47cm×20cm 的泡沫箱，箱重 0.45kg，可装鲜白灵菇 4.5kg。15℃可保质 4～5d；4～10℃下冷藏可保质 15～25d。如在 0～1℃预冷 15～20h，4.5kg 箱，0℃±0.5℃可保质 45～60d。制干品切片长×宽×厚为 5cm×5cm×(6～8)mm，成品含水量<12%，真空保鲜。

水煮工艺：原料精选去杂修整→预水煮 3～5min→清水急速冷却→切片→配汤→小包装→密封→杀菌※→冷却→质检→保温库。

※杀菌时间共计 45min，分别为 125～100℃，7min；100～80℃，30min，80～60℃，5min；60～38℃，3min。37℃保藏 10～5d，质检入保鲜库。

16.4.6　出口菌棒入室后管理工艺

1. 解冻处理

(1) 摆放。菌棒出集装箱之后，如果菌棒是冻结的，入室后不要打开外包装，整齐而均匀地摆放每袋(指计算好摆放的长度，共计可摆放多少个菌棒，再乘以 8 个高，就可得一行总计可摆多少个菌棒)。

(2) 解冻。逐级升温，即 3℃，2d→5℃，3d→8℃，3d→12℃，5～7d。缓慢解冻。如果未冻结可直接进行搔菌。

2. 养菌与育菇

(1) 搔菌。菌棒解冻后，揭开菌袋口，在菌袋两端用消毒过的不锈钢刀均匀地挖掉圆形直径为 4.0～4.5cm、厚度为 0.3～1.5cm 的一层菌皮或菌块，露出新鲜菌体，使料面达到整齐整洁，随即松系袋口。25～26℃暗培养 5～7d，使菌丝得到恢复生长。大约可搔菌 600 棒/(人·h)，要做到边搔菌边码垛成行。

(2) 刺激菌棒显原基低温为主的刺激，促使原基形成和显蕾。待搔菌处菌丝体隐约看到培养料时(且勿形成菌皮)，给予菌棒 1～15℃低温刺激，最适宜的温度 6～12℃，以 8℃为中心。大于 18℃或 CO_2 浓度高于 0.01%，原基难于分化形成菌蕾。昼夜温差应保持 10℃以上，连续 7～15d。将空间湿度由夜间的 75%～80%，逐渐提高到白天的 85%～90%，只是在地面上洒水或向沟里灌水即可，切记向袋口喷水，并给予夜昼不通氧到通氧和黑暗到散射光，光强度 800～900lx 的刺激。总之，通过温差、湿差、光差、通氧换气、机械、声、电、磁等理化刺激。待菌丝体扭结显原基时，即白色的点状物(菇农称其为"虮子")，继续给予上述刺激，促使其原基分化成菌蕾，直到原基分化成菌蕾达 90% 以上时，停止刺激，做疏花疏果准备。

(3) 疏花疏果。当原基为绿豆大小时，敞撑开袋口。待其长至黄豆和蚕豆大小时，割弃或上挽袋口一半，并进行疏花疏果。所谓疏花疏果，即用无菌壁纸刀切除多余的菌蕾，留大去小，留壮弃弱。整个育菇面只留一个长势健壮，形状规则的菌蕾。此时，且不可改变菌棒位置，即定植菌蕾的方向，或伤及定植菌。待菇蕾长至鸽子蛋大小时，可将袋口完全挽起，或割去袋口。此间，通氧和保持空间湿度特别重要。

(4) 育菇。菇室内保持 6～18℃，8～12℃最佳。空气相对湿度保持 85%～90%。幼菇后期湿度控制在 85%～90%，不得直接向原基或菌蕾上喷水。菇体所需的水分主要来源于培养料。保持室内空气新鲜，常以温和的形式通风换气。一般每天通风换气 2～3 次，每次 15min。白天 900～1000lx(灯泡)。增湿全部是雾状水。当原基为绿豆大小解去袋口绳；待黄豆大小时，割弃或上挽袋口的一半，并进行疏花疏果，留大去小，留壮弃弱，且不可调换菌棒的位置；待菇蕾发育至玻璃球大小时，将袋口完全挽起，或割去袋口。此时，调室内空气相对湿度为 80%～85%、散射光强度 1200～1500lx，光照度(12～16)h/24h，提升温度至 12～15℃恒温培养，常通风换气。白灵菇自原基发生到采收毕需 95～120d。控制育菇的办法可将袋子的菌棒置于－4℃的条件下保藏。分期分批进入育菇室育菇。

（5）采收。子实体 8～18℃可正常生长，小于 6℃原基难以分化，大于 20℃品质下降。自原基形成起需 15～18d。当菇盖边缘未展开，向下翻卷，在空气相对湿度 75%～80%，6℃下采收，保质期长。采摘时，用手上下搬动，可带一点培养基并及时修剪。采收后，立即清理现场，保持整洁。

小　　结

白灵菇多生于伞形花科的草本植物，是一种干旱草原上的低温变温型、腐生兼寄生菌类。根据白灵菇子实体形态，分为手掌形、马蹄形和漏斗形 3 种菌株，多单生。白灵菇是一种食药兼用的大型真菌，有消积、杀虫、镇咳、消炎、治疗妇科肿瘤的作用。

白灵菇的生活史属于异宗结合，四极性，双因子控制。其营养来源广泛，凡含有纤维素和木质素的草本植物的有机物都可以作为培殖白灵菇的培养基。白灵菇营养生长阶段碳氮比为(25～40)∶1，生殖生长阶段碳氮比为(40～70)∶1。白灵菇属于好气性、低温变温结实型菌类，二氧化碳过高，原基不分化。墙式覆土可有效提高生物学转化率，墙式育菇需经过排场→搔菌→养菌→低温为主的刺激→疏花疏果→育菇→采菇→采菇后管理。

思 考 题

1. 白灵菇的药用价值是什么？
2. 白灵菇培殖技术工艺是什么？
3. 判断白灵菇菌棒生理成熟的标志是什么？
4. 原基发生除了低温刺激外还有哪些方式？

第 **17** 章 巴西蘑菇培殖技术

17.1 概　述

巴西蘑菇［*Agaricus blazei* Murrill Fr.，*Linnaea* 5：509（1830）］，属于真菌界（Kingdom Fungi）担子菌门（Basidiomycota）层菌纲（Hymenomycetes）伞菌目（Agaricales）伞菌科（Agaricaceae）蘑菇属（*Agaricus*）。日本注册商业名称为姬松茸，又称小松茸、阳光蘑菇、抗癌松茸、巴氏蘑菇、阿加里斯茸，按拉丁文译中文为柏氏蘑菇等，英文 himematsutake，princess mushroom。多分布在美国的佛罗里达州海边的草地上、南加利福尼亚平原上，以及巴西、秘鲁等国，巴西南部圣保罗的皮埃达德是其主要产地。巴西蘑菇属于一种中高温菇类。

两个模式菌株的命名：1945 年，模式产地和日期：Gainesville，Florida，U. S. A. 24 Apri. 1944. 采集人 Blaze W，F. 32911。模式 Holotype. 存于 FLAS；Blaze 是纪念采集人 Blaze W。首次以一位美国真菌学家 Murill W A 定名，在 Florida 州的 Gainesville 布莱泽的草场发现。

1965 年，美国宾夕法尼亚大学 Shinden W J 和兰巴特研究所的 Runbert E D 博士发现在巴西南部圣保罗市 130km 处的 Piedado 山区，当地居民身体健康长寿，癌症发病率极低。经过长期多方考察发现与其常食这种蘑菇有关。因此，于 1965 年向科学界公布了他们的考察结果。

1965 年，在巴西从事农业研究的日裔古本隆寿，在巴西南部圣保罗的皮埃达德郊外农场的草地上采到该菇，并将其菌种送给日本三重大学农学部的岩出亥之助教授。二人配合分别在巴西和日本两国进行园地培殖（古本隆寿）和室内培殖（岩出亥之助）研究。1972 年，古本隆寿首次人工试验培殖成功，并正式投入培殖市售。但是还未能确立优质培养基的造料法，而且没有成批培殖成功。1975 年，岩出亥之助在室内进行高垅培殖首次成功，以后努力进行改良，确立了室内培殖法。1975 年，由比利时真菌学家海漫曼（Heinemen）博士鉴定为新种，并命名为（*Agaricus blazei* Murrill），与双孢蘑菇（*A. bisporus*）同属。近年来，香港中文大学张树庭提出目前培殖的有两个菌株，即 *A. blazei* ss. Heinemen 和 *A. blazei* ss Murrill。

在中国至今未发现这种野生菇。1992 年，福建农业科学院首次引种培殖成功。目前，一般产鲜菇 4～8kg/m²，高者单产可达 12～15kg/m²，单子实体重 16～80g。据报道塑料袋栽生物学效率可达 100%。

巴西蘑菇为食药兼用菌。其蛋白质和糖类比香菇高 2 倍以上，菌肉脆味美有杏仁味，营养丰富。据福建杨梅学等报道，其发酵菌丝体含有 18 种氨基酸，8 种人体必需氨基酸，占氨基酸总量的 40% 左右，并富含赖氨酸和精氨酸。子实体中含有多种活性物质、多糖、核酸、甾醇等。它具有很高的抗癌活性和增强细胞的免疫功能，以及降血糖、调整血压、抗动脉血管硬化、改善骨质增生、安神等作用。据日本东京大学医学部、国立肿瘤研究所、东京药科大学等单位的抗癌实验表明，巴西蘑菇提取物多糖等对癌细胞的治愈率达 90.09%，抑制率达 99.4%，据目前，位于抗癌 17 种真菌之首。其深加工产品琳琅满目，如贵茸液、贵茸锭、贵茸露、姬松茸丸、姬松茸胶囊等，风靡日本市场。

据福建师范大学黄谚谚等分析测定结果显示，每 100g 干菇含蛋白质 38.8%、脂肪 2.05%、碳水化合物 8.23%、粗纤维 5.6%、维生素 C 63.3mg、维生素 B 10.2mg、核黄素 12.3mg、钾 2690mg、钠 33.35mg、钙 27.8mg、镁 89.39mg、磷 499.9mg，每 1000g 干物质中含锌 139mg，铁 96.5mg。9 种必需酸占氨基酸总量的 943.45%，谷氨酸最高达 3.0878g，蛋氨酸 2.155g，天冬氨酸 2.0794g。不饱和脂肪酸占脂肪酸的 79.5%，其中亚油酸占总脂肪酸 74.3%。总糖量为 8.33%，还原糖为 0.72%，多糖含量为 5.27%，麦角甾醇含量为 0.1%~0.2%。

巴西蘑菇菌盖直径 5~11cm，大的达 15cm，菌盖厚度 0.6~1.3cm，初期半球形，后平展，中央不平坦。表面褐色有纤维状鳞片，见图 17-1、图 17-2。菌肉白色，菌褶离生，宽 8~10mm，白色后变黑，菌柄白色长 6~13mm，上下近似等粗，幼时中实，后中空。直径 1~2cm，中生，菌环上位。孢子呈椭圆形大小 $65\mu m \times 5\mu m$，没有芽孔，孢子印颜色为棕褐色。菌丝体白色，绒毛状。菌丝有锁状联合。子实体多单生，个别丛生，成熟时伞状。子实体一般重达 20~50g，大的达 350g。

图 17-1　床式培殖巴西蘑菇（*A. blazei* Murrill）

图 17-2　巴西蘑菇鲜品

值得注意的是，据报道培养基中低浓度镉 0~1mg/L 具有促进巴西蘑菇细胞的生长与毒害的双重作用，适量的镉可以提高巴西蘑菇细胞代谢活动有关酶类的活动，进而导致其生物量的增加；而高浓度的镉≥2.0mg/L 时，对巴西蘑菇菌丝表现出明显的毒害作用，其原因是干扰某些营养元素之间正常的平衡关系。巴西蘑菇细胞能富集大量的镉，一般富集量是土壤中的 9~10 倍。镉在细胞中多分布于细胞壁上，细胞质和液泡内含量少。有资料表明子实体的部位不同镉的含量也不同，以菌柄基部含量最高。据李开本等(1999)报道，其子实体有富集镉的作用，有的高达 $13.0~23.1\mu g/g$。试验表明富镉与培殖原料和覆土无关，是其本身有富集镉的生物学特征所致。作者认为培殖巴西蘑菇时，还是要优选那些培养料和覆土含镉量低的材料。有资料表明，巴西蘑菇子实体的菌柄基部镉多含量较高。因此，食用商品巴西蘑菇应尽量较多地切掉其菌柄的基部。培养基中的磷、钙与镉之间存在相互拮抗抑制作用。可能的机制是磷和钙是镉的竞争性抑制剂，它们可以与镉竞争进入细胞壁、细胞质、液泡等，从而降低巴西蘑菇细胞中的含量；另一方面，它们与镉形成稳定的闭蓄态镉与土壤结合，从而抑制镉进入生物体。

镉是有害重金属之一，化学工业冶炼电镀等生产企业是含镉汞废水的重要来源。镉进入人体后，造成积累性中毒。它首先引起肾脏受损，使肾小管再吸收不全，造成钙大量长期地从尿中排出而得不到补充，从而会从骨骼中夺取钙，导致骨质疏松和骨骼软化，严重的患者会发生无法忍受的"骨痛病"。镉在肾中聚集是引起高血压的重要原因之一，因为镉在体内可置换锌，破坏含锌酶的作用。

解决的办法是中和沉淀：$Cd^{2+} + 2OH^- \Longrightarrow Cd(OH)_2 \downarrow$。形成土壤难溶物质，不能被姬松茸细胞所吸收。

天津师范大学蕈菌研究开发室郭成金课题组试验研究了巴西蘑菇与双孢蘑菇原生质体制备及再生中的若干因素，得到了较高的原生质体制备率与再生率。巴西蘑菇原生质体最佳制备条件为：液体静置培养 9d 的菌丝体，用 0.6mol/L NaCl 作为渗透压稳定剂，在 5%溶壁酶＋1%蜗牛酶作用下，28℃酶解 3h。巴西蘑菇原生质体最佳再生条件为：液体静置培养 9d 的菌丝体，用 0.6mol/L NaCl 作为制备渗透压稳定剂，在 4%溶壁酶＋1%蜗牛酶作用下，28℃酶解 1h，以 0.6mol/L 蔗糖作为渗透压稳定剂再生。在此条件下巴西蘑菇原生质体的制备率与再生率分别为 7.25×10^7 个/ml、1.84×10^{-3}%。双孢蘑菇原生质体最佳制备条件为：液体静置培养 7d 的菌丝体，用 0.6mol/L NaCl 作为渗透压稳定剂，在 2%溶壁酶＋7%蜗牛酶作用下，30℃酶解 3h。双孢蘑菇原生质体最佳再生条件为：液体静置培养 7d 的菌丝体，用 0.6mol/L NaCl 作为制备渗透压稳定剂，在 2%溶壁酶＋1%蜗牛酶作用下，28℃酶解 1h，以 0.6mol/L 蔗糖为渗透压稳定剂再生。在此条件下双孢蘑菇原生质体的制备率与再生率分别为 2.34×10^8 个/ml、0.258×10^{-5}%。

17.2　巴西蘑菇生长分化的条件

17.2.1　水分的要求

培养料的最适宜含水量 68%～72%。室内一般含水量 68%左右，室外培养料含水量在 70%左右，料水比为 1:(1.5～2.4)。覆土层最适含水量为 60%～68%。室内菌丝生长最适的空气相对湿度 65%～75%，育菇期最适空气相对湿度为 85%～90%。要求对菇床或室内空间勤喷、细喷雾状水，保持一定的湿度。

17.2.2　营养要求

巴西蘑菇是草腐菌，对稻草、棉籽皮、麦秸等多种作物秸秆都有较强的分解吸收能力。目前，多用秸秆作为碳源。母种的制备多用葡萄糖、蔗糖作碳源，7%左右最佳。用麸皮、黄豆粉、细米糠、玉米粉、尿素、磷二氨、硫酸铵为氮源较好。玉米粉作氮源菌丝扭结最多；其次是麦麸和硫酸铵；而氯化铵、豆饼粉作氮源则扭结少，或不扭结。营养生长阶段培养基质较为适宜的碳氮比为(31～33):1，生殖生长阶段培养基质较为适宜的碳氮比为(40～50):1。一般用腐熟料培殖。覆土中的有益微生物所产生的代谢物可诱导子实体的发生。

17.2.3　空气要求

巴西蘑菇是一种好气性真菌。菌丝与子实体生长分化均需大量氧气。营养生长阶段，巴西蘑菇菌丝生长耐 CO_2 的能力较强，CO_2 的浓度达到 0.45%，其菌丝体仍能正常生长。育菇期，对 CO_2 非常敏感，要求 CO_2 的浓度在 0.3%以下，≥1%则不能形成子实体原基。所以通风换气是非常必要的。由于巴西蘑菇本身的培养料要求水分稍大，因此更应防止通风换气时过多水分的散失。

17.2.4　温度的要求

巴西蘑菇是中温偏高型菇类。菌丝生长温度 10～33℃，37℃时菌丝细胞死亡，最适宜的生长温度为 22～23℃，菌丝长势旺盛、粗壮，菌丝体洁白浓密，爬壁力强。菌丝日生长速度 0.16～0.25mm。子实体生长分化的温度 16～30℃，最适宜的温度 18～22℃，高于 33℃、低于 16℃不能育菇。

17.2.5　光照要求

巴西蘑菇菌丝生长不需要光照，暗培养可正常生长；而子实体生长分化阶段则需散射光，在 200lx 左右。这有利于子实体的正常发育，包括转色。光线太暗，易发生畸形菇。

17.2.6　酸碱度要求

培养料 pH3.5～8.5，菌丝都能生长，最适 pH6.0～6.8；覆土 pH6.5～7.5，pH7.0 较为适宜。pH 在 5 以下、9.5 以上菌丝生长受抑制，甚至会停止生长。

17.3　巴西蘑菇培殖技术

17.3.1　母种的制作

葡萄糖 25g、琼脂 20g、(稻草、浸液、玉米淀粉)30g、磷酸二氢钾 3g、硫酸铵 3g、维生素 B_1 10mg，最终用稻草与马铃薯各 200g 的沸水 30min 浸煮提取液定容 1000ml，分装于 18mm×180mm 的硬质试管里，常规灭菌。查无菌方可接种，25℃条件下，菌丝生长速度一般为 2.00～3.00mm/d，暗培养 9～10d，菌丝可满管。菌丝发酵培养液体菌种，其生物量一般为 1.00～1.25g/100ml。

17.3.2　原种的制作

(1) 麦粒 90%、麸皮 8%、碳酸钙 1%、石膏粉 1%。稻草浸提液浸泡麦粒，将其上述各培养物充分混匀，装入 750ml 培养瓶中。

(2) 鲜稻草 45%、干黄牛粪 42%、麦麸 10%、糖 1%、$CaCO_3$ 2%、KH_2PO_4 0.3%、$MgSO_4 \cdot 7H_2O$ 0.15%，pH 自然，装入 750ml 培养瓶中。

(3) 棉籽皮 60%、干黄牛粪 27%、麦麸 10%、糖 1%、$CaCO_3$ 2%、KH_2PO_4 0.3%、$MgSO_4$ 0.15%，pH 自然，装入 750ml 培养瓶中。

常规灭菌接种，23～25℃下，暗培养 35～40d 满瓶备用。而小瓶发菌，则利于菌丝体菌龄一致。

17.3.3　栽培种的制作

配方：①稻草(切成寸段)52%、砸碎干黄牛粪 35%、麸皮 10%、糖 1%、$CaCO_3$ 2%、KH_2PO_4 0.3%、$MgSO_4 \cdot 7H_2O$ 0.15%；②棉籽皮 60%、干黄牛粪 29%、麸皮 8%、糖 1%、$CaCO_3$ 2%、KH_2PO_4 0.3%、$MgSO_4 \cdot 7H_2O$ 0.15%；③木屑 38%、碎牛粪 45%、麸皮 10%、玉米粉 4%、糖 1%、$CaCO_3$ 2%、KH_2PO_4 0.3%、$MgSO_4 \cdot 7H_2O$ 0.15%，加水 68%，充分混匀，闷料 12h，装入 750g 瓶中中央打深穴，或装袋(折径 17cm×32cm× 0.04mm)。高压灭菌 4～6h，常压灭菌 12～16h，常规接种每瓶原种可接栽培种 35～45 瓶，接种袋 35～40 袋。24℃条件下，暗培养 45～50d 满瓶，若是采用菌袋两端接种，35～40d 菌丝可满袋。发菌应始终保持室内空气相对湿度 60%～70%为宜。

17.3.4 巴西蘑菇培殖技术

主要工艺流程：备料→预湿→堆料→发酵→翻堆→播种→覆土→发菌管理→育菇管理→采收→清洗→分检→烘干→加工→包装→质检→入库→销售。

目前，姬松茸主要以床式、地沟式和筐式培殖 3 种方式。当地气温达到 20～28℃时为培殖最佳时期。

17.3.5 培殖巴西蘑菇的前期准备

姬松茸床式培殖技术每单元培殖面积以 300～420m²(50m×6m；60m×7m)为宜。一般坐北朝南，利于通风换气，保温、保湿性能好，并远离污染源。双面采菇床面宽 1.2～1.5m，如单面采菇床面不超过 0.8m，一般 5～6 层，层间距 0.6～0.65cm 为宜，底层距地面高10～15cm，最高层距房顶 1m 左右。

培养基配方：①新鲜稻草(铡成寸段)52%、棉籽皮 32%、干黄牛粪 7%、麸皮 7%、钙镁磷肥 1%、$CaCO_3$1%；②稻草(寸段)50%、干黄牛粪 40%、麸皮 7%、SP 1%、$CaCO_3$1%、$CaSO_4$1%；③麦秸(寸段)45%、干黄牛粪 35%、干鸡粪 10%、麸皮 7%、SP 1%、$CaCO_3$1%、$CaSO_4$1%；④(100m 计算)干稻草 1200kg、干黄牛粪 950kg、杂木屑 500kg、尿素 13.5kg、人粪尿 400kg、石膏粉 31.5kg、SP 27kg、生石灰 31.5kg。

除优良菌种影响巴西蘑菇的产量和质量外，培养料的成分及发酵料的成熟度也是重要的影响因素。

(1) 堆制发酵。培养料发酵的好坏，直接影响姬松茸的产量和质量，也是决定巴西蘑菇培殖成败的关键技术。

A. 一次堆料法：将稻草预湿、混匀，在此之前，预先将干碎的牛粪、木屑、人粪加适量水，一并混匀。预堆料 2～3d，培养料水分均匀后正式建堆。建料堆底宽 1.2m、高 1m 自然堆起，每 20～30cm 打孔通气。正常情况下，约第 3 天料温升到 68～72℃，可进行第一次翻料，严格操作，防止偷工减料并补加 SP；第二次翻料加 $CaCO_3$。注意调节培养料含水量，补水需加石灰水，不应加冷水污水，总共翻 6 次，每次间隔时间为 6d、5d、4d、3d、2d，共 20～25d 完成培养料的发酵。

B. 二次堆料法：它是由前期发酵(大约 25d)和后期发酵(4d)两部分组成。在一次堆料基础上，再进行强制发酵，调培养料含水量至 72%，进室上架密封，通入蒸汽使室温升到 60～62℃，保持 8～12h 之后，温度降至 48～52℃维持 3～5d，大约 30d 完成。此时培养料为深咖啡色，柔软有弹性，料味纯正，发酵成熟后可进行接种。

(2) 前期发酵。先将作物秸秆切碎至 5.0～8.0cm，加辅料水拌匀。在室外水泥地上建堆，料堆一般长不限，上宽 80～90cm、下宽 120～150cm、高 80～100cm。这要根据当地气温而定，气温高取下限，气温低取上限。料堆上均匀打孔通气。孔径 3～5cm，每隔 3～4d 翻一次，而且要使料完全均匀换位。料温达 70～75℃，翻堆后加入适量硫酸铵或尿素。为提高巴西蘑菇所需的氮源，前期发酵总时间为 20～25d，总翻料次数 5～6 次。发酵好的料呈咖啡色、柔软、有弹性，手拉即断，堆的表层有大量嗜热放线菌出现。

(3) 后期发酵。多指室内发酵。主要目的是进一步降解未完全分解的培养料，使培养料中产生更多的有益微生物，形成腐殖肥。后期发酵预先将室内进行彻底消毒。将前期发酵的料均匀地堆置在各培养架上，其厚度为 20～25cm。关闭门窗，通入热蒸汽或直接干热风增温，使料温达 58～62℃，保持 8～12h，然后将料温降至 48～52℃，保持 3d，促进堆料内产生大量嗜热放线菌，释放出的水解酶，继续分解，使前发酵的料完全分解为腐殖质。待后发酵结束后，打开门窗换入新鲜空气，并翻料降温，平整料面，使培养料内氧气增多。床上铺料初始厚度为 25～28cm，最终厚度为 18～20cm。培养料 pH 一般为 6.5～6.8，含水量 65%～68%。

17.3.6　播种与发菌管理

（1）播种。在育菇室内先进行空气消毒 12～24h，小心的开窗通气进料铺床面，料面要求平整、铺料厚（料高 25～28cm，按 42～45kg 干料/m²），分 3 层菌种播种，底部占总用菌种量的 20%，中间 30%，封面占 50%。待料降温至 26～28℃即可播种，或用满瓶后 3～5d 的菌种点播或撒播，菌种用量占干料的 6%～8%。撒播后，整平料面，轻拍压实，可用较厚的塑料板轻压实料面，使菌种与料充分接触利于早定植，然后盖地膜发菌，待菌种在料面上定植可掀膜通风，并保持适宜的温湿度，暗培养，20～25d 菌丝可吃透料。

（2）发菌管理。菇房温度控制在 22～24℃，料温为 23～25℃。空气相对湿度为 68%～70%，播种后的前 3～5d 不必掀膜通风。待菌丝定植后，每个萌发点出现菌落过程，方可通风换气，根据菌丝长势程度、菌丝细胞呼吸强度大小、需要氧气量大小决定通风大小和通风换气次数。在通风的同时也要注意保温和保湿。一般在菌丝吃料向下达 1/3 处就应加大通风量和通风次数，促使菌丝占绝对优势。原则是早萌发、早定植、培养健壮的菌丝体。待菌丝吃透料后可进行覆土。

17.3.7　覆土

在覆土前需检查发菌状况，进行除杂、杀螨等工作。覆土以生黏土等为好。一般粗土粒 1.5～2.0cm（蚕豆大小），细土粒 0.5～1.0cm，可分两次覆土，总厚度为 2.5～3.0cm，土粒大小为金丝小枣至黄豆大小为宜。待第一次覆土后菌丝爬上土层再覆第二次土，并用石灰水将土调成 pH7.5～8.0，所覆土的含水量一般为 62%～65%。以后进行育菇管理。

（1）地沟或袋培殖技术。将上述发酵好的料装袋，国内一般菌袋规格为（17～20）cm×（33～35）cm×0.04mm，国外一般为 30cm×38cm×0.04mm，装袋干料容重为 0.1g/cm³。装袋后立起灭菌，高压 3～4h，常压 8～12h，冷却后两端接种。常规发菌，23～25℃条件下，培养 35～40d 菌丝体可满袋，再复壮 7～10d 可进行地沟培殖。沟宽约 1.2m，沟深 22～25cm 整平夯实，浇足一层水，四周设有防涝、防浸水的排水沟。在沟底无明水时，表面撒一层生石灰粉防虫、杀菌、将已培养好的菌棒直立或横卧、排放的空隙填土，上覆土总厚度为 2.5～3.0cm 沙壤土，可分两次覆土，同上次床式培殖覆土，盖地膜养菌，并注意通风、保温保湿，控制料温在 22～25℃养菌，15～20d，菌丝可爬上表土层。此时，可揭棚膜透光。15d 左右菌丝可开始扭结。菌蕾出现后，注意通风保湿，进行正常育菇管理一般可出 4～5 潮菇，历时 4～5 个月。

（2）筐式培殖法。它是国外机械化自动化工厂化程度较高的一种培殖方法。一般采用模式塑料筐，长×宽×高为 50cm×30cm×20cm，将发酵好的料，按每筐 3kg 干料投放，筐内铺有地膜，3 层菌种两层料，播种量和各层比例同床式培殖。最上层播种后用所铺的地膜盖严，正常发菌，覆土管理，此法空间利用率高，可码放 2～3m 高进行发菌。

17.3.8　育菇管理

在适宜的条件下，从播种到育菇一般需要 25～30d，每潮菇历时 3～5d，转潮时间 15～18d，共计可收获 3～5 潮菇。生物学效率一般为 40%～60%。

从菌丝体开始扭结到采菇阶段，在温度适宜的条件下，最突出的问题是保湿和通风换气。菇蕾期，应逐渐加大空气相对湿度到 85%～90%；在实体生长分化期则控制在 80%～85%。保持土层湿润、土粒无白心。自菌丝扭结到形成菌盖阶段最好不直接向床面上喷水，只是增加空气相对湿度，待原基分化形成菌盖后，向空间喷水也要喷匀、喷细，更要注意喷水前的相对湿度，做到保湿必通风、通风必保湿、温与湿相连、风与湿相连，每次用水量为 0.9～1.35kg/cm³，并加强通风，防止土层中菌丝呈绒毛状。子实体生长分化阶段则需散射光，在 200lx 左右。这有利于子实体的生长分化，包括转色。光线太暗，易发生畸形菇。菇房温度以 18～22℃ 为宜。

17.3.9 采收与加工

巴西蘑菇的菌膜未破，菌盖约 4cm 时为采收最佳时期。每天可采收 1～3 次，早上、傍晚、夜间 10 点左右各采收一次。采收前应停水 1～2d。采收、除杂、分级、用不锈钢刀切去菇脚和泥土，依次完成，用标准水清洗，沥水，纵切一分为二。从采收到入烤筛进行烘烤，所有采收器皿必须是用前消毒过的。晴天可太阳下风干 2h，先将烘干机预热至 50℃，然后降至所需的温度。晴天时，调温定型起始温度为 38～40℃；雨天时，则为 33～35℃。此时，需全部打开进气窗和排气窗，使菇体表面散失水分，排除多余水汽，以保菌褶片迅速固定直立定形。待温度下降至 26℃ 稳定 3～4h。自 26℃ 开始，每小时升高 2～3℃，并调空气相对湿度达 9%～11%，促使菇体整体脱水。维持 6～8h，温度匀速上升至 51℃ 恒温，确保菌褶片直立色泽恒定，还需及时调整上下烘筛位置均匀烘干。再由 51℃ 升温 60℃ 保持 6～8h，达到整体干燥的目的。此时，约八成干应取出烘筛晴天晾晒 2h 再上机烘烤，通气窗全闭烘制 2h 左右，以打折菌柄易断为准。一般每 8～9kg 鲜菇可出干菇 1kg。先用食品盒小包装（150～200g），再装入大包装纸箱（5～10kg 标准箱）。

17.3.10 成本与毛利润率概算

Ⅰ. 原料成本：0.842 元/kg

生产姬松茸成本核算　　料（干）13.5kg/m²

1. 棉籽皮	40%	0.88 元/kg	0.352
2. 稻草	40%	0.40 元/kg	0.160
3. 干黄牛粪	7%	0.60 元/kg	0.042
4. 麦麸	7%	1.00 元/kg	0.070
5. 干鸡粪	7%	2.00 元/kg	0.060
6. 过磷酸钙	1%	0.80 元/kg	0.008
7. CaCO₃	1%	0.15 元/kg	0.002
8. CaSO₄	1%	0.80 元/kg	0.008
9. 菌种	7%	2.00 元/kg	0.140

Ⅱ. 生产成本：2.525 元/kg

1. 拌料	0.07 元/kg	
2. 发菌	0.07 元/kg	800 元/2 人×2 月
3. 出菌	0.07 元/kg	800 元/人×2 月
4. 装筐播种	0.06 元/kg	500kg/（人・d）
5. 成品包装	0.015 元/kg	200kg/（人・d）

6. 分选　　　　　　0.06 元/kg　　　　　　300kg/(人・d)

7. 烘干　　　　　　0.02 元/kg

8. 内外包装物　　　1.10 元/kg　　　　　　5.50 元/(5kg・箱)

9. 煤水电　　　　　0.03 元/kg

10. 装车　　　　　 0.03 元/kg

11. 管理通讯费　　 1.00 元/kg

Ⅲ. 成本核算：35.607 元/kg

1. 原辅料费：0.842 元/kg

2. 用工费：2.525 元/kg

3. 运输费：32 元/kg(空运，欧美国家)

4. 陆运费：0.17 元/kg　　2600 元/15 000kg

5. 通关费：0.07 元/kg　　1000 元/15 000kg

Ⅳ. 毛利润

1. 鲜菇与干品

① 产鲜菇：13.5kg/m^2

② 产鲜菇：0.4kg/kg(干料)；生物学效率 40%

③ 干品 ：0.044kg/kg＝[0.4kg/kg×11%(转干率)]

2. 销售价：120 元/kg

3. 单价：71.28 元/m^2(120 元/kg×0.044kg/m^2×13.5kg/m^2)

4. 单价：17962.56 元/栋[71.28 元/m^2×252m^2(有效利用率 60%×420m^2/栋)]

5. 毛利润

产干菇：0.58kg/m^2(0.044kg/m^2×13.5kg/m^2)

单位利润：84.393 元/kg(120 元－35.607 元)

单位利润：69.6 元/m^2(120 元×0.58kg/m^2)

单位利润：17539.2 元(69.6 元×252)

小　　结

　　巴西蘑菇又名姬松茸，属珍稀食用菌，在中国未发现野生菇，属于药食兼用菌。其提取物中多糖对癌细胞抑制率显著，居 17 种真菌之首。

　　巴西蘑菇属于中高温、好气性草腐生菌类，具有较强的分解和吸收能力，因此营养来源较为广泛。其子实体具有较强富集重金属镉的能力，因此一般用腐熟料培殖，并切除菌柄。发酵料的成熟度是巴西蘑菇产量与质量的重要决定因素，一般要进行二次发酵。覆土也是草腐菌类的必需环节，具有重要的作用。

思　考　题

1. 为什么说巴西蘑菇是药食兼用菌？

2. 巴西蘑菇的营养要求是什么？

第18章 茶树菇培殖技术

18.1 概　述

茶树菇［*Agrocybe cylindracea*（DC）Maire，Mém. Soc. Sci. Nat. Maroc. 45：106(1938)］，英文名为 columnar agrocybe，隶属真菌界（Kingdom Fungi）担子菌门（Basidiomycota）层菌纲（Hymenomycetes）伞菌目（Agaricales）粪伞科（Bolbitiaceae）田蘑属（*Agrocybe*）。茶树菇是中国发现的新种（图 18-1）。原产地福建和江西，民间俗称茶菇、茶薪菇、油茶菇。首次记载于《真菌实验》1972 年第 1 期。由黄年来先生命名。茶树菇区别于同一属的杨树菇［*Agrocybe aegerita*（Brig.；Fr.）Sing＝A. cylindracea(DC. ex Fr.)R. Maire］（图 18-2）。杨树菇别名柱状田头菇、柱状环锈伞、杨树菇、柳环菇、柳菌、柳菇、朴菇等，因其有类似松茸的风味，日本称为柳松茸、柳锷茸，杨树菇的英文名为 columnar agroc。二者主要区别在于自然着生的树种不同，茶树菇仅生于油茶树（*Camellia oleifera*）的枯干上，子实体颜色较深，菌柄中实，风味突出。

图 18-1　茶树菇（*Agrocybe chaxinggu* Huang）

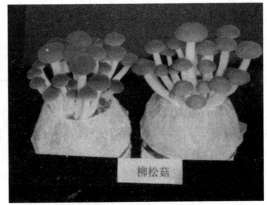

图 18-2　柳松菇［*Agrocybe aegerita*（Brig.：Fr.）Sing］

据清杨廷璋等(1764)《福建通志》、孙尔准等(1829)《重纂福建通志》和光绪年间郭柏苍《闽产录异》等地方志茶树菇已成为福建名贵特产。《闽产录异》记载："茶菰产建宁、光泽、永福 3 县内，生油茶树上，其菰薄而柄长。茶菰味在柄，浓郁中得香气优胜香菰。"

茶树菇为食药兼用菌，食用的主要的部位是菌柄。质地嫩脆、清香可口营养丰富。据南昌大学党建章等分析得知子实体内含有粗蛋白质 23.11%、粗脂肪 6.5%、粗纤维 10.4%。17 种氨基酸总量为 14.85%，7 种人体必需氨基酸（色氨酸未测）总量为 4.61%，占氨基酸总量的 31%（表 18-1）。茶树菇，性平、甘温、有祛湿、利尿、健脾胃、明目、养颜之功效。晒干后，民间常用于治疗头晕、头疼、腹泻、呕吐等病，实为一种保健食品，被誉为中华神菇。2009 年全国总产量 41.63 万 t。国内外市场上价格昂贵，备受青睐。目前，存在问题是高产培殖。

表 18-1　茶树菇氨基酸的含量　　　　　　　　　（单位：g/100g）

检验项目	测定值	检验项目	测定值	检验项目	测定值
天冬氨酸	1.33	半胱氨酸	0.03	蛋氨酸	0.07
组氨酸	0.38	酪氨酸	0.59	苯丙氨酸	0.72
丝氨酸	1.61	精氨酸	1.02	缬氨酸	0.55
谷氨酸	2.55	甘氨酸	0.82	亮氨酸	0.75
脯氨酸	0.95	赖氨酸	0.84	异亮氨酸	0.43
丙氨酸	0.96	色氨酸	未测	苏氨酸	1.25
				合计	14.85

茶树菇是一种温带至亚热带地区从春季到秋季发生的木生菌。中国人工培殖始于 1972 年，20 世纪 90 年代初，江西广昌开始大面积培殖，目前，生物学效率 60%～80%，菌丝抗性和抗逆性能力弱，生长速度慢，国外人工培殖茶树菇未曾报道。野生茶树菇主要分布于福建的建宁、泰宁、宁化、光泽、长泰、大田等县和江西的黎川、广昌等县。

根据茶树菇原基的分化温度，可大致划分如下 4 种温型品种，详见表 18-2。

表 18-2　茶树菇原基的分化 4 种温型品种表

类型	分化温度/℃	适宜分化温度/℃	最适分化温度/℃	主要品种
中偏低温型品种	10～18	10～16	10～14	黎茶 1-R、4-R
中温型品种	10～22	16～20	15～18	黎茶 1-M、4-M
中偏高温型品种	15～26	18～24	16～22	黎茶 3-H、4-H
广温型品种	10 以上	34 以下	15～28	茶菇 F1

子实体单生或丛生，菌盖时为馒头形平展，中间下凹，直径 4～18cm。菌盖浅肉桂色，由中央向边缘色泽渐浅。菌肉肥嫩，白色，厚 1～2cm。菌褶多直生，菌褶髓层规则型，宽 72～81μm。菌柄圆形中实，为浅白色，与杨树菇不同。柄长 8～15cm，直径 0.5～2.0cm，不直立，有弯曲度。菌环生于菌柄上部，白色、膜质，后期脱落。孢子萌发温度 22～26℃。孢子印咖啡色。孢子在显微镜下观察为浅褐色。阔卵状至椭圆状。芽孔(6～11.2)μm×(4～4.5)μm。菌丝体白色，分枝状，有锁状联合。人工培殖 60～80d 为一周期。

18.2　茶树菇生长分化的条件

18.2.1　水分要求

培养基含水量以 60%～65% 为宜，低于 50% 或高于 70% 对菌丝生长均有影响。发菌期的环境空气相对湿度不得超过 70%，在原基形成和分化阶段，空气相对湿度应提高至 80%～85%。子实体发育期，要求空气相对湿度较高以 85%～90% 为宜。

18.2.2　营养要求

茶树菇系木腐菌，因多野生于油茶树枯干或树桩上，无虫漆酶活性，利用木质素能力较弱。但蛋白酶活性强，利用蛋白质的能力较强。碳氮比为(35～60)∶1，代料较为广泛。

18.2.3　空气要求

菌丝和子实体整个生育期都需较多的氧气，CO_2 浓度一般为 0.15%～0.2%。显原基时，需氧量更大，要常通风换气，但是，要温和地通风。其管理方法与金针菇相似，子实体形成后，前期造成袋口微环境 CO_2 浓度稍高，有利于菇柄的伸长，可提高质量和产量。

18.2.4　温度要求

茶树菇属中温变温结实性型菇类。其菌丝体在 5～35℃下均能生长，最适生长温度 24～26℃，32℃时生长缓慢，超过 34℃菌丝停止生长，但不会死亡。菌丝体对高低温有较强的适应能力，−4℃下 90d 仍有生活力，−14℃和 40℃下菌丝细胞也不会死亡。原基分化温度为 10～16℃，子实体发育温度 13～28℃，最适温度 18～24℃，增大温差 8～10℃，有利于子实体原基发生。孢子在 PDA 培养基上，26℃条件下 24h 后可萌发。

18.2.5　光照要求

菌丝生长期不需要光照，子实体有明显向光性，光对原基的形成和分化是必要的。一般散射光强度 500～1000lx，光照时间(8～12)h/24h。给光后不可随意改变光源方向，否则将影响茶树菇的商品质量。

18.2.6　酸碱度要求

茶树菇类偏酸环境生长，pH4.0～6.5 菌丝能生长，最适 pH5.0～6.0。培殖前，培养料一般加生石灰 0.5％～1％。

18.3　茶树菇培殖技术

18.3.1　母种和原种的制作

茶树菇母种和原种制作与平菇的基本相同。母种 25℃培养 10～12d 菌丝可长满管。原种也与平菇的相同，培养 25～30d 满瓶(750ml 瓶)。

18.3.2　栽培种的制作

配方：杂木屑 22％、棉籽皮 65％、麸皮 10％、白糖 1％、碳酸钙 1％、石膏粉 1％，含水量 65％。

菌袋规格：17cm×37cm×0.045mm 的菌袋装干料 350～400g，湿料重 750～800g。直径 10cm，株高(18～20)cm。

灭菌：拌、闷料 6～8h 装袋灭菌，常压灭菌 10～12h，查无菌 36℃下接种，每瓶原种(750ml)可两头接种菌袋 20～25 袋。

培养：在 25℃条件下，暗培养，环境干燥达 65％～75％的空气环境，常通风换气，每 7d 检查菌袋一次，及时处理污染的菌袋，25～30d 可菌丝满袋。

18.3.3　育菇菌棒的制作

配方：①杂木屑 35％(边材或树皮)、棉籽皮 40％、麸皮 15％、玉米粉 10％，pH7.0 左右；②棉籽皮 60％、杂木屑 18％、麸皮 15％、玉米粉 5％、$CaCO_3$ 1％、KH_2PO_4 1％；③杂木屑 36％(边材或树皮)、棉籽皮 36％、麸皮 20％、玉米粉 5％、茶籽饼粉 1％、红糖 1％、碳酸钙 1％。

装袋灭菌接种：将主辅料充分拌匀，闷料 6～8h，机械装袋菌袋规格(18～20)cm×(40～45)cm×0.045mm，填料柱高约 20cm，干料 550～600g，湿料 1.25kg 左右。在料中间打一直径 2cm 的洞，深度为料柱的 2/3。装袋后袋口不要系的过紧，防止灭菌时爆袋，也有利于灭菌彻底。装筐后，常压灭菌 10～12h，36℃下接种，两端接种。每袋栽培种可接育菇菌棒5～6袋。

18.3.4　发菌培养

常规培养，一是地上码放培养；二是上架培养，可将菌袋单个直立排放，床架层距50cm，最底层离地面30cm，一般床架为3～4层，菇房实用面积为菇房面积×60％×床架层数，约每平方米可排放100袋。24～26℃条件下，30～40d可菌丝满袋。培养后可就地育菇。

在发菌阶段，①暗培养，光对菌丝的生长有抑制作用；②充足的氧气，要时常通风换气，并且是较温和地通风，室内保持空气清新，CO_2浓度控制在0.15％～0.2％之间；③保持室内整洁干燥的环境，一般55％～65％的空气相对湿度，这样可抑制环境中杂菌的繁殖，防止菌袋的污染；④适宜的温度，发菌前期升温至27～28℃，使其菌丝早萌发、早定植。以后适温培养，即一般掌握在19～21℃条件下发菌，料温在22～24℃，发菌中期，控温防止烧料。发菌中期，控制可将培殖袋摆放在培养架上，也可码垛培养。

18.3.5　育菇管理

茶树菇菌丝满袋后的菌棒需7～10d促其达生理成熟，其有效积温（5～28℃）一般在1000～1200℃。此时，需增大温差8～10℃，给予散射光500～1000lx，提高室内空气相对湿度85％～90％。打开袋口但不完全撑开，在18～23℃下约5d菌棒表面菌丝体呈棕色，表明转色正常。而后，有白色菌丝团出现，约5d有原基形成。进而保持湿度85％～90％并加大通风量，每天2～3次，每次5min。增大昼夜温差至7～8℃，保持光照度500～800lx，光照时间12h/24h，同时将袋口撑开，促进原基分化成菌蕾，开袋后10～15d，子实体大量发生。每袋只留6～8个子实体，创一级优质菇，约30d菌盖呈球状时采收。茶树菇袋栽育菇期一般为60～90d，共3～4潮菇。生物学效率可达60％～80％，高产者生物学效率可达100％。折干率一般在10％～12％。每袋（600g干料）成本投资0.70～0.80元。

18.3.6　采收与保鲜

当茶树菇菌盖呈半球形，菌膜尚未破裂时可采收。由于菇大质脆柄，易断盖易碎。故此，应轻拿轻放。将鲜菇在15～20℃的条件下风干至八成干，入泡沫箱，菇净重2.5kg，箱底和上方各铺4～5层吸水纸。盖上盖，胶带密封5～10℃冷藏，可保鲜15～20d。若速冻真空密封保鲜，先预冷至0～5℃，然后，－39℃以下速冻，－18℃冷藏，可保质1年以上。

小　结

茶树菇为药食兼用菌，菌柄为食用部分，营养丰富，有"中华神菇"美誉。茶树菇属木腐菌类，其利用木质素能力较弱，利用蛋白质能力较强，故C/N为60∶1，作为代料培殖食用。茶树菇属中温、变温结实型、好气性菌类。其管理方法与金针菇相似，子实体分化后，需增加CO_2含量，以利于菇柄的伸长生长。

思　考　题

1. 茶树菇的食药用价值是什么？
2. 茶树菇保鲜应注意哪些问题？

第 19 章 杏鲍菇培殖技术

19.1 概　述

杏鲍菇[*P. eryngii*(DC. ex Fr.)Quel. ，Hymenomycetes(Alencon)：112(1872)]，拉丁文原名意思是生长在刺芹属(*Erngium campestre*)枯死的植物根部的侧耳。隶属于真菌界(Kingdom Fungi)担子菌门(Basidiomy cota)层菌纲(Hymenomycetes)伞菌目(Agaricales)侧耳科(Plenrotaceae)侧耳属(*Pleurotus*)。中文名为刺芹侧耳，也叫干贝菇，有杏仁味和鲍鱼味，脆嫩鲜美，品质极好。福建、台湾称之为杏鲍菇。日本称为雪茸。杏鲍菇品质极佳被称为平菇之王(king oyster mushroom)。

杏鲍菇多自然分部于欧洲南部、非洲北部，以及中亚地区的高山、草原、沙漠地带，包括意大利、西班牙、德国、法国、匈牙利、捷克斯洛伐克、前苏联南部、摩洛哥、印度、巴基斯坦及中国的新疆、青海、四川西部。自 1958 年，Kalmar 首次进行人工驯化培殖试验以来，印度、法国、德国等国的科学家也对杏鲍菇进行了驯化、育种、培殖等方面的研究工作。1977 年，Ferri 首次成功地进行商业性培殖。福建三明真菌研究所从 1992 年底开始进行杏鲍菇生物学特性、菌种、选育和培殖技术等研究工作。2006 年至 2011 年，全国杏鲍菇工厂化企业逐年增加，日产达 652t。2011 年，全国杏鲍菇总产量达 52.30 万 t(图 19-1)。

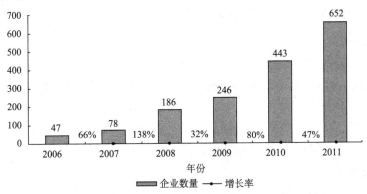

图 19-1　2006～2011 年我国食用菌工厂化企业数量增长变化图

子实体单生或丛生，菌盖初为半球形，后平展，中央稍下凹有绒毛，红茶色到灰褐色，有杏仁味，菌肉白色，肉质质密，菌盖 2～13cm。菌褶延生。菌柄白色、光滑，偏生或侧生，端细、中实、无菌环，柄长 5～12cm，柄粗 0.5cm×6cm，多为棒状。子实体分粗棒形(图 19-2)、保龄球形(图 19-3)、细棒形 3 种。生物学效率 50%～80%。单株子实体一般在 50～300g，大的在 400g 左右。

据王风芳等分析得知杏鲍菇干品含蛋白质 21.44%、脂肪 1.88%、还原糖 2.17%、总糖 36.78%、甘露醇 2.27%、游离氨基酸 2.63%、总碳水化合物 57.35%、水溶性成分 66.9%、灰分 7.83%、含水量 11.56%。杏鲍菇含有 17 种氨基酸(色氨酸未测)，其中 7 种是人体必需氨基酸，占氨基酸总量的 42% 以上。子实体与菌丝体的维生素 C 含量分别为 21.4mg/100g 和 13.9mg/100g。

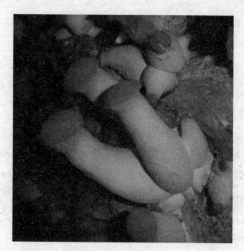

图 19-2　粗棒形杏鲍菇(*P. eryngii*)　　　　图 19-3　保龄球形杏鲍菇(*P. eryngii*)

19.2　杏鲍菇生长分化的条件

　　杏鲍菇属于双因子异宗结合的食用蕈菌。单核菌丝体白色，比较粗壮，生长缓慢，不孕。双核菌丝浓密、白色，粗壮，菌丝有锁状联合，适宜的条件下生长得快，能形成子实体。孢子印白色或浅黄色。孢子近纺锤状，且平滑，孢子大小(9.58～12.50) $\mu m \times$(5.00～6.25)μm，孢子少而透明，孢子印为白色带紫灰色。

19.2.1　水分要求

　　在发菌阶段，空气相对湿度在 65%～75%。菌丝体生长培养基适宜的含水量 65%～68%，含水量超过 70%，培养基中的三相物质，即固相物质、液相物质、气相物质的后者氧气少发菌慢，易染杂菌；而含水量低于 58% 营养运输困难，同样会造成发菌慢。原基分化阶段的相对湿度 85%～90%。在增加湿度时，不宜向菇体上喷水。显原基后，其子实体发育阶段以 90%～95% 为宜，而且要干湿交替。

19.2.2　营养要求

　　杏鲍菇是一种分解纤维素、木质素、蛋白质能力较强的菌类。需要充足的养料，尤其是氮源和碳源。麸皮、细米糠、豆粉、玉米粉都可作氮源，对菌丝和子实体生长分化都有促进作用。玉米粉可促进菌丝生长，大豆粉可提高产量。针叶树木屑需在室外堆积 6 个月，阔叶树的木屑应在室内堆积。C/N 为(23～60):1，以(30～35):1 为佳。整个生长周期 60～80d。

19.2.3　空气要求

　　杏鲍菇为好气性真菌。其菌丝体生长阶段培养料中的 CO_2 浓度以 0.3%～2% 为宜，原基形成和分化时 CO_2 浓度在 0.05%～0.1%。CO_2 浓度过高，原基难分化成菌蕾，或形成大肚菇。CO_2 浓度在 0.1%～0.2% 以下，子实体可正常生长。

19.2.4　温度要求

　　杏鲍菇属低温、变温结实性菇类，具有其营养生长阶段温度范围较宽、生殖生长温度范围较窄的特点。菌丝体生长温度 5～30℃，最适生长 24～25℃，高于 30℃ 菌丝生长受到抑制；大于 40℃ 经数小时菌丝细胞会死亡。原基分化最适宜温度 10～15℃，子实体最适宜温度为13～15℃。温差过大不利于原基的发生，低于 8℃ 原基不分化，高于 20℃ 有畸形菇出现，且湿度大时菇柄变软。当地气温稳定在 12～18℃ 时育菇好。一般在 15℃ 左右采收，子实体保鲜期较长。

19. 2. 5　光照要求

菌丝生长期可暗培养，而子实体生长分化则需要散射光 500～1000lx，光线过强菌盖颜色变深，光线过弱菌盖变白菌柄拉长。子实体有明显的向光性，因此，育菇管理时应特别注意光的方向，否则会影响子实体的质量。

19. 2. 6　酸碱度要求

菌丝阶段适宜的 pH4.0～8.0，最适 pH 为 6.5～7.5。育菇阶段最适 pH 为 5.5～6.5。pH 小于 3.0～4.0，大于 8.0，育菇困难。

19. 3　杏鲍菇的培殖技术

19. 3. 1　三级菌种的制作

可按上述平菇母种培养基配方制作，也可使用如下配方：蛋白胨 2～4g、酵母粉 2g、麦芽糖 20g、琼脂 20g，完全溶解后，用蒸馏水定容 1000ml，pH 自然。25℃ 下培养，母种一般 10～13d 满管。

原种培养基木屑 78%、麸皮 15%、玉米粉 5%、糖 1%、$CaCO_3$ 1%。750g 接种培养瓶，25℃ 条件下，750ml 培养瓶需培养 25～30d 可满瓶。

栽培种培养基：多短绒棉籽皮 78%、麸皮 20%、糖 1%、$CaCO_3$ 1%；棉籽皮 36%、木屑 18%、麦麸皮 20%、玉米粉 4%、大豆秸 20%、糖 1%、$CaCO_3$ 1%。pH6～6.5。17cm×37cm×0.05mm 的聚丙烯袋，培养基含水量 67%～68%，搅拌均匀闷料 6～12h。装袋的干料 550～600g。料柱高 19～20cm，采用直径(2.2～2.4)cm×长 18.5cm 锥形塑料棒，在料袋的中央打洞，至料袋底部 0.5～1.0cm 处。按照常规套上塑料环塞上无棉塞。常规灭菌，接种量 20%～25%，两端接种 25℃ 下培养，25～30d 满袋。

19. 3. 2　育菇菌棒的制作

杏鲍菇育菇菌棒的制作与其栽培种的基本相同。目前，多用熟料培殖。

(1) 木屑 72%、麸皮 25%、糖 1%、生石灰 1%、$CaCO_3$ 1%。

(2) 木屑 20%、棉籽皮 23%、麸皮 20%、玉米粉 5%、豆秆粉 30%、糖 1%、$CaCO_3$ 1%。

(3) 草粉 36%、棉籽皮 42%、麸皮 20%、$CaCO_3$ 1%、糖 1%。

(4) 木屑 35%、棉籽皮 38%、麸皮 20%、玉米粉 5%、$CaCO_3$ 1%、糖 1%。

(5) 棉籽皮 78%、麸皮 20%、$CaCO_3$ 1%、糖 1%。

(6) 硬木屑 40%、玉米芯粉 44%、麦麸 10%、玉米粉 3%、豆粕 2%、$CaCO_3$ 1%。

培养基含水量 67%～68%，搅拌均匀闷料 6～12h。培殖袋规格用高压聚丙烯或低压聚乙烯筒料 17cm×37cm×0.05mm，可装风干料 550～600g。料柱高 19～20cm，菌棒直径 10cm。采用直径(2.2～2.4)cm×长 18.5cm 锥形塑料棒，在袋料中央打洞，至袋料底部 0.5～1.0cm 处。按照常规套上塑料环塞上无棉塞。将装好的培养基轻放于耐高压的塑料周转筐内，每筐 16 只。每筐上覆盖一层塑料膜，防止冷凝水潮湿无棉塞。高压 0.15MPa，灭菌保持 2.5～3.0h，回零 2～3h。常压灭菌 24h，停火再闷料 4～6h，接种量 20%～25%，或接液体菌种 25ml。

19.3.3　发菌管理

接种后，将袋筐用叉车移入发菌室，堆放高度 5mg 高的房间可垛放 20～22 层，其密度为 1000～1100 袋/m^2 或 1100mm 瓶/m^2。发菌阶段注意防鼠，仍需要 4 个基本条件，即暗培养、环境干燥整洁、适宜的温度、常通风换气。空气相对湿度 65%～70%，室内温度保持在 24～25℃。大约 3d 后菌丝开始萌动，前 10d 尽量不要翻动菌袋，防止菌丝受损伤，并控制室温 23～25℃，CO_2 浓度 0.03% 为宜。10d 后应及时清除被污染的袋。控制室温 19～21℃，常通风换气，CO_2 浓度 0.02% 为宜。22～25d 菌丝体可满袋，或满瓶。串菌 7～10d。待菌丝体达到生理成熟，即菌袋的某些表面出现黄水时，即可进行育菇管理。

19.3.4　育菇管理

杏鲍菇育菇方式一般有墙式和床架式两种。床架式，菌袋单层直立排放，床架层间距 50cm，底脚 30cm，一般床架 6～7 层，菇房有效面积为菇房面积×60%×床架层数。一般菌棒直径径 10cm 的可摆放 160～180 袋/m^2。

墙式育菇方式，菌棒按可 35～40 只/m^2 码垛。若一端育菇，需将口上下左右交错袋口排袋。杏鲍菇菌丝经过串菌后，即可接袋绳大通气。逐渐保持在 85%～95% 的空气相对湿度，室温 15～16℃，温和地通风换气，保持空气新鲜。第 4 天之后调温在 10～15℃，CO_2 浓度 0.15%～0.18%，并给予 500～800lx 光强度的 12h/24h 光照，经 5～7d 扭结的菌丝体分化成原基。

床架式育菇，摆放时需用套环和无棉塞，进行搔菌后将袋口恢复原状，调温在 12℃，CO_2 浓度 0.15%～0.18%，并给予 500～800lx 光强度的 12h/24h 光照，经约 7d 扭结的菌丝体分化成原基。气温低于 8℃ 原基难以形成，气温超过 20℃ 原基不分化，菌蕾也会变黄致死。

原基形成的 2～3d 后，经 14～17℃ 的催蕾原基分化菌蕾，此时菇室内空气相对湿度保持 95%～98%。CO_2 浓度以 0.01%～0.15% 为宜，不得直接向原基或菌蕾上喷水。菇体所需的水分主要来源于培养料，原基分化阶段以保持湿度为主。当幼菇长至拇指大小，控温 13～15℃ 恒温，培养促进菌柄伸长。

杏鲍菇的开袋时间，应掌握在原基已分化出现菌蕾时开袋，撑开袋口，将袋膜向外翻卷，下挽至高于料面 2cm 为宜。开袋的时间过早或过晚均会影响产量，过早难形成原基或原基生长缓慢，育菇也不齐，不便管理；过晚会出现畸形菇。及时进行"疏花疏果"，每只菌棒只留 1～3 个蚕豆大小美观的壮蕾，疏蕾后控湿 85%～90%，控温 12～13℃，3d 后根据需要再疏蕾一次。

育菇期，保持室内空气新鲜，常以温和的形式通风换气。一般每小时通风换气 5～6 次，每次 5min。室内气温应控制在 12～13℃，温差不必过大。空气相对湿度逐渐提高到 85%～92%，这样显蕾多，育菇快，育菇齐，便于管理，并给予 800～1000lx 的光照度，光照时间 12h/24h。10～15d 左右可采收。气温持续 18℃ 以上，已分化的子实体徒长品质差，菇蕾萎缩，原基停止分化；气温大于 20℃ 时，已形成的幼菇现原基时也会萎缩死亡。潮间隔 14d 左右。

19.3.5　采收保鲜与加工

一般现蕾后 15d 左右，孢子尚未弹射时可采收。菌盖平展，菌柄长 10~15cm，直径3~6cm，为优质品。生物学效率一般为 80%~100%，菌盖极易破碎，菌盖边缘内卷可延长保鲜时间，2~4℃下可保藏 30d；10℃可保存 5~6d；15~30℃可保存 2~3d 不变质。在 85% 相对湿度下采收，保鲜期长。

盐渍杏鲍菇一般工艺：采收→分选→漂洗→杀青→急速冷却→控沥→加饱和盐卤→护色→调酸→包装→质检→入库→销售。

19.4　杏鲍菇工业化生产设计

19.4.1　总体规模

设计日产 9t 杏鲍菇鲜品，全年生产 300d，5 个生产周期，每瓶干料 500g（瓶容积 1400ml），转化率按照 60% 计算，单瓶可产鲜菇 300g。年产鲜菇 2700t，单周期生产 180 万瓶，日产 3 万瓶，发菌室的容量按照 600 瓶/m² 摆放来计算，则单周期需要发菌室 3000m²；育菇室的容量按照 200 瓶/m² 摆放来计算，则单周期需要育菇室 9000m²。

液体菌种用量（按照每瓶接种量 30ml，摇瓶种接发酵罐生产种量按 0.08%）：

日产摇瓶菌种 600ml[2 只/（摇瓶・300ml）]，共需 14 只摇瓶（2 只瓶×7d）；

日产发酵罐菌种 750L（0.025L/瓶×3 万瓶），共需 14 只罐（2 只/500L 罐×7d）。

19.4.2　主体土建和环境设计内容

主体土建内容：原辅料库、拌料间、装袋间、灭菌间、冷却室、生化室、制种室、接种室、发菌室、育菇室、包装室、速冻库、冷藏库、保鲜库、肥料处理库、工具库等。

环境设计内容：①洗手间、更衣Ⅰ、缓冲Ⅰ、更衣Ⅱ、缓冲Ⅱ、冷却车间Ⅰ、冷却车间Ⅱ、冷却车间Ⅲ、缓冲Ⅲ、液体菌种生产车间、液体菌种接种车间：温度控制、湿度控制、整洁度控制、新风进入及排风控制、水路系统、风路系统、节能系统、自控系统、照明系统；②发菌和育菇车间：温度控制、湿度控制、光照控制、二氧化碳浓度控制、新风及排风的控制、水路系统、风路系统、节能系统、自控系统；③速冻库、冷藏库、保鲜库、包装车间：温度控制、湿度控制、新风及排风的控制、水路系统、风路系统、节能系统、自控系统、光照系统；④主机机房的设备选型、水路、风系统、电控；⑤末端机房的设备选型、水路、风系统、电控；⑥设计区域范围内的空调设备、净化设备、加湿设备、通风设备、节能设备、自控设备、光照设备的选型。

主体建设具体内容

土建工程建筑及附属工程总面积 17 720m²，具体建设内容如下。

（1）拌料、装瓶、灭菌车间。布局：拌料与装瓶之间用墙体隔开，两侧留门便于作业。装瓶与灭菌柜的进料口一侧敞开为一体，有利于直接进料灭菌。灭菌柜的出料口一侧与冷却Ⅰ为一室。灭菌柜的出料口处用隔热墙封闭，将有菌区与灭菌后净化区即冷却Ⅰ分隔。

拌料、装瓶、灭菌车间建筑面积 1200m²（长×宽×顶高为 50m×24m×5.5m）。墙体及地面要求：采用聚氨酯泡沫板夹层彩钢板（彩钢板 1.2mm＋泡沫厚度 100mm，密度 20kg/m³），15cm 厚水泥地面，设给排水口和地泵，以及储水罐。设备设施要求：按照 4.3t/h拌料机 2 台套。搅拌装置包括双螺旋搅拌机 2 组、刮板输送机 2 组、双螺旋输送机 2 组、自动装瓶机 2 组等，总占地面积约 130m²。单个全自动脉冲高压灭菌柜 41m³，2 台占地约 58m²，每柜一次可灭 9000 瓶/5h。1 台液体菌种灭菌专用器占地约 6.6m²。设备设施总占地约 200m²。室内圆形墙角，节能照明灯，屋顶设有强排风，以及电源控制箱。其余为周转面积。

（2）冷却室。冷却室面积 600m²，分 3 室，三级冷却（长×宽×顶高为 25m×24m×4.5m）。冷却Ⅰ室 150m²，冷却Ⅱ室 250m²，冷却Ⅲ室 200m²，墙体采用聚氨酯泡沫板夹层彩钢板（彩钢板 1.2mm＋泡沫厚度 100mm，密度 20kg/m³），水磨石地面，室内圆形墙角，节能照明灯。

A. 冷却Ⅰ室：设计温度 100℃，相对湿度 80%～95%，设计高度 4.5m，屋顶安装强排风，下进新风，三级过滤，净化级别万级，物流通过灭菌车运输实现，到达接种室。空车通过冷却Ⅰ室与装瓶灭菌的缓冲通道到达装瓶处。

B. 冷却Ⅱ室：设计温度 60℃，高度 4.5m，相对湿度 75%～80%，屋顶安装强排风，下进新风冷风，净化级别万级。

C. 冷却Ⅲ室：设计温度 36℃，高度 4.5m，相对湿度 65%～70%，靠近屋顶安装强排风，下进新风冷风，净化级别万级。

（3）接种室。接种室总面积 120m²（10m×12m），设计温度 25℃±2℃，设计高度 3.5m，墙体采用聚氨酯泡沫板夹层彩钢板（彩钢板 1.2mm＋泡沫厚度 100mm，密度 20kg/m³），水磨石地面，室内圆形墙角，节能照明灯。室内整洁度千级，接种区层流罩下净化级别百级，传送带（为可拆卸式模块）通入发菌室，插车运输到达目的地。

（4）液体菌种生产车间。液体菌种生产车间总面积 120m²（10m×12m），设计温度 26℃±2℃，设计高度 3.5m，墙体采用聚氨酯泡沫板夹层彩钢板（彩钢板 1.2mm＋泡沫厚度 100mm，密度 20kg/m³），水磨地面，圆形墙角，节能照明灯。室内整洁度千级，接种处层流罩下整洁度百级。

（5）人净室要求。人净室总面积 120m²（10m×12m），其中包括洗手间面积 16m²，分男、女卫生间各 1 间；换鞋间面积 10m²；更衣Ⅰ室面积 20m²，缓冲室 10m²；更衣Ⅱ室面积 20m²，缓冲室 10m²；风淋室面积 4m²；储藏室面积 20m²，与理化生化检测室公用缓冲间 10m²。设计高度 3.5m。墙体采用聚氨酯泡沫板夹层彩钢板（彩钢板 1.2mm＋泡沫厚度 100mm，密度 20kg/m³），水磨石地面，室内圆形墙角，节能照明灯。

（6）理化生化检测室。理化生化检测室总 120m²（10m×12m），分 2 室，各 60m²：一为母种和摇瓶培养基制作Ⅰ室；二为接种、镜检、母种与摇瓶培养Ⅱ室。设计高度 4.5m，墙体采用聚氨酯泡沫板夹层彩钢板（彩钢板 1.2mm＋泡沫厚度 100mm，密度 20kg/m³），水磨石地面，室内圆形墙角，节能照明灯。Ⅰ室温度 25℃±1℃，Ⅱ室设计温度 25℃±2℃。Ⅰ室与Ⅱ室设风淋室进出。

（7）发菌室。发菌室总面积 3000m²，分为 3 室，每室 1000m²，设计高度 4.5m，墙体采用聚氨酯泡沫板夹层彩钢板（彩钢板 1.2mm＋泡沫厚度 100mm，密度 20kg/m³），水磨石地面，室内圆形墙角，节能照明灯，智能化调控水、气、热、光。设计温度 23℃±2℃，CO_2 浓度控制在 0.2%～0.3%，室内空气相对湿度控制在 65%～75%。待菌丝体达到生理成熟时，立即搔菌。

（8）育菇房要求。菇房总面积 9000m²；分为 90 室，每室 100m²，设计高度 4.5m，墙体采用聚氨酯泡沫板夹层彩钢板（彩钢板 1.2mm＋泡沫厚度 100mm，密度 20kg/m³），水磨石地面，室内圆形墙角，节能照明灯，智能化调控水、气、热、光。设计温度

13℃±2℃。

搔菌后，立即移入育菇室。用一只同样的空筐扣在整筐的菌瓶口上倒翻，使其瓶口朝下，CO_2浓度控制在 0.2%～0.25%，室内空气相对湿度控制在 80%～85%。温度控制在 23～25℃，促进搔菌面的菌丝体恢复生长。

催蕾阶段，搔菌后的前 1～3d 温度控制在 15～16℃，CO_2浓度控制在 0.1%～0.15%，室内空气相对湿度控制在 95%～98%。第 4 天以后，温度控制在 14～16℃，CO_2浓度控制在 0.1%～0.18%，室内空气相对湿度控制在 85%～95%，并给予 500～800lx 光照。待原基形成 2～3d(约第 9 天)，用一只同样的空筐扣在整筐的菌瓶底上倒翻，使其瓶口朝上，促使原基分化成菌蕾。第 11～12 天，温度控制在 15～16℃，CO_2浓度控制在 0.15%～0.3%，室内空气相对湿度控制在 85%～95%，并给予 500～800lx 光照。待子实体菌柄长至 4cm 左右，进行疏蕾留大去小，留俊去丑，只留 2～3 个。第 14～15 天，温度控制在 14～15℃，CO_2浓度控制在 0.25%～0.3%，室内空气相对湿度控制在 90%～95%，并给予 900～1000lx 的光照。从现蕾到菜菇需 18～20d。

(9) 材料库要求。

A. 原料库：总面积 1200m²(50m×24m)，顶高 5.5m，水泥地面主道承重 50t，墙体采用聚氨酯泡沫板夹层彩钢板(泡沫厚度 1.2mm，密度 20kg/m³)，备齐防潮、防火设施，共 3 室。

B. 辅料库：总面积 480m²(20m×24m)，顶高 5.5m，水泥地面主道承重 50t，墙体采用聚氨酯泡沫板夹层彩钢板(泡沫厚度 1.2mm，密度 20kg/m³)，备齐防潮、防火设施，共 1 室。

C. 工具库：总面积 60m²(10m×6m)，顶高 5.5m，水泥地面墙体采用聚氨酯泡沫板夹层彩钢板(泡沫厚度 1.2mm，密度 20kg/m³)，备齐防潮、防火设施。

(10) 冷库要求。

A. 速冻库：总面积 50m²(10m×5m)，设计高度 4.5m，室内净高 3m。设计温度 −28℃，墙体采用聚氨酯泡沫板夹层彩钢板(彩钢板 1.2mm ＋泡沫厚度 100mm，密度 20kg/m³)，水泥地面加保温、防潮隔绝层。屋顶加保温和空气隔绝层。

B. 冷藏库：总面积 200m²(20m×10m)，设计高度 4.5m，室内净高 3m。设计温度 −18℃，墙体采用聚氨酯泡沫板夹层彩钢板(彩钢板 1.2mm ＋泡沫厚度 100mm，密度 20kg/m³)，水泥地面加保温、防潮隔绝层。屋顶加保温和空气隔绝层，共 2 室。

C. 保鲜库：总面积 200m²(20m×10m)，设计高度 4.5m，室内净高 3m。设计温度 4℃，墙体采用聚氨酯泡沫板夹层彩钢板(彩钢板 1.2mm ＋泡沫厚度 100mm，密度 20kg/m³)，水泥地面加保温、防潮隔绝层。屋顶加保温和空气隔绝层，共 2 室。

D. 包装室：总面积 50m²(10m×5m)，设计高度 3.5m。设计温度 4℃，墙体采用保温泡沫板，水泥地面加保温、防潮隔绝层。屋顶加保温和空气隔绝层，满足鲜菇包装与初加工。

(11) 料处理库。

废料处理库：总面积 1200m²(50m×24m)，顶高 5.5m。水泥地面，墙体采用聚氨酯泡沫板夹层彩钢板(泡沫厚度 1.2mm，密度 20kg/m³)，备齐防潮、防火设施，共 3 室。

小　　结

杏鲍菇，又名刺芹侧耳，单生或丛生，因味道鲜美，有"平菇之王"美誉。目前已进行广泛地工业化培殖和温室培殖，技术较为成熟。

杏鲍菇属于低温、恒温性、好气性木腐菌，具有较强分解和吸收能力，营养来源广泛。营养生长阶段 C/N 以（20～21）：1 为佳，整个生长周期 60～80d。有床架式和墙式两种育菇方式。一般现蕾后 15d 左右，孢子尚未弹射时可采收，2～4℃下可保藏 30d。

思 考 题

1. 杏鲍菇的营养要求特点是什么？
2. 杏鲍菇工厂化设计主要涉及哪些内容？

第 20 章 玉蕈培殖技术

20.1 概　述

玉蕈［*Hgpsiygus marmoreus*（Peck）H. E. Bigelow. *Men. N. Y. bot. Gdn* 28（1）：15（1976）］，同物异名：*Aguricus marmoreus* Peck(1872)，又名斑玉蕈，日本商业名真姬菇，为深受消费者青睐的食用珍品。该菇形态美观，质地脆嫩，味道鲜美、独特。在日本，人们常把它与珍贵的松茸菌相提并论，被冠以假松茸、蟹味菇、海鲜菇、珍珠菇之称，并享有"闻则松茸，食则玉蕈"之誉。玉蕈属于真菌界（Kingdom Fungi）担子菌门（Basidiomycota）层菌纲（Hymenomycetes）伞菌目（Agaricales）离褶伞科（Lyophyllaceae）玉蕈属（*Hgpsiygus marmoreus*）。英文为 *Hgpsiygus marmoreus* mushroom。

玉蕈天然分布于北温带的日本、欧洲、北美、西伯利亚等地。在自然条件下，秋季群生于山毛榉等阔叶树的枯木或活立木上。据报道，中国云南省也有野生的玉蕈。

玉蕈的营养成分丰富。据分析，每 100g 鲜子实体含水分 89g、粗蛋白质 3.22g、粗脂肪 0.22g、粗纤维 1.68g、碳水化合物 4.56g、灰分 1.32g；含磷 130mg、铁 14.67mg、锌 6.73mg、钙 7.0mg、钾 316.9mg、钠 49.2mg；含维生素 B_1 0.64mg、维生素 B_2 5.84mg、维生素 B_6 186.99mg、维生素 C_1 3.80mg；鲜菇中有 17 种氨基酸，含量占鲜重的 2.766%，其中人体必需氨基酸有 7 种，占氨基酸总量的 36.82%。

据初步考证，玉蕈人工培殖始于 20 世纪 70 年代初期，由日本的宝酒造首先驯化培殖成功，并把这种培殖方法申请了专利。目前，主要产区在日本东部的长野、青森、奈良等地。菇农以木屑、米糠为原料，采用较先进的机械化操作，在全人工控制条件下，周年培殖。产品主要以鲜品上市。由于市场销路好，价格高，培殖条件相对比其他菇类容易控制，培殖技术和设备比较完备。近年来，日本培殖玉蕈的菇农有所增加，有些原来从事培殖金针菇、滑子菇和姬菇的菇农也转产培殖玉蕈，培殖规模和产量每年都成倍增长。据报道，1987 年全日本国的玉蕈总产量为 13 688t，到 1990 年仅长野县的玉蕈产量就达 27 000t。

中国是在 1986 年 3 月，由中国土畜产品进出口公司大连风分公司通过日本的岩答产业（株）引进玉蕈的纯菌种。之后，日商又把该菇的菌种引入山西、河南、福建等省，并试图在中国发展出口玉蕈的生产基地。玉蕈菌种引入中国的最初几年，由于中译名称混乱，外商介绍玉蕈的资料很简单，试栽者查找玉蕈的生物学特征详细资料较困难，再加上日本菇农所采用的技术和设备手段难以在中国推广应用。自 2006 年以来，玉蕈在中国已形成工厂化规模商品生产。白玉菇是玉蕈的白色突变株。

（1）子实体形态特征。子实体丛生，每丛子实体 15～30 株。菇盖初为半球形，随着长大逐渐开展，老熟时菇盖中心下凹，边缘向上翘起，盖直径 10～20cm，幼时呈深褐石色或黑褐色，盖面具明显斑纹，长大后呈灰褐至黄色，从中央至边缘色渐趋浅淡（图 20-1）。菌肉白色，质硬而脆，致密。菌褶弯生，有时略直生，密，不等长，白色至淡奶油色。菌柄中生，原柱形，高 10～30cm，粗 8～20mm，白至灰白色，中实，脆骨质，心部为肉质，幼时下部明显膨大。孢子印白色；孢子无色，卵球形，光滑，直径 4～6μm。

（2）菌丝体培养特征。玉蕈的菌丝体为浓白色，菌落边缘呈整齐绒毛状，排列紧密，气

图 20-1　玉蕈[*Hgpsiygus marmoreus*
(Peck)Bigelw]

生菌丝旺盛，爬壁力强，老熟后呈浅灰色。双核菌丝直径 4～8μm，具明显的锁状联合，少菌皮。培养条件适宜时，日伸长 3.5mm；条件不适时，生长速度明显减慢，且易产生大量分生孢子，在远离菌落的地方出现较多的芒状小菌落，培养时不易形成子实体。用木屑或棉籽皮等固体培养基培养，菌丝也呈浓白色，有较强的分解纤维素和木质素能力，生长健壮，抗逆性强，不易衰老，在自然气温条件下避光保存一年后，扩大培养仍可萌发，并有直接结实能力。

（3）子实体发育过程。根据子实体不同发育阶段的形态特征，可将分为转色期、原基期、菌蕾初期、成盖期、伸展期、老熟期。

A. 转色期：玉蕈菌丝体长满培养容器达生理成熟后才具结实能力，此时容器中的培养物由纯白色转至灰色。菌丝体开始分化，先在培养料表面出现一薄层瓦灰色或土灰色短绒。这标志着由营养生长转入生殖生长。根据这种短绒出现的时间、长相和色泽，可判断原基的形成，以及分化的迟早、分化密度与子实体长大后的色泽和品质，在适宜条件下此期历时 3～4d。

B. 原基期：培养料面转色后 3～4d，在短绒层菌丝开始扭结形成疣状凸起，进而发育成瓦灰色钉头状，在适宜条件下培养 2～3d，长至 0.5～1cm 时便进入显白生育期。但在高温或通气不良、光线不足的条件下，菌芽可长至 10cm 以上，且可维持 1 至数月而不死，再遇适宜条件仍可能恢复其正常发育能力。

C. 菌蕾初期：随着原基的生长在其尖端即出现一小白点，逐渐长大成直径 1～3mm 的圆形白色平面，此为初生菇盖，这个生育阶段称为菌蕾期。

D. 成盖期：初生菌盖经 2～3d 的生长分化，平面开始凸起，颜色也开始转深，3～5d 后形成完整的菇盖，此时盖径 3～5mm，深赭石色，边缘常密布小水珠，盖顶端开始出现网状斑纹，菇柄开始伸长、增粗。

E. 伸展期：子实体菇盖形成后生长速度加快，菇盖迅速平展、加厚，盖缘的小珠逐渐消失，盖色随直径增大而变浅，菇柄也迅速伸长、加粗，代谢活力旺盛。因此，此阶段对培养条件的反应较为敏感，若管理不当，往往会出现大脚菇(菌柄基部膨大)、菇盖畸形(盖面凹凸不平或呈马鞍状等)、二次分化(菇上长菇)菇柄徒长盖发育不良、黄斑菇(盖面局部发黄)、黄化菇(盖褐黄至浅黄色)。

20.2　生长分化的条件

20.2.1　水分要求

玉蕈是喜湿性菌类。培养基质内的含水量多少，不仅影响菌丝体的生长量、生理成熟的快慢，而且还影响子实体的分化发育进程、外观和营养成分的含量。空间相对湿度的大小，对子实体的正常分化发育有着特殊的作用，为了获得高产、优质的子实体，育菇室应创造比其他菇类更高的空间湿度环境。

据试验表明，培养基质含水量在 45%～75%，玉蕈菌丝体的生长量随含水量的增加而增加。基质含水量低于 45%，菌丝生长稀疏，且易衰老；高于 75%，菌丝生长速度明显减慢，含水量再高则停止生长，基质含水量以 65%～70% 玉蕈菌丝体生长最佳。子实体分化发育过程，也要求基质保持较高的含水量。如育菇前基质的含水量在 50% 以下时，子实体分化早而密集，长成的子实体皆为黄花菇，柄细长中空，盖小而薄，很快老熟放孢，产量低，质量差。

子实体分化发育期间要求空间相对湿度在 85%～95%，尤其是蕾期对空间湿度要求更高，催蕾期间空气湿度不足，难以分化成子实体，蕾期空气干燥会导致菇蕾死亡，即使成盖后若空间湿度不足，也会使生长正常的幼菇变成黄花菇。当然，长期过湿的环境会影响子实体的正常发育，如生长缓慢、菌柄发暗、有苦味、易受病虫害侵袭、出现菇上长菇的现象等。

20.2.2　营养要求

玉蕈是一种木腐菌，分解木质素、纤维素的能力很强。在自然条件下，能在山毛榉科等阔叶树的枯木或活立木上繁殖生长，完成整个生活史。人工培殖，用纯阔叶树木屑、棉籽皮、棉秆、各种作物秸秆粉碎物作培养基质，菌丝均能较好地生长，并分化发生子实体。但在实际培殖中，为了提高产量和品质，仍需添加辅料，以增加培养料中的养分。据实验，用棉籽皮为主料，添加黄豆粉 4%～12%、麸皮或玉米粉 12%～18%、过磷酸钙 4%～6%、过氧化钙 0.1%～0.15%、生石灰和石膏粉 2%～3%，有较明显的增产作用。加入石灰还可明显加快生育过程，提早育菇，缩短生产周期。

玉蕈的菌丝体在 PDA 培养基上培养，菌丝长势较弱，且有较多的分生孢子产生，在远离菌落的地方可见许多呈芒状小菌落。如果加入 1‰ 硫酸镁、2‰ 磷酸二氢钾和 0.5% 蛋白胨或酵母膏，菌丝生长情况则可大为改观。

20.2.3　空气要求

玉蕈是好气性真菌。菌丝体在密闭的容器中培养，随着菌丝量增加容器内的 CO_2 浓度会不断积累增高，氧气含量下降，生长速度逐渐减慢，最终停止生长。因此，容器内的 CO_2 浓度必须低于 0.4%。在高温培养条件下，这种情况更容易发生。因此，培养菌丝体的容器要有一定的空隙，并有较好的通风换气空间，这样才能保证菌丝体在整个生长期内有充足的氧气供应。良好的通风换气条件，也有利于促进菌丝体的生理成熟。在后熟培养阶段，菌丝对氧分压的要求远不如培养前期那么重要，这一期间如果通风量过大，反而会造成料内水分的大量蒸发，不利于子实体的正常分化发育。

子实体的发育过程，需要空气相对湿度较大，氧气较充足。菌蕾分化时，CO_2 浓度应为 0.05%～0.1%；子实体发育阶段，CO_2 浓度应为 0.2%～0.4%，如果过高子实体常会发生畸形菇。

20.2.4　温度要求

玉蕈是低温、变温结实菇类。菌丝体在 -10～38℃ 条件下一年内仍有生活力。制成菌棒后，自然条件下可以安全度夏，深秋能正常育菇。玉蕈菌丝体在 5～30℃ 均能生长，最适宜的温度 20～25℃，低于 5℃ 高于 30℃ 菌丝生长受抑制。玉蕈菌丝体达到生理成熟的适宜温度是 20～25℃。原基分化的温度为 8～22℃，最适宜的温度是 12～16℃，还必须有 8～10℃ 的温差刺激。子实体发育的温度为 8～22℃，低于 8℃ 会形成畸形菇大脚菇；高于 22℃ 形成菇徒长、菌盖变小下垂等。

20.2.5　光照要求

菌丝生长阶段不需要光照。光照对菌丝生长有抑制作用，也有促进菌丝体老化和转色（由白色转为土灰色）作用。原基分化和子实体发育则需要散射光照。适宜光照度分别为50～100lx、800～1000lx，光照时间(8～12)h/24h。

20.2.6　酸碱度要求

玉蕈菌丝体适宜偏酸性环境中生长，适宜的pH为5.0～7.5，最适宜pH5.5～6.5。培养料中应调至pH8.0左右。适当调高培养料中的pH有利于促进菌丝体生理成熟，提早分化子实体。

20.3　玉蕈培殖技术

当地气温稳定在15℃左右，前推100～120d，6～7月制原种和栽培种，8～9月制育菇瓶或袋，当年10月至第二年4月育菇。

20.3.1　生产母种的制作

土豆稻草综合培养基：稻草200g，去皮去芽土豆切金橘大小200g，沸水同煮30min，双层医用纱布过滤液800ml左右，加琼脂20g、葡萄糖20g、磷酸二氢钾3g、蛋白胨5g、维生素B_1 10mg，完全溶解后定容1L，调pH至7.5，45℃以上分装于125支18mm×180mm硬质试管中，正常灭菌。摆斜面，查无杂菌备用。无菌条件下，通常每支试管母种可转接生产母种30～60支。25℃条件下，正常15～18d菌丝体可以满管。

20.3.2　原种制作

一般用谷粒做原种培养基。高粱粒的原种培养基制备方法与平菇培养基相同。一支生产母种可以接原种5～6瓶。25℃条件下培养，需要20～25d菌丝可以长满500ml的原种瓶。

20.3.3　栽培种的制作

棉籽皮80%、麦麸或细米糠10%、大豆粉5%、生石灰3%、石膏粉2%。料水比为1:(1.3～1.5)。pH7.5～8.5。将料充分混匀，闷料3～4h，迅速装袋，菌袋规格(17～20)cm×(33～40)cm×0.045mm，可装干料550～650g。也可装入口径54～58mm容积800～850ml的耐高压聚丙烯塑料瓶，每瓶可装干料500g左右。迅速灭菌，常压灭菌需要8～12h，高压灭菌一般需要4～6h。停火后需闷料8h，冷却后无菌条件下接种。栽培种发菌同样按照4个条件，即暗培养、环境干燥整洁、适宜的温度、常通风换气。35～40d菌丝体可以满袋。

液体菌种培养基适宜的碳氮比为(40～60):1。其配方为马铃薯20%、红糖2%、酵母粉0.2%、$MgSO_4 \cdot 7H_2O$ 0.15%、KH_2PO_4 0.15%。pH7.0，150ml接种量10%，25℃培养，120r/min，培养7d，终止培养。

20.3.4　育菇菌棒的制作

棉籽皮57%、硬木屑15%、麦麸或细米糠15%、大豆粉5%、生石灰3%、过磷酸钙3%、石膏粉2%。料水比为1:(1.3～1.5)，充分混匀，闷料3～4h迅速装袋灭菌，常压灭菌18～24h，停火后闷料8h。冷却后常规接种，常规发菌，大约40d菌丝体可满袋。玉蕈培殖特点是菌丝体达生理成熟需要后熟培养约30～40d，育菇需要35～45d。从制种到采收完毕需要150～180d。

20.3.5　催蕾与育菇

搔菌排袋，在排袋过程中，轻揉菌袋的两端，然后揭开菌袋轻轻剐掉菌种和菌皮，菌袋不要开口太大，以免过度散失水分。催蕾期间加大空气相对湿度为 90%～95%，室温保持 12～16℃，光照度达 800～1000lx。经 8～10d 出现大量原基，进入育菇阶段。此时，下挽袋口，光照度 500～800lx，光照时间(8～12)h/24h。同时加大通风换气量。

20.3.6　玉蕈采收与加工

(1) 采收。从现蕾到采收一般需要 8～15d。出口产品菌盖直径 1～3.5cm，菇盖向下向内，不得完全展开。应在每丛菇中最大一株的菌盖直径 4cm 左右时，整株采摘下来，分株去根去杂，轻轻放到泡沫箱里，一般净重为 2.5～5kg/箱。整个采收装箱及运输过程都要轻拿轻放，以免菌盖破碎，降低商品价值。采收后要及时清理料面，停水 3～5d，正常养菌和育菇管理，约 20d 可采收第 2 潮菇。通常可有 2～3 潮菇，第 1 潮菇占总产量的70%～80%。

(2) 加工。将上述采收好的菇及时杀青。具体方法是：在缸或不锈钢锅内加足够的水，并旺火将水烧沸，将体积占 2/5 的鲜菇轻轻倒入沸水里，同时通入蒸汽管，直到杀青菇在冷水中迅速下沉为止。此时标志着子实体完全煮透。将杀青好的子实体迅速冷却，加工成水煮罐头或及时盐渍。盐渍的方法是：将占菇体重量 25% 的细盐分层撒入菇层上，一层盐一层菇直到装满容器为止，最上层平铺一层盐，并加注饱和盐水，使菇体完全浸入饱和盐水中。以后，每 10d 倒缸一次，约 25d 可以盐渍好。

根据菌盖直径大小，可将其产品分为 4 级，即 S 级 1～2cm；M 级 2～3cm；L 级 3～3.5cm；等外级 3.5cm 以上。外观质量，菌盖完整，灰褐色，菌盖边缘下卷；菌柄长 2～4cm，白色至灰白色，中实；无破碎，无异物，无异味，无生菇，无畸形菇；盐度 23°Bé。

小　　结

玉蕈群生于阔叶林树木，属丛生、木腐菌类。人工驯化始于日本，并可进行周年培殖。其子实体发育分为转色期、菌芽期、显白期、成盖期、伸展期和老熟期。

玉蕈分解营养的能力较强，其人工培养料来源广泛，配以辅料能明显增产。玉蕈属于低温、变温结实型及喜湿性、好气性蕈菌。在人工栽培种，要合理地掌握空气温度与湿度，否则有可能不结实或产生畸形菇。

思　考　题

1. 玉蕈的营养要求具有什么特点？
2. 请描述玉蕈的子实体发育过程。

第21章 灰树花培殖技术

21.1 概　述

灰树花学名[*Grifola frondosa*（Dicks.）S. F. Gray Nat. Arr. Brit. Pl.（London）1；643（1821）]，又名莲花菌、贝叶多孔菌、栗子蘑、鸡冠蘑、千佛菌等，日本称之为舞茸。隶属于真菌界（Kingdom Fungi）担子菌门（Basidiomycota）层菌纲（Hymenomycetes）非褶菌目（Aphyllorales）多孔菌科（Polyporaceae Corda）树花菌属（*Grifola gray*）。英文名为 hen of the woods。灰树花是亚热带至温带森林中的一种食药兼用的珍稀食用蕈菌。野生灰树花主要分布于中国、日本、北美及欧洲一些国家。中国大陆主要分布于河北、吉林、四川、西藏、江西和福建等地。

灰树花子实体香味浓郁，味似鸡丝鲜美，软骨质，脆如玉兰，久煮不烂，口感极佳，营养丰富。据中国预防医学科学院营养与食品卫生研究所检测资料分析得知每 100g 干品中含水分 11.40g、蛋白质 25.20g、脂肪 3.20g、膳食纤维 33.70g、碳水化合物 21.40g、灰分 6.41g。每 100g 灰分中含钾 1637.90mg、钠 38.60mg、钙 176.20mg、磷 721.00mg、铁 52.60mg、铜 3.97mg、铬 1.16mg、锌 17.50mg、硒 0.04g。每 100g 干灰树花中含有维生素 B_1 1.47mg、维生素 B_2 0.72mg、维生素 C 17.00mg、维生素 E 109.70mg、胡萝卜素 0.04mg。详见表 21-1、表 21-2。

表 21-1　灰树花子实体的营养成分　　　　（单位：g）

菌株品名	蛋白质	脂肪	碳水化合物	粗纤维	灰分
迁西灰树花	31.5	1.7	49.69	10.7	6.41
0206	20.7	2.8	60.45	9.75	6.30
G51	21.3	1.8	58.76	10.7	6.45
平均	24.5	2.1	56.30	10.38	6.42

表 21-2　灰树花氨基酸组成及含量

	名称	含量/%		名称	含量/%
非必需氨基酸	精氨酸	1.472	必需氨基酸	异亮氨酸	0.859
	天冬氨酸	2.014		亮氨酸	2.423
	谷氨酸	3.305		赖氨酸	1.804
	甘氨酸	1.089		缬氨酸	1.225
	组氨酸	0.514		蛋氨酸	0.378
	脯氨酸	1.073		苏氨酸	1.177
	丝氨酸	1.256		苯丙氨酸	0.802
	酪氨酸	0.461		色氨酸	0.299
	丙氨酸	1.265	氨基酸总量		21.225
	胱氨酸	0.108			

注：引自中华人民共和国农业部和中国预防医学科学院营养与食品卫生研究所检测资料

1709 年，日本贝原益轩的《大和本草》中收录了
灰树花。其药用作用最早记载于日本坂然的
《菌谱》中"性甘、平，无毒，可益寿延年"。在
日本民间多用于治疗糖尿病。

　　灰树花(图 21-1)富含多糖、有机锗、硒元
素等生理活性物质，具有滋补强身、降低胆固
醇、抗肿瘤、抗人体免疫缺陷病毒(HIV)、降
血压、降血糖、血脂、治疗肝炎等医疗保健作
用，无任何毒副作用。

　　1983 年，确定了艾滋病(AIDS)是由 HIV
引起的。2004 年，中国科学家于晓方领衔的科

图 21-1　地栽灰树花(*Grifola frondosa*)

研小组在美国 *Science* 杂志上发表的论文揭示了艾滋发病机制，首次发现了一组使 HIV 避
过人体细胞免疫系统，而在人体细胞内大量复制蛋白，阐明了 HIV 突破宿主细胞防御系统
的分子机制，并提出了新的 HIV 防制策略。这组蛋白的发现，对于了解 HIV 如何战胜宿主
防御系统尤为关键，有望成为 HIV 治疗的新靶点。从而，为预防和治疗艾滋病提供了全新
的理念和途径，具有重大的理论意义和临床应用价值。

　　1984 年，日本学者 Ohno 等首次报道了灰树花多糖具有抗肿瘤活性。1992 年，美国国
家癌症研究院证实灰树花的萃取物有抵抗艾滋病病毒的功效。日本的南波宏明博士也在实验
中发现，30 万个遭受 HIV 感染的淋巴 T 细胞，在经过灰树花的萃取物处理后，97% 竟然存
活下来。

　　美国食品和药物管理局(FDA)证实了灰树花提取物对治疗晚期乳腺癌和前列腺癌有效
果。目前，已上市的灰树花多糖产品主要有中国的保力生胶囊、日本的 MAIEXT 营养滋补
品、美国的 Grifron 系列产品。灰树花多糖 D-组分具有很强的生物活性，它是一种高度分支
的蛋白聚糖，酸不溶，碱溶性热水提取物，相对分子质量约为 1 400 000，蛋白质含量为
30%。这是一种具有 1→3 支链的 β-1, 6-葡聚糖，也是目前日本和美国研究和开发的重点。

　　有人认为葡聚糖的 β-1, 3 结构方式可能是动物、植物及所有宿主防御机制的基本诱发
因子，既可以使无脊椎动物抵抗真菌的感染，也可使植物免遭病毒与真菌的侵害。所有微生
物的细胞壁都有 β-1, 3-葡聚糖结构。因而，灰树花具有广谱免疫调节作用。

　　据资料表明，灰树花深层培养的菌丝体与子实体均符合 FAO/WHO 提出的蛋白模式，
即必需氨基酸总量应达到氨基酸总量的 40%[E/(E+N)×100%]左右，必需氨基酸总量与
非必需氨基酸总量应达到氨基酸总量的比值(E/N)在 0.6 以上。另外，灰树花深层培养的菌
丝体中的有害重金属含量也大大低于子实体中的含量。所以，二者均为优质的营养食品源。

　　灰树花多生于栎树、米槠、甜槠、栲树、板栗、青冈栎等壳斗科树种及其他阔叶树的根
部周围的土壤中，在中国主要分布于河北、黑龙江、吉林、广西、四川、云南、浙江、福建
等林地，国外主要分布在日本、俄罗斯、北美等。1940 年，日本学者伊藤一雄等首次对灰
树花进行组织分离，人工驯化培殖。1965 年，利用木屑培殖成功。1975 年，正式投入商业
化生产。20 世纪 80 年代，日本利用空调设备开始进行工厂化周年培殖。1982 年，中国福建
省三明研究所的黄年来等在福建黄岗山采集到灰树花子实体并分离到菌种。1983 年，河北
省科学院微生物研究所赵占国等袋栽灰树花获得成功，同年，浙江庆元县引进国外菌种，试
种获得其子实体，1990 年，推广到农户。1984 年，四川省农业科学院张丹等采集到野生型

灰树花 5 个菌株，并驯化复壮成功 4 个菌株。1986 年和 1994 年，分别通过组织分离得到 2 个纯种。20 世纪 90 年代，河北省迁西县大面积生产并得到中国食用菌协会表彰。河北省迁西县多采用栗子树木屑床式覆土培殖，生物学效率一般为 35%～50%，有的则高达 80%。另一个主要产地是浙江庆元县，以阔叶树木屑为原料，采用床架立体式培殖非覆土育菇，菇体整洁，生物学效率一般为 60%～80%。目前，中国产量可达 10 000～15 000t。

张丽霞等筛选出生物学效率较高的灰树花菌丝体，液体培养基为：葡萄糖 2%、蛋白胨 0.4%、KH_2PO_4 0.3%、$MgSO_4 \cdot 7H_2O$ 0.15%、维生素 B_1 0.01%，pH5.5。

生物学特征：灰树花是一种中温型、喜光、好气、微酸性的腐生真菌。子实体肉质，菌肉白色。有柄，多分枝。菌盖扇形，或勺形，丛生，有菌核出现，见图 21-1～图 21-3。每丛重达 1～4kg。菌盖直径 2～7cm，灰色至淡褐色。菌盖表面有绒毛，边缘薄而内卷，厚达 1～3mm。子实体成熟后，光滑有放射状纹理。孢子印白色，卵圆形至椭圆形，孢子大小 (5～7.5)μm×(3～3.5)μm。菌丝细胞无横隔，无锁状联合。

图 21-2　野生灰树花(*Grifola frondosa*)

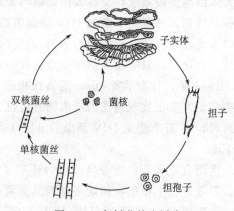

图 21-3　灰树花的生活史

21.2　灰树花生长分化的条件

21.2.1　水分要求

水分在灰树花生命活动中的作用与其他真菌一样，它是菌丝细胞重要的组成成分；是代谢过程中的反应物质；是各种生化反应和物质运输的介质；能使其子实体保持应有的姿态；水分能产生重要的生态意义。灰树花菌丝体在基质含水量为 55%～61% 条件下生长分化良好，但配料含水量一般掌握在 62%～65%，因为在灭菌过程中培养基中的水分会损失 4%～7%。木屑为主的培养基其含水量应掌握在 60%～63%；代料为主的培养基应掌握在 62%～65%。发菌阶段空气相对湿度应控制在 60%～65% 为宜。子实体分化时空气相对湿度 80%～85%，在子实体生长分化阶段时空气相对湿度应掌握在 85%～95%。

21.2.2　营养要求

灰树花是典型的白腐菌，多发生在栎树、栗树、栲树、青冈栎等壳斗科树种和阔叶树桩基部，或倒腐的近地树干上，以分解树木的心材为营养使其白色腐朽，与香菇等多数木腐菌不同，后者主要分解木材的边材和形成层。

灰树花对碳源的利用以葡萄糖最好；氮源以有机氮最好，如黄豆粉、豆饼粉、麦麸、玉米粉、细米糠等。但是，几乎不能利用硝态氮，而维生素 B_1 是必需的。与木耳培殖所需木屑相同，以硬杂木皮层和形成层较厚的为佳，其中以栗子树、山毛榉、栎木的最好。代料培殖，凡是带有纤维素、半纤维素、木质素的有机物都可利用。

　　培养料中，木屑的粗细度以 0.85mm 以下的木屑颗粒占 22％；0.85～1.69mm 木屑颗粒占 58％；1.69mm 以上占 20％为宜。培殖灰树花营养生长阶段的碳氮比一般为（20～30）∶1，生殖生长阶段碳氮比为（40～60）∶1。矿质元素是灰树花生命活动不可缺少营养物质：①可作为菌丝细胞化学物质的结构成分；②可作为一些酶类催化剂的金属组分，是生命活动的调节剂；③起电化学作用，维持离子浓度平衡、胶体的稳定和电荷平衡等。常用的矿物质元素有钙、磷、硫、镁、钾，微量元素有铁、锰、铜、锌、硼等。在实际培养基中，一般添加石膏粉、过磷酸钙、磷酸二氢钾等足以。灰树花的生长分化中维生素 B_1 是必要的。

21.2.3　空气要求

　　灰树花是好气性较强的真菌。在培殖过程中，提供充足的氧气和尽快排出包括二氧化碳在内的其他杂气，目的在于促使灰树花菌丝细胞正常的呼吸。只有细胞正常的呼吸，灰树花的菌丝体和子实体才能正常发育。另外，空气清新也能防止室内一些杂菌的孳生。在灰树花子实体发育阶段需氧量更大，以室内有充足的新鲜空气，无异味为准，一般室外新鲜空气氧气 21％、二氧化碳 0.035％。灰树花对二氧化碳极为敏感。通风不良，氧气不足，二氧化碳浓度过高，会造成原基或菌蕾不分化或形成珊瑚状畸形菇。因此，调节好通风和保湿这一矛盾统一体是育菇管理的关键问题。

21.2.4　温度要求

　　灰树花菌丝生长分化对温度适应性较广，在 5～34℃条件下均可生长分化。其最适温度24～26℃，菌丝生长速度为（3～4）mm/24h；协调最适温度为 20～22℃，菌丝生长速度为（2～3）mm/24h。低于 5℃、高于 34℃菌丝生长都受到抑制，42℃为致死温度。菌丝耐低温性很强，在土壤中，零下十几度也不会冻死。子实体分化温度，最适温度在 18～20℃。子实体生长分化的温度在 10～27℃，最适温度为 20～25℃，协调最适温度 15～20℃。温度对菌丝或子实体发育的调节主要是酶活性、生化反应快慢、运输速度快慢及物理刺激等。

21.2.5　光照要求

　　灰树花与其他大型真菌一样，其细胞内无叶绿体，不能进行光合作用。因此，在灰树花生长分化过程中，光主要起抑制和刺激作用。抑制的过程也是细胞积累营养的过程，而刺激作用则主要是促使细胞分化和分泌一些物质。故此，在发菌阶段需暗培养。而在原基分化阶段应给予弱光 150～200lx；子实体发育阶段应给予 200～800lx 的光照。关于蓝光利于灰树花子实体的生长分化还需进一步探索。

21.2.6　酸碱度要求

　　灰树花菌丝体适于在偏酸性条件下生长。pH 在 3.5～7.5 均可生长，以 pH5.5～6.0 为宜。pH 低于 4.2 或高于 7.5，菌丝生长菌受到抑制。在实际拌料中，常调节培养基 pH 为6.5～7.5。这是因为从拌料到装袋灭菌、从发菌到育菇的整个过程是培养基逐渐酸化的过程。

21.3 灰树花培殖技术

灰树花培殖一般需要制作二级菌种。育菇通常采用熟料培养基，可采用菌棒或菌瓶，这也是灰树花的培殖特点。目前，灰树花育菇方式可分为 3 种：①床架立体培殖，生物学效率 100% 左右；②覆土菌袋培殖，生物学效率 100%～130%；③灰树花木段培殖，每立方米木材两年可产灰树花干品 32kg，木材利用率较低。

21.3.1 灰树花母种扩繁

将冰箱保藏母种提前取出活化 3～5d 备用。取新鲜无霉变的稻草或棉籽皮，稻草切成 3cm 段或棉籽皮 200g，加 2000ml 蒸馏水或自来水煮沸计时 30min。另取 200g 削皮去芽的马铃薯切成棱形块金橘大小，放入冷水盆备用。将上述稻草浸提液用双层医用纱布过滤后，再将 200g 土豆块放入过滤液中煮沸 30min，并用双层医用纱布过滤，取过滤液近 1000ml，加琼脂 20g，完全溶化后，再加葡萄糖 20g、蛋白胨 5g、$MgSO_4 \cdot 7H_2O$ 1.5g、KH_2PO_4 3g、维生素 B_1 4mg，完全溶解后定容 1000ml，pH 自然。在 45℃ 以上，趁热分装于 180mm×18mm 的硬质试管 125～135 支中，塞好棉塞，将试管口用牛皮纸，或耐高压的聚丙烯塑料薄膜包好，5 支或 7 支一捆灭菌备用。

灭菌时，先向灭菌锅内加足够的蒸馏水约 3L，接通电源预热，将罐装好的试管放入灭菌锅的套桶里，盖上锅盖，平行拧好螺栓，打开放气阀，待水蒸气溢出时，盖上放气阀。待气压达 0.5MPa 时，打开放气阀，放冷气，关上放气阀。待锅内压强达 0.12～0.15MPa 时计时，保持 30min。切断电源，待锅内压力降到零点时，打开锅盖，错一缝隙，使蒸汽迅速溢出烘干棉塞。大于 45℃ 时将培养基试管取出，轻轻转动或震荡试管防止冷凝水集于试管内。如生产母种，摆斜面可稍长些，保藏菌种稍短些，并将包纸去掉，防止棉塞发生霉污染。24h 后查有无细菌，48h 后查有无霉菌，有杂菌的弃掉，无杂菌的备用。好的试管培养基表面光滑，无冷凝水，无麻点，如同镜面一般。

母种的扩繁。以保藏母种 180mm×18mm 硬质试管为标准，每支可转接 30～60 支。可以在无菌室内接种，也可在超净工作台上接种，也可在接种箱内接菌等。总的原则是选优质菌种块或菌丝体，在无菌区内迅速接入试管培养基上，可以一点接种，也可以多点接种。接菌器具不能过热以免损伤菌种。接种后，25℃ 条件下，暗培养 24～28h 菌丝开始萌动，整个培养时间(试管前端一点接种)需 13～15d 菌丝长满管。在这期间，一般每天检查一次，有杂菌及时剔除，一点污染可疑的也不能要，甚至虽无污染但长势不健的也要弃掉。留菌丝体生长健壮的备用。

21.3.2 原种的制作

原种培养基配方：①硬杂木屑 83%、新鲜的大皮麦麸或细米糠 10%、新鲜粗玉米粉 4%、黄豆粉 1%、石膏粉 1%、糖 1%，含水量 60%；②棉籽皮 83%、大皮麦麸或细米糠 10%、新鲜粗玉米粉 5%、石膏粉 2%，含水量 62%；③硬杂木屑 57%、棉籽皮 25%、大皮麦麸或细米糠 10%、新鲜粗玉米粉 4%、黄豆粉 1%、过磷酸钙 1%、石膏粉 2%，含水量 60%；④谷粒原种，关键在于必须将谷粒预先煮透或浸泡透(不能有破粒)，只有这样才能灭菌彻底。

拌料与装袋。先将麦麸、米糠、玉米粉及黄豆粉与石膏粉混匀，再将其与主料混匀，最后加水进搅拌机充分拌匀，并闷料 1～2h 迅速装瓶。为防止培养料酸变，必须将所拌的料在

6～8h 装完。菌种瓶尽量要求透明，国内外菌种瓶规格有 1250ml、750ml、500ml，分别可装湿料 0.600kg、0.400kg、0.300kg 左右。料面装至距瓶口 1～2cm，并用木锥在料面中央打洞，直径为 2～2.5cm，洞深至料底，轻轻转动抽出木锥。擦净瓶口和瓶身加盖无棉封盖，或加棉塞并用聚丙烯塑料薄膜包好，立即灭菌。

目前，灭菌有两种：一是高压灭菌；二是常压灭菌，二者都是湿热灭菌。其关键在于及时彻底地排出涡流冷气，湿热蒸汽均匀分布在每个角落。被灭菌的物体体积越大，其灭菌时间越长。灭菌初期，应大火急火猛攻，时期迅速升温达到 100℃ 以上。高压 0.15MPa 灭菌，一般掌握在 1.5～2.5h。常压灭菌 100℃ 一般掌握在 8～10h，一般闷料 3～4h，迅速散热。34℃ 条件下接种。

接种。先将原种瓶移入接种室进行室内消毒，然后在超净台或接种箱内，两人配合接种，每支试管种可接原种 5～6 瓶。接种时，最好把原试管接种点刮掉再接种。接种的菌种块要放到瓶口料表面的中央洞穴中。接种过程应始终不离开酒精灯无菌区，而且越迅速越好。接种后 3～5d，观察有无细菌、酵母菌、霉菌(根霉、黄曲霉、链胞霉、毛霉)等杂菌污染。多数霉菌污染初期的菌丝体比蕈菌菌丝体颜色更白一些，以后发育成各种颜色的菌落。原则是一定要灭菌彻底，有污染的及时除掉。每批原种不得高于 2%～3% 的污染率，超过 5% 必须将这批原种倒出晒干重新灭菌。重新灭菌的原种接种后长势非常慢。为使原种长得快而健壮，待菌丝封料面后，可在菌种瓶口的盖膜上扎微孔 15～20 个通气。扎孔前，一定要室内消毒一次，扎孔后，用报纸盖上，防杂菌落入微孔二次污染。22～24℃ 条件下，500ml 罐头瓶菌种 25～30d 可菌丝满瓶，750ml 瓶菌种 30～35d 发满瓶。待菌丝复壮后 3～5d 接栽培种为宜。没有百分之百的把握，一般不要摇瓶。

21.3.3　育菇菌棒的制作

目前，多采用袋栽育菇。菌袋的规格为 (16～22)cm×(30～37)cm×(0.04～0.05)mm 的聚丙烯或聚乙烯筒料。工厂化培殖则采用耐高压菌瓶为佳，多采用 1100～1400ml 的菌瓶。

培养基配方：硬杂木屑 52%、棉籽皮 30%、新鲜大皮麦麸 10%、新鲜粗玉米粉 5%、过磷酸钙 2%、石膏粉 1%，含水量 62%。采用折径为 (22×37)cm×0.05mm 的低压聚乙烯袋。装料柱直径 15cm，柱高 18～19cm，并留出几厘米的空筒，共装干料 500～600g。在料面中央用木锥打一洞，直径为 2～2.5cm，洞深至料底，轻轻转动抽出木锥。擦净瓶口和瓶身加盖无棉封盖，或加棉塞并用聚丙烯塑料薄膜包好立即灭菌。

采用专用灭菌筐常压灭菌，最好在 1～3h 内迅速升温至 100℃，排尽冷气，升温达 100℃时，灭菌 8～12h。一般闷料 3～4h，迅速散热。35℃ 条件下接种。工厂化生产可采用脉冲真空高压灭菌柜灭菌。

无菌条件下接种，4 人一组，其中 1 人用接种器取种，3 人解袋撑口，配合完成接种。接种一般选择在上午的 10：30 以前完成。每 750ml 菌种瓶的菌种可接育菇袋 80～120 袋。平均可接 50～60 只/(h·人)。液体菌种，每 15～20ml 可接一只育菇袋。

21.3.4　发菌管理

菌棒或菌瓶的发菌培养，同样掌握 4 个基本条件：暗培养、环境整洁干燥、适宜的温度、常通风换气。在发菌的前 2～3d，室温控制在 26～27℃ 培养，使灰树花菌丝快速度过迟缓期早定植。此时，不宜翻动，不必通风。第 4～5 天以后，菌落已形成。将室温调至 24～25℃[菌丝生长速度 (2～3)mm/24h] 培养，并注意常通风换气，保持空气相对湿度在 55%～

65％，时常检查有无杂菌，将带有杂菌的菌袋及时剔出，及时处理。7～8d 后，将温度降至
20～22℃继续培养。此时要特别注意气温、垛温、料温，应及时降温通风换气。培养 35～
45d 菌丝体已吃透料。后期发菌，可提高空气相对湿度 75％～80％，加大通风量，并给以散
射光，光照度 50 ～200lx，光照时间(10～12)h/24h。待菌体表面有菌丝束形成，呈馒头壮
隆起，并产生皱褶，由白色变为深褐色，出现黄褐色水珠，个别的已分化形成原基。这标志
着菌丝体已达生理成熟，可移入育菇室进行育菇管理。

21.3.5　育菇管理

灰树花子实体生长分化的温度范围比较窄，属中温型真菌。一年可培殖 1～2 季，当地
平均地温在 15～20℃时可进行育菇。灰树花菌丝体生长速度较一般的慢些。从制作母种到
开始育菇需要 110～120d。所以，一定要根据当地实际气候情况排产。

仿生培殖法的优点是子实体单株大，而且产量高、质量好、生物学效率高。不足之处是
周期较长。每隔 20～30d 采收一潮，可采收 3～4 潮。

仿生培殖法具体的做法是待菌棒菌丝体已达生理成熟，并且个别菌棒上已出现原基时，
可脱袋覆土培殖。

在棚室内，根据当地的地下水位设定培殖床地槽的深浅。育菇床以地平面为准，上高或
下挖 20～30cm，床宽 1.0～1.5m，长度不限。床与床之间留 25～35cm 宽的作业人行道。
做好菇床后，利用阳光曝晒 3～4d，向床面浇重水一次，使床面均匀地吃足吃透 1％～2％生
石灰水。

采取边脱袋、边排场的方法，将菌棒整齐地排列起来，按照 35～36 只/m²(有效面积)
立式摆放。棚室内占地面积的 60％为有效面积。菌棒间的空隙填充沙壤土，浇透水一次后，
用沙壤土填平空隙。在菌棒的上端面先覆 0.5cm 的沙土，再覆 0.2～2.0cm 的沙石块，鹅卵
石最好。床面上起小弓棚，弧顶高 40～50cm。

覆土后，每天 10：00 前后和下午的 17：00～18：00 时各通风一次，每次 30min。控制
弓棚内温度在 18～25℃，地温 15～20℃。10～15d 有核桃仁壮皱褶，出现黄褐色水珠。此
时，予以 2～3℃的温差刺激 3～5d，出现珊瑚状原基，进而发育为多枝的扇形菌盖，随着子
实体的逐渐长大，逐渐加大室内湿度。子实体分化时空气相对湿度 80％～85％，在子实体
生长分化阶段时空气相对湿度应掌握在 85％～95％。严格防止高温高湿的出现。子实体分
化温度，最适温度在 18～20℃。子实体生长分化的温度在 10～27℃，最适温度为 20～
25℃，协调最适温度 15～20℃。光照度为 500～1000lx，光照时间(8～10)h/24h。

通过日光能、火墙、水暖、汽暖、电暖控制棚内的温度；通过喷雾状水和掀盖棚膜调节
地面和空气相对湿度；通过掀盖棚膜和强排风保持室内的新鲜空气；通过掀盖棚室的草帘等
调节光照度和光照时间。从原基分化到分枝菌盖的出现需要 10～15d，再过 10d 左右，其子
实体达七八成熟时，菌盖边缘由白色刚要转为暗淡、菌盖边缘还未上翘即可停水低温采收。

21.3.6　子实体的采收与分级

采收前需停水 1～2d。待菌盖由深灰色逐渐变浅时，菌盖刚有向内卷曲的趋势，调低温
15℃左右时采摘。采摘时双手抓住整个子实体的底部，同时向一个方向左右倾斜，或轻轻转
动后向上提拔，菌根即断。也可用不锈钢刀从子实体基部将其割下。及时去杂并清洗菌柄部，
防止带沙。整理床面，常规管理。20～25d 可采收下潮菇。灰树花子实体干品保鲜其含水量应
小于 13％。鲜食用菌卫生标准和干食用菌卫生标准按照表 21-3～表 21-5 执行。

表 21-3　鲜灰树花的感官和理化指标（农业部行业标准）

级别 项目	1	2	3
菌管长度/mm	≤0.5	≤1.0	≤1.5
色泽	菌盖深灰色至灰黑色，菌管白色	菌盖灰白色，菌管白色	菌盖、菌管白色
形状	菇形完整，菌盖无大破损，允许有小损（缺刻深度不超过 1cm），无黄根，菌管规则，管口散开		
残缺菇/%	重≤3		重≤5
气味	有灰树花特有的香味，无异味		
不允许混入物	虫孔菇、霉变菇、畸形菇、褐变菇		
杂质	无		
水分/%	≤92		
灰分/%	≤8(干样计)		
膳食纤维/%	≤36(干样计)		

注：灰树花白色变种不应参照此表中的色泽标准

表 21-4　干灰树花的感官和理化指标（农业部行业标准）

级别 项目	1	2	3
菌管长度/mm	≤0.5	≤0.75	≤1.0
色泽	菌盖深灰色至灰黑色，菌管、菌肉白色	菌盖灰白色，菌管、菌肉白色	菌盖白色，菌管、菌肉淡黄色
形状	菇形完整、均匀一致，菌管规则，管口未散开	菇形完整，较均匀菌管规则，管口未散开	菇形较完整，不均匀，菌管较规则，允许有少量管口散开的菇
残缺菇/%	重≤3		重≤5
气味	有灰树花特有的香味，无异味		
不允许混入物	虫孔菇、霉变菇、畸形菇、褐变菇		
杂质	无		
水分/%	≤13		
灰分/%	≤8		
膳食纤维/%	≤36		

表 21-5　盐水灰树花的感官和理化指标（农业部行业标准）

	统货
组织形态	菇块整齐、饱满、有弹性、无大破损、允许有小损（缺刻深度不超过 1cm）、菌盖破损率小于 5%、无老化菇、无黄根
色泽	呈灰白色、菇面光洁
气味	有灰树花特有香味，无异味
不允许混入物	虫孔菇、霉变菇、畸形菇、褐变菇
杂质	无
盐水浓度	22°Bé 以上

Ⅰ．鲜灰树花企业标准

一级：单束菌盖直径 2～5cm，肉质肥厚，色泽自然，无霉变，无虫蛀，无杂质，破碎率小于 5％。

二级：单束菌盖直径 5～6cm，肉质厚，色泽较自然，无霉变，无虫蛀，无杂质，破碎率小于 8％。

三级：单束菌盖直径 2～8cm，肉质薄，色泽稍差，无霉变，无虫蛀，无杂质，破碎率小于 15％。

Ⅱ．干灰树花企业标准

一级：切柄，单束菌盖直径 2～4cm，肉质厚，色泽自然，无霉变，无虫蛀，无杂质，破碎率小于 5％，含水量小于 13％。

二级：切柄，单束菌盖直径 5～6cm，肉质较厚，色泽较自然，无霉变，无虫蛀，无杂质，破碎率小于 8％，含水量小于 13％。

三级：不切柄，单束菌盖直径 2～8cm，肉质薄，色泽稍差，无霉变，无虫蛀，无杂质，破碎率小于 10％，含水量小于 13％。

Ⅲ．盐渍灰树花企业标准

一级：切柄，单束菌盖直径 2～4cm，肉质肥厚，色泽自然，无霉变，无虫蛀，无杂质，破碎率小于 5％，22°Bé 以上。

二级：单束菌盖直径 5～6cm，肉质厚，色泽较自然，无霉变，无虫蛀，无杂质，破碎率小于 8％，22°Bé 以上。

三级：单束菌盖直径 2～8cm，肉质薄，色泽稍差，无霉烂，无虫蛀，无杂质，破碎率小于 15％，22°Bé 以上。

小　结

灰树花是一种食药兼用的珍稀食用菌，属中温型、喜光、好气、微酸性的腐生真菌。子实体肉质，菌肉白色。有柄，多分枝，菌丝细胞无横隔，无锁状联合。灰树花富含多糖、有机锗，具有抗肿瘤、抗人体免疫缺陷病毒、广谱免疫调节作用。配料水分一般掌握在62％～65％，子实体分化时空气相对湿度 80％～85％。培殖所需木屑以硬杂木皮层和形成层较厚的为佳。代料培殖，凡是带有纤维素、半纤维素、木质素的有机物都可利用，灰树花好气性较强，对二氧化碳极为敏感。菌丝生长分化对温度适应性较广。在灰树花生长分化过程中，光主要起抑制和刺激作用。在发菌阶段需暗培养菌丝体，适于在偏酸性条件下生长。育菇通常采用熟料培养基床架立体培殖、覆土菌袋培殖、木段培殖，其中覆土菌袋培殖生物学效率最高，可达 100％～130％。

思　考　题

1. 名词解释：白腐菌
2. 灰树花独特的药用价值体现在什么方面？
3. 简要说明灰树花人工培殖过程中对于水分、养分、营养、光、酸碱度技术要求。
4. 简要叙述灰树花育菇管理阶段覆土的基本过程。

第**22**章 灵芝培殖技术

22.1 概　　述

灵芝在分类系统上隶属于真菌界（Kingdom Fungi）担子菌门（Basidiomycota）层菌纲（Hymenomycetes）非褶菌目（Aphyllophorales）灵芝科（Ganodermataceae Donk，Bull.）灵芝属（*Ganoderma*）。赵继鼎（1989）著《中国灵芝新编》将灵芝细分为 4 属，其中灵芝属中又分为 3 个亚属，在灵芝亚属中又细分为灵芝组和紫芝组，即Ⅰ灵芝属（*Ganoderma* Karst）：灵芝亚属（Subgen. Ganoderma）：① 灵芝组（Sect. Ganoderma）、② 紫芝组（Sect. Phaeonema Zhao，Xu et Zhang），树舌亚属[（Subgen. Elfvingia(Karst)Imaieki）]，粗皮灵芝亚属（Subgen. *Trachyderma* Imazeki）；Ⅱ假芝属（*Amauroderma* Murr）；Ⅲ鸡冠孢芝属（*Haddowia* Sfeyaert）；Ⅳ网孢芝属（*Humphreya* Sfeyaert）。

1881 年，英国真菌学家 Peter Adolf Karsten 为灵芝命名。1889 年，Patouillard 确立了灵芝属 *Ganoderma* 的概念。1948 年，Donk 建立灵芝科（Ganoderma taceae）。1848 年，清朝吴其浚转载中国左书上主要有关灵芝（六芝）的记载。根据灵芝的形态颜色和孢子特征分类可为赤芝[*Ganoderma Lucidum*（Curtis）P. Karst.，*Revue mycol.*，Toulouse 3（9）：17（1881）]（图 22-1）、松杉灵芝（*G. tsugae*）、黑灵芝（*G. atrum*）（图 22-2）、薄树芝（*G. capens*）、树舌（*G. applanatum*）、紫芝（*G. sinense*）等 6 种。

图 22-1　床式地栽赤芝

（引自李育岳等，2007）

图 22-2　黑芝（廖伟提供）

灵芝属约有 100 多种，多数于热带和亚热带真菌，中国已报道的灵芝 98 种，约占世界已知的灵芝种类 64%。中国海南岛地区是中国灵芝的集中自然产地，约有 30 余种，见表 22-1。

灵芝俗称灵芝草，古称神草、瑞草、仙草、金芝等，属药用真菌。明代医药学家李时珍的《本草纲目》中指出"尝疑芝乃腐朽余气所生，而古今皆为瑞草"，又云"服食可仙，诚为谬矣"。《神农本草经》中把灵芝类归于菌类药物，记载有青芝、赤芝、黄芝、白芝、黑芝、紫芝 6 种。青芝酸平无毒，主治明目，补肝气安惊魂，不忘强志。赤芝苦平无毒，主治胸中

表 22-1　灵芝科 98 个种各地区的分布状况

省市自治区地区	灵芝属		树舌亚属	粗皮灵芝亚属	假芝属	鸡冠孢芝属	网孢芝属	合计	省市自治区地区	灵芝属		树舌亚属	粗皮灵芝亚属	假芝属	鸡冠孢芝属	网孢芝属	合计
	灵芝亚属									灵芝亚属							
	灵芝组	紫芝组								灵芝组	紫芝组						
海南	16	20	16		10	1	1	64	江苏	3	3						6
云南	18	8	11	1	9	1		48	北京	3	2						5
福建	8	9	6		8			31	安徽	4							4
广西	6	6			7		1	30	黑龙江	3	1						4
广东	6	10	1		2		1	20	河南	2	1						3
贵州	9	6		1			1	19	山东	3							3
四川	4	3	5				1	12	山西	2	1						3
河北	7		4					11	内蒙古	2	1						3
台湾	5	2	3	1				11	吉林	1							2
香港								10	宁夏								2
浙江	3	3	4					10	甘肃	1	1						2
湖北	5	1	3					9	陕西	1							1
江西	3	2	3		1			9	辽宁								1
湖南	4	2	2					8	天津	1							1
西藏	1	1	4				1	7									

结，益心气、补中，增智慧，不忘。黄芝甘平无毒，主治心腹五邪，益肺气、安神。白芝辛平无毒，主治咳逆上气，益肺气、通利口鼻、强意志、勇悍、安魂。黑芝咸平无毒，主治癃，利水道、益肾气、痛九窍聪察。紫芝甘温无毒，主治耳聋，利关节、保神、益精气、坚筋骨、好颜色、疗虚劳、治痔。

据分析灵芝的子实体和菌丝体中均含有多糖、三萜类、肽类、氨基酸类、生物碱类、香豆素类、酶类、甾醇类、碱基、核苷、硬脂酸、苯甲酸、虫漆酸、有机锗及硒元素等。有机锗的含量比人参高 3～6 倍，它是人体血液的清道夫，与人体的污染物、重金属正离子相结合成锗化物，24h 可排出体外，消除血液中的胆固醇、脂肪、血栓等。常服用灵芝可改善皮肤粗糙以及消除黑斑、雀斑、皱纹、青春痘，有美容养颜作用，还能增加红细胞运送氧气的能力，调节机体新陈代谢，防衰、抗老，保持青春活力。通过临床试用已证明灵芝对中枢神经、循环系统、呼吸系统及保护肝脏都有重要作用。现多用于神经衰弱、消化不良、溃疡病、糖尿病、老年慢性气管炎、支气管哮喘、冠心病、心绞疼、胃酸过多症、贫血症、便秘、半身不遂、阳痿腰痛、白血病、子宫内膜炎、乳腺炎、月经不调症等。

20 世纪 80 年代后期又有新的发现，国际医学界采用现代科学手段研究证明，中国传统中药材灵芝所含的多糖、三萜类、有机锗及硒元素等是防癌治癌的有效成分。

癌细胞实际上是一种体细胞的突变体，它脱离了细胞关于增殖和存活的控制。因此，这种突变体细胞可以无限制地增殖，侵害周围正常细胞。灵芝多糖、三萜类、有机锗及硒元素等为什么能抗癌，目前，有以下解释。

人体细胞有一定的寿命，而癌细胞是一种变异细胞，生命力极强，无限繁殖，而不衰亡。最近研究表明，其原因在于癌细胞含有一种端粒酶(telomerase)，端粒酶是一种核糖核蛋白酶，由 RNA 和蛋白质组成。正常细胞与癌细胞的染色体末端都有一端粒(telomere)。它是染色体末端的一种特殊结构，其 DNA 由简单的串联重复序列组成(人的染色体端粒由 TTAGGG/CCCTAA 重复序列组成)。它赋予子代细胞与亲代细胞相同的遗传特征，在细胞分裂过程中，不能为 DNA 聚合酶完全复制，因而正常细胞每分裂一次，其端粒便要缩短一些，经过若干次分裂后，端粒消耗殆尽，细胞便老化衰亡，而癌细胞由于端粒酶保护端粒，在细胞分裂时不受损耗，因而具有无穷的分裂能力。

灵芝抑制癌细胞的药理在于灵芝提取物中的多糖、三萜类、肽类、酶类、有机锗等多种成分渗透到癌细胞中与端粒共价结合，使酶分子拉长、变构，破坏端粒酶活性。癌细胞中的 DNA 即端粒，一旦失去端粒酶的保护，每分裂一次就缩短一节，随着 DNA 消耗殆尽，癌细胞停止分裂，趋于衰亡。

中华灵芝宝。现中华灵芝宝转为国药准字-B20020428，并更名为双灵固本散，是以赤芝为原料，经水浸、醇沉、密闭罐减压提取→薄膜→浓缩→低温喷雾→干燥等工序精致提炼出高浓度的灵芝精粉。采用酶解、超低温处理、高速气流等手段将灵芝孢子粉壁破碎，依照科学比例将二者组合配方制成成药，有直接破坏癌细胞端粒酶的作用，同时又保护了人体的正常组织细胞，提高人体免疫功能细胞中的 T 淋巴细胞数量和活性及吞噬能力，增强人体免疫功能，减轻放/化疗引起的毒副作用。从基因角度看，在正常人体中的致癌基因(oncogene)与癌抑制基因(suppressor gene)并存。当两种基因的表达失去正常水平，致癌基因表达水平超过癌抑制基因水平时，即发生癌病变。

灵芝菌盖是有疗效的部位，菌柄的疗效甚低。每人每天用 3～5g 即可，连续食用，能达到延年益寿的目的。灵芝子实体内最珍贵的成分有机锗(germanium)，化学符号 Ge，含量达 800～2000ppm，是人参含锗量的 3～6 倍。锗能使血液循环畅通，增强红细胞带吸氧之功能，并能促使代谢，延缓衰老。

灵芝孢子粉，已被《中华人民共和国药典》2000 年收载。灵芝孢子褐色(图 22-3)，大小约 $(8.5～11.5)\mu m \times (5.0～6.5)\mu m$。孢子壁的主要成分几丁质，其壁难以破碎。目前，其破壁的物理方法主要有 4 种：球磨机研磨法，此法破碎率 75% 左右，但是，瞬时产生高温，研磨时间长，其成分易被破坏尤其是其中的油滴易被氧化；低温、超低温加减压法，破碎率 85%～95%；超声波法，破碎率 85%～95%；化学法主要有酶法，破碎率 85%～95%。未破壁的孢子粉保存时间长，低温下，如 4℃ 可保藏多年。但破壁后易氧化，保藏时间短，需要−18℃ 以下保藏。灵芝多糖具有抑制肿瘤作用，并非具有直接杀死肿瘤细胞的作用，而是通过破坏肿瘤细胞的端粒酶阻止肿瘤细胞的分裂，通过刺激免疫系统而产生出抑瘤因子——白细胞介素、干扰素，作用于肿瘤细胞，诱导肿瘤细胞衰亡等一系列的间接作用，起到了抑制肿瘤的功效。有的已制成胶囊，如图 22-4 所示。

美国波士顿研究所中心资料表明，肿瘤患者体内血的硒含量较正常人要低 3～6 倍。硒是肿瘤细胞的杀伤剂；硒是肿瘤细胞能量阻断剂；是药效增强剂；对恶性肿瘤有很好的预防、治疗及自动识别功能的作用。但是，硒的唯一缺点是无法破坏肿瘤细胞端粒酶的活性，残留的肿瘤细胞生长分裂的机会仍然很大。富硒的灵芝，从细胞学方面分析：硒元素主要是抑制肿瘤细胞形成、生长；而灵芝孢子粉主要能抑制肿瘤细胞分裂。两者独立使用不能针对肿瘤细胞的形成、生长，分裂各个环节及全过程、全方位的抑杀肿瘤。富硒灵芝的独特的配伍，既有灵芝孢子粉抑制肿瘤的全部功效，又保留硒抑制瘤细胞的糖酵解、氧化磷酸化两个

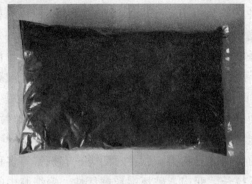

图 22-3　赤芝孢子粉

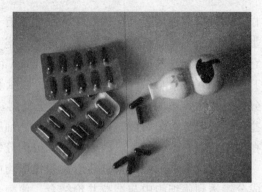

图 22-4　赤芝孢子粉胶囊

能量代谢过程，阻断肿瘤细胞营养的能量源头使肿瘤枯竭而死亡，此外，还保留硒对肿瘤的自动识别功能，以及对其他治肿瘤药物的增效作用，真正达到了双效合一。

灵芝的生活史如图 22-5 所示。

2009 年，廖伟[①]采用正交设计方法，对黑芝和赤芝原生质体的制备与再生进行了较系统地研究，结果表明如下。

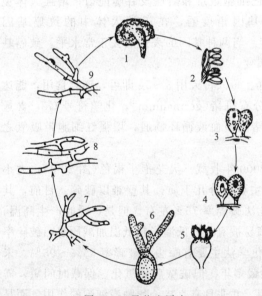

图 22-5　灵芝生活史

1. 灵芝；2. 子实层局部放大；3. 担子；4. 担子内核配；5. 担子产生担孢子；6. 担孢子萌发；7. 单核菌丝；8. 2 个单核菌丝间的质配；9. 双核菌丝

原生质体最佳制备条件：黑芝以 0.6mol/L 甘露醇配制 2％溶壁酶＋1％纤维素酶＋2％蜗牛酶液，24℃下对培养 13d 的菌丝体酶解 2h；赤芝以 0.6mol/L MgSO$_4$·7H$_2$O 配制 1.5％溶壁酶液，30℃下对培养 5d 的菌丝体酶解 2h。原生质体制备率分别为 1.753×10^7 个/mL、2.146×10^7 个/mL。

适合原生质体再生的制备条件：黑芝以 0.6mol/L 蔗糖配制的 1.5％溶壁酶液，24℃下对培养 11d 的菌丝体酶解 2h；赤芝以 0.6mol/L MgSO$_4$·7H$_2$O 配制的 1.5％溶壁酶液，30℃下对培养 5d 的菌丝体酶解 2h，所得原生质体再生效果好。二者再生率分别达 0.813％、0.197％。

实验采用双灭活标记的方法对黑芝和赤芝原生质体灭活进行了研究。结果表明：黑芝采用热灭活，44℃处理 30min；赤芝采用紫外灭活，距离 15W 的紫外灯下 15cm 处垂直照射 50min，致死率均达到 100％。

黑芝与赤芝原生质体融合的最佳条件是以 30％ PEG6000 与 20mmol/L CaCl$_2$ 的混合溶液（pH8.23）进行助融，30℃融合 30min，原生质体融合频率达到 3.09×10^{-6}。

①　廖伟.2009.黑芝与赤芝原生质体融合研究.天津师范大学：硕士研究生论文

22.2　灵芝生长分化的条件

赤芝[*Ganoderma lucidum*（leyss. es. Fr.）Karst]，又称红芝，为灵芝属代表种。其次是紫芝（*G. sincsis*）和松杉灵芝（*G. tsugae*）。三者是中国卫生部在 2001 年 3 月印发的《真菌保健食品评审规定》文件中明确规定用于保健食品的真菌菌种。赤芝菌盖木栓质，半圆形，或肾形，近原形罕见，菌盖直径达 3～32cm，菌盖厚达 2～6cm，成熟的赤芝为红褐色，菌盖表层漆样光泽。自然情况下，菌盖上有一层孢子粉，有环状棱纹和辐射状皱纹，边缘薄，往往稍内卷，菌肉近白色至淡褐色；菌盖下面有菌管层即子实层，有无数小孔，呈管状，白色后变为浅褐色，菌管口初期白色后期呈褐色，平均每毫米 4～5 个；柄偏生，长达 19cm，粗 4cm，紫红褐色，其皮壳也有光泽；孢子褐色，卵形，外壁平滑，内壁有瘤状突，基部平切，$(8.5～11.5)\mu m×(5～6.5)\mu m$，中央含有一个油滴。

22.2.1　水分要求

水分培养基质含水量 60% 左右，菌丝细胞营养生长的发菌期，空气相对湿度为 60%～70%。子实体生长期间要求空相对湿度为 85%～90%。小于 60% 子实体顶端停止生长；高于 90%，子实体萎缩易腐烂。

22.2.2　营养要求

据国外文献报道，灵芝可寄生在活的槟榔树上，并使槟榔减产，槟榔树致死。故有人认为灵芝是一种兼生性腐生菌。灵芝可生长在柞树、桦树、杨树、栎树、白松等树木上。单纯木屑不利于子实体生长分化。其生长分化所需的碳源，主要以葡萄糖、蔗糖、麦芽糖、淀粉、果胶、木质素、纤维素、半纤维素为主，从中获取物质和能量，对大分子聚合物如木质素、纤维素、淀粉等，不能直接吸收利用，必须靠菌丝细胞分泌出胞外酶将其分解为简单的糖类，才能被吸收利用。灵芝生长所需要的氮源，主要以有机氮（如蛋白质、蛋白胨、氨基酸、含氮化合物等）为主，也可适量用尿素等。灵芝菌丝生长阶段 C/N 为 25∶1，其子实体生长分化阶段 C/N 为（30～40）∶1。钙、镁、磷、钾及锗、硒等微量元素也是必需的。人工培殖中，棉籽皮、杂木屑、玉米芯、甘蔗渣、甜菜渣、大豆秸、大小麦秸秆、稻草等。培殖棒的制作需添加 10%～15% 的麸皮或细米糠、大豆粉、玉米粉等和少量的硫酸镁、磷酸二氢钾或 SP 等均能满足其营养要求。

22.2.3　空气要求

灵芝属于好气性菌类，在发菌期，CO_2 浓度一般在 0.1%～10%，利于菌丝生长。适宜原基分化的 CO_2 浓度为 0.03%～0.1%，其生长 CO_2 浓度为 0.3%～0.8%。尤其是其子实体生长阶段应特别加强通风换气。若通气不良，空气相对湿度大，温度高，CO_2 浓度在 0.8% 以上时，菌柄便会形成鹿角状，以至于形成畸形株，而无完整的菌盖，但对制作灵芝盆景而言提供了很好的材料。

22.2.4　温度要求

灵芝属高温型、恒温结芝真菌类。担孢子萌发为 24～26℃，孢子褐色，外壁平滑内壁有刺孢子，壁双层中间有一大油滴。卵形大小约 $(8.5～11.5)×(5～6.5)\mu m$。子实体释放孢子温度为 25℃ 左右，但空气相对湿度 80%，通气好的条件下，从子实层中可以不断释放出灵芝担孢子。灵芝菌丝体在 3～36℃ 范围内均能生长，最适宜温度为 26～30℃。灵芝子实体在 18～30℃ 均能分化，子实体发育为 24～28℃，长势最佳。灵芝子实体的生长特点是与其菌丝体生长近似的温度范围。18℃ 以下子实体不能正常发育，低于 6℃ 或高于 36℃ 则生长缓慢，子实体发育不需温差刺激，温差大，易生长分化成畸形芝，即生长鹿角形、鸡爪形或圆形等畸形芝。华北地区每年的 3 月到 10 月是制种培殖收获的主要季节。

22.2.5 光照要求

可见光中的蓝紫光对菌丝生长有明显的抑制作用，而 260～265nm 的紫外光可破坏菌丝细胞中的 RNA、DNA 和核蛋白。570～920nm 的红光对菌丝生长无害，菌丝分化则需要 400～500nm 的蓝光。子实体发育要求一定的散射光强度 2500～5000lx。在光照度下，子实体粗壮，生长迅速。菌柄生长有向光性。若在暗培养的环境下，子实体发育不良，会出现畸形菇，小于 100lx 只长菌蕾，小于 1000lx 只长菌柄。幼嫩的子实体生长有向光性，变换光源或多次转动培养菌棒，易造成畸形菇。可利用其特点进行盆景的制作。

22.2.6 酸碱度要求

灵芝生长分化，适于偏酸性基质环境，pH5～6 为宜，最佳 pH5～5.5，当 pH 为 8 时，菌丝生长速度缓慢，pH≥9 时菌丝停止生长。

22.3 灵芝的培殖技术

22.3.1 母种和原种的制作

母种和原种的制作可与平菇培养基相同。原种的制作，只需适量增加氮素营养或不加，或稍加生石灰和石膏粉即可。

22.3.2 培殖棒的制作

培殖棒培养基的配方：

（1）杂木屑 73%、麸皮或米糠 25%、糖 1%、石膏粉 1%，含水量 60%～62%。

（2）棉籽皮 73%、麸皮或细糠 25%、糖 1%、石膏粉 1%，含水量 60%～62%。

（3）玉米芯（碎细度≤0.5cm）50%、杂木屑 28%、麸皮 20%、糖 1%、石膏粉 1%，含水量 60%～62%。

（4）杨树叶 73%、米糠 25%、糖 1%、石膏粉 1%，含水量 60%～62%。

（5）稻草粉 45%、杂木屑 27%、麸皮或米糠 25%、糖 1%、石膏粉 1%，含水量 60%～62%。

（6）甜菜渣 40%、木屑 34%、麸皮 25%、石膏粉 1%，含水量 60%～63%。

（7）玉米秆粉 50%、木屑 24%、麸皮 25%、石膏粉 1%，含水量 60%～63%。

（8）甘蔗渣 50%、木屑 24%、米糠 25%、石膏粉 1%，含水量 60%～62%。

22.3.3 主要培殖方式

目前，国内多以袋培殖法和袋式覆土培殖法为主，也有用瓶栽的。但都必须是熟料培殖，高压灭菌一般在 6～8h，常压灭菌一般在 20～24h。

（1）瓶栽法。一般采用 750ml 瓶，瓶口不宜过大，否则易出畸形菇，瓶口径 3.0～4.0cm。装干料 400～500g，装料松紧、深浅适度，边装料边压实，料面平整。装料后，在料面中央用木锥子打下一直径为 2.5cm 的通气洞，不要穿透，封口常压灭菌。装料过松，所出芝的质量差；装料过紧，菌丝吃料慢，发菌慢，出芝也迟，但出芝大。瓶装料过少，易造成长柄盖小；装瓶过满，菌丝易长至瓶盖或瓶塞影响正常育菇。

（2）袋培殖殖法。聚丙烯筒料长×宽×高为 40cm×17cm×0.050mm，每袋装干料 500～600g，套上透气塞，常压灭菌 12～16h，停火后，闷料 4～6h。27℃下常规接种，接种量 10%～15%。在发菌阶段，26～27℃下，暗光培养，温和，常通风，给足氧气。室内空气相对湿度 65%～70%，菌丝生长速度(0.55～0.7)cm/24h，约 30d 菌袋长满菌丝体，达生理成熟时(在菌棒的两端出现较多的菌皮，并有少量黄水珠)，移入育菇室内育菇。

袋栽的一般卧式出芝，解开袋口绳，但不撑开。提高室内相对湿度达 80%～85%，保持温度在 26～28℃，促使原基形成。15～20d 菌柄可伸出袋口，待形成 1.5～3cm 菌柄时，将袋口剪掉，再提高室内空气相对湿度达 85%～90%，促使菌盖的分化生长。此时，要特别注意加大通气量，多通风换气，光照 2500～5000lx，光照时间 8h/24h，提高相对湿度至 90%～92%，每天早中晚，向室内喷雾状水各一次。空气相对湿度小时，可向室内再次喷雾状水，每天 4～5 次，应见湿见干。如湿度不足，柄的前端脱水发黄致死。整个生长周期 50～60d。

子实体成熟的标志是已有大量孢子弹射；菌盖边缘无黄色，或白色统体为褐色既可采摘。每瓶或每袋可采 50～60g，第 1 潮芝采收后，对瓶或袋进行消毒，重新封口培养 10～15d 后长新蕾，常规管理，25～30d 采收第 2 潮芝。

（3）墙式仿生培殖法。挑选发好菌的袋菌棒，用刀将菌棒中段的塑料袋划去 10～15cm 长，用肥沃的菜园土和成泥状，像砌砖一样一层层垒起来视菌棒为砖，营养泥为灰口，每袋之间相隔 5cm，袋墙 8 层高，最上层用营养泥覆盖 3cm 厚并做成凹槽供补营养液用，菌墙间留人行道 70cm。同上管理育菇。

（4）露地培殖法。每年 4 月底，在室外挖浅坑，长不限，宽×深为 1.0m×0.10m，上架荫棚，拍实菇床，将上述已发好的菌棒剥去塑料袋将裸露的菌棒竖直埋于土内，一般植埋密度 36～40 只/m²，或将拌好的料铺与床内分层播种，播种量在 10%～15%。料被平铺于浅床后稍压实，总厚度为 10～15cm，并加盖地膜。待菌床表面长满菌丝发白时，在料面铺一层细沙土，厚为 1cm。其上加盖薄膜防止水分过度蒸发，并可减少污染。到 5 月底 6 月初，菌床表面发现原基，接去薄膜，搭盖弓形棚架上盖薄膜，白天打开两端，或扒开菌袋，接口通风换气，夜晚并保湿保温，每天喷雾状水 3 次，10d 后菌盖开始形成，在这前后可进行合理密植，疏花疏果，留大去小，留强除弱。50～60d，北方在 9 月中下旬或 10 月中旬待菌盖的边缘转为红褐色即可采收。每平方米菌床可收芝 3.5～5kg 干品，是室内的 3～5 倍。

22.3.4 采收与干制

灵芝子实体生长初为白色，后渐变呈淡黄色，经过 2～3 个月为褐红色。当菌盖边缘不再生长，为褐红色，从菌盖下端，子实层中弹射出棕红色担孢子时，表明子实体已成熟，即可采收。采收时，必须戴一次性手套，手不能直接触摸菌盖，应用一手握住菌柄一手刀子挖出，每瓶或每袋可采干芝 50～60g。第 1 潮芝采收后，对瓶或袋进行消毒，重新封口培养 10～15d 后长新蕾，常规管理，25～30d 采收第 2 潮芝。采收前还应注意收集灵芝孢子粉。可采用套袋收集，或专用吸尘器收集，并及时风干(含水量在 12% 以下)，处理收藏。每袋可收集孢子粉(1.5～3.0)g/60g 干芝，有的红芝其收率可达 10%～20%。

鲜芝成熟采收后，及时剪下菌柄下端根状物并去杂，摊摆开风干。一般烘干方法是采收当天 35～40℃下，烘 4～5h，继续在 45～60℃下，通风烘干至含水量 12% 以下。还可用热蒸汽烘干，其烘干后的灵芝有光泽。无论哪种方法干燥后的灵芝密封贮藏，尽量藏于低温下。

子实体干制后的分级：一般分为 4 级。特级品：菌柄长 1.2～1.5cm，菌盖中心厚度以上 1.8cm 以上，菌盖直径 15～25cm，菌盖腹面呈黄色，含水量 12％以下，无虫蛀，无霉变、单生；一级品：菌柄长 2.0cm 以下，菌盖中心厚度 1.5cm 以上，菌盖直径 8.0cm 以上，菌盖腹面呈黄色，含水量 12％以下，质地坚硬，边缘整齐，有光泽，无虫蛀，无霉变，单生；二级品：菌柄长 3.0cm 以下，菌盖中心厚度 1.0cm 以上，菌盖直径 5.0cm 以上，菌盖腹面呈黄色，含水量 12％以下，质地坚硬，有光泽，无虫蛀，无霉变，单生或少许并生；等外级品：菌柄长 5.0cm 以下，菌盖中心厚度 1.0cm 以上，菌盖直径 5.0cm 以上，菌盖腹面呈黄色，菌盖背面通体呈锗色并附有一层孢子粉，含水量 12％以下，质地坚硬，有光泽，无虫蛀，无霉变，单生或少许并生。

22.4　灵芝盆景制作

造型基座与材料工具：常用陶盆、釉盆、瓷盆、水泥盆以及高分子材料制成的专用花盆为基座；花盆的色彩以翠绿、湖兰、乳黄、深棕等与灵芝颜色有反差为佳；盆内填充物有雨花石、钟乳石、白云石及变质岩等，还有假山、竹、柏、草、苔藓、地衣等；醇酸清漆、685 清漆、毛刷、切削刀、胶黏剂、冲击钻、石蜡、盆景架等。

(1) 单株生长培养。降温、降湿法，原基出现后，室内降温、降湿，当菌蕾向上延伸成菌柄后，再把湿度、温度提高到原适宜范围，待菌柄长出瓶口的前夕，间断性调湿，菌柄上则可长出几个长短不同的分枝。

(2) 菌盖加厚培养。将未形成菌盖而未停止生长的灵芝，放在通气不良和较低温的条件下培养，菌盖下面出现增生层，形成正常菌盖厚达 12 倍。

子母盖培养：在加厚培养中，继续控制通气条件，从加厚部分延伸出 2 次菌柄，再给通气条件则可在 2 次菌柄上形成小菌盖。此方可制作 3 代同堂、5 代同堂、天外天、云中云造型。机械方法：在第一次菌盖的背面，或在边沿或表层处轻轻挑破，形成一个或若干个小的疤痕继续培养。从疤痕处抽出菌柄很快形成小菌盖。

双重菌盖：在幼小菌盖上套上一纸直筒，使光线从顶上透入，菌盖停止水平生长，在透光处突起，然后长出小柄，在突起物形成后，去掉纸筒正常培养则形成双盖芝。透光培养，药物刺激，柄先端染上酒精则生畸形菇。

总之，盆景灵芝造型可以通过控制种、水、肥、气、热、光等生长因子制作，也可以用机械物理压、拉、牵、攀、弯等方法制作；或用化学方法，对正在生长的芝端涂抹酒精，会出现粗柄、偏生、结节等异型芝。若将灵芝培养好的菌棒若干，捆绑在一起，每捆直立于土壤里并用细土填充其缝隙，浇透水一次，再次用细土填充其缝隙，直至填平为止，若干天后，使菌体成为一体，待灵芝原基出现后进行疏蕾，只选一只个头大的，且强壮的进行育芝，则可得特大型的灵芝。

小　结

灵芝为药用真菌，该属约有 100 多种，赤芝为代表种，其菌盖木栓质，半圆形或肾形。灵芝所含的多糖、三萜类、有机锗及硒元素等是防癌治癌的有效成分。人工培植培养基质含水量 60％左右，子实体生长要求相对湿度为 85％～90％。灵芝是一种兼生性腐生菌，菌丝生长阶段 C/N 为 25：1，子实体生长分化阶段 C/N 为（30～40）：1。灵芝属于好气性菌类、高温型、恒温结芝真菌类。担孢子萌发为 $24\sim26℃$，菌丝体最适宜温度为 $26\sim30℃$。子实体在 $18\sim30℃$ 均能分化，子实体发育为 $24\sim28℃$，长势最佳。幼嫩的子实体有正向光性，菌柄生长有向光性。灵芝生长分化，适于偏酸性基质环境，最佳 pH5～5.5，常见的培殖方式有瓶栽、袋栽、墙式仿生法、露地培殖法，盆景灵芝造型可以通过控制种、水、肥、气、热、光等生长因子制作，也可以用机械物理压、拉、牵、攀、弯等方法制作，或用化学方法，会出现粗柄、偏生、结节等异形芝。

思　考　题

1. 名词解释：有机锗、灵芝孢子粉
2. 常见的灵芝种类有哪几种？请举例说明。
3. 请叙述灵芝孢子粉的营养价值，为何破壁后灵芝孢子粉更有利于人体吸收利用？
4. 简述灵芝抑制癌细胞的作用机制。
5. 简要说明赤芝人工培殖过程中对于水分、温度、营养、光、酸碱度的技术要求？
6. 简要叙述在培养优质灵芝盆景过程中常用的方法。

第 23 章　大球盖菇培殖技术

23.1　概　述

大球盖菇学名[*Stropharia rugosoannulata* Farl. ex Murrill, *Mycologia* 14(3)：139 (1922)]，又名球盖菇、皱环球盖菇、酒色球盖菇、裴氏球盖菇或裴氏假黑伞、皱环沿丝伞，滇俗称牛粪菌。英文名 wine-cep strop haria、king storp haria、wine-storp haria、verdigris agaric。日本称之酒锷茸。在分类学上属于真菌界（Kingdom Fungi）担子菌门（Basidiomycota）层菌纲（Hymenomycetes）伞菌目（Agaricales）球盖菇科（Strophariaceae）球盖属（*Stropharia rugosoannulata*）。

图 23-1　大球盖菇(*Stropharia rugosoannulata*)
（四川省绵阳市食用菌研究所提供）

大球盖菇子实体单生、群生或丛生。有的单个菇团可达数千克重。子实体菌盖 5～45cm，扁半球形，淡黄褐色（图 23-1）。菌盖肉质，湿润时表面稍有黏性。幼嫩子实体初为白色，常有乳头状的小突起，随着子实体逐渐长大，菌盖渐变成红褐色至葡萄酒红褐色或暗褐色，老熟后褪为褐色至灰褐色。有的菌盖上有纤维状鳞片，随着子实体的生长成熟而逐渐消失。菌肉肥厚，白色，菌柄长 2～5cm，柄粗 0.5～7cm，近圆柱形，靠近基部稍有膨大，中实至中空，菌环厚、膜质。孢子棕褐色，孢子印紫黑色，孢子椭圆形，孢子大小为(11.4～15.58)μm×(6.9～10.9)μm，有麻点。顶端有明显的芽孔，厚壁，褶缘囊状体棍棒状，顶端有一个小突起。

大球盖菇为草腐菌，主要分布于欧洲、南北美洲及亚洲的温带地区。1922 年，美国人首先发现并报道了大球盖菇。1930 年，在德国、日本等地也发现了野生的大球盖菇。1966 年，德国的 Joachim Puxchel 最早开始进行人工驯化培殖。在欧洲国家，如波兰、德国、荷兰、捷克等均有培殖。1980 年，上海市农业科学院食用菌研究所曾派员赴波兰考察，引进菌种，并试栽成功，但未推广。1992 年，中国三明市真菌研究所经华侨由欧洲引进开始实验示范推广。在中国多分布于台湾、香港、四川、陕西、甘肃、吉林、西藏等地。它是联合国粮食及农业组织向发展中国家推荐的培殖蕈菌之一。生物学效率一般为 50%～60%。

子实体色泽鲜艳，营养丰富，肉质细嫩，盖儿滑柄脆，清香可口。据分析测定结果表明，其子实体每 100g 干物质中，含粗蛋白质高达 29.1g、脂肪 0.66g、碳水化合物 54g，含有 17 种氨基酸（色氨酸未测）。据有关报道，其子实体提取物对小白鼠肉瘤 S180 和艾氏癌抑制率为 70%。

23.2　大球盖菇生长分化条件

23.2.1　水分要求

培养基含水量为 68%～70%。发菌阶段空气相对湿度 65%～75%，原基分化及子实体生长分化的空气相对湿度 85%～90%。

23.2.2　营养要求

大球盖菇对营养的要求以碳水化合物和含氮物质为主。碳源有葡萄糖、蔗糖、纤维素、半纤维素、木质素等；氮源有氨基酸、蛋白胨等。此外，还需要微量的无机盐类。实际培殖结果表明，稻草、麦秆、木屑等可作为培养料，能满足大球盖菇生长所需的碳源。培殖其他蘑菇所采用的粪草料，以及棉籽皮反而不是很适合作为大球盖菇的培养基。麸皮、米糠、大豆粉等可作为大球盖菇氮素营养来源，不仅补充了氮素营养和维生素，也是早期辅助的碳素营养源。

23.2.3　空气要求

菌丝生长阶段 CO_2 浓度低于 2% 均能正常生长。子实体生长分化阶段 CO_2 浓度不得高于 0.15%，否则会影响其正常发育。

23.2.4　温度要求

大球盖菇属于中温型真菌。菌丝生长温度 5～34℃，最适宜的温度为 22～27℃。低于 5℃或高于 36℃菌丝生长均受到抑制，或停止生长。子实体生长分化发育温度 4～30℃，最适宜温度为 16～21℃，而原基分化的最适宜温度为 10～16℃。低于 4℃或高于 30℃子实体难于形成和生长。一般当地气温稳定在 8～30℃均可播种，育菇期气温稳定在 15～26℃。

23.2.5　光照要求

菌丝生长需要暗培养，原基的发生则需要散射光的刺激。子实体生长分化阶段需要 100～500lx 强度的光照。

23.2.6　酸碱度要求

大球盖菇适宜在微酸的环境中生长，培养基 pH5.5～6.5 为宜，子实体生长分化 pH5.0～6.0 为佳，覆土材料 pH5.5～6.5 为宜。

23.2.7　生物因素

覆土的物理刺激，有益微生物活动的代谢物，对大球盖菇丝及子实体的生长分化都有促进作用。1974 年，斯塔涅（Stanck）报道在覆土中引入杆菌属（*Bacillus*）的枯草芽杆菌（*B. subtilis*）、马铃薯（腐烂）芽孢杆菌（*B. mesentericus*）和浸麻芽孢杆菌（*B. macerans*）3 种嗜热细菌，既可抑制菇床的杂菌侵染，又可促进育菇，提高产量。有实验证明覆土材料被灭菌后不易育菇。要求土质是腐殖质土、肥沃的微酸性土，以 pH5.7～6.0 为宜。

23.3　大球盖菇培殖技术

目前，大球盖菇培殖方法主要有室内床架式培殖法和室内作畦培殖法两种。

23.3.1　母种的制作

母种的制作可以与平菇培养基相同。按照常规制备培养基，调 pH5.5～6.5，高灭菌

25min 后摆斜面，查无菌待用。母种扩大培养，每只可转接 30～60 只，25℃ 下培养 20～25d 适龄。

23.3.2　原种的制作

一般用谷粒作原种培养基。高粱粒或谷子的原种培养基制备方法与平菇培养基相同。装了灭菌后，要求达到菌瓶总容积的 1/2 或 3/5。一支生产母种可以接原种 5～6 瓶，25℃ 条件下，待菌丝吃料 1～1.5cm 时开始摇瓶，使培养料即谷粒充分摇散，菌丝断裂，萌发点更多。培养需要 20～25d 菌丝可以长满 500ml 原种瓶。

23.3.3　栽培种制作

棉籽皮 80%、麦麸或细米糠 10%、大豆粉 5%、生石灰 3%、石膏粉 2%。料水比为 1：(1.3～1.5)。pH7.5～8.5。培养基含水量为 65%～68%。将料充分混匀，闷料 3～4h，迅速装袋。菌袋规格 (17～20)cm×(33～40)cm×0.045mm，可装干料 600～650g。也可装入口径 54～58mm，容积 800～850ml 的耐高压聚丙烯塑料瓶，每瓶可装干料 500g 左右，并用木锥自袋口垂直向下打 3 个"品"字形孔，迅速灭菌，常压灭菌需要 8～12h，高压灭菌一般需要 2～3h。停火后闷料 4h，冷却后无菌条件下接种，按 15% 的接种量将菌种接入 3 个孔中。栽培种的发菌同样需要 4 个条件，即暗培养、环境干燥整洁、适宜的温度、常通风换气。25～30d 菌丝体可以满袋。

23.3.4　室内作畦培殖法

场地要求地势高、给排灌水条件好、土壤肥沃、周边整洁、无污染源。畦高 15cm，宽 1.3m，长 6～7m，畦面呈龟背形，畦间距 40～50cm 做人行道。室内进行生石灰粉消毒。

23.3.5　播种与发菌

培养料的堆制：稻草或麦草用 3% 石灰水预处理 24～48h，沥水堆制 2～3d(25℃ 气温)，垛高 1.5m，宽 1.5～2.0m，长度不限。堆制时，按稻草或麦草 73%、干牛粪粉 10%、麦麸 6%、玉米粉 4%、草木灰 4%、过磷酸钙 1%、生石灰粉 1%、石膏粉 1%，培养基含水量为 68%～70%，充分混匀。堆制的目的是进一步除去麦草蜡质、降低热能、腐熟稻草或麦草，更利于菌丝细胞吸收营养。培养料堆制达标可参考双孢蘑菇的堆制标准。

采用层播法，可分 3 层铺料，总铺料厚度为 35～40cm，播种量为 15%～20%。下层料 15～16cm，将菌种的 50% 撒播在料面上，外多内少；中层料厚 15～16cm，将剩余 50% 的菌种撒播在料面上外多内少；上层料厚 5～8cm，用于覆盖菌种并轻压料面，实际料层厚度为 30～45cm。培养料(干)约 35kg/m²。立即用地膜覆盖料面保湿。

发菌要点：温度保持在 22～25℃。随时检查料温，不得超过 28℃。气温低于 10℃ 时，应设法提高料温，并注意常通风保湿。二氧化浓度小于 2%，不需要光照。4～5d 菌丝开始萌发，7d 后有菌落出现，25～30d 可吃透料。此时，应立即覆土，可分两次进行。土质以 50% 腐殖土加 50% 的泥炭土为宜。2 次覆土总厚度 3～4cm，约 0.05m³/m²。调湿土层，其含水量为 36%～37%，喷水量 1～2kg/m²。

23.3.6　育菇管理

覆土后 15～18d 菌丝体布满土层，20d 左右可育菇。此时，停止喷水，控制湿度，加强通风，并给予散射光，光照度 300～500lx，光照时间 12h/24h，光质以蓝光为宜。使菌丝迅速倒伏，菌丝体扭结形成原基，并促使其分化成菌蕾。菇蕾形成原基分化温度 10～16℃，相对湿度 90%～95%，时间 14～21d，二氧化浓度小于 0.15%，常通风换气，光照 100～500lx，光照时间 12h/24h。

育菇应特别注意控制料温在 22～25℃。室内气温保持在 12～25℃，常通风换气保持室内空气新鲜和空气相对湿度在 85%～90%，并给予散射光，光照度 300～500lx，光照时间 12h/24h，光质以蓝光为宜。子实体生长分化温度 16～21℃，相对湿度 85%～95%，时间 7～14d，二氧化浓度小于 0.15%，常通风换气，光照 100～500lx，育菇两潮间相隔 3～4 周。

23.3.7 采收与保鲜

自显蕾到采摘 5～10d，随温度不同而表现差异。在低温时生长速度缓慢，菇体肥厚，不易开伞。相反在高温时，表现为朵型小、易开伞。当子实体的菌膜尚未破裂，菌盖呈钟形时为采收最佳期。大球盖菇比一般食用菌个头大，大球盖菇朵重 60g 左右，最重的可达 2500g。应根据成熟程度、市场需求及时采收。戴一次性手套，食指和中指及拇指抓住子实体的基部，轻轻转动上提。注意不得松动周围的菌蕾。并及时用不锈钢刀修剪分选，轻轻放入竹筐里。采过菇后，菌床上留下的洞口要及时补平，停水整理料面恢复菌丝生长管理。每潮菇相间 15～20d 共可采收 3 潮菇。一般以第 2 潮的产量最高。

目前，关于大球盖菇的加工还无国标。

干制可参照蘑菇片和草菇的脱水法，采用人工机械脱水的方法，或者把鲜菇经杀青后，排放于竹筛上，送入脱水机内脱水，使含水量达 11%～13%。杀青后脱水干燥的大球盖菇，香味浓，口感好，开伞菇采用此法加工，可提高质量。也可采用焙烤脱水，用 40℃文火烘烤至七八成干后再升温至 50～60℃，直至菇体足干，冷却后及时装入塑料食品袋，防止干菇回潮发霉变质。

盐渍大球盖菇可以参照盐水蘑菇加工的工艺。大球盖菇菇体一般较大，杀青需 8～12min，以菇体熟而不烂为度，视菇体大小掌握。通常熟菇置冷水中会下沉，而生菇上浮。杀青后，急速冷却，沥干 15min，加饱和盐卤。盐水一定要没过菇体，22°Bé。

大球盖菇软罐头的制作工艺：新鲜菇护色→分级→去菇脚和杂质→洗涤→切片→预煮→急速冷却→罐装→排气密封→杀菌→急速冷却→质检→入库→销售。

护色：当场采菇就地护色，0.6%食盐水或 0.6%～0.8%柠檬酸溶液浸泡 3min。

分级：菌盖直径为 30～40cm、<30cm、>40cm 三个等级。

去菇脚和杂质：按客户要求切菇脚，除杂质。

洗涤：水槽中洗涤，尽量减少破碎率。

切片：要求切块均匀，厚薄一致。

预煮：料水比(m/m)为 1∶5。每 5 次一换水，水中 0.2%的柠檬酸，水温 95～100℃，预煮时间 6～8min，标准是煮后的物料在冷水中下沉。

急速冷却：煮后的物料迅速在流动的冷水中冷却透。

罐装：固形物为净重的 55%～60%，调汁、罐装。

排气密封：排气、80℃下密封。

杀菌：425g 的软罐头杀菌式为 10min→45min→15min/118℃。

急速冷却：煮后的物料迅速在流动的冷水中冷却透。

质检：各项卫生和基本营养指标及包装指标等。

入库：25℃条件下保藏。

销售：常温货架销售。

小　结

　　大球盖菇为草腐菌，是联合国粮食及农业组织向发展中国家推荐的培殖蕈菌之一。子实体色泽鲜艳，营养丰富，肉质细嫩，盖儿滑柄脆，清香可口。据报道，其子实体提取物对小白鼠肉瘤 S180 和艾氏癌抑制率为 70%，大球盖菇对营养的要求以碳水化合物和含氮物质为主；菌丝生长阶段 CO_2 浓度低于 2% 均能正常生长，子实体生长分化阶段 CO_2 浓度不得高于 0.15%；大球盖菇属于中温型真菌，菌丝生长最适宜的温度为 22～27℃，子实体生长分化发育最适宜的温度为 16～21℃，而原基分化的最适宜温度为 10～16℃；菌丝生长需要暗培养，原基的发生则需要 100～500lx 散射光的刺激；大球盖菇适宜在微酸的环境中生长；覆土的物理刺激，有益微生物活动的代谢物，对大球盖菇菌丝及子实体的生长分化都有促进作用。目前，大球盖菇培殖方法主要有室内床架式培殖法和室内作畦培殖法两种。

思　考　题

　　1. 简述大球盖菇覆土过程中生物因素的作用机制。

　　2. 简要说明大球盖菇人工培殖过程中对于水分、温度、营养、光、酸碱度、生物因素的技术要求。

　　3. 大球盖菇采摘后鲜品如何进行加工处理？

第 **24** 章　竹荪培殖技术

24.1　概　述

竹荪学名[*Dictyophora indusata*(Vent.：pers)Fisch]，又名竹笙、竹参、竹荨、网纱菌、仙人笼、鬼打伞、仙人笠等，英文名为 long net stinkhorn，竹荪一名始于清代宫廷官员薛宝辰的《素食说略》。"荪"又称"荃"，是一种香草，薛氏以其命名。

竹荪的分类地位隶属于真菌界(Kingdom Fungi)担子菌门(Basidiomycota)腹菌纲(Gas-teromy-cetes)鬼笔目(Phallales)鬼笔科(Phallaceae)竹荪属(*Dictyophora*)。已被描述的有11个品种，包括短裙竹荪学名[*Phallus duplicatus* Bosc，*Mag. Gesell. Naturf F reunde*，*Berlin* 5：8(1811)]、长裙竹荪[*Phallus indusiatus* vent.，：520(1798)](图 24-1)、朱红竹荪、纯黄竹荪、皱盖竹荪、棒竹荪等。

图 24-1　长裙竹荪(黄年来提供)

图 24-2　棘托长裙竹荪(曾德容摄)

作为商业性生产的主要有两种：棘托长裙竹荪[*Dictyophora echinovolvata* zane，zheng et Hu](图 24-2)；红托短裙竹荪[*Phallus rubrovolatus*(M. Zang，D. G. Ji ＆ X. X. Liu) *Kreisd Dictyophora rubrovoluata* Zang Ji et Liou)](图 24-3)。

竹荪是世界上著名食用菌之一。其色彩绚丽，清香袭人，肉质脆嫩，风味独特，因此桂冠颇多，瑞士真菌学家高又曼(Gaumann E)称誉它是"真菌之花"，巴西人称之"面纱女郎"，俄罗斯人称它"真菌皇后"，法国赞它为"林中君主"，中国称它为"山珍之王"。

我国人民认识竹荪已有 1000 多年的历史。早在唐朝段成式著的《酉阳杂俎》第十九卷中记载："梁简文帝延春园，大同十年(公元 544 年)竹叶吐一芝，长八寸，头盖似鸡头实，黑色，其柄似藕，内通干空，皮质皆洁白，根下微红，鸡头实处似竹节，脱之又得脱也。自节

图 24-3　红托短裙竹荪（黄年来提供）

处，别生一重如结网罗，四周可五、六寸，围绕周匝以罩柄上，相往不相著也。其似结网众目轻巧可爱"，这段文字惟妙惟肖地描述了竹荪的生物特征。

竹荪自然分布于云南、贵州、四川、江苏、广东、广西、福建、湖北、江西、浙江、安徽、山东、河北、山西、陕西，以及东北三省、西藏及台湾等省区。国外日本、古巴、巴西、印度、印度尼西亚、英国、法国、菲律宾、斯里兰卡、墨西哥等国家也有发现。

竹荪最早在中国作为食用。据山东曲阜孔府《进贡册》记载："清乾隆四十九年（公元 1784 年）二月初十，乾隆皇帝（弘历）巡行孔府。孔府以'琼浆燕席'进献，其中就有'奶汤竹荪'。清朝的满汉全席中有'龙井竹荪汤'和以竹荪入馔的'燕窝八仙汤'等。"1911 年，四川产的竹荪寄往日本，由川村清一命名，此时日本人才开始食用。直至 1972 年美国基辛格博士访问中国，在国宴上品尝了"竹荪芙蓉汤"赞不绝口。从此，中国竹荪伴随着《基辛格》一书的流行，引起世人艳羡。

竹荪不仅肉质滑嫩爽口，风味独特，且营养十分丰富。据测试分析，每 100g 干品含粗蛋白质 18.49%、粗脂肪 2.46%、还原糖 39.73%、粗纤维 8.84%、灰分 8.21%。人体必需的 8 种氨基酸，在竹荪中俱全。菌盖与菌柄中人体必需氨基酸含量近似，而菌托高于前二者。谷氨酸含量占 1.76%，还有维生素 B_2 和维生素 C，以及多种矿物元素。据《中国药用真菌》记载："竹荪具有抗肿瘤的功能。"贵州省惠水县医生，把竹荪用于治疗白血症，有一定效果。民间医生认为常食竹荪对降低血清胆固醇、减肥、肝炎、细菌性肠炎、流感等有一定防治作用，因此成为近代理想的保健食品之一。

野生竹荪难以寻觅。每年夏秋季节，竹林里长出菌蛋，晴天上午 9：00～10：00，开始破壳抽柄，并逐渐长出雪白网状的菌褶，形成亭亭玉立的子实体；下午 1 时之后子实体又自然倾倒溶成浆液，所以，采菇者很难相遇，经常空手而归，因此，称之为鬼伞。加之受大自然制约，产量极低，盛产竹荪的贵州历史上最高年份收购量仅为 1t，世界竹荪产量也只有 2t。

物以稀为贵，20 世纪 70 年代在香港市场上每 1000g 竹荪干品售价高达 4000～6000 港币，相当于 50g 黄金的价值，因此被称为"软黄金"。长期以来，我国科技工作者在竹荪人工驯化培殖研究上付出了心血。20 世纪 70 年代以来，主产区的云南省昭通地区外贸局李植森先生、贵州省科学院生物研究所胡宁拙及中国科学院昆明植物研究所、浙江农业大学等，先后进行了竹荪人工驯化培殖的试验研究。广东省微生物研究所选育了短裙竹荪，采用室内菌丝压块培殖成功，首获国家发明二等奖。四川省宜宾地区农科所研究竹荪室内生产，每平方米长出菌蕾 55 个，创下新纪录。他们都为中国竹荪人工驯化培殖开创了一条又一条的新路子，做出了历史性的贡献。

1989 年古田县大桥镇菇农周永通在试验中发现高温型棘托竹荪的菌丝胞外酶极强，能分解不需发酵的各种原料。5 月接种，60d 左右收成，当年产竹荪干品 250～350g/m²，开创了一条野外生料培殖竹荪、速生高产新技术的捷径。1990～1991 年古田县 4000 多户菇农种植 15 万 m²，当年夏秋收成竹荪干品 25t，一年突破全世界产量的 12 倍，一跃成为我国最大的竹荪生产出口基地。

竹荪由过去野生采集，专供皇家贵族、达官富人享受的奇珍，到如今大面积商业性生产，市场消费已走向大众。1989 年，古田县竹荪干品收购价 600～800 元/kg，95% 出口外销，而内销仅占 5%。近年来，上市季节收购价 50～60 元/kg，全国大中城市零售商品价格也仅有 80～100 元/kg，价格合理，国内消费量速增，形成出口与内销平分秋色。据不完全统计，2002 年产季，全国竹荪产量 600 多 t，除外销日本、美国、法国、泰国、马来西亚、新加坡、澳大利亚及港台外，有 50% 的产量在国内消费。全国 500 个大中城市，近万家超市的货架上都有竹荪的席位。此外，医药工业部门还研制生产竹荪保健品、竹荪减肥胶囊和防癌抗癌药剂等。

近年来我国竹荪培殖主产区由过去西部云南、贵州、四川等省扩延到南部福建、浙江、江西、湖北、湖南、安徽等省。培殖原料由单一竹种类发展到多种原料均可利用，培殖方式由房、棚，扩大到林果园间、菜地套种、竹头废料仿生等多方位免棚开放式培殖。尤其实行田头制种，花工省、成本低、效益高。如今培殖 667m² 可产竹荪干品 166～235kg，当年获利 6000～8000 元，成为农村致富好项目。中国竹荪生产技术不断突破，使国外望尘莫及。因此，每年 11 月，国家科学技术部在竹荪主产区的福建省古田县举办国际食用菌技术培训班。

(1) 生物学特征。棘托竹荪子实体较小，菌盖高 2.5～3.5cm，宽 2.5～3cm，近钟形，薄而脆，具网格，有褐青色孢子黏液，菌裙白色，长于柄，网格呈多角形。棘托竹荪幼时，由菌托包被呈卵形。7～8 月夏季，多生于松、衫林中地上或腐叶中，多丛生。菌柄白色或淡灰色，有白色刺突，呈锥刺状，长 9～15cm，粗 2～3cm，海绵质。菌托白色至灰色，后期为褐色。孢子无色，透明，呈椭圆形。大小一般为 (3.5～4.0)μm×(2.0～2.3)μm。

红托竹荪子实体 20～33cm，菌盖钟形或钝圆锥形，高 5～6cm，粗 3.5～4.5cm，顶端平，有穿孔，四周有明显网格，表面有暗青色至青褐色微臭的孢体，菌幕钟形，白色，质脆。菌柄圆柱形，长 11～20cm，粗 3～5cm，白色，海绵质，中空。菌托球形，红色，膜质。孢子卵形，光滑透明，直径 (2～2.5)μm×(3.7～4)μm。9～10 月，多单生于慈竹、刚竹林中地上、金竹的腐根或活根上及秋木属的活根系周围的偏酸基质上。

(2) 竹荪生活史。在大自然中，完成其生活史约需要 1 年，而人工培殖只需 3～4 个月。竹荪生活史见图 24-4。目前，竹荪的交配型尚不清楚，有待加快研究。

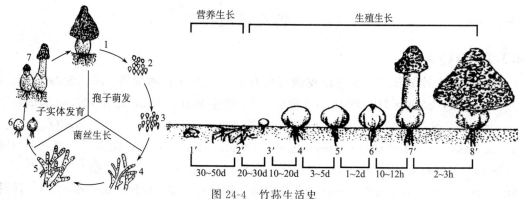

图 24-4 竹荪生活史

1. 成熟子实体；2. 孢子；3. 孢子萌发；4. 初生菌丝；5. 次生菌丝；6. 卵形子实体；7. 抽柄中的子实体。1′. 菌丝体；2′. 原基；3′. 菇蕾；4′. 球形子实体；5′. 卵形子实体；6′. 破口的子实体；7′. 抽柄后的子实体；8′. 成熟的子实体

24.2　竹荪生长分化条件

24.2.1　水分要求

在大自然中，竹荪生长在郁蔽度90%左右的竹林和树林的土壤中，营养生长阶段，培养基含水为量一般为60%～65%，空气相对湿度为60%～75%；生殖生长阶段，培养基含水量65%～70%，空气相对湿度为80%～90%。菌蕾初期期空气相对湿度为80%；菌蕾成熟至破口期空气相对湿度为85%；自破口期到菌柄伸长期空气相对湿度为90%左右。覆土的含水量一般在28%左右。

24.2.2　营养要求

竹荪为腐生菌，其菌丝生长可利用多种碳源，主要有葡萄糖、甘露醇、麦芽糖，以及可溶性淀粉、果糖、蔗糖等。一般不能直接利用纤维素、鼠李糖、木糖作为碳源；主要氮源有蛋白胨、尿素、硝酸铵、异亮氨酸、麸皮、硝酸钾等；硫酸镁对菌丝生长有明显的促进作用。菌丝生长阶段培养基的氮含量以0.016%～0.064%为佳。

24.2.3　空气要求

竹荪属于好气性大型真菌。整个生活周期都需要充足的氧气，二氧化碳的浓度最好不要超过0.03%，尤其是在生殖生长阶段更是如此。

24.2.4　温度要求

棘托竹荪和红托竹荪菌属中温型菌类。菌丝生长温度8～30℃，适宜温度23～25℃，最适宜温度24℃，低于8℃菌丝生长缓慢甚至停止生长。在适宜的条件下菌丝生长，30～35d可长满试管。子实体生长阶段，原基形成温度13～20℃，一般在55～75d可有原基形成。原基分化和菌蕾的发育适宜温度25～32℃，最适宜温度26℃。

24.2.5　光照要求

竹荪一生不需要强光照，只是在生殖生长阶段给予150～200lx的光照度即可。

24.2.6　酸碱度要求

竹荪生长在微酸性的环境中，较适宜的pH为4.5～6.0。营养生长阶段pH4.5～6.0；生殖生长阶pH4.5～5.0。

24.3　竹荪培殖技术

24.3.1　母种制作

竹荪母种的制作方法基本与糙皮侧耳的相同。配方Ⅰ：葡萄糖3%、蛋白胨1.5%、$K_2HPO_4$0.3%、$MgSO_4 \cdot 7H_2O$0.15%、琼脂2%、维生素$B_1$0.8mg，定容1000ml，pH4.5～6.0；配方Ⅱ：鲜笋10%、葡萄糖2%、蛋白胨0.3%、$K_2HPO_4$0.3%、$MgSO_4 \cdot 7H_2O$0.15%、琼脂2%、维生素$B_1$0.8mg，定容1000ml，pH4.5～6.0；配方Ⅲ：鲜松针4%、马铃薯20%、葡萄糖2%、$K_2HPO_4$0.3%、$MgSO_4 \cdot 7H_2O$0.15%、琼脂2%、维生素$B_1$0.8mg，定容1000ml，pH 4.5～6.0。常规灭菌，接种培养等。母种扩大培养，每只可转接30～60只，25℃下培养，约15d满管，20～25d为适龄。

24.3.2　竹荪原种的制作

竹荪原种的制作方法基本与糙皮侧耳的相同。配方多以非谷粒为原料,如①甘蔗渣80%、竹叶粉18%、糖和石膏粉各1%;②棉籽皮70%、锯木屑13%、麸皮15%、石膏粉2%;③玉米芯60%、阔叶木屑10%、米糠20%、竹叶粉8%、石膏粉2%;④杂木屑55%、大豆秸20%、竹叶粉6%、麸皮15%、过磷酸钙3%、石膏粉1%。上述含水量均为65%,常规拌料、装瓶、灭菌、接种、发菌培养等。原种培养,每只可转接5~6瓶,25℃下培养,约35d满瓶(风干料500g/瓶),45~50d为适龄。

24.3.3　竹荪栽培种的制作

竹荪栽培种的制作与上述原种的制作相同。其含水量均为65%,常规拌料、装袋、灭菌、接种、发菌培养等。栽培种培养,每只可转接45~50袋,25℃下培养,55~60d满袋(风干料550g/瓶),即可使用。

也采用田头菌种制作法:在室外整理一个堆料育种的畦床。用干杂木屑80%、麦麸20%,作为竹荪菌种的培养料,加水110%,经过常压灭菌10h,然后拌入1%石膏粉,堆入育种畦床上。采取2层料、3层菌种播种法,最后一层料面再撒些菌种。每畦床用干料20kg/m²,竹荪原种3~4瓶。培殖100m²,只需田头制种4m²,等于25∶1。播种后茅草遮阳,弓罩薄膜。每隔3~5d揭膜通风一次。培育40~50d菌丝布满料堆后,即成田头竹荪菌种。

24.3.4　竹荪培殖

(1)培殖原料选择。可根据当地的资源选择上述原种配方①,加0.9%~1%的尿素,建堆发酵,具体操作是按每层料泼洒尿素和石膏粉水,使培养料含水量为65%。料堆垛宽1.2m,高1.0m,均匀地打通气孔覆盖薄膜,每隔10d翻堆一次,共翻堆3次,并散尽发酵料中的氨气,pH5~6备用。

(2)生产季节安排。南方诸省通常春播于"惊蛰"开始,辅料播种竹荪,"清明"套种农作物,北方适当推迟,当地气温稳定在22℃开始播种。播种后60~70d养菌,进入夏季5~9月间育菇,10月结束,生产周期7个月左右。

(3)场地畦床整理。利用苹果、柑橘、葡萄、油茶、桃、梨等果园内的空间地,以及山场树木空间地种竹荪,也可选地搭建温棚培殖。翻土整畦,畦宽60~80cm,排水沟宽25~30cm人行道间距30cm,农作物田间套种竹荪的,畦宽40~50cm。提前30d施尿素15kg/亩,补充覆土养分。

24.3.5　播种与覆土及养菌

播种前将培养料浸水,控制含水量65%。播种采取一层料一层种。干料使用量为6100kg/亩(9.15kg/m²)。将发酵料整成龟背形,菌种点播与撒播均可。菌种用量为260kg/亩(390g/m²)。播种后床表覆盖3~4cm厚的腐殖土,含水量22%,再用作物叶或茅草铺盖表面,罩好薄膜,防止雨水淋浸。若采用农作物套种的,当竹荪播种覆土后15~20d,可在畦旁挖穴播种玉米、葵花、高粱、大豆等高植株的作物种子,按间隔50~60cm处套种一株。要求空气相对湿度85%~90%,温度24~26℃,及时掀盖薄膜、通风降温、保温等。

24.3.6　育菇管理

播种后培育25~33d,菌丝爬上料面,此时去掉盖膜,培殖25~30d,当菌丝前端形成菌索后,很快出现菇蕾,并破球抽柄形成子实体。此时正值林果树和套种的农作物枝叶茂盛时期,起到遮阳作用。育菇期培养料内含水量以 60% 为宜,覆土含水量不低于 20%。除阴雨天外,每天早晚各喷水一次,保持相对湿度不低于 90%,促进菇破球(图 24-5),抽柄撒裙形成子实体。竹荪育菇管理技术日历表见表 24-1。

图 24-5　短裙竹荪(引自李育岳等,2007)

表 24-1　竹荪育菇管理技术日历表

时间/d	发育状况	技术要领	温度/℃	相对湿度/%	遮光度	注意事项
1～5	显白色米粒状原基	日通微风 1 次 30min,喷雾状水 1 次	22～25	80～83	四阳六阴	保持空气新鲜,无异味
6～10	显菌蕾小于 1.5cm,有毛刺	通微风,均匀喷床面水	23～26	85	四阳六阴	及时剔除萎烂蕾
11～17	菌蕾卵形棕褐色,无毛刺	通微风勤喷雾状水,自上自由落下	25～28	85～90	三阳七阴	保持空气新鲜,保湿控温
18～25	菌蕾鸡蛋大小,有龟裂	通微风喷雾状水,自上自由落下,早晚各 1 次	25～30	90	三阳七阴	保湿控温,调光通风
26～30	子实体显柄散裙	重喷勤喷雾状水,适时采收	28～32	95	二阳八阴	保湿控温,调光通风
31～35	抽柄散裙	重喷勤喷雾状水,适时采收	28～32	92	二阳八阴	保湿控温,调光通风

24.3.7　采收加工干制包装

竹荪播种后可长菇 4～5 潮。子实体成熟都在每天上午 12 时前,当菌裙撒至离菌柄下端 4～5cm 就要采摘。采后及时送往工厂脱水烘干,采用二次烘干法。干品吸潮力极强,可用双层塑料袋包装,并扎牢袋口。

小　结

　　竹荪是世界上著名食用菌之一，中国最早作为食用，不仅肉质滑嫩爽口、风味独特，且营养十分丰富。营养生长阶段，培养基含水为量一般为 60%～65%；生殖生长阶段，培养基含水量 65%～70%，空气相对湿度为 80%～90%。竹荪为腐生菌，其菌丝生长可利用多种碳源；竹荪属于好气性大型真菌，整个生活周期都需要充足的氧气；棘托竹荪和红托竹荪菌属中温型菌类，菌丝生长最适宜温度 24℃，子实体生长阶段，原基形成温度 13～20℃；原基分化和菌蕾的发育最适宜温度 26℃；竹荪一生不需要强光照；较适宜在 pH4.5～6.0 的微酸性环境中，以畦式覆土培殖为主。

思　考　题

1. 请简要绘制竹荪生活史。
2. 简要说明大球盖菇人工培殖过程中对于水分、温度、营养、光、酸碱度的基本要求。

第 **25** 章 正在商业化生产的蕈菌培殖技术

25.1 虎奶菇培殖技术

25.1.1 概述

虎奶菇学名[*Pleurotus tuber-regium*(Fr.)Fr.，*Syn. generis Lentinus* 3(1836)]，属真菌界担子菌门层菌纲伞菌目侧耳科侧耳属(*Pleurotus*)。虎奶菇为商品名，又名具核侧耳、茯苓侧耳、南洋侧耳。

虎奶菇是热带、亚热带地区一种珍贵的食药兼用菌，主产于非洲的尼日利亚和肯尼亚，也是当地的主要经济来源，以及缅甸、马来西亚等地。尼日利亚伯林大学等单位进行少量试验培殖。在我国，只在 3 本专著中略有记载，主要分布云南省腾冲和章凤一带。1994 年，黄年来通过香港中文大学尤美莲博士引进了尼日利亚纯菌种。1995 年，初步驯化培殖获得成功，目前，已有小批量生产。

(1)营养价值。虎奶菇的色谱分析表明，菌核含葡萄糖、果糖、半乳糖、甘露糖、麦芽糖、肌醇、棕榈酸、油酸、硬脂酸。据江枝和等分析，其主要脂肪酸成分软脂酸(C16：0)和亚油酸(C18：2)在菌核与子实体中分别占 19.1%、18.0% 与 68.4%、62.1%，后者占绝对优势。另据质量测试得知含还原糖 2%、蛋白质 45%。

(2)氨基酸含量。从表 25-1 可知，虎奶菇 17 种氨基酸总量达到 15.086%，其中 7 种必需氨基酸含量达 7.577%，占氨基酸总量的 50.23%，高于大部分食用蕈菌。测定的必需氨基酸中亮氨酸、异亮氨酸含量较高，占全部必需氨基酸含量的 55.85%。非必需氨基酸中谷氨酸、天冬氨酸含量也相当高。虎奶菇水溶性多糖(以葡萄糖计)含量为 9mg/kg。

(3)矿质元素含量。测定结果显示，虎奶菇含钾 27450mg/kg、磷 5890mg/kg、钙 320mg/kg、镁 865mg/kg、铜 25mg/kg、锌 37mg/kg、铁 44mg/kg、锰 17mg/kg 等矿质元素，尤以钾、磷含量为高。

表 25-1 虎奶菇氨基酸的含量 (单位：%)

检验项目	测定值	检验项目	测定值	检验项目	测定值
天冬氨酸	1.469	胱氨酸	0.215	蛋氨酸	0.123
组氨酸	0.330	酪氨酸	0.433	苯丙氨酸	0.866
丝氨酸	0.815	精氨酸	0.685	缬氨酸	0.823
谷氨酸	1.737	甘氨酸	0.682	亮氨酸	2.003
脯氨酸	0.295	赖氨酸	0.738	异亮氨酸	2.229
丙氨酸	0.848	色氨酸	未测	苏氨酸	0.795
				合计	15.086

(4)食用方法。虎奶菇子实体为革质，子实体切成小块，煮汤食用。菌核是人们食用的主要部分。将菌核去掉褐色的皮层，用盐水煮 5min 后，捞出烘干，用粉碎机磨成细粉末，

混于米粉、面粉糖等制成糕点，也可与麦片、藕粉、牛奶、糖等制成饮品，或与鱼、肉等制成各种羹、菜等。

（5）药用价值。虎奶菇是非洲地区传统的珍贵药用菌。据报道在非洲（尼日利亚），虎奶菇菌核可治疗痢疾、胃痛、便秘、发烧、感冒、水肿、胸痛、疔疮、神经系统疾病、天花、哮喘、高血压、乳腺炎、糖尿病、冠心病、肿瘤等疾病，并能促进胎儿的发育，提高早产儿成活率和人体免疫功能。据应建浙等《西南地区大型经济真菌》报道，滇西南民间（多从缅甸进口）外敷有治疗妇女乳腺炎之效。南洋（印度尼西亚）等当地人认为虎奶菇的菌核可以治疗痢疾。

（6）生物学特征。虎奶菇是热带和亚热带地区的一种伞菌。子实体单生或群生，原基乳白色。菌盖厚 1.3～2.5cm，浅褐色，皮革质，呈漏斗状或喇叭状，直径 8～20cm，表面有散生、翘起的小鳞片，近中央部分常有白色绒毛（图 25-1）。菌褶白色、内卷、延生。菌柄偏生，或侧生，实心、粗壮、纤维质，近菌褶处表面覆盖白色绒毛，菌柄长 3.5～20cm，直径0.7～2.5cm。一般每朵重 48～78g 大的可达 220g。孢子无色，光滑，壁薄，含有少量颗粒，长椭圆形，(7.5～10)μm×(2.5～4)μm。菌丝有锁状联合。

虎奶菇可形成菌核，菌核坚硬，表皮褐色，内部白色，直径 10～30cm，球形或卵圆形，如图 25-1～图 25-3 所示。一般重 60～110g，大的可达 150g。

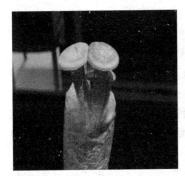  

图 25-1　虎奶菇子实体　　　　图 25-2　虎奶茹成熟子实体　　　图 25-3　虎奶菇菌核（韩省华摄）

25.1.2　虎奶菇生长分化的条件

25.1.2.1　水分要求

虎奶菇属于喜湿性蕈菌。菌丝生长和菌核生长分化较适宜的培养基含水量 65%～68%。子实体形成的空气相对湿度 80%～90%。

25.1.2.2　营养要求

虎奶菇为典型的木腐菌。它能利用多种阔叶树，如柳叶桉、栲树、拟赤杨等，以及针叶树，如南洋衫、松等木材。各种农作物的秸秆，如稻草、玉米芯、棉籽皮、香蕉假茎、木薯秆，以及其他含有纤维素材料，如油棕果壳、咖啡渣也可作为培养料。

虎奶菇菌丝在含果糖的琼脂培养基上生长良好，其次为甘露醇、葡萄糖、木糖；在寡糖中，只能利用纤维二糖和麦芽糖，利用纤维二糖比利用麦芽糖好；在多糖中，可以利用糊精、淀粉、纤维素等，在含糊精的培养基上比含淀粉培养基上生长的更快更好。虎奶菇菌丝不能利用山梨糖、半乳糖、鼠李糖，在含阿拉伯糖的培养基上，其菌丝生长微弱。在含 3 种糖醇培养基中，菌丝利用甘露醇最好，其次为山梨醇，不能利用阿拉伯糖醇。虎奶菇能利用多种有机氮，利用无机氮较差。营养生长阶段 C/N 为(25～30)：1；生殖生长阶段 C/N 为(35～50)：1。

25.1.2.3 空气要求

虎奶菇属于好气性蕈菌。其菌丝、菌核及子实体的生长分化均需要较多的氧气。因此，一定要保持室内空气的新鲜，常通风换气。

25.1.2.4 温度要求

虎奶菇属于高温蕈菌。菌丝在 15～36℃ 均能生长，最适生长温度 30～32℃，低于 10℃ 和高于 40℃ 菌丝生长均受到抑制。菌核形成的最佳温度为 23～28℃。子实体形成温度为 28～35℃，空气相对湿度 80%～92% 较适宜。

25.1.2.5 光照要求

菌丝生长和菌核的形成，一般不需要光照。虎奶菇子实体的形成及生长分化则需要散射光 500～800lx。

25.1.2.6 酸碱度要求

虎奶菇菌丝和菌核生长的 pH 为 6.5～9.5，最适 pH7.5～8.0。

25.1.3 虎奶菇培殖技术

目前，虎奶菇主要有两种培殖方法，即木段培殖和袋式培殖。

25.1.3.1 木段培殖法

(1) 准备木段。把阔叶树，如拟赤杨、枫树、桉树、杨树的树干或粗大枝条，锯成 30～45cm 的木段，直径超过 15cm 以上的木段，可以劈开晒干或风干备用。

(2) 培殖场地。在向阳坡地或排水良好的果园中，挖 15～20cm 浅坑，土质以壤土或沙壤土为宜。

(3) 接种方法。在每棵木段上，打穴接入约 150g 木屑菌种，将 3 根木段，以"品"字形横卧排入浅坑中。然后，覆土 1～1.5cm，防止木料外露。以同样方法处理所有木段，并搭建塑料小拱棚。

(4) 培殖管理。灌水保持培殖土壤湿润。定期除草，经过 2.5～3 个月可采收已形成的菌核。

25.1.3.2 袋式培殖法

(1) 培养料配方。①木屑 78%、麸皮 25%、玉米粉 5%、蔗糖 1%、碳酸钙 1%；②木屑 15%、棉籽皮 53%、麸皮 15%、玉米粉 5%、蔗糖 1%、碳酸钙 1%。料水比 1：(1～1.4)。pH 自然。

(2) 菌袋的制作。菌袋规格为 17cm×36cm×0.45mm。干料重 600～650g/袋，并在培养基中央打洞，直径 1.0～1.5cm，深 15cm。然后，套上套环，塞上棉花，装筐进行灭菌。高压灭菌 2.0～2.5h；常压灭菌 100℃ 8～10h。无论是高压灭菌还是常压灭菌，必须在灭菌筐的上方铺垫纸。总之，拌料、装袋、灭菌、接种，按常规操作。

25.1.3.3 发菌与育核管理

虎奶菇菌丝生长分化同样需要本书中提到的 4 个基本条件，即暗培养、环境整洁干燥、适宜的温度、常通风换气。接种后，虎奶菇菌丝生长最适温度是 30～32℃。在冬季培养时，应适当加温。夏季可以利用自然温度进行培养，气温超过 36℃ 时，应适当降温。虎奶菇菌丝生活力旺盛，抗杂菌能力强，稍有杂菌的培殖袋也可产生菌核。培养 30～45d 后，洁白菌丝可长满培养袋。菌丝体达到生理成熟后，在培养基的上方，菌丝体开始扭结，形成虎奶菇的菌核。此时，可以拔掉棉塞，脱去套环，松开袋口。菌核逐渐长大，及时进行疏花疏果，调控温度为 23~28℃，空气相对湿度 80%~92%。90~120d 后，菌核可以达到 120~250g。

（1）子实体产生。虎奶菇培殖主要目的是获得有药用价值的菌核。虎奶菇的子实体也是可以食用（子实体幼嫩时近肉质，老时革质）。同时，形成子实体是采集担孢子进行杂交育种的前提，得到有性繁殖的后代才能避免过多继代培养造成菌种生活力的退化。

（2）袋栽菌丝体上产生子实体。在正常管理条件下，虎奶菇菌丝体 30~40d 满袋。将菌丝体达到生理成熟的培殖袋，给予散射光 500~800lx。在气温 28~35℃时开袋，大约 5d 后菌丝体扭结，7d 后显蕾，55~60d 后子实体可以采收。共可采收 3 潮菇，采收期可达 100~120d。平均每袋采收子实体湿重 347g，生物学效率 88%，最大子实体，单朵湿重可达 183g。

（3）菌核上产生子实体。若用风干的菌核产生子实体，必须先用清水浸泡，或埋于湿沙中，给予散射光 500~800lx，即可产生子实体。子实体的产率比较低，具体机制还不十分清楚。从菌核产生子实体有以下现象。①菌核越大，产生的子实体越肥壮，单个子实体可达 30g（干）以上。一般每个菌核长一个子实体，有的菌核可长 6~8 个子实体。②形成子实体必须有较高的气温，一般在 28~35℃可产生子实体。③形成子实体的空气相对湿度 80%~90%较适宜。子实体发生所需要的水分，可来自当年菌核内部的水分；袋中培养基的水分、土壤中的水分。所以，适当保湿是必要的。④发生子实体需要一定的光线。⑤子实体发生时，需要较多新鲜的空气。

（4）菌核的采收。当培养基本被分解，剧烈收缩、出水、变软，菌核不再长大时，即可采收。一般每袋只长一个菌核。菌核形状为近球型、鼓槌型、椭圆型等。虎奶菇的采收期长，即使不能立即采收，菌核也不会马上坏掉。虎奶菇菌核生物学效率 30%~45%。菌核采收后，用水洗净，然后，将菌核切成薄片（1~2mm），晒干或风干，也可以用烘干机烘干。

25.2　黄伞培殖技术

25.2.1　概述

黄伞[*Pholiota adiposa*（Batsch）P. Kumm.，Führ. Pilzk.（Zwiclau）：84（1871）]，又名肥鳞耳、多脂鳞伞、黄环锈伞，俗名黄丝菌、柳树菌（云南）、柳钉、柳蘑（山东）、刺儿蘑（吉林），以及木黄菇、金柳菇、黄柳菇等，英文名 golden pholiota。黄伞属于真菌界担子菌门层菌纲伞菌目球盖菇科鳞伞属（*Pholiota*）。

鳞伞属真菌全世界有 50 多种，我国已发现近 20 种。以光帽鳞伞[滑菇，*Pholiota nameko*（Ito）Ito et Imai]最为著名，在日本和我国均有培殖；其次是金毛鳞伞[金花菇，*P. aurea*（Mattusch. ex Fr.）Cill.]，我国台湾有少量培殖。据法国 1973 年出版的《蘑菇图谱》记载，早在公元 1 世纪，希腊人就用极原始的方法培殖黄伞，直到 1984 年采用这种古老的方法培殖黄伞仍沿用。在 20 世纪，欧洲人和日本人对黄伞的培殖技术都有新的研究，却都停留在实验性阶段，未能进入商业性培殖。中国对黄伞的培殖研究，始于 20 世纪 80 年代，赵占国（1985）、苗长海（1985）、陈士瑜（1988）等均先后报道过黄伞的驯化培殖方法。

黄伞经人工驯化培殖成功后，现已推广到全国各地种植，河北、山西、吉林、浙江、河南、西藏、广西、甘肃、青海、陕西、新疆、四川、云南等地林区均有分布，如三角洲区域内的黄河两岸林区的柳树枯枝上，生长更多。在欧洲和亚洲其他地区也有自然分布。目前，在山东、河北、宁夏等地都有一定生产规模，山东省泰安等地已进入商业性生产阶段。

（1）形态特征。子实体单生或丛生，中等大（图 25-4）。菌盖直径 3～12cm，初扁半球形，边缘内卷，后渐平展，中部稍凸起，呈扁平状，湿时表面黏滑，干后有光泽，谷黄至黄褐色，中部色深，有黄褐色近平伏的粉质鳞片，易脱落，盖缘常附有菌幕残片。菌肉厚，白色或淡黄色。菌褶贴生，稍密，不等长，初淡黄色，后变黄褐色至锈褐色。菌柄圆柱形，粗壮，下部弯曲，长 3～15cm，粗 0.5～3cm，与菌盖同色，下部色深，有褐色的反卷鳞片，覆有黏液，内实，纤维质。菌环生于菌柄上部，白色，后变黄色，毛状，易脱落。孢子椭圆形，浅铁锈色。孢子印锈褐色。椭圆形或长椭圆形，$(7.5～9.5)\mu m×(5～6.3)\mu m$。

图 25-4　黄伞（*Pholiota adiposa*）（班立桐提供）

（2）生活习性。黄伞属木腐菌类，常引起树干基部腐朽，或导致树木的斑状褐色腐朽，严重时使树木发生空洞。初夏和初秋气温较低和温差较大时，发生于柳树、杨树、桦树等阔叶树的树干枯枝基部，或生于倒树上，有时也生长在针叶树的树干上。每年 5～6 月和 9～11 月为盛产期。雨后出现的原基，5～7d 即可成熟。

黄伞是一种食药性兼菌，具有较高商品价值。黄伞菌肉肥厚，质嫩柄脆，香味浓郁，营养丰富，菌盖和菌柄上布满白色鳞片，烹调时鳞片脱落，入口滑爽，具独特风味。其产品除鲜销外，还可加工成盐水菇出口到日本等国。其菌盖表面有一层黏液，有人认为从黏液中提取的黄伞多糖 A，是一种核酸物质，有恢复人体精力和脑力的特殊作用。子实体通过有机溶剂提取的多糖体甲，对小白鼠肉瘤 S180 和氏腹水瘤的抑制率为 80%～90%。此外，还可预防葡萄球菌、大肠杆菌、肺炎杆菌和结核菌的感染。据惠丰立等测试得知，黄伞子实体，每 100g 干物质中含粗蛋白质 21.64g、粗脂肪 1.22g、粗纤维 8.04g、多糖 4.11g、灰分 5.88g。含有 18 种氨基酸，人体必需氨基酸总量为 6.32g，非必需氨基酸总量为 10.37g，氨基酸总量为 16.69g，人体必需氨基酸占氨基酸总量[E/（E+N）]的 37.87%，必需氨基酸与非必需氨基酸比值（E/N）为 0.61，已接近或超过 FAO/WHO（1973 年）提出的理想蛋白质必需氨基酸（E%）应达到 40%，E/N 值应为 60% 以上的要求（表 25-2）。

表 25-2　黄伞氨基酸的含量　　　　（单位：%）

检验项目	测定值	检验项目	测定值	检验项目	测定值
天冬氨酸	1.62	胱氨酸	0.16	蛋氨酸	0.22
组氨酸	0.44	酪氨酸	0.44	苯丙氨酸	0.80
丝氨酸	0.66	精氨酸	0.88	缬氨酸	1.08
谷氨酸	3.59	甘氨酸	0.88	亮氨酸	0.82
脯氨酸	0.66	赖氨酸	1.08	异亮氨酸	1.20
丙氨酸	1.04	色氨酸	0.26	苏氨酸	0.86
				合计	16.69

25.2.2　黄伞生长分化的条件

黄伞生活史中，菌丝上常产生分孢子是其重要的特征之一。如何使大量的分孢子迅速转变为营养菌丝，或减少育菇后期分孢子的大量产生，是生产研究的课题之一，或许也是提高其产量的途径之一。

25.2.2.1　水分要求

营养生长阶段，培养料含水量以 60%～65% 为宜；生殖生长阶段，空气相对湿度不能过高，以 80%～85% 为宜。空气相对湿度过低时，原基难以发生，而且不能正常分化，或使菇蕾失水、干裂、萎蔫，甚至死亡。在过分干燥环境中，培养料脱水收缩，在培养料与塑料内壁间出现空隙而形成"贴壁菇"，消耗养分并造成污染。菌盖表面的黏性物质，随空气相对湿度加大而增多，菌盖易黏附于其他物质，导致菌盖与菌柄脱离，降低商品品质。

25.2.2.2　营养要求

综合黄伞菌丝的产率和生长势，各种碳源优劣次序为麦芽糖、山梨糖、葡萄糖、果糖、乳糖、蔗糖、淀粉等。黄伞对纤维素、木质素有很强的分解能力。人工培殖时，以棉籽皮和阔叶树木屑按 1:1 的比例混合配料较好，菌丝生长快，产量高。以酵母膏和蛋白胨为氮源的培养基上菌丝生长最佳，其次是化肥中的无机氮，尿素则最差。维生素 B_1 是必要的。野生条件下，其生长基质的碳氮比（C/N）高达 80:1，但菌丝生长慢，生活周期长，产菇量少。人工培殖时，应在基质中加入米糠、麦麸等含氮物质，使 C/N 缩小到 30:1，可使菌丝生长迅速、健壮，积累营养物质多，有利于高产。生殖生长阶段 C/N 为（50～80）:1。

25.2.2.3　空气要求

在黄伞的整个生长分化过程中均需要充足新鲜的空气。菌丝体成熟后，适当提高菇房内二氧化碳浓度有利于原基形成，二氧化碳浓度在 5% 时对原基分化有利；进入子实体发育阶段，二氧化碳浓度应控制在 0.05% 以下。新鲜空气供给不足，菇蕾发育慢，易产生畸形菇、钉头菇或无盖菇；柄长且弯曲，粗细不均，色泽暗黄，呈腐朽状，菇质低劣。

25.2.2.4　温度要求

黄伞为中温性菌类。其生长分化的温度均高于滑菇。担孢子和分生孢子在 5～35℃ 均能萌发。在高温条件下，萌发力降低速度快，温度在 23～26℃ 时萌发快、萌发率高。菌丝生长温度在 5～32℃，最适温度为 23～25℃，超过 28℃ 菌丝体变黄褐色，生长受抑制，低于 10℃ 高于 35℃ 菌丝生长极慢。菌丝细胞具较强耐低温能力，在 -18℃ 下可存活 72h，在冰雪覆盖下，菇木中菌丝细胞能顺利越冬。菌丝细胞耐高温能力较差，在 60℃ 高温经 1h，或在 50℃ 高温经 5～6h 的处理即死亡。

子实体生长温度范围 15～23℃，最适温度 15～18℃。黄伞与滑菇相似，在人工驯化过程中已选育出不同温型的菌株，其原基形成的时间、温度的要求都有一定差异。黄伞原基的分化一般在 12～16℃，有的菌株在 21℃ 时也能正常形成原基。将已培养好的菌棒置于适宜育菇温度下，大部分在 6～12d 可育菇，有的菌株（尤其是接近野生性状的菌株）则需 30d 或更长时间才能育菇。

25.2.2.5　光的要求

菌丝生长不需光照，但在发菌中后期给予适量光照刺激，有利于原基形成。原基分化和子实体发育的适宜光照度为 400～1200lx。但是，光照度会影响到子实体的色泽，直接关系到产品的质量。在适宜光照度范围内，随着光照度的增加，子实体生长速度加快，生长健壮，子实体颜色加深，鳞片增多，商品外观质量下降。此类产品很难用于出口和进入超市。

因而，培殖中要根据生产目的来调节光照度。

25.2.2.6　酸碱度要求

菌丝在 pH5～11 均能正常生长，pH7～8 最为适宜。pH 低于 6.5，高于 9.5 菌丝生长缓慢，生长势弱。配料时，可调 pH9，灭菌后 pH 可下降到 7～8。

25.2.3　黄伞培殖技术

（1）培殖方法。目前，在中国，黄伞培殖以袋栽为主，除此之外，也可采用瓶栽、箱栽、覆土培殖和木段培殖等。袋栽的生物学效率较高，木段培殖的品质最好。

（2）培殖季节。黄伞的培殖季节因地而异。据山东省多年生产经验，在利用自然气温进行袋栽时，按照育菇适宜温度向前推移制订生产计划。以鲁北为例，7 月上旬生产原种和栽培种，8～9 月菌袋接种发菌结束。当地气温度为 16～23℃ 时，一般 9～10 月可进入育菇期，至冬初可采完 2 潮菇。以后不再育菇，可覆盖塑料薄膜越冬，待第二年 5 月再进行育菇管理。当年结束生产，育菇时间在 3～5 月和 9～11 月。长江以南各地可根据当地气温与育菇时的温度要求，安排生产计划。

25.2.3.1　菌种制作

（1）生产母种的制作。黄伞母种的制作方法基本与糙皮侧耳的相同。但是，配方以葡萄糖 3%、牛肉膏 1.5%、$K_2HPO_4$0.5%、$MgSO_4$0.1%、琼脂 2%，定容 1000ml 为佳。常规灭菌、接种培养等。

（2）原种的制作。黄伞原种制作基本与糙皮侧耳的相同。采用谷子作培养基较好，不但菌丝体生长健壮，而且可转接栽培种更多。常规拌料、装瓶、接种、灭菌、发菌等。

（3）栽培种制作。黄伞栽培种的制作基本与糙皮侧耳的相同。常规拌料、装瓶、接种、灭菌、发菌等。

25.2.3.2　育菇菌棒制作

黄伞培殖的培殖原料要因地制宜。日本学者认为鳞伞属菇类，使用腐熟的木屑比灭菌更为重要，可将新鲜阔叶树木屑堆放在室外，洒水后加盖塑料薄膜，使之升温腐熟后再用。针叶树木屑不适用于黄伞培殖。若混入针叶树木屑，不宜超过培养料总量的 20%。除木屑外，棉籽皮、甘蔗渣、玉米芯等也可作为培殖原料。木屑所含营养比棉籽皮低，最好将棉籽皮等混合使用。培养料配方：①棉籽皮 50%、阔叶树木屑 25%、麦麸 15%、玉米粉 5%、过磷酸钙 2%、石膏粉 2%、石灰 1%，含水量 65%；②棉籽皮 78%、杂木屑 10%、麦麸 10%、石灰 2%，含水量 65%；③棉籽皮 40%、阔叶树木屑 29%、酒糟 15%、麦麸 15%、石灰 1%，含水量 65%；④棉籽皮 50%、豆秸 28%、麦麸 15%、玉米粉 5%、石灰 2%，含水量 65%。

袋装可选用 17cm×35cm×0.045cm 的低压聚丙烯或低压聚乙烯筒膜袋。每袋可装干料 600～650g，湿重为 1.1～1.2kg。袋口两端扎封法。

采用常压灭菌，将培养料袋装入灭菌筐，每次灭菌容量以装 2500～3000 袋为宜。生火后，要求在 4h 内温度达 100℃，以后 100℃ 维持 10～12h，再焖 4～6h，敞开自然冷却，准备接种。

接种　在彻底消毒的条件下，一般 4 人一组，配合操作。500ml 瓶菌种，两端接种可接 35～40 袋。

25.2.3.3　发菌管理

营养生长阶段同样掌握 4 个基本条件：①暗培养，强光对菌丝的生长有抑制作用；②要充足的氧气，要时常通风换气，并且较温和地通风，室内保持空气清新；③保持室内整洁干燥的环境，一般 55%～65% 的空气相对湿度，这样可抑制环境中杂菌的繁殖，防止菌袋的污染；④适宜的温度，发菌前期升温至 27～28℃，使其菌丝早萌发、早定植。以后，适温培养，即一般掌握在 19～21℃ 条件下发菌，料温在 22～24℃，发菌中期，控温防止烧料。在最适温度下，下调 3～5℃，即协调最适温度发菌，有利于菌丝营养的积累、生长健壮。经过 30～35d 菌丝体满袋。

将培殖袋移入培养室内，将培殖袋排放在床架上或排放在地面上发菌。先在地面撒一层生石灰粉，将培殖袋呈"井"字形上堆，每层 4 袋，可排放多层，排于排之间留 40cm 作业道。发菌的前几天一般不翻动培养袋。接种 24h 后菌种萌发，4～5d 天白色菌丝在料面长满，7d 后菌丝已深入到培养料中，生长加快，袋温开始升高。此时，可将菌袋疏散放，室温控制在 22℃。在发菌期，每隔 7～10d 翻堆一次，促使发菌均匀，并针对出现污染情况进行处理。黄伞菌丝具很强抗霉能力，如出现个别霉菌菌落，黄伞菌丝能将其包埋，照常育菇。如污染严重时，应及时挑出被污染的菌袋，在远离发菌室进行深埋处理。

25.2.3.4　育菇管理

黄伞子实体生长分化过程　当菌丝体达生理成熟后，一般要经历原基形成→原基分化→菌蕾发育→子实体成熟 4 个阶段，要根据各个发育期的生理特点进行管理。

培殖场所　黄伞可以在菇房搭层架培殖，或在菇棚进行菌墙培殖，其管理原则基本相同。

(1) 促原基形成。当菌袋内菌丝体由白色变为浅黄色、接种块处菌丝体呈黄褐色或有大量浅黄色水珠状分泌物时，表明菌丝已达到生理成熟。此时，将培殖袋搬入育菇室，按照每棚内面积摆放 25～35 袋/m² 为宜，按有效面积摆放 45～50 袋/m²。解开袋口重新上堆，以增加袋内氧气供应，促进原基形成。其方法是：解开菌袋的扎口绳，将袋口稍拉直，不必完全撑开，袋口向外依次并列堆放，堆放 8～10 层，高 1m 左右为一行。两行之间中间留 55～60cm 作业道。然后在地面和空间喷水，保持空气相对湿度在 80%～85% 和光照度 500～1000lx。室温控制在 15～23℃。逐渐提高室内光照度在 1000lx 左右。加大通风，最好是在夜间或选择气温较低时进行强制通风，但要防止直接向菌袋吹风，以免吹干袋口培养料。经6～7d，料面气生菌丝倒状并扭结，在袋口料面出现一层黄褐色油滴状细密的、如小米粒状的原基。若认为促进原基形成，经 10d 后也可陆续显原基。但是，自然条件下，往往参差不齐，育菇不同步，不便管理。

(2) 原基形成期。当菌丝体呈黄褐色或有大量黄色水珠状分泌物时，表明菌丝已达到生理成熟。开袋上堆后，要关窗保湿 48h，促使菌袋两端裸露的料面长出一层气生菌丝，有利于原基形成。2d 后，结合开窗通风，利用昼夜温差拉大育菇室温差，温差越大，原基形成越快。最好在通风前喷水，使菇房空气相对湿度提高到 80%，保持室温在 15～23℃，保持昼夜温差 7～8℃。经 6～7d，袋口菌丝体呈匍匐状，出现一层黄色米粒状的原基。此时，可将袋口卷下，加强通风换气。菇房空气相对湿度不能高于 80%。湿度过大，由于培养料表面吐出大量黄水，会使原基因缺氧而窒息死亡，并易被绿霉污染。

(3) 原基伸长期。表面形成带有膜质鳞片的细圆锥体，进而原基逐渐伸长。空气相对湿度大时，伸长的原基多；空气相对湿度小时，伸长的原基少。因此，应将菇房空气相对湿度仍然保持在 80%～85%，以控制原基伸长数量。原基伸长过多，会大量消耗养分，影响产量。正常情况下，伸长的原基中只有少量能发育成正常的子实体，大部分萎缩死亡。此时，可以进行"疏花"，即将长势弱的原基用消过毒的刀去掉。

（4）原基分化期。原基伸长 2～3d 后，其顶部开始膨大，逐渐长出半球形菌盖和内菌幕，并与菌柄相连，形成菇蕾，即幼菇。此时，可以进行"疏果"，即将长势弱的菌蕾用消过毒的刀去掉。应注意保湿通风，空气相对湿度过小，则易使菌盖龟裂；通风不良，抑制菌盖生长，也使菌柄过度伸长。

（5）菌蕾发育期。此时子实体生长最快，菌盖迅速长大，连接菌盖与菌柄的内菌幕破裂，残留在菌柄上部分形成菌环，菌盖逐渐伸展。这一时期子实体呼吸作用旺盛，耗氧量大，通风量要比以前增大 1 倍以上。空气相对湿度控制在 85%～92%。若湿度过高，会使菌盖颜色加深，呈深褐色，商品外观不好，质量降低。待子实体七八成熟时应及时采收。

（6）子实体成熟期。此期菌盖已逐渐展平，开始弹射铁锈色孢子。在管理上，除加大通风之外，还应将菇房空气相对湿度降至 80% 以下，使子实体含水不致过多，以利于延长保鲜期。

25.2.3.5　采收包装与保鲜

当子实体部分鳞片脱落，菌盖稍有内卷时可采收，用手握菌柄底部轻轻转动便可采下，边采收边用刀消掉基部杂质，再分成单朵。黄伞菇质地脆嫩，采摘和运送都要轻拿轻放，以防菇体破碎，降低品质。

袋栽黄伞子实体一般较小。菌盖直径 3～10cm，多数在 5cm 左右，菌柄粗约 1cm，且弯曲。这种个体较小的子实体，因其谷黄色菌盖上覆有褐色鳞片，形态极美，商品性状好，很受宾馆及一般消费者的欢迎，且价格高于一般菇类。上市鲜销时，可采用小托盘包装，用保鲜膜密封，送往超市。如在农贸市场上销售则可采用塑料袋定量包装，每袋 150g 或 250g，不宜采用大包装，在低温下 4℃保藏，以延长货架期。黄伞亦可采用盐渍、速冻或罐藏。

头潮菇采收后，及时清理料面，对培殖袋进行补水，提高室温至 23～25℃，降低菇房空气相对湿度至 75% 左右，以利菌丝恢复生长，积累养分。7～10d 后，再加大温差，提高湿度，进行催蕾，可采收第 2 潮菇。第 2 潮菇应在初冬到年底前采收完毕，以后育菇甚少。秋栽后期，若采取保温措施，当年可采完 4 潮菇。如用自然温度培殖，越冬期应注意保湿，第二年 4 月气温回升后，浸水补湿，使菌丝恢复生长，5 月初又开始产菇，至麦收前结束。

25.3　大白口蘑培殖技术

25.3.1　概述

大白口蘑（*Tricholoma giganteum* Massee），又称大口蘑、巨大口蘑、裂片口蘑、洛巴（伊）口蘑（图 25-5）。英文名为 lobayen tricholoma，意为"裂片口蘑"，指本种的菌盖在成熟后常裂开。日本的商品名为仁王占地，"仁王"是日语的哼哈二将，将引申为"巨大的"，"占地"为口蘑类，其意亦为"大口蘑"。中国台湾省以金福菇为商品名。大白口蘑分类地位隶属于真菌界担子菌门层菌纲伞菌目白蘑科口蘑属（*Tricholoma*）。

大白口蘑是一种热带真菌，原产于北半球热带地区，在非洲、南亚次大陆，印度、孟加拉，以及日本群马县以南至冲绳县均有分布，在我国福建、云南、香港、台湾等地也有分布。子实体只发生在高温和多湿的季节里，6～8 月为盛产期。自然气温在 24～32℃时，雨后生于甘蔗园或凤凰木附近的肥沃土壤中，以及富含有机质的园地和路旁。

法国真菌学家海姆（Heim）最早于非洲发现此菌，并于 1970 年命名。1992 年，卯晓岚首次在香港中文大学校园内凤凰木（*Delonix regia*）树桩旁草地上采到大白口蘑标本。其后

图 25-5　大白口蘑(*Tricholoma giganteum*)(易文林摄)

在我国南方地区也有发现。目前，已知大白口蘑的最北分布线为北纬 24.5°。

　　印度蔓尼普尔邦和西孟加拉邦(West Bengal State)，以及恒河平原广大地区是大白口蘑的重要产地。据印度人查卡拉瓦蒂(Chakravarty D K)等(1982)及印度园艺研究所的吉里贾(Girija G)等(1990)研究报道，大白口蘑大量发生在夏天，它是当地人的传统食品。因其味美宜人，市场价格高，将其作为热带菇类进行驯化培殖，开始受到重视，并首次在稻草基质上培殖成功。但是，由于对原料进行预处理的方法不当，单产水平较低。此后，大白口蘑的人工驯化培殖在亚洲其他国家和地区有了新的进展。日本琉球大学、冲绳县林业试验站和印度园艺研究所都曾进行培殖试验。中国台湾和日本已进入实用性生产阶段。另外，据易文林等(2001)报道，利用从中国台湾和日本引进的菌株和分离的野生菌株进行培殖试验，并对其培殖工艺进行改革，生物学效率已达 70%。

　　大白口蘑的子实体中等至硕大，菌肉肥厚白嫩，营养丰富，味微甜而鲜，有浓郁的菇香，而且耐贮性好，适于鲜销和干制，在 10℃条件下，保鲜可达 30d，色、味不变。据测试得知，含蛋白质 27.56%、粗脂肪 9.58%、总糖 38.44%、粗纤维 8.2%，并含有多种维生素。据王元忠等测试结果表明，野生与培殖大白口蘑子实体中有 18 种氨基酸，每 100g 子实体中，其总量分别为 18.31g、18.67g；必需氨基酸占其氨基酸总量的浓度[E/E＋N(100)]分别为 40.63%、45.47%；E/N 分别为 0.68、0.83；符合 FAO/WHO 提出的理想蛋白质，必需氨基酸 E% 总量应达 40% 左右，E/N 值应在 0.6 以上的要求。

　　形态特征和生态习性　子实体丛生或簇生，大型，白色。菌盖直径 8～23cm，初期半球形或扁半球形，后渐扁平，或中部稍下凹，表面白色、浅白至浅奶油色，成熟后色变暗，平滑或稍粗糙，微黏。菌盖边缘初内卷，成熟时波状或稍上卷。菌肉厚，白色，致密，微有淀粉味。菌褶浅黄白色，近弯生，密，不等长，褶缘波状。菌柄中生或偏生，圆柱形，稍弯曲。幼时，柄基部明显膨大，呈瓶形，长 8～28cm，粗 1.5～4.6cm，基部往往连接成丛，表面与菌盖同色，上被纤毛及纤维状细条纹，内实，纤维质。孢子卵圆形，或宽椭圆形，(4.5～7.5)μm×(3～5)μm，含油滴，无色至淡黄色，孢子印白色。

25.3.2　大白口蘑生长分化的条件

25.3.2.1　水分要求

　　培养基的料水比为 1∶(1～2.0)，菌丝均能生长。培养料含水量以 60%～65% 为宜。菌丝生长阶段，室内空气相对湿度要保持在 65%～70%；生殖生长阶段，最适相对湿度为85%～92%。在子实体发育期，覆土的含水量较低，空气相对湿度小时，菌蕾表面的蒸发量大，子实体的吸水量也大，菌盖发育受到抑制，易形成畸形菇。

25.3.2.2　营养要求

大白口蘑为腐生菌。它可利用多种天然有机物，如稻草、棉籽皮、甘蔗渣、禾本科野草作为培殖基质。在木屑培养基上菌丝生长不良。发酵好的棉籽皮是较理想的培殖原料，在适温下，培养约 30d 可育菇。用纯稻草培殖产量低，且育菇迟。在培养料中加入一定的麦麸、米糠、玉米粉、黄豆粉等，以补充氮素营养和维生素。麦麸、米糠的加入量以 10%～15%为宜，超过 20%易造成污染，玉米粉、黄豆粉的用量应控制在 2%～3%。

25.3.2.3　空气要求

菌丝生长需要氧气。子实体发育阶段需要充足新鲜空气。菇房内通风不良、二氧化碳浓度达到 0.5%时，对于子实体发育有抑制作用或致畸形。

25.3.2.4　温度要求

大白口蘑为高温型菌类。菌丝在 15～38℃下均能正常生长，最适温度为 27～32℃。子实体的形成在 18～36℃，以 20～28℃为最佳，在适宜温范围内，随温度增高，子实体生长速度加快。昼夜温差过大对于育菇不利，温差 6℃时，难以显蕾。大白口蘑对低温较敏感，在 4℃以下，保藏菌种易死亡；在 12℃以下，菌蕾停止生长分化或致死亡。

25.3.2.5　光照要求

菌丝体生长不需光照，在完全黑暗条件下菌丝生长旺盛。但是，在光照度为 300～800lx 条件下，对于原基形成和子实体生长有促进作用。

25.3.2.6　酸碱度要求

菌丝在 pH5～10 范围内均可生长，最适 pH 为 6.5～8.0。

25.3.3　大白口蘑培殖技术

在自然气温下，大白口蘑只适于在高温季节培殖。袋栽产量较床栽的高。大白口蘑必须在覆土后才能育菇。大白口蘑的抗逆性强，既耐干，又耐湿，在培殖中很少发生虫害，培养料出现局部污染仍能照常育菇。但是，抗低温能力较差，生长着的菌蕾，遇低温会停止生长或致死。发菌周期较长，原基发生量大，常密集成丛，大多数原基都会因得不到足够养分而萎缩死亡，只有生长健壮菌蕾才能正常发育。这是其子实体发育的基本特征。

25.3.3.1　菌种的制作

母种制作：PDA＋蛋白胨 2g、$MgSO_4 \cdot 7H_2O$ 1.5g、KH_2PO_4 3.0g、琼脂 20g，完全溶解后，定容 1000ml。常规灌装、高压灭菌 0.5h、接种、培养。26℃条件下培养，18mm×180mm 的试管斜面，10～12d 菌丝体可长满管。据刘鸿等实验得知不同碳源培养基菌丝生长速度的顺序为：果糖＞蔗糖＞麦芽糖＞葡萄糖＞玉米粉＞可溶性淀粉。果糖培养基菌丝生长速度 3.8mm/d。

原种制作：谷子或小麦浸泡充分膨胀，沥水后，加 1%石膏粉，混匀。常规灌装、灭菌、接种、培养。26℃条件下培养，750ml 的培养瓶，20～25d，菌丝体可长满瓶。

栽培种制作：①棉籽皮 83%、麸皮 15%、石膏粉 1%、生石灰 1%，含水量 65%，机械搅拌混匀；②硬杂木屑 77%、麸皮 20%、蔗糖 1%、石膏粉 1%、生石灰 1%，含水量 65%，机械搅拌混匀。从上述培养料中任选一种，将上述发酵好的料，常规装袋、装袋灭菌与接种培殖。袋为聚乙烯筒膜袋，规格一般为 17cm×35cm×0.045mm，每袋装干料 600～650g。采用常压灭菌 100℃下保持 10～12h。35～37℃ 条件下，无菌操作接种。高压灭菌 1.5～2.0h，常规接种，26℃ 条件下培养，25～30d 菌丝可长满袋。

25.3.3.2　育菇菌棒制作

目前，有发酵料培殖和熟料培殖两种。关于培殖季节，当地气温稳定在 25℃ 左右作为育菇期，提前 55～60d，作为最佳接种期。

培养料配方：①棉籽皮 77%、稻草(寸段)15%、麦麸 10%、牛粪 6%、石膏粉 1%、生石灰 1%，含水量 65%；②棉籽皮 83%、玉米粉 5%、麦麸 10%、石膏粉 1%、石灰 1%，含水量 65%；③棉籽皮 83%、麦麸 15%、石膏粉 1%、生石灰 1%，含水量 65%；④棉籽皮 80%、麦麸 8%、细米糠 10%、石膏粉 1%、生石灰 1%，含水量 65%；⑤稻草 40%、棉籽皮 48%、麦麸 10%、石膏粉 1%、生石灰 1%，含水量 65%。

堆制发酵：先将玉米粉、麦麸、石膏粉、生石灰等辅料干态混合均匀，再与棉籽皮充分拌匀，加清水拌料，调含水量至 65%，pH7～8。然后，将其培养料堆垛，宽 15m、高 1m 左右、长度不限，并将料堆打通气孔，孔径 5～6cm，孔距 30cm，进行有氧发酵。当料温上升至 55℃ 时，进行第一次翻堆，共翻堆 2 次，发酵时间 5～7d。发酵料标准：褐色，质地疏松，有弹性，无酸败，无异味，用手紧握培养料，以指缝间有水印，但不下滴。若水分偏少，可酌情喷 1% 生石灰水，并机械搅拌混匀。料温降至 35～37℃ 时装袋。

关于发酵料的播种可参照本书糙皮侧耳培殖技术进行，一般选用 25cm×50cm×0.035cm 的聚乙烯袋，装料稍紧些。采用点播法播种，菌种块金橘大小，菌种用量 18%～20%。常规发菌管理。

25.3.3.3　发菌管理

将培殖袋入室，码垛发菌。每行 6～7 层高，行间留有一定空隙，以利通风透气。室温保持 27～32℃，控制温度，先高后低。第 15 天后，翻袋 1 次，通风散热，促使发菌，并对培殖棒进行分类处理。若菌棒出现星点污染，及时挖除，并用石灰膏封堵，不影响菌丝生长和育菇。发菌管理的重点在于控制好温度和保持室内空气新鲜。同时，应将空气相对湿度调控为 60%～65%。在严格发菌的 4 个基本条件下，经 30～40d 菌丝可长满袋。

25.3.3.4　覆土

覆土是大白口蘑生产的一项关键步骤，对大白口蘑的产量与质量有直接影响。覆土材料应选用保水性好、透气性好、富含腐殖质的稻田土、菜园土、泥炭土等，以及人工配制的发酵土、复合营养土等。在使用前应先对其严格消毒。按 1m³ 用土计，用生石灰粉 5kg 消毒，即先将生石灰粉均匀拌入土中，加盖塑料薄膜密闭 3～4d，然后调含水量为 60% 左右备用。

首先，按常规方法对育菇场地进行消毒；然后，将裸露的菌棒纵向排放到畦床内，随即进行覆土。采用二次覆土法，先覆粗土，土粒直径 1.5～2cm，覆土厚 2.5～3cm，密封 4～6d，控制气温在 27～32℃；待菌丝体上爬土层后，再覆细土，土粒直径 0.5～0.8cm，覆土厚 1.5～2.0cm，整个覆土厚 3～3.5cm，密封 1～2d，菌丝即可爬出土层。此时，应加大通风量，促使菌丝生长健壮。如果土层太干，菌丝体上爬慢，应减少通风或推迟通风，适当向地面喷水；如果土层太湿，必须及时通风，并加大通风量，促使菌丝体尽快爬上土层。

25.3.3.5　育菇管理

覆土后，10～18d，菌丝可长满土层。在此期间，一般控制空气相对湿度为 90%～92%，温度在 23～26℃，昼夜温差不大于 5℃，温和地通风换气，诱导原基的形成。

子实体发育可分为原基期、幼菇期、伸长期和成熟期。当畦床表面出现米粒大小白色的原基时，适当加大通风量，并给予 300～800lx 的散射光，经 3～5d 原基分化成菌蕾。在子原基期以保持室内相对湿度最为重要，切记向原基喷水，以免大量死菇。当幼菇伸长至 2～3cm 时，根据气温和所覆土的干湿程度，每天喷水 2～3 次，保持空气相对湿度在 85%～92%。同时，也要注意水温不能低于 20℃，以免造成死菇。

大白口蘑育菇潮次明显，菇潮集中，菇体肥大，育菇旺盛，需肥量大，因而在生产后期要及时补充营养。育菇期，一般为 45～55d，可有 3～4 潮菇。每潮菇间隔 12～14d。生物学效率一般可达 80%～100%。

25.3.3.6 采收与加工保鲜

大白口蘑自显蕾至采收一般 5～7d。当菌膜尚未破裂时及时采收，同时进行分级。在 10℃ 条件下，保鲜可达 30d，不变质。也可以干制或盐渍等。采收第一潮菇后，浇重水一次，常规养菌育菇，7～10d 可收第 2 潮菇。每潮菇采完后，要及时清理床面，去除残留菇根、死菇及其他杂物，以防杂菌和虫侵染。同时要用细土将床面补平，防止积水。

塑料袋栽的产量集中在前 2 潮菇，生物学效率一般在 65% 左右，高产者可达到 85%，个别高产者可达 105%。加上越冬后的产量，总的生物学效率可达 100%～150%，高产者可达 200%。商品菇的比率一般可占 80%。

25.4 灰离褶伞培殖技术

25.4.1 概述

灰离褶伞[*Lyoplyllum cinerascens*(Bull.：Kour.)Konr. et Maubl]，别名变灰离褶伞、块根离褶伞、块根蘑；俗名松毛菇(福建)、草白蘑、鸡爪蘑、丛生口蘑(内蒙古)、北风菌、小北风菌、冻菌、栗窝、树窝、一窝蜂、一窝鸡(云南)、千头佛(四川)。英文名为 aggergate lyoph。灰离褶伞隶属于真菌界担子菌门层菌纲伞菌目白蘑科离褶伞属(*Lyoplyllum*)。

灰离褶伞肉肥厚，质脆，鲜美又清香，烘干后香味更浓。众多的俗名均从不同的侧面反映出它的生物学特征。云南称之为"一窝鸡"，顾名思义，它是丛生型菇类，其鲜美如同鸡肉，营养丰富，含有蛋白质、氨基酸、维生素、矿物质等多种营养成分。灰离褶伞还具有药用价值，据《滇南本草》记载："专治小便不通，不禁，可分利水道，亦治五淋白浊，食之最良"，即可治消化不良、胃肠胀满、便秘等症。日本已进行商业化生产，很受消费者欢迎。1983～1987 年，于青采用内蒙古野生子实体分离培殖获得成功。1990 年，福建齐家骁也进行过培殖实验，易文林对培殖技术有详细介绍。目前，灰离褶伞正在我国推广培殖。

在中国，灰离褶伞主要分布于黑龙江、辽宁、内蒙古、河南、青海、四川、云南、西藏等地。在亚洲其他地区、欧洲和北美洲亦有分布。

生物学特征：子实体主要为丛生(图 25-6)。菌盖初球形至扁半球形，后平展，直径 1.5～9cm，浅灰色至浅灰褐色，光滑，边缘内卷，具条纹。菌肉白色，厚而脆。菌褶直生至弯生，稠密，幅稍宽，不等长，白色至灰白色。菌柄中生，内实，圆柱形，常弯曲，长 2～8cm，直径 0.3～2.5cm，内实，白色至灰白色。孢子近球形，无色，(5～6.3)$\mu m \times$ (4.3～5)μm。孢子印白色。

图 25-6　灰离褶伞 (引自张光亚, 1999)

25.4.2　生长分化条件

夏秋季, 灰离褶伞生于针、阔叶林地上。子实体多生于林下荫蔽处, 菌丝体多分布于腐殖质层与土层交界处。子实体丛生或单生, 常呈带状分布。

25.4.2.1　水分要求

菌丝生长阶段, 培养料含水量以 65% 为宜, 空气相对湿度保持在 65% 左右。原基形成与分化阶段, 培养料含水量以 70%～75% 为宜, 空气相对湿度应提高到 85%～95%, 空气相对湿度若低于 70%, 不易形成原基, 或形成无效原基。子实体生长分化阶段, 空气相对湿度应调整到 85%～90%, 若高于 95%, 则原基易腐烂, 形成的子实体质软、质量差。

25.4.2.2　营养要求

人工培殖可直接利用新鲜衫、松木屑等树种的木屑, 棉籽皮、棉秆、豆秸等作物的秸秆均可作为培殖原料。培殖原料中适量添加麦麸、玉米粉、黄豆粉、饼肥等氮源及无机盐类, 有利于菌丝生长并提高产量。

25.4.2.3　空气要求

灰离褶伞为好气性菌类, 在生长分化的全过程都需要保持空气新鲜。在育菇阶段, 当氧气不足时, 二氧化碳浓度达到 0.2%～0.4%, 抑制原基的形成和分化, 使子实体生长畸形。

25.4.2.4　温度要求

菌丝生长适宜温度为 20～25℃, 以 22～24℃ 最为适宜。7℃ 以下、30℃ 以上菌丝生长受到抑制。原基分化适宜温度为 8～26℃, 最适温度为 12～18℃。8℃ 以下、22℃ 以上子实体很难分化。灰离褶伞属变温结实性菌类。菌丝体达到生理成熟后, 给予 6～8℃ 温差刺激, 有利于原基分化, 并可增加原基的密度。原基分化以后, 在 5℃ 以下、26℃ 以上子实体仍可缓慢生长。长期的低温会造成菌盖畸形, 出现大脚菇, 长期的高温会使菌柄过度伸长, 菌盖下垂, 对产量和质量都有不利影响。22～25℃ 的恒温培养, 有利于子实体的发育。

25.4.2.5　光照要求

在完全黑暗条件下菌丝生长更健壮, 强光对菌丝生长有抑制作用。原基形成和子实体生长需要一定的散光, 原基形成阶段的光照度以 130～200lx 为最宜。子实体生长分化阶段, 光照度要提高到 300～1000lx, 光照时间保持 (10～15)h/24h, 有利于培育菌盖厚、颜色深、质地硬实、菌柄粗的优质商品菇。此外, 灰离褶伞有明显的向光性。

25.4.2.6 酸碱度要求

菌丝生长的适宜 pH 为 5.5～6.5，子实体形成时最适 pH 为 5 左右。

25.4.3 灰离褶伞培殖技术

灰离褶伞在生产中以袋栽为主。培殖原料与大多数木生菇基本相同，用未经处理的杉、松木屑也可培殖。菌丝体要经过后熟培养才能育菇，采用搔菌技术能加快原基形成并使育菇整齐。

25.4.3.1 菌种的制作

三级菌种的制作可参照本书中侧耳培殖制种技术。

培养料配方：①棉籽皮 64%、杂木屑 20%、麦麸 10%、玉米粉 5%、石膏粉 1%；②棉籽皮 88%、麦麸 5%、黄豆粉 4%、石灰粉 2%、过磷酸钙 1%；③玉米芯 20%、棉籽皮 44%、杂木屑 20%、麦麸 10%、黄豆粉 3%、蔗糖 1%、石膏粉 2%；④大豆秸秆（粉碎）77%、麦麸 20%、石膏粉 1%、石灰粉 1%、过磷酸钙 1%。

装袋与灭菌及接种：培养料按常规配制，调含水量为 65%，pH 自然。培殖袋用(20～22)cm×(38～40)cm×0.045mm 高压聚丙烯或低压高密度聚乙烯塑料袋。装袋后，在料筒纵向中间打洞接近袋底部，料袋套塑料环并用无棉塞封口。经高压或常压灭菌，冷却至 30℃ 以下后接种。一般以菌丝满袋后 7～10d 的菌种最为适宜。每瓶菌种可接种 20～40 袋。在彻底消毒的条件下，将谷粒菌种迅速均匀地接种到培养料的两端，并封上袋口。

25.4.3.2 发菌管理

将接种后的菌袋在发菌室进行培养，保持室温 22～24℃，掌握原则是先高后低，空气相对湿度 65%～70%，空气相对湿度不能超过 80%，否则菌丝易感染杂菌。接种后 17～20d，袋内菌丝进入旺盛生长期，代谢加强，呼吸作用旺盛，要注意室内通风换气，保持温度 22℃ 左右，室内二氧化碳浓度要控制在 0.4% 以下。在暗光条件下培养 30～40d，菌丝可长满袋。此时，菌袋内菌丝稀疏、菌棒松软，应提高培养温度，使之加快进入生理成熟。培养温度 20～22℃，空气相对湿度 70%～75%，经 30～40d，菌丝开始粗壮、浓白，菌棒坚实，养分储藏充足，已达到生理成熟。否则育菇不整齐，数量少，子实体大小不一，产量低。

25.4.3.3 育菇管理

(1) 诱导原基形成。在育菇室内将菌袋口解开，进行搔菌，轻轻刮掉菌棒两端原菌种和菌皮，并进行排场(可参照本书长根菇培殖技术中进行)。搔菌是否及时，直接影响原基发生数量和以后的产量。搔菌具有机械刺激作用，促使原基同步发生。搔菌与排场后，立即提温至 25～26℃ 进行养菌，待搔菌处长有较多的新鲜菌丝体后，立即向畦床浇重水一次，调气温 12～18℃，给予昼夜 6～8℃ 温差刺激，促使菌丝体扭结，原基形成，同时搭建拱棚。7～10d 料面出现白色的米状原基。

(2) 促使原基分化。在原基分化过程中，菇房要保持较高的空气相对湿度 80%～85%，温度保持在 12～18℃，并给予散射光 130～200lx，常通风换气。菇房内温度、湿度、光照、通风等环境因素要相对稳定，促使原基分化菌蕾。

(3) 育优质菇。进入原基分化期不能直接向原基喷水。此时，菇房内保持 22～24℃，空气相对湿度要保持在 85%～90%，光照要保持在 300～1000lx，并增多通风次数，菌盖适度伸展，经过 8～10d 的育菇管理，菌盖发育形成。

25.4.3.4　采收

当子实体八成熟时就要采摘。一般可连采 2～3 潮菇，主要产量集中在前 2 潮菇，转潮时间需 15～25d。袋料生物学效率一般在 80% 左右，高产者可达 100%。灰离褶伞适于鲜销和盐渍加工。

25.5　长根菇培殖技术

25.5.1　概述

长根菇学名［*Xerula radicata*（Relhan）Dorfelt，*Veröff. Mas. Stadt Gera*. Naturwissenschaftliche Reihe2-3：67(1975)］(图 25-7)，隶属于真菌界(Kingdom Fungi)担子菌门层菌纲伞菌目膨瑚菌科长根菇属［(奥德蘑属或小奥德蘑属)，*Oudemansiella*］。该种曾划分在金钱菌属(*Collybia*)内，与金针菇的亲缘关系很密切。别名长根奥德蘑、长根小奥德蘑、长根金钱菌或长根大金钱菌。因其形状很像鸡枞菌，故在云南省民间俗称之为草鸡、露水鸡，四川省西昌俗名大毛草菌，福建省和台湾省则称鸡肉菇。英文名为 roo ted oudemansiella、rooting shank。

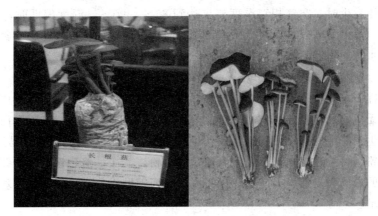

图 25-7　长根菇（郭成金、班立桐提供）

长根菇是一种广泛分布于热带、亚热带及温带地区的木腐菌，夏秋季生于土壤偏酸、腐殖质较厚的阔叶林地上，雨后大量发生。其假根着生于地下腐木上，常与壳斗科(Fagaceae)和七叶树科(Aesculaceae)的根系相连，也生于腐根的周围。

亚洲、非洲、大洋洲和北美洲均有自然分布。长根菇的营养丰富，氨基酸含量介于香菇和鸡枞菌之间，且菇形秀丽，肉质细嫩，柄脆爽口，兼具草菇的滑爽、金针菇的清脆和香菇的醇厚的风味。长根菇兼有药用价值，子实体中含长根菇素或称长根小奥德蘑酮(Oudenone)，有显著的降血压功效，据药理实验，长根菇的热水提取对小白鼠肉瘤 S180 有明显的抑制作用，经常食用长根菇，可增强机体免疫力，是一种理想的保健食品。

1986 年，在中国，浙江省丽水地区农业科学研究所开始进行人工驯化培殖试验获得成功。此后，浙江省庆元县真菌研究所对长根菇的生物学特征和人工培殖特性进行了多年研究，探索出一套高产培殖技术，平均生物学效率可达 120%，高产者可达 175%，并于1998 年通过成果鉴定（鲍文辉，1998）。大面积培殖的生物学效率仍可达 80%～100%。目前，已在浙江、福建、湖南、云南、上海等地得到推广，年产 3 万～5 万 t。

生物学特征。子实体中等或稍大，单生或群生。菌盖初为半球体，直径 2.6～15cm，球形至渐平展，中部微凸起呈脐状，并有深色辐射状条纹，表面淡褐色、茶褐色至棕黑色，光滑、湿润、黏。菌肉白色，较薄，为 0.2～0.8cm。菌褶白色，离生或贴生，较宽，稠密，不等长。菌柄近柱状，长 10～20cm，粗 0.4～3cm，与菌柄同色，有纵条纹，表面脆骨质，内部纤维质松软，基部稍膨大，向地下延生成假根。孢子(15～18)μm×(10～24)μm，透明无色，近圆形。孢子印乳白色。菌丝有锁状联合，菌丝体为白色绒毛状，外观与金针菇菌丝类似。

25.5.2　长根菇发育条件

人工培殖长根菇的历史很短。迄今为止，对其生物学特征缺乏深入系统研究。长根菇自然分布主要在北温带、亚热带地区，罕见于热带地区，这表明它是喜温的菌类。野生长根菇多生长于腐殖质丰富的偏酸性土壤上，但是其假根却着生于土层中的树根或枯枝上，所以，它是一种木腐菌。故此，人工培殖其培养基应调节至偏酸性，才有利于其生长分化。

25.5.2.1　水分要求

培养料含水量以 65%～68% 最为适宜，含水量低于 60% 或高于 75%，菌丝生长明显受到抑制。子实体发生时，空气相对湿度要求达到 85%～90%，湿度偏低时，会影响到子实体的正常发育，菌盖易破碎，产量低。人工培殖时，培养料面覆土或不覆土都能育菇，但覆土有利于保持水分的恒定，育菇效果更好。

25.5.2.2　营养要求

在自然条件下，长根菇以土壤中的树桩、树根为主要营养源，也从土壤中吸收各种可溶性的有机物和无机物，包括土壤微生物的代谢产物。人工培养时，在普通 PDA 培养基上，已能满足菌丝生长需求。据谭伟报道，菌丝生长最适宜碳源为果糖，其次是蔗糖、麦芽糖、葡萄糖、玉米粉、可溶性淀粉；最适宜氮源是酵母粉，其次是氯化铵、硫酸铵、硝酸铵、蛋白胨。在普通的木屑和麦麸培养基上，无需添加任何辅助成分，也能满足菌丝生长和子实体发育的营养要求。

25.5.2.3　空气要求

长根菇为好氧性菌类。其生长分化需要充足的新鲜空气，二氧化碳浓度应在 0.03% 以下。育菇时二氧化碳积累过多，子实体发育受阻，菇体瘦小。

25.5.2.4　温度要求

长根菇为中温偏高型菌类。菌丝生长温度范围为 12～35℃，适宜生长温度为 20～26℃。以 25～26℃ 最为适宜。温度达 35℃ 时，对菌丝生长极为不利。原基分化温度为 15～25℃，子实体发育温度为 15～28℃。但是，另有报道称，长根菇在 35℃ 时仍能育菇。

25.5.2.5　光照的要求

长根菇营养生长阶段不需要光照，原基分化也不需要光照刺激，在完全黑暗条件下也能形成白色菇蕾，破土后才呈褐色。光照影响子实体色泽。因此，育菇时，要求有充足的散射光。林下培殖时，光照度为 100～300lx。

25.5.2.6　酸碱度要求

人工培殖时，培养基和覆土的 pH 以 6.0～7.0 最为适宜。

25.5.3　长根菇的培殖技术

目前，长根菇的培殖多采用棚室大田畦床脱袋覆土培殖法或高棚层架覆土培殖法。

长根菇菌丝体在菌袋内长满时间一般为 30～40d，再经过 20～30d 才能达到生理成熟进入育菇期。向前推 60～70d 为培殖袋接种期，原种制备再向前推 35d 左右。当地温稳定在 15℃时为育菇期。

25.5.3.1 母种原种和栽培种制作

三级菌种的制作可参照本书中侧耳培殖制种技术。

25.5.3.2 育菇菌棒制作

培养料配方：①杂木屑(0.4cm 的筛孔过筛)78％、麦麸 15％、玉米粉 5％、蔗糖 1％、石膏粉 1％；②棉籽皮 80％、麦麸 15％、玉米粉 3％、过磷酸钙 1％、石膏粉 1％；③玉米芯 62％、豆秸粉 20％、麦麸 17％、石膏粉 1％；④甘蔗渣 80％、麦麸 15％、玉米粉 3％、过磷酸钙 1％、石膏粉 1％。上述各培养料均含水量调至 60％～65％，pH6.5～7。

装袋与灭菌。在装袋前，培养料预先进行堆制发酵，可参照本书中侧耳培殖的堆制发酵技术。一般堆制 12d，翻堆 3 次。培殖袋采用规格为 17cm×35cm×0.05mm 的低压聚乙烯塑料袋装袋。采用装袋机分装，在料袋上端套无棉体封盖。通常采用常压灭菌，在 100℃下 10～12h，焖料 4～6h。若采用高压灭菌，在 0.15MPa 保持 2～3h。趁热出锅，搬入接种室内并用气雾消毒剂点燃进行熏蒸灭菌，用气雾消毒剂 4～6g/m³，提高室内空气相对湿度至 80％，能增强灭菌效果。接种前半小时进行强排气。待料袋冷却至 30℃左右时，方可接种。接种时，开启封口的无棉体盖，接种量 15％，并固定在培养料的接种孔中，盖严无棉体盖即可。

25.5.3.3 发菌管理

当气温低时，应将菌袋紧密排放或堆放在培养室床架的中上层，并采取加温措施，使室温达 25℃左右，加大接种量提早萌发定植。随着菌丝在培养料内蔓延生长，可将培养室温逐渐降至 20℃左右。此时，菌丝生长过程中所产生的热量会使堆温升高，基本上能满足菌丝所需要的温度。

当气温较高时，将菌袋置于地面呈"井"字形堆放，或直接排放 2～3 个高于地面上，以利于散热降温。发菌期室内空气相对湿度保持在 65％～75％。当温度适宜时，一般经 35d 菌丝可长满菌袋。当菌丝满袋后，在较低的温度条件下继续培养 3～4 周，促使菌丝体达到生理成熟，即菌袋表面局部出现褐色菌被和密集的白色菌丝束时，可进行脱袋育菇管理。

25.5.3.4 育菇管理

选择腐殖质含量高、团粒结构好的土壤。建畦床宽 1～1.2m，高 15cm，长不限。畦床南北向，四周做 25cm 高的土埂为作业道。在菇场四周设排水沟，沟深 30cm。畦上搭拱形荫棚，脱袋排场之前，对畦床进行消毒处理。

(1) 排场覆土。将菌袋用小刀割开，取裸露菌棒均匀地卧放在畦床内。菌棒之间留有 1.5～2cm 的空隙，并用肥沃的土壤填充，然后进行覆土。

覆土材料应在排场之前提前准备。山区培殖可选用含腐殖质丰富的地表土作覆土材料，平原地区可选用疏松肥沃的菜园土，也可在土中加入 10％～15％煤渣或浸湿的砻糠，以改善覆土的通透性。覆土上床之前，按常规进行土壤消毒，调含水量至 60％左右，pH 在 7 左右。

畦床覆土厚 2～3cm，浇一次重水，并保持湿润。塑料拱棚在排场覆土后搭建，并加盖草帘遮阴。塑料薄膜先盖在上面，育菇后将塑料薄膜盖在拱棚支架上，再盖草帘。

(2) 育菇管理。排场覆土之后，管理的关键是经常保持覆土的湿润，每天揭膜通风换气，加大温差进行催蕾，昼夜温差在 6～8℃。若在菌丝块表面喷施酸性蛋白酶抑制剂 1～2 次，可促进菌丝体内酸性蛋白酶转化为中性或碱性蛋白酶，从而可抑制菌丝生长，使营养生长过渡到生殖生长，也可加速子实体的发生。

覆土之后，菌丝得到恢复生长并蔓延到覆土层，常有 5～8cm 长的假根状菌索出现。当覆土表面有少量白色菌丝出现时，应及时在覆土表面喷水，并加大通风量，控制菇棚内温度在 23～25℃，空气相对湿度为 85%～90%。一般在覆土后的 15d 左右，土层中有油菜籽大小的白色原基，过 10d 左右有大量菌蕾分化。

自显蕾到可采收 5～10d。自然气温较低时，从覆土到现蕾则需 45～60d。在形成原基之前，埋在土内的培养料表面形成一层褐色菌膜。然后，在菌膜表面形成原基，再以假根形成向土层表面生长。出土之前假根尖端膨大形成白色菌蕾突出于土面。然后菌柄迅速伸长，菌盖很快展开，并释放孢子。从现蕾到子实体成熟，一般需 7～10d。但是，因受自然气温的影响，子实体的生育期会缩短或延长。

畦床脱袋覆土培殖长根菇，一般可采收 2～3 潮菇。每潮菇间隔时间为 12～15d。80% 的产量集中在前 2 潮菇，第 1 潮菇的产量可占前 2 潮菇的 70%。因此，抓好前 2 潮菇的育菇管理尤为重要。第 2 潮菇后，床面育菇没有较明显的潮次。总生物学效率为 80%～100%，高产者为 120%～150%。其产量高低主要决定于培养料配方是否合理以及管理水平。

25.5.3.5　采收

当子实体菌盖呈半球形，未弹射孢子或刚有孢子弹射时，立即采收。若子实体是群生菇，应不分大小和长短，一并采收。在采收的同时，将菌柄下端的假根连同泥土一起切掉，放入保鲜盒里并尽量降低菌盖的破碎率。长根菇也可以干制。

25.6　大杯蕈培殖技术

25.6.1　概述

大杯蕈学名[*Lentiuns gigunteus* Berk.，*J. Bot.*，London 6：493 bis(1847)]，又名大杯伞、大漏斗菌、大杯香菇，俗名猪肚菇、笋菇(福建)、红银盘(山西)，英文名为 big cli-tocybe。大杯蕈隶属于真菌界担子菌门层菌纲多孔菌目多孔菌科香菇属(*Lentiuns*)。

在我国，分布于河北、山西、黑龙江、青海等地，国外分布于欧洲、北美洲和日本。

大杯蕈风味独特，具竹笋般的清脆、猪肚般的滑腻，故被称之为"笋菇"和"猪肚菇"。据测试，大杯蕈菌盖中的氨基酸含量占干物质的 16.5% 以上，其中必需氨基酸占氨基酸总量的 45%，其中亮氨酸和异亮氨酸含量最为丰富。菌盖中粗脂肪的含量高达 11.4%，还含有多种对人体有益的矿物元素(钴、钼、锌等)。国外至今尚未进行大杯蕈商业性生产。我国福建省三明真菌研究所从 1979 年开始，经过近 10 年的驯化研究，已形成一套比较完整的大杯蕈培殖技术(曾金凤，1991)，浙江农业大学园艺系等对大杯蕈的生活史、化学成分以及培殖技术的完善有进一步的探索(曾金凤，1994；彭智华等，1994)。

生物学特征：子实体大型，群生或单生，少丛生。菌盖直径 14～25cm，中部下凹呈漏斗状，表面平滑，干燥，棕黄色至淡黄色，边缘内卷至伸展，老时有不明显的条纹，如图 25-8 所示。幼菇菌盖呈半球形至扁球形，灰色至黑褐色，有少量鳞片。菌肉白色，较薄，中部较厚。菌褶白色至浅黄色，较密，狭窄，延生，不等长。菌柄近柱形，长 7～10cm，粗 1.5～2.5cm，近白色或菌盖同色，近基部渐膨大呈棒状，且有绒毛。孢子无色，近球形或宽椭圆形。孢子印白色。大小一般为 $(6.6\sim8)\mu m\times(5.3\sim6.3)\mu m$，夏秋季 5～10 月生于林中地上或腐枝落叶层上。

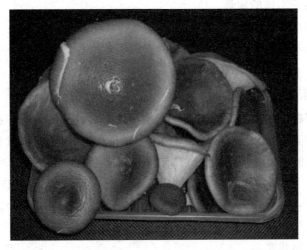

图 25-8　大杯蕈(*Clitocybe maxima*)(班立桐提供)

25.6.2　大杯蕈生长分化的条件

25.6.2.1　水分要求

培养料的含水量以 60%～65% 为宜，高于 70% 菌丝不能正常生长，低于 45% 菌丝生长明显受阻。子实体发育阶段对空气湿度的要求比一般食用菌要低。原基形成期由于有覆土层的保护，对空气湿度的要求不太严格。原基分化时，空气相对湿度低于 75%，原基顶端龟裂。原基分化发育后呼吸作用和水分蒸发增强。此时，应当提高覆土层的含水量，空气相对湿度应提高到 80%～90%。空气相对湿度低于 80% 时，菌盖出现龟裂；高于 92% 时，子实体因通气不良而发育受阻，并引起病害。

25.6.2.2　营养要求

大杯蕈为木腐菌类，具有与土生菌相类似的生态习性。人工培殖时，大杯蕈适应性广，杂木屑、棉籽皮、蔗渣、稻草、废棉等都可作为培殖原料。以棉籽皮木屑培养基上的菌丝生长速度较快，长势也旺。在配制培养基时，添加一定量氮素。

25.6.2.3　空气要求

菌丝生长阶段需要充足的氧气。菌丝在培殖袋内长满后，若不拔去棉塞、不打开袋口，原基可能大量发生，这表明微环境中积累一定的二氧化碳有益于原基的形成；反之，若将棉塞拔掉和打开袋口，即使空气相对湿度保持在 85%，也很难形成原基。但是，原基的分化和子实体发育需要充足的氧气，故在育菇期应保持室内的空气新鲜。

25.6.2.4　温度要求

大杯蕈为中温偏高型菌类。菌丝生长温度为 15～35℃，适宜温度为 25～28℃。温度 25℃ 生长最快，低于 15℃ 生长极慢，35℃ 时基本停止生长，41℃ 时菌丝死亡。子实体发育温度为 23～32℃，低于 20℃ 不现蕾，高于 32℃ 时子实体停止发育，很快萎缩甚至死亡。担孢子的萌发温度在 25℃ 以上。

25.6.2.5　光照要求

菌丝生长阶段不需要光照。原基分化和子实体发育与光照有密切关系，在完全黑暗条件下，原基不能形成。原基分化比原基形成更需要散射光。子实体发育期间，光照度可控制在600lx 左右。子实体的发育在一定限度内与光照度成正比。适当增加光照度可促进原基形成和分化，有利于提高子实体的质量。

25.6.2.6　酸碱度要求

大杯蕈喜偏酸性环境。菌丝在 pH4～9 范围内均可生长，最适 pH 为 5.0～5.5。实际生产中，培养基消毒后 pH 应保持在 5.5～6.5。

25.6.3　大杯蕈培殖技术

大杯蕈通常采用覆土培殖法，如不覆土，则往往形成较长的菌柄，难于形成正常菌盖。

菌袋接种时间应安排当地气温到 23℃ 以前的 40～50d。在长江流域和华北地区，一般安排在 5 月以前接种，9 月下旬前结束生产。有调温设施可适当延长生产时间。东南沿海和华南地区，可以在 9 月下旬至 11 月上旬接种，在自然温度下发菌，经 25～35d 菌丝长满袋。此时，进入低温季节，菌丝在低温下仍可缓慢生长，积累更充足的养分。到第二年 5 月，在野外荫棚进行覆土培殖。

25.6.3.1　母种制作

大杯蕈生产母种制作方法基本与糙皮侧耳的相同。配方多以葡萄糖 3%、牛肉膏 1.5%、K_2HPO_4 0.5%、$MgSO_4$ 0.1%、琼脂 12%、定容 1000ml 为佳。常规灭菌、接种培养等。

25.6.3.2　原种制作

大杯蕈原种制作基本与糙皮侧耳的相同。采用谷子作培养基为佳，不但菌丝体生长健壮，而且可转接栽培种更多。常规拌料、装瓶、接种、灭菌、发菌等。

25.6.3.3　栽培种的制作

大杯蕈栽培种制作基本与糙皮侧耳的相同。

25.6.3.4　育菇菌棒制作

配方：①棉籽皮 62%、杂木屑 15%、麦麸 20%、蔗糖 1%、碳酸钙 1%、石膏粉 1%；②蔗渣 40%、杂木屑 38%、麦麸 20%、碳酸钙 1%、石膏粉 1%；③玉米芯 40%、杂木屑 18%、棉籽皮 20%、麦麸 20%、碳酸钙 1%、石膏粉 1%；④大豆秸 40%、稻草屑 30%、杂木屑 10%、麦麸 14%、玉米粉 3%、蔗糖 1%、碳酸钙 1%、石膏粉 1%。在上述配方中，按常规要求配制培养料，调含水量至 60% 左右，pH5.5～6.5。

可选用 17cm×35cm×0.05mm 聚丙烯塑料袋，每袋可装湿料 600～650g。按常规进行常压灭菌，冷却后接种，两端接种，接种量 15%。发菌方法与糙皮侧耳基本相同，同样需要 4 个基本条件。在正常情况下，经 25～30d 菌丝体长满。

大杯蕈培殖期间，正值盛夏，气温高，湿度大，杂菌、害虫极易繁殖，密度大，故培殖室应选择在阴凉通风处，保持培殖环境清洁。室外培殖一般采用塑料大棚畦床并小拱棚培殖。菌袋排场之前，需用生石灰粉消毒。

覆土可选用火烧土、泥炭土、田土、山土、菜园土，并需在太阳下曝晒数日，杀灭病菌和害虫。通常每 100m² 培殖面积需土约 3m³。

棚室内脱袋培殖的畦床整理成畦宽 1m，长不限，畦埂高 15cm，畦埂宽 25cm。每畦建小拱棚。将袋口解开，拔掉棉塞，脱袋清除表面原基，直立排放畦床上，菌棒与菌棒间距 2cm，缝隙填土，床面覆土 2～2.5cm，土面要平整，浇重水一次，保持覆土湿度 22% 左右，温度为 23～32℃，空气相对湿度应提高到 80%～90%，常规发菌培养。

25.6.3.5　育菇管理

(1) 催蕾。覆土之后将土层用清水喷透，保持土壤湿润即可。催蕾期间，菇房内温度保持在 21～28℃，加大通风量，温和通风，空气相对湿度 85%～90%，光照度在 300～500lx。经 7～10d，白色棒状原基突出土表面，见光变灰色，逐渐分化为菌蕾。

(2) 育菇。原基出现后 1～2d 进入针头期，棒状原基分化成幼蕾，顶部渐平缓，呈半球形至扁半球形。再经 2d 左右进入杯形期，子实体迅速生长，菌盖呈漏斗状，在条件适宜时很快发育成熟。子实体从现蕾到发育成熟的时间，随温度升高而加快，在温度较高时需 4～6d，温度较低时则需 7～10d。菇床现蕾后，提高菇房内空气相对湿度，逐渐增加喷水次数，保持覆土湿润。幼菇期的空气相对湿度要保持在 80%～90%，育菇期要保持在 85%～92%，大杯蕈虽然在高温条件下也可育菇，但是，为提高产品质量，育菇温度最好保持在 23～30℃。

初夏和深秋气温偏低，菇房早晚应关闭门窗保温，中午后打开门窗通风，充分利用散射光增温。盛夏气温过高时，菇房早晚打开门窗通风降温，12～16h 时门窗全部关闭，防止热空气进入室内，并向地面、墙壁、空间喷水降温。但是，在喷水时，要开启门窗通风排潮，室外培殖则应加厚棚顶遮阴物，以减少棚内阳光直射，或将小拱棚升高，以利于空气对流，减少阴棚内光辐射的热量，或于畦沟内灌水降温。在采取调控温、湿度措施时，要与菇房的通风、控制光照等管理措施相协调。

25.6.3.6　采收

大杯蕈成熟期的同步性较好，可成丛采收。子实体的采收标准要根据客户的要求来定。如以鲜销为主，当子实体发育到八成熟时，即可采收。其特征是菌盖呈漏斗形，色泽从土黄逐渐变为白色，边缘已逐渐展开，尚未弹射孢子。如以加工制罐为主，则应提前到杯形初期和中期采收，即盖顶下凹，菌盖颜色尚未变浅，盖缘尚未伸展。杯形中期的菌盖重量虽然只有成熟期的 40% 左右，但氨基酸的含量反而比成熟期高 2.5%，风味也好，更受消费者的欢迎，市场价格也较高，以质量来调节经济效益。采收时，为保持菇体整洁和外观完整，应边采收，边除杂，边分级包装，然后清理床面，挖去残留在覆土中的菇根，并填补新土，防止床面积水。

采收前 1～2d 停止喷水，空气相对湿度保持在 80%～85% 即可。采收第 1 潮菇后，停止喷水 2～3d，常规发菌管理，10～15d 后第 2 潮菇发生。一般可采收 3～4 潮菇，大面积培殖头 2 潮菇的生物学效率为 50%～80%，个别高产者可达 100%，商品率约占 80%。

25.7　猪苓培殖技术

25.7.1　概述

猪苓学名 [*Polyporus umbelleta*(Pe rs.)Fr. Syst. mycol.(Llundae)1：354(1821)]，又名枫树苓、地乌桃、野猪食、野猪苓等，英文名为 umbrella polyporus。隶属于真菌界担子菌门层菌纲多孔菌目多孔菌科多孔菌属(*Polyporus*)。

猪苓子实体可食，是美味食用菌，含猪苓多糖、麦角甾醇(ergosterol)、α-羟荃-2，4 碳酸、生物素(biotin)、糖类、蛋白质、纤维素，以及钙、镁、锶、钾、钠、铁、锰、锌等。

中医认为猪苓属性平、味甘、利尿、渗湿，可降压、增强人体免疫、抗肿瘤等，在临床上可治尿路结石、肝硬化、黄疸、急性肾炎、尿急、尿频、淋浊、暑热水泻等症。作为中药它已有 2000 多年历史。最近报道，从猪苓菌核中提取的多糖为水溶性葡聚糖(glucan)。猪苓水溶性葡聚糖的化学结构以 β-(1→3)为主链，β-(1→4)、β-(1→6)为侧链。药理试验证明猪苓多糖能显著抑制小白鼠肉瘤 S180 的生长繁殖。接种 7d 内抑制率达 99.5%，并证明适宜剂量为 0.25～1.0mg/(kg·d)。猪苓多糖抗肿瘤的作用，在于它能显著增强网状内皮系统吞噬细胞的功能，对恶性肿瘤有一定抑制作用。1973 年，日本首次从猪苓中提取出多糖。1976 年，兰进与山西药材公司开始人工驯化培殖猪苓，并于 1990 年，实验成功猪苓半野生培殖技术，通过专家鉴定。

猪苓在我国分布较广，河北、山西、河南、辽宁、吉林、湖北、四川、云南、贵州、陕西、甘肃等省均产，其中山西、陕西、四川、云南为主要产地，陕西省的安康、汉中、商洛、宝鸡、长安、渭南等秦、巴山区有野生。猪苓常生于凉爽、干燥、半阳半阴的海拔1000～2000m 山坡上，以桦、枫、柞、橡、榆、杨、黑老鸹等树为主。

由于猪苓可野生采挖，也可人工培殖，目前未见大规模人工培殖。随着中医药的迅速发展，提取猪苓有效成分已迫在眉睫，今后人工培殖将随之不断增大，前景看好。

生物学特征　猪苓菌核是在外部逆境条件下（主要是温度）形成的休眠体，大小不等，形态如生姜似块茎，为(5～4)cm×(3～10)cm，如图 25-9 所示。菌核有黑、灰、白 3 种颜色。表面黑褐色的质优，有凹凸不平皱纹，内呈白色，干后为淡褐色，较坚硬，略有弹性，体轻，内部组织致密。猪苓的菌核常有蜜环菌的菌索、外观根状、内部呈曲线形的斑纹。

图 25-9　猪苓（黄年来提供）

当温度升至 20℃时，子实体从地下菌核生出，子实体呈树丛状，大小不等，俗称猪苓花。有短的主柄，多次分枝，上升有 10～100 朵扁圆形近白色或灰褐色的小菌盖。菌盖肉质柔软，近圆形而较薄，直径 1～4cm，中凹，有淡黄褐色纤维状鳞片，无环纹，有软毛样的触感，边缘薄而锐，常内卷，里侧白色。菌管极短，下延。管孔细小，圆形或多角形，3～4 个/mm.菌柄基部相连，直径 1～3mm。菌柄白色，柔软，具弹性。孢子无色，椭圆形或梨形。(7～10)μm×(3～4)μm，内有 1～2μm 大油球。

25.7.2　猪苓生长分化的条件

25.7.2.1　水分要求
猪苓适宜在土壤含水量 30%～50%、空气相对湿度 65%～90%中生长。

25.7.2.2　营养要求
野生猪苓多生于次生林的腐殖土中，除松林外，阔叶林混交林竹林中都有猪苓的分布。

凡是能生长密环菌的树种都可能生长猪苓。二者能利用多种单糖、双糖及多糖作为其碳源，以玉米淀粉最好，葡萄糖、蔗糖次之；氮源主要有硫酸铵、氯化铵、磷酸二氢铵等无机氮，以及天冬氨酸、蛋白胨、酵母膏、大豆粉、玉米浆、花生饼粉等。

25.7.2.3　空气要求

猪苓属于好气性蕈菌。整个生活周期都需要充足的氧气，二氧化碳的浓度最好不要超过 0.03%，尤其是在子实体发育阶段更是如此。

25.7.2.4　温度要求

猪苓菌丝体或菌核在 9.5~27℃ 都能生长，低于 9℃ 高于 28℃ 受抑制，18~25℃ 生长最快，低于 5℃ 菌丝体进入休眠状态，高于 30℃ 菌丝细胞停止生长，35℃ 菌丝细胞死亡。

25.7.2.5　光照要求

猪苓菌丝体及菌核的生长分化一般不需要光照。子实体则需要微弱的散射光。

25.7.2.6　酸碱度要求

猪苓菌丝体或子实体一般在 pH6.0~6.5 的条件下均能正常生长。

25.7.3　猪苓培殖技术

(1) 场地选择：土壤微酸性、湿润、通透性好、沙质土，朝向以东南向山坡均可种植。

(2) 培殖季节：每年春夏之交 4~6 月均可培殖，秋冬之时收获。品质与产量均佳。

(3) 培殖方法：目前，有传统的菌材伴生法和双菌同栽法两种。

25.7.3.1　菌种制作

(1) 母种制作：猪苓和密环菌生产母种制作方法与糙皮侧耳的基本相同。配方多以葡萄糖 3%、蛋白胨 0.5%、K_2HPO_4 0.3%、$MgSO_4$ 0.15%、琼脂 2%、定容 1000ml 为佳。常规灭菌、接种培养等。

(2) 原种和栽培种的制作：猪苓原种培养基为木屑 77%、米糠 8%、麸皮 7%、玉米粉 5%、白糖 1%、石膏粉 1%，含水量 70%；密环菌原种培养基为木屑 77%、麸皮 20%、白糖 2%、石膏粉 1%，含水量 60%；常规灭菌、接种，25℃ 培养 30~35d 菌丝体满瓶。优良菌种的指标为菌株纯，不能混入其他菌丝体，更不能有任何竞争性杂菌。菌丝生长势强、粗壮浓密，菌丝体洁白纯正，菌丝尖端同步生长，菌丝体菌龄适中，表面有大小不等的白色球形菌核。

25.7.3.2　菌材伴生法

凡是能生长密环菌的树种都适宜作培殖猪苓的树种。截树段长 60cm、直径 10cm，阳光下曝晒杀菌，使木段含水量在 30% 左右备用。

挖坑深长×宽×深为 100cm×65cm×35cm，并填充 10cm 厚的林中腐殖土。选树段事先已长有蜜环菌的作菌材，将其菌材的长对应其坑的宽，整齐排列于坑内，菌材间相距为 2~3cm。每根菌材上播猪苓菌种 5~6 块，要紧贴菌材。然后，覆林中腐殖土 5cm，共 2 层菌材，3 层土，最终高出地面 5~10cm，成龟背形，覆后将其轻轻压实，不留空隙，周边踩实，以防积水，上盖有枯枝落叶。要保持土壤含水量为 50% 左右，空气相对湿度在 80%~90%，温度适宜为 22~27℃，土温 23℃，土壤疏松透气，常规日常管理就可培殖成功。2~3 年可产猪苓 5~10kg/m²。

25.7.3.3　双菌同栽法

所谓双菌同栽法是利用猪苓菌与密环菌的共生关系，将二者菌种同接种于一支树段上的培养过程。具体做法是选猪苓菌与密环菌通用树种截成长 60cm、直径 10cm 木段，用电钻在其上均匀打穴，穴直径为 1.25cm，穴深 2cm，间距 5cm，行距 3cm，"品"字形排列。在彻底消毒的条件下接种，边打穴，边接种，猪苓菌与密环菌相间接种，并将其树段的长对应坑的宽，整齐排列在坑内，树段间相距为 2～3cm。然后，覆林中腐殖土 5cm，共 2 层菌材，3 层土，最终高出地面 5～10cm，成龟背形，覆后将其轻轻压实，不留空隙，周边踩实，以防积水，上盖有枯枝落叶。要保持土壤含水量为 50％左右，空气相对湿度在 80％～90％，适宜温度为 22～27℃，土温 23℃，土壤疏松透气，常规日常管理就可培殖成功。接种后，3d 内完全定植，15～20d 菌丝向土中蔓延呈根状，30～40d 可长出若干玉米粒大小的白色幼苓，并能很快转色形成灰苓。2～3 年可产猪苓 20～25kg/m²。

25.7.3.4　采收与加工

猪苓生长新苓后，母苓也不会烂。故此，一般需要 2～5 年采挖，选夏末秋初采挖，采挖时要轻挖。加工方法是将表面洗净，去除泥沙。老苓、黑苓按其个体大小分级，利于统一安排加工；个体完整无损的，则用于晒制加工，根据温侯状况一般晒 5～10d 即可晒干，使含水率达 10％～12％时，即可作为商品出售或保存。猪苓也可采用烘干的加工方法，目前，较先进的当属远红外烘干机，但该设备一次投资需 10 多万元，适合种植面积在 5000m² 以上的生产者。

25.8　茯苓培殖技术

25.8.1　概述

茯苓学名[*Wolfiporia ertensa* (Perk) Ginns, Mycotaxon 21：332(1984)]，英文名：extensa fuling，俗称松柏芋、松木薯、松茯苓、茯菟、茯灵、茯菟、不死面、金翁，商品名为云苓(产云南)、皖苓(产安徽)、闽苓(产福建)。茯苓分类地位隶属于真菌界担子菌门层菌纲多孔菌目多孔菌科沃尔夫卧孔菌属(*Wolfiporia*)。

茯苓是名贵的中药材，中医认为它具有益脾、健胃、安神宁心、利水渗湿等功效。它是治疗体虚水肿、孕妇腿肿、小便淋沥、梦遗白浊、脾胃虚弱、食少便溏、四肢无力、咳嗽多痰、慢性胃炎、恶心、头昏、心神不安、健忘、心悸、失眠、腹中冷癖、水谷荫结、心下停痰、两肋痞满、按之转鸣、逆害饮食、暴食停止、小儿伤风咳嗽、水痘等多种疾病的主要配伍药材。茯苓全身是宝，它的各部位主要作用不同。

现代医学研究认为茯苓中含有丰富的多糖，即从茯苓菌核中分离得到一种线形的葡聚糖叫茯苓聚糖，具有 β-(1→3) 吡喃葡萄糖苷键的主链，并连接一些 β-(1→6) 吡喃葡萄糖苷键的侧链。具有 β-(1→6) 侧链的茯苓多糖，原无抗肿瘤作用，经化学法处理，切去侧链，成为单纯的 β-(1→3) 链，具有抗肿瘤作用，称为新的茯苓多糖。实验证明茯苓多糖对小白鼠肌瘤 S180 的抑制率高达 96.88％。茯苓多糖在人体内有激活巨噬细胞的功能。食道癌和肺癌的患者，服用茯苓多糖后能提高淋巴细胞抗原能力，有助于身体恢复健康。茯苓菌核中除含有大量 75％的茯苓聚糖外，还含有茯苓酸、卵磷脂、茯苓酶、酸性三萜、麦角甾醇等成分，起到对人体的保健作用，如茯苓饼、茯苓糕、茯苓包子、茯苓玫瑰蛋卷等用来作为年老体弱、滋补健身、延年益寿的保健食品。

生物学特征：菌核为茯苓的休眠器官，由大量的菌丝体密集特化而成，贮存大量的营养物质，主要为茯苓多糖。菌核的形成过程叫结苓。菌核直径为 20～50cm 近圆形或不规则形的块状，如图 25-10 所示。一般重 2～5kg，大的重则 10～15kg，最大的重达 60kg。干时坚硬，深褐色或暗棕色，表面粗糙呈壳皮状的俗称茯苓皮，菌肉呈白色，或淡红色，或二者相

间。在条件适宜时(温度 24～26℃，空气相对湿度
70％～80％)，可进入有性世代，菌丝体具有横隔，
有锁状联合。常在菌核外露部分的下侧方产生一层
结构蜂窝状物质，此为子实体。子实体大小不等，
木质无柄。平伏于菌核表面，厚 0.3～8mm，初为
白色，老熟后变褐色，管孔为多角形，
深 2～3mm，直径 0.52mm，孔壁薄，边缘渐变为
齿状，子实层白色，老后变褐。孢子长椭圆形或近
圆柱形，平滑无色，(2.5～6)μm×(3.5～11)μm，
孢子印灰白色。

图 25-10　茯苓(引自黄年来，1993)

25.8.2　茯苓生长分化的条件

茯苓是一种腐生性菌类。菌核常生长在马尾松、云南松、赤松、黑松等松树的根际。国
外报道茯苓菌核还可以寄生在漆树、栎属、冷杉、桧树、桉树、柑橘、洋玉兰、桑树和玉米
等植物的根际。茯苓适宜生长在排水良好的沙壤土上。在我国的云南、安徽、湖北、河南、
四川、贵州、浙江、福建、广西及台湾等均有分布，以安徽、湖北、河南产量较大。云南出
产的茯苓品质优良，久有盛名。

25.8.2.1　水分要求

培养基在 50％～60％含水量的情况下最适于茯苓菌丝生长。在 60cm 内的土层中，其土
壤与松木含水量一般维持在 50％～60％。在夏季，雨后，菌核生长速度加快。茯苓子实体
常暴露在空气中，空气相对湿度在 80％～90％情况下，子实体发育正常并迅速，故为了多
收菌核，应在雨后立即覆土，避免菌核外露并形成子实体，或孢子大量弹射，从而导致菌核
营养大量流失。

25.8.2.2　营养要求

茯苓菌丝的生长、菌核的形成及子实体等所需要的营养，主要来自于松木。茯苓可以从
松木中的纤维素、果胶、糖类等获取碳源；从松木蛋白质、氨基酸中获得氮源。在制种过程
中，一般要添加麸皮、米糠、过磷酸钙、钙镁磷、石膏等。

在纯培养过程中，葡萄糖、蔗糖、淀粉、纤维素均可作为碳源；蛋白胨、氨基酸、尿素
为比较好的氮源；磷酸二氢钾，硫酸镁等可作为矿质元素的来源。

25.8.2.3　空气要求

茯苓属于好气性大型真菌。整个生活周期都需要充足的氧气，二氧化碳的浓度最好不要
超过 0.03％，尤其是在子实体发育阶段更是如此。

25.8.2.4　温度要求

孢子萌发的最适宜温度为 22℃。茯苓菌丝的生长快慢与温度关系密切，在 10～35℃情
况下，茯苓菌丝均能生长，25～28℃生长最佳。15℃以下、30℃以上菌丝生长缓慢，35℃易
老化，在 0～10℃低温下，仍能存活。茯苓菌丝最适生长温度为 23～28℃。

菌核的形成要求在白天地面温度必须达到 32～36℃，昼夜温差达 8℃以上，有利于茯苓
菌丝对松木的分解与茯苓菌核养分的积累。若温差过小，菌丝生长将过于旺盛，导致菌丝徒
长；加之通风良好，不结苓。

子实体形成不需要变温或低温刺激。在低温(2～3℃以下)不形成子实体，在常温 18～
26℃可自然形成子实体。

25.8.2.5　光照要求

茯苓菌丝在无光条件下可正常生长。散射光是茯苓培殖中一个重要环境条件，没有充分散射光难以长茯苓。在北半球的山坡，西北坡难以长成大苓。

25.8.2.6　酸碱度要求

野生茯苓发育所需的碳源多来自松木，茯苓分泌的纤维素酶必须在弱酸条件下才具有最大的活性。在 pH3～7 范围内，茯苓菌丝生长正常，最适 pH4.5～5。由于低于 pH4 以下，PDA 培养基琼脂不会凝固，一般配制斜面培养基，调 pH 应在 5～6。

在选择山场种苓时，一定要选择弱酸性的土壤，忌在碱性土壤中种苓，在火烧过山上，要防止草木灰渗入苓地，应在四周开排水沟。

25.8.3　茯苓培殖技术

种茯苓多以收获菌核为目的。茯苓菌核形成需一定机械刺激，故应选择在含沙质土中种苓使菌核迅速增大。

种苓的选择　茯苓的品系较多。目前，在国内比较优良的有云苓（云南）、皖苓（安徽）、鄂苓（湖北）、闽苓（福建）等，这些品系的出现是由于长期自然选择和人工选育的结果，如闽苓中的"川杰 1 号"茯苓菌种，其生长周期短、产量高、品质好，并已在全国各省推广成功。随着科技的发展，今后将有更多的优良菌株与品种出现。对种苓的基本要求是个体大、质地坚、皮红、肉白、浆汁多的为上品，在这 5 个条件中，体大、有纹状裂痕、多汁是最主要的，这是茯苓高产与生命力旺盛的标志，也是选择优良菌株的主要依据。一般从茯苓个体中进行组织分离，一定要在出土后 15d 内完成。

25.8.3.1　菌种的制作

茯苓培殖是以菌丝体菌种或鲜茯苓菌核作为"种子"进行繁殖。菌丝体菌种的制作是先用营养液浸泡小松木片段再装瓶、灭菌，接上茯苓纯种培养，在瓶内长出白色旺盛的菌丝体；鲜茯苓繁殖则是选用皮薄、嫩红褐色的鲜茯苓，用竹刀切成带皮、重为 0.1～0.15kg 的片块作为接种用的繁殖材料。

(1) 母种的制作。茯苓生产母种的制作方法与糙皮侧耳的基本相同。配方多以葡萄糖 3%、蛋白胨 0.5%、K_2HPO_4 0.3%、$MgSO_4 \cdot 7H_2O$ 0.15%、琼脂 2%、定容 1000ml 为佳。常规灭菌、接种，25℃培养 7～9d 满管。优良菌种的指标为菌株纯，不能混入其他菌丝体，更不能有任何竞争性杂菌。菌丝生长势强、粗壮浓密，菌丝体洁白纯正，菌丝尖端同步生长，菌丝体菌龄适中。

(2) 原种的制作。茯苓原种培养基为松木屑 77%、米糠 8%、麸皮 7%、玉米粉 5%、白糖 1%、石膏粉 1%，含水量 55%；松木块培养基配方：松木块（1cm×1cm×1cm）75%、麸皮 22%、糖 1%、石膏粉 1%、钙镁磷肥 1%。pH5.5～6.5，含水量 50%～55%。常规灭菌、接种，26℃培养 25～30d 菌丝体可长满瓶。

(3) 栽培种的制作。配方：松木片（2cm×10cm×0.3cm）65%、松木屑（粗粒）10%、麸皮 20%、石膏粉 1%、糖 2%、过磷酸钙 1%、尿素 0.2%，含水量 55%。装袋接种发菌：在装袋前先用 2%的糖水浸煮，浸煮过程不可太长，一般浸煮 20～30min 立即捞起沥液，木片含水量不得超过 55%，木片太湿，菌丝难以长入片内。而后，用 17cm×35cm×0.05mm 的聚乙烯塑料菌袋装料后，常规方法灭菌、接种，置于 28～30℃温室内培养 25～35d。栽培种不宜久置不用。

25.8.3.2　木段培殖法

（1）木段的选择与处理。在树种方面应选择马尾松、黄山松、云南松、赤松、红松、黑松等。树龄应选 20～30 年生为宜。砍伐期宜秋末冬初。应选取树干直、木径一般为 18～25cm、纤维含量高的木段。砍伐后立即除枝，去皮，留筋，立即截断，每段以 60～80cm 长为佳，这样易于风干。为保证接种时接种面的新鲜和不受污染，防止虫蛀，风干后立即刷上石灰水。

（2）堆垛。堆垛的目的是风干、防腐、防蛀，使之贮备到接种期。在培殖场附近堆垛，通风，向阳，干燥，确保场地整洁。堆垛方式为"井"字形。堆高 1m，上盖防降水物。

（3）场地选择与整理。场地坡度为 15°～35°范围内，坐北朝南，阳光充沛，夏凉冬暖。土壤以黄土沙壤为宜。要求土质疏松，排水良好，通风透气吸散热快，带酸性土壤，培殖场以 666.7～2000.1m² 山场为宜。培殖场应认真做好预处理、开沟排水、防治白蚁、翻土晒白等准备工作。

（4）开窖下料。挖窖应深 60～80cm。设（30～350）穴/666.7m²，顺坡开穴，窖底与坡面平行。木段斜卧，有利排水。入窖与接种同时进行，2～3 棵木段/穴（干重 15～20kg）。下料时，应按木段粗细集中于培殖场一角，使其成熟期一致。下料时间，一般地温选择当地气温 10℃ 以上为宜。

（5）木段接种。木段接种可分为兜引（将菌种贴于木段一端，使之菌丝长入）、侧引（将菌种贴于木段的侧面，使之菌丝长入）、枕引（将木段置于菌种之上，使之菌丝长入）、插引（将菌种插于木段之间，使之菌丝长入）、嵌引（将菌种嵌入木段中，使之菌丝长入）、浆引（将鲜苓捣烂加水制成糊糊状，灌入树皮与木质部之间，使之菌丝长入）等。

整个接种过程应严格控制其接种量，直径 12～15cm 的木段，接菌种片应为 3～5 片。接种量大，成活率虽高。但是，菌丝蔓延过快，待结苓时，木段营养已耗光，造成不结苓或只长苓皮；接种量过少，成活率低，也不易结苓。以上这两点很重要，许多人培殖失败其原因就在这里。

（6）覆土平窖。覆土的目的是保湿、保温、保护菌种，使菌丝在黑暗、有机械刺激的条件下正常发育，有利结苓。覆土的厚度以 4～6cm 为宜，不可太厚，否则将影响透气。有条件的地方，在覆土面上盖上塑料薄膜（地膜），有利菌丝蔓延，防止天气突变，雨水渗入苓穴，造成积水。

25.8.3.3　发菌管理

接种后，应对培殖场进行清理，开路挖沟，做好防洪、排水、灭蚁等工作。为防止沙土流失，特别注意雨后再培土。接种后 7～10d，便可长出白色的茯苓菌丝，应及时检查成活率，及时补种。保持土壤与木段含水量为 50%～60%，温度为 25～28℃，空气相对湿度在 75%～80%，常通风换气。接种后，40～50d 已布满菌丝体，65～70d 窖面表土出现龟裂，表明开菌核始形成。

25.8.3.4　育苓管理

菌核的形成控制在白天地面温度达到 32～36℃，昼夜温差达 8℃ 以上，保持土壤与木段含水量为 50%～60%，空气相对湿度在 80%～85%，常通风换气，适当给予散射光。

25.8.3.5　采收与加工

木段呈棕褐色，木段质地酥，一捏就碎。苓块黄褐、苓蒂易松脱。苓块呈现白色表明还幼嫩，黑褐色表明已老。地表泥土不再龟裂，说明苓块不再生长，及时采收。自下窖起，

300～360d 后陆续进入菌核采收期。茯苓成熟采收的标准是培殖场不再出现龟裂纹，茯苓皮色变深，外皮不再出现裂纹，松兜下的根剖面颜色呈金黄褐色，腐朽状。

采收的方法有疏苓（即把成熟期不一致的先取大留小）和尽苓（即把成熟期一致的全部一次性采完）两种。一般每窖 15～20kg 的干松木，收苓量为 3～10kg。

茯苓风干工艺：挖出的苓含水量为 40%～50%。将茯苓逐渐去水后才能加工。菌核的干燥缩身称为发汗。发汗的方法是选择潮湿不通风房间，架起高 10～15cm 矮平台，将茯苓单层堆放在台上，每天转动翻一次，每次仅翻半边，不可上下对翻，防止因出水不均发生炸裂。若茯苓表面外皮出现白色子实体，10d 过后，用手轻轻剥去，但不可撕破苓皮，剥后移至 1m 高的平台，使其逐渐干燥。待茯苓变干，按其干湿程度，分批放入用水泥砌成的"发汗池"。在"发汗池"中铺稻草，将大而硬的茯苓置于中间，小或质次的放在周围，池面盖上干稻草，然后放上石灰，5～6d 后，石灰上水汽渐干，即可出池，然后全部摊放在高折台上，若子实体又出现，可用竹刷轻轻除掉，2～3d 后，根据干湿分批移入矮折台，单层堆放，每 2～3d 转动翻身一次，15d 后，可将略干的茯苓按 3～4 层堆放，每 3～4d 转动翻身，并相互交换层次，使茯苓水分均匀透出。若体大未干苓，可进行第二轮入池"发汗"，方法与前相同。当茯苓表面出现鸡皮状裂纹时，说明"发汗"已毕。

将已"发汗"的茯苓，按等级类别进行切片或切块。随后进行翻晒，使之含水量在 30% 以下，当表面出现微细裂纹，再回潮，使之裂口合拢，再压平晾晒，即成为商品。菌核加工成商品的折干率一般为 20%～50%。

加工分级　茯苓加工按商品规格，可分为"个苓"、"白苓片"、"赤苓片"、"茯神片"、"白苓钉"、"赤苓钉"、"碎苓"、"苓粉"、"苓皮"、"神木"等，现将一般茯苓商品大致分成以下几类。

茯神类：指抱木而轻虚者，又据松树根的部位，大小及切片分为若干等级，茯神中的松木或松根称为神木，茯神之切片称为神方。"川杰 1 号"菌种产茯神多、品质好。

方块类：全块质地匀一，扁平正方体，每块约 15g 以上，再按色泽白或绯红（赤）分为白茯苓块与赤茯苓块，切或不切、切工如何，如上切、中切、下切等，均有不同的分类标准。

刨片类：扁平，且厚薄一致，但大小、形状、重量均不一，又按切片时修边与否以及是否锤打而成薄片再分级。该种苓片常为出口产品，应按外商标准。

切丝类：系切方块、刨片时修下的边缘部分，又按质量与粗细分若干级。

杜白、骰及鼎类：是小立方块，但大小不一，形状有别。凡生切成正方体，粒重 5g 以上者叫杜白；生切非正立体或缺角的叫骰；蒸熟后切成正方体者叫鼎。

连皮类：是将鲜苓连皮刨片而得的，应去除泥才为合格产品；苓皮类：是茯苓之外皮加工而成，又按大小分级，如大苓皮、中苓皮、小苓皮；个苓类：是整个风干者，多是野生，质优、黏齿力强；草苓：是生于草本植物（如玉米）根上的茯苓；枫苓：是由枫树根上长的茯苓。

25.9　蛹虫草培殖技术

25.9.1　蛹虫草概述

蛹虫草[*Cordyceps militaris*（L. ex Fr.）Link.]，又名北虫草、蛹草、北冬虫夏草，属真菌界（Kingdom Fungi）子囊菌门（Ascomycota）核菌纲（Pyrenomycetes）麦角菌目（Clavicipitales）麦角菌科（Clavicipitaceae）虫草属[*Cordyceps*（Fr.）Link.]，与冬虫夏草极为相似的一

个种。

蛹虫草属中温型菌，生长在低海拔平原地域，在我国主要分布在东北、华北、西北等地区，但云南、贵州、四川、重庆等南方省区也有分布，是虫草属的模式种，寄主昆虫共 3 目 11 科 19 种（鳞翅目、鞘翅目、双翅目）。除我国外，蛹虫草还广泛分布于亚洲、欧洲、北美洲很多国家与地区，日本、前苏联、德国、加拿大、意大利、美国等国家均有报道。

蛹虫草在自然界中能以两种完全独立的生活方式存在：①具有性器官（产生子囊壳的子座）的阶段，称为有性型（teleomorph）；②只产生分生孢子的阶段，称为无性型（anamorph）。蛹虫草菌丝管状、无色、透明、有隔或无隔，菌丝体顶端可形成分生孢子梗，分生孢子球形或椭圆形以链状排列，表面有刺状突起，分生孢子梗独生或在轮生部上分枝，前端稍膨大。菌落雪白，见光后转色呈淡黄或橙黄色。菌丝体扭结成原基，原基继续生长形成子座，进入有性阶段。蛹虫草子座单生或丛生，橙黄色，棒状、叶状，常有纵沟，子座上部外围有子囊壳环状排列，子囊壳突出呈卵形或瓶型，孔口向外半埋生于子座中，侧壁由拟薄壁组织形成。子囊壳内有 210～520 个圆柱形子囊，1～8 个子囊孢子在子囊内线状排列，多隔，成熟后断裂成此生子囊。

虫草菌是一种较高等的子囊菌，菌核和子座柄部是由初生菌丝构成，单核。只有在子座头部靠近子囊壳基部的部分，初生菌丝才结合。虫草子实体是初生菌丝和双核菌丝的混合体，两个交配型的菌丝只在子囊产生前结合，形成双核的产囊丝。有性子囊孢子条件适宜时萌发出菌丝，菌丝产生无性分生孢子，分生孢子萌发后又可在特定条件下形成有性器官子座，再产生子囊孢子。

自然界中，蛹虫草子囊孢子借助风力、雨水传播到寄主昆虫身上，孢子萌发出芽管，芽管分泌多种胞外酶，以利于菌丝穿透虫体，经昆虫的体壁、气孔、口器或直接通过躯体的其他孔道进入体内，在寄主体内形成白色絮状菌丝。同时菌丝顶端形成分生孢子梗，顶端产生分生孢子，分生孢子又借助外力传播感染其他寄主。寄主体内的菌丝体与虫体一起，逐渐形成黑褐色菌核，在地下越冬后次年春天从虫体开孔的部分及柔软的部分长出棒状子实体（子座）。子座再产生子囊孢子，借外力传播，通过幼虫或蛹体较薄弱的部位侵入寄主体内。

蛹虫草主要寄生在蛹和幼虫中，在表土层寄生昆虫种类多，以鳞翅目为主。除此之外，虫草菌还可以寄生在直翅目如蟋蟀虫草（C. grylli Teng）、鞘翅目如金龟子虫草 [C. melolonthae var. vicki(iloyd)Mains]、膜翅目如蜂虫草（C. sphecocephala KL. sace）、蚁虫草（C. myrmecophila Ces）、半翅目如椿象虫草（C. nutanspat）、双翅目如蝇虫草（C. diptergena Berk. et Br.）等上。

蛹虫草作为传统珍贵中药材，其药用价值早就为我国人民所认识。最早将虫草属菌收载于书籍的是《西阳杂组》，它记载了"菌生顶峰"的自然生态特点。《本草纲目》中记载蝉花主治"小儿天吊惊痫、夜啼、心悸"。据敬一兵（1986）考证当时的"蝉花"是指蝉虫草（C. Solobifera）和蛹虫草等多种寄生于虫体或蛹体上的虫草。《新华本草纲要》记载蛹虫草有"性平，味甘，有益肺肾，补精髓，止血化痰"等功效，用于肺结核、老人虚弱及贫血等症，为珍贵的中药材。

现代医学研究表明，蛹虫草含有虫草素、虫草酸、虫草多糖、蛋白质、超氧化物歧化酶、氨基酸、维生素及多种微量元素，与冬虫夏草的化学成分基本相同。蛹虫草具有对免疫系统的增强作用，抗肿瘤作用，镇静、广谱抗菌性，降血糖、延缓衰老等药理作用。此外，还有解毒、抗疲劳、抗缺氧、抗炎、抗流涎等多种保护作用。已有大量研究表明，蛹虫草与冬虫夏草在化学成分及药理作用方面没有本质差别，有些主要有效成分反而比冬虫夏草高，蛹虫草子实体中某些有效成分含量(如虫草素和虫草酸)高于菌丝体，人工培养的蛹虫草子实体色泽橙黄、香味纯正，外观形状好，具有较高的医药用价值，而且可作为平时日常生活的食用材料，具有推广性强的特点，因此具有极高的开发价值。

在很长一段时间内，核苷类成分的总量是衡量蛹虫草质量的标准。迄今为止，有超过10种的核苷类成分在蛹虫草子实体及发酵液中被发现，如虫草素(3-脱氧腺苷)、腺苷、肌苷、尿苷、胸苷、腺膘呤、次黄膘呤、胸腺嘧啶、尿嘧啶等。虫草素(3′-脱氧腺苷)：抗病毒、抗菌、明显抑制肿瘤生长、干扰人体 RNA 及 DNA 合成；虫草酸(D-甘露醇)：预防治疗脑血栓、脑出血、肾衰竭，利尿；腺苷：抗病毒、抗菌，预防治疗脑血栓、脑出血，抑制血小板积聚防止血栓形成，消除面斑，抗衰防皱；虫草多糖：提高免疫力，延缓衰老，扶正固本，保护心脏、肝脏，抗痉挛；麦角甾醇：抗癌、防衰、减毒；超氧化物歧化酶(SOD)：抑制或消除催人衰老的超氧自由基形成及抗癌、防衰、减毒；硒(Se)：为国际医学界公认的抗癌元素，也是重要的抗氧化剂，能增强人体免疫力。

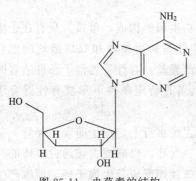

图 25-11　虫草素的结构

作为次生代谢产物的虫草素(cordycepin)，具有抗菌、抗病毒、干扰人体 RNA 及 DNA 合成，显著抑制多种肿瘤生长的作用，这一点正与蛹虫草核苷类成分的药理作用相吻合。虫草素的结构如图 25-11 所示，其与腺苷的唯一不同是核糖上的 3-羟基被取代。有关虫草素抗肿瘤的机制，根据不同文献的报道，概括起来有 3 种可能：①其具有一个游离的羟基，该羟基可以渗入到瘤细胞 DNA 中发生作用；②抑制核苷或核苷酸磷酸化生成二磷酸盐和三磷酸盐的衍生物，从而抑制肿瘤细胞核酸的合成；③可能通过阻断次黄嘌呤核苷酸氨基化，从而阻断鸟苷酸的合成来抑制肿瘤生长。

国外最早见于报道是 1723 年，Vaillant 在他所著的 *Botanicon Parisiense* 一书中，发表了蛹虫和大团囊虫草。通过基源鉴定认为它与冬虫夏草是同一个属，故有"北冬虫夏草"之称。自 1772 年，在巴黎科学院院士会上，被作为虫草属的模式种，正式命名为 *Cordyceps militaris* 发表后，迄今已有 230 多年的历史了。此后，我国陆续有标本输往欧洲及亚洲的日本，引起各国学者们的极大兴趣，并针对各自本国的虫草资源进行了一定的驯化和研究。

Huber(1958)和 McEwen(1963)为了揭开自然界蛹虫草之谜，对蛹虫草进行了研究与考察，揭示了蛹虫草侵入寄主的机制，为后来研究寄主昆虫感染真菌的能力、虫草的形成过程和模拟自然条件下人工培殖蛹虫草奠定了基础。

19 世纪 60 年代就已经开始了有关虫草子实体的人工培养研究，DwByar 为了证明 Tulasne 提出的虫花[*Isaria farinose*(Dikc).Fr]是蛹虫草无性型的假设，首次进行了蛹虫草的人工培养试验。随后，人们又进行了大量的培养研究工作，成功地获得了蛹虫草的子实体。20 世纪 70 年代又开展了蛹虫草液体深层发酵的研究。除此之外，日本的松本藩(1959)和吉井常人(1979)还提出了从液体培养的蝉花和蛹虫草菌丝体中提取甘露醇和制备气粉剂的方法。1990 年，日本成立"北冬虫夏草研究会"与中医学家互相交流，并著有《新汉药北冬虫夏草之疗效》。

品种繁多的虫草菌中，能够同时皆有药用和保健功效的并不多。应用最多、最具有价值、最有名气的是冬虫夏草和蛹虫草。两种虫草天然资源相当有限，由于缺乏控制和治理以及掠夺性的采挖，导致品质和野生资源急剧下降，已濒临灭绝，随着国内外市场需求大幅增加，供不应求的局势，价格一日千里。野生蛹虫草生长于深山密林之中，主要分布在辽宁、吉林、陕西等地。蛹虫草人工培殖获得成功，成为药源和功能保健食品的开发的一个全新的领域，应用前景十分广阔。

我国在近 20 年来对于蛹虫草的人工培殖以及影响子实体形成的培养方法、培养条件及有效成分、药理作用等方面已经进行了大量的研究。1986 年吉林省蚕业研究所以家蚕和柞蚕为寄主培养蛹虫草成功获得子实体。开始以为蛹虫草的人工培育必须接种于柞蚕、桑蚕等昆虫的蛹上。后来蛹虫草先后在柞蚕和桑蚕活蛹、家蚕、蓖麻蚕蛹为寄主在室内种植蛹虫草成功。这些研究成果的取得为实现快速人工培育蛹虫草子实体开辟了新的途径。由于保健与医药等对子实体的需求，人们开始把蛹虫草的人工培养转化到代料培殖的研究上来。陈顺志等瓶栽蛹虫草成功，并提出子座的色泽与光线强弱有关；郑晴霞等首次将蛹虫草菌直接培养在培养基上，并长出子座，而且提出可以直接利用液体培养菌丝体。姜明兰等用野生菌进行组织分离，在 PDA 培养基上分离、纯化出优良的原种，经人工驯化的原种在 PDA 液体培养基中扩大培养后，接种到大米培养基上，在一定条件下获得先端膨大呈棒状的子实体。张显科等研究认为高粱米、小米、玉米渣和蚕蛹可以代替大米培殖蛹虫草，后来刘守华实验得出大米加猪血培养基更适合虫草菌丝的生长，使产量有所提高。冉翠香等发现人工蛹虫草培育成功的关键在于诱发子实体原基的形成，认为温差刺激对子实体原基形成的效果较好。

天然蛹虫草资源稀少，人工模拟天然条件培养周期长，条件也不易控制。19 世纪 50 年代以后，国外已有尝试通过液体深层培养法获得虫草菌丝体。后来的实验研究证明，这种方式生产的菌丝体的化学组成与从天然采集的虫草的化学组成基本相同，而且可以从发酵液中得到人们需要的物质，同时大大缩短生产周期。国内在 20 世纪 80 年代开始将液体培养（发酵）技术应用于冬虫夏草，蛹虫草这方面的报道始于 20 世纪 90 年代初期，郑晴霞等提出可以直接进行液体培养菌丝体培养，随着蛹虫草市场需求量的不断增加，为开发利用蛹虫草及其制品，近几年来对蛹虫草液体发酵、培养的研究也逐步增多。研究表明不同的蛹虫草菌种菌丝培养要求的最佳碳源、氮源不同，对培养基、温度、pH 及无机元素的要求也有差异，近几年也有利用液体深层发酵培养来提高某种有用代谢产物量的报道，这些产物包括虫草多糖、虫草素等。

25.9.1.1　蛹虫草的生活史

蛹虫草不同于其他菇类食用菌，菌丝由营养生长到生殖生长，它具有复型生活史。无性世代循环，即分生孢子到菌丝体再到分生孢子的过程。菌丝侵染基质后，经过增殖生长，先寄生后腐生，形成菌核，进入有性世代，形成子座。与此同时，有部分菌丝也可以产生分生孢子，重复无性循环，这些分生孢子不出草的概率为 75%。由子座（即草部分）与菌核（即虫的尸体部分）两部分组成蛹虫草的复合体。冬季幼虫蛰居土里，菌体寄生其中，吸取营养，幼虫体内充满菌体而死。到了夏季，自幼虫尸体之上生出子座，形似草。

25.9.1.2　蛹虫草的形态特征

子座单个或数个从寄主头部生长出，也有从虫体节间部长出，颜色为橘黄或橘红色，一般不分枝，高 4~7cm，头部呈棒状，长 1~2cm，直径 3~5mm，表面粗糙。子囊壳外露，近圆锥形，子座柄部近圆柱形，长 2.5~4cm，直径 2~4mm，内实心，蛹体颜色为紫色。

蛹虫草是一种子囊菌，其无性型为蛹草拟青霉。其菌体成熟后可形成子囊孢子（繁殖单位），孢子散发后随风传播，孢子落在适宜的虫体上，便开始萌发成菌丝后形成菌丝体。菌丝体不断生长，向虫体内蔓延，蛹虫被真菌感染，分解蛹体内的组织为营养物质和能量来源，最后将蛹体内部完全分解形成特定组织或菌核。

当蛹虫草的菌丝把蛹体内的各种组织和器官分解完毕后，菌丝体发育也进入了一个新的阶段。菌丝体由营养生长开始转为生殖生长，最后扭结后从蛹体空壳的头部、胸部、近尾部等处伸出，形成橘黄色或橘红色的顶部略膨大的呈棒状的子座。

目前，蛹虫草的人工培殖技术已经成熟，并进入了产业化生产阶段，但在培殖过程中仍有许多难题，如菌种退化、培殖技术不易掌握等问题还有待于进一步研究。在培殖时由于蛹虫草分布广、种类繁多等因素，其药理作用存在一定差异，应加强蛹虫草菌种的选育与保存，选育出药理成分高的品种。在人工培殖方法上，由于发酵法生产菌丝体的生产周期短，可以有针对性地提高某种或某些有效成分的含量，液体发酵法生产菌丝体将是今后蛹虫草产业化生产的重要发展方向，为蛹虫草在医药学方面进一步开发提供基础。同时，应加强蛹虫草的医药基础研究，从分子水平揭示蛹虫草的药理作用，为临床使用蛹虫草提供客观的科学依据，从而拓宽蛹虫草的临床应用范围。随着人们对蛹虫草的研究越来越深入，蛹虫草这一药用真菌必将具有更广阔的开发应用前景。

25.9.2　蛹虫草生长分化的条件

25.9.2.1　水分要求

生产中培养基含水率以 60% 左右最好。在采收第一批子实体以后，培养基含水将降至 45% 左右。转潮期时应及时补足水分，通常以营养液进行补水，同时补充了营养。菌丝体营养阶段的空气相对湿度要保持在 65% 左右，子实体生长期间应调至 80%～90%。

25.9.2.2　营养要求

适宜的 C/N 是人工培殖蛹虫草的必需条件，否则将导致菌丝生长缓慢、污染严重、气生菌丝过旺，难以发生子座，即便有子座分化，其产品数量和质量均有不同程度的下降。生产中一般 C/N 为 $(3\sim4):1$。

邵爱娟等研究得出虫草菌丝的最适生长温度为 $20\sim25℃$，在进行菌丝发酵时碳源以蛋白胨为最优，采用 1:2 或 1:3 的 C/N 较为合适。李宗军等正交实验表明，发酵最佳培养基组成是：大米粉 5%、豆饼粉 1.5%、麦芽粉 1.5%、KH_2PO_4 0.1%、$MgSO_4 \cdot 7H_2O$ 0.05%。陈晋安等得出蛹虫草发酵的适宜培养基组成为：蔗糖 5.0%、玉米浆 3.0%、酵母膏 0.5%、$MgSO_4 \cdot 7H_2O$ 0.05%、KH_2PO_4 0.05%，认为蔗糖为碳源最好，以酵母膏为氮源，菌体产量最高。李烨研究认为蛹虫草菌丝的生长可以利用多种碳源和氮源，在以红糖为碳源、奶粉为氮源的液体培养基中生长最佳，适宜 C/N 为 $(2.0\sim2.5):1.0$，适宜 pH 为 $5.0\sim6.5$。汪宇等以发酵得率为指标优化培养基成分确定为蛋白胨 1.5%、$MgSO_4$ 0.05%、KH_2PO_4 0.15%、维生素 B_1 5mg/L、2，4-D 2mg/L。在相同条件下，优化培养基比原来培养基的发酵率提高了 4.5%，研究初步得到蛹虫草液体培养条件和生长动力学，为工业化生产提供了一定的理论依据。

25.9.2.3　氧气空气要求

蛹虫草与其他食（药）用菌一样，需保持清新的空气。如果室内的二氧化碳的浓度超过 10.0%，则不能正常分化子座，同时出现密度大、子座纤细的畸形子实体。一般生产中二氧化碳的浓度在 0.5% 左右即可。

25.9.2.4　温度要求

蛹虫草属低温型真菌。其菌丝生长温度为 6~32℃ ，最适温度为 18~25℃；原基分化温度为 10~25℃ ，生产中为刺激原基的适时形成，可适当调控 10℃ 以内的温差；子座生长温度为 10~25℃；孢子弹射温度为 28~32℃ ；最高温度应控制在 32℃ 以下。

25.9.2.5　光要求

蛹虫草生长的前期即菌丝发育阶段，要求保持完全黑暗状态，特别是临近完成发菌时提前进行光照处理，会诱导过早进入生殖阶段，使产量、质量严重降低。在菌丝成熟由白色转成橘黄色的时候（即原基形成时），需要较明亮的光照，要保持在 100~200lx 的光照刺激转色，每天光照时间达到 10h 以上（夜间可用日光灯作为光源，但不可昼夜连续光照），可使菌丝转色好、色泽深，为后期获得高产优质的子实体打下基础。

25.9.2.6　酸碱度要求

蛹虫草适应酸性环境，菌丝生长阶段适宜 pH 为 5.0~7.0，最适为 pH5.4~6.8。

25.9.3　工厂化袋栽技术要点

工艺流程：原料选择→培养基配制→装盆或瓶（图 25-12、图 25-13）→灭菌→冷却→接种→培养→转色管理→子座生长管理→采收→加工→包装→入库→销售。

工厂化培殖一般技术要求

厂房应远离居民区、医院、禽畜舍和污染区等，北半球选择坐北朝南、空气流畅、环境清洁、水电充足和交通方便的地方。盆栽，单盆干品 50g，最好可达 70g。1 年 5 个生产周期，自接种至收草 60d 一个周期，生物效率可达 60% 以上。

图 25-12　瓶栽蛹虫草　　　　　　　　　　图 25-13　盆栽蛹虫草

盆栽规格：聚丙烯（耐高压）近方形盆，重 300g，约 3 元/只。盆中 33cm×33cm，盆两侧 31cm×31cm，盆高 15cm；聚丙烯的封盖膜：50cm×50cm，松紧带：44cm×2。

培养基制备：陈年小麦最好，小麦粒饱满营养价值高。煮好麦粒发胀，不爆无生芯。培养基为小麦和营养素。每盆装小麦 450g 加水 850g，小麦与水的比例为 1:1.9；或按新鲜大米 92.7%、蚕蛹粉 2.5%、蛋白胨 2.1%、葡萄糖 2.0%、磷酸二氢钾 0.2%、硫酸镁 0.3%、柠檬酸铵 0.2%、维生素 B_1 微量（每 1kg 料加 20mg）的配方称量。

液体菌种制备：液体菌种摇瓶 3000ml，装培养基 1800ml，高压灭菌 2h，接种后 23℃ 恒温培养 120h 为使用最佳时期，判断标准菌丝均匀，不飘不沉，适宜 pH 为 5.0~6.5，现做现用。

（1）斜面培养基配方。PDA 加富培养基：将去皮除芽的马铃薯 200g 煮汁，后加入新鲜无霉变的棉籽皮 200g、葡萄糖 20g、KH_2PO_4 3g、$MgSO_4 \cdot 7H_2O$ 1.5g、琼脂 20g（提前浸泡 2h，除杂）、维生素 B_1 0.1g，蒸馏水定容至 1L，pH 自然。分装于硬质试管中，塞好棉塞，管口用牛皮纸包好,常规高压灭菌,趁温度大于45℃时,将试管取出摆放斜面,24h和48h查无菌备用。

(2) 液体培养基配方。葡萄糖3%、蔗糖3%、蛋白胨0.1%、酵母粉0.25%、KH_2PO_4 0.1%、$MgSO_4 \cdot 7H_2O$ 0.05%、维生素B_1 0.01%,pH自然,常规高压灭菌。

A. 接种:超净台,用微型高压清洗机给液体菌种加压,连接喷枪喷接,接种量每盆30~35ml。微型高压清洗机消毒处理:用75%乙醇内充消毒24h,用时挤出消毒液,无菌蒸馏水洗涤3次。

B. 发菌:提前1d对培养室进行消毒。培养室门窗遮光密封,通风口封严。将接好菌种的培养盆移入已消毒的培养室中,分层摆放在培养架上并稍留空隙。坚持发菌的4个基本条件。发菌前3~4d室温控制在18~20℃,空气湿度为60%~65%,接种后3~4d给散射光,并升温至23~24℃。通风,5~6d后打孔通气,每次30~40min。经过20~25d,菌丝即可长满料盆,在房间内能闻到蛹虫草特有的菌丝香味。

C. 转色催蕾:发菌完毕后,应给予光照刺激,光照强度为150~250lx,每天(12~24)h/24h,光线不要太强,否则虫草易出现太多分叉。室温控制在20~22℃,空气湿度80%,每天通风1次,每次30min。外界气温高时夜间通风,气温低时中午通风。经4~5d处理后,菌丝由白色转为橘黄色即完成转色。

转色完成后进入催蕾阶段,需增大昼夜温差。白天控温20~24℃,夜间降至15~18℃并维持8~10h,空气湿度控制在65%左右(湿度过大易导致气生菌丝徒长而影响原基分化),2d通风1次,每次20min。经6~8d管理后,菌丝扭结,分泌黄色水珠,在培养基表面长出大小不一的橘黄色圆丘状隆起,即小米粒状原基。

D. 育草:出草温度是21~23℃,光照强度在200lx,光照12h/24h,子实体颜色与光有关,不加任何护色试剂,自然色最佳。子座生长需要15~20d,子座长出后,在封口膜上打孔9个,烟头大小均匀分布。蛹虫草有较强的趋光性,因此,在子实体形成后,或调整室内光源方向,以保证子实体的正常生长,从而提高产量。相对湿度保持在85%~90%。根据子座的生长情况确定通风时间。每排固定6个荧光灯40W,上方有一单独节能灯15W,2~3d通风一次,4~6d出芽(共计15d)。

E. 保湿:地面加水,见湿即可,缺水表现为培养基上翘、变形。

F. 采草:待蛹虫草长至6~7cm,约15d后可采收,戴一次性手套,一手按住培养基,另一只手捏住几棵子实体的基部拽下,整齐码放在消毒的容器中。无光4℃保鲜。售出需要分级,整盆进行分级。

G. 干制:鲜草烘干方法为水加热镀锌4分管,热空气干燥,时间为24h。切忌晒干,经阳光晒后,蛹虫草会变白,含水量12%左右。当子实体高度达5~8cm、表面有黄色粉末状物质出现时,应及时采收。为获得色泽优良的虫草,可在收割前先通风1~2d,使虫草失去一部分水,降低褐变酶活性。采后的虫草要干燥保存,可采取3种方法:放在通风室内自然晾干、55℃鼓风干燥箱中烘干、冷冻干燥。自然干燥需时间长,不能保持原来形状和色泽。用烘箱烘干,时间较短,也不能保持原来形状,且部分褪色。由于此类虫草的孢子梗部分很柔嫩,采用这两种方法干燥的虫草,造型不美观。冷冻干燥法,干燥较快,可保持原来形态及色泽,但成本高,作商品虫草出售比较理想。

采收时用刀在料袋一处割开,然后平着虫草基部收割。头潮虫草采收后,清除残渣,补充营养液后继续培养,约20d即可采收2潮虫草。子实体采收后,将其根部整理干净,及时阴干或 30℃低温烘干，整理平直后装入塑料袋中密封，置阴凉干燥处贮存待售。

25.9.4　蛹虫草人工培殖过程中的培养基种类

25.9.4.1　母种培养基

常用的母种培养基有：①马铃薯葡萄糖琼脂培养基（PDA：马铃薯或可溶性淀粉、葡萄糖、甘油、蛋白胨、KNO_3、$FeSO_4 \cdot 7H_2O$、$MgSO_4 \cdot 7H_2O$、KH_2PO_4、维生素 B_1、琼脂）；②PDA 改良培养基（在 PDA 培养基中加入一定量的 $MgSO_4 \cdot 7H_2O$、KH_2PO_4、蛋白胨或牛肉膏）；③淀粉培养基（淀粉、组蛋白、$MgSO_4 \cdot 7H_2O$、KH_2PO_4、白糖、琼脂培养基）。

25.9.4.2　原种（液体种）培养基

常用的有：①综合马铃薯培养基（PDA：马铃薯、葡萄糖、KH_2PO_4、$MgSO_4 \cdot 7H_2O$、维生素 B_1、维生素 B_2、微量元素、水）；②鸡蛋培养基（马铃薯、鸡蛋清、玉米粉、无机盐、水）；③蛋白胨培养基（马铃薯、葡萄糖、蛋白胨、牛肉膏、KH_2PO_4、$MgSO_4 \cdot 7H_2O$、水）；④完全合成培养基（葡萄糖、蛋白胨、KH_2PO_4、$MgSO_4 \cdot 7H_2O$、维生素 B_1、水）。

25.9.4.3　产业化培殖培养基

常用的有：①马铃薯葡萄糖琼脂培养基（PDA）；②茧蛹培养基（大米、蚕蛹粉、蛋白胨、葡萄糖、KH_2PO_4、$MgSO_4 \cdot 7H_2O$、维生素 B_1、虫草专用防污剂）；③大米培养基（大米、虫草专用防污剂、水）；④小麦或玉米培养基（小麦或玉米、虫草专用防污剂、水）；⑤小麦或玉米加富培养基（加入生长因子、微量元素等）。

另外，还有蚕蛹米饭培养基（蚕蛹粉 12g，加营养液 48ml。营养液配方：葡萄糖 1％、蛋白胨 1％、磷酸二氢钾 0.2％、柠檬酸铵 0.1％、硫酸镁 0.05％、维生素 B_1 10mg/1000ml）、合成培养基及半合成培养基，但在实际生产中很少应用，部分是受专利保护而未被推广。

小　结

虎奶菇可形成菌核，属于好气性、高温、喜湿性、典型的木腐菌蕈菌，是热带、亚热带地区一种珍贵的食药兼用菌。菌丝生长和菌核生长分化较适宜的培养基含水量 65％～68％。子实体形成的空气相对湿度 80％～90％；它能利用多种阔叶树，营养生长阶段 C/N 为（25～30）：1，生殖生长阶段 C/N 为（35～50）：1；其菌丝和菌核及子实体的生长分化均需要较多的氧气；菌丝最适生长温度 30～32℃。菌核形成的最佳温度为 23～28℃，子实体形成温度为 28～35℃，空气相对温度 80％～92％较适宜；菌丝生长和菌核的形成，一般不需要光照；子实体的形成及生长分化则需要散射光 500～800lx；菌丝和菌核生长最适 pH7.5～8.0；目前，主要有木段培殖和袋式培殖两种培殖方法。

黄伞是一种食药性兼菌，是具有较高商品价值的菌类。菌肉肥厚，质嫩柄脆，香味浓郁，营养丰富，属木腐菌类，在生活史中，菌丝上常产生分孢子是其重要的特征之一。营养生长阶段，培养料含水量以 60％～65％为宜；生殖生长阶段，空气相对湿度以 80％～85％为宜。人工培殖时，应在基质中加入米糠、麦麸等含氮物质，使 C/N 缩小到 30：1，有利于高产，在黄伞的整个生长分化过程中均需要充足新鲜的空气。黄伞为中温性菌类，菌丝最适温度为 23～25℃，子实体生长最适湿度 15～18℃；菌丝生长不需光照，但在发菌中后期给予散射光 400～1200lx，有利于原基形成；菌丝在 pH5～11 均能正常生长，pH7～8 最为适宜；目前培殖方法以袋栽为主，也可采用瓶栽、箱栽、覆土培殖和木段培殖等。袋栽的生物学效率较高，木段培殖的品质最好。

大白口蘑是一种热带真菌，子实体中等至硕大，菌肉肥厚白嫩，营养丰富，味微甜而鲜，有浓郁的菇香，且耐贮性好，适于鲜销和干制，培养基的料水比为 1∶(1～2.0)，菌丝均能生长。培养料含水量以 60％～65％为宜。大白口蘑为腐生菌，它可利用多种天然有机物，菌丝、子实体发育阶段需要充足新鲜空气。大白口蘑为高温型菌类，菌丝在 15～38℃温度下均能正常生长，最适温度为 27～32℃；子实体的形成在 18～36℃，以 20～28℃ 为最佳。菌丝体生长不需光照，在完全黑暗条件下菌丝生长旺盛。但是，在光照度为 300～800lx 条件下，对于原基形成和子实体生长有促进作用；菌丝在 pH5～10 均可生长，最适 pH 为 6.5～8.0。大白口蘑必须在覆土后才能育菇。生物学效率一般可达 80％～100％。

灰离褶伞肉肥厚，质脆，鲜美又清香，烘干后香味更浓，丛生型菇类，其鲜美如同鸡肉，营养丰富，可治消化不良、胃肠胀满、便秘等症。人工培殖可直接利用新鲜衫、松木等树种的木屑，棉籽皮、棉秆、豆秸等作物的秸秆均可作为培殖原料。菌丝生长阶段，培养料含水量以 65％为宜，空气相对湿度保持在 65％左右。原基形成与分化阶段，培养料含水量以 70％～75％为宜，空气相对湿度应提高到 85％～95％。灰离褶伞为好气性菌类，在生长分化的全过程都需要保持空气新鲜；菌丝生长以 22～24℃最为适宜。原基分化最适温度为 12～18℃。灰离褶伞属变温结实性菌类，菌丝生长在完全黑暗更健壮，强光对菌丝生长有抑制作用；菌丝生长的适宜 pH 为 5.5～6.5，子实体形成时最适 pH 为 5 左右；灰离褶伞在生产中以袋栽为主。培殖原料与大多数木生菇基本相同。

长根菇是一种广泛分布于热带、亚热带及温带地区的木腐菌，营养丰富，菇形秀丽，肉质细嫩，柄脆爽口。长根菇子实体中含长根菇素或称长根小奥德蘑酮(oudenone)，有显著的降血压功效，可抑制癌细胞生长、增强机体免疫力。人工培殖培养料含水量以 65％～68％最为适宜；在自然条件下，以土壤中的树桩、树根为主要营养源，也从土壤中吸收各种可溶性的有机物和无机物，包括土壤微生物的代谢产物。长根菇为好氧性、中温偏高型菌类，菌丝生长温度以 25～26℃最为适宜。长根菇营养生长阶段不需要光照，光照影响子实体色泽，原基分化也可不需要光照刺激，在完全黑暗条件下也能形成白色菇蕾，破土后才呈褐色。人工培殖时，培养基和覆土的 pH 以 6.0～7.0 最为适宜；目前，长根菇的培殖，多采用棚室大田畦床脱袋覆土培殖法或高棚层架覆土培殖法。生物学效率仍可达 80％～100％。

大杯蕈俗名猪肚菇，风味独特，培养料的含水量以 60％～65％为宜；子实体发育阶段对空气湿度的要求比一般食用菌要低；为木腐菌类，具有与土生菌相类似的生态习性，人工培殖时，大杯蕈适应性广；属中温偏高型菌类，菌丝生长温度适宜温度为 25～28℃。菌丝生长阶段需要充足的空气；菌丝生长阶段不需要光照，原基分化和子实体发育与光照有密切关系，在完全黑暗条件下，原基不能形成。大杯蕈喜偏酸性环境，最适 pH 为 5.0～5.5。通常采用覆土培殖法。如不覆土，则往往形成较长的菌柄，难于形成正常菌盖。

猪苓子实体为食药用菌，含猪苓多糖、麦角留醇等；性平、味甘、利尿、渗湿。具有降压、增强人体免疫、抗肿瘤等作用；菌核有黑、灰、白 3 种颜色。猪苓的菌核常有蜜环菌的菌索，外观根状，内部呈曲线形的斑纹；猪苓适宜在土壤含水量 30％～50％、空气相对湿度 65％～90％中生长。野生猪苓多生于次生林的腐殖土中，除松林外，阔叶林混交林竹林中都有猪苓的分布。凡是能生长蜜环菌的树种都可能生长猪苓。猪苓属于好气性蕈菌。整个生活周期都需要充足的氧气，猪苓菌丝体或菌核在 18～25℃生长最快；菌丝体及菌核的生长分化一般不需要光照。子实体则需要微弱的散射光；猪苓菌丝体或子实体一般在

pH6.0~6.5的条件下均能正常生长；选择土壤微酸性、湿润、通透性好、沙质土，朝向以东南向山坡均可种植；目前，有传统的菌材伴生法和双菌同栽法两种培殖方法。

茯苓是一种腐生性菌类，是名贵的中药材，中医认为它具有益脾、健胃、安神宁心、利水渗湿等功效。茯苓全身是宝，它的各部位主要作用不同。茯苓中含有丰富的多糖。菌核为茯苓的休眠器官，由大量的菌丝体密集特化而成，贮存大量的营养物质，主要为茯苓多糖。

菌核长生长在马尾松、云南松、赤松、黑松等松树的根际。培养基在 50%~60% 含水量的情况下最适于茯苓菌丝生长。茯苓菌丝的生长、菌核的形成以及子实体等所需要的营养，主要来自于松木；茯苓属于好气性大型真菌；孢子萌发的最适宜温度为 22℃，茯苓菌丝最适生长温度为 23~28℃，子实体形成不需要变温或低温刺激；茯苓菌丝可在无光条件下正常生长；在 pH3~7 范围内，茯苓菌丝生长正常，最适 pH4.5~5。种茯苓多以收获菌核为目的。

蛹虫草是与冬虫夏草极为相似的一个种，一种较高等的子囊菌，属中温型菌，生长在低海拔平原地域，是虫草属的模式种。蛹虫草主要寄生在蛹和幼虫中，在表土层寄生昆虫种类多，以鳞翅目为主。蛹虫草作为传统珍贵中药材，具有性平、味甘、益肺肾、补精髓、止血化痰等功效，用于治疗肺结核、老人虚弱及贫血等症。现代医学研究表明，蛹虫草含有虫草素、虫草酸、虫草多糖等活性成分与冬虫夏草的化学成分基本相同。蛹虫草除具有增强免疫系统的作用，还有抗肿瘤、镇静、广谱抗菌性、降血糖、延缓衰老等药理作用。蛹虫草不同于其他菇类食用菌，菌丝由营养生长到生殖生长，它具有复型生活史。生产中培养基含水率以 60% 左右最好。适宜的 C/N 是 (3~4):1；虫草菌丝的最适生长温度为 20~25℃；蛹虫草与其他食(药)用菌一样，需保持清新的空气；蛹虫草属低温型真菌，其菌丝生长最适温度为 18~25℃；原基分化温度为 10~25℃，蛹虫草即菌丝发育阶段，要求保持完全黑暗状态，在菌丝成熟由白色转成橘黄色时(即原基形成时)需要较明亮的光照；蛹虫草适应酸性环境，菌丝生长阶段适宜 pH 为 5.4~6.8。目前，蛹虫草的人工培殖技术已经成熟，并进入了产业化生产阶段。

思 考 题

1. 简要说明虎奶菇人工培殖过程中对于水分、温度、营养、光、酸碱度的基本要求。
2. 简要说明黄伞人工培殖过程中对于水分、温度、营养、光、酸碱度的基本要求。
3. 简要说明大白口蘑人工栽培过程中对于水分、温度、营养、光、酸碱度的基本要求。
4. 简要说明灰离褶伞人工栽培过程中对于水分、温度、营养、光、酸碱度的基本要求。
5. 简要说明长根菇人工培殖过程中对于水分、温度、营养、光、酸碱度的基本要求。
6. 简要说明大杯蕈人工栽培过程中对于水分、温度、营养、光、酸碱度的基本要求。
7. 简要说明猪苓人工栽培过程中对于水分、温度、营养、光、酸碱度的基本要求。
8. 猪苓的药用价值有哪些？
9. 简要说明茯苓人工栽培过程中对于水分、温度、营养、光、酸碱度的基本要求。
10. 常见的种苓有几种？选择优质种苓的标准是什么？
11. 简要说明蛹虫草人工栽培过程中对于水分、温度、营养、光、酸碱度的基本要求。
12. 试述蛹虫草主要药用成分是什么？具有哪些食药用价值？

第**26**章 正在攻关的蕈菌驯化技术

26.1 冬虫夏草

26.1.1 冬虫夏草研究开发的目的意义

冬虫夏草(图 26-1)在分类上属于真菌界(Kingdom Fungi)子囊菌门(Ascomycota)核菌纲(Pyrenomycetes)麦角菌目(Clavicipitales)麦角菌科(Clavicipitaceae)虫草属[*Cordyceps*(Fr.)Link.]。英文名为 Chinese caterpillar fungus。

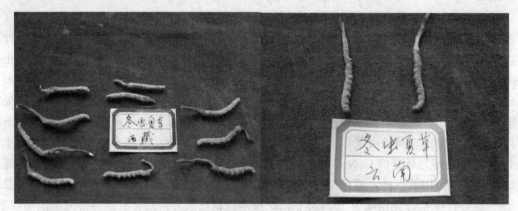

图 26-1 冬虫夏草[*Cordyceps sinensis*(Berk.)Sacc.](郭成金提供)

冬虫夏草[*Cordyceps sinensis*(Berk.)Sacc.],在 1878 年由意大利学者命名,是十分罕见纯寄生菌(parasitism)。虫草菌侵染寄主——鳞翅目蝙蝠蛾科(Hepialidae) 蝙蝠蛾属(*Hepialus*)昆虫,已知有 37 种寄主昆虫。冬虫夏草是由虫草蝙蝠蛾(*Hepialus armoricanus Oberthur*)幼虫上的子座与虫体空壳及其内菌核经干燥而得,简称为虫草。夏季,虫草菌的子囊孢子萌发成芽管穿入寄主幼虫内,从寄主身上吸收营养,并在寄主体内生长菌丝体,使虫体僵化,在冬季形成菌核。菌核发育毁坏了幼虫的内部器官,故常言冬虫。再到了夏天,从冬虫(实为菌核)体的头部长出子座,因此,冬虫夏草实为夏虫夏草。

虫草菌的子囊孢子成熟后,随风传播。当孢子落到虫草蝙蝠蛾幼虫体上,或者虫草菌子囊裂开孢子散落在土壤中,随雨水渗透到地下后,遇到宿居在土壤中的蝙蝠蛾幼虫在合适的条件下,幼虫被感染,孢子或菌丝钻进幼虫体内,萌发成菌丝体,吸收幼虫体内的营养物质。这些被寄生的幼虫初期行动迟缓,随后到处乱爬,最后钻入距地表 3~5cm 深的草丛根部,其头朝向土表。不久,整个虫体内被菌丝体所充满形成菌核,只剩下了一个完整的空壳。第二年 5 月初,虫体的头顶长出菌体的子座;5 月中旬,子座渐渐露出地面,并以每天 3~4mm 的速度生长,直到子座长度达到 40~110mm。

冬虫夏草主要分布在我国的高寒地带,北到祁连山一带,南到滇中高原,东到黔境的大娄山,西到喜马拉雅山的大部分地区。野生冬虫夏草分布于我国的青海、四川、西藏、云南、甘肃等省区,主产于青海的囊谦、玉树、称多、治多、杂多、甘德、达日、玛沁、兴海等州县；四川的甘孜、石渠、里塘、白玉、德格、色达、巴塘、新龙、雅江、康定、小金、木里、雷波等州县；西藏的丁青、昌都、比如、巴青、索县、嘉黎、江达、类乌齐、察雅等地；云南的贡山、中甸、德钦等地。我国传统上根据冬虫夏草的集散地将其分为炉草（川西北及西藏所产，打箭炉集散）、灌草（川北松潘一带产，灌县集散）和滇草（滇西所产），现在以产地划分为藏草（雅扎贡布，藏语冬虫夏草）、川草和青虫草。川草虫体较细，大小不均，色暗呈黄褐色，子座长；青虫草虫体较粗，色泽金黄，子座短；藏草虫体粗，色黄净，子座短。

冬虫夏草常见于 3500～5000m 的高山上，多见于分水岭旁，排水良好，向阳背风处，灌丛的草地上。这些地区气温低、昼夜温差大，属于青藏高原气候。西藏和青海的冬虫夏草产量最多，质量最好。

最早记载冬虫夏草的文献是唐代（863 年）段成式的随笔集《酉阳杂俎》。1694 年《本草备要》，1757 年《本草从新》、《药性考》均有记载。目前，全面世界已报道记载的虫草种名已有600 种左右。中国已报道的虫草约 120 种。

迄今为止，已报道的从青海、云南、四川、西藏等产地分离获得纯培养，并鉴定的有 9个属 10 多个无性型菌株。冬虫夏草具有完全形（也称为有性世代）和不完全形（也称无性世代）两个形态。关于冬虫夏草无性的确定问题一直是学术界的争论，已报道与冬虫夏草无性型相关的菌种达 10 个属 30 多个种。现已报道的无性型主要有虫草多毛孢（*Hirsutella sinensis*）、中国拟青霉（*Paecilomyces sinesis*）、蝙蝠蛾被孢霉（*Mortierella hepiali*）、虫草头孢霉（*Cephdosporium sinensis*）、中国弯颈霉（*Tolypocladiun sinensis*）、中国金孢霉（*Chrysospoium sinensis*）、葡萄穗霉属（*Stachybotrys*）等。现已普遍认为冬虫夏草的无性型为中国被毛孢（*Hirsutella sinensis*）。利用发酵工程进行无性世代的菌丝体培养及深加工研究也在蓬勃发展。

20 世纪 70 年代末以来，国内先后有 10 多个省市对冬虫夏草进行了人工引种驯化培殖、遗传及应用等方面的研究工作。

据资料报道，1979 年经过十几年的研究工作基本摸清了蝙蝠蛾幼虫及冬虫夏草菌的生活史，弄清了虫草菌感染昆虫的机制。在此基础上，终于用康定虫草菌接种人工饲养的贡嘎蝙蝠蛾幼虫，成功地完成了世代繁衍，人工培养出了冬虫夏草。

1983 年，青海畜牧兽医科学院虫草组首次完成了冬虫夏草人工培育的全过程，成功地培养出了冬虫夏草子实体，沈南英教授成为第一个成功分离出了冬虫夏草无性型菌种蝙蝠蛾被毛孢（*Hirsutella hepiali* Chen et Shen），并用三角瓶培养出了与野生冬虫夏草完全一样的子座。1989 年，刘锡琎等分离出的冬虫夏草菌种与沈南英分离出冬虫夏草蝙蝠蛾被毛孢无性型菌种是一致的，最终被定名为中国被毛孢（*Hirsutella hepiali* Chen et Shen sp. Nov），即冬虫夏草菌种。

1998 年，沈南英等培养出了第一只冬虫夏草，以后再也未培养出来。四川省绵阳市食用菌研究所 2007 年春节培养出一只冬虫夏草，时隔 2 个月在培养箱里又培养出了 60 多只。虽然取得了引人注目的成绩，但是，由于冬虫夏草具有严格的寄生性，需要特殊的生态环境条件，其虫和菌各有自己的世代交替规律，从而成了制约冬虫夏草人工培养批量生产的主要因素。故此，时至今日，在完全人工控制条件下，将冬虫夏草菌感染寄主幼虫，使之产生与天然冬虫夏草相同子实体的研究工作尚未取得突破性进展，实验室中难以模拟，因此，人工培育冬虫夏草，目前仍停留在实验室阶段。

　　冬虫夏草含粗蛋白质 25.5%～35.8%、虫草多糖 2.87%、D-甘露醇 6.5%～8.4%、脂肪 8.4%、虫草素 1.01%，见表 26-1，富含缬氨酸、羟基缬氨酸、精氨酸、丙氨酸、谷氨酸、苯丙氨酸、脯氨酸等 18 种氨酸和虫草酸（$C_7H_{12}O_6$）、四羟基环己酸以及虫草菌素（cordycepin）等成分。虫草菌素具有一定的抗生作用和抑制细胞分裂的作用。

表 26-1　冬虫夏草成分明细

成分	含量	备注
水分/(g/kg)	8.9～11.3	
灰分/%	4.1	
虫草多糖/%	23.87	多糖由甘露糖、半乳糖、葡萄糖等组成
粗纤维/%	16.2～16.9	
粗蛋白质/%	23.5～35.8	同时含有 18 种氨基酸（天冬氨酸、苏氨酸、丝氨酸、谷氨酸、脯氨酸、甘氨酸、酪氨酸、蛋氨酸、异亮氨酸、亮氨酸、苯丙氨酸、颉氨酸、赖氨酸、组氨酸、胱氨酸、半胱氨酸、精氨酸、色氨酸），其中 8 种人体必需氨基酸齐全
脂肪/%	7.6～9.1	
D-甘露醇/%	6.5～8.4	
虫草素/%	1.007	
腺苷/(mg/g)	0.1425～0.3966	
尿嘧啶	不详	
胸腺嘧啶	不详	
腺嘌呤	不详	
鸟嘌呤	不详	
尿苷	不详	
次黄嘌呤核苷	不详	
次黄嘌呤	不详	
微量元素	不详	主要有 P、Mg、Al、Fe、Ca、Na、Zn、K、Si、Mn、Sr、Ba、Cu、Zr、Ni、Nb、Ce、Cs、As、Be、Ga、B、Ti、Li、Hg、Pb、Y、Yb、Cd、Pt、Rb、Br、Co、V、Cr、Mo 等 30 多种
棕榈酸	不详	
麦角甾醇/(mg/g)	0.0037～0.0038	
麦角甾醇过氧化物	不详	
胆甾醇	不详	
β-谷甾醇	不详	
咖啡因	不详	
N-(2′-羟基二-十四酰基)-2-氨基-1,3,4-三羟基-十八-8E-烯	不详	
啤酒甾醇	不详	
超氧化物歧化酶/(mg/g 蛋白质)	65	具有清除氧自由基的功能，使机体抗衰防老
维生素 B_1/(mg/kg)	401～635	
维生素 B_{12}/(μg/kg)	2.6～4.4	
维生素 E/(mg/kg)	223～301	
1,3-二氨基丙烷	不详	
腐胺	不详	
精胺	不详	
尸胺	不详	

中医认为该菌，性温，味甘、后微辛，具有补精益髓、保肺益肾、止血化痰、止痨咳等功效，主治肺结核、痰中带血、咯血、虚痨咳嗽、贫血、阳痿不举、壮阳、性功能低下、梦泻遗精、盗汗、体虚、腰膝疼痛等疾病。冬虫夏草是一味古老的中医药材。早在公元 7 世纪到 8 世纪（即唐代），生活在雪域高原的藏族、羌族人民就对其有所认识，并将它用于强身健体、防病疗疾；到了清代，冬虫夏草作为一种藏药被中医用于临床。

（1）虫草的传统应用：在中国古代医药宝典中有很多关于虫草的精辟论述。其中最早的文字见于清朝汪昂的《本草备要》(1694)：“冬虫夏草，甘平，保肺益肾，止血化痰，止痨咳。四川嘉定府所产者佳。冬在土中，形如老蚕，有毛能动，至夏则毛出土上，连身俱化为草。若不取，至冬复化为虫”。那时人们因为对虫草的生态习性不了解，描写有些偏差，但对虫草功效的论述是可信的。后来，《本草纲目拾遗》、《本草从新》、《黔囊》、《文房肆考》、《四川通志》、《本草图说》等数百部古药书中都记载了冬虫夏草。《本草从新》称其“保肺益肾、补精髓、止血化痰、止痨咳”。《药性考》称其“味甘性温，秘精益气，专补命门”。《本草正义》还称它为治痞症、虚胀、虚疲之圣药。《中药志》指出其治“虚劳咳血，阳痿遗精，腰膝酸痛”。在《文房肆考》中曾记载古代有个名叫孔裕堂的人，他的弟弟患虚弱症，出汗极多，但又怕风怕冷，即使是炎热的夏天，房门紧闭，处在帐中，仍然有怕风怕冷的感觉。得病三年，医药无效，病情越来越严重，后来有位亲戚从四川来，送他三斤虫草，他每天用虫草与肉类炖食，竟然一天天好起来，不久就痊愈，以后遇到这类病症，使用这种食疗方法，都很奏效。从这些记载中我们可以分析出虫草在古代主要应用于 3 个方面：①治疗各种虚损，尤其是肾虚；②止血化痰，也就是与肺部和支气管有关的各种慢性病变；③治疗久咳、哮喘。

冬虫夏草正式作为药物载入书典是从清代吴仪洛于 1757 年出版的《本草从新》开始，指出冬虫夏草的作用是“甘平保肺，益肾止血，化痰已痨嗽”。

（2）冬虫夏草的临床应用：现代医学认为冬虫夏草含有可提高人体免疫力、抗疲劳、耐缺氧、抗衰老、抗肿瘤等的虫草素、虫草酸、核苷类、甾醇类、多种人体必需的氨基酸、有益微量元素、维生素、虫草多糖、SOD 等多种营养物质和有益活性物质。

现代的临床研究表明虫草具有多方面的功效，它主要应用在慢性肾衰竭、免疫功能低下、急慢性肝炎、化疗的辅助保护、心脏功能不全、心律不齐、肺炎、肺结核、哮喘、脑血栓、脑萎缩、肿瘤辅助治疗、糖尿病等。其中大多数是辅助治疗作用，总体来说虫草应用于保健和预防比治疗效果要好。

（3）虫草能显著提高人体免疫系统能力：冬虫夏草能保护和提高巨噬细胞，提高吞噬百分率，使肝、脾吞噬系数值显著提高，并保护 T 淋巴细胞免受损伤，增强细胞免疫功能，增强肝脏功能，促进新陈代谢。食用虫草者免疫能力提高的达到 80%。徐曦等报道，虫草能提高免疫及造血功能，使其外周血及脾脏淋巴细胞增殖，并使脾细胞产生白细胞介素的能力增强，使天然杀伤细胞活性增高，并促进造血细胞增殖，对免疫或造血功能低下、癌症等疾病有显著的辅助治疗作用。

（4）治疗呼吸系统疾病：冬虫夏草具有保肺益肾、止血化痰，明显地舒张支气管平滑肌，增强肾上腺素等一系列作用，因而对改善肺功能、老年慢性支气管炎、哮喘、肺气肿、肺心病等疾病能起到减轻症状、延长复发时间等作用。肖琅等对 30 例肺源性心脏病呼吸衰竭患者在综合治疗的基础上辅以冬虫夏草治疗，结果发现应用冬虫夏草后，除苯丙氨酸外的人体必需氨基酸均增高，因此认为冬虫夏草能通过改变血浆氨基酸，使支链氨基酸、芳香族氨基酸比值上升，从而对肺心病、呼吸衰竭发挥辅助治疗作用。郑星宇报道，冬虫夏草防治老年反复呼吸道感染疾病有良好效果。

（5）抗缺氧、抗疲劳，提高运动能力：身体经过运动或劳累后会在肌肉组织内堆积大量乳酸和其他代谢产物，而虫草能加速血液循环，将其迅速清除。同时，运动后体内自由基增加，其终产物丙二醛（MDA）有细胞毒性是造成疲劳的主要原因。服用虫草之后，丙二醛极显著下降，这表明虫草能显著地抑制脂质过氧化，减少自由基产生，保持细胞膜的正常功能，因而具有极好的抗缺氧、抗疲劳、提高运动能力的作用。

（6）对心、脑血管的作用：冬虫夏草能显著降低血液中的甘油三酯、胆固醇和脂蛋白含量，从而抵抗血栓形成、心律失常，并有效降血压。实验表明虫草治疗心律失常和高血压总有效率达 70％以上，降低胆固醇总有效率达 76.2％。龚晓健等报道，用人工虫草菌丝体石油醚提取物抗心律失常作用较强，可明显对抗乌头碱所致的心律失常，延长心律失常的诱发时间，降低心律失常持续时间及严重程度；对氯化钡所致心律失常也有一定的对抗作用，能降低心律失常严重程度。还有报道用虫草水提液具有良好的抗触发性心律失常的作用。

（7）补肾壮阳作用：冬虫夏草能增高浆皮质醇含量，提高目标组织中肾上腺、胆固醇含量，增加肾上腺素的分泌，因而补肾壮阳效果较好。食用虫草者肾功能好转率达 60％～70％。尚德静等试验表明，用冬虫夏草发酵液及冬虫夏草制剂均能改善阳虚症状，并使阳虚病人的体重、自主活动次数增加，使阴茎勃起潜伏期缩短，证明虫草具有益气壮阳的功效。

（8）抗肿瘤的作用：冬虫夏草能抑制癌细胞裂变，阻延癌细胞扩散，显著提高体内 T 细胞、巨噬细胞的吞噬能力，使它们与癌细胞战斗的能力大大增强。实验表明食用虫草后一个月肿瘤抑制率达 62％以上。国内外研究表明虫草对体外培养的人鼻咽 W 癌细胞（KB 细胞）及人宫颈癌细胞（Hela 细胞）等均有抑制作用。徐仁和等研究发现，冬虫夏草醇提液体内给药能明显增强小鼠体内 NK 活性及抑制肺癌克隆的形成，并能部分拮抗环磷酰胺（Cy）对小鼠 NK 活性的抑制作用。

（9）抗衰老作用：在目前医学界所公认的七大类抗衰老活性成分中，虫草就涵盖了五大类，分别是多糖、氨基酸、多肽（蛋白质）、核酸和维生素（另外两者是黄酮和皂甙类）。冬虫夏草能减轻由于衰老引起的中枢儿茶酚胺水平下降，以及由此造成的对机体生化过程的损害，并清除人体有害的自由基，从而起到延缓衰老、健康长寿的作用。因此冬虫夏草特别适合于中、老年人的日常保健和病后康复。李连德等采用从虫草深层发酵产物中提取的多糖进行抗衰老试验，结果表明，不同来源的虫草多糖对果蝇寿命均有不同程度的延长作用，从而证明虫草多糖有延缓衰老的作用。

（10）抗菌、抗病毒、消炎作用：冬虫夏草中的活性物质虫草酸、虫草素对葡萄球菌、鼻疽杆菌、猪出血败血症杆菌、枯草杆菌、乌型结核杆菌等都有明显抗拒和抑制作用。给慢性乙肝病人及乙肝病毒携带者食用后，恢复正常的占 31.5％，症状明显得到改善的占 40.6％，总有效率达 78.56％。国内曾有多家报道用冬虫夏草治疗乙型肝炎的成功案例。如刘玉凤等临床观察报道冬虫夏草多糖脂质体有明显改善肝脏功能、抑制乙肝病毒的作用。

（11）镇静作用：冬虫夏草能明显减少小鼠自发活动时间，延长戊巴比妥睡眠时间，表现出明显的镇静作用。梁永录等研究结果表明，冬虫夏草及人工菌丝体均有镇静作用。

（12）美容护肤作用：冬虫夏草能扩张血管、增加皮肤表层的血液循环，起到美容、护肤作用。

冬虫夏草研究开发的目的在于保护和强化我国这一独特优质的自然资源；在有条件的各地建立冬虫夏草人工仿生繁育示范基地，合理开发利用，保护区域生态平衡，使之可持续发展，造福于人类；也为中国实施发展中药现代化科技工程以及建立绿色、优质原料基地打下坚实的基础。

26.1.2 冬虫夏草的生物学特性

26.1.2.1 形态特征

子座一般为单个，全长 4～11cm。棒形或圆柱形基部直径 0.15～0.4cm，向上渐粗。头部圆柱形，褐色，初期内部中实，后变中空，长 14.5cm，粗 0.25～0.6cm，尖端有 0.15～0.55cm 的不孕顶部。子囊近表面生，基部稍陷于子座内，椭圆形至卵形，$(350～550)\mu m×(120～240)\mu m$。子囊细长，$(240～485)\mu m×(12～16)\mu m$，子囊孢子 2 个，透明无色，长线形，有多数横隔，不断裂呈小段，$(160～470)\mu m×56.5\mu m$。在寄主体内的菌丝体，冬季形成菌核，第 2 年初夏从菌核的前端生出子座。

26.1.2.2 生态环境

（1）地形地貌与海拔：冬虫夏草的生态分布呈明显的地带性和垂直分布规律。冬虫夏草的分布与寄主虫草蝙蝠蛾的垂直分布一致。一般在海拔 3500～4000m。冬虫夏草分布的地形为丘状高原、高原山区的土壤排水性良好的阳坡或山脊处或丘顶上，坡度为 15°～30°。

（2）气候条件：冬虫夏草分布在气候寒冷，多风多雪(常年积雪)，冻土时间较长，气候多变(时雨、时雪、时日照)，潮湿寒冷，昼夜温差大，日照充足，紫外线强，局部存在现代冰川，微观气候差异较大的地区。

冬虫夏草最适宜的生长温度为 7～12℃，其子座生长适宜的温度为 2～16℃，当地 5～6 月是冬虫夏草子座生长的季节，7～8 月则是子囊孢子成熟和感染土中幼虫的时期，也是子囊孢子萌发菌丝在幼虫体内生长繁殖的时期。冬虫夏草最适宜的生长大气相对湿度80%～90%，土壤湿度 40%～60%。

（3）光照：光照促进子座的形成。全暗的条件下，只成菌核，而不长子座。冬虫夏草具有较强的趋光性。在一定的范围内，光照强度与子座的生长速度呈正相关，且子座健壮、直立，子囊壳密集。

（4）土壤：生态土壤为高山或高原草甸土，呈深黑色，土壤腐殖质含量较多，土层厚 15～40cm。蝙蝠蛾幼虫一般分布于 5～25cm 的土层中，以 10～20cm 处较多。土壤多呈团粒结构，给排水性良好，多为酸性土壤，pH5.3～5.8，沙壤或轻壤土。

（5）植被：高山灌丛的植被主要由阔叶灌木组成；高山草甸、草本植物多以蓼属、蒿草属及黄芪属为主。

26.1.3 冬虫夏草的开发现状

近年来，冬虫夏草的功效被不断夸大，甚至到了无所不能、无病不治的地步。但是，通过实验表明，冬虫夏草能够使免疫力功能低下的人恢复到正常水平，而对异常过高的免疫状态又能使之有所改善，从而维持机体的自我稳定。因此，冬虫夏草被称作免疫调节剂，可用于先天性免疫缺陷者和后天不足者及恶性肿瘤病人。在治疗癌症的过程中冬虫夏草起着辅助的作用。癌症治疗一般从两方面入手，即直接杀伤肿瘤细胞和提高机体抗病能力、增强病人的抗癌能力。冬虫夏草由于具有补益和强身健体的功能，在临床上常被用来辅助治疗各种癌症。据了解冬虫夏草还具有保肝、抑制器官移植排斥反应、降血糖等作用，对肾炎、肾衰竭，药物和缺血造成的肾损伤也都有防治作用。

一个项目，一种产业，必须有潜在的市场价值才有可开发的前途。冬虫夏草独特的药用价值已毋庸置疑；市场紧俏；资源匮乏，价高俏销。市场价由 1985 年 600 元/kg，上涨到 2007 年 12 万元/kg。特别是在北京、上海的一些药店，礼品包装盒的优质冬虫夏草的价格竟高达 20 多万元/kg。巨额利润驱动着年复一年的采挖"大军"，每年大量的采挖，对当地的生态环境造成了严重的破坏。位于黄河、长江和澜沧江源头有着"三江源"之称的玉树、果洛以及青海、西藏等地都成了"重灾区"。全国冬虫夏草产量由 20 世纪 80 年代最高年产 9000kg，下降到现在年产仅 4000kg。

在西藏地区，冬虫夏草在 5 月就已经开始生长，6 月时质量最好。然而，在利益的驱使下，5 月中旬很多人就已经开始了采挖。然而，这期间草场刚开始复苏，降水量也相对集中。采挖冬虫夏草，容易对植被造成严重破坏。在雨季，采挖行为会导致滑坡，从而造成大面积的植被剥离山体，形成水土流失。对于西藏的生态环境而言，保护植被更是显得尤为重要。据了解，西藏的生态环境十分脆弱，山坡植被的厚度不超过 20cm，而其土壤的形成则需要上万年的时间。青海省出台了《青海省冬虫夏草采集管理暂行办法》自 2005 年 1 月 1 日起施行。

另据了解，寻找冬虫夏草，大多是在清晨。一般情况下，很多人排成一排，弯着腰沿坡地向上寻找。发现冬虫夏草以后，他们使用军用铁锹连草皮深挖 20cm 左右，将其取出。由于冬虫夏草分布集中，最密的地方每平方米可以发现 10～20 根，因此，采挖者为了省事，对所挖的深坑不做任何处理。采挖结束后，到处都是裸露的泥土，这给老鼠创造了很好的筑巢条件，更进一步加重了草场的退化和水土流失。

近年来，虫草价格一路飙升。在每年春夏季，十几万挖草"大军"涌向青藏草原，进行掠夺式采挖，给生态环境造成了严重的破坏。由于滥采滥挖，掏空了青海省第一富县——果洛藏族自治州玛多县。不仅如此，虫草蝙蝠蛾的一个生活周期，在自然的状况下需要 2～4 年，有的则 4 年以上。在它还没有生长成熟就进行过度采挖，不仅药效上不足，也会形成虫草的资源越发匮乏。这会带来冬虫夏草价格日益升高的恶性循环。采挖冬虫夏草必须注意生态环境的保护，否则，只图经济利益而造成对生态环境的破坏，将得不偿失。

2001 年，虫草主产地青海和西藏的蕴藏总量还不到 1990 年的 1/12。其实虫草的供求一直处于失衡状态，近年更是一度拉大到 1∶100。总之，虫草之所以如此昂贵，与它内在的药用、保健价值有关，但虫草资源严重匮乏、供需比例严重失衡也是重要原因之一。

26.1.4　冬虫夏草生活史

虫草蝙蝠蛾是完全变态的昆虫，生活史可分为卵、幼虫、蛹、成虫 4 个阶段，其中幼虫期最长，其余 3 个阶段共计 4 个月，见图 26-2。

（1）幼虫：在土壤中建有深 20cm 左右的隧道，幼虫一般在 5～20cm 的土层内生活，多数在 10～15cm 深的范围内活动。在隧道中 95% 以上幼虫的头部朝上，且活动自如。土壤含水量为 10%～60%，幼虫仍能正常生活。含水量大于 70% 幼虫钻出地表。幼虫具有耐寒性和耐饥性强，其耐饥性可达 119d。第二年，约 4 月土壤解冻，幼虫复苏恢复活动。

（2）蛹：幼虫化蛹前躯体缩成成熟的幼虫，然后蜕皮化蛹。大自然中，5 月初可见初蛹，5 月下旬幼虫化蛹达到高峰，6 月底即可羽化变蛾，8 月初多数蛹羽化成蛾。从化蛹到羽化成蛾一般需要 35～40d。

（3）成虫：将要羽化的蛹均会到近地面利用中午的强光日照、地表温度升高蜕皮羽化成蛾，钻出地表时，其蛹壳也随之带出地表面。成虫无趋光和趋化性。雌蛾释放信息素诱雄蛾交配。雌蛾一生只交配一次，雄蛾少数交配 2 次，雌雄交配后，雄蛾死亡，雌蛾产卵后也死

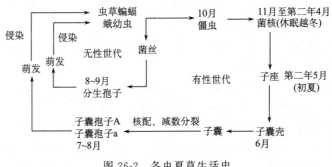

图 26-2 冬虫夏草生活史

亡。成虫个体存活期 3~7d，成虫成群延存期前后仅 25~28d。

（4）卵：雌蛾在飞翔过程中间段分次产卵。每次所产的卵，由其配偶的雄蛾用翅或腹部将卵扫开落入土壤中，造成嵌式空间分布。一只雌蛾一般可产卵 100~300 粒。一般孵化率 75%，最高可达 93%。

26.1.5 冬虫夏草人工培育技术

冬虫夏草人工培殖三大技术难关，即冬虫夏草纯菌种成功的分离、驯化与培养；虫草蝙蝠蛾幼虫成批饲养繁殖；虫草蝙蝠蛾幼虫被菌种侵染，并发育出优质虫草。

26.1.5.1 冬虫夏草寄主培养技术

要进行冬虫夏草人工培育，首先必须大量人工饲养寄主蝙蝠蛾属昆虫。蝙蝠蛾一生中有 98% 的时间都在土壤内生活，仅有 2.5~13d 成虫期营地面生活。所以，这类昆虫人工饲养管理主要是在土壤中开展。这种昆虫属节肢动物门（Arthropoda）昆虫纲（Insecta）鳞翅目（Lepidoptera）蝙蝠蛾科（Hepialidae）蝙蝠蛾属（*Hepiaua*）虫草蝙蛾（*Hepialus oberhur*）。

全世界已知蝙蝠蛾种类达 500 多种，中国就有 100 多个种类，筛选繁育出优良的蝙蝠蛾种群，并且适合冬虫夏草发育的蝙蝠蛾种类是比较困难的，由于地域不同，品种及习性各有差异，从而给繁殖者带来了较大的困难。1988 年，高祖钏在人工繁育蝙蝠蛾方面有所突破，在半无菌实验室饲养了 10 万条，在短时间内完成了其生长周期，成活率高达 80%~90%。

饲养蝙蝠蛾卵可用两种方法：①用直径 15~20cm 的玻璃培养皿，垫上 2~3 层滤纸，皿内放一块吸水棉保持湿度，每皿可饲养 200~500 粒卵，此法利于观察，但难掌握湿度；②用 10cm×(5~8)cm 的广口瓶或 25cm×30cm 的玻璃饲养缸，内置 3~5cm 厚的过筛细腐殖土，种上 1~2 棵珠芽蓼植物，把卵放养于土表至 1cm 深的土层中，每瓶可饲养 300~1000 粒卵；饲养时只要控制植物不枯萎，可不加湿度。此法卵孵化率高，但观察和移植幼虫相对较困难。

（1）幼虫的饲养工具。

A. 玻璃养虫缸：用 (18~25)cm×(30~35)cm 玻璃缸，也可用标本浸泡缸，放置土壤 15~25cm，种上幼虫取食植物，把刚孵化幼虫移入缸内，每缸可饲养 10~30 头幼虫。

B. 地下养虫箱：一般箱高 30~50cm、宽 20~25cm、厚 3~5cm。饲养箱骨架用钢筋焊成，上面钢筋做成提手，便于提动；宽的两面用 3~5mm 玻璃，便于观察虫体活动；底和两个侧面装上 16 孔目的铜纱网，便于水分渗入。然后装上土壤，种植饲料植物，每箱放养 20~50 头幼虫；在较坚实的地上挖一个比饲养箱体积稍大的深槽，把养虫箱放入槽中，观察时将养虫箱提出地面，抹去外表玻璃上的土壤，即可清楚看到幼虫活动情况。

　　C. 大型养虫笼：在半自然的状况下，选择一块排水好、土质疏松的场地，挖长 12～15m、宽 2～3m、深 40cm 深槽，底部和四周垫上尼龙纱网（最好用双层，小虫不易钻出），再把疏松的腐殖土铲进填平，种上幼虫食物，放入幼虫饲养，每平方米可放养 30～50 头；该法有利于大规模饲养，但观察困难。

　　D. 各类盆具：把植物饲料洗净放入盆中，放入幼虫饲养，盆口覆盖一层黑布或者黑纸遮光。此法利于生活史观察，但要注意勤换饲料和清除粪便。

　　E. 蛹和成虫的饲养工具：制作长 50cm、宽 50cm、高 55～60cm 的养虫箱。底部用薄铁板或双层铜纱网封底；顶和四周用铁纱或尼龙纱封盖，前面可制成一道活动纱网门。在箱底放入厚 10～20cm 土，种上植物，把蛹和成虫放养土中，此法可进行密植饲养。

　　(2) 土壤的选择：土壤是蝙蝠蛾昆虫一生中最主要的活动场所。土壤条件是否适合该虫生活是人工饲养成活率高低的关键之一。最适宜蝙蝠蛾生长的是高山草甸土；次之是流石滩与草甸混合土；再次之是高山棕色、暗棕色林土，其他土壤对此虫生长不良。

　　(3) 食料的选择：幼虫最喜取食圆穗蓼、珠芽蓼、黄芪、小大黄等植物的嫩根芽。由于蝙蝠蛾昆虫是一类杂食性昆虫，在无上述植物的地方，可用禾本科（如青稞、麦、谷芽等）、十字花科、莎草科的嫩根饲养。在中、低海拔地区（适宜生活的温度下）用土大黄、胡萝卜、白萝卜、白薯（红苕）、马铃薯、苹果等饲喂也能正常生长分化，最好为土大黄、胡萝卜和白薯三类。

　　(4) 温度与湿度的选择：蝙蝠蛾昆虫是一类耐低温而怕高温昆虫，最适宜在 15～19℃ 中生活成长；此虫最适宜空气湿度 75%～85%，土壤含水量在 40%～45%。

　　A. 成虫期：成虫不取食任何食物，只要保持水分和适宜温度即能正常成活和产卵。但蛾子栖息环境与产卵量有关。成虫最喜选择有杜鹃和蝙蝠蛾幼虫取食的蓼科等植物根旁产卵，所以在蛾子交配产卵前植上几株相关植物最佳；另外不能有强光影响。

　　B. 卵期：要使卵能正常孵化，一定要掌握好适宜的温、湿度。

　　C. 幼虫期：幼虫由于生长期长，且虫体壁薄而易破，饲养时一定要细心，除了必要的观察、换土和换食料外，尽量减少翻动。幼虫的饲养关键是初孵的幼龄时期，初孵幼龄虫要给足细小鲜嫩、湿度不高的食物；土壤最好是经过筛检，以免粗硬物擦伤主体。此外，为了延长食料和土壤不霉坏，更换前用紫外灯照射杀菌 15min，土壤也可在阳光下曝晒 1～2h 后再用。

　　D. 蛹期：养蛹时，把养蛹器皿内土壤压实，然后用与蛹粗细的木棍人工建造一土室，土室略斜，深 2～3cm，每室放一蛹，放蛹时，蛹头向上，并用细土盖住。蛹的温、湿度，可控制在大气湿度 80%～85%，土壤含水量在 42%～45%，温度在 18～22℃。

　　26.1.5.2　冬虫夏草菌培养技术

　　(1) 分离冬虫夏草菌的技术。

　　材料要求：获得纯的菌种对材料要求比较严格；一般来讲，如果是进行冬虫夏草的组织块分离法，最佳的分离材料是每年的 10 月底至 11 月，青藏高原高寒草甸土壤刚开始冻结时期采的材料，这个时期冬虫夏草菌刚感染蝙蝠蛾幼虫进入僵虫期不长，嫩小的子座芽刚长出虫头部 0.2～0.5cm，虫体内其他杂菌较少，最易进行分离。如果是第二年 5～6 月采的材料，僵虫体和子座上都有许多种杂菌共生或腐生，难获得纯菌种。若用子囊孢子进行分离培养，材料最好在每年的 7 月中、下旬子囊孢子刚有部分成熟期采集分离培养。

　　分离方法：主要有菌核分离法、子座芽分离法、子囊孢子分离法、其他方法等。

　　A. 菌核分离法：分离前，用水刷洗干净主体表面，再用无菌水清洗 2～3 次；用 0.1％～0.2％升汞溶液，对分离材料进行 3～5min 的表面消毒；再用无菌水清洗。选取与胸足为界的前段部分。用解剖刀切去表皮，避开消化道，取血腔菌丝切成芝麻粒大小，压入平板培养基中，每皿 1～2 粒。置于 15～19℃ 中培养，待菌落长出 0.2～0.5cm 时，挑选少量菌丝反复在平板培养基上分纯 2～4 次，确定无其他杂菌后，移入试管保存和培养。

　　B. 子座芽分离法：从僵虫头顶切下洗净的子座芽，置入 0.1％升汞液中消毒 2～3min，用无菌水洗净，切取中间部位组织块压入培养基中；培养条件同上。

　　C. 子囊孢子分离法：用透明纸袋套住子囊孢子成熟的子座，让子囊孢子弹跳黏贴在纸袋上，然后，把有子囊孢子的纸袋浸入 25％葡萄糖液中，洗下孢子，放入 15～19℃ 中培养，每天镜检，当袍子萌发时，用微吸管吸单个孢子滴于平板中培养；培养条件同上。

　　D. 其他方法：也可把整个成熟的冬虫夏草带回室内，用棉纸把僵虫和连虫体的子座包住，仅留出有孕部分，在无菌室中横放，下置一片载玻片，随时保持主体湿度；每天镜检，当看到子囊孢子弹到玻片时，用微吸管吸到平皿的培养基中培养；培养条件同上。

　　(2) 冬虫夏草菌培养条件。

　　A. 对营养要求：冬虫夏草菌可利用多种碳源，但以葡萄糖和麦芽糖合用时生长最快，单用葡萄糖时也能良好地生长，次之是马铃薯等淀粉，再次之是蔗糖。葡萄糖的浓度一般为 1％～2％。冬虫夏草菌是一种由寄生活体寄主，再由腐生阶段发育成熟的真菌。所以，对氮源中的多种有机氮均能较好地利用，而以活虫体最佳，蛋白胨与酵母膏合用生长也较理想，一般蛋白胨含量 1％，酵母膏为 0.5％，次之是二者单独使用，再次之是牛肉膏等。而对无机氮如硫酸铵、硝酸钾等利用较差。对灰分养料有一定的需求，在有微量的硫酸镁、磷酸氢二钾的培养基中生长旺盛，次之是磷酸二氢钾，其他钠、钙、铁、铜等无机盐也可利用。

　　培养基配方如下。固体培养基：①多性蛋白胨 10g、葡萄糖 50g、磷酸氢二钾 1g、硫酸镁 0.5g、活蚕蛹 30g、生长素 0.5μg、琼脂 20g、加水 1000ml，pH5.0；②蛋白胨 40g、葡萄糖 40g、去皮鲜马铃薯 100g、磷酸氢二钾 1g、硫酸镁 0.5g、牛肉膏 10g、生长素 0.5μg、蝙蝠蛾活幼虫（磨碎）30g、琼脂 20g、加高寒草甸土浸出液 1000ml，pH5.0；③马铃薯 200g、棉籽皮 200g、葡萄糖 20g、KH_2PO_4 3g、$MgSO_4 \cdot 7H_2O$ 1.5g、维生素 B_1 0.1g、琼脂 20g。液体培养基：葡萄糖 7.50g、蔗糖 7.50g、酵母粉 0.625g、蛋白胨 0.025g、KH_2PO_4 0.25g、$MgSO_4 \cdot 7H_2O$ 125g、维生素 B_1 0.025g。

　　B. 温度要求：冬虫夏草菌喜偏低温度。在 0～4℃ 时能缓慢生长，5～8℃ 时生长速度加快，10～19℃ 是此菌较适生长分化的范围，最佳生长温度为 15～19℃。超过 20℃ 菌丝猛长，菌落由白色变为灰黑或棕黄色，开始出现变异，所以不宜高温培养。

　　C. 酸碱度要求：冬虫夏草菌是一种偏酸性真菌，最适 pH 为 5.0～6.0，当 pH 为 4.5 以下和 6 以上时，随着降低或增高，生长缓慢至不生长。

　　D. 光照要求：此菌的子囊孢子萌发和菌丝生长初期，适应于弱光和短光照，后期则适应于较强光照。在人工培养中，菌丝、分生孢子和子座等具有明显的趋光性，向阳面生长多而密，背光面生长稀疏，全黑环境下培养的各种菌态纤弱、细长、稀疏。

　　(3) 冬虫夏草菌菌体培养方法：冬虫夏草菌培养方法常有 3 种：固体静置培养法、振荡培养法和发酵罐通气发酵培养法。

　　A. 静置培养：主要用在固体培养，如试管斜面、三角瓶培养、米饭培养等。在静置培养中只要掌握好温度和光照即可使菌正常生长。当斜面上的分生孢子成熟后，即可存入 1～

2℃的冰箱中保存 8～14 个月，也可作为种子直接用于生产。

B. 振荡培养：采用液体培养菌种或小规模繁殖培养，都可用振荡培养。振荡培养的培养基，把固体培养基减去琼脂即可。设备最好选用恒温振荡培养机，用三角瓶置液体培养基，把试管固体菌种接入即可培养。经不断振荡使液体培养基中各种成分混合均匀而不致沉淀，同时促进气体与液体接触和交换，使氧进入液体培养基中，利于菌丝生长和分生孢子形成。

C. 发酵罐培养：在大规模生产菌丝和分生孢子等菌粉时，必须用大罐通气发酵培养法。该方法通气是采用吸气或真空泵减压等方法，经过滤器除杂菌，送入罐内液体培养基中供冬虫夏草菌的生长分化。

发酵工艺流程：自然冬虫夏草分离纯化→试管斜面种→振荡器液体一级种→二级种→小型种子发酵种子罐→生产发酵罐→浓缩→喷粉干燥→成品菌粉。发酵温度多在 20～25℃，罐压 392.3～686.5kPa，通气量为每立方米 1：0.5～1.0(V/V)；注入发酵罐中的液体培养基为罐容的 65%～75% 为宜。接种量为 10%，搅拌速度为 180r/min，培养时间 72～96h，即可放罐浓缩和喷粉。

发酵培养基：鲜马铃薯(去皮)8%、蔗糖 2%、玉米淀粉 0.5%、蚕蛹粉 1%、蛋白胨 0.4%、硫酸铵 0.2%，pH5.5～6.0。发酵培养成品标准：分生孢子几乎全脱落母体孢子梗，孢子梗数量增加不明显时，在镜下计数检查，每毫升含分生孢子 18～25 亿个；残糖低于 1%；氨基氮低于 0.2mg/ml，即可成为成品菌液。

(4) 冬虫夏草菌回接：把有性型或无性型的冬虫夏草菌孢子回接到寄主昆虫体上，是人工培养有性型冬虫夏草和复壮无性型菌种的关键措施。

A. 回接时期：冬虫夏草回接关键在于选择寄主昆虫抗菌薄弱时期，一是蜕皮期；二是幼虫取食活动激烈、摩擦损伤率较高时期。

B. 回接方法：①喷雾法：当饲养的蝙蝠蛾幼虫达 4～6 龄虫，有 1/3 以上的幼虫蜕皮时，把幼虫集中，用子囊孢子或者分生孢子对入 5%～10% 葡萄糖液喷雾到虫体或食物上，接种后约 30min，菌液在虫体上略干，把幼虫放回土壤中任其自然生活。此法感病率高，但缺点是，幼虫不易从土中取出集中，而且集中时幼虫有互相残杀的习性，虫体被咬伤后，易被杂菌感染致死，冬虫夏草菌丝未充满体腔时，伤虫就会腐烂，不能形成僵虫（菌核）。②自然接触法：在大面积半自然土壤中饲养蝙蝠蛾幼虫，定时取小样观察幼虫生长状况，当大部分幼虫适宜感病时，用饲料植物浸菌液种植和用细土拌菌接种，均匀撒入养虫的地表上，然后喷水，使菌渗入土中，幼虫取食活动时接触感染。此法寄主感染率不太高，但一经感染致病，冬虫夏草菌长势好，而且未感病的蝙蝠蛾幼虫能正常生长，繁殖后代。

26.1.5.3 冬虫夏草多糖的研究进展

对冬虫夏草[*Cordyceps sinensis*(Berk)Sacc]中的冬虫夏草多糖(*Cordyceps* polysaccharide，CP)的研究，也许能使虫草多糖成为新的抗癌药物和重要的保健食品功能因子之一。

(1) 冬虫夏草菌丝体：天然的冬虫夏草，其僵虫部分名为"虫"，其头部生长的子座名为"草"，是中国特产。由于其严格的寄生性和特殊的生态地理环境，天然资源十分稀少，加上近年来生态环境的破坏，青藏高原温度上升，使冬虫夏草资源锐减，已濒临灭绝边缘，根本无法满足保健和用药的需求。

大量研究表明，人工虫草菌丝体与天然冬虫夏草具有相似的化学成分、药理作用和临床疗效，且毒性比天然少，这就为人工培养虫草菌丝体代替天然冬虫夏草提供了科学依据，取得了令人瞩目的成果。金水宝、宁心宝等 8 种人工发酵冬虫夏草菌丝粉为主的中成药早已面市，有的进入医疗保险，取得可观的社会效益和经济效益；以冬虫夏草菌丝体为主的保健品已有 24 个产品得到卫生部批准。人们可以通过生物技术在短时间内得到大量的富含冬虫夏草多糖的冬虫夏草菌丝体，从中可提取保健和医药非常需要的冬虫夏草多糖。

（2）冬虫夏草多糖提取工艺：各种多糖的提取过程基本相同，将材料粉碎，热水抽提 3 次，温度 90～100℃。离心、收集上清液、减压浓缩至适当体积，加 3～5 倍乙醇，收集沉淀物，干燥、得粗多糖。

袁建国等采用正交试验测定了温度、盐浓度、加水量、提取时间 4 个因素对冬虫夏草多糖提取的影响，确定了冬虫夏草提取工艺。温度以 100℃最佳，加水 17 倍最佳，盐浓度以 0 最佳，时间以 7h 最佳，一次性提取；提取率最大近 67%。粗多糖经纯化，可采用层析法、分级提取、超滤等获得高纯度的多糖。

（3）冬虫夏草多糖的组成：1977 年，宫崎等报道了一种水溶性冬虫夏草多糖，是一种高度分支的半乳糖甘露聚糖，主链为由 α(1→2)糖苷键连接的 D-呋喃甘露聚糖，支链含(1→3)、(1→5)和(1→6)糖苷键连接的 D-吡喃半乳糖基，以及(1→4)键连接的 D-呋喃半乳糖基，非还原性末端均为 D-呋喃半乳糖和 D-吡喃甘露糖。

沈敏等报道，用凝胶过滤法测出冬虫夏草多糖相对分子质量为 43 000，单糖组成为甘露糖∶半乳糖∶葡萄糖＝10.3∶3.6∶1。苏普等在藏药研究中曾报道，从冬虫夏草中分离出两种多糖：一种相对分子质量约为 23 000 组成的 D-甘露糖和 D-半乳糖，物质的量比为 3∶5；另一种相对分子质量约为 43 000，单糖组成为甘露糖、半乳糖、葡萄糖等，比例为 10.3∶3.6∶1。袁建国等用乙醇分级分离得到多组分(7 个组分)的冬虫夏草多糖，其相对分子质量为 556 000 组分的多糖，含甘露糖、半露糖，摩尔比为 1∶1；相对分子质量为 350 000 组分的多糖，含甘露糖、半露糖、葡萄糖，摩尔比为 1∶0.65∶0.3；相对分子质量为 60 000 组分的多糖，含甘露糖、半露糖，摩尔比为 1∶0.73；相对分子质量为 1668 组分的多糖，含甘露糖、半乳糖、葡萄糖，摩尔比为 1∶0.71∶0.42；另外几个组分多糖因相对分子质量太小未能测出。笔者在研究冬虫夏草多糖时，将冬虫夏草菌丝体水抽提物进行超滤，对截留液中冬虫夏草多糖进行相对分子质量测定，冬虫夏草多糖相对分子质量为 24 600。

Sasaki 等证实，来自真菌多糖(葡聚糖)的抗肿瘤活性与分子质量大小有关，只有当相对分子质量大于 1.6×10^4 时，才具有抗肿瘤活性。真菌多糖的抗肿瘤活性主要在于刺激免疫活性。在对冬虫夏草多糖研究中也说明，一定的分子质量对刺激免疫活性是必要的。

（4）冬虫夏草多糖的药理功能。

A. 提高人体免疫：冬虫夏草多糖能提高机体的免疫功能。它对机体网状内皮系统及腹腔巨噬细胞的吞噬功能具有明显的激活作用，能促进淋巴细胞的转化。沈敏等对冬虫夏草多糖的免疫作用进行了研究，结果表明，冬虫夏草多糖能改变大鼠淋巴细胞表面分子，从而调节机体的免疫反应，证明冬虫夏草多糖是具有免疫调节作用的有效成分。

B. 抗放射作用：冬虫夏草多糖能选择性地增加脾脏营养与血流量，药理实验表明，冬虫夏草多糖能使脾脏明显增重，脾中浆细胞明显增多，具有一定的抗放射作用。

C. 抗肿瘤作用：冬虫夏草多糖能提高血清的皮质酮含量，促进机体核酸及蛋白质的代谢，具有抑瘤作用。袁建国等的研究表明，冬虫夏草多均对小鼠有明显的抑瘤作用，抑瘤率可达 45.71%。

26.1.5.4　冬虫夏草抗癌作用机制的研究

冬虫夏草抗癌作用的机制尚未清楚，关于虫草抗癌机制众说纷纭。多数学者认为冬虫夏草防治癌症的作用与其增强免疫功能、调节机体免疫系统的相对平衡关系密切。

早年，Jagger 就推测冬虫夏草素抑制肿瘤有 3 种可能：它具有一个游离的醇基，该醇基可以渗入瘤细胞 DNA 中而发生作用；它可以抑制核苷或核苷酸的磷酸化而生成二磷酸盐和三磷酸盐的衍生物，从而抑制瘤细胞的核酸的合成；可能阻断黄苷酸胺化成鸟苷酸。后来研究发现虫草素对 L5178Y 细胞增殖有很强的抑制作用，ED_{50} 为 $0.27\mu mol/L$；其抑制作用可被腺嘌呤核苷所取消，而 $2'$-脱氧腺苷不能取消之，虫草素可掺入 RNA 而不掺入 DNA。此外，还发现虫草素在细胞内可被磷酸化为 $3'$-ATP，其对 L5178Y 细胞中的依赖 DNA 的 DNA 多聚酶 α 和 β 活性无明显影响，但对于核 poly(A)多聚酶却有很强的抑制作用，从而阻断 mRNA 的成熟和蛋白质合成障碍。

国内也有人认为冬虫夏草菌素抑制了癌细胞的核酸合成是虫草抗癌的机制。王玉润认为冬虫夏草对肺癌的治疗作用很可能与其非特异性刺激免疫反应以提高机体抗肿瘤的能力有关。赵跃然等研究发现虫草多糖能增强荷瘤鼠 M 可增强吞噬直径大的病原物的功能和 DTH 反应，增加外周血 ANAE＋细胞，提示虫草多糖可能通过激活 T 细胞等，直接或间接释放细胞毒因子杀伤肿瘤细胞，抑制肿瘤生长。还有人认为冬虫夏草水提液，能增强活动期白血病人 NK 活性，或许是其抗肿瘤的机制。另外，大鼠枯否氏细胞在虫草菌丝提取物及药物血清作用下，其 IL-1、IFN 及 TNF 的生成量明显提高，因而冬虫夏草诱导肿瘤细胞凋落也可能成为抗肿瘤机制之一。由上可见，冬虫夏草的免疫药理活性在其抗癌作用中占有重要意义。

26.1.5.5　冬虫夏草抗癌作用的临床研究

为了满足临床需求，医务工作者研究开发了一些具有增强机体免疫机能和抑制肿瘤的人工虫草菌制剂，应用于临床取得了一定的治疗效果。早在 1979 年，王玉润就报道用冬虫夏草合剂治疗 3 例晚期恶性肿瘤，取得了一定疗效。张进川等以至灵胶囊辅助治疗恶性肿瘤 30 例，有效率约 93％。胡彩仙等发现威尔口服液（由冬虫夏草、西洋参、黄芪等组成）连服 2 个月，对头晕乏力、四肢酸楚、口腔溃疡等症状治愈率达 100％。鄢杰如等用心肝宝辅助中药饮片治疗晚期肺癌 50 例，结果发现能明显改善肺癌患者食欲不振、咳嗽、哮喘、咯血、胸痛、发烧等症状，其缓解率达 90％以上，有 23 例病灶减小，占 46％。戴贺桥等以复方冬虫夏草应用于临床，结果发现该药具有减轻肿瘤患者在放、化疗中产生的毒副作用，提高临床疗效，预防白细胞下降及调节细胞免疫功能的作用，且无明显副作用，宜在放化疗前开始服用。周岱翰等给 36 例 Ⅲ-Ⅳ 期晚期癌症患者服用金水宝胶囊，并配合常规中西医治疗，2 个月后总好转率为 72％。吕瑞民等在中西医结合治疗肿瘤方面做了研究，他们采用养肝抗癌丸（由冬虫夏草、太子参、沙参等组成）配合肝动脉灌注化疗与栓塞（TACE）治疗原发性肝癌 32 例，结果表明养肝抗癌丸能够全面调整机体免疫状态，显著提高患者的血红蛋白、白细胞水平（无论治疗前是否低于正常值），从而保证 TACE 治疗的顺利进行，缓解临床症状，降低 AFP 缩小或消除肿瘤体，延长生存时间，提高生存质量。杨参平等研究证实华奇胶囊（由冬虫夏草、人参、三七、半枝莲、灵芝、绞股蓝等组成）可避免放、化疗毒性作用所致的白细胞、红细胞及血小板等下降，同时可明显改善头晕乏力、恶心等常见化疗毒副反应症状。以上研究表明，人工虫草菌制剂在临床应用中有较为广阔的应用前景。尚需指出的是，由于部分制剂的主治说明缺乏系统性和规范性，给中药西制后的临床应用带来一定的混乱，因此有必要进一步开展比较性研究，更加充分、合理地发挥其治疗作用。

综上所述，冬虫夏草抗癌研究虽起步较早，只不过近年来发展较快。其重要进展是：冬虫夏草免疫药理的研究为虫草作为抗癌药提供了有力证明；虫草菌培养成功及其他虫草代用品具有天然虫草相似成分及类似的药理作用，为临床应用开辟了药源，使其临床大量应用成为现实；临床研究广泛的开展，向人们展示了广阔的前景。但冬虫夏草抗癌的有效成分及其作用机制还有待深入研究，多数药理研究还停留在粗制剂水平，临床研究也有待于深入。相信随着中医药研究水平的进一步提高，作为三大传统名贵滋补药之一的冬虫夏草必将以崭新面貌为人类攻克癌症做出应有的贡献。

26.2　松　口　蘑

26.2.1　概述

松口蘑学名[*Tricholoma Matsutake*(S. Ito & Imai)Singer，Annls mycol，41(1/3)，77(1943)]。松口蘑隶属真菌界（Kingdom Fungi）担子菌门（Basidiomycota）蘑菇目（Agaricales）口蘑科（Tricholomataceae）口蘑属（*Tricholoma*），又名松蕈、鸡丝菌（西藏）、大脚菇等，在日本称为松茸。中国，宋哲宗元祐年间，唐慎微所著《经史证类备急本草》中已启用了"松口蘑"一词。松口蘑是 1949 年由 Singer 重新定名，实为共生菌。

(1) 松口蘑的分布：中国、日本和朝鲜都有分布。国内分布在黑龙江、吉林、辽宁、安徽、山西、湖北、四川、贵州、云南、西藏、台湾等地。

在云南，子实体单生，或群生，分布于海拔 1600～3200m 的温带、寒温带的云南松、华山松与栎树、杜鹃等混交林地中，与云南松、华山松、栎树共生。一般 6～11 月间采菇，8～9 月为采菇旺季。云南松口蘑也从 20 世纪 80 年代中期开始出口，进入 20 世纪 90 年代已成为全省最大的农副出口创汇产品。1999 年，出口 870t，创汇 3200 多万美元。在云南，松口蘑主要分布于丽江、中甸、维西、德钦、鹤庆、兰坪、大理、巍山、剑川、邓川、洱源、楚雄、元谋、禄丰、姚安、禄劝、武定、嵩明、曲靖、昆明、永胜、腾冲等地，其中滇西北的迪庆、丽江、楚雄、大理和保山 5 个地州，18 个县（市）为主产区。

在中国东北地区，主要分布在吉林省延边和黑龙江牡丹江地区。傅伟杰等(1996)对松口蘑立地条件做过初步研究，发现松口蘑在长白山发生在以赤松为主的针阔混交林带内，一般在海拔 400～800m 处为多。呼伦贝尔盟也是松口蘑的主要产地。多生于赤松、偃松、鱼鳞松林下，尤喜在坡度较小的针阔叶混交林或沟壑旁平坦湿润地，以及有羊胡子苔草山坡林地。呼盟西部为半干旱草原气候，东部为半湿润气候，年降水量 450mm，70%集中于 6～8月，林区生有落叶松、樟子松、黑桦等，夏季凉爽湿润。每年 8 月中下旬采收。用冷冻法，急剧降温至−30℃,持续 4h，然后放人−20℃冷库中贮存，可保质 5 年，亦可晒干出售，主要售往港澳地区及出口日本、东南亚及欧美等。目前，中国年出口量最高达 1500t。

松口蘑是与松树共生的一种极其珍稀昂贵的食用蕈菌，被誉为"蘑菇之王"。由于利益驱动，无节制的采集，野生松口蘑濒临灭绝。在松口蘑人工培殖技术获得突破之前，保护松口蘑的自然生态环境已成为当务之急。

(2) 松口蘑生物学特征：子实体，见图 26-3。有时形成蘑菇圈。菌盖直径 5～20cm。扁半球形至近平展，污白色，具黄褐色至栗褐色平状的纤毛状的鳞片，表面干燥，菌肉白色，肥厚。菌褶白色，或稍带乳黄色，较密，弯生，不等长。菌柄较粗壮，长 6～14cm，粗 2～2.6cm，圆柱形，菌环以下具栗褐色纤毛状鳞片，中实，基部稍膨大。菌环生于菌柄上部，

图 26-3　松口蘑(*Tricholoma Matsutake*)

(引自张光亚, 1999)

丝膜状, 上面白色, 下面与菌柄同色。孢子呈白色或无色, 光滑, 款椭圆形至近球形, $(6.5 \sim 7.5)\mu m \times (4.5 \sim 6.2)\mu m$。

(3) 松口蘑生态因子: 松口蘑属好气性菌根菌, 孢子萌发 $16 \sim 28℃$, 最适萌发为 $24℃$; 菌丝生长温度为 $5 \sim 28℃$, $4℃$ 菌丝不生长; $32℃$ 菌丝死亡。松口蘑原基发生和子实体生长气温 $18 \sim 20℃$, $28℃$ 以上子实体停止生长。松口蘑发生地土壤的含水量一般为 $15\% \sim 30\%$。空气相对湿度 $70\% \sim 80\%$。松口蘑子实体要求一定的散射光。松口蘑要求瘠薄, 通气好, 腐殖层厚 $3 \sim 5cm$ 的酸性土壤, $pH 4.0 \sim 6.0$。

松口蘑是一种纯天然珍稀名贵食用菌类, 被誉为"菌中之王"。相传 1945 年 8 月广岛原子弹袭击后, 唯一一存活的植物只有松口蘑。目前, 全世界还不能人工培殖。它多生长在寒温带海拔 $400 \sim 3500m$ 的草原或高山林地。宋代《经史证类务急本草》有过记载。研究证明, 松口蘑富含蛋白质、多种氨基酸、不饱和脂肪酸、核酸衍生物、肽类物质等稀有元素。松口蘑于秋季的 8 月上旬到 10 月中旬采集。食用有特别的浓香, 口感如鲍鱼, 极润滑爽口。

日本人习惯于秋季食用松口蘑料理, 信奉"以形补形", 食之有强精补肾、健脑益智和抗癌等作用。刚采下来的松口蘑, 用松枝火烤食, 有来自深山的松树林味。秋高气爽之日, 携好友散坐于林边草地, 红叶漫天, 野花发生, 沧桑之感油然而生。

南方与北方产的松口蘑, 因为生长期限和气候条件不同, 在品质上有较大的区别。北方松口蘑颜色发白, 质地硬实, 香气更浓郁, 口感好, 营养成分高, 易保管; 南方松口蘑颜色稍发黑, 水分大潮湿, 易腐烂变质, 香味不浓, 价格较低。

(4) 松口蘑的营养价值: 松口蘑菌肉肥厚, 具有香气, 味道鲜美, 是名贵的野生食用菌。在西藏人们将此菌火烤蘸盐吃, 味道很好。鲜品含粗蛋白质 17%、粗脂肪 5.8%、粗纤维 8.6%、灰分 7.1%, 鲜品每 $100g$ 含维生素 $B_2 0.117mg$、维生素 C $16.92mg$, 还含维生素 D、松口蘑醇、麦角甾醇、松口蘑糖等成分。含有 17 种氨基酸, 其中人体必需氨基酸 8 种, 还含维生素 B_1 和 PP。其干品粗蛋白质含量为 17%、粗脂肪 5.8%、粗纤维 7.4%。据称, 松口蘑的鲜美味道主要来自含有的甲基桂皮酸、甲基黑苔酚和 $5'$-鸟苷酸等。

松口蘑具有强身、益肠胃、止痛、理气化痰之功效。其子实体热水提取物对小白鼠肉瘤 S180 和艾氏癌的抑制率分别为 91.8% 和 70%。该菌属树木的外生菌根菌。目前, 此菌处于半人工培殖状态。

26.2.2　人工培殖存在主要问题和研究热点

随着培殖技术的日益发展, 许多野生植物都可以通过人工培殖的方式获得。由此, 人们开始设想松口蘑也可以进行人工培殖, 许多的科技人员对此进行了大量的研究。

目前, 松口蘑还不能人工培殖的原因有以下两点: 第一, 松口蘑利用在松树细根上长出外生菌根, 并通过菌根直接吸取松树通过光合作用产生的糖类等营养物质。这种特殊的营养吸收方式给人工培殖松口蘑带来了很大的困难。第二, 人们至今还未探明松树与松口蘑的共生关系系统。

以日本为例, 追溯到战前松口蘑大丰收的年代, 在松口蘑的主产地, 人们根据经验和观察, 总结出了各种技术和增加产量的方法。虽然自昭和 30 年代后半期, 松口蘑的产量急剧下降，但在各主产地的强烈要求下，于昭和 41 年采用林业厅的国库补助进行了 13 个省市的联合试验。从此松口蘑的正式研究开始了。

联合试验主要是以红松林的松口蘑为对象的综合研究。数年来红松林的状况、松口蘑的生态调查和环境改善现场试验一直在进行着。研究人员通过联合试验，即以学术的方式证明了保养好山林，调整好环境，松口蘑的产量就会增加；同时也证明了山林培殖松口蘑才是行之有效的方法。

从日本全国的松口蘑产量来看，只有东北地区比较稳定，西日本各县在这半个世纪中都在减产。但是，即使山上的松林全部都消失了，山上土的条件是不会变的。以昭和 45 年秋的京都府龟冈市为例，以前的山体复旧工程把破坏的地方修成了梯田状。然后，人们在上面种植了松树，这儿便成了一小片阶梯状瘦弱的松林。也许是土壤的条件合适，也许是从这块地旁边的松口蘑山飞来了孢子，这片梯田状的土地上长出了松口蘑。这个事例告诉了我们，只要土壤条件合适，即使松树再幼小也是可以长出松口蘑。松口蘑是由细菌和松根结合产生活性菌根带，经过 5~6 年后长出来，而且，一旦长出了松口蘑，只要松树健康、土壤条件稳定，它的寿命很长。

近年来，日本、瑞典、美国、韩国及新西兰等国家的研究者为鉴别松口蘑及其边缘种提供了有效的分子生物学手段，从形态解剖学生理学上验证了松口蘑是典型的外生菌根菌的理论，同时，也提出了松口蘑与宿主是一个动态的共生关系。

20 世纪 90 年代，瑞典农业科学大学（Uppsala）对亚洲松口蘑和瑞典松口蘑（*T. nauseosum*）进行了 DNA 的比较。他们采用 program BLASTN2.0.8 将瑞典松口蘑 rDNA ITS 的 DNA 序列与核苷酸序列库中的 300 万碱基序列进行了比对。结果表明，在 700 多对碱基序列中，瑞典松口蘑与亚洲松口蘑 ITS 序列的 99%~100% 是吻合的。

目前，松口蘑研究的热点是其子实体的形成还包括松口蘑菌丝体的营养代谢是否具有特异性；松口蘑菌丝体是如何分配与利用从宿主那里到来的碳源；松口蘑外延菌丝体与松树林根际微生物怎样发生相互作用。

综上所述，人工培殖松口蘑有相当大的难度。但是，这并不是不可攻克的。目前，人们可以进行山林培殖，既可保护松口蘑赖以生存的环境，也可达到培殖和增产的目的，同时，也积累了实践经验。通过大量的生产实践，掌握松口蘑生长分化规律及其水、肥、气、热、光、酸碱度、土壤及土壤微生物等条件，逐步建立菌根的人工合成体系，为人工诱导松口蘑子实体奠定坚实的基础，充分运用现代生命科学技术揭开人工培殖松口蘑的百年之谜。

26.3　羊　肚　菌

26.3.1　概述

羊肚菌学名 [*Morchella esculenta* （L.）Pers., *Syn. meth fung.*（Göttingen）2：618（1801）]，隶属真菌界（Kingdom Fungi）子囊菌门（Ascomycota）核菌纲（Pyrenomycetes）盘菌目（Pezizales）马鞍菌科（Morchellaceae）羊肚菌属（*Morchella*）。羊肚菌又称羊肚菜、美味羊肚菌、羊肚蘑等，因其菌盖表面凹凸不平，形态酷似羊肚（胃）而得名。目前，全世界已报道的羊肚菌有 20 种，在我国已发现 18 种（图 26-4 和表 26-2）。羊肚菌狭义概念仅指 *Morchella esculenta*，广义的概念是指羊肚菌属（*Morchella*）所有种类。

子实体肉质稍脆。子实体较小或中等，6~14.5cm，菌盖不规则圆形，长圆形，长 4~6cm，宽 4~6cm。表面形成许多凹坑，形似羊肚状，淡黄褐色，干后变褐色或黑色；棱纹

图 26-4　羊肚菌（*Morchella* spp.）(引自张光亚，1999)

色较淡，纵横交叉，不规则近圆形网眼状；小凹坑内表面布以由子囊及侧丝组成的子实层；柄白色，长 5～85cm，直径 1.5～4.3cm，粗 2～2.5cm，有浅纵沟，基部稍膨大，生长于阔叶林地上及路旁，单生或群生。

羊肚菌分布于我国陕西、甘肃、青海、西藏、新疆、四川、山西、吉林、江苏、云南、河北、北京等省、自治区、直辖市。

羊肚菌的营养丰富，据测定每 100g 羊肚菌含有蛋白质 24.5g、脂肪 2.6g、碳水化合物 39.7g、粗纤维 7.7g、灰分 11.9g、热量 280kcal；羊肚菌就含有 18 种，其中 8 种是人体必需氨基酸，100g 干样品含 8 种人体必需氨基酸 9.30g。据测定羊肚菌至少含有 8 种维生素，维生素 B_1、维生素 B_2、维生素 B_{12}、烟酸、泛酸、吡哆醇、生物素、叶酸等，还含有丰富的矿物质元素。特别值得一提的是羊肚菌含有 C-3-氨基-L-脯氨酸、氨基异丁酸和 2,4-二氨基异丁酸等稀有氨基酸，具有其独特风味，可与牛乳、肉和鱼粉相当。因此，国际上常称它为"健康食品"之一，是最著名的珍贵食药用菌之一。

表 26-2　中国羊肚菌属的种类、生地与分布

种类名称	生态习性	地区分布
普通羊肚菌[*M. vugaris*(Pers)Bound]	砂地上	吉林等
尖顶羊肚菌(*M. conica* Fr.)	针阔混交林潮湿地	河北、山西、甘肃、新疆、江苏、浙江、云南、四川、西藏、辽宁等
粗腿羊肚菌[*M. crassiper*(Vent)Pers.]	阔叶林地及林缘地	新疆、山西、黑龙江、河北、云南、辽宁、西藏等
小羊肚菌(*M. deliciosa* Fr.)	疏林地	陕西、宁夏、新疆、四川、甘肃
半开羊肚菌(*M. semilibera* DC.：Fr)	林地及潮湿地	四川、甘肃
高羊肚菌(*M. elata* Fr.)	针阔混交林潮湿地	云南、甘肃、新疆等
羊肚菌[*M. esculenta* (Vent)Pers.]	阔叶林地及林缘空旷地	河北、山西、陕西、甘肃、吉林、云南、青海、新疆、江苏、辽宁、四川、西藏等
薄棱羊肚菌(*M. miyabeana* Imai)	林中草地	河南、云南

续表

种类名称	生态习性	地区分布
淡褐羊肚菌(*M. smithiana* Cooke)	群生或散生林地上	甘肃等
宽围羊肚菌(*M. robusta* Bound.)	山林地	甘肃等
褐赭羊肚菌(*M. umbrina* Bound.)	阔叶林地	四川、甘肃等
紫褐羊肚菌(*M. purpurascwns* Jet)	杂木林灌木丛地	甘肃、四川等
黑脉羊肚菌(*M. angusticeps*. Peck)	云衫冷杉林地	新疆、甘肃、西藏、山西、内蒙古、青海、四川、云南
肋脉羊肚菌[*M. costata*(Vent) Pers]	林地	陕西、甘肃、四川
西藏脉羊肚菌(*M. tibitica* M. Zhao)	针阔混交林地	西藏
梅里脉羊肚菌(*M. mmeilensis* Y. C. Zhao)	针阔混交林地	云南
网孔脉羊肚菌(*M. cmerulius* Y. C. Zhao)	单生针阔混交林地	云南
细腿脉羊肚菌(*M. deqinense* S. H. Li et Y. C. Zhao)	针阔混交林地	云南

羊肚菌可药用，其性平、味甘寒，主治脾胃虚弱、消化不良、痰多气短、精神亏损等，具有补肾、壮阳、补脑、提神等功效。在当地民间还用羊肚菌三枚煮食喝汤、治疗妇女乳腺炎效果良好。

在自然界中，有很多还未解开的谜，蕈菌也是这样，有些珍贵菌类，人们根本无法弄清它的生长奥秘。其中块菌、松茸、羊肚菌，在世界上已研究了 100 多年，至今都没有完全弄清它的奥秘之处。羊肚菌的人工驯化培殖一直是国内外的菌物学家致力研究探索的课题之一。据资料表明，目前人工培殖常遇到如下问题：

(1) 同一品种，菌丝细胞表现不同：当驯化出羊肚菌新品种的时候，在同一条件下菌丝生长却有不同的表现，特别是每接种一次都与前次菌丝生长不一样。无论是菌丝的长短、粗细、快慢、颜色、长势及最后的表现都不相同。哪怕是原来用过的，或是第一年出过菇的老菌种也是如此。采取同样的菌种、同样的原料、同样的配方、同样的操作方法、同等的温湿度及内外界条件，却表现为较大的差别。在生物进化过程中，变异能使生物优胜劣汰。羊肚菌要从野生变为人工，改变了它的生态环境，尽管在非常优越的条件下，常常遇到的是优变劣，变异性大是羊肚菌培殖碰到的主要问题。因此，对人工培殖带来相当大的难度。

(2) 同一环境，育菇表现不同：羊肚菌的人工培殖主要是要解决两大因素，即内因和外因的调控。除复杂的内因而外，外因包括环境、气候、场地、温度、湿度、光照、空气、病虫害、杂菌。在基本同等条件下，有时育菇，有时则不育菇；在同样的地方，有的育菇很密，有的育菇很少，甚至不育菇，表现为羊肚菌人工培殖的稳定性和重复性差。还有一种神奇的现象，在播种区不育菇，播种区 1m 以外育菇，一般在距播种 30cm 育菇的占多数，这种边缘效应在食用蕈菌培殖中还不多见，有人认为羊肚菌生长与植物的菌根有关系。特别奇怪的是野生羊肚菌能在恶劣的环境条件下生长，在干旱的沙漠地区都有发生。东北地区的野生羊肚菌能忍受 $-40 \sim -30$℃的低温，而华北地区的野生羊肚菌超过 -10℃就会冻死。同样的品种在不同的环境中忍受程度也不一样，品种明显存在有地区差异性。

(3) 同一方法，子实体发生不同步，产量不同：羊肚菌的培殖方法非常讲究，随着技术不断创新，过去一些简单的培殖方法和仿生学技术效果都不理想，必须按照它的生长特性和生理要求进行改进。但奇怪的是按同一种方法有的先育菇、有的后育菇，最快的播种后15～20d可育菇，最慢的长达1年，绝大多数在2个月左右都可育菇，时间相隔悬殊；有的出得多、有的出得少、还有不育菇。育菇后的生长速度也不一样，特别是见人后生长很缓慢，菇型及大小都不相同。是什么原因导致它千变万化仍是一个谜。

羊肚菌很多相同的品种，在繁殖下一代后的菌丝不同，相同的菌种育菇不同，相同的环境长势不同，相同的方法产量不同。即使完全满足它的生长要求也不一定百分之百的育菇，当然病虫害、杂菌的侵染除外。更有趣的是，子实体生长季节的敏感性超过了对温度的敏感性。作者认为根本的问题还在于羊肚菌细胞生物学、分子生物学、遗传学、生理学、环境地理学等方面综合研究，掌握羊肚菌的生长分化规律，肯定能有所突破。

据资料报道四川省绵阳市食用菌研究所朱斗锡利用基因工程，前期经过7年的精心研究试验，1992年首次取得了成功，起初的稳定性和重复性能较差，后来又经过近8年的继续研究，终于攻破了羊肚菌人工培殖的十大奥秘。15年来，试验达918次，耗资150多万元，终于实现了羊肚菌成功培殖。

目前，国内外的仅限于半人工培殖，即人工培育出营养菌丝体，之后必须返回或模仿羊肚菌的野生环境育菇。这并没有突破自然环境的限制，无把握育菇，或产量很低。

1982年，Ower首次人工培殖的羊肚菌。他用粗柄羊肚菌（*M. crassipes*）的菌核作为营养体进行育菇试验，首次在人工控制条件下获得了羊肚菌的子囊果，认识到菌核在羊肚菌生活史中起关键作用。Ower的研究之所以成功，主要是采用的方法有创新，其技术要点杨国良等总结如下。

26.3.2　生物学特性

(1) 生态环境：高羊肚菌生态适应较为狭窄，资源量较少。一般仅出现在腐殖质较为丰富的落叶阔叶林和针叶阔叶混交林下，多发生在土壤湿度较高的北坡。尖羊肚菌生态适应较大，常出现在草丛中，其资源量也较少。在黑羊肚菌中，黑脉羊肚菌资源量最大，生态适应范围最广。

(2) 土壤：羊肚菌是一种土生菌。主要土壤有森林腐殖土、褐土、棕壤，土壤质地以砾石和沙壤土为主，也有红黄胶泥夹沙、黑胶泥夹沙。

(3) 发生时间：羊肚菌主要发生在春末夏初和夏末秋初两个交替季节，主要特点是温差大。

(4) 温度：羊肚菌属于低温菌类。其菌丝生长温度3～28℃，最适宜温度18～22℃，低于3℃高于28℃则停止生长或休眠甚至死亡。孢子萌发温度15～20℃。羊肚菌原基形成的最适宜温度为18℃，相对湿度85%～90%，基质含水量为50%～60%。子实体生长温度4～22℃，最适宜温度为15～18℃。温差大，有利于子实体的形成。

(5) 水分：新鲜羊肚菌子实体含水量90%以上。一般需要较高的土壤含水量和空气相对湿度。土壤含水量在30%～55%菌丝体均能生长。子实体生长土壤含水量在30%～55%，空气相对湿度在80%～90%，大于95%容易形成菌核。羊肚菌从现原基到子囊果成熟这段发育期很容易败育而导致人工培殖育菇失败。

(6) 空气：羊肚菌为好气菌类，其菌丝生长需要足够的氧气和通气条件；羊肚菌子实体生长对空气十分敏感，CO_2高于0.3%时，子实体瘦弱、畸形甚至腐烂。

(7) 光照：羊肚菌的菌丝和菌核生长不需要光照，光照不利于二者的生长。光对子实体生长有促进作用，自然条件下，透光率30%～50%。

1990 年，Thomas 研究的羊肚菌生活史中各阶段的细胞学变化，首次描绘出羊肚菌的生活史图，这个成果对羊肚菌遗传育种及人工培殖两方面的研究都十分重要，其所采取的主要研究方法和结果如下。

(8) 研究方法：采集野生羊肚菌的子囊孢子，在完全培养基上萌发并插片培养获得营养菌丝。用能使细胞发荧光的染料(吖啶类)对样品进行染色，用荧光显微镜观察这些样品的细胞学特性。另一些样品用 Gamas 染色，用普通光学显微镜观察。

(9) 菌丝特征：羊肚菌的菌丝直径 $5\sim10\mu m$，且分枝较多。菌丝细胞具有多核，极端例子是一个细胞内具有 5～6 个核。使用不同的核染料(如 Giemsa、吖啶类及普卡霉素)都可观察到核。吖啶类具有较强的荧光，且使用方便，因而它在核观察中尤其有用。大多数菌丝细胞中的核为 10～15 个，新生出的顶端细胞核数量最少(1～2 个)。菌丝细胞间的中隔物由多孔隔膜组成，某些细胞器及核可由此流通，这可能是每个细胞中核数有差异的原因。

(10) 菌落特征：在完全培养基平板上，羊肚菌孢子可迅速萌发并长成菌落。在 22～25℃，5～6d 长满 8.5cm 的平皿，平均生长率为 0.4～0.5mm/h。羊肚菌是低温菌，在 4℃下 12～15d 长满同样大小的平皿。羊肚菌菌丝一旦在培养基上形成菌落，便分泌出一种深褐色素。因此，羊肚菌菌落呈现出特殊的浅褐色。

(11) 菌核特征：当生长条件不适时，羊肚菌的营养菌丝会形成菌核。以核盘菌菌核的传统概念来说，羊肚菌不是真正的菌核。核盘菌菌核是菌皮与菌髓的复合组织分化而成，而羊肚菌的菌核则是未分化的假菌核。

在 2% 羊粪的培养基上，羊肚菌菌丝也容易形成菌核。菌丝在此培养基上生长 7～10d 后，便开始形成一些小菌核(1～2mm)，并逐渐扩大，小菌核通常聚结在一起而形成大菌核。当菌核停止增大并产生深褐色素时，可认为菌核已成熟。在形态上，菌核菌丝具有厚壁，并保持多核。在生理上，菌核一开始便贮藏养分，如脂类(供形成子囊果)，很容易观察到菌丝细胞累积的油滴。菌核成熟后可耐低温和干燥等不利条件。

(12) 生活史：羊肚菌的子囊果是子囊菌的生殖组织，也是目前分类的形态依据。其圆锥形的菌盖像羊胃的表面凹凸不平，凹坑中生有许多子囊和侧丝。每个子囊含有 8 个子囊孢子，孢子弹射可达数米以外。

羊肚菌的生活史解释。途径Ⅰ：羊肚菌的子囊孢子在适宜条件下萌发，生成初生菌丝，这些菌丝间尚未发生质配。当外界条件不适宜菌丝进一步营养生长时，如养分枯竭、水分不足、温度不利等，则可直接形成菌核或形成分生孢子。不利条件的诱导并不是唯一的刺激因素，某些养分如羊粪也能诱导菌核形成。显微观察，菌核组织的菌丝膨大变圆，色深壁厚。菌核能越冬并在春天萌发形成新菌丝。途径Ⅱ：羊肚菌子囊孢子萌发生成的初生菌丝，与另一亲和性(交配因子不同)初生菌丝发生质配，相互融合而产生稳定的异核体菌丝(子囊菌不具锁状联合)。两个基因型不同的核能起遗传互补作用而亲和，其特征是在菌丝会合处隆起并产生黑褐色素线，这种现象被称作"菌丝融合"。

途径Ⅰ与途径Ⅱ的差异在于菌丝间是否发生质配，并生成异核体。非异核体的菌核能否形成子囊果尚有争议。

如条件不利于异核菌丝的营养性生长，则形成异核菌核。经受冬季冷冻及早春融化条件影响后，异核菌核有两个发育方向：①形成次生菌丝，继续进行营养性生长；②形成子囊果，进而发生有性生殖。

羊肚菌子囊果形成的迹象是培养基上出现一簇浅色菌丝，从菌丝簇中央产生手指状的子囊果原基，在适宜条件下发育成为子囊果，子实层在子囊果顶端(菌盖)分化、膨大并产生灰黑色素。当子囊果的颜色由灰黑色转为金褐色时即为成熟，可采摘加工为成品。

　　用普卡霉素对子囊母细胞染色，可显示出双核体的核配对(每个细胞有数对)，其中 1 对可迁移到子囊母细胞的顶端，融合成一个大的二倍体核，此核在子囊中发生减数分裂和有丝分裂，使每个子囊含有 8 个子囊孢子。羊肚菌生活史见图 26-5。

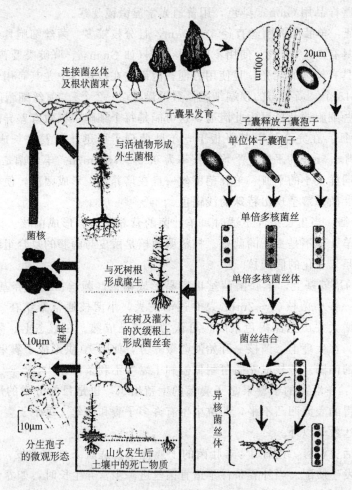

图 26-5　羊肚菌生活史

26.3.3　羊肚菌一般培殖技术

　　母种培养基一般为 PDA 加 2‰ 硝酸钠。原种与栽培种基本相同：①杂木屑 75%、麦麸 20%、蔗糖 1%、石膏粉 1%、过磷酸钙 1%、土壤 2%；②棉籽皮 90%、木屑 8%、土壤 2%，pH 自然。

　　(1)配制培殖料。培殖料配方：①农作物秸秆粉 74.5%、麸皮 20%、过磷酸钙 1%、石膏 1%、石灰 0.5%、腐殖土 3%；②木屑 75%、麸皮 20%、过磷酸钙 1%、石膏 1%、腐殖土 3%；③棉壳 75%、麸皮 20%、石膏 1%、石灰 1%、腐殖土 3%。以上 3 种配方任选 1 种即可。料水比为 1∶1.3，拌好料后堆积发酵 20d，含水量调至 60%。采用 17～33cm 聚丙烯或聚乙烯塑料袋料，每袋装料 500～600g，然后在 100℃条件下灭菌 8h，灭菌后即可接入菌种。采用两头接种法，封好袋口，置于 22～25℃ 下培养 30d 左右，菌丝可长满袋。菌丝满袋后 5～6d，即可进行培殖。

（2）室内脱袋培殖。菇房消毒后即可进行培殖。先在每层床面上铺一块塑料薄膜，然后再铺 3cm 厚的腐殖土，拍平后将脱去塑料袋的菌棒逐个排列在床上，一般每平方米床面可排放塑料菌袋 40 个。排完菌棒后轻喷水 1 次，然后覆土 3～5cm，覆土后表面再盖 2cm 厚的竹叶或阔叶树落叶，保持土壤湿润。1 个月后可长出子实体。一般南方地区 3 月 10 日至 4 月 20 日之间育菇最佳。羊肚菌出土后 7～10d 就能成熟，一般颜色由深灰色变成浅灰色或褐黄色时就可采收。

1982 年，Ron Ower 首次报道培殖 M. esculenta 获得成功，并与 Mills 和 Mala 分别于 1986 和 1988 年获得 M. esculenta 培殖专利。但是，至今仍为规模人工培殖。

（3）室外脱袋培殖。选三分阳七分阴的林地作畦。畦宽 1m，深 15～20cm，长度不限。整好畦后喷水或轻浇水 1 次，并用 10％ 石灰水杀灭畦内害虫和杂菌。脱袋排菌棒方法和育菇管理方法与室内培殖相同，只是底层不可铺塑料薄膜，要注意畦内温度变化，防止阳光直射。

（4）病虫害防治。菌丝生长与子实体生长期都会发生病虫害，应以预防为主，注意保持场地环境的清洁卫生。播种前进行场地杀菌、杀虫处理。后期若发生虫害，在出子实体之前可喷除虫菊或 10％ 石灰水。

（5）加工。加工方法主要是风干或烘干。在进行干燥时注意不要弄破菌帽，保持其完整。可用烤烟房烘干或风干，不能用柴火烟熏干，以免影响质量。分等级在塑料袋内防潮保存。

2014 年，羊肚菌人工培殖有所突破，中国大陆已能批量生产。

26.4　鸡　枞

26.4.1　概述

鸡枞[*Termitomyces albuminosus*（Berk）Heim]，属真菌界（Kingdom Fungi）担子菌门（Basidiomycota）蘑菇目（Agaricales）口蘑科（Tricholomataceae）鸡枞（*Termitomyces albuminosus*）（图 26-6）。

（1）生物学特征：鸡枞子实体较小至中等。菌盖直径 6～10cm，幼时近锥形、斗笠形至扁平，顶部较尖凸，浅灰至浅灰褐色，成熟时或干时色深，边缘开裂。菌肉白色，致密。菌褶白色或粉红色，离生，边缘似锯齿状，密，不等长。菌柄长为 8～15cm，粗为 0.5～1.5cm，白色，有细条纹，中实，基部稍膨大，向下延伸，呈根状且附有泥土，为黑褐色。假根长为 20～45cm，与白蚁巢相连。囊状体为棍棒状至带形，薄壁为（20～50）μm×（10～55）μm。孢子近无色，光滑，圆柱形（6～8.3）μm×（4.5～5.8）μm。孢子印黄色，至淡粉红色。

图 26-6　鸡枞（*Termitomyces albuminosus*）
（引自张亚光，1999）

鸡纵夏秋季生于混交林中，或山坡草地上，多分布于江苏、浙江、湖南、广东、广西、福建、四川、西藏、贵州、云南、台湾、海南等地，其中以云南、四川、贵州多产。

鸡纵是食用菌中的珍品之一，广东称为鸡纵，潮汕称为鸡肉菇，台湾称为鸡肉丝菇，福建称为鸡脚菇，四川称为斗鸡菇和伞把菇。在日本称白蚁菇和姬白蚁菇。在明代之前的我国古籍中名称更多素有鸡菌、鸡傻、鸡棕、鸡纵菜等美称。鸡纵很早以前就列为贡品，在云南以蒙自所产的鸡机菌最为名贵，相传历代被当做贡品，称为蒙纵。

清末文人阿瑛在《旅滇闻见录》中这样记述了鸡纵的珍贵性："明熹宗嗜此菜，滇中岁驰驿以献，惟客魏得分赐，而张后不焉"。这段话是说：明熹宗皇帝最喜欢吃鸡纵，云南每年都要派快骑飞马，由驿站将鸡纵送到京城上贡，熹宗也仅让被称为九千岁的太监魏忠贤尝个味道，连皇后都无福品尝。

鸡纵肉厚肥硕，细嫩爽口，质细丝白，味道鲜甜香脆，含有钙、磷、铁、蛋白质等多种营养成分，据《本草纲目》记载，鸡纵还有益味、清神、治痔的作用。它有脆、嫩、香、鲜、甜、美的特点。古人说它"生食作羹，美不可言"。

鸡纵可以单料为菜，还能与蔬菜、鱼肉及各种山珍海味搭配，可制作宴请嘉宾友人的高级菜肴，也可制作一般家常小菜。无论炒、炸、腌、煎、烩、烤、焖，还是清蒸或做汤，其滋味都很鲜美，被人们推为菌中之冠。鸡纵吃法很多，生熟炒煮煲汤皆宜。用鸡纵可以制作多种名菜，如凉拌鸡纵、红烧鸡纵、生煎鸡纵、火腿夹鸡纵等。

云南鸡纵以富民、寻甸、昌宁、保山、凤庆、宾川、武定、罗平等县市为佳，特点是肥嫩细白、鲜甜、清香，每年 6～9 月是鸡纵的盛产季节。来到云南的国内外人士，凡是品尝过鸡纵的，总是众口一词地称赞，确实名不虚传。有的人慕名而来，因为错过产季，未能尝鲜，还深以为憾。这时，热情好客的主人即以加工制作而风味依然的干、腌、油鸡纵饷客，使客人得饱口福，遗憾冰释，满意归去。

鸡纵的种类很多，有黑皮鸡纵、青皮鸡纵、白皮鸡纵、草皮鸡纵等，其中以黑皮鸡纵、青皮鸡纵的品质为最佳。鸡纵多半生长在未受污染的红壤山林的半山坡上，或田野草丛中的白蚁窝上。菌盖刚出土时像蒜头，以后逐渐展开如伞状，菌柄实心，表面光滑，肉质细嫩易破碎。

(2) 营养价值：鸡纵(干品)每 100g 含蛋白质 28.8g、碳水化合物 42.7g、钙 23mg、磷 750mg、核黄素 1.2mg、尼克酸 64.2mg、维生素 C 5.41mg 等、热量 1195.5kJ。鸡纵中的氨基酸数量多达 16 种。

26.4.2 鸡纵生长分化条件

夏秋温度和湿度较高时，白蚁窝上长出小白菌球之后再发育成突起状的幼鸡纵最终破土露出地表，即为常见的鸡纵。鸡纵利用蚁粪和白蚁分泌物促进生长；白蚁则以鸡纵白色菌丝体为食料。当鸡纵生长的地方人为或其他动物、机械破坏后，白蚁搬家，从此不再有鸡纵的生长。

(1) 营养要求：鸡纵生长分化所需要的营养主要来自菌圃。据分析菌圃主要是纤维素和木质素，菌圃的水浸提物含有蛋白质 16.5%、多缩戊糖 4.05%、灰分 20.9%。

(2) 温度要求：鸡纵在热带或亚热带地区的白蚁巢内生长分化，因此，它需要较高的温度。白蚁巢内一般在 25～26℃，低于 20℃或高于 28℃生长分化受到抑制，停止生长。

(3) 水分要求：菌圃的含水量一般为 47%～58%，菌圃内的空气相对湿度一般为 90%以上。

（4）空气要求：鸡枞具有耐二氧化碳能力较强，鸡枞白蚁巢内的二氧化碳的浓度为3％～5％，据实验表明，鸡枞的小白菌球在二氧化碳的浓度为15％仍生长。当然，鸡枞子实体破土后需要氧气量较大。

（5）光线要求：无论是鸡枞菌丝体还是子实体，在黑暗的条件下完全能正常发育完成生活史。

（6）酸碱度要求：鸡枞在偏酸的环境下生长，pH 一般 4.0 左右。据测试，蚁巢内含有挥发性蚁酸和非挥发性的乌头酸反丁烯二丁二酸等，这是造成蚁巢偏酸的主要原因。

（7）鸡枞与白蚁的关系：二者是自然界长期选择的共生关系，彼此互为利用。故此，人们称鸡枞为"蚁栽"蕈菌。

26.5　有毒蕈菌

26.5.1　概述

有毒蕈菌是对人和其他动物而言。已知的有毒蕈菌，绝大多数属于担子菌中的伞菌目，也有少量属其他担子菌或子囊菌等。

26.5.2　有毒蕈菌的研究意义

有毒蕈菌的存在是生态平衡的选择。它是人类的一种宝贵资源，急待开发利用。

（1）有毒蕈菌具有生态平衡作用：它既有有益的一面，也有有害的一面。例如，某些土生蕈菌是多种针叶树或阔叶树的菌根菌，如蛤蟆菌与松属（Pinus）、冷杉属（Abies）、落叶松属（Larix）、桦木属（Betula）、毒红菇与红栎等的多种乔木之间发生共生关系，它们与林木的幼根结合有助于根毛吸收水分和养料促进树木的生长分化；在自然界，腐生蕈菌参与分解有机质，有利于物质的转变和能量的转换，当然，有些则导致树木腐朽。

（2）有毒蕈菌具有以毒攻毒药用作用：公元 739 年，唐代陈藏器的《本草拾遗》记载："鬼盖……和醋敷肿毒、马脊肿、人恶疮"，主治恶疮、蛊、疥、痈、蚁瘘各种病症。鬼盖可能是鬼伞属的墨汁鬼伞、毛头鬼伞等，至今，在民间仍适量进食毛头鬼伞助消化，或治疗痔疮，以及用墨汁鬼伞煮熟焙干研磨成粉，醋调，敷治无名肿毒。鳞皮扇菇，晒干研末，敷外伤可止血。黄丝盖伞可抗湿疹；苦粉孢牛肝菌可治疗肝脏疾病，如黄粉末牛肝菌、卷边桩菇、辣乳菇、绒白乳菇、劣味乳菇、黑红菇、密褶红菇、臭红菇、野蘑菇等具有追风、散寒、舒筋、活络等作用。在德国民间，将蛤蟆菌浸于酒中用于治疗风湿痛病。

（3）有毒蕈菌具有抗癌作用：如毒赤褶菇、魔牛肝菌、亚黑红菇、毒红菇等对肉瘤S180和艾氏瘤的抑制率达 100％。

（4）有毒蕈菌具有杀虫作用：如蛤蟆菌、小毒蝇伞、豹斑鹅膏菌、松果伞、鳞柄白鹅膏菌、残托斑鹅膏菌等所含的毒素，蝇类对此极为敏感，可作杀虫剂。毒鹅膏菌、春生鹅膏菌所含毒肽及毒伞肽可杀红蜘蛛。

（5）有毒蕈菌可提取橡胶物质：如疝疼乳菇、绒白乳菇、劣味乳菇、红乳菇、粗糙乳菇等的子实体可作为生产橡胶的原料。

总之，有毒蕈菌还有未被人类发现的某些作用，所以有很大的开发潜力，有广泛的理论研究和应用价值。

26.5.3　有毒菌毒素类型

据报道全世界已知有大型毒菌 2000 多种，在中国已知有大型毒菌 180 多种，分布于全国各地，其中包括可食毒性轻微者，常有人畜中毒甚至造成死亡。

大致可分为原浆毒素、神经致幻毒素、血液毒素、肠胃毒素等四大类。

(1) 原浆毒素：它能使人和其他动物体内的大部分器官细胞变性，毒物主要引起肝损伤症。已知的主要有毒肽(phallotoxins)和毒伞肽(amatoxins)两大类，均为极毒。

毒肽类，它们共同的化学基本结构为环状七肽碳架，包括一羟毒肽(phallicin)、二羟毒肽(phalloidin)、三羟毒肽(phallisin)、羧基毒肽(phallicidin)、苄基毒肽(phallin B)5种。其中二羟毒肽的熔点为 $280\sim282\,℃$。

毒伞肽类，它们共同的化学基本结构为环状八肽碳架，包括 α-毒伞肽(α-amanitin)、β-毒伞肽(β-amanitin)、γ-毒伞肽(γ-amanitin)、ε-毒伞肽(ε-amanitin)、一羟毒伞肽酰胺(amanullin)、三羟毒伞肽(amanine)等6种。其中 α-毒伞肽熔点为 $254\sim255\,℃$，β-毒伞肽熔点为 $300\,℃$。

据报道，鲜品毒鹅膏菌和春生鹅膏菌的子实体中毒素含量甚高。如鲜品毒鹅膏菌100g(相当于干品5g)内含有二羟毒肽10mg、α-毒伞肽8mg、β-毒伞肽5mg、γ-毒伞肽1.5mg，其他毒素微量。二羟毒肽快速作用于肝细胞内质网；毒伞肽直接慢速作用于肝细胞核，抑制RNA的合成，实质是抑制RNA聚合酶的活性。α-毒伞肽比二羟毒肽毒性高10倍，它无色、易溶于甲醇、液体氨、吡啶及水。据临床报道毒鹅膏菌50g，内含 α-毒伞肽7mg，可使人致死。产生这类毒素的有毒鹅膏菌、春生鹅膏菌、鳞柄白鹅膏菌、白鳞粗柄鹅膏菌、纹缘鹅膏菌、片鳞鹅膏菌、残托斑鹅膏菌、褐鳞环柄菇、肉褐环柄菇、春生盔孢伞、包脚黑褶伞等。

(2) 神经致幻毒素：它是能引起神经致幻症的毒素，一般可分为4类。

A. 毒蝇碱(血色蕈胺)(muscarine)：溶于乙醇和水，不溶于乙醚。熔点为 $180\sim181\,℃$。主要有帕都拉丝概菌(*Inocybe patanillardii*)、蛤蟆菌、豹斑鹅膏菌、松果伞、毒红菇、褐黄牛肝菌、毒杯伞、白霜杯伞、裂丝盖伞、黄丝盖伞、茶褐丝盖伞等。

B. 异恶唑(isoxazole)衍生物：已知有4种物质口蘑氨酸(tricholomic acid)得于毒蝇口蘑，能杀死苍蝇；鹅膏氨酸(ibotenic)得于松果伞、蛤蟆菌；毒蝇碱与异恶唑衍生物之间有拮抗作用。

C. 色胺类：蟾蜍素(bufotenine)得于橙黄鹅膏菌、豹斑鹅膏菌、褐云斑鹅膏菌、蛤蟆菌，它是 5-羟基-*N*-二甲基色胺的吲哚衍生物，可产生颜色幻觉。

D. 其他化合物：裸盖伞素(psilocybin)中毒者可产生光怪陆离的视觉和情绪改变。时而狂歌乱舞，极度欢快；时而烦躁苦闷，焦虑忧郁，喜怒无常。轻者有酩酊感，严重者可致行凶杀人或自残。

(3) 血液毒素：血液毒素可引起溶血症。毒鹅膏菌、春生鹅膏菌等中含有苄基毒肽(phallin B)，它是原浆毒素中的一种溶血毒素，可被有机溶剂沉淀，对热敏感，70℃可部分失活。在鹿花菌、赭鹿花菌、褐鹿花菌中含有一种鹿花毒素(gyromitrin)是甲基联胺，分子式为 $C_4H_8N_2O$，它是一种原浆毒素。鹿花毒素溶于乙醇和热水熔点为5℃，低温易挥发，易氧化，对碱不稳定。一般认为它能溶解大量红细胞，造成急性溶血症。

(4) 肠胃毒素：已知80多种含有肠胃毒素的有毒蕈菌。被误食后主要会产生剧烈的恶心、呕吐、腹痛、腹泻等急性胃肠炎，严重者偶有致死，但是一般可治愈或自愈。目前，对此还了解的较少，可能是类树脂类物质(resin-like)、石炭酸(phenol)、甲酚类(cresol-like)和蘑菇酸(agaric acid)等。这类有毒蕈菌主要有野蘑菇、白林地菇、双环林地菇、疝疼乳菇、辣乳菇、绒白乳菇、红乳菇、粗糙乳菇、毒赤褶菇、赤褶菇、毒红菇、脆红菇、臭红菇、黑红菇、密褶黑菇、亚稀褶黑菇、喇叭菌及蘑菇属的某些种等。

26.5.4　常见有毒菌

毒鹅膏菌[*Amanita phalloids* (Vaill. ex Fr.)Secr]：又称绿帽菌、鬼笔鹅膏、蒜叶菌、高把菌、毒伞等。子实体一般中等大。菌盖表面光滑，边缘无条纹，菌盖初期近卵圆形至钟形，开伞后近平展，表面灰褐绿色、烟灰褐色至暗绿灰色，常有放射状内生条纹。菌肉白色。菌褶白色，离生，稍密，不等长。菌柄白色，细长，圆柱形，长 5～18cm，直径 0.6～2cm，表面光滑或稍有纤毛状鳞片及花纹，基部膨大成球形，内部松软至空心。菌托较大而厚，呈苞状，白色。菌环白色，生菌柄之上部。

夏秋季在阔叶林中地上单生，或群生。此菌极毒，据记载幼小菌体毒性更大。该菌含有毒肽(phallotoxing)和毒伞肽(anatoxins)两大类毒素。中毒后潜伏期长达 24h 左右。发病初期恶心、呕吐、腹痛、腹泻、此后 1～2d 症状减轻，似乎病愈，患者也可以活动，但实际上毒素进一步损害肝脏、肾脏、心脏、肺脏、大脑中枢神经系统。接着病情很快恶化，出现呼吸困难、烦躁不安、谵语、面肌抽搐、小腿肌肉痉挛。病情进一步加重，出现肝、肾细胞损害，黄胆，急性肝炎，肝大及肝萎缩，最后昏迷。死亡率高达 50% 以上，甚至 100%。对此毒菌中毒，必须及时采取以解毒保肝为主的治疗措施。

云南民间还利用毒伞的浸煮液杀红蜘蛛。该菌的子实体提取液对大白鼠吉田肉瘤有抑制作用和具有免疫活性。该菌为外生菌根菌，与松、枝杉、栎、山毛榉、栗等树木形成菌根。

毒鹅膏菌主要分布在南方的江苏、江西、湖北、安徽、福建、湖南、广东、广西、四川、贵州、云南等地。

毒粉褶菌[*Rhodophyllus sinuatus* (Bull.：Fr.)Pat]：又称土生红褶菌等。子实体较大。菌盖一般灰白色，直径可达 20cm，初期扁半球形，后期近平展，中部稍凸起，边缘波状，常开裂，表面有丝光，灰白色至黄白色，有时带黄褐色。菌肉白色，稍厚。菌褶初期灰白，老后粉或粉肉色，直生至近弯生，稍稀，边缘近波状，长短不一。菌柄白色至灰白色，往往较粗壮，长 9～11cm，粗 1.5～3.8cm，上部有白粉末，表面具纵条纹，基部有时膨大。

夏秋季在混交林地往往大量成群或成丛生长，有时单个生长。有毒，不可食。误食中毒后，潜伏期短的约 30min，有时长达 6h，发病后出现强烈恶心、呕吐、腹痛、腹泻、心跳减慢、呼吸困难、尿中带血，中毒后往往近似含有毒伞肽的症状。抗癌试验表明，此菌对小白鼠肉瘤 S180 的抑制率为 100%，对艾氏癌的抑制率为 100%。属树林外生菌根菌，可与栎、山毛榉、鹅卫枥等树木形成菌根。

毒粉褶菌主要分布于我国吉林、江苏、安徽、台湾、河南、河北、黑龙江等地。

豹斑毒伞[*Amanita pantherina*(DC.：Fr.)Schrmm]：别名白芝麻菌、满天星(四川)、假芝麻菌、斑毒菌等。其菌盖灰褐色至棕褐色，有白色鳞片。菌盖直径 3.5～14cm，初期扁半球形，后平展，湿时稍黏，灰褐色亚棕褐色，边缘色浅，有条纹，表面附着白色块状或角状鳞片。菌肉白色，薄。菌褶白色，较密。菌柄白色，长 5～17cm，直径 0.5～2.5cm，中空，质脆，下部有白色鳞片，基部膨大。菌环生菌柄中下部，白色，膜质，易脱落。菌托近杯状或呈环带。孢子印白色，孢子无色，宽椭圆形。含有毒蝇碱；主要作用使副交感神经兴奋。食后发病快，一般 1～6h，最短约 30min。发病后心窝难受、上吐下泻、出汗、流泪、流涎、瞳孔缩小、感光消失、脉搏减慢而不规则、呼吸障碍、体温下降、四肢发冷等。严重者常出现幻视、谵语、抽搐、昏迷，甚至还有肝损害和出血等现象，一般死亡较少。中毒后及时应用阿托品治疗效果较好。

豹斑毒伞主要分布于河北、吉林、安徽、黑龙江、福建、广东、广西、河南、四川、云南、青海、海南等地。5～9月生长于青杠林、松林、杂木林中地上，群生。

毒蝇鹅膏菌[*Amanita miscaria* (L. : Fr.) Pers. ex Hook.]：又称蛤蟆菌、捕蝇菌、毒蝇菌、毒蝇伞等。子实体较大。菌盖直径6～20cm。边缘有明显的短条棱，表面鲜红色或橘红色，并有白色或稍带黄色的颗粒状鳞片。菌褶纯白色，密，离生，不等长。菌肉白色，靠近盖表皮处红色。菌柄较长，直立，纯白，长12～25cm，直径1～2.5cm，表面常有细小鳞片，基部膨大呈球形，并有数圈白色絮状颗粒组成的菌托。菌柄上部具有白色蜡质菌环。此蘑菇因可以毒杀苍蝇而得名。其毒素有毒蝇碱、毒蝇母、基斯卡松及豹斑毒伞素等。误食后6h以内发病，产生剧烈恶心、呕吐、腹痛、腹泻及精神错乱、出汗、发冷、肌肉抽搐、脉搏减慢、呼吸困难或牙关紧闭、头晕眼花、神志不清等症状。使用阿托品疗效良好。此菌还产生甜菜碱、胆碱和腐胺等生物碱。该菌可药用，小剂量使用时有安眠作用。子实体的乙醇提物，对小白鼠肉瘤S180有抑制作用。所含毒蝇碱等毒素对苍蝇等昆虫杀伤力很强，可用于森林业生物防治。

夏秋季，毒蝇鹅膏菌在林中地上成群生长，分布于我国黑龙江、吉林、四川、西藏、云南等地。

据记载，西伯利亚的通古斯人及雅库疆人曾用该菌作传统的节日食用菌。一般成人食一朵后便会产生如痴似醉的感觉，他们认为这是一种享受。印度用它作为魔术师的药剂，在一些国家民间被作为一种安眠药物。我国东北地区将此毒菌破碎后拌入饭中用来毒死苍蝇，毒死老鼠及其他有害动物。另外毒蝇伞表面的鳞片脱落后，往往与可食用的橙盖伞相似，采食时需注意区别。在德国民间将此菌浸入酒中，用以治风湿痛。该菌含丙酸，可用于制造丙酸盐用作防腐剂、香料脂、人造果子香等。此菌属外生菌根菌。与云杉、冷杉、落叶松、松、黄杉、桦、山毛榉、栎、杨等树木形成菌根。

细褐鳞蘑菇[*Agaricus praeclaresquamosus* Freeman]：子实体中等至较大。菌盖直径5～10cm，初期半球形，后期近平展，中部平或稍凸，表面污白色，具有带褐色、黑褐色纤毛状小鳞片，中部鳞片灰褐色，边缘有少量菌幕残物。菌肉白色，稍厚。菌褶初期灰白至粉红色，最后变黑褐色，较密，不等长，离生。菌柄圆柱形，长6～12cm，直径0.81cm，灰白色，表面平滑或有白色的短细小纤毛，基部膨大，伤处变黄色，内部松软。菌环薄膜质，双层，生柄的上部，白色，上面有褶纹，下面有白色短纤毛。该菌有毒，有很强的石碳酸气味，食用后引起呕吐或腹泻等中毒症状。此菌外形特征接近于双环林地蘑菇，但此种幼时菌盖顶部不呈四方形，菌盖鳞片细小。

夏秋季，细褐鳞蘑菇多生林中地上，分布于河北、香港等地。

大鹿花菌[*Gyromitra gigad* (Krombholz) Cooke]：子实体较小至中等大，菌盖直径8.9～15cm。呈不明显的马鞍形，稍平坦，微皱，黄褐色。菌柄长5～10cm，直径1～2.5cm，圆柱形，较盖色浅，平坦或表面稍粗糙，中空。

在针叶林中地上靠近腐木单生或群生，多分布于我国吉林、西藏等地。可能有毒，毒性因人而异，不可食用。

赭红拟口蘑[*Tricholomapsis rutilans* (Schaeff. Fr.) Sing.]：又称赭红口蘑等。子实体中等或较大。菌盖有短绒毛组成的鳞片。浅砖红色或紫红色，甚至褐紫红色，往往中部浮色。菌盖4～15cm。菌褶带黄色，弯生或近直生，密，不等长，褶缘锯齿状。菌肉白色带黄，中部厚。菌柄细长或者粗壮，长6～11cm，直径0.7～3cm，上部黄色下部暗红褐色或紫红褐色小鳞片，内部松软后变空心，基部稍膨大。此菌有毒，误食此菌后，往往产生呕吐、腹痛、腹泻等胃肠炎病症。但也有人无中毒反应。

夏秋季，生于针叶树腐木上或腐树桩上，群生或成丛生长，多分布于我国台湾、甘肃、陕西、广西、四川、吉林、西藏、新疆等地。

白毒鹅膏菌 [*Amanita verna* (Bull. : Fr.) Pers. ex Vitt.]：子实体中等大，纯白色。菌盖初期卵圆形，开伞后近平展，直径 7～12cm，表面光滑。菌肉白色。菌褶离生，稍密，不等长。菌柄细长圆柱形，长 9～12cm，粗 2～2.5cm，基部膨大呈球形，内部实心或松软，菌托肥厚近苞状或浅杯状，菌环生柄之上部。此蘑菇极毒，毒素为毒肽和毒伞肽。中毒症状主要以肝损害型为主，死亡率很高。

夏秋季，分散生长在林地上，多分布于我国河北、吉林、江苏、福建、安徽、陕西、甘肃、湖北、湖南、山西、广西、广东、四川、云南、西藏等地。

大青褶伞 [*Chlorophyllum molybdites* (Meyet : Fr.) Massee]：又称摩根小伞等。子实体大，白色。菌盖直径 5～30cm，半球形，扁半球形，后期近平展，中部稍凸起，幼时表皮暗褐色或浅褐色，逐渐裂为鳞片，顶部鳞片大而厚，呈褐紫色，边缘渐少或脱落，菌盖部菌肉白色或带浅粉红色，松软。菌褶离生，宽，不等长，初期污白色，后期呈浅绿至青褐色，褶缘有粉粒。菌柄圆柱形，长 10～28cm，直径 1～2.5cm，纤维质，表面光滑，污白色至浅灰褐色，菌环以上光滑，环以下有白色纤毛，基部稍膨大，内部空心，菌柄菌肉伤处变褐色，干时有香气。菌环膜质，生柄之上部。此菌普遍被认为有毒，不宜食用。其外形特征与高大环柄菇相似，明显区别是后者菌褶白色，可食用。

夏秋季，生长在林中或林缘草地上，群生或散生，多分布于我国香港、台湾、海南等地。

毛头鬼伞 [*Coprinus comatus* (Mull. : Fr.) Gray]：又称鸡腿蘑(河北、山西)、毛鬼伞。子实体较大。菌盖呈圆柱形，当开伞后很快边缘菌褶溶化成墨汁状液体。菌盖直径 3～5cm，高 9～11cm，表面褐色至浅褐色，随着菌盖长大而断裂成较大型鳞片。菌肉白色。菌柄白色，圆柱形，较细长，且向下渐粗，长 7～25cm，直径 1～2cm，光滑。此菌有时生长在培殖草菇的堆积物上，与草菇争养分，甚至抑制其菌丝的生长。该蘑菇一般可食用。其含有石碳酸等胃肠道刺激物，还含有腺嘌呤、胆碱、精胺、酪胺和色胺等多种生物碱以及甾醇脂等。食后可能引起中毒，与酒类如啤酒同吃容易引起中毒。毛头鬼伞可人工培殖，不过因为成熟快，容易出现菌褶液化，必须掌握采摘时间。还可以用菌丝体进行深层发酵培养。

春至秋季，在田野、林缘、道旁、公园内生长，雨季可甚至在毛屋顶上生长，多分布于我国黑龙江、吉林、河北、山西、内蒙古、甘肃、新疆、青海、西藏等地。

芥味滑锈伞 (*Hebeloma simapicans* Fr.)：子实体一般中等大。菌盖表面光滑，黏，初期扁平球形，后期中部稍突起，深蛋壳色至深肉桂色，一般直径 5～12cm，边缘平滑。菌肉白色。菌褶浅锈色，稍密。菌柄柱形，长约 10cm，直径 1～2cm，污白色或带锈黄色。有强烈的芥菜气味，口尝有辣味。有毒，不宜食用。

夏秋季，常生长在针阔叶混交林中地上，单生或群生，多分布于我国吉林、云南、陕西、山西等地。

毛头乳菇 [*Lactarius torminosus* (schaeff. : Fr.) Gray]：又称疝疼乳菇。子实体中等。菌盖深蛋壳色至暗土黄色，具同心环纹，边缘白色长绒毛，乳汁白色，不变色，味苦。菌盖直径 4～11cm，扁半球形，中部下凹呈漏斗状，这缘内卷。菌肉白色。菌褶直生至延生，较密，白色，后期浅粉红色。

夏秋季，在林中地上单生或散生，多分布于我国黑龙江、吉林、河北、山西、四川、广东、甘肃、青海、内蒙古、新疆、西藏等地。

美丽粘草菇［*Voluariella speciosa*（Fr.）Sing］：子实体中等大，白色，菌盖直径 6～10cm，初期近圆形，后期近平展。菌肉白色。菌褶白色变粉红色。菌柄细长，长 66～15cm，直径 0.66～1.3cm，圆柱形。菌托苞状而大。

秋季生长在林中地上，单生或群生，多分布于我国湖北、湖南、四川、吉林、新疆、香港等地。有毒，不可食用。

粪锈伞［*Bolbitius vitellinus*（Pers.）Fr.］：子实体一般较小。菌盖近钟形，半膜质，表面黏，光滑，中部淡黄色或柠檬黄色，有皱纹，向边缘渐变为米黄色，直径 2～4.5cm，边缘有细长条棱，可接近顶部。菌肉很薄。菌褶近弯生，密或稍稀，窄，深肉桂色，褶沿色淡。菌柄细长，柱形，长 5～10cm，直径 0.2～0.3cm，质脆，有透明感，光滑或上部有白色细粉粒，污黄白色，空心，基部稍许膨大。怀疑有毒，不可食。

春至秋季在牲畜粪上或肥沃地上单生或群生，分布于我国黑龙江、吉林、辽宁、河北、内蒙古、山西、四川、云南、江苏、湖南、青海、甘肃、陕西、西藏、福建、广东、新疆等地。

粉红枝瑚菌［*Ramaria formosa*（Pers.：Fr.）Quél.］：又称珊瑚菌、扫帚菌、刷把菌（四川）、鸡爪菌、则梭校（西藏）、粉红丛枝菌。子实体浅粉红色或肉粉色，由基部分出许多分枝，形似海中的珊瑚。子实体高达 10～5cm，宽 5～10cm，干燥后呈浅粉灰色。每个分枝又多次分叉，小枝顶端叉状或齿状。菌肉白色。不宜采食，食后往往中毒，但经煮沸浸泡冲洗后可食用。中毒症状为比较严重的腹痛、腹泻等胃肠炎症状。对小白鼠肉瘤 S180 的抑制率为 80%，对艾氏癌的抑制率为 70%。此菌与山毛榉等阔叶树木形成外生菌根。

多生于阔叶林中地上，一般成群丛生在一起，分布于我国黑龙江、吉林、河北、河南、甘肃、四川、西藏、安徽、云南、福建等地。

臭黄菇（*Russula fotens Pedrs*.：Fr.）：又称鸡屎菌（广西）、油辣菇（四川）、黄辣子、牛犊菌（广西）、牛马菇（福建）。子实体中等大。菌盖土黄至浅黄褐色，表面黏至黏滑，边缘有小疣组成的明显的粗条棱。菌盖直径 7～10cm，扁半球形，平展后中部下凹，往往中部土褐色。菌肉污白色，质脆，具腥臭味，麻辣苦。菌褶污白至浅黄色，常有深色斑痕，长短一致或有少数短菌褶，弯生或近离生，较厚。菌柄较粗壮，圆柱形，长 3～9cm，直径 1～2.5cm，污白色至淡黄色，老后常出现深色斑痕，内部松软至空心。此菌在四川等地被群众晒干，煮洗后食用，但在不少地区往往食后中毒，主要表现为胃肠道病症，如恶心、呕吐、腹痛、腹泻，甚至出现精神错乱、昏睡、面部肌肉抽搐、牙关紧闭等症状。一般发病快，初期及时催吐可减轻病症。可药用，制成"舒筋丸"可治腰腿疼痛、手足麻木、筋骨不适、四肢抽搐。对小白鼠肉瘤 S180 和艾氏癌的抑制率均为 70%。该菌子实体含有橡胶物质，可能利用此菌合成橡胶。属外生菌根菌，与榛、桦、山毛榉、栗、铁杉、冷杉等树木形成菌根。

夏、秋季，在松林或阔叶林地上群生或散生，多分布于我国河北、河南、山西、黑龙江、吉林、江苏、浙江、安徽、福建、湖南、广西、广东、四川、云南、甘肃、陕西、西藏等地。

白黄黏盖牛肝菌［*Suillus placidus*（Bonorder）Sing.］：子实体较小。菌盖直径 1.5～9cm，半球形，表面黏，白色，淡白色或带黄褐色，老后呈红褐色，幼时边缘有残留菌幕。

菌肉白色，后渐变淡黄色。菌管直生或弯生，白色。管口小，近圆形。每毫米 3～4 个，有腺眼。柄长 4～6cm，直径 0.8～1.5cm，柱形，基部稍膨大，内实，初白色，后与菌盖同色，有腺眼。食后往往引起腹泻，但经浸泡、煮沸淘洗后可食用。属外生菌根菌，与松等形成菌根。

夏秋季，于松林中地上单生或群生，分布于我国辽宁、吉林、云南、香港、辽宁、陕西、西藏、四川、广东等地。

26.5.5　常见有毒菌的鉴别

一看生长环境。可食用的无毒蘑菇多生长在清洁的草地或松树、栎树上，有毒蘑菇往往生长在阴暗、潮湿的肮脏地带。

二看子实体颜色。有毒蘑菇菌面颜色鲜艳，有红、绿、墨黑、青紫等颜色，特别是紫色的往往有剧毒，采摘后易变色。

三看子实体形状。无毒蘑菇的菌盖较平，伞面平滑，菌面上无轮，下部无菌托，有毒的菌盖中央呈凸状，形状怪异，菌面厚实板硬，菌柄上有菌环，菌托细长或粗长，易折断。

四看分泌物。将采摘的新鲜野蘑菇撕断菌柄，无毒的分泌物清亮如水（个别为白色），菌面撕断不变色；有毒的分泌物稠浓，呈赤褐色，撕断后在空气中易变色。

五闻气味。无毒蘑菇有特殊香味，有毒蘑菇有怪异味，如辛辣、酸涩、恶腥等味。

六是测试。在采摘野蘑菇时，可用葱在蘑菇盖上擦一下，如果葱变成青褐色，证明有毒，反之不变色则无毒。

七是煮试。在煮野蘑菇时，放几根灯芯草、少许大蒜或大米同煮，蘑菇煮熟，灯芯草变成青绿色或紫绿色则有毒，变黄者无毒；大蒜或大米变色有毒，没变色仍保持本色则无毒。

八是化学鉴别。取采集或买回的可疑蘑菇，将其汁液取出，用纸浸湿后，干后立即在上面加一滴稀盐酸或白醋，20min 后呈蓝色或立即变红，30min 后变蓝的则有毒。

26.5.6　中毒后及时实施急救措施

（1）立即呼叫救护车赶往现场。

（2）急救时最重要的是让中毒者大量饮用温开水或稀盐水，然后把手指伸进咽部催吐，以减少毒素的吸收。

（3）在等待救护车期间，为防止反复呕吐发生的脱水，最好让患者饮用加入少量的食盐和食用糖的"糖盐水"，防止体液的丢失，发生休克。

（4）对于已发生昏迷的患者不要强行向其口内灌水，防止窒息。

（5）为患者加盖毛毯保温。

26.5.7　诊断与治疗

（1）诊断：毒蕈中毒的临床表现虽各不相同，但起病时多有吐泻症状，如不注意询问食蕈史常易被误诊为肠胃炎、菌痢或一般食物中毒等。故当遇到此类症状之病人时，尤在夏秋季节呈一户或数户同时发病时，应考虑到毒蕈中毒的可能性。如有食用野蕈史，结合临床症状，诊断不难确定。如能从现场觅得鲜蕈加以鉴定，或用以饲养动物证实其毒性，则诊断更为稳妥。

（2）急救：一般而言，凡色彩鲜艳、有疣、斑、沟裂、生泡流浆，有蕈环、蕈托及呈奇形怪状的野蕈均有不同程度的毒性成分，如毒蕈碱、毒蕈溶血素、毒肽和毒伞肽等。食用毒蕈后经过 30min 至 1h 的潜伏期，出现恶心、呕吐、剧烈腹泻和腹痛等症状，可伴多汗、流口水、流泪、脉搏等表现，和(或)黄疸、贫血、出血倾向等体征，少数患者发生谵妄、呼吸抑制，甚至昏迷、休克死亡。

入院治疗：因为蘑菇中毒的潜伏期较长，而且部分蘑菇中毒的症状一旦出现就会迅速恶化，所以进食可疑有毒蘑菇后要及时到医院诊治。对曾进食可疑有毒蘑菇的患者，接诊大夫不能麻痹，应尽快求助专业机构，判定蘑菇种类，以利救治。

首先应及时采用催吐、洗胃、导泻、灌肠等方法以迅速排出尚未吸收的毒物。尤其对误食毒伞、白毒伞等毒覃者，其发病时虽已距食覃 6h 以上，但仍应给予洗胃、导泻等治疗，洗胃、灌肠后导入鞣酸、活性炭等可以减少毒素的吸收。

26.5.8　其他的治疗方法

阿托品：用于神经精神型中毒患者。可根据病情轻重，采用 0.5～1mg 皮下注射，每 30min 至 6h 一次。必要时可加大剂量或改用静脉注射。阿托品尚可用于缓解腹痛、吐泻等胃肠道症状。对因中毒性心肌炎而致房室传导阻滞亦有作用。

巯基解毒药：对毒伞、白毒伞等引起肝脏和/或多功能脏器损伤的患者，可应用巯基解毒药，用法为：二巯丁二钠(Na-DMS) 0.5～1g 稀释后静脉注射，每 6h 一次，首剂加倍，症状缓解后改为每日注射 2 次，5～7d 为一疗程；或二巯丙横钠 5% 溶液 5ml 肌内注射，每 6h 一次，症状缓解后改为每日注射 2 次，5～7d 为一疗程。

肾上腺皮质激素：适用于溶血型毒覃中毒及其他重症中毒病例，特别是有中毒性心肌炎、中毒性脑炎、严重的肝损害及有出血倾向的病例皆可应用。

对症与支持治疗：对各型中毒的肠胃炎症状，应积极纠正脱水、酸中毒及电解质紊乱；对有肝损害者应给予保肝支持治疗；对有精神症状或有惊厥者应予镇静或抗惊厥治疗，并可试用脱水剂。

26.5.9　大自然中 7 种致命毒蘑菇列举

很多人喜欢郊游，可能会遇到野生的蘑菇。很多蘑菇既美味可口，又赏心悦目。但一定要提防自然界这些美丽的"诱惑"。以下介绍 7 种毒性超强的蘑菇，切记，一定对它们敬而远之。

世界各地气候温和的地方都可以看到纹缘盔孢伞，即秋日小圆帽(*Autumn skullcap*)的身影(图 26-7)。它表面看似光盖伞属的致幻真菌，事实上却具有相当大的毒性。与本属中的深褐色或淡紫色孢子不同，纹缘盔孢伞的孢子是淡棕色。不过要分辨二者的区别存在一定的难度，尤其是这些小蘑菇可能生长在同一区域。

图 26-7　秋日小圆帽

图 26-8　"死亡天使"

　　"死亡天使"（death angel），学名 *Amanita bisporigera*，是最常见的蘑菇杀手之一（图 26-8）。人们很容易将白色的死亡天使与可食用的蘑菇混淆，包括草菇和洋蘑菇。"死亡天使"含有鹅膏毒素，可阻止细胞的新陈代谢（从而杀死细胞），通常始于肝和肾；几天内可致死。"死亡天使"一般发现于北美，而其同属鳞柄白鹅膏（*A. virosa*）在欧洲更为常见。

　　"毁灭天使"（destroying angel），学名为 *Amanita virosa*，主要在欧洲出没，与北美有毒的双抱鹅膏（*A. bisporigera*）和赭鹅膏（*A. ocreata*）（图 26-10）同源性极高，以一种难闻的气味告诫人们不要靠近，这并不能阻止一些人品尝其白色的肉（图 26-9）。但是，这种蘑菇在幼年看上去像鸡蛋，识别起来更加困难，因为人们常常会把它同另外两种食用蘑菇混淆。

　　在全球范围内，这种看似无辜的真菌可是多数与蘑菇有关的死亡事件的罪魁祸首。所以，千万不要将可食用的蘑菇种类同毒鹅膏（*Amanita phalloides*）混淆，后者含有鬼笔毒素与鹅膏菌素两种毒物，仅仅食用 30g 便足以致死。症状可能会在食用后 8～12h 才出现，但可以在一周内引起肾衰竭，致人死亡。

图 26-9　"毁灭天使"

图 26-10　鹅膏菌

　　大理石死亡帽（marbled death cap）（图 26-11），一般出现在夏威夷、澳大利亚和南非，与死亡帽是同属，也含有鹅膏菌素。这种伞状真菌常常生长在常绿乔木和桉树林。据说是同别的树种一道从澳大利亚被引入夏威夷。

图 26-11　大理石死亡帽

图 26-12　头套状鹿花菌

图 26-13　鹿花菌

头套状鹿花菌（hooded false morel）（图 26-12），学名为赭鹿花菌（*Gyromitra infula*），人们可能会将这种褐色鞍状蘑菇与一种美味可口的可食用蘑菇（在食用前必须煮熟）混淆。赭鹿花菌含有 gyromitirin 毒素，这种毒素在人体会转化为甲基联氨，甲基联氨是火箭燃料的原料之一。赭鹿花菌吃进腹中一开始或许没有其他蘑菇那么致命，但日子久了，它会逐渐对人体产生有害影响，可能是一种致癌物。

鹿花菌（*Gyromitra esculenta*），一旦生食足以致命（图 26-13）。它还因回旋状表面被称为"大脑蘑菇"。在西班牙、瑞典等地，仍有人将其煮熟后吃掉。鹿花菌通常被认为毒性不强。它还含有鹿花菌素，鹿花菌素可以产生甲基联氨。与其他许多种毒蘑菇不同，鹿花菌通常会引起神经性症状，包括昏迷和肠胃不适。

小　结

冬虫夏草是由虫草蝙蝠蛾（*Hepialus armoricanus Oberthur*）幼虫上的子座与虫体空壳及其内菌核经干燥而得，简称为虫草。夏季，虫草菌的子囊孢子萌发成芽管穿入寄主幼虫内，从寄主身上吸收营养，并在寄主体内生长菌丝体，使虫体僵化。在冬季形成菌核，菌核发育毁坏了幼虫的内部器官，故常言冬虫。再到了夏天，从冬虫（实为菌核）体的头部长出子座。冬虫夏草常见于 3500～5000m 的高山上，西藏和青海产量最多，质量最好。虫草菌素具有一定的抗生作用和抑制细胞分裂的作用，中医认为该菌性温，味甘、后微辛，具有补精益髓、保肺益肾、止血化痰、止痨咳等功效。现代医学认为冬虫夏草含有可提高人体免疫力、抗疲劳、耐缺氧、抗衰老、抗肿瘤等的虫草素、虫草酸、核苷类、甾醇类、多种人体必需的氨基酸、有益微量元素、维生素、虫草多糖、SOD 等多种营养物质和有益活性物质。冬虫夏草的生态分布呈明显的地带性和垂直分布规律，与寄主虫草蝙蝠蛾的垂直分布一致，气候寒冷，多风多雪（常年积雪），冻土时间较长，气候多变（时雨、时雪、时日照），潮湿寒冷，昼夜温差大，日照充足，紫外线强，局部存在现代冰川，微观气候差异较大地区。冬虫夏草最适宜的生长温度为 7～12℃，其子座生长适宜的温度为 2～16℃，当地 5～6 月是冬虫夏草子座生长的季节，7～8 月则是子囊孢子成熟和感染土中幼虫的时期，也是子囊孢子萌发菌丝在幼虫体内生长繁殖的时期。冬虫夏草最适宜生长的大气相对湿度 80%～90%，土壤湿度 40%～60%。光照促进子座的形成。全暗的条件下，只成菌核，而不长子座。冬虫夏草具有较强的趋光性。生态土壤为高山或高原草甸土，呈深黑色，土壤腐殖质含量较多，土层厚 15～40cm。蝙蝠蛾幼虫一般分布于 5～25cm 的土层中，以 10～20cm 处较多。土壤多呈团粒结构，给排水性良好，多为酸性土壤，pH5.3～5.8，沙壤或轻壤土。高山灌丛的植被主要由阔叶灌木组成；高山草甸，草本植物多以蓼属、蒿草属及黄芪属为主。冬虫夏草人工培殖三大技术难关，即冬虫夏草纯菌种成功的分离、驯化与培养；虫草蝙蝠蛾幼虫成批饲养繁殖；虫草蝙蝠蛾幼虫被菌种侵染，并发育出优质虫草。冬虫夏草价格昂贵，导致过度开采，数量骤减，生境被严重破坏，目前尚未能成功实现人工批量培殖。

松口蘑又称松茸，是与松树共生的一种极其珍稀昂贵的食用蕈菌，被誉为"蘑菇之王"，其菌肉肥厚，具有香气，口感如鲍鱼，极润滑爽口。研究证明，松口蘑富含蛋白质，多种氨基酸，不饱和脂肪酸，核酸衍生物，肽类物质等稀有元素，具有强身、益肠胃、止痛、理气化痰之功效，松口蘑属好气性外生菌根菌，因而人工培殖松口蘑有相当大的难度。目前，全世界还不能人工培植此菌，处于半人工培殖状态，人们可以进行山林培殖，既可保护松口蘑赖以生存的环境，也可达到培殖和增产的目的。

羊肚菌子实体较小或中等，肉质稍脆，营养丰富，国际上常称它为"健康食品"之一，最著名的珍贵食药用菌之一。羊肚菌可药用，其性平、味甘寒，主治脾胃虚弱、消化不良、痰多气短、精神亏损等，具有补肾、壮阳、补脑、提神等功效。羊肚菌是一种土生菌。主要发生在春末夏初和夏末秋初两个交替季节，主要特点是温差大。属于低温菌类，其菌丝生长温度 3～28℃，最适宜温度 18～22℃。孢子萌发温度 15～20℃。羊肚菌原基形成的最佳温度为 18℃，相对湿度 85%～90%，基质含水量为 50%～60%。子实体生长最适宜温度为 15～18℃，温差大，有利于子实体的形成。菌丝体、子实体生长土壤含水量在 30%～55%，空气相对湿度在 80%～90%，大于 95%容易形成菌核。羊肚菌为好气菌类，菌丝和菌核生长不需要光照，光照不利于二者的生长。

鸡㙡是食用菌中的珍品之一，肉厚肥硕，细嫩爽口，质细丝白，味道鲜甜香脆，含有多种营养成分，据《本草纲目》记载，还有"益味、清神、治痔"的作用。鸡㙡利用蚁粪和白蚁分泌物促进生长；白蚁则以鸡㙡白色菌丝体为食料；鸡㙡生长分化所需要的营养主要来自菌圃；鸡㙡在热带或亚热带地区的白蚁巢内生长分化，它需要较高的温度，白蚁巢内一般在 25～26℃；菌圃的含水量一般为 47%～58%，菌圃内的空气相对湿度一般为 90%以上；鸡㙡具有耐二氧化碳能力较强，鸡㙡白蚁巢内的二氧化碳的浓度为 3%～5%，鸡㙡子实体破土后需要氧气量较大；无论是鸡㙡菌丝体还是子实体，在黑暗的条件下完全能正常发育完成生活史；鸡㙡在 pH4.0 左右偏酸的环境下生长；鸡㙡与白蚁二者是自然界长期选择的共生关系，彼此互为利用。

有毒蕈菌是对人和其他动物而言。已知的有毒蕈菌，绝大多数属于担子菌中的伞菌目，也有少量属其他担子菌或子囊菌等。有毒蕈菌的存在是生态平衡的选择，它是人类的一种宝贵资源，急待开发利用。有毒蕈菌具有生态平衡作用、以毒攻毒药用作用、抗癌作用、杀虫作用、可提取橡胶物质，有广泛的理论研究和应用价值。有毒菌毒素类型大致可分为原浆毒素、神经致幻毒素、血液毒素、肠胃毒素等四大类。常见有毒菌的鉴别：一看生长环境；二看子实体颜色；三看子实体形状；四看分泌物；五闻气味；六是测试；七是煮试；八是化学鉴别。有毒菌中毒后应立即实施救治，否则危及生命。

需要说明的是正在攻关驯化的蕈菌并不只是上述几种，随着人们的不断认识和不断的需求，待攻关驯化的蕈菌会逐渐增多，尤其是有毒蕈菌更是亟待开发。

思　考　题

1. 名词解释：有毒菌
2. 冬虫夏草是如何形成的？
3. 冬虫夏草药用价值有哪些？
4. 请简要说明冬虫夏草生态环境，并谈谈为何难以实现人工批量培殖的原因。
5. 冬虫夏草菌丝体和野生子实体营养成分有何区别，有何指导意义？

6. 冬虫夏草和蛹虫草营养成分有何区别,有何指导意义?

7. 松口蘑的食用、药用价值有哪些?

8. 请简要说明松口蘑生态环境,并谈谈为何难以实现人工批量培殖的原因。

9. 羊肚菌的食用、药用价值有哪些?

10. 请简要说明羊肚菌人工培殖过程中存在的问题。

11. 鸡枞的食用价值有哪些?

12. 有毒菌的理论研究和应用价值有哪些?

13. 请简要说明有毒菌根据有毒素如何分类,并举例说明。

14. 如何辨别是否为有毒菌?

15. 食用有毒菌后如何进行急救?

第四篇 蕈菌生物技术

　　生物技术的广义概念通常也称生物工程学（Biotechnology），顾名思义，就是生物学与工程技术有机结合而成的缩写词。这个词最早出现于1960年的国外科技刊物中，国内最早出现于1975年内部发行的《微生物学简讯》情报刊物上。生物技术包括细胞工程技术、蛋白质工程技术（包括酶工程技术）、基因工程技术、发酵工程技术和生化工程技术五大分支。生化工程技术主要包括生化反应工程，即生物反应器、生化分离器——分离提纯技术与设备、生化控制工程——生化传感器、测量与控制、生化系统工程——过程分析评价与优化设计放大等内容。

　　蕈菌生物技术最基本的技术应该包括蕈菌的菌种制作与保藏技术、蕈菌育种技术、蕈菌食品加工与贮藏技术、蕈菌食品工程技术、蕈菌有害微生物和动物的病害与防治技术等。

第 **27** 章 蕈菌菌种制作技术

27.1 菌种厂的基本内容

菌种是蕈菌培殖的基础和关键。生产销售菌种的企业，必须持有菌种生产和销售许可证，设有菌种生产厂，以确保菌种的质量和数量，按照客户的需求及时生产和供应菌种。较大规模蕈菌培殖场，也应有自己的制种车间，它能降低生产成本，做到胸中有数。

27.1.1 工业化菌种厂的布局设计

菌种厂的选址，首先应选择交通便利、水电充足、地势较高、给排水方便、环境可控、整洁、新鲜空气流通的地方。菌种厂应建在蕈菌培殖场的上风头，指当地一年四季的主导风向。菌种厂的设计，一般要求是场地四周 500m 内不得有畜禽养殖圈舍、饲料库、酿造厂、化工厂、油漆厂、垃圾场、核辐射等。菌种厂占地面积的大小要根据企业的人力、财力和辐射的能力，以及企业自己的用量和市场占有量来决定。其原则应以销定产，而且留有一定的发展空间，配套设备先进实用，以少花钱多办事，逐渐扩大为宜。

27.1.2 菌种厂工业化生产基本设计

27.1.2.1 总体规模

设计每瓶风干料 500g(瓶容积 1400ml)，转化率按照 50% 计算，单瓶可产鲜菇 250g。日产 3 万瓶，7.5t 白灵菇鲜品，全年生产 300d，单周期 100d，年产鲜菇 2250t。发菌室容量按照 600 瓶/m² 摆放来计算，则单周期需要发菌室 5000m²。育菇室的容量按照 200 瓶/m² 摆放来计算，则单周期可供育菇室 15 000m²。年可供育菇室 45 000m²。

液体菌种用量(按照每瓶接种量 25ml，摇瓶种接发酵罐生产种量按 0.08%)：

日产摇瓶菌种 600ml(2 只/500ml 摇瓶各 300ml)，共需 14 只摇瓶(2 只瓶×7d)；

日产发酵罐菌种 750L(0.025L/瓶×3 万瓶)，共需 14 只罐[(2 只/500L 罐)×7d]。

27.1.2.2 主体土建和环境净化设计内容

主体土建内容：原辅料库、拌料间、装瓶间、灭菌间、冷却室、理化室检测、摇瓶兼细胞学室、制种室、接种室、发菌室、育菇实验室、包装室、速冻库、冷藏库、保鲜库、菌糠处理车间、工具库等。

环境净化设计内容：

A. 洗手间、更衣Ⅰ室、缓冲Ⅰ室、更衣Ⅱ室、缓冲Ⅱ室、风淋Ⅰ室、液体菌种生产车间、液体菌种接种车间、传递窗、冷却Ⅲ室、缓冲Ⅲ室、冷却Ⅱ室、冷却Ⅰ室、缓冲通道；

B. 理化检测室、缓冲Ⅳ、风淋室Ⅱ、摇瓶兼细胞学室、传递窗；

C. 发菌室、育菇实验室、包装室、速冻库、冷藏库、保鲜库、掏瓶、菌糠处理车间等；

D. 温度控制、湿度控制、光照控制、二氧化碳浓度控制、整洁度控制、新风进入及排风控制，水路系统、风路系统、节能系统、照明系统、自控感应系统；

E. 主机机房的设备选型、水路、风系统、冷暖系统、电控等；

F. 末端机房的设备选型、水路、风系统、冷暖系统、电控等；

G. 设计区域范围内的空调设备、净化设备、加湿设备、通风设备、节能设备、自控设备、光照设备的选型。

27.1.2.3　主体建设具体设计

土建工程建筑及附属工程总面积约 101 300m²，具体建设内容如下。

（1）拌料、装瓶、灭菌车间。

布局：拌料区与装瓶区之间用墙体隔开，两侧留作业门。装瓶区与灭菌柜的进料口一侧敞开为一体，有利于直接进料灭菌。灭菌柜的出料口一侧与冷却 I 为一室，即灭菌柜的出料口处用隔热墙封闭，将有菌区与灭菌后净化区。

拌料、装瓶、灭菌：建筑面积 1200m²（长×宽×顶高为 50m×24m×5.5m）。墙体及地面要求：墙体采用彩钢板聚氨酯泡沫板夹层（彩钢板 1.2mm＋泡沫厚度 100mm，密度 20kg/m³），15～25cm 厚水泥地面（以能够承重车间最大仪器设备为原则），设给排水口和地泵，以及储水罐、加压泵和给水计量装置。

设备设施要求：按照 4.3t/h 拌料机 2 台套。搅拌装置包括双螺旋搅拌机 2 组、刮板输送机 2 组、双螺旋输送机 2 组、自动装瓶机 2 组等，总占地面积约 130m²。单个全自动脉冲高压灭菌柜 41m³，2 台占地约 58m²，每柜一次可灭 9000 瓶/5h。一台液体菌种灭菌专用器占地约 6.6m²。设备设施总占地约 200m²。室内圆形墙角，节能照明灯，屋顶设有强排风，以及电源控制箱。其余为周转面积。

（2）冷却室：冷却室面积 600m²，分 3 室，三级冷却（长×宽×顶高为 25m×24m×4.5m）。冷却 I 室 150m²，冷却 II 室 250m²，冷却 III 室 200m²，墙体采用彩钢板聚氨酯泡沫板夹层（彩钢板 1.2mm＋泡沫厚度 100mm，密度 20kg/m³），水磨石地面，室内圆形墙角，节能照明灯，密封日式错拉门。

A. 冷却 I 室：设计温度 100℃，相对湿度 80%～95%，设计高度 4.5m，屋顶安装强排风，下进新风，三级过滤，净化级别万级，物流通过冷却 II 室、冷却 III 室，采用灭菌车运输实现，到达接种室。空车通过冷却 I 室与装瓶灭菌的缓冲通道到达装瓶区。

B. 冷却 II 室：设计温度 60℃，高度 4.5m，相对湿度 75%～80%，屋顶安装强排风，下进新风冷风，净化级别万级。

C. 冷却 III 室：设计温度 36℃，高度 4.5m，相对湿度 65%～70%，靠近屋顶安装强排风，下进新风冷风，净化级别万级。冷却 III 室连接于冷却 III 室和接种室。

（3）液体菌种生产车间：总面积 60m²（15m×4m），设计温度 26℃±2℃，设计高度 3.5m，墙体采用彩钢板聚氨酯泡沫板夹层（彩钢板 1.2mm＋泡沫厚度 100mm，密度 20kg/m³），水磨地面，圆形墙角，节能照明灯。室内整洁度千级，主要设备为多只 500L 发酵罐，接种处层流罩内整洁度百级。液体菌种生产车间与生产摇瓶菌种室通过传递窗相连，与接种室的日式错拉门隔开。液体菌种通过无菌管道相连于接种机。

（4）接种室：总面积 60m²（15m×4m），设计温度 25℃±2℃，设计高度 3.5m，墙体采用彩钢板聚氨酯泡沫板夹层（彩钢板 1.2mm＋泡沫厚度 100mm，密度 20kg/m³），水磨石地面，室内圆形墙角，节能照明灯。室内整洁度千级，接种区层流罩下净化级别百级，传送带（为可拆卸式模块）通入发菌室，插车运输到达目的地。接种室与液体菌种生产车间的菌种通过发酵罐的管道相连。

（5）人净室：总面积 100m²（10m×10m），设计温度 23℃±2℃，其中包括洗手间面积 16m²，分男女卫生间各 1 间；换鞋间面积 10m²，储藏室 16m²；更衣 I 室面积 10m²，缓冲室 10m²；更衣Ⅱ室面积 10m²，缓冲室 10m²；风淋室面积 2m²。设计高度 3.5m。墙体采用彩钢板聚氨酯泡沫板夹层（彩钢板 1.2mm＋泡沫厚度 100mm，密度 20kg/m³），水磨石地面，室内圆形墙角，节能照明灯。

（6）摇瓶兼细胞学室：该室总面积 15m²，设计高度 3.5m，设计温度 23℃±2℃。主要仪器设备为制备摇瓶菌种的摇床、电子显微镜、超净工作台、冰箱等。水磨石地面，室内圆形墙角，节能照明灯。该室通过传递窗与液体菌种生产车间相连。

（7）理化检测室：理化生化检测室总面积 60m²（10m×12m），分 2 室各 30m²，设计温度 23℃±2℃，包括缓冲室。一为母种和摇瓶培养基制作Ⅰ室；二为接种、镜检、母种与摇瓶培养Ⅱ室。设计高度 4.5m，墙体采用彩钢板聚氨酯泡沫板夹层（彩钢板1.2mm＋泡沫厚度 100mm，密度 20kg/m³），水磨石地面，室内圆形墙角，节能照明灯。

（8）菌种发菌培养室：总面积 3000m²，分为 3 室[包括菌体后熟]，每室 1000m²；密封日式错拉门，可进出叉车。设计温度 19℃±8℃，设计高度 4.5m，墙体采用彩钢板聚氨酯泡沫板夹层（彩钢板 1.2mm＋泡沫厚度 100mm，密度 20kg/m³），水磨石地面，室内圆形墙角，节能照明灯，智能化调控水、气、热、光。

（9）搔菌室：总面积 60m²。密封日式错拉门，可进出叉车，设有传送带，有上下水。设计温度 20℃±2℃，设计高度 4.5m，墙体采用彩钢板聚氨酯泡沫板夹层（彩钢板 1.2mm＋泡沫厚度 100mm，密度 20kg/m³），水磨石地面，室内圆形墙角，节能照明灯。

（10）刺激室：总面积 800m²，分 2 室。密封日式错拉门，可进出叉车，设有传送带，设有调温、调湿、控光、控风装置。设计温度 5℃±10℃，设计高度 4.5m，墙体采用彩钢板聚氨酯泡沫板夹层（彩钢板 1.2mm＋泡沫厚度 100mm，密度 20kg/m³），水磨石地面，室内圆形墙角，节能照明灯。

（11）育菇实验室：总面积 1200m²，分 6 室。密封日式错拉门，设有传送带与包装室相连，设有调温、调湿、控光、控风装置。设计温度 10℃±4℃，设计高度 4.5m，墙体采用彩钢板聚氨酯泡沫板夹层（彩钢板 1.2mm＋泡沫厚度 100mm，密度 20kg/m³），水磨石地面，室内圆形墙角，节能照明灯。

（12）材料库要求。

A. 原料库：总面积 1200m²（50m×24m），顶高 5.5m，水泥地面主道承重 50t，墙体采用彩钢板聚氨酯泡沫板夹层（泡沫厚度 1.2mm，密度 20kg/m³），备齐防潮、防火设施，共 3 室。

B. 辅料库：总面积 480m²（20m×24m），顶高 5.5m，水泥地面主道承重 50t，墙体采用聚氨酯泡沫板夹层彩钢板（泡沫厚度 1.2mm，密度 20kg/m³），备齐防潮、防火设施，共 1 室。

C. 工具库：总面积 60m²（10m×6m），顶高 5.5m，水泥地面墙体采用彩钢板聚氨酯泡沫板夹层（泡沫厚度 1.2mm，密度 20kg/m³），备齐防潮、防火设施。

（13）冷库要求。

A. 速冻库：总面积 50m²（10m×5m），设计高度 4.5m，室内净高 3m。设计温度 -28℃，设计高度 3.5m，墙体采用彩钢板聚氨酯泡沫板夹层（彩钢板 1.2mm＋泡沫厚度 100mm，密度 20kg/m³），水泥地面加保温防潮隔绝层，屋顶加保温和空气隔绝层。密封日式错拉门。

B. 冷藏库：总面积 200m²（20m×10m），设计高度 4.5m，室内净高 3m。设计温度 -18℃，墙体采用彩钢板聚氨酯泡沫板夹层（彩钢板 1.2mm＋泡沫厚度 100mm，密度 20kg/m³），水泥地面加保温防潮隔绝层，屋顶加保温和空气隔绝层，共 2 室。密封日式错拉门。

　　C. 保鲜库：总面积 200m²(20m×10m)，设计高度 4.5m，室内净高 3m。设计温度 4℃，墙体采用彩钢板聚氨酯泡沫板夹层(彩钢板 1.2mm＋泡沫厚度 100mm，密度 20kg/m³)，水泥地面加保温、防潮隔绝层，屋顶加保温和空气隔绝层，共 2 室。密封日式错拉门。

　　D. 包装室：总面积 50m²(10m×5m)，设计高度 3.5m，设计温度 4℃，墙体采用彩钢板聚氨酯泡沫板夹层(彩钢板 1.2mm＋泡沫厚度 100mm，密度 20kg/m³)，水泥地面加保温、防潮隔绝层，屋顶加保温和空气隔绝层，满足鲜菇包装与初加工。密封日式错拉门。

　　(14) 掏瓶菌糠处理车间：总面积 600m²(25m×24m)，分 3 室，顶高 5.5m，水泥地面，墙体采用彩钢板聚氨酯泡沫板夹层(泡沫厚度 1.2mm，密度 20kg/m³)，备齐防潮、防火设施。

27.1.3　灭菌设备及设施

　　蕈菌培殖所用的三级菌种，包括液体菌种的培养基和熟料培殖的培养基都必须彻底灭菌。所以，灭菌容器和设备是制种所必备的。供灭菌所用的容器有大小、高压与常压之分。根据大小可分为灭菌锅和灭菌仓，灭菌锅有手提式、立式、卧式。根据密闭程度和承受的压力大小又可分为高压(即一般 1.5kg/cm² 或压强 0.15MPa)和常压，一般为 1 个大气压 100～105℃，详见表 27-1。通常是自产热水蒸气和外产热水蒸气。自产热水蒸气的多是 2000～8000W 电热管加热，而外产热水蒸气或外加热产气多用锅炉或电炉。外产水蒸气的锅炉有用燃煤、天然气、煤制气、燃油等。不论哪一种，所用水最好是软化水，以免长期使用产生水垢，影响导热。通常用配有鼓风机燃烧完全的燃烧室。

　　高压灭菌，时间短而且快，灭菌也彻底。灭菌的时间长短与被灭菌的物体大小总体积有关。一般而言，被灭菌的物质越重，总体积越大，在一定的压力下所需灭菌时间就越长，压力越大，水的沸点也随之越高。因此，压力不同，内在温度也不同，但都属于湿热灭菌。灭菌时只要产生压力，就应特别注意被灭菌物体的包装物所能承受压力的极限，否则易产生破裂或沙眼，造成污染。同时，也应注意保护被灭菌的物质成分不被破坏。关于压力的控制应设有调压装置。一般不采用直接放气减压，而应采取降低或升高电压，或撤火或增火调压。一般达 0.15MPa，灭菌 2～3h 即可。

表 27-1　水蒸气压强(压力)与温度的关系

压强/MPa	压力/(kg/cm)	温度/℃	压强/MPa	压力/(kg/cm)	温度/℃
0.007	0.070	102.3	0.090	0.914	119.1
0.014	0.141	104.2	0.096	0.984	120.2
0.021	0.211	105.7	0.103	1.055	121.3
0.028	0.821	107.3	0.110	1.120	122.4
0.035	0.352	108.8	0.117	1.195	123.3
0.041	0.422	109.3	0.124	1.260	124.3
0.048	0.492	111.7	0.138	1.406	127.2
0.052	0.563	113.0	0.152	1.547	128.1
0.062	0.633	114.3	0.165	1.687	129.3
0.069	0.703	115.6	0.179	1.829	131.5
0.073	0.744	116.8	0.193	1.970	133.1
0.083	0.844	118.0	0.207	2.11	134.6

　　常压灭菌，经济安全，灭菌时间长，被灭菌的物体相对多，体积也大，一次性投资小。一般采用灭菌仓、土蒸锅、抗压力小的容器，但是，相对而言不如高压容器密闭的严。通常都由水蒸气发生室和被灭菌物体的气体接受室两部分组成。常压灭菌的容器，不论是仓式还是其他样式的都不能在内径有死角、直角，圆的为好，利于热气流通。

27.1.4　拌料室

　　拌料室和灭菌室同样应有天窗和完备水电的设施，水不足可加管道泵。拌料室与灭菌室不同，需要高大宽敞，可边配料、边拌料、边装袋，并与灭菌室近连，这样省工时。室内一般配有粉碎机、拌料机、装瓶机、栽培种瓶和灭菌周转筐等。灭菌筐需与种瓶匹配。一般16瓶/筐。灭菌后，可直接整筐叉车搬运，整筐接种，周转筐接种后叉车运到培养室上架培养。国内常见生产覃菌的仪器设备，包括粉碎机、搅拌机、装袋机等，如图27-1～图27-10所示。室内还应备有运输车、运输周转筐、泵称等。室内设有漏电保护器，安全第一。

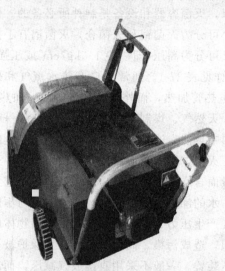

图 27-1　枝杈粉碎机　　　　　　　　　　　图 27-2　自走式拌料机

图 27-3　搅拌装袋流水线

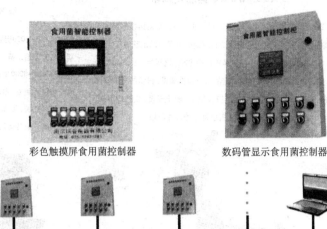

彩色触摸屏食用菌控制器   数码管显示食用菌控制器

图 27-4 发酵罐   图 27-5 装袋机

GXWP-4000 自动挖瓶机

用途： GXWP-4000 型自动挖瓶机是现代化生产食用菌的理想设备，该机用于清除菌瓶内的培养基。

特点： GXWP-4000 型自动挖瓶机是由挖瓶进给机构、翻转给料机构和电器控制显示系统组成，可随意计量挖瓶次数及挖瓶深度，可显示故障点，确保设备安全运行；该机还具有体积小、便于安装，操作简单，生产效率高等优点。

主要技术参数：

设备功率：1.8kW

电　　源：交流380V　　50Hz

性　　能：3000～4000瓶／h　（800ml／瓶）

外形尺寸：900（L）× 700（W）× 990（H）

图 27-6 自动挖瓶机

GXSJ-4000 自动搔菌机

用途： GXSJ-4000 型自动搔菌机由起盖机、搔菌皮机、加水机三台设备组成的自动生产线。该设备适用于各种类型的现代工业化生产食用菌生产企业，该机具有安全、方便、可靠等优点。是生产高品质食用菌不可缺少的设备。

特点： 该生产线采用PLC控制，运行可靠，自动化程度高，生产效率高，工人劳动强度低。

主要技术参数：

设备功率：1.1kW

电　　源：380V　　50Hz

外形尺寸：3880（L）× 860（W）× 1120（H）

图 27-7 自动搔菌机

GXJZ-6000 自动接种机

用途：GXJZ-6000型自动接种机是现代工业化生产食用菌接种菌种工序的理想设备，是现代工业化生产食用菌必不可少的工艺设备。

特点：GXJZ-6000型自动接种机是由种菌主机、进料机和出料机组合而成，依据食用菌种菌工序的特定的工艺条件要求，该机的有关零部件清洁、消毒十分方便；该机还具有体积小、便于安装，生产效率高，设备运行平稳，噪音低，给操作者以良好的工作环境。

主要技术参数：

设备功率：250W

电　源：交流100V　50～60Hz

性　能：6000～6300瓶／h　（台）根据菌种变化及消毒情况，接种能力可以调整。

空气压缩机，排气量90 L/min　工作压力6kg/mm²　（0.6MPa）

工作环境温度：　5～50℃

外形尺寸：1050 (L)× 610 (W)× 1550 (H)

图 27-8　自动接种机

GXMQ系列常压、高压蒸汽蘑菇灭菌器

用途：GXMQ系列常压、高压蒸汽蘑菇灭菌器是用于现代工业化生产食用菌培养基必不可少的灭菌设备。

特点：采用可编程控制器进行灭菌过程全自动控制。结构设计合理，操作简便，运行可靠，性能稳定，灭菌周期短，灭菌彻底。

主要技术参数：

动力电源：380V　50Hz

控制电源：220V　50Hz

汽源压力：0.3～0.5MPa

压缩空气：0.4～0.6MPa

蒸汽工作压力：0.15MPa

图 27-10　脉冲抽真空高压蒸汽蘑菇灭菌器

GXZP-6000 自动装瓶机

用途：GXZP-6000型自动装瓶机用于现代工业化生产食用菌培养基自动装瓶的理想设备，是现代工业化生产食用菌必不可少的工艺设备。

特点：GXZP-6000型自动装瓶机是由自动送瓶机、自动装瓶机和自动盖盖机组合而成，自动送瓶机可与自动装瓶机联合使用，也可单独使用自动装瓶机，可节约投资成本；该机还具有体积小、便于安装，生产效率高，设备运行平稳，噪音低，给操作者以良好的工作环境。

主要技术参数：

设备功率：200W

电　　源：交流220V　　50～60Hz

性　　能：6000～6300瓶／h　（台）

外形尺寸：1520 (L)× 920 (W)× 1800 (H)

图 27-9　自动装瓶机

27.1.5　母种、摇瓶接种室要求

灭菌后的培养基不能马上接种，应先进冷却室冷却。冷却室内应设有进排风装置。进风和排风应设空气过滤装置，一般三级过滤，终极过滤至少达到万级或千级，接种局部百级，并定期消毒，培养基冷却料温35℃下接种。

接种室的地面最好为水磨石、墙壁、屋顶均铺设光面瓷砖，而且，平坦无缝隙，避免灰尘沉积。接种室应设有缓冲间。接种室的门与缓冲间的门应错拉开。缓冲室面积6～10m²。接种室的面积一般10～40m²，室内高度一般在2.5～3.5m，设有严密的日式门窗。墙壁1.5～1.8m高处有2只30W紫外灯。屋顶设照明灯40W一只。开关应设在进门便于开关处。接种过程尽量一次性将被接的菌瓶培养基放置室内，进行杀菌或室内空气灭菌，熏蒸或紫外灯照射，并将被接物一次性接种完毕。室内可设有接种操作台、超净工作台等。计算好菌种所需要量。接生产母种

或原种，一定要在超净台或接种箱内进行，确保下一级的正常繁殖，减少污染率，保证出菇的产量。接种完毕，每次要彻底清洗室内所有表面和角落，并用干布统统擦一遍，开紫外灯 25～30min。所有用具也要彻底清洗，以便下次使用，有条件的可备双份。

27.1.6　培养室

培养室系指培养原种或栽培种的场所。室内空间大小，培养架高低、大小、数量及其他配套设施的确定，应以杀菌方便、利于保温、干燥通风、充分利用空间和节能省力为原则。培养架一般以角铁为材料，3.5cm×3.5cm×0.5cm，通常培养架规格为 4～5 层，最底层底脚高 25～30cm，层间距 45～50cm，培养架长×宽×高为 2.0m×0.5m×(2.0～2.2)m，层面铺铁丝网，并涂有防锈材料。也可以直接采用底盘筐式码垛。依据室内面积的大小设 40W 日光灯若干。培养室应与接种室相连。在接种室与培养室之间设有一物流窗和传送带，便于运输接种后的菌瓶插车至培养室应连通。但是，设有其独立的室内门，便于分室管理。培养室与走廊通道连同的门。

27.1.7　理化检测室

理化检测室的主要功能是进行生物化学分析、质检等，检测菌丝细胞内一些生化指标，如各酶类的活性及蛋白质、核酸的含量等，还可运用生化手段分类菌种、菌株；分析培养料和子实体的成分及含量等，其目的是为蕈菌的研发提供可靠的数据。生化实验室的装备应根据财力、物力、人力的实际情况配置。有条件的可配备小型发酵罐、小型冷冻干燥设备、台式高速冷冻离心机、蛋白质核酸分析仪、电泳仪、PCR 仪、一套蒸馏设备、一般冰箱、−20℃冰箱、−70℃冰箱、酸度计、小型液氮罐等仪器设备，以及各种生化试剂。生化实验室的面积可大可小，一般分 2 室。

27.1.8　摇瓶兼细胞培养室

细胞既是有机体的结构单位，又是其功能单位。因为，细胞具有全能性，所以细胞培养室显得尤为重要。室内一般设有高档的各种显微镜、解剖镜、摄像设备、切片机等切片设备、一套染色设备、计算机、空调设备等。室内应安静、整洁、明亮、防尘、闭光、双层门窗，并设有固定的水磨石或花岗岩水泥台，保证光学仪器防震防潮。有条件的应配有摄影室，现代生物学研究离不开摄影、记录。除了摄像机外，还应备有一套冲洗、印像、放大设备，以便及时分析结果。水泥台上铺有黑橡皮胶板。室内还应有便利的水电源。

27.1.9　菌种保藏室

菌种保藏室面积不必太大，但是，要最大限度的整洁、密闭、安全，并确保各仪器设备的高度精密，保险系数大，而且稳定。菌种保藏工作要有可靠的专人负责，建立严格档案制度，详细记录菌种来源、移植工艺、菌株的生物学特性、商品价值等，一并记录在案，输入计算机保存，并在保险柜内备份。

管理人员要定期观察菌种的保藏情况，及时清除污染或坏死菌种。一般同一菌株保留三个样本。当使用菌种时，在任何情况下，都不能将保藏的菌种全部用尽。对所保藏的菌株每年至少要做一次出菇实验，以生产实践鉴定保藏效果。

27.1.10　冷库

建造冷库的目的是对原种和栽培种及出菇菌棒的保藏。一般由速冻库(−28～−25℃)、冷藏库(−18℃)、保鲜库(4～10℃)和生产操作包装间等几部分组成。冷库的一般容量是面积×高度（约 2m）×系数（0.8）。而冷库菌棒的容量系数则为 0.6。菌瓶（棒）必须在 24h 内完全解冻后，再入冷藏库保鲜。一般保鲜 3～6 月不影响出菇，草腐菌除外。

27.2　灭菌与消毒技术

根据对微生物的杀灭程度杀菌可分灭菌、消毒、防腐为 3 个等级。

灭菌（sterilization）：它是彻底杀菌，即用物理或化学方法杀死空气及物体中整个体系的一切微生物，即它们的活细胞、芽孢、孢子、病毒和类病毒等，或将它们从物体上消除的过程。灭菌的实质是破坏核酸与蛋白质生命物质，使其永久变性。

消毒（disinfection）：它是用物理或化学方法杀灭物体表面或环境中部分微生物的措施。在医学上泛指对病原微生物的杀灭。消毒不能杀死细菌芽孢，不能达到灭菌的效果。

防腐（antisepsis）：它是抑菌过程，即用化学或物理的方法防止或抑制微生物的生长繁殖。

27.2.1　物理方法灭菌技术

物理方法灭菌可分为热力、辐射、药物、过滤、电磁波、气体等灭菌。

热力灭菌又分为湿热灭菌（moist heat sterilization）和干热灭菌（dry heat sterilization）。

（1）湿热灭菌法：从本质上讲是核酸、蛋白质分子的生命活性结构被破坏或永久变性。高压蒸汽灭菌法，对液体培养基指 $1.0 kg/cm^2$ 压力或压强 0.98MPa，121℃；固体培养基为 $1.5 kg/cm^2$ 压力或压强 1.5×0.98MPa。一般灭菌时间为 25min 至 2h。常压蒸汽灭菌法 100～105℃，6～8h。当然，灭菌时间应根据被灭物体的大小决定。间歇灭菌法指 100℃ 先杀营养体，30～120min，停火，再灭菌 20～30min 杀死新生长的营养体，间歇后，连续 3 次可达到无菌状态，达到杀死芽孢或孢子的效果。

（2）干热灭菌法：多采用灼烧或干热空气灭菌过程。灼烧适于玻璃、瓷器皿及金属器械。可分为灼烧灭菌，温度可达 200℃ 以上，能炭化一切微生物和芽孢或孢子达到无菌程度；干热灭菌是利用高温空气灭菌，要求 160℃ 维持 2h。但是，纸或棉花布类超过 170℃ 可被热空气烤焦，或有发生明火的危险。

（3）辐射灭菌（radiative sterilization）法：利用辐射产生的能量进行杀菌的过程，可分为电离辐射和非电离辐射两种。α-射线、β-射线、γ-射线、X 射线、中子和质子的射线等属电离辐射。紫外线、日光为非电离辐射。射线灭菌，波长极短，X 射线 0.6～136Å，γ-射线 0.1～1.4Å。辐射可将被照射物质的原子核周围的电子击出，使其变为阳离子；击出的电子可附着在其他原子上，使其变为阴离子，也可再冲出其他原子引起激发电子。在一定范围内，辐射的杀菌作用与剂量成正比。

在液体中，射线使水电离成 H^+ 和 OH^-，它们是强烈还原剂和氧化剂，可直接作用于微生物细胞本身，使其致死。同时在微环境中的液体，因经常有氧存在，分子氧与电子结合变成 O_2^-、O_2^{2-}，O_2^-、O_2^{2-} 与 H^+ 结合生成 HO_2、H_2O_2，O_2^-、O_2^{2-}、HO_2、H_2O_2 都是强氧化性基团，能氧化微生物中酶类的—SH 基，使酶失活。所以，加含有—SH 还原剂，可减轻电离辐射的损伤作用；而输入氧气可增强电离辐射的损伤作用。

电离辐射的剂量单位是以伦琴（R）[①]表示。1 个伦琴即能在 $1cm^2$ 空气中形成 2.08×10^9 个离子对能量，一般芽孢比营养体耐电离辐射；干燥状态比液体中耐辐射；无氧状态比有氧

---

① 　$1R = 2.58 \times 10^4 C/kg$

参加下耐辐射；培养基中有还原剂比无还原剂耐辐射。

（4）紫外线杀菌法：紫外线波长 2900～3000Å，从波长 2000～3000Å 的紫外线具有杀菌作用，尤以 2650～2660Å 波长杀菌力最强。一般照射 20～30min。紫外线只适用于空气和物体表面的杀菌，穿透力极弱。紫外线照射后空气中一部分分子态氧[O]电离成原子态氧[O]，具很强的氧化能力。另外，被照射紫外线的微生物细胞在有氧条件下，产生光化学反应生成 HO₂ 氧化杀死杂菌细胞。也可产生臭氧具有杀菌作用。一般为热阴极式紫外杀菌灯，即低压水银灯，发射的紫外线 85% 在 2537Å。国内有紫外灯 30W 长 1m，20W 长 60cm，15W 长 46.7cm。30W，10m³/支，有效距离 1.5～2.0m，1.2m 最好，2h 几乎能杀死所有微生物。但是，20～30min 空气中细菌 95% 会被杀死。紫外线在暗中杀伤最强（防止细菌光复活）。紫外灯只能用 4000h 为极限，2500h 其强度下降到 80%。相对湿度大于 55%～60% 时其效果下降。一般在 0～55℃ 下使用效果好。紫外灯管的管体用透过紫外线的高硼玻璃制成，其内充有少量的汞（发光物质）和氩气（启动气体），管内不涂荧光粉。电极由钨丝制成，外涂电子发射物质（三元碳酸盐），镇流器（限流器）由铁芯、感应线圈等构成，其作用是限制流过灯管的电流，在灯管起燃时与起辉器配合产生高电压（700～1000V）击穿管体内而放电。

（5）纳米光触媒法：纳米二氧化钛光触媒可以在紫外光作用下，激发物质表面电子，连续发生能级跃迁，电子溢出留下具有超强氧化能力正电荷，以及形成具有超强还原能力的电子；二者与空气或细胞中的水反应，产生活性氧和氢氧自由基等。这些活性物质具有极强的氧化作用，可以氧化细菌、霉菌的细胞膜，固化病毒的核酸和蛋白质，从而起到杀菌作用，其效能高达 99.997%，并且可长久持续发挥作用。

（6）微波灭菌法：它是指波长 1000～1000μm 的电磁波，微生物细胞中的水分子在微波电场中被极化，并随电场方向改变而转动，在转动过程中分子高速摩擦产生热能。这种热能不同于外部加热，可在极短的时间内使细胞爆裂而物体本身的温度都只有极微弱增加，从而达到杀菌过程。

（7）过滤除菌法：通过筛孔的孔径小于目标杂菌体的最小直径，使其目标杂菌体被阻挡在筛孔之上的过程为过滤除菌，如空气过滤除菌。

　Ⅰ. 空气过滤器分级。

空气过滤器可分为初效过滤、中效过滤、高效过滤 3 个等级，高效过滤器（0.3μm）又分 A 级、B 级、C 级三级过滤：

A 级尘埃过滤率：99.999%；

B 级尘埃过滤率：99.99%；

C 级尘埃过滤率：99.97%。

　Ⅱ. 使用规范。

初效过滤：使用 15d 更换；中效过滤：使用 3～6 月更换；高效过滤：使用 12 个月更换，高效过滤累计时间未超过 1 年，时过 3 年也必须更换。

自开启初效过滤、中效过滤、高效过滤自净 30min 后，空气的整洁度可达到百级：≤0.5μm 尘埃 100 个/28.33L。

总进风口经初效过滤、中效过滤、高效过滤后，到各分支管道时，必须在经过高效过滤后才能达到百级效果。

在盛夏、严冬，使用中央空调时须净化过滤后方可进入各室。

地板应有回风风道，出口有防护蚊蝇罩。

27.2.2　化学方法灭菌技术

　　化学药剂可分为四大类：即①毒害类物质，有汞、银、铝、锌、铜等，对微生物都有毒害作用；②氧化剂类物质，有高锰酸钾、过氧化氢、臭氧、过氧乙酸、次氯酸钠、次氯酸钙等；③还原剂类物质，如甲醛等；④表面活性物质，有乙醇等，其杀菌机制是除掉蛋白质水膜进而失活，同时破坏蛋白质的肽键，引起蛋白质凝固变性。其使用浓度为70%～75%，杀菌能力最强。浓度过高，会使菌体表面蛋白很快凝固成一层膜，阻碍乙醇进入细胞中部达不到杀菌目的。乙醇对芽孢无效，主要是进行表面消毒。苯酚俗称石炭酸，它是通过对细菌的细胞壁和细胞膜的损害作用，能使菌体蛋白变性形成朊盐沉淀，同时还能抑制细菌的某些酶系统。0.1%浓度起抑菌作用，1%浓度可杀死菌体，5%浓度数小时可杀死大多微生物的芽孢，而对真菌的孢子许多病毒效力差，无腐蚀金属作用。加 NaCl 增效，而加工业乙醇减效，通常使用浓度3%～5%水溶液。对皮表面刺激。

　　(1) 煤酚皂溶液：俗称来苏儿，是含50%煤酚肥皂溶液，煤酚为邻、间、对位3种甲酚的混合液，杀菌机制与苯酚相同，其效力更强，对皮肤刺激小，常使用浓度为2%～3%，2%的可用作洗手消毒，3%的浸泡1h进行器皿消毒。

　　(2) 新洁尔灭：化学名称为溴代十二烷基二甲基苯基胺。为阳离子型表面活性杀菌剂，能降低表面张力，使物体表面的细胞脂乳化具有清洁作用，它还能吸附细胞表面，改变细胞透性，故有杀菌作用。它是无腐蚀无刺激杀菌剂，使用浓度为0.25%。

　　(3) 波尔多液：为 $CuSO_4$ 与石灰(即1%$CuSO_4$水溶液与1%生石灰)等量混合液的过滤液。0.5%波尔多液，现配现用，多用无金属容器装盛。

　　(4) 冰醋酸：也称无水乙酸。可杀死细菌、真菌、放线菌、螨类等一切微生物。其使用浓度为0.5%，对人无毒害。用量5～8ml/m^3，加热密封30min，对金属有腐蚀作用。

　　(5) 升汞：升汞($HgCl_2$)亦称氯化汞。其使用浓度0.1%，易于与带负电荷蛋白菌体相吸附，使其永久变性。汞还能与菌体蛋白中的—SH 基结合破坏其蛋白质结构永久改变，影响代谢，而使细菌等发育繁殖受阻。

　　(6) 漂白粉：氯与熟石灰作用而成，主要成分为次氯酸钙。杀菌机制：次亚氯酸钙分解为次亚氯酸，在水中解离态氧[O]和氯。在水溶液中，产生的次氯酸越多杀菌力越强，分解产生的新生态氧能使细胞中的磷酸丙糖脱氢酶中的辅基被氧化而破坏，丧失了分解葡萄糖的功能，引起细菌死亡。它还可发生氯化作用，直接作用于菌体蛋白质使酶失活。杀菌机制以次氯酸作用为主。它不仅可与菌体细胞壁作用，且因分子小、不带电荷，易于侵入细胞内与菌体蛋白或酶发生氧化作用而具有杀菌作用。最新研究发现，病毒抗性强，可能因为它缺乏代谢酶，要靠衣壳蛋白变性而灭活，而氯较易使衣壳蛋白变性。所以，氯有抗病毒作用。影响 HClO 杀菌的主要因素有 pH，pH 小于5.0时 HClO 100%存于消毒液中。随 pH 增高HCl 减少，而 HClO 增多。当 pH 大于7.0时，HClO 含量急剧减少。消毒液中的杂质多，影响次氯酸与杂菌细胞的接触，从而杀菌效果减弱。水温高杀菌效果好。有机物淀粉、脂肪、醇类影响较小，以糖类中果糖较大。血清、亚麻布影响杀菌功效最大。硫化物、硫代硫酸基、亚铁盐类亦可降低杀菌作用。水质硬度在1～400ppm影响不大。另外，加入少量碘或溴可加强杀菌作用，高可达10倍左右。

　　(7) 二氧化氯：二氧化氯是20世纪80年代美国研制开发的新一代杀菌消毒剂。它经过美国环境保护署(EPA)和美国食物药物管理局(FDA)的长期实验确认，注册许可作为医疗卫生、食品加工、环境饮水等方面的消毒和食品保鲜，作用谱极广。

二氧化氯的理化性质和杀菌机制：其主要成分为 ClO_2。含量为 20 000ppm，pH9.0。在中性条件(pH7.0)下，二氧化氯更为活跃。其分子的外层键域上存在着一个未成对的活跃的电子，具有很强的氧化能力，破坏微生物的蛋白质和酶系统，具有广谱杀菌作用。对高等动物细胞结构几乎无影响，在水中不产生三氯甲烷、氯酚等对人体有害物质。其分解产物是氯化钠及微量的二氧化碳。2‰二氧化氯溶液，喷洒用量为 $10ml/m^3$。

27.2.3　臭氧法毒、灭菌技术

臭氧消毒、杀菌特点：消毒、杀菌广谱。各种细菌、霉菌及其孢子杀灭在 98‰以上；消毒、杀菌快。是紫外线消毒、杀菌的 3～5 倍，化学试剂的 812 倍；是水中的氯消毒、杀菌的 300～600 倍；臭氧是靠氧化各种细菌、霉菌及其孢子消毒、杀菌的；而且臭氧氧化还原成氧气，无二次污染，且有增氧作用，有利于蕈菌的发育；臭氧因为是气体，故此消毒、杀菌是全方位的，无死角；管式的臭氧发生器寿命长；可移动操作方便，使用方便，臭氧单位产量、浓度与消毒和杀菌的关系，见表 27-2。

表 27-2　臭氧单位产量、浓度与消毒和杀菌的关系

消毒和杀菌空间　开启不同时间的臭氧产量　臭氧浓度	2h	4h	10h	20h	30h
40mg/m^3	30m^3	60m^3	50m^3	300m^3	450m^3
60mg/m^3	20m^3	40m^3	100m^3	200m^3	300m^3
80mg/m^3	15m^3	30m^3	75m^3	150m^3	220m^3

注：臭氧分子质量较大，臭氧发生器必须安置在适宜高位置，确保臭氧自上而下地均匀扩散

27.2.4　消毒与灭菌的效果检验技术

检验接种室、接种箱、超净工作台及所有用品的消毒效果：可在每次使用前均要进行消毒，即用杀菌剂擦洗或喷雾。消毒效果与消毒的浓度、时间、方法及被消毒的物体表面是否完全与被药剂接触，因此，在进行消毒时，一定要对杀菌剂的药性药理搞清楚，同时一定要完全彻底，不留死角；一定要确保消毒的浓度、时间和药效；一定要注意防止药剂与被消毒的物品起化学反应，降低了药效。消毒与灭菌的效果检验具体方法如下。

（1）消毒效果检验的方法。

A. 平板法：一般是采用常规肉汤琼脂培养基和马铃薯葡萄糖培养基，见表 27-3，两个处理，制成平板各 6 个。同时，将每个处理的 6 个培养皿移入培养室或培养箱内，其中 3 个打开盖，另 3 个设为对照。与此同时，再各自做 6 个同样分为两组，一并置于所要求条件下培养，24h 检查有无细菌，48h 有无霉菌等。

表 27-3　不同类别杂菌的培养基要求与生长条件

杂菌类别	培养基成分	pH	温度/℃	要求
一般细菌	牛肉膏 1.0g、蛋白胨 1.0g、NaCl 0.5g、琼脂 1.8g、水 100ml	7.0～7.2	28～37	好气
枯草杆菌	牛肉膏 1.0g、蛋白胨 1.0g、NaCl 0.5g、琼脂 1.8g、水 100ml	7.0～7.2	28～32	好气
酵母菌	蛋白胨 0.5g、酵母膏 0.3g、葡萄糖 1.0g、麦芽汁 0.3mml、琼脂 1.8g、水 100ml	5.5～6.5	28～32	嫌气

续表

杂菌类别	培养基成分	pH	温度/℃	要求
放线菌	可溶性淀粉 2.0g、KNO₃ 0.1g、KH₂PO₄ 0.05g、NaCl 0.05、MgSO₄·7H₂O 0.001g、FeSO₄·7H₂O、0.001g、琼脂 1.8g、水 100ml	7.0～7.2	低温型 4～15；中温型 28～37；高温型 55～65	好气
霉菌	葡萄糖 3g、Na₂HPO₄ 0.3g、KH₂PO₄ 0.1g、琼脂 1.8g、水 100ml	5.5～6.5	25～28	好气

B. 试管法：同样制备上述两种培养基于试管中，并摆斜面分为 6 支。同样上述步骤操作，打开其中 3 支试管，暴露在被灭菌的空间内一定的时间后，再重新塞上棉塞（拔下的棉塞应置于无菌培养皿中）。另 3 支不打棉塞的作对照，然后将两组一起置于 30℃ 条件培养，24h 和 48h 后，分别检查有无细菌和霉菌菌落的出现。如有杂菌，说明消毒不彻底，需再次消毒。

上述两种方法可用于对熏蒸后空气效果、紫外灯杀菌效果、操作过程中空气污染情况等检验。检验结果合格标准是：平板打开盖 5min 不超过 3 个菌落；斜面打开棉塞 30min 不长菌。若生长的菌落超过此数字，则应提高杀菌过程。

（2）培养基灭菌效果的检验：首先对不同物理灭菌的原理应搞清楚，还应掌握一种原则，即被灭菌的物体在一定压力、温度下，体积越大，物体垛叠的越厚，灭菌时间越长。一般讲，湿热灭菌是靠水蒸气导热，保持一定时间的高温来杀菌。压力大只能提高温度。所以，在灭菌时一定要排出所有冷气，不能有死角，导热均匀才能灭菌彻底。灭菌后，应随抽样，即抽样最底处四个角落和料堆中心的培养基瓶或菌培养基袋，贴标签置 25～30℃ 下培养 6d 左右进行检验。如果大部分或全部培养基上出现了杂菌菌落，可断定为由于温度或灭菌时间达不到造成的。当然，应提高灭菌压力或延长灭菌时间。如果是角落污染说明灭菌容器不太合理；如果是菌袋有沙眼，会在发菌过程中出现沙眼处有星点污染。

27.3　菌种的制作与提纯复壮技术

蕈菌产品的生产与动植物一样需要良种。许多国家都有自己的菌种保藏中心，生产企业和个人可以向有关单位索取。遗传与变异是物种的基本特征。在实际生产过程中，由于环境因子包括物理的、化学的及其他生物的影响，某一菌种常会发生退化现象。故此，购得的菌种一般需要扩繁与复壮。

27.3.1　培养基类型

培养基是蕈菌的子实体或菌核及其菌体生长发育或繁殖的营养基质。所谓营养基质的概念是指除了培养料含有有机体所需要的各种代谢物质和能量，如碳、氮、矿物质、维生素、pH 等化学性状外，还包括其物理性状，它涉及水的三态变化、基质的密度、吸光和反射等多方面。总之，培养基的物理性质和化学成分及性质同等重要。蕈菌的驯化、培殖、研发等都离不开制备优良的培养基。

实验室所用的母种培养基，根据其物理性状不同，可分为琼脂固化培养基、固体培养基和液体培养基 3 类。无论哪一种培养基的制备，均以适宜的营养为基础，彻底灭菌是关键。

　　琼脂培养基除了用于菌种分离、培养和保藏外，也可作生产母种、生理研究、遗传分析和生物测定等。

　　固体培养基多用于菌种扩繁、菌种播种、出菇鉴定之用，也可直接进行出菇培殖等；液体培养基主要用于菌种生产，菌丝体的生产、研发、深加工产品，或供生理、生化遗传分析研究等。

　　培养基因培殖菇类时用途不同或扩繁的顺序不同，可分为母种培养基、原种培养基、栽培种培养基。根据营养物质的来源和性质不同分为天然培养基、合成培养基及半合成培养基3 类。

　　天然培养基是指主要营养物是天然的有机物。其化学成分及含量不恒定或成分还不清楚的天然有机物，包括动植物器官、组织、细胞的浸出物，如小麦粒、玉米粒、谷子、高粱、大豆粉、玉米粉、麦麸、细米糠、豆饼、马铃薯、大豆芽、麦芽、胡萝卜、水果汁、牛肉、肉汤、作物秸秆、木屑、棉籽皮等都可制成天然培养基。其来源丰富，价格便宜，多用于生产性培养基，一般不宜用来做精确科学实验。

　　合成培养基是指已知其有机物和无机物化学成分配制而成的培养基，通常采用化学纯或分析纯的化学试剂来配制。提供碳源的试剂有葡萄糖、蔗糖、麦芽糖、麦芽浸膏、甘露醇、乙醇、甘油、可溶性淀粉、玉米淀粉、马铃薯淀粉、甲基纤维素等；提供氮源的试剂有蛋白胨、牛肉膏、酵母膏、尿素、磷酸二胺、甘氨酸、天冬冬酰胺、谷氨酸钠、硫酸铵、硝酸铵、硝酸钾等；提供矿质元素的有 KH_2PO_4、K_2HPO_4、$MgSO_4 \cdot 7H_2O$、$CaSO_4 \cdot H_2O$、$CaCO_3$、$NaCl$、$FeSO_4$、$MnSO_4$、$ZnSO_4$、$NaMoO_4$、$CuSO_4$ 及有机锗、有机硒等；维生素类多为 B 族维生素，维生素 B_1、维生素 B_6 及维生素 H 等；激素类有生长素类、细胞分裂素类、赤霉类、乙烯、三十烷醇、油菜内酯、茉莉酸等。合成培养基的特点：化学成分已知，易于控制，价格较高，适用于营养、代谢、育种等方面的定性定量研究。蕈菌菌丝体在合成培养基上生长较缓慢。

　　半合成培养基也称综合培养基，它综合了天然培养基和合成培养基的优点，为菌丝体细胞提供了速效营养，也为其提供了缓效营养，保持营养均衡，因此应用较为广泛。

　　1882 年，琼脂被用来作固化剂是一位日本的小旅店主 Minora Tarazaemon 首先发现的。

　　Fannie Eilshemius Hesse，一位美国新泽西州出生的柯赫（德国细菌学家）助手 Walther Hesse 的妻子，从一位荷兰熟人那里听说了琼脂，当她知道了明胶不能放在 37℃ 培养时，建议利用琼脂并获得了成功。

　　常用的固化剂琼脂，又名洋菜、凉粉。它是从海藻石花菜或其他海藻类植物（风尾藻、珍珠藻等已报道的十几种）中提取的，最主要的是石花菜（*Gelidium corneum*）。琼脂是琼脂胶和琼脂糖的混合物。琼脂糖的主要化学成分是海藻多糖。据分析有 40% 3, 6-失水 L-半乳糖、40%D-半乳糖、3%硫酸酯、2%丙酮酸、D-葡萄糖醛酸等。实验室所用琼脂化学成分为：水 16%、灰分 44%、氧化钙 1.15%、氧化镁 0.77%、氮 0.4%。钙离子、镁离子都以同硫酸根结合的方式存在于琼脂中。琼脂在 90℃ 时溶化，当温度降至 45℃ 以下时又复成凝胶状，常用量在 1.1%～2.0%。琼脂水溶液冷却定型后多微孔，孔内有一定的气体，便于菌体细胞呼吸。使用琼脂前，最好（如果是条状琼脂）先用除矿化物的水（无离子水）浸泡 1h，这样可以减少其中的无机物和有机可溶物。因此，在营养要求精确的实验中最好不用琼脂。除琼脂外，也有少量使用明胶或凝胶的；在液体培养中，则以水为培养基溶剂。

固体培养基 pH 影响凝胶的硬度。pH 低时凝胶软，pH 高时凝胶硬，琼脂培养基常采用 pH5.8，这是因为不太纯的琼脂会引起 pH 降低。同时，高压灭菌时，蔗糖部分分解，也可引起 pH 下降，pH 一般要下降 0.1～0.2 至 pH5.8。使用 pH5.8 是一种折中的方法，pH 高时有些营养物会产生沉淀。

在液体培养基中，细胞悬浮培养 pH 变化比固体培养基大，常常引起 pH 升高。所以，液体培养基常调至 pH5.0。

物种（species）：生物分类的基本单位。隶属于属（genus）以下，简称"种"。特指具有一定形态特征和生理特性，以及一定自然分布区的生物类群。同一物种的各个体间，其遗传特性相似，彼此间可交配生育。它区别于基因杂交产生的人工杂种。自然生物的每个物种都有学名，学名按双名法用两个拉丁词组成。前一个为属名，用拉丁文名表示；后一个为种名，常用拉丁形容词表示，以指述该种的主要特征。

品种（breed）：每一个有共同祖先，有一定的经济价值，遗传性状比较一致的人工培殖的覃菌，都可称为品种。品种是从作物育种学中借用而来的术语。品种是人工选择的结果，是人们利用同一物种不同个体间的差异，按照人类的经济目的不断选择培育而成，能适应环境和培殖条件，种品比较符合人类的要求。黄年来先生认为品种的属性特征是区别性、均一性、稳定性。三者彼此联系缺一不可。

菌株（strain）：又称品系（strain，line）。单一菌体的后代，由共同祖先（同一种、同一品种、同一子实体）分离出来的纯培养物，按国际细菌命名法规（1976）菌株的命名可用任何形式。

27.3.2　母种的制作

母种（mother culture），亦称一级种或试管种。可由孢子分离或组织分离方法而获得，并可经出菇实验鉴定其种性是否优良、遗传性是否相对稳定。纯菌丝体在试管斜面上再次扩大繁殖后为再生母种。所以，提供生产用的母种实际上都是再生母种。纯菌种既可以扩大为再生母种、繁殖原种，也适于纯种保藏。

母种培养基上的菌丝体为一级菌丝体菌种，应以绝对无杂菌污染、生长健壮为准则，而不是以生长最快为准。菌丝一般是暗生长，所以，要创造深暗色培养基为好。可根据品种不同，菌株不同，探索专用培养基，或多品种通用培养基，或经济简便的培养基。所谓通用培养基是指许多不同品种，不同菌株，覃菌的菌丝体都能在一种培养基上正常生长。

（1）母种培养基配方：母种培养基繁多，主要有如下几种。

A. 马铃薯葡萄糖琼脂培养基（PDA）：马铃薯（去皮去芽并切块）200g、葡萄糖 20g、琼脂 20g，蒸馏水 1L 同煮并过滤液，定容 1L。该培养基广泛适用于培养保藏各种真菌。

B. 马铃薯葡萄糖蛋白胨琼脂培养基：马铃薯（去皮去芽并切块）200g、葡萄糖 20g、蛋白胨 10g、琼脂 20g，蒸馏水 1L 同煮并过滤液，定容 1L。该培养基适用于培养保藏各种真菌。

C. 真菌标准琼脂培养基：$MgSO_4 \cdot 7H_2O$ 0.75g、磷酸钾 1.25g、天冬酰胺 2g、马铃薯粉 2g、葡萄糖 10g、琼脂 15g，蒸馏水 1L 同煮并溶解后，定容 1L。该培养基适用于培养观察菌丝形态。

D. 真菌标准酵母浸液培养基：酵母浸渍原液 100g、磷酸二氢钾 4g、氯化钠 0.2g、硫酸镁 0.2g、碳酸钙 3g、葡萄糖 10g、琼脂 20g，蒸馏水溶解后，定容 1L。该培养基适用于培养各种真菌。

E. PDM 培养基：马铃薯汁 500ml、麦芽汁（12.7°Bé）100ml、葡萄糖 15g、维生素 B 50mg、琼脂 20g，蒸馏水溶解后，定容 1L。该培养基适于培养外生菌根真菌。

F. MMN 培养基：氯化钙 0.05g、氯化钠 0.025g、磷酸二氢钾 0.5g、磷酸氢二钾 0.25g、硫酸镁 0.15g、三氯化铁（1%）1.2ml、维生素 B 100μg、麦芽汁（12.7°Bé）100ml、葡萄糖 10g、琼脂 20g，蒸馏水溶解后，定容 1L。该培养基适于培养外生菌根真菌。

G. 蔗糖豆饼琼脂培养基：蔗糖 40g、豆饼粉 30g、磷酸氢二钾 3g、硫酸镁 1.5g、琼脂 20g，蒸馏水溶解后，定容 1L。该培养基适于培养冬虫夏草菌。

H. 酱油蛋白胨葡萄糖培养基：酱油 50ml、蛋白胨 15g、葡萄糖 20g、硫酸镁 0.5g、磷酸二氢钾 1.0g、琼脂 20g，蒸馏水溶解后，定容 1L。该培养基适于培养猴头菇。

I. 普通标准培养基：酵母浸膏 2g、葡萄糖 20g、蛋白胨 10g、磷酸二氢钾 1g、硫酸镁 0.5g、琼脂 20g，蒸馏水溶解后，定容 1L。该培养基适于培养各种木腐菌。

J. 伞菌培基：麦芽浸膏 10g、蛋白胨 1.5g、酵母浸膏 0.5g、麦芽糖 5g、硫酸镁 0.5g、磷酸二氢钾 0.25g、硝酸钙 0.5g、琼脂 20g，蒸馏水溶解后，定容 1L。该培养基适于培养各种木腐菌。

（2）母种培养基的制作：实例，选用 200g 新鲜稻草与 200g 去皮去芽的马铃薯切块，并加水约 2L 同煮沸 30min 后，用双层医用纱布过滤，取过滤液约 1L，加 20g 琼脂完全融化后，再加葡萄糖 20g、蛋白胨 5g、KH_2PO_4 3mg、$MgSO_4 \cdot 7H_2O$ 1.5g、维生素 B_1 4mg，定容 1L，装管，灭菌，摆斜面，查无菌方可使用。关于母种培养基的制作可参照本书糙皮侧耳培殖技术进行。

经济简便培养基，可取红胡萝卜洗净纵切两刀四开风干备用。另取硬质试管其底部内放一团吸水纸（如滤纸、面巾纸、卫生纸等），然后将风干备用的胡萝卜条放入试管内，加棉塞和包头纸，灭菌，查无菌方可使用。该培养基如灵芝、草菇、猴头菇、平菇等都使用。

（3）种的扩繁：一支 18mm×180mm 硬质试管的斜面，一般可转接生产母种 30～60 支。为防止菌种的退化与变异不能无限制地转管，只能转管 1～2 次，除非进行彻底提纯复壮。

27.3.3　原种的制作

原种（primary spawn）由母种扩大培养而成的二级菌种，或罐头瓶菌种或 750ml 专用培养瓶菌种。一支生产性母种可扩繁 5～6 瓶，也有用液体菌种作原种，国外使用的多。目前，多为固体菌种。故此，不但要考虑适宜各品种或菌株的营养要求，也要考虑其物理形状。关于其营养应具有的水平略低于一级菌种，高于栽培种。关于其物理形状，既注意其培养基颗粒大小，通气是否良好，又要考虑接种的经济方便。

（1）原种培养基配方与灭菌：以小麦、大麦、燕麦、稞麦、高粱、玉米、谷子等为主料的培养基统称为谷粒培养基。它们多为原种培养基原料，很少用于栽培种培养基。通常的方法是先将谷粒用清水浸泡数小时，使其吸水充分膨胀，但不能发芽，捞起沥干。一般拌入 1%～2% 石膏粉或碳酸钙、0.5%～1% 生石灰，装瓶常规灭菌。也可是棉籽皮、木屑、秸秆、粪草等。关于培养基的制备，这里不再赘述。

谷粒中谷子粒或高粱粒营养适中，颗粒圆整，接种方便，便于菌种布满被接种培养基表面。菌种颗粒小，萌发点多，发菌快，减少污染。还在于在制种过程中，将菌瓶的最上端和最下端放一薄层湿润的棉籽皮，底部可防积水，上部防止菌丝老化。另外，一定要灭菌彻底，因为检查有否杂菌较困难，很难检查到培养基内部。如果不是接种时操作造成的污染，当污染率超过 1%，说明灭菌不彻底。这批菌种则不能使用，更不能销售，否则会给制作栽培种带来较大的经济损失。

　　在制作非谷粒原种时，如棉籽皮、木屑、秸秆、粪草等原种培养基，氮肥辅料麦麸或细米糠一般不超过 25%。应注意其培养料的密度，松紧要适度，干湿要适宜。500ml 瓶可装湿料 330～340g；750ml 瓶可装料 500～550g。为使菌丝生长健壮迅速满瓶，透气性好，需在培养基上打孔接种，也利于彻底灭菌。草菇原种的制作则更要注意调 pH 偏碱和培养基的物理形状，透气性应更好，而猴头菇培养基应调至偏酸。

　　（2）原种的接种与培养：原种是二级种，接种前同样需要全面彻底地消毒。接种时，可 3～4 人一组协作完成。生产母种试管斜面上的原接种点应刮掉。每个试管可接 5～6 瓶原种，接种块应放在原种培养基表面中央位置，利于早封料面，同步向下生长，如原种为非谷粒的应将菌种接于培养基事先打好的洞穴里，接种用的接种勺一般稍大且浅平，这样便于切菌种块。接种时易带琼脂。所以，接种后的接种勺可以用乙醇棉球擦净，也可用消毒水洗净。接种时，最好用周转筐倒接，这样节省工时。接种后原种进行 22～25℃ 暗培养。长 2m×宽 0.5m 培养架大约可摆菌种瓶，每层 120～144 瓶，每架 4 层 480～576 瓶，10m² 的培养室可摆放 4 支架子，共可培养 1920～2300 瓶，在原种培养过程中，应每 48h 检查一次。及时剔除污染的和生长势弱的原种，为使原种生长迅速健壮，可在瓶盖上用衣针打微空换气。一般瓶盖带有微孔的则不必再打孔。菌种培养过程中一般室温应恒定。不能忽高忽低，以免瓶盖上结凝水造成不良影响，影响菌丝生长。一旦瓶盖上出现冷凝水需采取措施轻拍菌盖使水滴落下，并调温度至恒定。原种大于 1%～2%（指灭菌不彻底造成的污染）不能出售。原种的使用期从满瓶后第 5 天算起，室温下最多不超过 25d，也可低温 4～10℃ 保存起来，一般是现做现用为宜。

27.3.4　栽培种的制作

　　栽培种是由原种扩繁而来。一般 500ml 瓶原种可接栽培种（两头接）约 15 袋，一头接种可接 25～30 袋。国外，栽培种一般采用 750ml 聚丙乙烯菌种瓶。国内一般采用聚丙烯或聚乙烯塑料袋，其规格一般为 (15～18)cm×(34～45)cm×(0.04～0.045)mm 的厚薄均匀、抗压抗拉性好、无沙眼的塑料袋。一般可装干料 550～650g。拌料一定要均匀，做到料水均匀，主辅料均匀，杀菌剂与料水均匀。最好是闷料 4～6h，目的在于充分润湿培养料，便于诱导灭菌杀死芽孢或孢子。装袋灭菌要一气合成，速战速决防止培养料酸变。装袋要松紧适度，袋口不要太紧，便于串气彻底灭菌，防止灭菌时起包出现沙眼造成后期染菌。人工装袋一般800～1000 袋/d。高压灭菌 0.15MPa，4～6h，常压灭菌 12～14h。

　　（1）栽培种培养基配方。

　　木屑为主培养基：①阔叶树木屑 78%、麦麸或细米糠 20%、蔗糖 1%、石膏粉 1%，适于香菇、平菇、黑木耳、金针菇、滑菇、灵芝、猴头菇；②阔叶树木屑 93%、麦麸或细米糠 5%、蔗糖 1%、尿素 0.4%、碳酸钙 0.4%、磷酸二氢钾 0.2%，适于平菇、凤尾菇、榆黄菇等；③阔叶树木屑 66%、麦麸或细米糠 30%、蔗糖 1%、石膏粉 1%、黄豆粉 1.5%、硫酸镁 0.5%，适于银耳；④杂木屑 73%、麦麸 25%、蔗糖 1%、磷酸二氢钾 0.1%、硫酸镁 0.1%、碳酸钙 0.8%，适于竹荪；⑤阔叶树木屑 75%、麦麸 24%、蔗糖 0.8%、硫酸铵 0.2%，适于紫芝、云芝、灵芝；⑥松木屑 77%、麦麸或细米糠 20%、蔗糖 2%、石膏粉 1%，适于茯苓；⑦阔叶树木 43%、棉籽皮 38%、麦麸 15%、白糖 1%、豆饼粉 2%、石膏粉 1%，适于柱状田头菇；⑧阔叶树木 78%、麦麸 18%、糖 1%、玉米粉 2%、石膏粉 1%，适于榆耳。

　　A. 棉籽皮、玉米芯、大豆秸培养基：①棉籽皮 76％、麦麸 20％、石膏粉 1％、生石灰 3％；②棉籽皮 83％、木屑 10％、玉米粉 2％、石膏粉 1％、生石灰 3％、蔗糖 1％；③棉籽皮 75％、麦麸 15％、玉米粉 5％、石膏粉 1％、生石灰 3％、蔗糖 1％；④玉米芯 75％、麦麸或细米糠 20％、石膏粉 1％、生石灰 3％、蔗糖 1％；⑤玉米芯 77％、米糠 10％、玉米粉 8％、石膏粉 2％、生石灰 3％；⑥大豆秸 80％、木屑 10％、细米糠 5％、石膏粉 2％、生石灰 3％；⑦大豆秸 60％、棉籽皮 30％、麦麸 5％、石膏粉 2％、生石灰 3％；⑧大豆秸 60％、锯木屑 25％、麦麸 10％、石膏粉 2％、生石灰 3％。

　　B. 谷粒培养基：以小麦、大麦、燕麦、稞麦、高粱、玉米、谷子等为主料的培养基，统称为谷粒培养基。一般多为原种培养基原料，很少用于栽培种培养基。通常的方法是先将谷粒用清水浸泡数小时，使其吸水充分膨胀，但不能发芽，捞起沥干。一般拌入 1％～2％石膏粉或碳酸钙、0.5％～1％生石灰。

　　C. 木条或颗粒培养基：一般选用阔叶树木碎屑，也可用废弃的快餐筷子切成 5～10cm断块，将其置于营养液中浸泡数小时沥干后，拌入 1％石膏粉、20％～25％麦麸或细米糠。

　　(2) 栽培种的制作：栽培种为三级菌种，也作出菇之用。目前，国内栽培种多以聚丙烯袋为主(17～20)cm×(33～35)cm×0.045mm。袋栽培种是由原种扩大繁殖而来的。常规灭菌。

　　栽培种所用培养基原料的养分多接近于出菇所用的培殖基原料。这是因为栽培种用量大，为降低成本；也是因为在出菇培养基上，更容易缩短栽培种的生长迟缓期，有利于菌种早萌发、早定植。一般而言，栽培种所用的培养料已较为丰富，只是稍加氮肥即可。栽培种可制成木块、竹木签、快餐筷截成木条、麻秆钉、塑料钉、塑料胶囊、锯末、棉籽皮等多种原料多种形状的，原则是要营养适中、长势良好、易于保藏、便于接种。

　　关于接种，一般在接种箱、接种室、接种帐内进行。同样，在接种前要全面彻底地对空间、容器、用具进行消毒。接种时，如果在接种箱接种，最好两人面对协作完成，即一人接种，另一人解袋系袋。最佳方式是在接种室内的圆形操作台上，四人一组协同完成，一人接种，另三人解袋系袋。接种时应将原种均匀地覆盖于栽培种的表面，薄薄地铺一层。接种时，要始终靠近酒精灯的火焰。接种勺，一般用不锈钢的长柄餐勺，每次灼烧灭菌时，不能过热接种，以免烫伤或烫死菌种。

　　一般 500ml 瓶的原种可接栽培种 15 袋左右，一端一餐勺即可。如果一头接种可接 25～30 袋，如果栽培种是 750ml 瓶时，接一餐勺即可。栽培种被接种后，菌袋口不要系的过紧，更不要弯折系口，这样不利于菌丝的生长，采用无棉透气盖更好。

　　栽培种的培养同样需要 4 个基本条件，即暗培养、常通风换气、适宜的温度和环境干燥整洁(达 60％～70％的空气相对湿度)。如培养室内有空调，10m² 的房间可容纳 4 只长 2m×宽 0.5m×高 2.00m，4 层的培养架，共可摆放 720 个左右的培殖袋，栽培种瓶约 2000 只。培养时，每隔 3～5d 检查一次菌种，及时剔除污染的菌种和长势弱菌种，同时翻垛。在 20～25℃条件下培养需 25d 菌丝满袋，25d 以上满瓶。满瓶后 3～5d 方可使用，使用期 15～20d 不能显蕾，有条件的可将培养好的栽培种置 5～10℃冷库保存。

27.3.5　液体菌种的生产与应用

　　液体培养基是生产液体菌种的基础，液体培养基由特定的真溶液或乳浊液等构成。

　　蕈菌液体菌种的生产是将液体培养基置于特定的容器里，并接入母种。在一定的条件下，通过振荡、搅拌或气流涡旋等方式培养，使菌丝细胞迅速分裂，产生大量的菌丝片段或菌丝球的工艺过程。液体菌种的培养是一种深层发酵的过程,其工艺属于发酵工程的一部分。

液体菌种具有八大优点,即生产周期短、速度快;菌龄一致、发育同步、易于鉴别;菌丝片段多、萌发点多、封料面早;在培养基上生长迟缓期短,萌发快、定植早;整齐健壮、抗杂菌,出菇早、出菇齐,转潮快、成品率高、产品一级品率高;便于管理;接种便捷、利于机械化、自动化操作;利于规模化工厂化生产。它适于专门供种单位生产,前途广阔。可以说是一次蕈菌菌种生产使用的技术革命。目前,一般采用摇床或发酵罐生产,后者可分种子罐和生产发酵罐顺序生产。

蕈菌母种经液体发酵 3～5d 后可培养出大量菌丝体,可用它来作蕈菌培殖用的生产性母种或作原种,也可直接制作栽培种或出菇菌袋。

国外已规模型使用液体菌种。目前,国内还仍以固体菌种为主,但也有用香菇、杏鲍菇、白灵菇、玉蕈、金针菇等液体菌种规模瓶栽生产,工作效率 6500～7000 瓶/h。2014年,江苏连云港国鑫食用菌成套设备有限公司研制了 GXJZDY 型袋栽液体接种机,工作效率 4500 袋/h。

(1) 液体菌种培养基的制备。例:将土豆去皮去芽,切菱形块约金橘大小 200g 置于冷水中备用。另取新鲜黄玉米渣 20g(颗粒 ϕ 约 23mm)于 2000ml 蒸馏水中煮沸 30min,双层纱布过滤,加磷酸二氢钾 3.0g、七水硫酸镁 1.5g、维生素 B_1 4mg、葡萄糖 30mg,完全溶解后定容 1000ml,并分装于 8 个 500ml 三角瓶内。同时放入 ϕ5～7mm 玻璃珠 15～20 粒,pH 自然,加盖棉塞和牛皮纸并用胶圈系好。在 0.105MPa 下灭菌 30min,静置 3d 后查无杂菌方可接种,在一定温度条件下培养,经数天可培养好,为摇瓶菌种。也可以进一步进行种子罐培养,再进行一定容积的生产罐培养。

(2) 接种与培养及应用。取新鲜菌龄适中的试管种,挑取菌丝体多点接种于液体培养基表面,静置 48h 上摇床,180～190r/min,冲程 8～10cm,22～26℃,一般培养 72～144h 后就有较多的菌丝球发生。一般在菌丝细胞分裂最旺盛期作菌种使用。有菌丝球的其发酵液清澈透明,查无杂菌方可作菌种用。也可继续扩繁,进入种子罐培养,再进入生产发酵罐大批量生产。

液体菌种的使用,在无菌的条件下,取搅拌磁棒沿菌种瓶内壁放入液体菌种内,开动搅拌器将菌丝球充分打碎,装入自制的无菌接种瓶内靠加压接种。接原种用量(15～20)ml/500g 干重;接栽培种用量(20～25)ml/500g 干料重,菌种用量可控制,十分便捷。可一人操作;也可以直接借用真空泵给予发酵罐的压力,导出引液管,连接专用接种枪接种。

例如,2008 年,廖伟等[①]利用单因素试验和正交试验相结合的方法,通过实验得出黑芝菌丝体液体培养最佳培养基为蔗糖 20g/L、麦芽糖 15g/L、麦麸 20g/L、酵母粉 1.5g/L、KH_2PO_4 3g/L、$MgSO_4 \cdot 7H_2O$ 1g/L、维生素 B_1 6mg/L。实验 3 次重复,其菌丝体生物量平均 35g/L。2012 年,荆蓉等[②]采用正交设计方法对其菌丝体液体培养基进行了筛选,结果表明银丝草菇菌丝体生长的最适培养基配方为:葡萄糖 20g/L、蔗糖 10g/L、酵母粉 2.5g/L、蛋白胨 2g/L、KH_2PO_4 2.5g/L、$MgSO_4 \cdot 7H_2O$ 1.5g/L、维生素 B_1 8mg/L,pH 自然。培养温度 28℃,周期 168h,其菌丝体生物量可达 11.54g/L。

① 廖伟,郭成金.2008.黑芝菌丝体液体培养基的筛选.天津科技大学学报(自然科学版),28(3):8-10
② 荆蓉,郭成金.2012.银丝草菇菌丝体液体培养基筛选.中国食用菌,31(4):51-53

27.3.6　菌种的提纯复壮

菌种提纯复壮的概念至少包括两层含义：①将弱势生长的细胞菌丝通过营养等条件，培养成健壮的、有分生能力的菌丝细胞；②通过化学或物理的方法，将菌丝体上带有病毒或极少杂菌除掉，使其健壮地生长。

具体的方法有菌丝尖端稀释法、平板菌落尖端数次挑取法、抗菌剂杀灭法、根据不同温度区别杀灭法等。

27.4　纯菌种的制备技术

纯菌种的源头来源于科学工作者对某种特定野生菌株的驯化培养，大致有孢子分离法、组织分离法和基内菌丝分离法 3 种。

27.4.1　孢子分离法

从个体看，孢子是其子实体留下的后代。孢子是蕈菌的基本繁殖单位。孢子分离法是利用成熟子实体的有性孢子(担孢子或囊孢子)，自发地从子实层中或子囊中弹射出来的特点收集孢子，在无菌条件下，在适宜的温度湿度、空间等条件下，在适宜的培养基上，使孢子萌发成菌丝，获得纯菌种的一种方法。所谓有性孢子是指细胞核已经过核配过程，具有双亲的遗传性，蕈菌孢子具有孢子壁厚、寿命长、生活力强、极微小、数量多的特点。因此，给孢子分离法获得纯菌种带来了诸多机会，数量多带来了从中选择优良菌株的机会。寿命长、生活力强带来了选择的空间和时间，可扩展性和延伸性；颗粒微小带来了携带方便。

(1) 多孢子的采集：孢子分离的材料应选择个体健壮、特征典型、还没成熟的子实体，也可以提前几天对该子实体采取保护措施。如套有孔纸袋或塑料袋，减少外界对其子实体的污染。

(2) 子实体的准备：将选择好的子实体切弃菌柄基部，先进行表面消毒。对双孢菇或草菇带菌膜或菌幕将要破裂的菇类选子实层未暴露的种菇进行 0.1% $HgCl_2$ 水溶液浸泡消毒 1min。在无菌条件下，用无菌水冲洗至少 3 次，再用无菌滤纸吸干备用；对子实层裸露的种菇，如平菇、香菇等，则用 70%～75% 酒精棉球擦洗子实体表面备用；而对革质的菌类，如银耳、木耳等可用无菌水冲洗多次，并用无菌滤纸揭干表面水分备用。

(3) 孢子弹射法：孢子分离法可分为多孢分离和单孢分离。孢子分离的多孢分离可分为整菇插种法、孢子印采集法、空中孢子捕捉法、试管印膜法、三角瓶钩悬法、试管贴附法等，均属孢子弹射法。共同特点是器内悬挂或贴在培养基上收集自动弹射的多孢子，并直接培养或取孢子再培养。

(4) 菌褶涂抹孢子法：在无菌条件下，用沾有无菌水的接种环准确地直接插入两片菌褶之间，轻抹子实层，将尚未弹射的孢子沾在接种环上，将沾有孢子的接种环划绒涂抹斜面培养基或本板培养基，接种后在适宜的条件下培养。几天后挑选长势好的菌丝体进行培养获得纯菌种。

(5) 单孢分离法：单孢分离法是将采集到的孢子群进行单个孢子的分离，单独孢子萌发成菌丝长成菌丝体而获得纯种的方法。对于同宗结合的蕈菌(双孢菇、草菇等)由单孢子培养的菌丝，经双核化后形成的双核菌丝体都有结实能力故可获得纯菌种；而异宗结合的蕈菌(香菇、平菇、金针菇、毛木耳等)，孢子基有性别，单个孢子萌发的产生的菌丝体无结实能力，必须通过不同性别的单孢子间的结合产生的菌丝体才能结实。它是蕈菌育种学中的一项重要技术。单孢分离可分为 4 种方法，即孢子稀释分离法、平板划线分离法、机械分离法、毛细管分离法。

（6）孢子稀释分离法：具体步骤为：无菌小试管，1 号装有 10ml 无菌水。另 4 支分别装有无菌水 9ml。在无菌条件下，取无菌孢子液（无菌孢子液制备：取一接种勺孢子粉或沾有孢子粉的无菌玻璃珠，置于 1 号 10ml 的无菌水中，充分振荡分散成孢子悬液）1ml 于 2 号试管中浓度为 10^{-1}，取 2 号液 1ml 于 3 号试管中浓度为 10^{-2}，取 3 号液 1ml 于 4 号试管中浓度为 10^{-3}，取 4 号液 1ml 于 5 号试管中浓度为 10^{-4}，将 5 号液匀，并取液镜检，如果孢子已分开呈单个的孢子，4 号液备用，否则继续稀释直至单孢子出现。

将已事先准备好的多个平板培养基取出融化。在无菌条件下取 5 号孢子悬液 0.1～0.2ml，分别接种于编号的平板培养基并摇匀，待固化后倒置 25℃恒温暗培养。48～72h 长出菌落，挑选质量好的菌体或单条菌丝移入斜面培养基进行培养筛选后得纯种。如为异宗结合的菌类，则应同时挑选能生育的一对单菌落进行培养再得菌丝体，从而可获得纯种，并做出菇试验。

除此之外，还有平板划线分离法、机械分离法（河北省蕈菌研究所研制的 DBFL-1 型单孢分滤器）、毛细管分离法。

27.4.2　组织分离法

组织分离获得纯种是一种无性繁殖过程。子实体组织块是由菌丝体细胞组成的，组织分离法是利用子实体组织来获得纯菌种的。其菌丝体的双核菌丝细胞中的两核并没融合，确切地讲，其双亲染色体并没有发生重组，却都能在适宜条件下产生子实体（羊肚菌、子囊菌除外）。组织分离法是实用性强、操作简便、成功率高、利于保持原有品系的遗传稳定的一种方法。

具体操作方法：对于伞菌类肉质组织，挑选个体健壮、特征典型、八成熟的种菇在无菌条件下纵向掰开子实体迅速取白色菌肉，最好是菌盖与菌柄连接部分的菌肉小块，将其接入试管培养基中，25℃条件下培养可得纯菌种。对于质菌类如黑木耳等，选开片正常，可厚、弹性强健壮的子实体取片数个，在无菌条件下，用无菌水冲洗多次并用无菌滤纸吸干水分，再用 70%～75% 乙醇进行表面消毒，用解剖刀将耳片两层分开取耳片内部组织迅速接入培养基上进行正常培养。对于银耳组织分离则应取胶质团内组织，或获得银耳纯白菌丝体与香灰菌羽毛状菌丝体的混合体方能得纯种。对于金耳只有分离得到金耳菌丝体的组织块时，培养成菌丝体后才能形成子实体，即将子实体撕开，在外层（金耳菌丝即黄色部分）和内层（粗毛硬革即浅黄色部分）交接处，手术刀取小块组织进行培养可得纯种。对菌核类，如茯苓的组织分离，则取接近菌核外壳附近组织块进行培养可得纯种。对于药类菌类的组织分离，如密环菌、安洛小皮伞等，则选壮菌进行表面消毒后用解剖刀横切断，用镊子抽出白色菌髓取一小段进行培养可得纯种。

27.4.3　基内菌丝分离法

基内菌丝分离法是一种不能得到子实体，或子实体弱小不健壮，或有病态的应急办法。生长子实体的基质，可以是原木的，也可以是代用料的，还可以是土壤中的菌丝体。一般不容易消毒彻底，只能靠反复转管更换培养基或采用提纯办法最终获得纯种。

菌体物的提纯是以排除其他污染，包括混杂其他菌丝，并使目的菌体生长的更健壮，达到复壮的目的。分离物可能混杂其他菌丝，需要菌丝的再提纯。这就要求我们设法剔除它，为了提高目的菌丝的纯度，可反复做平板培养，将那些菌落中辐射生长能力强、边缘整齐一致，尖端同步生长的菌丝不断地挑出再培养，最终用低倍放大镜挑取单条菌丝的尖端，转接培养可得纯种。在菌种分离后的培养中，可能有细菌、霉菌等污染，也必须提纯加以排除。一是药物抑菌杀菌法，如在培养基中加 5～10ppm 的 40% 多菌灵、托不津等，可有效地抑制霉菌孳生。在培养基中加 30～40mg/ml 链霉素，或 20～30mg/ml 金霉素、四环素，或 50mg KMnO$_4$ 可防止细菌繁殖。四环素不耐高温，一般在 45℃ 时再添加，抗生素对某些蕈菌丝也会有强烈的抑制作用，所以要慎用。另外，对蕈菌菌丝体用较低的温度(18～21℃)进行培养，也可抑制杂菌的生长速度，使蕈菌菌丝体生长突出来，可得纯种。还有一种方法，具体做法是取一支 18mm×180mm 的玻璃管，下端塞一胶塞密封，在下端底部放 1cm 厚的湿棉花，中间放约 10cm 高的麦粒，进而再放 1cm 厚的湿木屑，上端塞棉塞，常规灭菌。在无菌条件下，将分离物接种于做好斜面的湿木屑上，然后，将接种物用湿木屑埋好，18～21℃ 恒温培养。菌丝生长过程中，越是靠近底部的菌种杂菌越少，有的无杂菌。此时，可无菌操作拔下胶塞，取出棉团，用镊子取麦粒菌种接于平板培养基上，结合菌丝再提纯的方法步骤，挑取健壮单条菌丝尖端可培养得纯种。

27.5　菌种保藏技术

1963 年，国际微生物学会(IAMS)在加拿大渥太华召开第一届国际菌种保藏会议，成立了菌种保分会；1966 年，联合国教科文组织在法国巴黎开会讨论了筹备世界菌种保藏联合会；1968 年，日本东京召开了首届国际菌种会议；1970 年，国际微生物学会在墨西哥举行的国际微生物学会议上，讨论将菌种保藏分会改名为世界菌种保藏联合会(WTCC)，并在澳大利亚昆士兰大学生物系成立了情报中心，编写出《世界菌种藏名录》；1973 年，在巴西圣保罗召开了第二届国际菌种保藏会议；1976 年，在印度孟买召开了第三届国际菌种保藏会议，并举办了为期 20d 的菌种保藏训练班；1981 年，在捷克斯洛伐克的布尔诺市召开了第四届国际菌种保藏会议；1978 年，在中国北京召开了第一次全国菌种保藏工作会；1982 年，由中国科学院出版了我国第一部《菌种目录》；1984 年在泰国曼谷召开了第五届国际菌种保藏会议。

世界各国都设有专门的菌种保藏机构。据 WFCC 调查全世界 5 个国家建立了 352 个菌种保藏机构，较著名的有美国模式菌种保藏 Amerncan Type Culture Collection(ATCC)。它是一所私立菌种保存单位，它的宗旨为分离、收集、保藏、分配可靠的，活的微生物和动物的细胞；资助上述各项研究工作；改进和标定菌种的保藏技术；对上述各项技术提供信息咨询。该中心设在马里兰州，其中真菌学系领导人是钟顺昌博士(Dr. Jong S C.)。在 20 世纪 80 年代末，ATCC 所提供的菌种目录中一共列出 21 000 个真菌菌株；包括其所归属的种名；在工农业方面的用途；培养基配方等。这个目录是按真菌的学名为顺序列出的，在每个种名下的菌株序号是按该中心所收集的流水账号为序的。近年与我国上海食用菌研究所进行了业务联系。美国皮奥布里亚市的农业研究服务部菌种收藏所(ARS)保藏有 12 708 个菌株；荷兰巴尔思的真菌中心收藏所(CBS)创建于 1906 年保藏有 14 500 个菌株；日本大阪的大阪发酵研究所(IFO)保藏有 1931 个菌株；英国萨里的英联邦真菌研究所(CMI)保藏有 1931 个菌株；德国的柯赫研究所(BKY)保藏有 11 285 个菌株；德国柏林的研究所菌种收藏馆(KIM)保藏有 1450 个菌株；前苏联莫斯科的苏联科学院微生物研究所全苏联邦菌种保藏所(IM)或(USSR)保藏有 4778 个菌株。此外，加拿大、印度、印度尼西亚、澳大利亚、波兰等国家也设有专门菌种保藏机构。中国微生物菌种保藏管理委员会北京中国科学院微生物所内保藏有 8000 个菌株。

　　菌种保藏是种质保藏的一部分。种质保藏是指以细胞全能性为理论基础特征，以细胞、组织块为材料的生命物质的保存过程。种质保藏的目的在于确保被保存的种质能在任何时候都具有生命力。种质保藏的意义在于建立种质库及基因库，合理地利用时间和空间，保持和繁荣物种。所以，种质保藏建立基因库，在生命科学中有其重要的意义。

　　种质保藏的第一步需将其细胞、组织块进行冷冻保护处理，通常用二甲亚砜（DMSO）甘油、糖、大分子质量聚合物或它们的混合物等作为低温保护剂。它们能保护生命物质细胞、组织块免遭冻害。目前，人们还不了解低温保护剂的作用机制。

　　对于生命物质长时间的保存，它必须处于一种恒定状态，若在化学组成或物质结构方面发生变化，均将导致细胞的死亡或变异的积累，只能允许某种可逆的过程。细胞内的生化反应以水为载体，否则一切生化过程均将停止。合理的利用水的三态变化，或者用其他物质替代细胞基质中的水，即把细胞中的水分除去是种质保藏的基本原理。

　　例 1，将液态水转变为固态的方法：据报道细胞内液态水结冰的最低温度是 $-68℃$，所以，正常的细胞或组织的保藏温度应低于 $-70℃$。在结冰过程中与保藏期间所形成的水晶类型决定了该细胞或组织的生活力。例 2，将细胞中液态水转变为气态的方法是使细胞或组织产生自然脱水。例 3，将细胞或组织中的水被置换的方法：1972 年，Iwanami 成功地用 20 种不同的有机溶剂保存了山茶花粉，这些有机溶剂包括丙酮、醋酸戊酯、醋酸乙酯、正戊醇、正丁醇、乙醇、异丁醇、苯、三聚乙醛、石油苯、四氯化碳、1，1，1-三氯甲烷、戊醚、二乙醚、石油醚、正庚烷、正戊烷、异戊烷、甲苯、二甲醚。

　　蕈菌菌种是重要的生物资源，还是培殖生产蕈菌子实体、菌核、菌体的特别重要的生产资料，也是蕈菌生物学科学研究的基础物质。菌种保藏的意义在于资源共享，在于合理地开发与应用，使菌种在较长时期的保藏之后仍然保持着原有的生命力，稳定并保持原有的优良性状，变异最小，保证菌种纯度不发生病虫害等。

　　菌种保藏的原理是通过低温、干燥、冷冻、隔绝空气（真空）或饥饿等手段，以最大限度地降低菌丝细胞生理代谢强度，抑制菌丝细胞生长和繁殖。由于其细胞代谢相对静止，生命活动近乎或成为休眠状态，因此，可较长期地保藏菌种，而且，当其具备适宜条件时，能重新生长发育或繁殖。然而，菌种的保藏总是有限的。细胞的衰老（cellular aging）是细胞生命活动的必然规律，探索细胞衰老的机制，了解细胞衰老的规律，对指导菌种的保藏有着十分重要的意义。

　　自 1968 年，Hwang 首先用液氮保藏蕈菌以来，液氮保藏的各项技术已有长足发展。对其体系性能的认识更加深入，技术日益完善。首先是保藏设备的现代化和保藏容器——安瓿的实用化。从普通的液氮罐发展到自动控温的超深冷冻机、超低温液氮冰箱等，它能准确地调节温度，使之匀速降温成为可能。由于瓶料的开发，出现了玻璃安瓿、塑料安瓿、聚酯胶安瓿、聚丙烯螺帽安瓿、还有纸质安瓿，并采用螺帽封口和热封口两种方法。1975 年，英国温室作物研究所（GCRZ）首创了聚丙烯饮料吸管作为安瓿，开辟了广阔的使用前景，也降低了数十倍安瓿的成本，又增加了 7～8 倍的菌株保藏容积，提高了保险系数，便于保藏材料的运输和邮寄。

27.5.1　菌种保藏法

　　菌种的保藏方法按培养基分类，有固体培养基保藏法和液体保藏法两种；还可以按温度分类分为低温保藏法和冷冻保藏法；还可以按通氧量分为棉塞、石蜡、胶塞保藏法。原则是依据菌株特性进行保藏。上述分类保藏法都是以矛盾的主要方面为主的综合保藏过程。

　　琼脂斜面菌种的保藏法　控制温度在4℃左右可保藏一般菌种3~6个月，后继代培养。值得注意的是一般掌握适当高氮低糖，糖量小于2%。为防止产生过多的酸，可适当添加缓冲剂0.2% KH_2PO_4，或 K_2HPO_4，或0.02% $CaCO_3$。培养基斜面稍短厚些，使菌丝满管后再保藏。冰箱要恒定4℃，不可忽高忽低，防止试管棉塞受潮可用玻璃纸、塑料膜或防潮试管口，或用石蜡封住棉塞，以防培养基过快干缩。革质菌、多孔菌的菌种要闭光防止革质化，影响移植。草菇菌种应在10~12℃下保藏，或在草菇斜面菌种中灌注3~4ml的10%防冻剂。

　　(1) 物种保藏法：液体石蜡或石蜡油无色透明黏稠液体为化学纯，在0.15MPa灭菌30min后，将锥形烧瓶放在40℃烘箱内蒸发水分至完全透明或置干燥器内数日，无水分、无杂菌后方可使用。注入试管的矿物油，应高出斜面1cm左右。菌种应放在筐内4~6℃下直立冷藏，使用时只要挑一点菌丝即可。菌丝的迟缓期2~3周，复壮后再生产使用，一般可存活5~7年，有的长达10年以上。

　　(2) 橡胶塞封试管口保藏法：选口径相匹配的胶塞用0.2%煤酚皂液洗涤浸泡于75%乙醇内备用，换掉棉塞保存，常温下可保存3~4年，每年转接一次。

　　(3) 微循环封口保藏法：明胶15g、$CaSO_4$ 2g、亚甲蓝1~2滴(指示剂)溶于100ml热水中配制成封口剂，将新长满菌丝斜面试管，在无菌条件下拔去棉塞，用试管口蘸封口剂，贴上用95%酒精浸泡过的玻璃纸(塞珞璐)，再石蜡熔封。常温下菌种至少可保藏8个月。

　　(4) 固体菌种保藏法：固体菌种保藏法有麸皮菌种保藏、厩肥蘑菇菌种保藏、木屑菌种保藏、木块菌种保藏、枝条菌种保藏、稻草草菇菌种保藏、麦粒菌种保藏、碎玉米粒菌种保藏、珍珠岩菌种保藏、蛭石菌种保藏等。这些固体菌种保藏都需调好培养基的干湿度，彻底灭菌严格封口，在适当条件下保藏。

　　(5) 液体保藏法：生理食盐水保藏法：60ml马铃薯和葡萄糖浸提液于250ml锥形烧瓶中，振荡培养120~168h，180r/min，18mm×180mm试管中装5ml生理盐水(0.85%~0.90% NaCl盐水)，无菌条件下，吸管取4~5菌丝球于管中，胶塞封口，并用石蜡密封，于8~28℃保藏存活约2年以上。

　　(6) 无菌水保藏法：将刚长满管的菌种在无菌条件下注入无菌蒸馏水，并将水面高出斜面培养基约2cm，换用橡皮塞用蜡封严，立直保藏于4℃条件下，可保藏2年之多，菌丝仍成活。

　　(7) 担孢子保藏法：取普通滤纸4.0cm×1.0cm小条若干，在培养器中压强0.98MPa蒸汽灭菌30min，在无菌条件下放进孢子收集器中。并将子实体(八九成熟)放进孢子收集器中收集孢子，收集孢子后将小纸条无条件下移入无菌安瓿管中，每管一条滤纸，将瓶管扎成捆放入干燥器内，以 P_2O_5 作吸水剂，真空抽干后4~5℃下保藏。美国宾夕法尼亚大学试验用此法保藏蘑菇菌科长达3~6年之久后仍能存活。

　　(8) 风干子实体菌种保藏法：大多数担子菌包括伞菌和多孔菌在失水后将进入休眠状态，当环境条件适宜时，还会恢复生活力。根据这一特点选择生长健壮的子实体及时风干，用灭菌防潮纸包好放在干燥塔内采用真空抽气密封保藏，可存活1~2年。使用时，先用无菌蒸馏水润发恢复自然状态后，稍加风干即可进行组织分离法分离菌种。

　　(9) 冷冻保藏方法：根据保藏细胞内的冰晶类型，人们提出了以下3种不同类型的冷冻过程。①慢速冷冻法：温度下降速度为0.1~10℃/min。这对细胞脱水有益，能使细胞间冻结的水降至最少。1979 年，Oryza Salae 等在进行慢速冷冻时，使用了价格低廉的杜氏（Dewar）瓶。②快速冷冻法：温度下降速度为 50～120℃/min。冷冻的越快，细胞间隙的冰晶就越小。将装有材料的小瓶直接投入液氮中，其温度下降速度可达－1000～－300℃/min，甚至更快；若放在液氮罐的气体中，气温度下降速度则为－70～－10℃/min。③逐渐冷冻法：先用慢速冷冻法使温度降至－40～－20℃，然后，放置一段时间，再用快速冷冻法降至－196℃的液氮罐中。这种方法集上述两种方法之优。用慢速冷冻法使温度降至－20～－40℃，可使细胞保护性失水，待其稳定后，再用快速冷冻法降至－196℃的液氮罐中，以防细胞内生物化学分子结构间形成较大冰晶。但是此方法需要低温防护剂。冷冻保藏工艺：组织预处理→冷冻处理→解冻处理→再培养→生活力及再生力的鉴定。

（10）液氮超低温保藏法：液氮超低温保藏法原理同样是使菌体细胞代谢活动降低到最低水平，甚至处于休眠状态。只不过是采用的超低温－196℃液氮罐保存。其特点是可保藏时间长达数十年，而且具有广谱、有效、安全。对一些不耐低温的菌种，如草菇在加保护剂的条件下，仍可进行超低温保存，而且变异性小，但成本高。

27.5.2　液氮保藏的具体方法

（1）制备常用专用培养基：葡萄糖 20g、酵母膏 1.5g、KH_2PO_4 3g、$MgSO_4 \cdot 7H_2O$ 1.5g、琼脂 20g、马铃薯热水浸体液约 1000ml，pH5.6，灭菌制成液体培养基或固体培养基。

（2）保护剂的制备：10%（V/V）甘油蒸馏水或 10%（V/V）二甲矾蒸馏水，也可以用 10%蜂蜜作保护剂。

（3）菌种的制备：制孢子液菌种；制斜面菌丝体菌种；液体深层培养制菌球菌种备用。

（4）安瓿制备：一般选用硼硅质玻璃。当温度突变时，其膨胀系数小，不易破碎，易熔封口，易打开，类似医用液体针剂瓶，75mm×10mm 的瓶大小不一，容量为 1.2ml 保护剂的瓶，每瓶装入 0.8ml 保护剂。安瓿制备好后，压强 0.98MPa 灭菌 15min。室温后接入菌种，拔弃棉塞，直接经火焰封瓶口后，检查有否漏气，好的备用。

（5）冻结保藏：先将安瓿降温，按每分钟下降 1℃ 的速度缓慢降温至－35℃ 以后不必控制温度。当保护剂与菌体一起冻结后，可将其放入液氮罐内或液氮冰箱内，气相中温度为－150℃，液相中温度为－196℃。

（6）菌种的复苏培养：从－196℃条件下取安瓿，立即置 38～40℃ 下水浴，使其内含物冰块迅速解冻。在无菌条件下，打开安瓿，取菌种接入培养基培养。需要注意的是，在存取安瓿时必须注意安全，戴好皮或棉手套，并严禁液氮飞溅，以免冻伤皮肤、眼睛等。

小　　结

菌种是蕈菌培殖的基础和关键，菌种厂的选址，首先应选择交通便利、水电充足、地势较高、给排水方便、环境干燥、整洁、新鲜空气流通的地方。工厂化生产设计根据总体规模来定，主体土建内容：原辅料库、拌料间、装袋间、灭菌间、冷却室、生化室、制种室、接种室、发菌室、育菇室、包装室、速冻库、冷藏库、保鲜库、肥料处理库、工具库等。环境净化设计内容：A. 洗手间、更衣Ⅰ室、缓冲Ⅰ室、更衣Ⅱ室、缓冲Ⅱ室、冷却车间Ⅰ、冷却车间Ⅱ、冷却车间Ⅲ、缓冲Ⅲ、液体菌种生产车间、液体菌种接种车间：温度控制、湿度控制、整洁度控制、新风进入及排风控制、水路系统、风路系统、节能系统、自控系统、照明系统；B. 发菌和出菇车间：温度控制、湿度控制、光照控制、二氧化碳浓度控制、新风及排风的控制、水路系统、风路系统、节能系统、自控系统；C. 速冻库、冷藏库、保鲜库、包装车间：温度控制、湿度控制、新风及排风的控制、水路系统、风路系统、节能系统、自控系统、光照系统；D. 主机机房的设备选型、水路、风系统、电控；E. 末端机房的设备选型、水路、风系统、电控；F. 设计区域范围内的空调设备、净化设备、加湿设备、通风设备、节能设备、自控设备、光照设备的选型。

根据对微生物的杀灭程度杀菌可分为灭菌、消毒、防腐 3 个等级。物理方法灭菌可分为热力、辐射、药物、过滤、电磁波、气体等灭菌；热力灭菌又分为湿热灭菌(moist heat sterilization)和干热灭菌。化学方法灭菌技术按照化学药剂可分为四大类，即毒害类物质(汞、银、铝、锌、铜等对微生物都有毒害作用)、氧化剂类物质、还原剂类物质、表面活性物质；消毒与灭菌的效果检验技术有平板法和试管法。

蕈菌产品的生产与动植物一样需要良种，遗传与变异是物种的基本特征。菌种提纯复壮的概念至少包括两层含义：①将弱势生长的细胞菌丝通过营养等条件培养成健壮的、有分生能力的菌丝细胞；②通过化学或物理的方法，将菌丝体上带有病毒或极少杂菌除掉，使其健壮地生长。具体的方法有菌丝尖端稀释法、平板菌落尖端数次挑取法、抗菌剂杀灭法、根据不同温度区别杀灭法等。

纯菌种的源头来源于科学工作者对某种特定野生菌株的驯化培养，大致有孢子分离法、组织分离法和基内菌丝分离法 3 种。菌种保藏是种质保藏的一部分，种质保藏是指以细胞全能性为理论基础特征，以细胞、组织块为材料的生命物质的保存过程。种质保藏的目的在于确保被保存的种质能在任何时候都具有生命力。种质保藏的意义在于建立种质库及基因库，合理地利用时间和空间，保持和繁荣物种。所以，种质保藏建立基因库，在生命科学中有其重要的意义。

菌种保藏的原理是通过低温、干燥、冷冻、隔绝空气(真空)或饥饿等手段，以最大限度地降低菌丝细胞生理代谢强度，抑制菌丝细胞生长和繁殖。由于其细胞代谢相对静止，生命活动近乎或成为休眠状态，因此，可较长期地保藏菌种，而且，当其具备适宜条件时，能重新生长发育或繁殖。然而，菌种的保藏总是有限的。细胞的衰老(cellular aging)是细胞生命活动的必然规律，探索细胞衰老的机制，了解细胞衰老的规律，对指导菌种的保藏有着十分重要的意义。

思　考　题

1. 名词解释：灭菌、消毒、防腐、物种、品种、菌株、母种、原种、栽培种、组织分离、液体菌种

2. 一般蕈菌菌种厂的基本内容包括哪几个功能部分？

3. 结合生命的本质叙述灭菌、消毒、防腐三者有何区别与联系。

4. 举例说明几种常见的灭菌、消毒、防腐方法。

5. 为什么要进行菌种提纯与复壮？如何操作？

6. 纯菌种一般通过什么途径获得？菌种保藏的意义何在？

7. 液体菌种有哪些特点？

第 **28** 章　蕈菌育种技术

生命的本质是由核酸和蛋白质为主体的,具有高度组织系统的存在方式。生命的特征是自我更新、自我复制、自我调节以及形态建成与细胞衰亡。蕈菌是微生物中一类大型高等真菌,同样有这 5 个本质特征。生命体的自我复制是指各种形式的繁殖现象。蕈菌育种是建立在生命体的遗传变异基础上的过程。没有遗传,子代与亲代完全不同,就没有物种的延续;没有变异,子代与亲代完全相同,也谈不上物种的进化和差异。遗传与变异是辨证统一体。遗传是相对的,变异是绝对的。

蕈菌的遗传是亲代的性状与性能传给子代的过程,它保持了子代与亲代的一致性。而变异则是指性状的改变,变异是自然界生物的普遍规律之一。遗传的基础物质是核酸。蕈菌菌种选育的目的就是通过各种手段,一方面要打破遗传的保守性,促成性状的变异;另一方面又要通过选种,使有益遗传和变异在子代中出现,创造出高产、稳产、优质、低耗、抗逆性高的菌株或品种。

28.1　蕈菌的生活周期

蕈菌的育种与其各自生活史,生殖方式、交配系统等有密切关系。蕈菌的生活周期是指从孢子到新孢子的整个发育过程,也称蕈菌的生活史。蕈菌中担子菌的典型生活史一般由 9 个阶段组成:①担孢子萌发;②单核菌丝萌发;③不同交配型的单核菌丝质配;④形成异核双核菌丝;⑤异核双核菌丝发育为三次菌丝产生子实体;⑥菌褶处,异核菌丝发育成担子,开始有性生殖阶段;⑦核配产生担子小核;⑧减数分裂,二倍体核内遗传物质重组和分离,形成 4 个倍体核,分别进入担孢子;⑨担孢子弹射,遇适宜条件担孢子萌发,进入新的生活周期。部分担子菌生活史举例如下。

28.1.1　双孢蘑菇生活史

双孢蘑菇的担子上 95％以上着生 2 个担孢子,因此萌发而成的初生菌丝为单相的双核菌丝,故为双孢蘑菇,属于次级同宗结合的菌类。双孢蘑菇生活史见图 28-1。

28.1.2　草菇生活史

草菇属于初级同宗结合的菌类。草菇生活史见图 28-2。

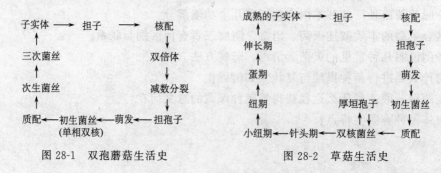

图 28-1　双孢蘑菇生活史　　　　　图 28-2　草菇生活史

28.1.3 香菇生活史

香菇属异宗结合的菌类，双因子控制，四极性。香菇的生活史见图 28-3。

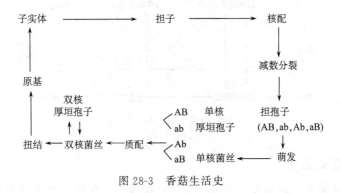

图 28-3 香菇生活史

28.1.4 侧耳生活史

侧耳属于异宗结合的菌类，双因子控制，四极性。侧耳的生活史见图 28-4。

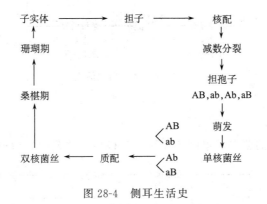

图 28-4 侧耳生活史

28.1.5 银耳生活史

银耳属于异宗结合的菌类，双因子控制，四极性。银耳的生活史见图 28-5。

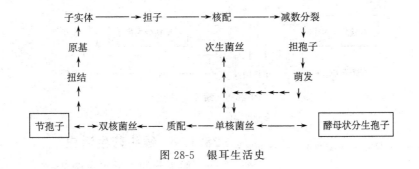

图 28-5 银耳生活史

28.1.6 黑木耳生活史

黑木耳属异宗结合的菌类，单因子控制，二极性。黑木耳的生活史见图 28-6。

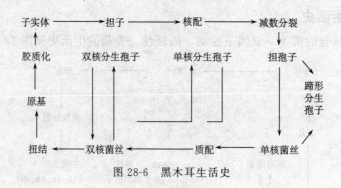

图 28-6　黑木耳生活史

28.1.7　金针菇生活史

金针菇属于异宗结合的菌类，双因子控制，四极性。金针菇的生活史见图 28-7。

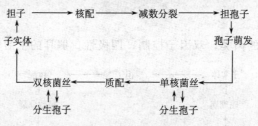

图 28-7　金针菇生活史

28.1.8　滑菇生活史

滑菇属于异宗结合的菌类，单因子控制，二极性。滑菇的生活史见图 28-8。

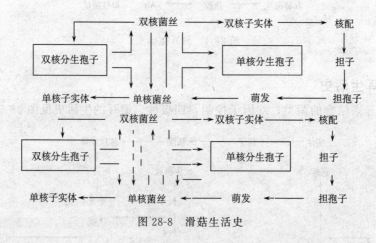

图 28-8　滑菇生活史

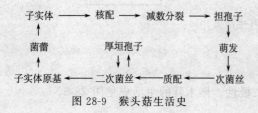

图 28-9　猴头菇生活史

28.1.9　猴头菇生活史

猴头菇的生活史见图 28-9。

子囊菌的生活周期，它们的无性生殖是菌丝→分生孢子→菌丝，该过程能长久地进行。当两个不同交配型菌丝细胞生长一起时可以进行有性生殖。在雄性细胞和雌性细胞发生交配后，在产囊细胞中有以下 4 个过程：每种交配型的一个核共同形成子囊原始细胞；这两个核在生长的细胞中进行核配形成二倍体细胞核；二倍体细胞核立即进行减数分裂，产生 4 个单倍体的孢子；减数分裂的 4 个单倍体孢子再进行有丝分裂，在一个子囊中形成 8 个子囊孢子（均为单倍体核）。孢子弹射后遇适宜条件萌发，生长出新的菌丝。

28.2 蕈菌的生殖方式

蕈菌的生殖方式主要的有性生殖，少数的无性生殖，个别的准性生殖。

28.2.1 有性生殖

有性生殖是担子菌的基本繁殖方式，其过程包括 3 个步骤：两个交配型菌丝细胞质融合进行质配，两细胞核共处于细胞质融合后的细胞质内，形成异核体；进而进行细胞核融合称核配，由两个单倍体核融合为一个二倍体的核；接着进行减数分裂，由二倍体数染色体的核变为单倍体核，此时发生遗传物质重组和分离。菌丝细胞的融合主要受基因控制。在有性交配中，二极性交配系统受一种交配基因 A 控制菌丝细胞融合和迁移，A 不相同时，菌丝细胞可以融合，核可以迁移；A 相同时，则不能。

在四极交配系统中，由两种基因 A 和 B 控制。A 基因控制菌丝细胞融合，B 基因控制核迁移。只有 $A_X B_X$ 和 $A_Y B_Y$ 交配菌丝细胞融合形成子实体。即 A 不相同、B 不相同时可以完成生活史。

菌丝细胞的融合在菌丝生长中的作用在于可以使营养菌丝交织成菌丝体，有利于营养物质的互补，为分化成子实体和子实体的生长、发育提供源源不断的营养物质；还在于抵御逆境，菌丝细胞断裂后可以在尖端继续生长。

蕈菌细胞核行为如下。

（1）营养菌丝细胞的核行为：根据营养菌丝细胞中核的数目和遗传型可以分为同核菌丝体、异核菌丝体以及双核体。

A. 同核菌丝体：它有单核同核体、双核同核体、多核同核体之分。它们是指一个细胞的细胞质内只有一种遗传型的细胞核，只是细胞核的数目不同。

B. 异核菌丝体：它是指细胞质内含有一种以上遗传型的核，可分为双核异核体、菌丝顶端细胞异核体（指处在生长中的菌丝顶端细胞含有遗传型不同的多个核）、多核异核体、无隔膜异核体。

C. 双核体：它是一种特殊的异核体。同核双核体，每个细胞中含有两个相同的核；异核双核体，每个细胞中含有两个来源不同的核，交配型也不同；多核双核体，每个细胞中含有多个核，但不同交配型的核双双存在。

营养菌丝的细胞核是遵循有丝分裂规律进行分裂，细胞间可以发生核移动。担子菌的核移动是桶孔隔膜的桶孔移动。细胞核移动的方式有两种类型，即有锁状联合的菌丝细胞的核移动和无锁状联合的菌丝细胞的核移动。前者当两个不同遗传型或交配型菌丝细胞发生核移动，便形成双核异核体菌丝。这些菌丝如果能形成锁状联合，则交配能成功，并可形成子实体。所谓锁状联合的过程：在一个双核菌丝顶部双核同时分裂（A），接着伸出一个侧生的分枝，内有一个子核进入这个侧枝（B）；随后形成两个隔膜，分隔出一个含两个可亲和核的顶生细胞，侧枝内含有一个核（C）；最后，侧枝与亚顶细胞进行交配，亚顶细胞也与顶细胞一样变为双核异核体（DE）。

不产生锁状联合的菌丝细胞的核移动，草菇的菌丝体没有锁状联合，担孢子萌发后产生同核菌丝能进行双核化至性生活史完成的各种过程，是初级同宗结合。由同一个孢子萌发的两条初生菌丝细胞之间能进行结合成次生菌丝而生育的菌类，称为同宗结合或自交亲和。属于同宗结合类型的蕈菌有双孢蘑菇、密环菌、草菇(草菇的单核菌丝细胞有 25% 属于异宗结合)等。多数蕈菌的初生菌丝细胞有雌、雄之分，常用＋与一来表示。尽管不同性别的菌丝形态上无差异，但同性别的菌丝细胞不亲和，只有两性菌丝细胞间融合后才可能生殖形成子实体，称为异宗结合或自交不育。属于异宗结合的菌类有香菇、平菇、木耳、羊肚菌、滑菇、四孢蘑菇等。

同宗结合的菌类，可用单孢子萌发的纯菌丝来培育菌种；异宗结合的菌类，单孢子萌发的菌丝不会形成正常的子实体，必须经过不同性别孢子萌发的菌丝结合配对后，才能形成正常的子实体。

(2) 生殖核的行为：异核体菌丝发育到一定时期，细胞中二个单倍的核融合(核配)形成二倍体核，并且立即进行减数分裂。在子囊菌中减数分裂产生 8 个子囊孢子；担子菌在菌褶内有担子，担子经两次减数分裂，再经一次有丝分裂产生 8 个核，每个担子上产生 4 个担孢子。

28.2.2　无性生殖

无性生殖是一种不经过两性细胞结合而产生新的个体。在蕈菌中，无性生殖可以通过无性孢子的产生，由它来完成生活史中的无性繁殖；也可以从子实体上分离无性组织进行培养繁殖。这就是在蕈菌生产上常应用的组织分离法。无性孢子可以是分生孢子、厚填孢子、粉孢子(节孢子)等。无性生殖的特点主要靠细胞的有丝分裂来完成。

28.2.3　准性生殖

它是一种导致体细胞基因重组的现象。准性生殖过程包括：异核体的形成、杂合二倍体的形成和有丝分裂的分离(又包括体细胞交换和单元化)。

(1) 异核体的形成：两个遗传型不同的单倍体细胞接触发生细胞质和细胞核的混合，由连接处长出的菌丝细胞，内含来自两个品系的细胞核称为异核体。

(2) 杂合二倍体的形成：在异核体内，两个遗传型不同的细胞核偶尔能融合成一个二倍的杂合核，叫做杂合二倍体。它进而可以发育成无性繁殖系，并有生长优势。还有可能得到极少数的体细胞分离子，其中包括基因重组体、非整倍体或单倍体，产生非整倍体或单倍体的过程为单元化，产生基因重组体的过程为体细胞交换或准性重组。

(3) 体细胞交换：所谓体细胞交换是在有丝分裂过程中同源染色体发生交换(体细胞重组)，能进行基因定位，称作有丝分裂定位。

28.3　蕈菌育种技术

蕈菌育种技术包括野生蕈菌驯化技术、自然选育技术、诱变选育技术、杂交选育技术、原生质体融合技术、基因工程选育技术及蕈菌 DNA 分类的鉴定技术等。

28.3.1　野生蕈菌驯化技术

野生蕈菌的驯化培殖是蕈菌育种的重要内容，也是人类获得培殖菇种的重要途径。从根本上讲，现代人类社会培殖的许多蕈菌最初都是从野生种驯化而来。中国蕈菌资源特别丰富，据 2002 年报道，中国估计至少有 1500 种，已知的有 980 种，仅有 60 种人工驯化培养，见于市场的有 60 余种，包括利用菌丝培养的共计约 90 种，仅为总数的 1/10，开发的潜力仍然很大。

利用和驯化这些具有开发价值的蕈菌资源是蕈菌品种选育的重要课题，这方面已有不少报道。田绍义(1992)在观察和研究蒙古口蘑生态基础上，通过驯化培殖，选育出 87-B-2 优良菌株，用马粪、麦秸等配制的发酵料进行床式培殖，已初步驯化成功。河北省迁西县栗蘑研究课题组(1994)从野生种选育出抗杂能力强、高产的优良菌株，即迁西大株灰树花，利用棉籽皮、栗木屑等培养料培殖出灰树花子实体，生物学效率达 128.5%。福建省三明真菌研究所、山西省生物研究所等(1987)对鸡腿蘑进行调查、采集、分离和培殖，获得较好效果。罗星野等(1991)研究了鸡腿蘑"昆研 C-901"菌株特征，提出了一套行之有效的培殖操作工艺。陈文良(1988)从京郊野生猴头菇菌株中通过驯化培殖，择优选育技术，选育出优质、高产的"北京猴头菇 1 号"新菌株，具有转潮快、朵大、肉实等优点。

野生蕈菌的驯化原则是通过孢子分离法、组织分离法、基内菌丝分离法 3 种方法获得纯菌种后，先进行模拟培养，掌握其野生蕈菌的生物学特性及生长发育的条件，即水、肥、气、热、光、酸碱度，包括其他生物和地理环境等，然后再进行人为目的性锻炼，从而获得人类所需要的菌株。

28.3.2　蕈菌自然选育技术

在自然界及人工培殖过程中由于环境的变化，蕈菌常会发生菌株的变异，蕈菌自然选育是人工有目的地选择那些自然发生的有益变异菌株的一种技术。它是最古老、最简便、最实用的一种技术。一般有两种方法，即经过培殖对比实验筛选优良菌株，或选择有益变异的菌株，经过培殖分离，待突变优良性状稳定后，可得新菌株。自然选育通常包括如下步骤。

(1) 大量收集品种资源：只有大量占有资源才能进行比较，获得优良菌株。可采取野外考察、国外考察，也可以时常光顾集贸市场和生产培殖基地，选择那些有典型性的蕈菌菌株，及时进行组织分离，或单孢分离、基质提取等方法获得纯种，并加以详细描述，可见书后附录 2。如时间、地点、海拔、坡向、土质、树种、荫蔽度等。

(2) 拮抗试验：把分离得到的菌株，在同一平板(或斜面)培养基上，每两菌株作拮抗试验，若无拮抗线，说明是相同的来源；再与其他菌株做拮抗试验，直至筛选出不同的菌株。

菌丝生长速度测定，在 PDA 平板培养基上定量接种菌龄一致的待测菌丝体，至少重复 3 次，同等条件培养，精确测量菌落半径，计算菌丝生长速度：菌丝生长速度(mm/d)＝菌落半径(mm)/菌落生长天数(d)，并综合评测菌丝的质量，进行选优弃劣。

(3) 羧甲基纤维素酶活性测定：在定量的羧甲基纤维素钠的培养基上，定量接种菌龄一致的待测菌丝体，3 次重复，适温培养 5～6d 后，进行染色：0.2% 刚果红染色 30min 弃染液，用 1mol/L 氯化钠染色 15min 弃 NaCl 液，再用 1mol/L HCl 染色 15min 弃 HCl 液，在培养基上会出现大小不等的透明圈。精确测量其圈的半径，判断羧甲基纤维素酶相对活性：羧甲基纤维素酶相对活性(mm/d)＝透明圈半径(mm)/菌丝培养天数(d)。

(4) 生理生化性能测定：为提高效率，避免误选，应对分离得到的菌株进行生理生化性能测定，淘汰重复或低劣的菌株。如可以进行拮抗试验、菌丝生长速度测定、羧甲基纤维素酶活性测定，并配合分子生物学技术(即同工酶技术、G＋C 值法、DNA 互补技术、RNA 技术、RFLP 技术、PAPD 技术等)直接或间接地反映相对稳定的遗传物质，判断蕈菌的亲缘关系，确定它们的分类地位，为遗传育种提供帮助，从而弥补了形态分类学及常规方法的不足。

28.3.3　诱变育种技术

由于蕈菌诱变育种能有效地提高突变的频率，在蕈菌新品种选育上应用甚广，其中一种重要的诱变剂是紫外线。紫外线辐射是一种非电离辐射诱变剂，使用简便，效果显著，是诱变产生突变种的重要途径。陆师义等（1987）用紫外线诱变技术，筛选出品质好、产量高、无孢子的紫孢侧耳新品种，生物学效率达 90%～100%，子实体具有很好的商业价值。陈文良（1986）用紫外线诱变育种方法，培育出高产、优质的北京大木耳新品种，鲜耳的生物学效率达到 66.23%～82.08%，耳片也有增大、增厚等变化。陈文良等（1993）用紫外线诱变方法，选育出金针菇 F9309 和 F9321 两个新品种，拮抗实验和酯酶同工酶实验完全证明它们是各自独立的新品种，且均具有柄长、色淡、高产等特点。周宗俊等（1993）用金针菇菌丝原生质体再生及 γ-射线诱变育种技术，育成 F8815、F8817 等金针菇新品种。王振福等（1997）用返地式卫星搭载诱变育种研究表明，5 个株菌丝体中脱氢酶部发生了变异，说明卫星搭载是诱变育种的较好途径。

诱变育种的基本原理是人为利用某些理化因子强制蕈菌遗传基因发生突变的方法。所运用的理化因子称为诱变剂，一般可分为物理诱变剂和化诱变剂两类。详见表 28-1。

表 28-1　常用理化诱变剂的处理剂量表

诱变剂名称	剂量强度和浓度	处理时间	缓冲液※	终止反映☆	备注
紫外线	1000～4000erg/mm²	s			人体不能直接接触
X 射线	20～150KR	s			必备防护
γ-射线	20～150KR	s			必备防护
快中子	10～100Krad	s			
5-BU	5～20ng/ml	数小时			
EMS	0.01～0.5mol	10min～8h	pH7.2※	☆	勿口吸与皮肤接触
DES	0.5%～2%	30～90min	pH7.0※	☆	勿口吸与皮肤接触
NTG	0.01%～0.3%	15～18min	pH6.0※	☆☆	有致癌作用
NEH	0.5%～3%	30～60min	pH6.5※	☆☆	有致癌作用
NM	0.1mg/ml	2～30min		☆☆☆	勿口吸与皮肤接触
EL	1∶(1000～10 000)	30～24h		☆☆	有毒，易燃爆，强腐蚀
亚硝基	0.01～0.1mol	5～60min	pH4.5※※	☆☆☆☆	
羟胺	1mol	20min			安全使用
放射菌素	50～100μg	复合处理			
氯化锂	0.3%～0.5%	数小时			
氯化锰	0.3%～0.5%	数小时			

※磷酸缓冲液；※※1mol/L 醋酸缓冲液；☆硫代硫酸钠或大量稀释；☆☆大量稀释；☆☆☆甘氨酸解毒或大量稀释；☆☆☆☆pH8.6，0.07mol 磷酸二氢钠

蕈菌诱变育种一般工艺流程：出发菌株的选择→孢子液的制备→诱变处理→涂布培养皿→挑选移植→斜面继代→实验培殖→筛选目菌株→鉴定→示范→推广。

应用的物理诱变剂主要有紫外线、X 射线、α-射线、β-射线、γ-射线、快中子、超声波、激光等。它们可分为电离辐射和非电离辐射两种。α-射线、β-射线、γ-射线、X 射线、中子、

质子的射线等属电离辐射；紫外线为非电离辐射，波长 2900～3000Å，其中波长 2000～3000Å 的紫外线具有诱变作用，尤以 2650～2660Å 波长作用最强。紫外线穿透力极弱。紫外线剂量为 1000～4000erg/mm^2。

X 射线波长 0.6～136Å，属核外产生的射线。穿透力不很强，较容易防护。γ-射线波长 0.1～1.4Å，常由放射同位素^{60}Co 或^{137}Cs 等发出，属核内产生的射线，穿透力强，主要用于外照射的过程。X 射线和 γ-射线剂量为 215 万 R(伦琴)，致死率 90%～99%；快中子则采用 24～30krod(rod：拉德，又称组织伦琴)。

电离辐射可将被照射的物质的原子核周围的电子击出，使其变为阳离子。击出的电子可附着在其他原子上，使其变为阴离子，也可再冲出其他原子引起激发电子。在一定范围内，物质被辐射所吸收的能量与剂量成正比。物理诱变是通过高能辐射引起生物体系统的损伤，进而发生一系列的遗传变异反应。

(1) 诱变材料的一般处理：用生理盐水或缓冲液制备孢子 10^6～10^9/ml 的悬浮液，或以菌丝尖端为材料。

(2) 紫外线诱变处理：一般在暗箱里进行。在距 15W 的紫外线灯管 30cm 处先空照射 10min 使其波长稳定；然后取上述孢子悬浮液 5ml 倒入直径 6cm 的无菌培养皿中，掀盖照射0.5～5min。不同蕈菌的孢子，所照射的时间不同。一般以致死率 90%～99% 为宜。

涂布培养：取上述诱变处理过的孢子悬浮披，用无菌水稀释成 1000～10 000 倍液。用无菌注射器取稀释液于培养皿培养基上，每平板均匀地接入 0.2ml，并适温培养。待菌丝刚长至星点时，选挑纯正健壮的单个菌落接入试管斜面培养基上进一步筛选。

应用的化诱变剂主要有 3 类：①碱基类似物，与天然碱基极相似，如 5-溴尿嘧啶是胸腺嘧啶的类似物，在 DNA 的复制时，往往可取代天然碱基，形成错误配对；然后进一步复制，使某个碱基对变成一种新的碱基对；②亚硝酸(NA)羟胺和烷化剂诱变剂等，可改变 DNA 的化学结构；③吖啶类，能结合在 DNA 分子上，造成核苷酸的增减，引起移码移动变异。

5-溴磺酸乙脂(EMS)应低温干燥避光保存。EMS 致死作用小，诱变作用强一般用 pH7.0～7.4 的磷酸缓冲液。EMS 诱变剂的配制要在冰水中操作，所用器皿要预冷，现配现用。药液有毒应有防护措施。具体操作方法：0.2ml EMS 10mol 原液，移入 10ml 的缓冲液中，盖严磨口塞，轻轻转动试管，使其充分溶解，可滴加乙醇加速溶解。取 EMS 诱变剂和孢子悬浮液各 5ml 于灭菌磨口带塞试管内，28～32℃ 振荡培养 2～4h，加入一定量的 25% 硫代硫酸钠或大量无菌水稀释终止反应，并进行上述涂布培养，筛选目的菌株。

硫酸二乙酯(DES)为无色液体，溶于乙醇和乙醚，低温避光保存。取 DES 1.2ml 于 6.3ml 的无水乙醇中，溶解后可得 DES 诱变剂。用 pH7.2 的磷酸缓冲液配制液孢子悬浮液，浓度比为 10^6/ml 左右。取 1.0ml 液孢子悬浮液，加入 0.4ml DES 诱变剂和 3.6ml 磷酸缓冲液于灭菌磨口带塞的试管内，25℃ 振荡培养 1～2h，加入一定量的 25% 硫代硫酸钠或大量无菌水稀释终止反应，并将处理过的液孢子悬浮液稀释为 10^3～10^4，进行上述涂布培养，筛选目的菌株。

亚硝酸胍(NTG)难溶于水，低温避光保存。NTG 在适宜的条件下致死率低、诱变率高。NTG 诱变剂应现配现用。药液有毒，应有防护措施，应于通风橱内取用。用 pH6.0 磷酸缓冲液、Tris、柠檬酸或苹果酸配制孢子缓冲液。精确称取 3.1mg NTG 于 31ml 的丙酮中溶解后，用 pH6.0 磷酸缓冲液配制 1mg 的 NTG 诱变剂。取 2ml 孢子悬浮液，加入

0.2ml NTG 诱变剂于灭菌磨口带塞试管内，26～28℃振荡培养 10min～2h，加入大量的磷酸缓冲液或无菌生理盐水离心洗涤终止反应，并将处理过的液孢子悬浮液稀释为 10^3～10^4，进行上述涂布培养。所有接触 NTG 诱变剂的器皿均应及时用 2mol/L 氢氧化钠溶液浸泡过夜解毒。

氮芥[$NM(CH_2CH_2Cl)_2$]多以盐的形式保存，现配现用，易挥发有毒，操作应注意安全。取 1ml 孢子悬浮液置于灭菌磨口带塞的试管内，加入 0.6ml 活化剂（活化剂：碳酸氢钠 67.8mg 溶于 10ml 蒸馏水中并灭菌），再加入 0.4ml 0.5%氮芥盐酸盐溶液诱变剂（氮芥盐酸盐溶液诱变剂：10mg 氮芥盐酸盐溶解于 2ml 蒸馏水中），加塞摇匀 30min，取其 0.1ml 处理液加入终止液（碳酸氢钠 68mg、甘氨酸 60mg 溶于 100ml 蒸馏水中灭菌）终止反应，孢子悬浮液稀释为 10^3～10^4，进行上述涂布培养，筛选目的菌株。

28.3.4 杂交育种技术

杂交育种选育抗杂能力强、生产性状好的优良培殖菌株。因此，杂交亲本的选择就非常重要。一般来说，亲本性状差异显著，杂交后代的杂种优势就较明显，获得优良杂交菌株的可能性就比较大。杂交育种一般选用优缺点互补的亲本孢子单核菌株进行杂交。由于孢子单核菌株是减数分裂的产物，经过亲本 DNA 的交换和重组，菌株之间会产生较明显的遗传差异，杂交后代有可能会产生一些母本菌株所不具备的新的遗传性状以及优于母本的很多生产性状。因此，研究木耳孢子单核菌株之间遗传性状的多态性，探讨这些遗传性状在杂交育种理想亲本选择上的应用，具有重要的理论意义和实际意义。

覃菌杂交育种的基本原理是四分体过程的基因重组。这种育种方法用于异宗结合的覃菌，如平菇、香菇、金针菇、木耳菌、银耳、猴头菇等。异宗结合的覃菌单孢子萌发形成的菌株是不孕的，不经过可亲和孢子菌株的交配不能形成子实体，不能完成生活史。只有通过不同单核菌丝配对杂交的结合，才能双核化形成子实体。根据这一原理，运用具有不同优点遗传性的单核菌丝体杂交，选育出优良的杂交异核体是覃菌育种的一条重要途径。它比诱变育种具有较强的方向性和可操作性。

覃菌杂交育种的一般工艺：亲本的选择→单孢分离（平板稀释法和毛细管法）→杂交→鉴定（可用拮抗试验法）→挑选移植→斜面继代→实验培殖→筛选目菌株→鉴定→示范→推广。

汪麟(1992)用香菇 Cr02 和 L465 进行杂交，选育出 L9、L11、L24 3 个新菌株，其中 L11 号菌株产量高，菇形好，生物学效率达 75% 以上。陈文良(1993)通过香菇 L867 与 Cr04 两品种单核菌丝体配对杂交，培育出 L934 新品种；用香菇 L33 和 Cr04 两品种单核菌丝体配对杂交，培育出 L937 新品种。这两个香菇新品种具有高产、优质、耐低温特点，并已在京郊和部分省市大面积示范推广。

对于蘑菇(*Agaricus bisporus*)这种属于二极性同宗结合的覃菌，单孢子分离育种是一种常用的重要方法。吴锦文等(1992)运用这种方法，选育出产量较高、质量较优的适于罐藏加工的"轻食 51 号"和适于鲜销、北方地区种植的"轻食 67 号"等蘑菇新品种。

28.3.5 原生质体融合技术

据报道，到目前为止，在世界范围内已发表了 5000 余篇与原生质体有关的文章，并以每年 300 多篇的速度增加。作为一种技术，它在细胞发育学、细胞生理学、细胞生物学及细胞遗传学等研究领域中有重要的作用。

原生质体(protoplast)是由细胞核、细胞质、质膜组成的，各部分间彼此紧密联系、相互影响而构成的一个有机整体，维系着细胞的一切生命活动。其最大的优点在于全能性的体现，去除细胞壁的原生质体仍具有质膜和完整的基因组，对渗透压极其敏感，只能存在于等渗环境中。

原生质体融合技术：原生质体融合技术是通过酶解将生物细胞壁脱去，制备出离体的原生质体，再用化学法或电脉冲法促进不同种（或不同品种）原生质体产生融合，使亲本的细胞核、细胞质、细胞器结合，发生核基因、线粒体基因遗传重组，从而获得融合子，产生新的类型，以应用于理论探究和生产实践。原生质体融合是亚细胞水平的生物工程技术，因此，也称细胞融合，它是遗传工程的重要组成部分。在蕈菌良种选育应用方面，它使蕈菌远缘杂交、相同交配型杂交成为可能。它为利用野生种质资源、繁荣现有栽培种基因、缩短育种周期、提高工作效率，以及通过菌丝体深层发酵工程生产获得目标物质开辟了一个新途径。

原生质体融合技术的特点：①技术难度小，不需要价格昂贵的仪器和大量的药品；②由于去除了细胞壁，原生质体膜易于融合，无极性，能够保留遗传物质的完整性；③原生质体融合技术不仅实现了种内、种间的高频率重组，而且在属间、界间等远缘种间实现了成功融合，打破了有性杂交重组基因创造新品种的界限。近年来，该技术发展迅速，应用领域不断扩大，并逐渐成为核质关系、基因调节、遗传互补、细胞免疫、肿瘤发生、基因定位、衰老控制等领域研究的重要手段。另外，融合株所得产品是细胞融合所得，属非基因工程产品，因此，为达到有机产品的等级创造了条件。

蕈菌原生质体融合育种的一般工艺：工程株遗传标记→亲本菌株菌丝体→原生质体制备→原生质体融合→获得融合子→细胞壁再生→融合子鉴定→目的株的选择→挑选移植→斜面继代→实验培殖→筛选目菌株→鉴定→示范→推广。

28.3.5.1 原生质体融合技术研究进展

关于动物细胞融合的研究技术已迅速发展，主要应用于基因定位和绘制人类基因图谱、肿瘤免疫、生产单克隆抗体、体细胞核移植、培育新品种基础理论等诸多研究领域。

该技术最早发展于 19 世纪 30 年代末，始于对生物界中"自发"融合现象的认识。1838 年，生物学家 Muller 在肿瘤中发现了多核细胞，是叙述脊椎动物多核细胞的创始人；1875 年，Lange 首次观察到脊椎动物血液细胞结合，随后在无脊椎动物中也发现了细胞融合现象；1912 年，Lamnbert 首次在组织培养中报道了细胞融合，以及形成多核细胞的过程；1965 年，英国学者 Harrs 等发现可以用灭活病毒来融合动物的细胞，从而得到杂交细胞；1970 年，Ruddle 等系统地用融合细胞作为试验来绘制人类基因图；1975 年，在动物细胞融合技术的基础上创立了淋巴细胞杂交瘤技术，随后广泛用于单克隆抗体制备。然而由于诱导细胞融合的病毒存在制备困难、操作复杂、效价差异大等缺点，研究者们一直探寻一种能够替代病毒诱导细胞融合的介质，但仍有待于进一步的研究。

植物原生质体融合的研究发展最早可以追溯到 1892 年，当时外国学者 Klercker 采用机械法从藻类中成功分离到原生质体，随后 Miller 等观察到大豆细胞原生质体的自发融合现象；1970 年，日本的 Takebe 和 Nagata 首次对烟草叶片原生质体进行培养并得到再生植株；1974 年，Melchers 用高 pH-Ca^{2+} 法融合成功；1984 年，Schierenberg 利用激光诱导植物原生质体融合获得成功。自 Carlson 等获得烟草种间融合杂种以来，已获得 20 多个烟草的种内、种间和矮牵牛的种间、属间杂种。近年来，在茄科和芸薹属的一些典型植物改良中成功应用了此技术，禾本科植物原生质体融合也已经得到亚科间的体细胞杂种植株，同时在许多系统发育无关的种间进行大量原生质体融合试验也取得了成功。从此植物原生质体研究进入迅速发展的阶段，这些研究成果也迅速推动了原生质体融合技术的基础研究和应用研究。

微生物原生质体融合技术的研究源于国外的一些研究。1859 年，Debary 在研究一些黏菌的生活史时首次发现微生物细胞融合现象，这是世界上最早的有关原生质体融合的报道；1935 年，首次发现细菌原生质体的自然形成和自发融合现象；1944 年，Smith 用相差显微摄影的活体观察方式证实了融合现象；1957 年，Eddy 等用蜗牛酶溶解酵母细胞壁分离到原生质体，同年，Emersond 等用蜗牛酶和半纤维素酶得到了丝状真菌的原生质体，从而奠定了真菌原生质体融合技术的研究基础；1960 年，英国 Notingham 大学 Cocking 首次从疣胞漆斑菌中分离得到纤维素酶，为原生质体融合技术进一步发展提供了高效的脱壁酶；1972 年，Devies 等成功分离裂褶菌的原生质体，使原生质体融合技术开始应用于大型高等真菌研究领域；1974 年，Ferenczy 等首次报道了采用离心力诱导的方法促使白地霉营养缺陷型变株的原生质体融合，成为真菌原生质体融合的第一篇报道，同年；Kao 等在研究植物原生质体融合时发现聚乙二醇在 Ca^{2+} 参与条件下能有效诱导融合，且融合频率显著提高；1976 年，Anné 等把聚乙二醇诱导植物原生质体融合的方法引入到真菌原生质体的融合中，使融合率达到 10^{-2}；1977～1979 年，Hopwood 等分别获得了链霉素菌属原生质体融合的融合子并对其做了遗传学的研究。

国内这方面研究也取得了巨大的研究成果。1996 年，程树培等首次报道了原核细菌球形红假单胞菌与真核酿酒酵母细胞间的跨界原生质体融合；2002 年，吴伟等报道了诺卡式菌和假丝酵母的跨界原生质体融合，这两项研究填补了跨界融合领域空白。目前微生物原生质体融合研究较多集中在酵母菌、曲霉属、青霉属和蕈菌菌种改良等研究领域。

1958 年，Emersond 等用蜗牛酶和半纤维素酶得到了丝状真菌的原生质体，从而奠定了真菌原生质体技术的实验系统；1965 年，Strunk 等首次成功地制备了采绒革盖菌的原生质体，第一次分离到担子菌原生质体并观察到其自发融合；1972 年，Devies 等分离裂褶菌原生质体成功，使原生质体融合技术开始进入在高等担子菌领域的研究（原生质体融合技术在食用蕈菌领域中的应用最早见于 Daries 和 Wessels 对双孢蘑菇和草菇的原生质体制备）；1983 年，日本山田里对香菇、金针菇原生质体的制备和再生做了报道；1984 年，日本蕈菌研究所对红平菇与凤尾菇两亲本进行细胞融合，并获得成功；1985 年，电融合首次应用于糙皮侧耳和裂褶菌融合的研究，这使得电融合得到了广泛应用；1986 年，Toyomasu 进行了糙皮侧耳种内原生质体融合，得到了介于双亲之间的融合株。

近三十多年来，食用菌原生质体技术在理论和应用上都取得了很大进展，主要经历了3 个时期，在 20 世纪 70 年代，主要研究从不同种类的食用菌丝体、孢子或子实体中制备原生质体的条件，根据高等担子菌细胞壁的结构特点，从木霉等真菌中分离和纯化出各种脱壁酶，并从脱壁酶的组分、浓度、pH 等方面建立了各种食用菌原生质体制备和再生的最佳条件。中国蕈菌原生质体融合技术发展迅速，技术水平已居于世界领先地位。1983 年，邱景芸等首次研制出使真菌有效脱壁的溶壁酶，并分离出 10 余种蕈菌原生质体。1986 年，徐天惠对金针菇原生质体的制备与再生研究表明，酶解时间对原生质体释放和再生有显著影响。1989 年，潘迎捷进行香菇种内原生质体融合，用中高温大叶型和中温中叶型香菇单核菌丝体作为亲本，采用 PEG 促融，在国内首次获得了两株香菇种内融合子。有关原生质体技术、中国蕈菌原生质体制备及再生研究状况、中国蕈菌原生质体融合研究状况的报道见表28-2～表 28-4。

表 28-2　原生质体技术的报道

菌株	年份	文献
Coprinus cinereus	1988	Ohba *et al*(1988)
Coprinus cinereus	1988	Yanagi *et al*(1988)
Oudemansiella mucida	1988	Homolka(1988)
Schizophyllum commune	1987	Sonnenberg &.Wessels(1987)
Lentinus edodes	1991	Pan *et al*(1991)
Phanerochaete chrysosporium	1989	Gold *et al*(1989)
Coprmus macrorhizus	1985	Kiguchii &. Yamada(1985)
Pleurotus ostreaius	1986	Ohamasa(1986)
Polysitcus versicolor	1967	Strunk(1967)
Tricholoma matsutake	1982	Abe *et al*(1982)
Pleurotus sp.	1989	Go *et al*(1989)
Pleurotus ostreaius×*P. columbinus*	1989	Toyomasu &.Mori(1989)
P. ostreatus×*P. pulmonariu*	1989	Toyomasu &.Mori(1989)
P. ostreatus×*P. sajor-caju*	1989	Toyomasu &.Mori(1989)
P. columbinus×*P. pulmonariu*	1989	Toyomasu &.Mori(1989)
P. columbinus×*P. sajor-caju*	1989	Toyomasu &.Mori(1989)
P. pulmonariu×*P. sajor-caju*	1989	Toyomasu &.Mori(1989)
Pleurotus ostretus×*P. florida*	1984	Yoo *et al*(1984)
P. cornucopiae×*P. florida*	1992	Yoo(1992)
P. salmoneostramineus×*P. florida*	1984	Yoo *et al*(1984)
P. ostreaius×*P. sajor-caju*	1984	Yoo *et al*(1984)
Auricularia auricula×*A. Polytricha*	1991	Luo *et al*(1991)
Auricularia auricula×*A. Polytricha*	1991	Yang *et al*(1991)
Ganoderma applanatum×*G. lucidum*	1988	Park *et al*(1988)
Pleurotus ostreatus×*P. cornucopiae*	1992	Ogawa(1992)
Pleurotus ostreatus×*P. sajor-caju*	1991	Zhao &. Liu(1991)
P.×*P. salmoneostramineus*	1986	Toyomasu *et al*(1986)
Ganoderma applanatum×*G. Lucidum*	1988	Um *et al*(1988)
Lentinus edodes×*L. subnudus*	1988	Peng &. Lu(1988)
Elfvingia applanata×*Ganoderma applanatum*	1988	Park *et al*(1988)
Pleurotus ostreatus×*Flammulina velutipes*	1991	Zhao &.Liu(1991)
Pleurotus ostreatus×*Flammulina velutipes*	1991	Liu &. Zeng(1991)
Pleurotus cornicopiae×*Lentinus edodes*	1992	Ogawa(1992)
Lentinus edodes×*Pleurotus ostreatus*	1990	Liu *et al*(1990)
Pleurotus sajor-caju×*Schizophyllum commune*	1989	Liang &. Chang(1989)
Canoderma applanatum×*Lyophyllumulmariun*	1989	Yoo(1989)
P. ostreatus×*Elfvingia applanata*	1989	Yoo *et al*(1989)
Pleurotus ostreatus×*Ganoderma applanatum*	1989	Yoo *et al*(1989)

表 28-3　中国蕈菌原生质体制备及再生研究状况

年代	研究内容	文献
1986	黑木耳	阮一俊
1986	金针菇	徐天惠
1987	光木耳、毛木耳	罗信昌
1987	草菇	廖汉泉
1989	凤尾菇	廖汉泉
1989	糙皮侧耳、佛罗里达侧耳	石国昌
1989，1990，1992	食用菌的原生质体再生无性系出菇能力强、产量高，早熟	肖在勤、潘迎捷、刘振岳
1999	灵芝	李刚
1999	羊肚菌	刘士旺
2000	香菇	朱朝辉
2001	鲍鱼菇	何强泰
2001	大球盖菇	闫培生
2003	茶薪菇	张渊
2003	姬松茸	张卉
2004	灰树花	薛平海
2005	蒙古口蘑	张功
2006	猴头菇	李艳红
2006	白灵菇	李轶超
2007	双孢蘑菇	孙溪
2007	桑黄菌	祝子坪

表 28-4　中国蕈菌原生质体融合研究状况

年代	研究内容	文献
1987	平菇再生无性系菌株生物效率大于亲本株，且遗传稳定，使用灭活原生质体进行香菇高温育种	刘振岳 彭卫宪、陆大京
1990	毛木耳与黑木耳的电融合	杨国良
1990	凤尾菇与侧耳	肖在勤
1991	平菇与香菇	刘振岳
1994	光木耳与琥珀木耳营养缺陷型融合平菇再生无性系菌株生物效率大于亲本株，且遗传稳定	韩新才、杨新美，刘振岳
1999	凤尾菇与香菇	王澄澈、梁枝荣
1999	凤尾菇与盖囊侧耳原生质体非对称融合	梁枝荣
2003	灵芝与平菇的原生质体融合	范俊
2004	平菇种内原生质体融合	李省印
2005	茯苓与凤尾菇目间原生质体融合	彭卫红
2007	蛹虫草种内融合	周洪英
2008	姬菇种内原生质体电融	罗应兰

　　1990 年，肖在勤进行了凤尾菇和侧耳 5 种间原生质体融合获得成功；1991 年，刘振岳等采用此项技术进行香菇属间原生质体融合，成功获得了体细胞杂交新菌株"平香一号"；1995 年，邱景芸等进行香菇和桃红平菇属间原生质体融合并形成了子实体，随后，有关于

蕈菌原生质体融合的报道陆续出现。

笔者团队在蕈菌和植物原生质体融合方面做了较多的工作，并取得可喜的成果，详见表28-5。

表 28-5　蕈菌研究硕士研究生毕业论文

序号	姓名	论文题目	遗传距离	研究时间
1	孙溪	巴西蘑菇与双胞蘑菇原生质体融合研究	种间	2004~2007
2	吕龙	茯苓与猪苓原生质体融合研究	种间	2004~2007
3	赵润	冬虫夏草与蛹虫草原生质体融合研究	种间	2005~2008
4	马海燕	云芝与赤芝原生质体融合研究	属间	2005~2008
5	李长美	桑黄属间原生质体融合研究	种间	2005~2009
6	韩华丽	黄伞与滑菇原生质体融合研究	属间	2006~2009
7	廖伟	黑芝与赤芝原生质体融合研究	种间	2006~2009
8	张丽霞	猪苓与灰树花原生质体融合研究	属间	2006~2009
9	刘西周	金耳与血耳原生质体融合研究	种间	2007~2010
10	杨子美	槐耳与云芝原生质体融合研究	属间	2007~2010
11	胡燕	蓝莓与白刺原生质体融合初探	科间	2007~2012
12	刘文芳	白灵菇与杏鲍菇原生质体融合研究	种间	2008~2012
13	李珺	茯苓与桦褐孔菌原生质体融合研究	科间	2008~2012
14	马恒德	利用原生质体融合技术选育高效秸秆降解菌株的研究	门间	2008~2012
15	贺婷	金耳与黑木耳原生质体融合研究	种间	2008~2012
16	荆蓉	银丝草菇与巴西蘑菇原生质体融合研究	科间	2009~2013
17	刘红丽	美味蘑菇与褐蘑菇原生质体融合研究	科间	2009~2013
18	张跃	虎奶菇与大球盖菇原生质体融合研究	科间	2009~2013
19	曲鸿雁	冬虫夏草与蛹虫草融合子紫外诱变育种研究	属间	2010~2014
20	王红	白灵菇与香菇原生质体融合研究	目间	2010~2014

例如，张丽霞等[1]（2008）采用 $L_{16}(4^5)$ 正交设计，得出猪苓原生质体制备最佳条件是取菌龄7d的菌丝体，以 2% 溶壁酶、0.6mol/L 甘露醇作为渗透压稳定剂，在33℃下酶解3h，原生质体数达到 $2.62×10^7$ 个/ml。猪苓原生质体再生的最佳条件为取菌龄5d的菌丝体，以 2% 溶壁酶、0.6mol/L 蔗糖作为渗透压稳定剂，在27℃下酶解3h。猪苓原生质体再生最佳培养基为葡萄糖1%、麦芽糖0.5%、酵母粉0.4%、0.6mol/L 甘露醇、琼脂0.55%，定容1000ml，再生率0.65%。

2010年，郭成金等[2]采用正交设计方法，CS(冬虫夏草)和Cm029B(蛹虫草)原生质体制备与再生体系为液体静置培养3d的菌丝体，分别以 2.0% 溶壁酶＋1.0% 蜗牛酶和 2.0% 溶壁酶＋1.0% 纤维素为酶液组合，0.6mol/L KCl 作为原生质体制备渗透压稳定剂，0.6mol/L甘露醇加入最佳液体培养基中作为再生培养基渗透压稳定剂，在32℃和30℃酶解2h。其 CS 和 Cm029B 原生质体制备率为 $2.98×10^8$ 个和 $2.083×10^7$ 个/ml；再生率4.209%和3.543%。

① 张丽霞，郭成金. 猪苓原生质体制备与再生条件的研究. 中国食用菌，27(5)：35-37，55
② 郭成金，赵润，朱文碧. 2010. 冬虫夏草与蛹虫草原生质体融合初探. 食品科学，31(1)：165-171

　　2010 年，郭成金等[①]采用 $L_{16}(4^5)$ 正交设计，研究结果表明：槐耳原生质体制备最佳条件是以液体静置培养 9d 的菌丝体，0.6mol/L 蔗糖作为渗透压稳定剂，在 2％溶壁酶、1％纤维素酶和 1％蜗牛酶作用下，25℃酶解 3h，制备率达 $2.75×10^6$ 个/ml；再生的最佳条件是液体静置培养 12d 的菌丝体，0.6mol/L 甘露醇为渗透压稳定剂，在 2％溶壁酶作用下，35℃酶解 2h，再生率为 12.7％。

　　目前，原生质体融合技术在蕈菌遗传基因高频重组定向育种领域取得重大突破，获得了一大批种内、种间、属间、科间的融合株，并有许多已形成子实体。相信随着蕈菌原生质体融合技术的日臻完善，蕈菌菌株改良方面将迅速发展，高产、优质、抗逆性强和高生产价值的新菌株将会相继诞生。

28.3.5.2　原生质体融合技术步骤

　　(1) 原生质体的制备：原生质体制备的方法包括机械法、细胞壁合成阻止法和酶解法。机械法比较剧烈，制备率极低并影响原生质体的活力，故很少使用；细胞壁合成阻止法是指培养基中加入抑制细胞壁合成的抗生素以获得原生质体，该方法得到的原生质体均有核，数量稳定，并能够迅速再生，但制备时间长，短时间难以得到较多数量的原生质体；酶解法是用酶液溶解真菌菌丝或孢子的细胞壁而得到原生质体，该方法作用时间短、原生质体得率高、对原生质体活性影响较小，是一种最普遍的原生质体制备方法。

　　在原生质体制备过程中，影响因素包括选材、菌龄、酶条件、酶解温度与时间、渗透压稳定剂等。为了获得原生质体分离与再生的最佳条件就必须对影响原生质体制备的各个因素逐一进行研究。

　　A. 选材：一般选用菌丝体来制备原生质体，也有人用孢子，虽然孢子的生理状态比菌丝易同步化，但对于有些蕈菌的菌丝体而言，其生长较慢，生长期不易分辨，同时孢子的细胞壁要比菌丝体的更难被酶解，所以只在极少数情况下使用孢子制备原生质体。

　　B. 菌龄：影响原生质体的制备率，因为菌龄与细胞壁的构造有极大的相关性，幼嫩菌丝体更适于制备原生质体，且再生率高。而处于对数生长期的菌丝最利于原生质体释放，且数量较多，因此在试验前期最好测定出发菌株的生长曲线，以便于确定原生质体制备的最佳菌龄。

　　C. 菌丝体培养方式：有固体培养法和液体培养法。固体培养法的特点是菌丝体数量较少，不便于操作，而液体培养法相比于固体培养法更有利于原生质体制备。液体培养又分为静置培养和摇瓶培养两种方式。静置培养产生的菌丝体较为松散，有利于充分酶解；摇瓶培养产生的菌丝体结构致密，一定程度上降低了与酶解液接触的概率，制备效果不佳。

　　D. 酶液组成及浓度：由于不同大型高等真菌细胞壁结构有所不同，因此用来破解细胞壁的酶也不同。有研究表明使用单一酶类效果不理想，通常使用多种混合酶类。目前，常用酶解细胞壁的酶有溶壁酶、纤维素酶、蜗牛酶、崩溃酶、几丁质酶、β-葡糖苷酸酶等。使用最多的两种真菌脱壁酶是：美国 Sigma 公司的 Novozyme234 和广东微生物所生产的溶壁酶。

　　E. 酶解时间：随着酶解时间的延长，原生质体数目相应增加，但到一定时间后便不再增加，继续酶解，原生质体反而会破裂，另外研究发现留有一定的细胞壁片段对原生质体再生有利，类似发挥引物或是接头的作用，最佳酶解时间是原生质体制备率最高和不影响原生质体再生活性二者之间的平衡点，所以要严格控制酶解时间，通常是 1～4h。

　　F. 酶解温度：温度在原生质体制备过程中也是一个重要的因素，过高或过低的温度均

---

　　① 郭成金，杨子美 .2010. 槐耳原生质体制备与再生研究 . 天津师范大学学报(自然科学报)，30(4)：63-67

不利于原生质体制备。温度过高致使酶活性降低甚至失活，引起酶解不充分，同时也会影响原生质体的活性；温度过低导致酶的活性降低，但不同菌种、不同酶种类各不相同。因此合适的酶解温度是制备高活性、高产量原生质体的前提条件。

G. 渗透压稳定剂：在原生质体制备和再生过程中都必须要有渗透压稳定剂的参与。目前最常用渗透压稳定剂包括无机类和有机类两大类。无机类渗透压稳定剂常见的有 $MgSO_4 \cdot 7H_2O$、$CaCl_2$、KCl、NaCl；有机类渗透压稳定剂常见的有蔗糖、甘露醇、山梨醇、葡萄糖等。渗透压稳定剂浓度一般是 $0.4 \sim 1.2 mol/L$，不同大型真菌原生质体制备和再生过程中采用的渗透压稳定剂浓度各不相同。去壁后的原生质体最大的特点是对外界渗透压极其敏感，高于或者低于原生质体内部渗透压的环境均不利于维持其形态，并且能影响原生质体再生率、再生菌落形态及再生速度。

H. 原生质体释放方式：原生质体制备过程中，幼嫩菌丝细胞壁被充分酶解而先释放出原生质体，酶解初期，位于菌丝尖端的细胞壁也先被酶解，释放原生质体，随着酶解的持续进行，菌丝其他部位的细胞壁随之被酶解。研究表明原生质体释放的方式主要有顶端释放、侧位释放、菌丝段端位释放、原位释放 4 种方式。

（2）原生质体的再生：原生质体的再生包括细胞壁的再生、结构和功能的修复、菌丝萌发三大主要部分，这三部分是相互联系而又具有独立性的生理过程。影响原生质体再生的因素有菌龄、渗透压稳定剂、再生培养基成分、再生方式等。研究发现，适合原生质体制备的渗透压稳定剂并不一定适合其再生，普遍认为无机渗透压稳定剂适宜制备，而有机渗稳剂适宜再生。再生培养基成分是原生质体再生的营养物质和结构物质的主要来源，再生培养基通常需要筛选。培养方式有液体和固体两种，固体培养基有单层培养和夹层培养两种（张志光，2003），研究表明夹层培养的效果较单层培养好。

（3）亲本菌株的标记：原生质体融合后可形成同源、异源两种类型的融合子。选择异源融合子是试验的目的，原生质体融合技术的关键和难点就是如何将同源融合细胞与异源融合细胞有效地分离。当前采用的亲本标记方式主要为：营养缺陷型标记、抗药性标记、荧光染色标记、灭活标记、自然标记等。

A. 营养缺陷型标记：是一种传统、有效、直接的方法。将亲本菌株经过诱变处理，筛选出对某些营养物质合成途径受阻的突变型，这种营养缺陷型在基本培养基上不能生长，只有营养缺陷型得到互补后才能正常生长，再生出菌落，但营养缺陷型的筛选工作繁重，而且营养缺陷型菌株经融合后得到融合子的性状会受到影响。只有选择的诱变材料与使用的诱变剂相适应，才能获得较高突变率。

B. 抗药性标记：是根据不同菌株对某一种药物的抗性存在差异而进行融合子的选择，但这类标记不能在各蕈菌间通用，限制了原生质体融合亲本范围。目前抗药性标记在酵母和其他工业真菌的原生质体研究中应用较为广泛，如刘玲等（2007）以木霉和白腐真菌为研究对象，获得具有白腐真菌抗药性而木霉非抗药性的药品；蕈菌原生质体融合遗传标记也有报道，如王淑珍等（2002）利用松茸与香菇再生原生质体对潮霉素抗药性标记，结合原生质体灭活为融合子筛选提供了依据。

C. 荧光染色标记：是用不同的荧光色素对不同细胞核分别染色后，融合子会同时携带两种荧光，将这一类型的细胞单独再生培养就可以得到融合株。荧光标记必须借助于荧光显微镜才能识别融合和非融合的原生质体。成亚利等用 FITC 荧光标记对金针菇原生质体进行了融合研究，得到了融合菌株；同时对紫孢侧耳和糙皮侧耳作荧光标记，成功获得融合株。

该方法简便、直接，有广阔的应用前景。

D. 灭活标记：主要是采用热、紫外线、电离辐射以及某些生化试剂等作为灭活剂进行试验。紫外灭活造成的致死损伤主要集中在细胞核，使 DNA 发生突变；热灭活造成的致死损伤主要集中在细胞质，可使细胞内有些功能蛋白、酶蛋白变性失活；化学药剂能不可逆地抑制细胞代谢过程的关键酶，使之失活。灭活后原生质体的染色体仍具有复制、重组能力，融合后原生质体细胞核和线粒体等仍具有转化和互补功能。灭活标记方法没有物种特异性，被认为是最有前途的通用标记方法。此方法减少了亲本优良性状丢失的可能性，是获得遗传重组的一条有利途径。

E. 自然标记：是借助于菌株某些生理方面的特性，包括耐高温、是否具有锁状联合等作为标记。潘迎捷等(1997)以中高温大叶型和中温中叶型的香菇单核菌丝为亲本，以双核菌丝形成锁状联合为筛选的自然标记，在国内首次获得两株香菇种内融合子，融合子在木屑培养基上发育形成子实体，并提出可采用单核菌丝作亲本，双核菌丝形成锁状联合作为自然标记的筛选方法，因为多核菌丝不利于融合性状的表达，且融合子不够稳定。

28.3.5.3　原生质体融合方法

随着生物学研究手段的进步，原生质体融合技术也有了很大发展，各种融合方法使用和创新，使融合效果大幅度提高，应用范围不断扩大。根据融合方式的不同可分为物理融合法、生物融合法、化学融合法、物理与化学融合相结合方法，概括如下。

（1）物理融合法：物理融合法主要是借助离心力、瞬间电击、激光等进行的原生质体的融合，主要包括以下几种。

A. 离心法：是最早的融合方法，该方法主要通过离心力作用将双亲原生质体聚集到一起以促进原生质体的融合，相对比较原始，而且融合率极低。

B. 电融合法：是在短时间强电场作用下，细胞膜发生可逆性电击穿，瞬时失去高电阻和低通透性，然后在数分钟后恢复原状，当可逆电击穿发生在两个相邻细胞接触区时，即可诱导它们的膜相互融合，从而导致细胞融合。曾荣等(1995)应用电融合法得到了虎皮香菇野生种和金针菇栽培种的融合子。该方法操作简单，融合率高，而且对细胞不会产生毒性，但融合子的存活率低。

C. 细胞电融合：据其诱导细胞接触性质可分为非特异性融合和特异性融合。非特异性融合无法排除亲本细胞自体融合而只进行双亲间的杂交融合，是因为细胞间的相互接触是无选择性的；特异性融合可以控制自体融合，从而可得到更多的异源融合体。

D. 激光诱导的细胞融合：是让细胞或原生质体先紧密贴在一起，再用高峰值功率密度激光对接触处进行照射，使质膜被击穿或产生微米级微孔，细胞逐渐由哑铃形变为圆球状时，说明细胞已融合。1984 年，Schierenberg 首次报道利用微束激光成功进行细胞融合试验；1987 年，该技术迅速发展，并应用于动物及植物原生质体融合中。此技术最突出的优点在于它的高度选择性，能选择任意两个细胞进行融合，但由于其所需设备昂贵，操作技术难度大，还有待进一步完善。

（2）生物融合法：生物融合剂主要是一些病毒类生物提取物，首次在动物细胞融合中使用的是灭活仙台病毒。但由于存在安全性、操作繁琐及融合效率等原因，因此未能在大型高等真菌原生质体融合方面使用。

（3）化学融合法。

A. 诱导剂融合：聚乙二醇(PEG)法的主要过程为细胞凝聚和膜融合，一般认为 PEG 是一种特殊脱水剂，它以分子桥形式在相邻原生质体膜间起中介作用，进而改变质膜流动性，降低原生质体膜表面的势能，使膜中镶嵌蛋白颗粒凝聚，形成一层易于融合的无蛋白质颗粒的磷脂双分子层（王春平等，2008）。之后又发现在 Ca^{2+} 存在的条件下能够显著提高融合率，可能是由于 Ca^{2+} 和磷酸根离子结合形成不溶于水的络合物作为"钙桥"，从而促进细胞间融合，提高了融合率。PEG 融合对细胞损伤大、残存毒性、易形成多重原生质体融合物，但该方法简单便捷、融合率较高，目前大量研究仍采用此法，并获得可喜成绩。

B. 静电吸引法：原生质体表面通常带负电，当用带正电的某种磷脂处理 A 时，可以暂时使其表面带正电，并和未处理的 B 原生质体混合，由于静吸引作用，可使 AB 这一组粘接起来，在此状态下加入 PEG 融合剂，则可提高 AB 融合率。如肖在勤等（1998）以金针菇和凤尾菇的双核异核菌株为亲本，将热灭活的凤尾菇原生质体以 PEG 为融合剂，在高钙、高 pH 条件下与金针菇原生质体融合，得到了融合子菌株。

2013 年，曲鸿雁等[①]在研究中获得最适培养基配方为：葡萄糖 5.00g/L、蔗糖 5.00g/L、酵母粉 0.25g/L、黄豆粉 5.00g/L（浸提液）、KH_2PO_4 1.50g/L、$MgSO_4·7H_2O$ 0.50g/L、维生素 B_1 4mg/L，pH 自然。25℃培养，摇床周期 168h，其菌丝体干重生物量可达 3.51g/L。

28.3.5.4　融合子的鉴定技术

尽管双亲亲本在融合前已经过灭活处理，初步说明但凡能在再生培养基上出现的菌落就是融合株的菌落，但是两种灭活致使原生质体功能缺陷是短时的，且细胞存在自我修复的可能，因此为了更加充分说明再生菌落为融合菌落，仍需要做进一步的鉴定，往往采取多种鉴定方法相结合。

（1）生物学方法鉴定：从遗传学的角度看，蕈菌的不同种类具有不同的有性繁殖类型。在种的鉴定中，首先要弄清该种是同宗结合（是初级同宗结合，还是次级同宗结合），还是异宗结合。这是作为种鉴定的首要标志。

形态学特征是种鉴定的重要依据。蕈菌不同种都具有独有的特征，具有不同的外部形态学特征和内部解剖学特征，并在某些方面存在不同程度的差异。如菌丝体颜色、粗细、分枝状况、有无锁状联合等；子实体形态，如菌盖形态与大小、菌肉质地、颜色、厚度、味道等；菌褶特征，菌柄有无、长短、形态、着生方式；菌膜厚薄，菌托和菌环的有无、大小、质地等；担子分隔与否，孢子的形态、大小、孢子印颜色等。应该指出，蕈菌种的形态学特征与生态环境有密切关系，同一个种在不同的生态环境影响下往往表现出不同的特征。因而形态学特征作为种的鉴定依据是有条件的、相对的，它必须与同种的其他鉴定方法结合起来统一考虑，如菌落表型、拮抗试验、出菇检验等。

A. 菌落表型：鉴定的方法是分离两亲本原生质体并在再生培养基上培养成再生菌落，然后同融合子分别接种在综合培养基上，同等条件下培养，在菌丝体粗壮程度、生长速度、菌落形态等方面进行观察比较。

B. 拮抗试验：融合子菌株生长一定的时间后，是否融合子有别于双亲菌株，菌落生长发生拮抗反应，形成拮抗线或色素沉积等。

C. 出菇检验：大型高等真菌中，异宗结合的同源单核体菌丝除非可亲和的两种菌丝进行交配，否则是不育的，即使结实也不是正常的子实体。来自种内相同交配型及间的原生质体由于去除了细胞壁，消除了遗传隔阂，可形成异核体融合子，可能不会结实；若结实，

① 曲鸿雁，郭成金．2013．冬虫夏草与蛹虫草融合子菌丝体液体培养基筛选．中国酿造，32(3)：106-109

其性状多介于两亲本之间。

(2) 生化方面的鉴定：20 世纪 60 年代以来，在对菌物蛋白质和次级代谢产物分析基础上，开始采用生物化学分类方法。由于同种蕈菌具有相同生物化学反应，这就显得生物化学分类法在种鉴定中具有重要意义。

生化方面的鉴定主要是从蛋白质、酶等水平上对融合子进行鉴定，常用的有可溶性蛋白质凝胶电泳图谱分析及同工酶酶谱分析。可溶性蛋白质凝胶电泳图谱分析：是微生物化学分类的有效手段，通过鉴定比较认为，蛋白质电泳图谱在遗传上稳定性的特征，不但可以作为原生质体融合子与亲本鉴定比较的可靠依据，还可直观地比较杂种分离过程中蛋白质量的变化。同工酶的鉴定：同工酶是一组由不同肽链亚基组成但具有相同催化功能的蛋白质分子，这种蛋白质分子结构有很大差异，使得不同种、属的蕈菌都会形成不同的电泳条带，该方法稳定而重复性高，成为鉴定融合子的主要方法。

日本学者 Toyomasu 等用聚丙烯酰胺凝胶电泳法(PAGE)测定香菇同工酶及可溶性蛋白质谱带的多少、宽度、颜色等表现作为鉴别不同菌株的方法。陈文良(1993)通过香菇单核菌丝体杂交方法，选育出 L934 和 L937 两个香菇新品种，酯酶同工酶电泳实验结果表明，杂交新品种与杂交亲本具有不同的酶谱，酶带的数量、宽度以及颜色深浅均有差异。除酯酶同工酶可作为种或品种的鉴别手段外，氧化物同工酶酶谱及可溶性蛋白质酶谱也可作为鉴别种的手段。根据一种基因能够产生一种酶的规律，国内外学者广泛运用同工酶进行亲缘关系远近分析及种(品种)间的鉴定。可见，酶类是基因次级表达的产物。

A. 同工酶分析技术：同工酶是功能相同但结构不同的一组酶，它们主要是由不同等位基因或不同基因位点编码的，由于其结构中氨基酸序列或组成的差异，导致同工酶的电泳迁移率也存在差异。该技术可分为 3 步，即提取，电泳及染色观察。分离同工酶常用的电泳有以下 3 种。

a. PAGE：PAGE 最大的优点在于可以通过选择单体浓度或单体与交联剂的比例而得到不同孔径的凝胶，以适合于分离不同分子质量、不同结构的蛋白质或核酸。实践中一般均采用不连续电泳，即通过浓缩胶的浓缩效应和分离的筛分效应，将同工酶分成不同条带的区带。PAGE 分辨率较高。

b. 等电聚焦：此方法在一维电泳中分辨率是最高的。主要是把凝胶制成一个 pH 梯度，同工酶在电泳时向其等电点位置移动，直到等电点位置达净电荷零为止。但同工酶带失活。

c. 二维电泳技术：使蛋白质通过两种不同介质电泳加以分离，第一维是典型的等电聚焦，第二维是 PAGE 或 SDS-PAGE，两次电泳方向成直角。此法分辨率最高，但同工酶也是失活。

染色技术：同工酶的染色方法很多，酶的特异性染色是利用酶活性的特异性，在染色液中加入底物和酶活性所需的因子，通过酶促反应生成有色物质，也可以用荧光染色或负染色，还可以用特殊基因现色物显示出酶带，并观察摄像记录分析存档。

B. 同工酶技术流程：提取→电泳→染色→观察。提取：取一定量材料，加 1ml 样品提取液→冰溶研磨至匀浆或匀浆机匀浆→离心(一般为 4000r/min，20min)→吸取上清液→加少量蔗糖和溴粉酚兰指示剂，即可供电泳用；PAGE 法电泳：取供电泳的样品→制分离胶[分离胶缓冲液(Acr-Bis)、TEMED、蒸馏水、10%过硫酸铵，迅速摇匀。灌胶，并用蒸馏水封住胶面，静止聚合。待聚完全后，倾出胶体上端的水层，用细滤纸条吸干胶层上的水迹]→制浓缩胶(浓缩胶缓冲液：1mol/L HCl、Tris，蒸馏水定容 100ml，pH6.7，Acr-Bis 母液、TEMED、蒸馏水、10%过硫酸铵，同上摇匀，将胶灌于聚合好的分离胶之上，同样用蒸馏水封住胶面, 静止聚合)→加样(将聚合好的胶体倾去水层, 用细滤纸条吸干胶层上的水迹, 装置盘泳槽中。加样后小心地将电极缓冲液灌满玻璃管中, 最后将电极缓冲液倒入上下电泳槽中)→电泳(接电源, 开始 10min 内加电流 1mA/管, 以后电流升至 2mA/管, 电泳 2~3h; 染色: 当溴酚蓝指示剂将要跑出胶时, 关电, 脱下玻璃管)→剥下胶带, 用蒸馏水淋洗一次后现色→放染色液中, 而后观察照相记录。

(3) 分子生物学鉴定方法: 常用的分子生物学鉴定方法有: RAPD、RFLP、ALFP、ISSR、rDNA-ITS、ERIC 及蕈菌核型分析的脉冲电泳技术等。这些方法可从基因水平更直接、更准确地对亲本及融合子进行差异性分析, 从而确定其亲缘关系。

A. RAPD 技术: RAPD 即 random amplified polymorphic DNA, 译为随机扩增多态性 DNA, 是 Williams 和 Welsh 在 1990 年首先提出的, 以 PCR 技术为基础发展的 RAPD 技术。它是利用随机引物与模板 DNA 或基因组 DNA 结合, 经 PCR 反应扩增出随机片段。这些片段的长度由不同生物种的 DNA 不同序列所决定。对不同生物种的 DNA 来说, 随机引物所结合的位置及位点数目都是不同的。扩增出来的不同长度的片段可由凝胶电泳加以分开呈不同的条带。可以把这些条带看做是性状, 同样这些性状也是遗传的。RAPD 符合孟德尔遗传规律, 因此 RAPD 可以用来判断 DNA 序列的同源性、判断生物种之间亲缘关系、确定生物个体的分类地位等。RAPD 技术有其简便安全、灵敏度高、试样量少的特点, 应用十分广泛。RAPD 技术可用于鉴定种以下的分类单位, 还可以用于鉴定杂交种和原生质融合子以及原生体再生菌株等, 对物种起源和进化研究甚至对整个真菌界的系统进化研究都很有帮助。

B. 多聚酶链式反应(PCR)技术: PCR 即 polymerase chain reaction, 实际上是在模板 DNA(或基因组 DNA)、引物和 4 种脱氧核糖核苷酸存在的条件下依赖于 DNA 聚合酶的酶促合成反应。PCR 技术的特异性取决于引物和模板 DNA 结合的特异性。反应可分为 3 步: ①变性(denaturation): 通过加热使 DNA 双螺旋的氢键断裂, 双链解离形成单链; ②退火(annealling): 当温度突然降低时由于模板分子结构较引物复杂得多, 而且反应体系中引物 DNA 的量大大多于模板 DNA, 使引物与其互补的模板在局部形成杂交链, 而模板 DNA 双链之间互补的机会较少; ③延伸(extension): 在 DNA 聚合酶、4 种脱氧核糖核苷酸底物及 Mg^{2+} 存在的条件下, $5' \to 3'$ 的聚合酶催化以引物为起始点 DNA 链延伸反应, 以上 3 步为一个循环, 每一循环的产量可以作为下一个循环的模板, 数小时之后, 介于两个引物之间的特异性 DNA 片段得到了大量复制, 数量可达 $2 \times 10^6 \sim 2 \times 10^7$ 拷贝。

经过高温变性、低温退火和中温延伸 3 个温度和 3 种不同时间的循环, 模板上介于两个引物之间的片段不断得到扩增。每循环一次, 目的 DNA 的拷贝数加倍, 随循环次数的增加, 目的 DNA 以 $2^n - 2n$ 的形式堆积。PCR 扩增的特异性是由人工合成的一对寡核苷酸引物所决定。在反应的最初阶段, 原来的 DNA 担负着起始模板的作用, 随循环次数的递增, 由引物介导延伸的片段急剧地增多而成为主要模板。因此, 绝大多数扩增产物将受到所加引物 $5'$ 端的限制。

秦国夫等(1996)对蜜环菌(*Armillaria mellea*)生物种 A、B、C、D、E 分别与欧洲种 (*A. gallica* 和 *A. ostoyae*)进行 RAPD 图谱及系统聚类分析, 揭示了中国 5 个种及其与欧洲生物种之间的分子系统学关系, 将 7 个种分为 4 个群, 并且将中国的生物种 B 鉴定为 *A. gallica*, 证明了 RAPD 可以作为研究食用菌进化关系的一种手段。

　　李增智等（2000）运用 RAPD 技术，筛选了 8 种引物获得了冬虫夏草和中国被毛孢（*Cordyceps sinensis*）两个种的 RAPD 图谱，两者的 DNA 指纹图谱相似率高达 96%，从而鉴定冬虫夏草的无性型为中国被毛孢，为国内外关于冬虫夏草无性型的鉴定提供了分子水平的证据。

　　叶明利用 RAPD 技术对香菇 6 个双单杂交菌株及其两个双核体基因组 DNA 进行了检测，结果显示，杂交菌株与其双核体亲本基因组具有较大差异，杂交菌株之间存在着不同程度差异，6 个杂交菌株是其真正的杂交后代。聚类分析树状图直观地表明了菌株间的遗传相关性，认为菌株间 DNA 的相似系数值可以作为杂交育种选择亲本的辅助的遗传标记。

　　谭崎选用来自中国、法国、希腊和印度的 14 个柳松菇野生菌株，利用 RAPD 技术进行遗传差异测定，结果发现，20 个随机引物中有 11 个引物共扩增出 96 条 DNA 条带，在此基础上分析并构建了遗传相关聚类图，结果表明，希腊的 6 个菌株遗传差异较小，它们之间的相似系数＞90%，与法国的菌株亲缘关系也较近，相似系数在 70% 左右；我国 6 个野生种菌株之间的遗传差异较大，相似系数为 30%～85%，而与国外菌株的遗传相似性仅略高于 20%。

　　虽然 RAPD 技术已经被广泛应用于食用菌领域的研究，但 RAPD 技术也存在着不足，如 RAPD 仅是一种显性标记，不能区分从一个位点扩增的 DNA 片段是纯合的还是杂合的，不能进行等位分析，重复性和稳定性差等。目前解决这些问题主要是通过把 RAPD 标记中混合片段转化为等位特异性 PCR（AS-PCR）或序列特异性扩增区 SCAR 标记，或将其中的单拷贝序列转化为 RFLP 标记的一个探针或 STS 标记，这样就能把显性标记转化为共显性标记 AS-PCR、SC-PCR、RFLP 或 STS 标记，同时大大增加了 RAPD 标记的稳定性和重复性。

　　C. 限制性片段长度多态性（RFLP）技术：RFLP 是 1980 年 Bostein 和 White 等首次提出的，其基本原理是生物在长期的进化过程中，在种、属乃至品种间同源 DNA 序列的某一位点上，由于发生插入、缺失、倒位、易位或单碱基突变等都会造成该处限制性内切酶识别位点的增加或减少。因而，当用某一特定的限制酶酶切时，在该位点上就会产生酶切 DNA 长度的差异，这种差异可反映在电泳图谱上，通过 RFLP 分析可对融合子在基因水平上进行鉴定。

　　1993 年，李英波等研究了 32 个野生和培殖香菇菌株的 RFLP，结果表明香菇遗传分离普遍存在于菌株间，限制性 DNA 片段存在着多态性。

　　目前在担子菌菌株分类中以 RFLP 作为分类依据来区别相似种源的有灰盖鬼伞、裂褶菌和蜜环菌（*Armillariella mellea*），分析的 DNA 包括总 DNA、rDNA、mtDNA 及核 DNA 等。结果显示，在 DNA 进化过程中较保守的 DNA 如 rDNA、mtDNA 的 RFLP 常被用于不同种或种间分类的指标，而对种内、种间的同核体及异核体菌株，则需以总 DNA 的 RFLP 分析结果来进行更细微的鉴别。

　　D. 扩增片段长度多态性（amplified fragment length polymorphism，AFLP）技术：AFLP 技术是 1992 年由 Zabeau 等创立的。目前，国际上最新的 DNA 指纹技术，是以 PCR 为基础的 RFLP 分析。相对于 RFLP 而言，在 AFLP 中显示多态性的 DNA 片段不是由于限制性内切酶酶切基因组 DNA 产生的，而是通过 PCR 扩增基因组 DNA 模板产生的。其基本原理是：DNA 多聚酶在催化 DNA 复制时需要一小段核苷酸序列作引物，在此基础上以解链后的单链 DNA 为模板，沿着 5′ 到 3′ 方向把核苷酸连续加在延伸中的游离 3′ 羟基上以复制

DNA。由于不同物种或不同品种的基因组 DNA 序列差异很大，在复制特定的 DNA 序列时所需引物的核苷酸序列也不相同。如此将引物所诱导复制的特定 DNA 片段采用 PCR 技术进行扩增，随后用电泳方法将扩增的 DNA 片段分离，即可使某一品种出现特定的 DNA 谱带（即扩增片段长度多态性）。与 RFLP 相比，AFLP 具有几个明显的优点：①分析时需要的 DNA 量少；②对 DNA 制备的纯度要求不高；③程序简单，不必通过 Southern 转移和分子杂交来显示片段长度的差异，因此分析的周期大大缩短。AFLP 技术集 RAPD 和 RFLP 技术优点于一身，它既有 RFLP 的可靠性，又具有 RAPD 的方便性，因此被认为是迄今为止最有效的分子标记方法。不管所研究的基因组 DNA 有多么复杂，理论上讲，用 AFLP 方法可以检测出任何 DNA 之间的多态性。目前，AFLP 技术已广泛用于动物、植物、微生物的遗传多样性研究。

E. 相关序列扩增多态性（sequence-related amplified polymorphism，SRAP）技术：SRAP 是由美国加州大学蔬菜作物系 Quiros 和 Li 博士于 2001 年提出的，因间隔区与启动子和外显子的长度不同，所以扩增产物的多态性不同。SRAP 只对开放式阅读框（open reading frames，ORFs）进行扩增，到目前为止，SRAP 已开始在种缘进化关系、比较基因组学及重要性状标记等方面得到成功应用。

F. ISSR 技术：简单重复序列间扩增（inter simple sequence repeat，ISSR）分子标记是一种以微卫星序列为引物，进行多位点 PCR 扩增的技术。ISSR 技术简易、快捷，同时兼备 AFLP（扩增酶切片段多态性）、SSR（简单序列重复）和 RAPD（DNA 随机扩增多态性）等分子标记方法的优点。引物设计无需预知基因组序列，只要是目标区域的长度在可扩增范围内，就能扩增出微卫星重复序列间的 DNA 片段。ISSR 标记以其高多态性已被广泛应用于种质收集、品种鉴定、遗传多样性、系统进化关系、遗传作图、基因定位、标记辅助选择、预测基因组 SSR 基序的丰度及 SSR 引物开发等研究。

RFLP 是指不同物种 DNA 序列的某一位点上，在长期进化过程中发生插入、缺失、倒位、易位或单碱基突变等都会造成该处限制性内切酶识别位点的增加或减少。因而，当用某一特定的限制酶酶切时，在该位点上就会产生酶切 DNA 长度的差异，这种差异可反映在电泳图谱上。通过对电泳图谱分析可对融合子在基因水平上进行鉴定。

RAPD 是以 PCR 为基础，采用的是合成的单个随机引物（10bp 左右），对基因组的特定区域进行扩增形成多态性 DNA 片段。扩增的多态性 DNA 片段反映不同菌种间的多态性差异，从而鉴别它们之间的亲缘关系。RAPD 使用的是随机引物，不需要预先了解目的基因和相应的序列，操作简便快速、灵敏度高、随机性大，可对整个基因组进行标记，在基因定位、遗传鉴定上得到广泛应运。但是 RAPD 反应条件宽松，以及扩增反应时允许错配的较低的退火温度，从而导致引物与模板 DNA 具有部分同源序列的也可能结合，稳定性和重复性差。

AFLP 是指采用的限制性内切酶及选择性碱基对基因组进行扩增形成多态性 DNA 片段。AFLP 标记的特点有：能准确调节扩增带的数目；反应产物得到的电泳谱带多，在检测 DNA 的多态性方面非常高效，检出的多态位点可以覆盖整个基因组 DNA，又可以分析克隆 DNA 大片段；模板 DNA 浓度变化不敏感；当反应过程中标记引物耗尽时，AFLP 扩增带型将不受循环数的影响。

　　AFLP 技术集 RAPD 和 RFLP 技术的优点于一身，它既有 RFLP 的可靠性，也具有 RAPD 的方便性，因此被认为是迄今为止最有效的分子标记方法。AFLP 对技术操作要求相对较高，DNA 纯度要求严格，且药品费用高，扩增时还会有假阳性、假阴性结果以及凝胶背景杂乱等缺点。但其方便快速，只需极少量 DNA 材料，不需 Southern 杂交，可在对物种无任何分子生物学研究基础上构建指纹图谱，被称为最有力的分子标记或下一代分子标记，在构建遗传图谱、种质鉴定、遗传多样性研究、基因定位、基因的克隆和序列分析中发挥了重要作用。

　　ISSR 是 1994 年 Zietkeiwitcz 等发展起来的一种微卫星基础上的分子标记。真核生物基因组中广泛存在由 1～4 个碱基对组成的简单序列（SSR），以锚定的微卫星 DNA 为引物，即在 SSR 序列的 3′端或 5′端加上 2～4 个随机核苷酸，对两侧具有反向排列 SSR 的一段 DNA 序列进行扩增，然后进行电泳、染色，根据谱带有无及相对位置来分析不同样品间的多态性。

　　ISSR 技术的原理和操作与 SSR、RAPD 非常相似，只是引物设计要求不同，但其产物多态性远比 RFLP、SSR、RAPD 丰富，可以提供更多的关于基因组的信息，而且所用引物较长，退火温度高，具有较高的重复性和稳定性，ISSR 不需预知基因组序列信息和设计特性引物，实验操作简单、快速、高效；ISSR 还具有模板需要量少、试验成本低、安全性高等优点。

　　（4）电泳核型技术：1984 年美国哥伦比亚大学 Schwartz 和 Cantor 首创脉冲电泳，并成功地应用于酿酒酵母（*Saccharomyces cerevisiae*）染色体 DNA 的分离。PFGE 是在琼脂糖凝胶上外加正交的交变脉冲电场，其方向、时间与电流大小交替改变，每当电场方向发生改变，大分子的 DNA 便滞留在爬行管内，直至沿新的电场轴重新定向后，才能继续向前移动，DNA 分子越大，这种重排所需时间就越长，当 DNA 分子变换方向的时间小于脉冲周期时，DNA 就可以按其分子质量大小分开。利用脉冲电场凝胶电泳技术就能解决普通的琼脂糖凝胶电泳不适合于大分子 DNA 分离的技术难题。核型分析就是应用脉冲电泳方法发展起来的一种新的实验技术，把整个染色体包埋在琼脂糖凝胶中，依赖染色体的大小和立体结构及在凝胶中的不同迁移速度把基因组分离成染色体带。简要的实验步骤包括原生质体制备、制胶、电泳、凝胶的溴化乙啶染色及观察。影响 PFGE 成败的因素主要有两种：①完整染色体 DNA 的制备；②合适的脉冲电泳条件。

　　到 20 世纪 80 年代中后期，一系列脉冲电泳装置被发明并应用于大片段 DNA 分离。但早期的脉冲电泳装置中，电场多数情况下是非均质的，从而导致 DNA 分子的泳道歪曲，分离结果不理想。Chu 等根据静电学原理，将 24 个电极均匀排列在等六边形周围，从而在六边形中央形成脉冲式均质电场，称之为等高锁状均质电场（contour-clamped homogeneous electric field，CHEF）。由于 CHEF 电泳具有分离的 DNA 带较直、分辨率高、凝胶板可用于分子杂交等优点，各种 CHEF 电泳装置在真菌电泳核型分析中应用最广泛。

28.3.6　基因工程技术

　　遗传物质的分子结构 1944 年 Avery 等从肺炎双球菌的转化试验中发现，决定生物性状的转化因子是 DNA（脱氧核糖核酸）而不是蛋白质，证明 DNA 是遗传物质。1953 年，Watson 和 Crick 又确定了 DNA 分子结构是双股螺旋，由此阐明遗传的机制就是 DNA 分子的半保留复制，从而开创了分子遗传学这一划时代的学科领域。DNA 分子由脱氧核糖核酸组成；脱氧核糖核酸由脱氧核糖、磷酸和 4 种碱基组成。这些碱基是：胸腺嘧啶（T）、胞嘧啶（C）、鸟嘌呤（G）和腺嘌呤（A）。在 DNA 两条单键的相对位置上，碱基有互补配对关系，即 A 与 T、C 与 G，碱基的这种对应关系被称为"互补法则"。磷酸（P）和脱氧核糖（D）在 DNA 链的外侧，碱基（A/T、C/G）在链的内侧互补配对，两条链通过碱基的氢键相连接。

基因控制性状的过程　基因是遗传物质的最小功能单位。就分子水平而言，基因是 DNA 分子中负载遗传信息的特定核苷酸序列。基因包括结构基因和调控基因等多种形式。DNA 链中的遗传信息主要是通过 DNA 的复制、转录和翻译而使基因得以表达来控制生物的某种表型性状。不同的食药用菌之所以有不同的形态特征和生理代谢，就在于它们的遗传基因各不相同。

基因决定蛋白质的结构和功能。基因的化学成分是 4 种脱氧核苷酸，蛋白质的化学成分是 20 种氨基酸。脱氧核苷酸单链中每 3 个碱基为一组遗传密码，可形成 $4^3 = 64$ 组密码，对应于 20 种氨基酸绰绰有余。

DNA 主要存在于细胞核内，蛋白质却是在细胞质内的核糖体上合成，所以，需要 RNA（核糖核酸）作为信使把核内 DNA 的遗传信息转录到核外，在核糖体 rRNA 和转运 tRNA 的帮助下，由不同的三联体密码转译为各种氨基酸。氨基酸序列的不同决定了蛋白质的复杂性，进而也就有了生物性状的多样化。

遗传信息的传递（从基因到蛋白质）经历两个阶段：第一阶段，按照 DNA 转录链的遗传密码顺序合成到 mRNA；第二阶段，翻译。tRNA 把氨基酸运载到核糖体上，核糖体（从左到右）沿着 mRNA 移动，氨基酸顺序由 mRNA 的密码顺序决定，氨基酸之间由肽链连接。

所谓基因工程技术，简言之，就是以重组 DNA 技术为主的操作过程，即读懂各基因组→替换某基因组（包括用酶切等方法，切下某特定基因组，再将某目的基因用连接酶等方法将其连接上去等）→使其目的基因得以正常表达→再现有机个体的过程。

重组 DNA 技术包括 5 个基本技术：获得目的基因技术；载体的制备技术；DNA 重组体的形成技术；导入受体菌技术；转化子的筛选与鉴定。

小　　结

生命的本质是由核酸和蛋白质为主体的，具有高度组织系统的存在方式。生命的特征是自我更新、自我复制、自我调节以及形态建成与细胞衰亡。

变异是自然界生物的普遍规律之一。遗传的基础物质是核酸。蕈菌菌种选育的目的就是通过各种手段，一方面要打破遗传的保守性，促成性状的变异，同时又要通过选种，使有益遗传和变异在子代中出现，创造出高产、稳产、优质、低耗、抗逆性高的菌株或品种。

担子菌的典型生活史一般由 9 个阶段组成：担孢子萌发；单核菌丝萌发；不同交配型的单核菌丝质配；形成异核双核菌丝；异核双核菌丝发育为三次菌丝产生子实体；菌褶处，异核菌丝发育成担子，开始有性生殖阶段；核配产生担子小核；减数分裂，二倍体核内遗传物质重组和分离，形成 4 个倍体核，分别进入担孢子；担孢子弹射，遇适宜条件担孢子萌发，进入新的生活周期。蕈菌的生殖方式主要的有性生殖，少数的无性生殖，个别的准性生殖。

蕈菌育种技术包括野生蕈菌驯化技术、自然选育技术、诱变选育技术、杂交选育技术、原生质体融合技术、基因工程选育技术及蕈菌 DNA 分类的鉴定技术等。

思 考 题

1. 名词解释：RAPD 技术、AFLP 技术、ISSR 技术
2. 简述覃菌育种技术常见有哪些种类？并举例说明。
3. 覃菌生殖方式有哪几类？举例说明。
4. 原生质体融合育种的基本流程是什么？
5. 原生质体融合育种中融合株的鉴别常见方法有哪些？举例说明。
6. 谈谈你对基因工程技术育种在覃菌方面应用的利弊。
7. 覃菌中担子菌的典型生活史一般由哪 9 个阶段组成？

第 **29** 章　蕈菌食品加工与贮藏技术

29.1　蕈菌食品加工概念

蕈菌食品加工依据将蕈菌的子实体变性的程度可分为初加工、精加工和深加工 3 类。①初加工的产品，一般不变形，多指腌渍类、干制类等，其工艺简单；②精加工的产品，将子实体部分变形，多指水煮类、油炸类，包括软罐头在内的罐头类，其工艺比较复杂；③深加工的产品，一般将子实体基本变形或变性，包括将蕈菌丝体添加于其他食品中，或其提取物的产品，其工艺复杂。

加工的广义概念是以蕈菌的子实体，或子实体的某一部分，或菌丝体，或其提取物为原料制造成保质期长、便于运输、功能强化、功能特殊、方便食用、外观新颖，符合养、色、香、味、形、意，以及包装精美的新产品的工艺过程。

29.2　蕈菌食品加工的意义

蕈菌食品加工的意义在于可延长蕈菌产品和商品的贮藏和货架时间，有利于均衡上市；可增加蕈菌产品的花样品种；有利于产业链的形成和延伸，促进产业和其他相关行业的发展；强化蕈菌食品的功能特性和综合性；满足客户多层面的需求；提高蕈菌食品的附加值等。

29.3　细胞衰老的分子机制

衰老是有机体在退化时期或营养源被切断，其生理功能下降和紊乱的综合表现。它是客观存在的、不可逆的生命过程。细胞总体的衰老反映了机体的衰老，而机体的衰老是以总体细胞衰老为基础的。

氧化性损伤学说认为代谢过程中产生的活性氧基团或分子引起的氧化性损伤的积累，最终导致细胞衰老。

Harley 于 1990 年提出细胞端粒假说。端粒(telomere)是染色体末端的一种特殊结构，其 DNA 由简单的串联重复序列组成。它们在细胞分裂过程中，不能为 DNA 聚合酶完全复制。因而，随着细胞分裂次数的增加，端粒不断缩短耗尽，直至细胞停止分裂。他认为生殖细胞的端粒(DNA 片段)由于其端粒酶的保护而稳定。端粒酶(telomerase)是一种核糖核蛋白酶，由 RNA 和蛋白质组成。体细胞由于端粒酶的活性处于抑制状态，随着细胞分裂次数的增加，端粒不断缩短耗尽，细胞停止分裂。20 世纪 80 年代，Cummings 等曾提出线粒体 DNA 中存在衰老 DNA(Sen-DNA)。

总之，关于衰老的机制，目前还无成熟的理论。但是，有一点是可以肯定的，细胞衰老是由其内外因素综合决定的，由外界信号转导，将信息传达到核基因或核外基因，并做出响应的反映，进而产生一系列生化反应的结果。

29.4　蕈菌鲜品的保鲜技术

蕈菌鲜品的保鲜说到底是延缓细胞衰老或抗衰老问题，细胞衰老是由其内外因素综合决定的，其内因是生物大分子的变化和能量的变化，主要表现为呼吸作用和影响呼吸作用的诸因素，主要包括营养、水、气、热、光、pH、杂菌等因子。

29.4.1 蕈菌鲜品的低温气调贮藏技术

低温贮藏的机制在于降低酶的活性及细胞生化反应速度，主要是降低其呼吸强度；而气调贮藏的机制在于调节贮藏环境中较低氧气与较高二氧化碳的浓度比，或加入适量的氮气，防止迅速氧化的过程。蕈菌鲜品的低温气调贮藏技术核心在于低温贮藏技术与气调贮藏技术的有机结合。

(1) 气调常用术语：气调(controlled atmosphere，CA)指的是在气调期间，选用的气调的浓度始终保持恒定的管理。大气修改(modified atmosphere，MA)指的是在最初气调系统中，建立起预定的调节气体浓度，在随后的贮藏期间，不再受人调整。与 CA 相对应的为气调包装（controlled atmosphere packaging，CAP）；与 MA 相对应的为大气修改包装（modified atmosphere packaging，MAP）。

蕈菌子实体被采收后，仍是活体。其营养源被切断，由于被机械损伤，呼吸作用加强，尤其是抗氰呼吸在加强。这不单是体内物质大量消耗，而且能量多以热的形式散出，从而，反馈调节呼吸作用进一步加剧，导致细胞加速衰老，以至于子实体表现为整个机体的衰老，品质下降，最终无商品价值。

呼吸强度是衡量呼吸作用强弱的指标，通常以一定温度下每千克样品在单位时间内释放出二氧化碳，或吸收氧气的量来表示。通常单位是 $mg/(kg \cdot h)$，或 $ml/(kg \cdot h)$。蕈菌的种类不同，在同一温度条件下其呼吸强度不同；同一种蕈菌的不同生育期，其呼吸强度也不同，各自有其峰值与谷底值。

一般而言，蕈菌高温型种类比低温型种类呼吸强度大；速生菌比慢生菌呼吸强度大；草腐菌比木腐菌呼吸强度大；肉质或胶质的蕈菌比木质或木栓质的呼吸强度大；蕈菌鲜品的低温气调贮藏技术总的原则是弄清特定蕈菌采收期，在特定含水量的条件下，其呼吸强度的变化规律，通过适当的低温和气调消除或抑制其呼吸强度的峰值，抑制快速氧化过程，从而达到蕈菌鲜品保鲜的目的。

(2) 调节体系中的氧含量：一般用于蕈菌气调氧气含量水平多控制在 3% 左右；而氮气含量控制在 92%～95%。氧气浓度低于正常大气水平，可能有如下效应，即降低呼吸强度和底物的氧化损耗；延缓成熟或衰老；抑制色素降解；减少负激素的产生；降低抗坏血酸的损失；改变糖类和不饱和脂肪酸的比例等。在一定的条件下，各种蕈菌有自己氧含量下限值即造成其产生生理危害前的浓度。因此，选择气调控制的指标时，必须区别对待。

(3) 调节体系中的二氧化碳含量：一般用于蕈菌气调二氧化碳含量水平多控制在2.5%～5.5%；二氧化碳浓度高于正常大气水平，可能有如下效应，即降低合成反应；抑制或钝化某些酶的活性；改变糖类和不饱和脂肪酸的比例等。在一定的条件下，各种蕈菌有自己二氧化碳含量上限值，即造成其产生生理危害前的浓度。因此，选择气调控制的指标时，必须区别对待。

(4) 氧气与二氧化碳的配合：有氧呼吸的底物不同，其呼吸熵不同，以葡萄糖为呼吸底物，且完全氧化时，呼吸熵是 1；以棕榈酸为呼吸底物，且完全氧化时，呼吸熵小于 1；以有机酸为呼吸底物，且完全氧化时，呼吸熵大于 1。所以，蕈菌贮藏在密闭的容器内，呼吸消耗的氧气约与释放的二氧化碳体积相等，即接近于普通大气氧气含量(21%)与二氧化碳含量(0.03%)之和约 21%。当前，国内外广泛采用的氧气与二氧化碳的配合方式是低于两者之和 21%。习惯上把气体含量控制在 2%～5% 称为低指标；而 5%～8% 称为中等指标。蕈菌贮藏一般采用低指标。

总之，要具体问题具体分析，区别对待，实践是检验真理的唯一标准。

29.4.2　蕈菌冻藏保鲜技术

所谓速冻是指蕈菌的子实体尽快通过最大冰晶生成区，并使平均温度尽快达到 $-18℃$ 而快速冻结的过程。其特点是首先可尽快通过最大冰晶生成区，这意味着大部分可结冰水会迅速成为冰晶体，水分子在子实体内迁移机会和范围小，而且形成的晶体小而均匀；其次是由于子实体的平均温度迅速达到 $-18℃$，这意味着子实体在短时间内能整体结冰，从而达到速冻食品的品质优良的目的。

(1) 流态化速冻法：它是在一定流速的冷空气作用下，使食品在流态化操作条件下得到迅速冻结的过程。流态化是食品颗粒在流体的作用下变成一定流动性的状态。因此，食品颗粒间彼此在做相对运动。流态化冻结是一种实现食品单体速冻(individually quick freezing, IQF)的理想方法。食品流态化速冻的前提：①冷空气在流经被冻结的食品时必须具有足够的流速，而且是自上而下通过食品；②食品的单个体积不能过大。

(2) 食品冻结过程的特点：食品中的自由水是可结冰的水，其中溶有可溶性物质，实为溶液。食品中的结合水则是不能可结冰的水，无溶解力。但是，二者是可以相互转化的。由于结冰，其结合水有向自由水转化的过程。根据溶液冰点降低的原理，食品的初始结冰点总是低于摄氏零度。此为食品冻结过程的特点之一，蕈菌类一般为 $-2.2\sim-1.8℃$；食品冻结过程的另一特点是食品中的自由水不是在同一个温度下完全冻结成冰。因为，食品中的自由水是以溶液的形式存在，当部分水结冰后，剩下溶液中溶质的浓度比随之加大，从而导致剩留溶液的冰点不断下降。因此，即使在温度远低于初始结冰点的情况下，仍有部分自由水处于非冻结状态。只有当温度降到低共熔点时，才会完全凝结成固体。食品的低共熔点一般为 $-65\sim-55℃$。

29.4.3　电离辐射保鲜技术

自 20 世纪 60 年代联合国粮食及农业组织、国际原子能机构、世界卫生组织曾多次联合支持召开了国际辐射保藏食品的科学讨论会，1980 年 10 月召开的上述三组织的专家委员会联合会议，在全面总结食品辐射化学辐射食品的营养微生物学和毒理学的基础上，建议批准经兆拉德(rad)以下处理的任何食品均可供食用。

自 1958 年，中国开始辐射食品保藏研究，20 世纪 80 年代在一些省市相继建立了一批容纳较大的辐射应用实验基地。

电离辐射是辐射源放出射线，释放的能量能使受辐射物质的原子发生电离作用的物理过程。射线具有的能量为辐射能。射线的能量单位通常用电子伏(eV)，射线具有不同程度的物质穿透能力，并具有使受作用的物质产生各种基本的物理效应。那些由质子数相同，而中子数不同的原子所组成的，并能以一定的速率放出射线的元素称为放射性同位素。放射性同位素能放出 α-、β-、γ-射线。α-射线是从原子核中放出的带正电荷的高速粒子流；β 射线是从原子核中射出的带负电荷的高速粒子流；γ-射线是一种原子核从高能态跃迁到低能态时放射出的一种光子流。因此，又统称为电离辐射能。

电离辐射保鲜技术可以起到杀虫、杀菌破坏细胞一系列的生化反应等，从而达到保鲜的作用。辐射杀菌有 3 种处理方式，即辐射完全杀菌(radappertization)，最低辐射吸收剂量为几 Mrad；辐射针对性杀菌(radicition)，最低辐射吸收剂量为 $5\sim10$ kGy(戈瑞)；辐射选择性杀菌(radurization)，辐射吸收剂量为 0.1 万～1.0 万 Gy。辐射量的法定单位为库仑/千克 (C/kg)，1R(伦琴)＝2.58×10^{-4} C/kg。辐射吸收剂量的法定单位为 J/kg，也称 Gy，1rad＝0.01Gy。

杀灭病毒一般为 30～40Gy；微生物一般为 3～400D$_{10}$ kGy(D$_{10}$：微生物残存数减到原数 10％时的计量)；昆虫致死、击倒、寿命缩短、不育、抑制呼吸等一般为 0.13～1.0kGy；寄生虫一般为 0.12～5.0kGy；蕈菌类，照射剂量一般为 0.25～4.0kGy。

29.5　蕈菌的干制技术

蕈菌的干制即蕈菌的新鲜子实体通过自然或人工干燥处理，使其水分含量减少到 13％ 以下，外形达到一定标准的过程。蕈菌的干制目的在于保证质量的情况下，延长贮藏和商品 货架时间。

干制的方法：可分为自然干燥(有晒干和风干两种)、烘干、冻干、膨化干燥等。

29.5.1　干制的原理

蕈菌的新鲜子实体，或菌丝体均存在自由水和束缚水。干制的原理是在制干过程中，物料中自由水的水分子吸收能量，从液态变为气态的物理过程。物料中的自由水与束缚水，在一定的条件下是可以相互转化的。束缚水包括结合水和化合水，当物料中的自由水完全被除掉后，结合水才能部分被排出。在水分被蒸发过程中，直至菌体内外水蒸气压差逐渐平衡时，干燥终止，达到可以安全贮藏的含水量以内，一般为 11％～13％。

29.5.2　影响干制的主要因素

干制环境的温度与其相对湿度的影响，干制时，物料中水分蒸发的速度与体系中一定温度下的相对湿度有直接的关系。体系中，温度一定时，相对湿度越小水分蒸发的速度越快。

排气速度的影响，在干制过程中，体系中空气流动速度越大，排除水蒸气速度越快，加速了物料的水分蒸发，从而加快了干制的进程。因此，物料摆放的密度及干制设备单位面积的透气孔是至关重要的。

物料的种类、密度和形态的影响，蕈菌的种类、个体的大小、形态组织结构及其化学成分不同，干制的速度不同。总之表面积越大，密度越小，越容易被干制。

29.5.3　干制的一般工艺

干制的一般工艺：原料分级→装筛→升温→通风排湿→置换烤筛→质检→包装→入库→销售。

29.5.4　干制的一般技术

蕈菌的干制技术，因菇类不同而不同，各有其特点，也有共性。

(1)采收时间：一般选晴天采收。应严格按照各种蕈菌的采收时期适时采收。无论哪一种蕈菌，在采收的前 1～3d 都要停水，最好是边采收，边修剪菇脚，边初步分级。天气晴朗湿度小时，可自然晾晒一半天。

(2)原料分级：按照客户的要求对不同蕈菌严格分级，均匀地摆放到烘筛内，带菌褶的菇类应菌褶朝下摆放。

控制烘干机内的温度和湿度是决定蕈菌干制品质量的关键。下面以香菇为例介绍干制的一般技术。用干燥机干燥应分为 3 个阶段控制烘烤温度。

(3)菌体表面干燥阶段：预热烘干机室内至 45～50℃，并去湿。香菇鲜品进入烘干机时，晴天采收的初始温度为 35～40℃；阴雨天采收的则为 30～35℃，再摆放鲜菇，菇体受热后，逐渐调至子实体的表面干燥温度为 45～50℃，机内湿度达近饱和状态，及时采取最大通风量使水蒸气迅速排出机外，这样可固定菌褶直立不倒伏。此时，应控温 36℃大约 4h。

（4）子实体内脱水干燥阶段：随子实体表面水分的排出，待菇形基本固定后，将烘烤温度由 36℃逐渐升高至 50℃，以后每小时升高 2～3℃，促使菇体内水分大量蒸发，并及时排出，待机内相对湿度达 10％，维持 10～12h。技术关键是控制温度稳步上升到 50℃后必须恒温，否则将会造成菌褶片倒伏，色泽不亮。同时，应及时交换干燥筛的位置，使其干燥一致。

（5）子实体整体干燥阶段：随子实体表面水分的排出，50～55℃下干燥 3～4h，烘烤至八成干时，再次 58～60℃下烘烤，直至烘干其含水量达 12％以下为止。

（6）质检与包装：代料香菇转干之比一般为（9～10）∶1。一般在 13℃以下，相对湿度 50％，封袋 500g 或 1000g 包装。随即抽样按国家标准或国际通用标准进行质检。入库遮光保存或直接销售。外贸香菇分级为花菇、厚菇、薄菇、菇丁四大类。

29.6　蕈菌的冻干技术

真空冷冻干燥简称冻干，它是目前全世界最先进的冻干保鲜技术。全世界冻干食品，从 20 世纪 70 年代的 20 万 t，到 2000 年底达 1000 万 t 以上，其中美国 600 万 t、日本 200 万 t、法国 160 万 t；在中国，冻干食品只占食品总量的不足 0.1％。冻干食品，在美国和日本等发达国家市场上已占 40％，并正在迅速发展。还在于它是热风干燥食品价格的 4～6 倍，是速冻食品价格的 7～8 倍。当然，冻干成本也高。冻干产品是国际公认的高档脱水产品。冻干广泛用于食品和药品行业的各个领域。

（1）冻干食品的特点：食品冻干是在 −40～55℃下进行，且处于缺氧的高真空状态，多用于热敏性高和珍贵食品。该技术不但不改变物料的物理结构，基本保持原有形状，而且其化学结构变化也甚微。升华时，可溶性无机盐就地析出，避免无机盐因水分向表面扩散所携带，而造成物料表面硬化现象。因此，冻干食品复水后容易恢复原有的性质和形状，不单保住了其食品特有的色、香、味、形及营养成分，还延长了产品贮藏和商品的货架寿命，保质期可达 3～5 年。

（2）冻干原理：水的气态、液态和固态三相的共存点称为水的三相点。水的三相点压强为 610.5Pa，三相点的温度为 0.009 8℃。在三相点以上，固态冰先转化为液态水，再转化为气态水，该过程称之为蒸发。只有在三相点以下，冰才能由固态直接变为气态，此过程为升华。因此，冻干食品是通过升华干燥获得。

真空冷冻干燥工艺流程：精选→清洗→分切→冻结→升华干燥→真空包装→成品外包装→质检→入库→销售。

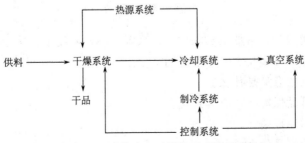

图 29-1　升华真空干燥装置系统示意

升华干燥由真空干燥装置进行，如图 29-1 所示。关键技术是掌握各种菇类所需冷冻温度、真空度、升华温度及产品包装相对湿度、温度等指标，并进行规模生产。对于大多数蕈菌而言，选择 66.661～133.322Pa 的真空度和—25℃左右的升华温度为宜。

29.7　蕈菌的腌渍与贮藏技术

蕈菌的腌渍包括盐渍、糖渍、蜜渍、酸渍、酒渍、油渍等。蕈菌的腌渍与贮藏具有加工技术和设备简单、成本低廉等特点，具有调节市场丰缺的作用。

29.7.1　蕈菌腌渍贮藏原理

食盐溶液中的钠离子和氯离子具有强大的水合作用，从而产生较大渗透压。据测定，1％的食盐溶液可产生 0.617MPa 的压强。盐渍的食盐浓度比通常为 20％～22％，该溶液具有渗透压 12.346MPa。一般微生物细胞的渗透压为 0.343～1.6366MPa。当微生物(包括物料)细胞遇到如此高渗透压的食盐溶液时，细胞脱水造成其生理干旱，导致细胞死亡，同时，也会造成细胞单盐毒害。加之调酸 pH 为 2.5～5.0，可达到抑制有害微生物的作用。

一般蕈菌的糖渍，多采用蔗糖、饴糖、淀粉、蜂蜜、葡萄糖等。蔗糖的常用量为60％～65％，其渗透压为 3.6～4.0MPa，若含有转化糖，其渗透压更高。高浓度比的糖溶液具有抗氧化作用。

29.7.2　蕈菌盐渍贮藏一般工艺

一般盐渍工艺：采收→分选→漂洗→杀青→急速冷却→沥水→加饱和盐卤→护色→调酸→包装→质检→入库→销售。

小　　结

蕈菌食品的加工根据将蕈菌的子实体变性的程度可分为初加工、精加工和深加工 3 类。

蕈菌食品加工的意义在于可延长蕈菌产品和商品的贮藏和货架时间，有利于均衡上市；可增加蕈菌产品的花样品种；有利于产业链的形成和延伸，促进产业和其他相关行业的发展；强化蕈菌食品的功能特性和综合性；满足客户多层面的需求；提高蕈菌食品的附加值等。衰老是有机体在退化时期或营养源被切断，其生理功能下降和紊乱的综合表现。蕈菌鲜品的保鲜说到底是延缓细胞衰老或抗衰老问题。细胞衰老是由其内外因素综合决定的。蕈菌的干制即蕈菌的新鲜子实体通过自然或人工干燥处理，使其水分含量减少到 13％以下，外形达到一定标准的过程。干制的方法可分为自然干燥(有晒干和风干两种)、烘干、冻干、膨化干燥等。真空冷冻干燥简称冻干，它是目前全世界最先进的冻干保鲜技术。蕈菌的腌渍包括盐渍、糖渍、蜜渍、酸渍、酒渍、油渍等。

思　考　题

1. 名词解释：初加工、精加工、深加工、低温气调贮藏技术、冻干
2. 蕈菌食品的加工分哪几类？举例说明。
3. 蕈菌食品加工的意义是什么？
4. 常见的蕈菌鲜品保鲜技术有哪几类？
5. 蕈菌冻干技术原理是什么？
6. 冻干食品的特点是什么？

第 *30* 章　蕈菌食品工程技术

30.1　概念与意义

发酵(fermentation)广义的发酵是指微生物分解有机物的新陈代谢过程。狭义的发酵是指微生物或其离体的酶分解糖，并产生乙醇或乳酸和二氧化碳等各种代谢产物的过程。发酵工程通常为利用微生物制造工业原料或工业产品的过程。蕈菌的发酵生产有固体发酵和液体发酵两种。

深层发酵(submerged fermention)是生物细胞团液体培养的一种方式，液体培养可分为表面培养和深层培养两类。表面培养是将培养物静止培养在浅盘内的方法；深层培养也叫沉没培养，又叫深层发酵，它是一种培养物沉没在液体培养基中的培养。菌类深层培养是在特定容器内，按照不同菌类的理化特性及其发育特点制成培养液，经灭菌后，在无菌条件下接入菌种，在一定的压力、pH、通氧量、废气排出、碳氮比、搅拌转数、培养密度等条件下，使其在较短的时间内大量增殖，并适时采取菌体细胞或发酵液的过程。深层发酵的特点是无菌生产条件可控制；在短时间可获得大量细胞物和代谢物；可自动化控制大规模工厂化生产。发酵工程属生物中五大生物工程(细胞工程、基因工程、酶工程、发酵工程、生化工程)之一。

蕈菌深层培养区别于蕈菌培殖还在于其获得的只是细胞菌丝体，而蕈菌培殖一般是需要完成两个阶段，即菌丝体(营养)生长阶段和生殖体(子实体)生长阶段。其生长发育所需的条件难以控制，尤其是在子实体生长阶段，由于本身发育变化复杂，控制起来就更难，包括子实体质量标准。

利用现代生物技术发展菌业大有可为。液体发酵应用于蕈菌起源于美国液体深层发酵技术，这一概念是20世纪40年代美国弗吉尼亚大学生物工程专家Gaden设计出培养微生物系统的生物反应器，成为该项技术的权威。1947年，Humfeld H首先提出深层发酵培养蘑菇(*Agaricus campestris*)菌丝体。从此，蕈菌的发酵生产在世界范围内兴起。1953年，Block S S用废柑汁深层发酵培养了野蘑菇(*Agaricus arvensis*)。1958年，Szuecs J第一个用发酵罐来培养羊肚菌(*Morchella esculenta*)。日本的杉恒武等于1975年和1977年，用1%有机酸和0.5%酵母膏组成液体培养基获得了大量的香菇菌丝体。国内较早的报道是上海植物生理研究所的陈美津等，于1960年进行香菇深层发酵研究。1979年，杨庆尧开始研究香菇等的深层发酵，并研究液体培养基的黏度与菌球的关系。20世纪80年代后，国内外纷纷开展了这一技术的研究与应用探讨。到目前为止，据报道适用于深层培养蕈菌已有50多种。美国等发达国家对蕈菌的液体发酵工艺等方面已有相当程度的掌握。

目前，世界范围内利用发酵工程研究和开发蕈菌资源已成热点，从中制备出多糖、多肽、生物碱、萜类、甾醇、甙类、酚类、酶类、核酸、维生素、某种毒素、具有抗生素作用的化合物及植物激素等生理活性物质。蕈菌的深度开发有其极为丰富的内涵，包括菌类保健食品、菌类营养添加剂、药用蕈菌制剂、蕈菌生物保鲜剂、蕈菌生物杀虫杀菌剂、菌类美容化妆品、菌类保健品以及菌类工艺制品等。深层培养蕈菌是其深度开发的重要组成部分，是蕈菌产业高层次的新发展，是蕈菌产业持续发展的推动力，也是蕈菌产业发展的必然趋势。

这有利于产品深加工，有利于为鲜菇的大力发展产生强有力的后劲，有利于产品销路的通畅，也有利于食品业的更新从而带动相关行业的发展。

蕈菌深度开发包括蕈菌深加工，严格地讲，深加工与一般加工是有区别的。

一般加工是指在原产品的初加工，对于蕈菌而言包括产品的干制、清水杀青、盐渍、糖渍、醋渍、油渍、罐藏等。其加工的特点是基本上或部分地保留产品的外形和基本的化学成分。

深加工则是初加工的延伸，指利用蕈菌的菌丝体和子实体为主要原料，不但原产品的外形被改变，而且有的则只取其中一到几种化学化合物或与其他物质结合组成一种新的产品，或作为添加剂。如虫草蜂皇露、香菇月饼、香菇肉松、蘑菇麻辣酱、蘑菇酱油、猴头菇片、云芝肝素、茯苓饼、银耳珍珠露，包括蕈菌制成的饮料、酒类、食品类、调味品类、制药剂类、杀虫剂类、美容养颜护肤类等内容。

深加工的意义主要表现为以下几个方面：深加工提高了菌类产品的附加值；深加工开拓了消费市场，扩大了消费量；深加工延长了原产品的寿命和货架的摆放时间；深加工改善了蕈菌的消费方式，扩大消费者选择商品的自由度；深加工促进食用产品标准化，利于融合于世界经济一体化；深加工有利于出口创汇。

发酵罐（fermentor）在发酵生产中用以培养微生物的容器，大小不等几升到几十升，也有几百升或上吨级容积的，有密闭式玻璃钢、不锈钢，也有内衬以耐腐蚀材料的罐。发酵罐系统由罐体、控制系统和结构框架三大部分组成。

(1) 罐体：其上设有搅拌系统，搅拌的功率一般为 $500\sim1100W$，转速范围一般为 $10\sim1500r/min$。反应器罐体高径比（H：D）为 3：1，搅拌浆几层一般 $1\sim3$ 层。搅拌浆分层多溶氧传递性能好，罐体工作容积也高。反应器材料标号不同，不锈钢耐腐蚀强度不同。罐体没有双层夹套灭菌及保温冷却系统连接，灭菌温度可调 $100\sim130℃$，灭菌或保温时，蒸汽及冷水可在板式热交换器内进行交换，通过循环水泵形成闭路带压循环系统，避免不直接冲击罐壁，防止局部过热，应是热均匀性好，升温速度快。反应器设计应以使用更安全、应用范围更广为准则。反应器内壁电抛光的比机械抛光的整洁度高，可避免内部死角，增加反应器内部化学稳定性。夹套高度应占罐体长度的 80% 以上，这样利用罐体温度均匀稳定，有利于菌体的繁育，提高发酵单位密度。

(2) 控制系统：温度控制灵敏，升降变化迅速，误差小。空气流量自动测量控制。pH电极可在发酵过程中再校准。微处理器控制系统，全自动，如温度、pH、通氧量（DO）、搅拌转数、浊度测量等。全参数微机控制，同一屏幕显示，控制精度高，要求控制快、用途广、误差小、细胞损伤小。

(3) 结构框架：采用开架结构，便于维修，操作方便，安全性能好；反应器管路弯路少，接头少，简洁实用，电加热与蒸汽加热任意选配，直接实现在位灭菌电加热器功率增大，可达 $5.0\sim6.0kW$，保证灭菌完全迅速。

30.2　摇瓶培养基制备

培养基在深层培养中可以说与筛选优良菌株是同等重要的，优良的菌株是深层培养的根本，而适宜的培养基是培养条件的基础。目前，多采用综合培养基而且考虑到规模生产必须取材要原料丰富、购买便利经济便宜。一般蕈菌菌丝体的深层培养基原料多为土豆提取物、鲜玉米浆、麸皮提取液、葡萄糖少量、KH_2PO_4、$MgSO_4\cdot7H_2O$、维生素 B_1、蛋白胨、酵母粉、黄豆粉、豆粕粉等。特殊培养基需加入一些必要的化学营养物或天然营养物。pH5.0～8.0 或自然。摇瓶内的液体培养基一般为该容器容量的 1/5～1/3 为宜，并加直径 5～7mm 玻璃珠 15～20 粒/瓶。

接摇瓶种的菌体要健壮、生活力强，尽量多取菌丝体尖端部分，而且接于液体培养基的液面上为宜，这样易提早萌发，接种量掌握在 1/6～1/4 斜面，最好不带琼脂块只取菌丝体，接种后一般需静置 24～48h 或 32h，然后上摇床 25～28℃培养。

摇床转数和冲程是培养菌丝片段是否球状的关键，搅拌转数一般在 80～300r/min 不等，冲程在 8～10cm，转数越慢呈球状越大；反之，则呈球越小，或菌丝体不成球状。后者过滤时较难，但是二级培养是必需的，培养时间一般 96～120min，有的则需要十几天完成。二级以后的培养其接种量一般掌握在 5%～10%。

培养的温度取决于不同菌种、不同菌株的温型，但一般是其协调最适温度为好，这样菌丝体健壮积累营养充分，多数在 22～35℃。

培养物在培养基中的密度一般掌握在 20～36 个/ml，密度过大其培养液的 pH、通氧量、搅拌转数、发泡情况、培养温度、各级菌株的菌龄都会对菌球直径大小，菌球的数量和菌体片段及其产量质量等产生影响。就通氧量而言，一般在 0.5V/V·min，罐压0.03～0.04MPa。正常培养应是发酵液清澈微黄，与菌丝球界面清晰，便于分离提取。

30.3 深层培养工艺流程

蕈菌菌丝体深层培养的工艺流程与一般微生物深层发酵工艺基本相同。

30.3.1 深层培养工艺流程

斜面固化培养基的制作→菌种斜面培养养→一级摇瓶培养→二级摇瓶培养→种子罐培养→生产罐发酵培养。

深层培养所涉及的因素：深层培养不但要考虑培养基的成分和体系中 C/N、pH、矿质元素、维生素、生长因子等组成和发酵设备外，还必须考虑其物理参数，即温度、压力、搅拌形式与速度、空气流量、溶解氧、排气中氧气与二氧化碳的含量，以及生物参数包括菌丝体形态、菌丝体含量等。

深层培养的液体：糖一般为 2%～6%，N 0.04%～0.10%，C/N(8～80)∶1，pH5～7，矿物质元素、维生素、生长因子等的添加量因菌种和发酵目的不同而定，温度一般为 22～28℃，罐压强 0.03～0.05MPa，空气流量 0.5～1.1V/V·min，接种量为 5%～30%，根据发酵的具体情况综合调控搅拌形式与速度、泡沫菌丝体形态、菌丝体含量、发酵液的浊度以及养分的变化和细胞代谢的变化作为发酵终点的指标。

例如，2008 年，李长美等[1]通过 $L_9(3^4)$ 正交实验筛选出了桑黄最佳液体培养基为：玉米渣 3%、麸皮 3%、葡萄糖 3%、KH_2PO_4 0.3%、$MgSO_4·7H_2O$ 0.15%、维生素 B_1 20μg/100ml、维生素B_2 30μg/100ml，使桑黄菌丝体生物量平均得率为 4.4g/100ml，为今后桑黄的大规模工厂化生产、从桑黄菌丝体或发酵液中提取活性物质，实现中药业现代化；也为原生质体的制备、DNA 的提取以及分子水平上的深入研究提供科学依据。2008 年，赵润等[2]采用 $L_9(3^4)$ 正交设计方法，以冬虫草菌丝体生物量为衡量指标，得到了冬虫草菌丝体最适液体培

---

[1] 李长美，郭成金．2008. 采用正交设计法对桑黄菌丝体液体培养基的优化．食品科学，29(5)：311-314
[2] 赵润，郭成金．2008. 冬虫草菌丝体液体培养基的优化．天津师范大学学报(自然科学版)，28(1)：8-11

养基配方为：葡萄糖 1.25g%、蔗糖 1.25g%、蛋白胨 0.02%、酵母粉 0.062 5%、KH_2PO_4 0.025g/L、$MgSO_4 \cdot 7H_2O$ 0.0125%、维生素 B_1 0.0025%，pH 自然。培养温度 24℃，192h 终止培养，其菌丝体生物产率 19.5g/L，是前人菌丝体生物产率的 1.2～1.5 倍。2009 年，刘西周等[①]以血耳（*Tremella sanauinea*）菌丝体生物量为测量指标，对血耳液菌丝体液体培养基进行筛选，结果表明，其菌丝体液体培养最适培养基为：蔗糖 7.5g/L、麦芽糖 7.5g/L、麦麸 7.5g/L、牛肉膏 3.5g/L、$MgSO_4 \cdot 7H_2O$ 0.5g/L、KH_2PO_4 1.5g/L、维生素 B_1 4mg/L，pH 自然。28℃培养 96h，其生物量可达 4.29g/L。

30.3.2 提取工艺

水过滤洗涤→3 倍量水浸提→浸提液浓缩→分离→纯化→鉴定（杨晓彤，1994）。

举例：灵芝深层发酵工艺流程及发酵制品工艺

菌种 *Ganoderma lueidum*，由三明真菌研究所提供。

试管斜面菌种的制备：培养基葡萄糖 20g、酵母膏 2g、蛋白胨 2g、KH_2PO_4 1g、琼脂 20g，水约 100ml，pH 自然。罐装，灭菌，冷却，接种后于 24～28℃培养 7～10d。

一级菌种制备：在 500ml 三角瓶中装培养液 100～150ml〔葡萄糖 2%、麸皮浸出液 10%、$(NH_4)_2SO_4$ 0.2%、KH_2PO_4 0.2%，pH6.0～6.5〕。灭菌、冷却后，按无菌操作的方法，将培养好的试管斜面菌种挑取蚕豆大小 3～4 块接入三角瓶，将三角瓶置于往复式摇床上，28℃下恒温振荡培养 7～10d。

二级菌种制备：在 5000ml 三角瓶内装入 800～1000ml 培养液，培养液配方及处理同一级菌种，接入占每瓶体积的 10%一级菌种，于往复式摇床上，恒温 28℃振荡培养 3d 备用。

三级种子罐培养采用 20L/40L 罐培养液（蔗糖 2%、豆饼粉 1%、KH_2PO_4 0.075%、$MgSO_4$ 0.03%，pH 自然，菜油或豆油适量为消泡剂），灭菌，冷却，无菌条件向罐内接入二级菌种液 5%于 26～28℃下搅拌 200r/min，通无菌气量 0.3～1.5$V/V \cdot min$。培养 48h，罐压维持在 0.8kg/cm^2。

终止培养标准：发酵液 pH 降至 4.5；发酵液有清香味；测定菌丝湿重约为培养液的 8%；镜检和无菌检查无杂菌存在。

生产罐发酵培养：于 200L 发酵罐，投料 120L；1000L 发酵罐，投料 600L。发酵培养基〔蔗糖 4%、豆饼粉 2%、KH_2PO_4 0.15%、$MgSO_4$ 0.075%、$(NH_4)_2SO_4$ 0.05%、$CaCO_3$ 0.1%，豆油适量〕，灭菌前 pH 6.5 左右。灭菌，冷却至 30℃后接入三级种子液 5%～10%。于 26℃～28℃下恒温培养，通气量 0.5～1$V/V \cdot min$，搅拌 100～150r/min，培养时间 6～7d。

终止培养标准：发酵液 pH 降至 3.5～4.5；发酵液有浓厚的清香味；发酵液中布满菌丝球，菌丝湿重不低于 8%；味道清香。

培养物的处理：用离心机进行离心或过滤，得菌丝体或滤液，将滤液进行真空浓缩，浓缩至体积的 1/10～1/5 于低温下保存备用。

灵芝速溶茶研制：将发酵物过滤得发酵滤液，真空减压浓缩得稠膏状物，60～105℃烘干粉碎成粉状，每 30～50g 融入 1500～1700g 精白糖或鲜蜂蜜，即成灵芝速溶茶。

灵芝菌片的研制：将发酵缪液连同其菌丝体真空减压浓缩，烘干粉成末，按灵芝菌粉与

① 刘西周，郭成金 . 2009. 采用 $L_9(3^4)$ 正交设计方法筛选血耳菌丝体液体培养基 . 中国食用菌，28(1)：36-38

糊精 1∶0.5(质量比)混匀,进压片机压片每片 0.3g,再包糖衣制成灵芝菌片。本品除去糖衣为棕褐色,味酸苦微涩,对治疗冠心病、抗心绞痛、神经衰弱等均有一定的效果。每片含干浸膏 150mg,片量 0.3g,口服一次 3~4 片,1 日口服 3 次。密闭阴凉处存放(研制单位:中国医学学院药物研究所等,曾经由成都制药四厂、上海中药三厂等组织生产)。

30.3.3　深加工主要发展方向

对蕈菌子实体和菌丝体的深加工其内容丰富,市场潜力巨大,前景光明。目前我国虽然是蕈菌生产大国,但其深加工滞后,深加工的技术落后,设备陈旧,配套差,深加工产品档次低,质量劣,时有假冒,花色、包装和装潢等方面更亟待提高改善。

目前蕈菌深加工主要有以下几个发展方向。

医药类:云芝肝泰冲剂、密环菌片、密环菌糖浆、密环菌冲剂、猴头菇片、中华灵芝宝、猪苓多糖注射液、香菇多糖片、银孢糖浆、银孢多糖胶囊。所以,通过现代深加工工艺开发那些有毒蕈菌为人类造福。胃东新冲剂、晕痛片、灵芝蜂王精、虫草蜂皇露、金水宝等几十种。

毒菇如蛤蟆菌在德国民间浸于酒中用以治疗风湿病。唐代陈藏器的《本草拾遗》(公元739 年)讲述:"鬼盖……和醋敷肿毒、马脊肿,人恶疮,又主治恶疮疥痛蚁瘘等各种病症"。

保健食品类:蘑菇月饼、蘑菇饺子、蘑菇包子、蘑菇挂面、蘑菇香肠、蘑菇肉松、茯苓饼、茯苓糕、茯苓空心面、茯苓包子、蘑菇点心、灵芝酥糖、老年乐软糖、香菇咸面包、香菇腊肉、香菇快餐面、草菇虾片等。

菌类调料:蘑菇酱油、香菇酱油、平菇酱油、蘑菇醋、香菇醋、蘑菇麻辣酱、羊肚菌味精等。

菌类饮料:香菇可乐、金菇可乐、灵芝速溶茶、冰糖银耳莲子汤等。

菌类保健酒类:蘑菇酒、香菇糯米酒、灵芝酒、金菇酒、银耳酒、猴头酒、猴头啤酒、茯苓酒、松茸酒等。

养颜美容品:银耳面膜、银耳雪花膏、银耳霜、银耳奶液、灵芝高级洗发香波、茯苓润肤霜、灵芝沐浴液等。在我国历代药典《神农本草经》、《太平圣惠方》、《千金药方》、《御菇院方》等古代巨籍中,古代养生家一是用来服食延年益寿;二是作为宫廷美容养颜的主料,如银耳汤,能增强新陈代谢、促进血液循环、改善器官的功能。为此,可促使皮下组织丰满,皮肤润滑,还能治疗雀斑。

杀虫剂类:日本已将毒蝇母、异鹅膏胺的一种衍生物用作杀虫剂。另外蛤蟆菌、小毒蝇伞、豹斑鹅膏菌、板果伞、鳞柄白鹅膏菌、残托斑鹅膏菌等所含毒素均能毒杀苍蝇;而毒鹅膏菌、春生鹅膏菌中的毒肽及毒伞肽,可杀红蜘蛛;毒鹅膏菌和蛤蟆菌也有抗癌活性。总之毒菌的经济意义是广泛深刻的,有待于我们的大力开发。

30.4　蕈菌食品安全卫生标准

蕈菌食品的生产必须严格执行中华人民共和国食品卫生标准。出口蕈菌食品必须严格执行特定国家食品卫生标准,严格执行联合国食品法规委员会(CAC)制定的《HACCP 体系及其应用准则》(CAC 1979)和《食品卫生通则》[CAC/RCP1—1969,Rev.3(1997)]及良好操作规范(good manufacturing practice,GMP)。

小　结

　　发酵是指微生物分解有机物的新陈代谢过程，蕈菌的发酵生产有固体发酵和液体发酵两种，发酵工程属五大生物工程之一。目前，世界范围内利用发酵工程研究和开发蕈菌资源已成热点，从中制备出多糖、多肽、生物碱等生理活性物质。蕈菌的深度开发有极为丰富的内涵，包括菌类保健食品、菌类营养添加剂、药用蕈菌制剂、蕈菌生物保鲜剂、蕈菌生物杀虫杀菌剂、菌类美容化妆品、菌类保健品及菌类工艺制品等。深层培养蕈菌是其深度开发的重要组成部分，它是蕈菌产业高层次的新发展、持续发展的推动力和必然趋势。蕈菌菌丝体深层培养的工艺流程与一般微生物深层发酵工艺基本相同。蕈菌食品的生产必须严格执行中华人民共和国食品卫生标准。出口蕈菌食品必须严格执行特定国家食品卫生标准，严格执行联合国食品法规委员会(CAC)制定的《HACCP体系及其应用准则》(CAC 1979)和《食品卫生通则》[CAC/RCP1—1969，Rev.3(1997)]及良好操作规范(good manufacturing practice，GMP)。

思　考　题

1. 名词解释：五大生物工程
2. 蕈菌发酵工程的意义是什么？
3. 深层培养的工艺流程是什么？涉及哪些因素？
4. 蕈菌深加工主要有哪几个发展方向？
5. 蕈菌食品安全卫生标准执行哪些卫生标准？

第五篇 其他技术

　　该篇包括蕈菌有害微生物和动物病害与防治、蕈菌食品安全质量控制体系 HACCP 的建立和蕈菌有机食品的初步设计，共 3 章。主要以蕈菌食品安全为主线，阐述了蕈菌有害微生物和动物病害与防治技术、环境控制的基本概念、基本原理及基本技术。

第 *31* 章 蕈菌有害微生物和动物的病害与防治技术

蕈菌的生产和加工均会遇到有害微生物的病害与防治问题，有害微生物可直接影响蕈菌的产量、质量及食品安全性。食用蕈菌或药用蕈菌是人类优质保健食品或名贵中药材，应重点保护及合理开发。对于蕈菌有害微生物的防治，严格、不断地进行危害分析和关键点控制（HACCP），严格实行 GMP 操作规程，必须坚持以"预防为主，综合治理，早发现，早治疗"的原则。努力建立生态和物理防治体系，尽量避免有害化学防治措施。

蕈菌的有害微生物种类繁多，主要有细菌、放线菌、霉菌、酵母菌、病毒等五大类群。它们主要与蕈菌争夺养料，污染菌种和培养料及腐蚀子实体。除病毒以外，统称为杂菌，所谓杂菌是对蕈菌的生长发育有害的菌类。在蕈菌产业中，最终将造成蕈菌减产、品质低下、经济效益下降。

蕈菌有害微生物的病害可分为竞争性病害（或感染性病害）和寄生性病害（或病原性病害）两大类。在蕈菌感染性微生物中，最多的是竞争性杂菌，其特点是污染培养基，在基质中与蕈菌菌丝细胞争夺养分和生存空间，竞争生长与繁殖。寄生性的病害可分为真菌病害、细菌病害、病毒病害，其主要侵害是蕈菌的子实体。

31.1 常见竞争性杂菌病害与防治

31.1.1 蕈菌有害微生物和动物的病害与防治

（1）细菌（bacteria）。细菌属原核生物界，单细胞，其细胞核无核膜，主要有球形、杆形、螺旋形三种基本形态。

细菌主要以裂殖法进行繁殖。不同细菌菌落的形状、大小及颜色各异，有的透明，有的呈湿润的斑点或斑块，有的则呈黏液状，多为白色和黄色（图 31-1）。细菌在培养液中生长繁殖，有的可使培养液混浊，有的在液面成菌膜，有的则沿容器内壁形成菌环，也有的产生沉淀物等，这些是鉴别菌种类依据。

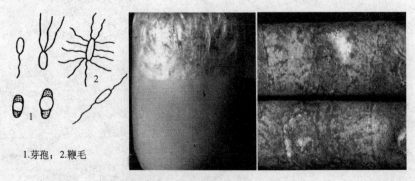

1.芽孢；2.鞭毛

图 31-1　细菌病害

细菌侵害蕈菌菌丝体的主要有枯草杆菌黏液变种（*Bac. subtiliss* var. *mucoides*）和蜡状芽孢菌黏液变种（*Bac. cereus* var. *mucoides*），都是革兰氏阳性细菌，含有芽孢产生黏液，分布广，繁殖快，当温度从 28℃升至 32℃时，细菌的芽孢则发育成杆状的营养体，在适宜的条件下 20～30min 裂殖一次。枯草杆菌黏液变种的芽孢位于菌体中央，蜡状芽孢菌黏液变种的芽孢则位于菌体一端。

发生规律：适宜高温、高湿、偏酸的条件下生长繁殖。主要症状：培养基发生酸败，变黏有酸臭味。主要防治措施，参见木霉的防治所述。

（2）放线菌（actinomycetes）。放线菌属原核生物界，形态多样。它们的共同特征是革兰氏阳性放线菌，营养期通常不运动和（G＋C）％高。其菌体由菌丝体构成，后者可由孢子萌发而成。孢子的形成方式有凝聚分裂、横隔分裂、孢囊孢子 3 种，以凝聚分裂为主。放线菌的孢子一般不耐热[普通高温放线菌（*Thermoactinomyces vulgaris*）却产生耐热孢子，在培养料发酵过程中，有重要的有益作用]。

放线菌主要形态特征：菌丝体可分为基内菌丝体和气生菌丝体两种类型。菌落呈放射形，菌落的颜色各异，有土腥味。气生菌丝由基内菌丝发育而成，一般颜色较深，菌丝粗，呈绒毛状、粉末状、颗粒状，或呈现同心圆纹饰。气生菌丝的顶端可形成孢子丝，产生孢子，孢子丝的形状具有多样性，它是区别放线菌种类的重要特征。

发生规律：放线菌主要为无性繁殖，菌丝断裂成新的菌丝体。放线菌的菌丝稀疏，菌丝体成团，成束，浅灰色。喜高温、好氧。常污染蕈菌菌丝体，主要存在于土壤和厩肥中，常见的有白色链霉菌（*Streptomyces albus*）、湿链霉菌（*S. humidus*）、粉味链霉菌（*S. farinosus*）等。主要防治措施，参见木霉的防治所述。

（3）霉菌（moulds）。霉菌不是分类学上的名词，而是一些微观丝状真菌的总称。它们主要污染蕈菌菌丝和培养料。霉菌的菌丝可分有隔和无隔两类，并有基内菌丝和气生菌丝之分。

菌落多呈棉絮状或绒毛状。在进行液体静置培养时，霉菌菌丝一般多漂浮在液体表面生长。霉菌的无性繁殖是通过形成各种无性孢子，大量增殖菌体而实现的；霉菌的有性繁殖是由两个性细胞结合产生有性孢子的过程。霉菌主要有曲霉、青霉、毛霉、木霉、脉孢霉、根霉、石膏霉等。

曲霉属（*Aspergillus*），属真菌界半知菌类丝孢纲丝孢目丛梗孢科（Moniliales）曲霉属（*Aspergillus*），分布极广。如黑曲霉（*Aspergillus niger*）黑色；黄曲霉（*A. flarus*）黄至黄绿色；白曲霉（*A. condidus*）乳白色；土曲霉（*A. terreus*）地皮色；棒曲霉（*A. clavatus*）蓝绿色；烟曲霉（*A. fumigatus*）灰绿色；杂曲霉（*A. versicolor*）杂色。

主要形态特征：该属菌丝体发达，菌丝无色，有横隔，多分枝，多核，无色或有色。分生孢子梗从细胞内垂直生出，无横隔和分枝，光滑、粗糙或有疣点，顶部膨大形成棍棒形、椭圆形、半球形的可孕性的顶囊。顶囊表面产生小梗，并平行簇生于顶囊的顶部，呈放射状。小梗有单层和双层之分。分孢子串生于小梗顶端，一般单细胞，呈球形或椭圆形，有颜色和纹饰。分生孢子及菌丝体各有特定颜色（图 31-2）。

发生规律：初期菌落星点发生，菌丝绒毛状。一般适于中偏碱性的环境，温度 20～35℃，相对湿度 65％～85％。主要防治措施，参见木霉的防治所述。

青霉属（*Penicillium*），属真菌界半知菌类丝孢纲丝孢目丛梗孢科（Moniliales）青霉属（*Penicillum*）。常见的有圆弧青霉（*Penicillium cyclopium*）、绳状青霉（*P. funiculosum*）、产紫青霉（*P. purpurogenum*）、产黄青霉（*P. chrysogenum* Thom）、苍白青霉（*P. pallidum*）等。

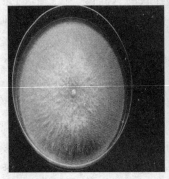

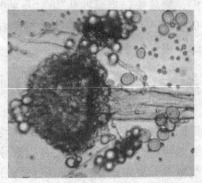

图 31-2　曲霉

　　主要形态特征：营养菌丝无色，色淡至颜色鲜艳，有横隔，分枝。青霉菌丝初期呈白色，形成圆形菌落，随分生孢子大量产生，其颜色有绿色、黄绿色、青绿色、灰绿色等。分生孢子梗从细胞内垂直生出，有横隔，顶端生有呈扫帚状的分枝，顶层成小梗，串生分生孢子。分生孢子呈球形或近球形。其菌菌丝体形成一层膜状物，可覆盖料面，隔绝空气，并产生毒素，使薹菌菌丝体坏死（图 31-3）。

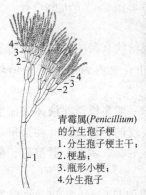

青霉属(Penicillium)
的分生孢子梗
1.分生孢子梗主干;
2.梗基;
3.瓶形小梗;
4.分生孢子

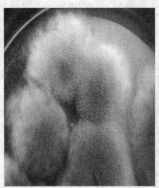

图 31-3　青霉

　　发生规律：氨和氮过量，一般适于生长在 20～30℃，相对湿度 90% 以上。主要防治措施，参见木霉的防治所述。

　　毛霉属（Mucor），属真菌界结合菌门毛霉目毛霉科毛霉属（Mucor），又名长毛霉、黑面包霉等。危害薹菌的主要为总状毛霉（M. racemosus）。

　　主要形态特征：菌丝白色透明，无横隔，多核细胞的单细胞。毛霉有基内菌丝和气生菌丝之分。孢子从匍匐菌丝上生出不成束，单生，无假根。孢囊顶端呈球形，无色至灰褐色。孢囊孢子呈椭圆形，壁薄，无鞭毛，不能移动，借风传播。孢子生于菌丝上，如图 31-4 所示。

　　发生规律：在被污染的培养料上菌丝初期为灰白色粗壮稀疏的气生菌丝，其生长速度明显快于薹菌菌丝体，后期在气生菌丝顶端产生许多孢子囊。喜高湿，适应性强。主要防治措施，参见木霉的防治所述。

　　木霉属（Trichoderma），属真菌界半知菌类丝孢纲丝孢目丛梗孢科（Moniliales）木霉属（Trichoderma）。常见有绿色木霉（Trichoderma viride）、粉绿木霉（T. glacucus）、康宁木

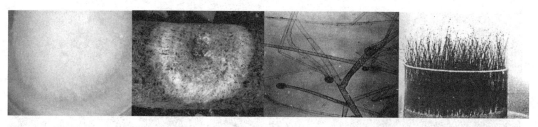

图 31-4　毛霉

霉（*T. koningii*）、哈赤（氏）（*T. harzianum*）等。木霉又名绿霉，可危害蕈菌的子实体和菌丝体。

主要形态特征：木霉菌落生长迅速，呈棉絮状，或致密丛束状，多为浅绿色、深绿色或蓝绿色；营养菌丝透明，有隔，多分枝。分生孢子梗是菌丝的短分枝，对生或互生，可多几级分枝，顶端为小梗。小梗的顶端着生着分孢子，近球形或椭圆形，如图 31-5 所示。

图 31-5　木霉

发生规律：感染初期为灰白色的纤细菌丝，较为浓密，易与蕈菌菌丝混淆。一般适于中偏酸性的环境，温度 8～42℃，相对湿度 95％以上。木霉具有很强的分解纤维素的能力并产生毒素，主要抑制蕈菌菌丝体，也抑制子实体的生长发育，特别容易污染菌棒上的遗留子实体残体。主要防治措施，在发菌阶段，适当降温和降湿，时常喷撒干石灰粉进行彻底消毒；在生殖生长阶段，适当降温和降湿，时常喷洒干石灰水进行彻底消毒。

脉孢霉属（*Neurospora*），属真菌界半知菌类丝孢纲球壳目粪壳科粪壳属（*Neurospora*）。脉孢霉又名链孢霉、脉孢霉、红色面包霉、串珠霉等，并有红色面包霉和白色面包霉之分，如图 31-6 所示。

主要形态特征：菌丝透明，有横隔和分枝。分生孢子梗为双叉分枝。分生孢子串生，单细胞呈球形或卵圆形，粉红色。子囊壳簇生或散生，近圆形或卵形，子囊圆柱形，有孔，内有 8 个子囊孢子，由无色至暗褐色。其分孢子耐高温，湿热 70℃ 4min 后失去活力，而干热则耐 130℃。菌落初为白色粉粒状，很快变成鲜艳的橘红色，菌丝呈棉絮状。污染蕈菌菌丝体和子实体主要是粗脉纹孢霉（*N. crassa*）、面包脉纹孢霉（*N. sitoohila*）、交链孢霉（*Alternaria tennurs*）、互隔交链孢霉（*A. alternata*）等。

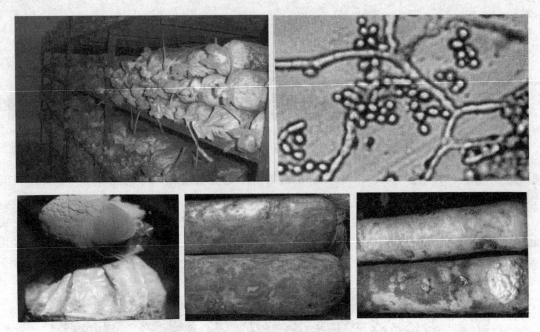

图 31-6　脉孢霉

发生规律：适宜高温、高湿、好氧，一般适于生长在 15～36℃，相对湿度 90％的条件下，pH5～8，生活能力强，生长速度快。寄主范围广，空气中传播快，主要发生在发菌阶段。培养料被污染后，初期为棉絮状气生菌丝很快就产生分生孢子，特别是棉塞受潮、环境高温高湿，孢子堆状后呈球状常见于菌袋口或破损处。分生孢子卵圆形，多为红色、橘红色和白色两种。主要防治措施，一旦发现立即深埋，或用燃油烧掉。

根霉属（*Rhizopus*），属真菌界结合菌门毛霉目毛霉科毛霉属（*Rhizopus*）。匍枝根霉（*R. stolonifer*），又名黑根霉。

主要形态特征：菌丝无色，无横隔，有基内菌丝和气生菌丝之分。后者有跳跃匍匐生长，与基质接触点有假根产生，孢囊梗由此长出。孢囊梗丛生，不分枝，顶端膨大，初为白色，后变黑。孢囊孢子无色或黑色。其有性阶段为结合孢子，如图 31-7 所示。

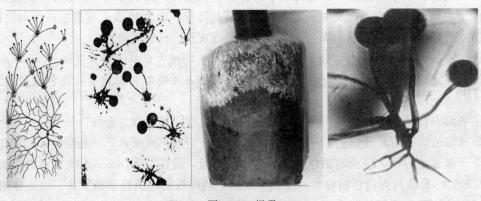

图 31-7　根霉

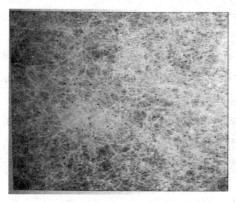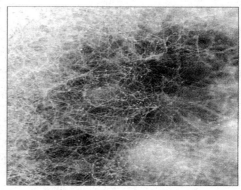

图 31-7　根霉(续)

　　发生规律：适应性强，喜中温(高于 25℃)、高湿(相对湿度大于 65%)、缺氧、偏酸(pH4～6.5)的条件。主要防治措施，参见木霉的防治所述。

　　褐色石膏霉(*Papulaspora byssina* Hots.)，又名菌床团丝核菌、黄丝甚霉，常见于草腐菌和覆土培殖蕈菌中。

　　主要形态特征：在菌床上，菌丝体初期呈现浓密的白色，不久由于菌核状细胞球状物的形成而变为肉桂色粉末。菌丝上有锁状联合，不产生分生孢子。

　　发生规律：喜高温、高湿、偏碱的条件。培养料发酵过度、过湿、偏碱、通风不良均利于其发生。以菌丝断裂，或以稠密的球形菌核状暗色细胞团进行繁殖。

　　白色石膏霉(*Scupulariopsis fimicola*)，又名粪生帚霉、粪生梨孢帚霉、臭菇、白皮菇。

图 31-8　白色石膏霉其分生孢子梗和孢子

　　主要形态特征：在培养料上，其菌丝体初期呈现白色棉毛状，几天后变成白色革质状物，进而变成白色石膏粉状物。分生孢子梨形，孢子堆积变成桃红色粉状颗粒物(图 31-8)。褐色石膏霉(图 31-9)。

　　发生规律：喜潮湿、偏碱的条件。自然界中，主要生长在土壤、枯叶等腐败的植物上。产孢量大，传播快，常引起二次污染。培养料前发酵过度、过湿、偏碱，培养料内氨、氮过多，通风不良均利于其发生。

图 31-9　褐色石膏霉

束梗孢霉，在培养基上呈现白色菌丝体，后期多在料面上形成深烟灰色或灰黑色菌落，可使蕈菌菌丝不能生长，培养料发黑腐烂（图 31-10）。

（4）酵母菌（saccharomyces）。它是一群单细胞真菌的总称。在分类学上，分别归属于子囊菌门、担子菌门和半知菌类。在蕈菌生产中，主要有红酵母（*Rhodotorula rubra*）、橙色红酵母（*R. aurantica*）和黑酵母（*Aureobasidium pullulans*）。

主要形态特征：它是一类单细胞真菌，细胞壁较厚，由特殊的酵母纤维构成，无菌丝，营养体为球形，或椭圆形。酵母菌的繁殖方式有有性繁殖和无性繁殖两种，多为芽殖。芽孢无色，单细胞。酵母菌的有性繁殖是邻近的两个细胞结合后，即成为一个子囊，其中产生子囊孢子（图 31-11）。

发生规律：适应性强，喜中温、高湿的条件。主要防治措施，参见木霉的防治所述。

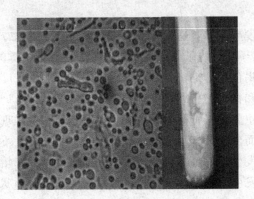

图 31-10　束梗孢霉　　　　　　　　　　图 31-11　酵母

31.1.2　寄生性杂菌病害

（1）真菌病。褐腐病疣孢霉（*Mycogone perniciosa*），是褐腐病（又名湿泡病、白腐病、疣孢霉病、褐豆病等）的主要病源菌。常见的有黄褐疣孢霉（*M. cervina*）、马鞍菌疣孢霉（*M. ceruina*）、夏氏疣孢霉（*M. jaapii*）、红丝菌疣孢霉（*M. rosea*）等。有害疣孢霉是一种常见的土壤真菌，属真菌界半知菌类丝孢纲丝孢目丛梗孢科（Moniliales）疣孢霉属（*Mycogone*）。

主要形态特征：菌丝白色，有横隔，有两种无性孢子，即分生孢子和厚垣孢子。前者孢子梗直立，轮枝状分枝，分生孢子着生在端部，无色，单细胞，椭圆形；后者在土壤中休眠数年，难以杀灭。菌落由白色至黄色、黄褐、褐色。

发生规律：一般适于 pH5～6 的环境，温度 20～30℃，相对湿度 80%～85%。

主要症状：原基时期被感染，原基分化受阻，形成不规则的组织块，表面有白色绒毛状菌丝体，组织块逐渐变褐色，常有褐色汁液渗出，气味恶臭。子实体被感染后，其表面有一层白色绒毛状病原菌菌丝体，菌柄畸形肿大呈水泡状，进而褐腐死亡。疣孢霉只侵染子实体，不感染菌丝体。

褐斑病轮枝孢霉（*Verticillium*），是褐斑病（又名干泡病、黑斑病、轮枝孢霉病等）的病原菌。轮枝孢霉是一种常见的土壤真菌，属真菌界半知菌类丝孢纲丝孢目丛梗孢科轮枝孢霉属（*Verticillium*）。常见的有伞菌轮枝孢霉（*V. agaricinum* Corda）、菌生轮枝孢霉（*V. malthousei*）、乳菇轮枝孢霉（*V. lactarii* Peck）、菌褶轮枝孢霉（*V. mallhousei*）、蘑菇轮枝孢霉

(V. psalliotae)等。

　　主要形态特征：菌丝色淡，分枝，有横隔。分生孢子梗直立，分枝，初次分枝两出或互生，二次分枝为轮生；顶层小梗下部膨大顶端尖细。分生孢子单生于小梗顶端，无色，单细胞，球形、椭圆形。

　　发生规律：最适生长温度在 22℃。

　　主要症状：子实体被感染后，先在菌盖上产生许多针头大小的，不规则的褐色斑点，逐渐扩大产生灰白色斑块，下陷。子实体不烂，无臭味，最终干裂枯死。

　　软腐病树枝状轮枝霉（Cladobotryum dendroides），是软腐病（又名湿腐病、蛛网病树枝状轮枝霉病等）的病原菌。

　　形态特征：菌丝白色，分枝，有隔。分生孢子梗轮枝状分枝，分生孢子单生或簇生在分生孢子梗顶端，长椭圆形，无色或呈淡黄色。菌落由白色絮状至浅黄色。

　　发生规律：最适生长 pH3～4 的环境，温度在 20～25℃。

　　褶霉病又名头孢霉病、菌盖斑点病，是主要发生在菌褶上的病。常见的有菌褶头孢霉（Cephalosporium lamellicola）、考氏头孢霉（C. costantnii）。头孢霉属真菌界半知菌类丝孢纲丝孢目丛梗孢科头孢霉属（Cephalosporium），分布于自然界各种基物。菌落特征不一，颜色为红、白、灰、黄。菌丝有隔，分枝，多无色。分孢子梗短，自气生菌丝上发生，基部膨大呈瓶状结构。孢子仅圆形或卵形。单细胞，透明。

　　枯萎病镰孢霉（镰刀菌），是蘑菇猝倒病的病源，常寄生菇柄髓部，使菇体萎缩、变褐僵化。有尖镰孢（Fusarium oxysporum）、菜豆链孢（F. martii）。

　　黄瘤孢即黄麻球孢霉（Sepedonium chrysospermum），多寄生于绒盖牛肝菌、紫牛肝菌、假密环菌、蘑菇、白木耳等子实体上。镰孢霉属真菌界半知菌类丝孢纲瘤座孢目瘤座孢科镰刀菌属（Fusarium）。该属分孢子有大型和小型之分，前者生于分孢子梗上，一般是单细胞，呈卵形、梨形或椭圆形；后者多为镰刀形线形或纺锤形等，多细胞，有隔。顶端细胞形态多样，有短喙状和锥形钩状等。

　　（2）细菌病。荧光假单孢菌（Pseudomonas fluorescens）、托拉氏假单孢菌（P. tolaii）等，是蘑菇细菌性斑点痘痕病的主要病原菌。在菇房内湿度过高时，常会使子实体带有黄褐色斑点，影响商品价值。最常见的有芽孢杆菌（Bacillus sp.）、假单孢杆菌（Pseudomonas sp.）和欧文氏杆菌（Erwinia sp.）。

　　细菌性褐斑病，又名锈斑病、细菌性斑点病。该病只侵染子实体的表面。感染后病斑表面有一层黏液，味臭，菌盖有裂痕或纵向凹陷斑块呈畸形，但是不腐烂。高温、高湿或变温菌盖表面有冷凝水时，易染此病。

　　干腐病，又名为干僵病。病原菌为一种假单孢菌，主要危害蘑菇；菌褶滴水病，病原菌为菊苣假单孢菌（P. cichorii），主要危害蘑菇；细菌褐腐病，病原菌为田野单孢杆菌（Xanthomonas campestris），主要危害蘑菇；细菌性软腐病，病原菌为荧光假单孢菌（P. sp.），主要危害蘑菇和金针菇。

　　（3）病毒病。感染真菌的病毒称为真菌病毒。典型的真菌病毒颗粒直径为 25～48nm 的全对称型，极少为棒状或其他形状。通常病毒核心包含双链 RNA（dsRNA），也包含双链 DNA（dsDNA）。真菌病毒在宿主细胞中复制，并产生新的病毒颗粒。真菌病毒不能直接传染到整体真菌细胞中去，一般认为是通过真菌细胞的细胞质交换。真菌细胞壁是病毒传播的一种屏障。病毒传播的主要途径是通过菌丝细胞融合。在正常情况下，体细胞融合只能在可亲和性的菌丝细胞之间发生，而是否可亲和是由真菌本身的遗传因子所控制。所以，病毒的发生规律是体细胞的融合和原生质体的连续性。

蘑菇病毒于 1950 年在美国宾西法尼亚首次被发现。在染病的蘑菇子实体中已分离到 6 种病毒颗粒，直径分别为 19nm、25nm、29nm、35nm、50nm 的球形粒子和（19×50）nm 的杆形粒子。

中国科学家发现了茯苓病毒为球形粒子和两种不同的杆形粒子，球形颗粒直径为 30nm，中间有负染核心；杆状粒子分别为（23～28）nm×（230～400）nm、10nm×（90～180）nm。银耳病毒为球形，直径 33nm，中间有负染核心，染料透入呈色深，外壳色浅。侵染香菇的病毒有球形颗粒、杆形粒子，还有丝状的，球形病毒颗粒直径分别为 23nm、36nm、45nm；杆形粒子大小为（25×280）nm；丝状毒颗大小分别为 17nm×（200～1200）nm 和（18×1500）nm。

31.1.3　蕈菌的有害动物

蕈菌的有害动物主要包括昆虫、线虫、螨类及软体动物和老鼠等。昆虫主要有双翅目、鳞翅目、鞘翅目、等翅目、弹尾目和缨翅目等中的一些害虫，其中双翅目的害虫种类最多、数量最大、危害最大，并多集中于菌蚊科、眼蕈蚊科、瘿蚊科、粪蚊科、蛾蚋和蚤蝇科等（图 31-12）。

线虫属于无脊椎动物门线虫纲；螨类属于节肢动物门蛛形纲蜱螨目，它是危害蕈菌的主要类群；软体动物危害蕈菌的主要是蛞蝓等；还有鼠害等。

31.2　有害微生物和动物的综合防治

它包括竞争性杂菌病害、寄生性杂菌病害、病毒病害、有害动物等。

（1）主要污染原因。对培养基（包括固、液、气三相）消毒或灭菌不彻底；场地周边有污染源；菌种不纯，菌种生长势不强，菌种量不足；整个生产过程操作不规范；空气不新鲜，氧气少，杂气多，杂菌密度大；所用的水消毒不彻底；空气相对湿度过大，闷热；培养基酸变；对土壤消毒不彻底；对进驻人员或其他动物消毒不彻底，对有害昆虫及老鼠捕杀不彻底；对所用工具器皿消毒不彻底等。

（2）主要综合防治措施。

A. 防治措施的总原则：掌握蕈菌有害微生物和有害动物的生长繁殖及活动规律，严格密切地注意上述主要污染原因并及时采取应对措施，严格、不断地进行危害分析和和关键点控制（HACCP），严格实行 GMP 操作规程，坚持以"预防为主，综合治理，早发现，早治疗"的原则，定期检查，狠抓落实，常抓不懈，一抓到底。努力建立生态和物理防治体系，尽量避免有害化学防治措施。坚持实行轮棚换菇、休棚、裸棚，日光曝晒，雨水冲刷，始终保持空气新鲜、环境整洁、干湿交替是非常必要的。

真菌病、细菌病及病毒病主要污染原因来自 3 个方面：①气体传播；②液体传播；③接触性传播，三者是彼此联系的，每一时期都有其主要的影响方面，所以，要狠抓矛盾的主要方面，统筹兼顾。

气体传播主要防治措施：棚室内及周围环境必须整洁，保持空气新鲜，充足的氧气，常温和地通风换气，保持室内空气相对湿度在 55%～70%。遇阿热潮湿的天气，尽量创造低温环境，尽量少通风并向室内喷撒干石灰粉吸潮或采取加热排潮，棚室内保持间湿间干状态。

图 31-12　蕈菌的有害动物

　　液体传播主要防治措施：浇水或喷水一定要整洁，根据菌种的特点，适当调高 pH 呈微碱性或碱性。

　　接触性传播主要防治措施：通过对土壤曝晒、撒生石灰粉调碱等措施进行彻底消毒。有害动物包括老鼠、昆虫，进行彻底捕杀和诱杀，所有的门窗和通风口要设有细纱窗；所用工具器皿为保持整洁需及时用二氧化氯液体彻底消毒。尽量选用生物农药和采取物理法捕杀害虫及有害动物。操作人员必须及时消毒，防止交叉污染，闲杂人员不得入内。

B. 具体措施：确保石灰质量，买块状石灰提供微碱性环境；适当加大杀菌剂量以烟雾熏蒸为佳；严把菌种质量关；严把菌袋保质保量，扎口合理，防止出现脱口沙眼；拌料现场有人监管，尤其对水分要严格把关；跟踪培养料的酸碱度；菌棒转运要轻拿轻放，严禁野蛮装卸；保证操作人员服从管理人员；接种时菌种不使用手掰，通气棉花要彻底灭菌；以经济为主要杠杆调动人的积极性，采取计件＋成功率＋奖励(10％)雇工分配制度；采用接种的菌棒跟踪管理制；及时挑出污染菌棒，并立即在下风头处理；发菌阶段严格遵循 4 个基本条件；量化管理，将经验变成数据统计分析，并做出应对措施，逐渐建立管理体系。

小　　结

蕈菌有害微生物的防治，严格、不断地进行危害分析和和关键点控制(HACCP)，严格实行 GMP 操作规程，必须坚持以"预防为主，综合治理，早发现，早治疗"的原则。蕈菌的有害微生物种类繁多，主要有细菌、放线菌、霉菌、酵母菌、病毒等五大类群。蕈菌有害微生物的病害可分为竞争性病害(或感染性病害)和寄生性病害(或病原性病害)两大类。蕈菌的有害动物主要包括昆虫、线虫、螨类、软体动物和老鼠等。

思　考　题

1. 名词解释：绿霉菌、毛霉菌、链孢霉菌
2. 蕈菌常见竞争性杂菌病害有哪些？并简述相应的防治措施。
3. 蕈菌寄生性杂菌病害有哪些？并简述相应的防治措施。
4. 蕈菌常见的有害动物有哪些？举例说明，并简述如何防治。
5. 蕈菌有害微生物和动物的综合防治原则是什么？如何实施？

第**32**章　覃菌食品安全质量控制体系 HACCP 的建立

32.1　概　　述

HACCP 是英文 hazard analysis and critical control point 的缩写，译为危害分析与关键控制点。HACCP 是一种食品安全质量控制体系，已获得 FOD、WHO 及联合食品法典委员会(Codex Alimentation Commission，CAC)的认同。

在 20 世纪 60 年代，美国的 Pillsbury 公司 Natick 的美军实验室以及国家航空和宇宙航行局在开发美国航天食品时，要求设计食品生产工艺必须确保食品中无病原体和毒素，为此产生了 HACCP 概念。1997 年，CAC 批准的《HACCP 体系及应用准则》近年来备受世界各国的重视，并先后被采用。

HACCP 在 20 世纪 80 年代传入中国，20 世纪 90 年代，在出口冻鸡、猪肉、冻对虾、冻烤鳗、芦笋罐头、蜂蜜、柑橘和花生 8 种商品中采用 HACCP 原理进行控制安全的研究，并制定了良好操作规范(good manufacturing practice，GMP)。GMP 是各国政府制定颁布的强制性食品生产、贮存卫生法规。

一个企业若要建立 HACCP 体系，就必须有效地实施国际食品法典《食品卫生通则》(codex principle of food hygiene)和 GMP。这将确保 HACCP 体系的完整性及加工产品的安全。

HACCP 体系最大的优点在于它是一种系统性强、结构严谨、理性化、多项约束、实用性强、使用范围广、效果显著、以预防为主的质量保证方法。HACCP 有充分的灵活性和高度的技术性。所谓灵活性，体现在鼓励采用新方法、新发明，不断改进工艺和设备。如HACCP 要求认识现在还没有认识到的危害并加以控制，始终警惕可能出现的危害，一旦出现，要求立即采取控制。

32.2　实现 HACCP 食品安全质量控制体系的基本条件

(1) HACCP 需要应用于从食品原料到消费的全过程，才能显出其巨大的效果。

(2) 接受 HACCP 需要在执法者和守法者之间存在相互的诚意，否则 HACCP 将最终失败。

(3) HACCP 要求生产方应自觉接受最大的责任。

(4) 培训检查验收人员与企业人员达到对 HACCP 共同理解需要很长的时间。

(5) 应用 HACCP 不可能预防所有的问题，需要各方及时实现统一的解决办法。

32.3　HACCP 基本原理

HACCP 是一个确认分析控制生产过程中可能发生的生物、化学、物理危害的系统方法，也是一种食品安全质量控制体系。HACCP 已被联合国 CAC 确认为由以下 7 个基本原理组成。

(1) 危害分析：HA 确定与食品生产各阶段有关的可能发生的危害性，它包括原材料的生产、食品加工制造过程、产品贮运、消费等各个环节。它不但要分析可能发生的危害与危害的程度，也必须有对应的防护措施来控制这种危害。

（2）确定关键控制点：CCP 是可以控制生物物理或化学因素任何的点、步骤或过程，通过控制可以使食品潜在的危害得以防止、排除或降低到可以接受的水平。CCP 可以是原材料的生产、收获、贮运，产品的配方、加工、制造、包装、贮运、销售等各个步骤。

（3）确定关键限值：对每个 CCP 要确定标准值，以确保每个 CCP 限制在安全值以内。这些关键限值是一些原材料、产品的配方、食品保藏等的有关参数，如温度、湿度、时间、空间，物理性能（包括含水量、水活度等）、化学性能（包括 pH、离子浓度、有效氯的含量等）。总之，关键限值是为防止或消除已确认的食品安全危害发生或使危害降低到可接受的水平，必须在关键控制点上加以控制的一种物质物理或化学参数的最大值或最小值。

（4）确定监控 CCP 的措施：监控 CCP 是有计划、有秩序地进行观察或测定，以判断 CCP 的确在控制中，并有准确、详细、连续的记录，用于以后的评价。若无法连续监控关键限值，必须有足够的间歇频率来观察测定 CCP 的变化特征，以确保 CCP 是在控制中。

（5）确立纠偏措施：当监控显示为偏离关键限值时，立即采取纠偏措施。这里应指出在 HACCP 体系中的每一个 CCP 上都应事先有合适的纠偏计划，以便万一发生偏差时，能及时采取适当的手段来纠偏。

（6）确立有效的记录保存措施：必须把确定与食品生产各阶段有关的可能发生的危害物质、CCP、关键限值的书面 HACCP 计划的准备、执行、监控、记录保存和其他措施等与执行 HACCP 计划有关的信息、数据记录文件妥善、完整地保存下来。

（7）确立审核程序：证明确保 HACCP 体系是在正确运行中，包括审核关键限值是能够控制以确定的危害，确保 HACCP 计划正常执行。审核记录的文件应反映无论在任何点上执行计划的状况均能随时可被检出。

32.4　危害食品安全的主要因素

（1）微生物污染：细菌性危害、真菌性危害、病毒危害、寄生虫危害等。
（2）化学污染：天然毒素的危害、农药残留的危害、兽药残留的危害、物质分解、激素等。
（3）物理性危害：放射性危害、异物危害等。
（4）动物性危害：寄生虫危害、其他动物危害等。
（5）疾病的危害：生产者携带病原菌。

32.5　GMP 的主要内容

良好操作规范（GMP）是一种各国政府制定颁布的强制性食品生产、贮存卫生法规，它多用于制药和食品工业。

GMP 也是一种具体的质量保证体系。它要求食品或药品工厂，在原料、制造、包装及贮运等过程中的有关人员以及建筑、设施、设备等的设置，制造的卫生过程、产品质量等管理均符合良好操作规范，确保食品或药品安全卫生和品质稳定。

GMP 的重点在于确认食品或药品生产过程安全性；防止异物、毒物、有害或其他微生物的污染；建立双重检验制度，防止出现人为的损失；标签的管理、生产记录、文件的妥善、完整地保存的管理制度。

32.5.1　中国的 GMP

中国的 GMP，即《食品企业通用卫生规范》（GB 14881—1994）是中国企业在加工、原料、运输、贮存、工厂设计与基本卫生要求及管理准则。它适用于食品生产经营的企业工厂，并作为制定各类食品厂的专业卫生规范的依据。

中华人民共和国卫生部 1998-05-05 批准，1999-01-01 实施的 GB17405—1998 保健食品 GMP。

32.5.2　美国的 GMP

美国的 GMP 的代号为 21 CFR par 110。该法规适用于所有食品，作为食品的生产、包装、贮藏卫生品质管理体制的技术基础。

32.6　蕈菌食品安全质量控制体系（HACCP）的建立

在蕈菌食品安全质量控制体系（HACCP）建立的过程中，必须弄清特定蕈菌的生物学特性及生长发育规律，企业必须是诚心实意地、自觉地执行所制定的 HACCP 体系，才能确保食品或药品安全卫生和品质稳定。

建立蕈菌食品安全质量控制体系的主要内容：蕈菌培殖环境质量 HACCP 的建立→原料采购 HACCP 的建立→原料贮运 HACCP 的建立→蕈菌培殖配方 HACCP 的建立→蕈菌培殖拌料 HACCP 的建立→装瓶（袋）HACCP 的建立→包括制种一级菌种、二级菌种、三级菌种 HACCP 的建立→灭菌 HACCP 的建立→冷却 HACCP 的建立→接种 HACCP 的建立→发菌 HACCP 的建立→搔菌 HACCP 的建立→冷刺激 HACCP 的建立→疏蕾 HACCP 的建立→育菇 HACCP 的建立→采摘 HACCP 的建立→加工 HACCP 的建立→装箱包装 HACCP 的建立→贮藏 HACCP 的建立→运输 HACCP 的建立→销售 HACCP 的建立→菌糠处理 HACCP 的建立。

小　　结

HACCP 是一种食品安全质量控制体系，已获得 FOD、WHO 及联合食品法典委员会（CAC）的认同。最大的优点在于它是一种系统性强、结构严谨、理性化、多项约束、实用性强、使用范围广、效果显著、以预防为主的质量保证方法。危害食品安全的主要因素：微生物污染、化学污染、物理性危害、动物性危害、疾病的危害。良好操作规范（GMP）是一种各国政府制定颁布的强制性食品生产、贮存卫生法规。它多用于制药和食品工业。在蕈菌食品安全质量控制体系（HACCP）的建立的过程中，必须弄清特定蕈菌的生物学特性及生长发育规律，企业必须是诚心实意地、自觉地执行所制定的 HACCP 体系，才能确保食品或药品安全卫生和品质稳定。

思　考　题

1. 名词解释：HACCP、GMP
2. 蕈菌食品质量安全控制体系 HACCP 建立的目的、意义是什么？
3. HACCP 食品质量安全控制体系的基本条件是什么？
4. HACCP 食品质量安全控制体系基本原理是什么？
5. 危害蕈菌食品安全的主要因素有哪些？
6. GMP 的主要内容是什么？蕈菌食品安全质量控制体系如何建立？

第 **33** 章　蕈菌有机食品的初步设计

33.1　有机食品概述

在 20 世纪 30 年代，英国农业专家哈沃地（Howord G）总结了东方传统农业发展几千年长盛不衰的历史经验，首次提出了有机农业（organic agriculture）。

国际有机农业运动联合会（IFOAM）和国际有机作物改良协会（OCIA）是推动世界有机农业和有机食品发展的专门组织，具有有机产品生产和加工标准，现拥有 100 多个国家和地区的 600 多个团体或个人加入该组织。有机食品的名称常见的有有机食品、生态食品、生物食品等。有机食品英文为 organic food。

目前，世界上生产有机产品的国家有 100 多个，其中非洲有 27 个国家、亚洲有 15 个国家、拉丁美洲有 25 个国家，在欧洲发达国家均生产有机产品。

目前，国际贸易市场上有机产品的种类有粮食、蔬菜、水果、食油、肉类、奶制品、禽蛋、饮料、酒类、咖啡、可可、茶叶、草药、调味品、甜味品，以及动物饲料、种子、棉花、花卉等。

据国际贸易中心调查获悉，美国、德国、日本和法国等发达国家在 1997 年有机产品销售总额已超过 100 亿美元，并且正以每年 25%～30% 的速度增长。

1992 年，中国有机产品的开发开始起步。1994 年，国家环保总局组建了有机食品发展中心（OFDC），并按照国际有机食品标准制定了《有机食品认证管理办法》、《有机食品发展中心建立分中心的规定》、《有机食品标志管理章程》、《有机食品生产和加工技术规范》、《有机食品销售规定》和《有机产品认证标准（试行）》等有机产品管理法规。

中国传统农业是典型的有机农业。中国古代，施肥特点是用地与养地相结合，从而保证了农业生态系统的平衡。所以，粮食产量从先秦（公元前 221 年～公元前 206 年）到明清（公元 1368 年～1911 年）逐步提高。故此，有发展有机农业优良传统和实践经验。

1998 年年底，中国已通过的有机食品生产基地超过 4.5 多万公顷。1999 年，达 6.7 万 ha，出口销售额约为 1500 万美元，近几年的年出口增长率均在 30% 以上。有机食品是中国农产品出口创汇的新增长点。国家有机食品生产基地于 2003 年第一批命名单位 10 个，批准文号环函〔2003〕254 号，批准时间：2003 年 9 月 15 日；第二批命名单位 33 个，批准文号环函〔2005〕158 号，批准时间：2005 年 12 月 23 日。

33.2　基本概念

有机农业：根据国际认证标准所指的有机农业，应是在作物种植和畜禽养殖过程中，不使用化学合成的农药、化肥、生长调节剂、饲料添加剂等物质，以及基因工程生物及其产物，而是遵循自然规律和生态学原理，协调种植业和养殖业平衡，采取一系列可持续发展的农业技术的农业生产过程。其核心在于建立和恢复农业生态体系的生物多样性和良性循环，以维持农业的可持续发展。

1990 年，FAO 召开的有机农业国际会议对有机农业的概念进行了统一，认为有机农业应是在维持地力和防治病虫害方面，通过加强自然过程和物质循环的方式，对能源和资源消费适度，在使环境不断向良性平衡方向变化的前提下，取得最佳生产效率的农业系统。

IFOAM 将有机农业定义为包括所有能促进环境社会和经济良性发展的农业生产体系。这些系统中将当地的土壤肥力作为成功生产的关键。通过尊重植物、动物和景观的自然能力，达到使农业和环境各方面质量都最完善的目标。

有机农业的特点：建立一个可循环再生的农业生产体系；体现一种土壤、植物、动物、微生物和人类息息相关，相互尊重的现代生态伦理思想；采用一种生态环境可以接受的耕作方法。

有机转换期：土壤培肥和有机生产管理体系建立所需要的过渡期为转换期；从有机管理开始至作物或畜禽产品获得有机认证所需要的时间称之为有机转换期。

有机产品：它是指按照国际有机农业运动联合会（IFOAM）标准生产的包括食品内的各类产品。

天然产品：来源地域明确，未受任何污染，而生长的产品为天然产品；必须通过国际有机农业运动联合会（IFOAM）标准认证才能作为有机产品。

禁止使用：禁止使用的某种物质或方法，在颁证生产过程中不允许使用；使用过任何禁止使用的物质的土地，必须再经过两年以上的转换期，才可能被重新认证为有机生产的土地。

平行生产：有机生产者、加工者或贸易者，同时从事非有机产品的生产、加工、贸易的部分为之平行生产。二者必须严格执行各自的认证体系。

33.3　有机食品认证的分类及范围

根据《有机产品认证标准（试行）》的规定，该认证可分为有机食品生产基地认证分类及范围、有机食品加工认证、有机食品贸易认证三大类。

33.4　申请有机食品认证的程序

申请有机食品认证的程序可分为书面申请和网上申请两种。

33.5　食用蕈菌有机食品的生产

在对中华人民共和国国家环保总局有机食品发展中心（OFDC）《有机产品认证标准（试行）》全面完整理解的条件下，重点执行其中第五章（特定作物和蜂产品）。

33.5.1　对培养基的要求

只有有机生产来源的或经认证的天然来源的材料才能作为食用菌的培养基。

禁止使用合成肥料或杀虫剂之类的辅助剂。

用于防止水分散失的木料和菌丝体的涂料必须是食用级的石蜡、乳蜡、矿物油或蜂蜡。只要来源清楚，蜡可以循环利用。禁止使用由石油制得的涂料、乳胶和油漆等。

33.5.2　对菌丝体的要求

选择合适的菌丝体，其来源要清楚，尽可能采用经颁证的有机菌丝体。

33.5.3　对防治有害动物和有害微生物的要求

禁止使用任何杀虫剂。预防性管理、清洁卫生、适当空气交换和去除被感染的菌株是必要的。在非培殖期，可以用稀氯溶液，对场地进行淋洗消毒。物理控制（诱捕和设置物理障碍,不可带有合成杀虫剂,但可加外激素或性引诱剂、硅藻土、杀虫皂液及 OFDC 认可的天然杀虫剂)、生物控制(天敌和寄生虫)都是可以采用的防治方法。

33.5.4　对培养场地的要求

直接与常规生产的农田毗邻的食用菌培殖区,需有 30m 左右的缓冲隔离带,以避免农业漂浮物的影响。在培养场地和周围禁止使用任何除草剂。

33.5.5　对水的要求

只能用清洁的井水、河水、池塘水浸泡木料,在城镇也可以使用自来水,禁止使用被污染的水。

33.5.6　对收获及后续处理的要求

要最大限度地保证在收获、贮存和运输过程中产品的新鲜度和营养成分。要保证适当的成熟度时,开始采收,迅速进行冷冻处理或干燥处理,在清洁的场所包装,用干净的容器低温贮存。

小　　结

有机食品的名称常见的有有机食品、生态食品、生物食品等。中国传统农业是典型的有机农业。根据国际认证标准所指的有机农业,应是在作物种植和畜禽养殖过程中,不使用化学合成的农药、化肥、生长调节剂、饲料添加剂等物质,以及基因工程生物及其产物,而且是遵循自然规律和生态学原理,协调种植业和养殖业平衡,采取一系列可持续发展的农业技术的生产过程。其核心在于建立和恢复农业生态体系的生物多样性和良性循环,以维持农业的可持续发展。根据《有机产品认证标准(试行)》的规定,该认证可分为有机食品生产基地认证分类及范围、有机食品加工认证、有机食品贸易认证三大类。

思　考　题

1. 名词解释:有机农业
2. 有机农业有什么样的特点?
3. 有机食品认证分类及范围是什么?如何申请有机食品认证?
4. 如何申请有机食品认证?

主要参考文献

陈德明，黄建春. 2001. 食用菌生产技术手册. 上海：上海科学技术出版社.

高福成，王海鸥. 1997. 现代食品工程高科技术. 北京：中国轻工业出版社.

郭成金，李爱民，孟庆恒，等. 1997. 食用菌菌丝体深层培养及系列产品开发研究. 中国食用菌，3：37-39.

郭成金，吕龙，郭娜. 2008. 磁场对深层培养茯苓菌丝生长的影响. 食品科学，29(3)：301-303.

郭成金，赵润，朱文碧. 2010. 冬虫夏草与蛹虫草原生质体融合初探. 食品科学，31(1)：165-171.

郭勇. 2000. 生物制药技术. 北京：中国轻工业出版社.

贺婷，郭成金. 2012. 金耳原生质体制备与再生研究. 安徽农业科学，31：1374-1376.

黄年来，林志彬，陈国良，等. 2010. 中国食药用菌学. 上海：上海科学技术文献出版社.

黄年来. 1993. 中国食用菌百科. 北京：中国农业出版社.

贾身茂，张金霞. 1997. 食用菌标准汇编. 北京：中国标准出版社.

荆蓉，郭成金. 2012. 银丝草菇菌丝体液体培养基筛选. 中国食用菌，31(4)：51.

兰进，徐锦堂，贺秀霞. 2001. 药用真菌培殖实和技术. 北京：中国农业出版社.

李长美，郭成金. 2008. 采用正交设计法对桑黄菌丝体液体培养基的优化. 食品科学，29(5)：311-314.

李怀林. 2002. 食品安全控制体系(HACCP)通用教程. 北京：中国标准出版社.

李育岳等. 2007. 食用菌栽培手册. 北京：金盾出版社.

刘西周，郭成金. 2009. 采用 $L_9(3^4)$ 正交设计方法筛选血耳菌丝体液体培养基. 中国食用菌，28(1)：36-38.

吕作舟. 2006. 食用菌培殖学. 北京：高等教育出版社.

吕作舟，蔡衍山. 1992. 食用菌生产技术手册. 北京：中国农业出版社.

马海燕，郭成金. 2007. 云芝菌丝体液体培养基的筛选. 中国食用菌，26(4)：34-36.

马恒德，郭成金. 2012. 啤酒酵母原生质体制备与再生条件的筛选. 中国酿造，31(2)：88-92.

卯晓岚. 2000. 中国大型真菌. 郑州：河南科学技术出版社.

卯晓岚. 2009. 中国蕈菌. 北京：科学出版社.

桥本一哉. 1994. 蘑菇培殖法. 黄年来译. 北京：中国农业出版社.

曲鸿雁，郭成金. 2013. 冬虫夏草与蛹虫草融合子菌丝体液体培养基筛选. 中国酿造，32(3)：106-109.

天津进出口商品检验局. 1989. 各国食品添加剂. 天津：天津科学技术出版社.

王红，郭成金. 2013. 正交设计法香菇菌丝体液体培养基的筛选. 中国酿造，32(4)：74-77.

武汉医学院. 1985. 营养与食品卫生学. 北京：人民卫生出版社.

邢来君，李明春. 1999. 普通真菌学. 北京：高等教育出版社.

杨国良，薛海滨. 2002. 食药用菌专业户手册. 北京：中国农业出版社.

杨曙湘. 1992. 食用菌栽培原理与技术. 长沙：湖南科学技术出版社.

杨新美. 1988. 中国食用菌培殖学. 北京：农业出版社.

游泽清，徐艳雁. 2000. 现代教育技术概论. 北京：电子工业出版社.

曾庆孝，许喜林. 2001. 食品生产的危害分析与关键控制点(HACCP)原理与应用. 广州：华南理工大学出版社.

翟中和，王喜忠，丁明孝. 2002. 细胞生物学. 北京：高等教育出版社.

张甫安，蒋筱仙，王镛涛. 1992. 食用菌制种指南. 上海：上海科学技术出版社.

张光亚. 1999. 中国常见食用菌图鉴. 昆明：云南科技出版社.

张建新. 2002. 食品质量安全技术标准法规应用指南. 北京：科学技术文献出版社.

张丽霞，郭成金. 2008. 猪苓原生质体制备与再生条件的研究. 中国食用菌，27(5)：35-37，55.

张树庭，Gmiles P. 1992. 食用蕈菌及其培殖. 杨国良，张金霞等译，保定：河北大学出版社.

Alastair H，Simon W. 2002. *Mushrooms*. England：Ryland Peters & Small Ltd.

Alexopoulos C J，Mims C W. 1983. 真菌学概论. 余永年，宋大康译. 北京：农业出版社.

Anna P，Grzegorz J，Joanna K，et al. 2012. Genetic diversity of the edible mushroom *Pleurotus* sp. by amplified fragment length polymorphism. Current Microbiology，65(4)：438-445.

Brock T D. 1982. 微生物生物学. 翻译组译. 北京：人民教育出版社.

Chang S T，Philip G M. 2004. *Mushrooms：Cultivation，Nutritional Value，Medicinal Effect and Environmental*. America：Impact CRC Press Inc.

Gajendra J，Utpal D. 2012. *Mushroom Cultivation*. Germany：LAP Lambert Academic Publishing.

Nina L M. 2014. *The Mushroom Book*. America：Literary Licensing，LLC.

Prescott L M，Harley J P，Klen D A. 2003. 微生物学. 沈萍，彭珍荣主译. 北京：高等教育出版社.

Sambrook J，Frisch E F，Mamiatis T. 1992. 分子克隆实验指南. 2版. 金冬雁，黎孟枫等译. 北京：高等教育出版社.

William F. 2014. *Mushrooms：How to Grow Them*. England：Createspace.

附 录 1

附表-1 中国主要农业区气象条件

辖区	节气	日期	气候状况				不利气象条件
			气温/℃			降水量/mm	
			平均	最高	最低		
	立春	2月4日	−18～−10	−12～−4	−24～−17	1～2	
	雨水	2月19日	−18～−10	−11～−5	−26～−17	1～5	
	惊蛰	3月6日	−12～−4	−5～−1	−18～−10	2～8	
	春分	3月21日	−6～2	3～7	−10～−3	3～12	
	清明	4月5日	2～8	11～15	−2～−1	6～15	
	谷雨	4月20日	4～10	13～16	0～2	10～20	终霜(南部)
	立夏	5月6日	10～16	18～21	4～9	11～30	终霜(中部)
	小满	5月21日	14～16	19～20	10～11	20～70	终霜(北部)
	芒种	6月6日	18～20	23～25	11～15	30～70	
	夏至	6月22日	19～22	24～26	14～18	31～70	
黑龙江、吉林、辽宁及内蒙古北部地区	小暑	7月7日	20～24	26～27	15～20	40～110	暴雨、冰雹
	大暑	7月23日	22～25	27～29	18～21	40～90	暴雨、冰雹
	立秋	8月8日	22～26	27～30	18～23	40～150	暴雨、冰雹
	处暑	8月23日	20～24	26～27	15～18	20～120	暴雨、冰雹
	白露	9月8日	14～20	21～24	12～16	15～47	初霜(个别年份)
	秋分	9月23日	12～18	20～23	7～10	15～40	初霜
	寒露	10月8日	6～10	13～15	0～5	3～20	
	霜降	10月24日	2～8	8～15	−3～3	1～20	
	立冬	11月8日	−8～−4	−2～6	−14～−4	1～20	
	小雪	11月23日	−16～−2	−18～−5	−23～−14	1～5	
	大雪	12月7日	−22～−10	−15～−6	−29～−13	1～5	
	冬至	12月22日	−26～−10	−22～−7	−31～−13	1～5	
	小寒	1月6日	−21～−12	−14～−8	−33～−18	1～4	
	大寒	1月20日	−26～−12	−13～−7	−34～−18	1～3	

辖区	节气	日期	气候状况				
			气温/℃			降水量/mm	不利气象条件
			平均	最高	最低		
	立春	2月4日	−14～−8	−6～−1	−21～−14	1～2	
	雨水	2月19日	−12～−6	−2～0	−17～−14	1～3	
	惊蛰	3月6日	−6～2	−3～8	−9～−7	1～2	
	春分	3月21日	0～6	7～13	−6～2.2	2～4	
	清明	4月5日	6～9	15～18	0～2	5～10	
	谷雨	4月20日	7～10	14～18	0～2.6	>10	终霜(内蒙古)
	立夏	5月6日	12～16	23～24	6～7	8～13	
	小满	5月21日	14～18	23～26	8～9	15～30	
	芒种	6月6日	18～20	27～27	12～13	6～30	
	夏至	6月22日	20～22	27～27	13～15	20～80	
河北、山西、	小暑	7月7日	22～24	28～32	15～18	40～80	冰雹
陕西三省北	大暑	7月23日	23～24	29～30	18～19	40～80	冰雹
部地及内蒙	立秋	8月8日	23～25	27～29	18～19	30～70	冰雹
古南部地区	处暑	8月23日	20～21	27～27	14～16	30～50	
	白露	9月8日	13～16	21～24	8～12	13～25	
	秋分	9月23日	12～14	20～22	5～8	11～20	初霜(内蒙古)
	寒露	10月8日	6～10	13～17	2～5	7～16	
	霜降	10月24日	4～8	14～16	−1～1	>2	
	立冬	11月8日	−2～4	8～10	−6～−2	0～2	
	小雪	11月23日	−6～0	−3～6	−12～−6	>1	
	大雪	12月7日	−21～−6	−6～0	−17～−11	>1	
	冬至	12月22日	−16～−8	−9～−1	−20～−14	>2	
	小寒	1月6日	−18～−10	−11～−4	−21～−15	>1	
	大寒	1月20日	−17～−10	−10～−5	−21～−17	>1	
	立春	2月4日	−6～0	1～7	−10～−3	2～10	
	雨水	2月19日	−4～2	1～6	−13～−1	5～20	
	惊蛰	3月6日	−2～4	2～9	−5～−1	3～13	
	春分	3月21日	4～8	7～14	−1～2	3～13	终霜(南部)
	清明	4月5日	10～14	14～25	2～8	5～25	终霜(中部)
	谷雨	4月20日	12～6	16～23	3～9	10～30	终霜(西、北部)
	立夏	5月6日	16～18	12～27	9～15	10～52	
	小满	5月21日	18～20	21～30	12～17	20～30	
山东、河南、	芒种	6月6日	20～24	22～31	13～19	11～30	
河北南、山	夏至	6月22日	24～26	26～32	15～21	30～100	
西南、陕西	小暑	7月7日	24～26	26～33	19～22	50～110	暴雨、冰雹
中、江苏北	大暑	7月23日	26～28	28～32	18～24	50～120	暴雨、冰雹
及安徽北部	立秋	8月8日	26～28	29～33	20～25	40～90	暴雨、冰雹
地区	处暑	8月23日	24～26	28～32	16～23	40～70	
	白露	9月8日	20～24	27～29	14～19	15～70	
	秋分	9月23日	18～24	23～30	12～17	8～30	
	寒露	10月8日	10～16	16～24	5～12	6～20	初霜(北部)
	霜降	10月24日	8～14	16～21	1～12	6～16	初霜(南部)
	立冬	11月8日	4～12	12～17	−1～8	3～20	
	小雪	11月23日	−2～8	4～11	−6～3	3～18	
	大雪	12月7日	−6～2	−2～8	−10～2	1～10	
	冬至	12月22日	−8～2	−4～7	−12～−3	2～15	
	小寒	1月6日	−12～2	−4～6	−14～−5	1～7	
	大寒	1月20日	−12～−1	−5～3	−18～−5	2～7	

续表

辖区	节气	日期	气候状况				不利气象条件
			气温/℃			降水量/mm	
			平均	最高	最低		
江苏、安徽、浙江、湖北、湖南、江西及福建北部地区	立春	2月4日	2～10	5～14	−5～2	10～70	
	雨水	2月19日	2～10	5～12	−1～6	30～80	
	惊蛰	3月6日	4～12	6～15	2～7	20～80	终霜(南部)
	春分	3月21日	8～16	11～22	5～10	20～100	终霜(中部)
	清明	4月5日	14～18	18～22	7～14	30～120	终霜(北部)
	谷雨	4月20日	14～18	19～1	7～14	40～150	
	立夏	5月6日	18～22	22～24	13～18	40～140	暴雨
	小满	5月21日	20～24	25～28	15～21	30～180	暴雨
	芒种	6月6日	22～26	26～30	18～23	40～200	暴雨
	夏至	6月22日	26～27	30～32	24～24	50～160	暴雨
	小暑	7月7日	26～30	30～35	22～26	50～120	暴雨
	大暑	7月23日	28～30	33～35	23～27	50～120	暴雨
	立秋	8月8日	28～30	31～36	22～26	40～125	台风、暴雨
	处暑	8月23日	26～28	30～33	20～25	35～152	台风、暴雨
	白露	9月8日	24～26	27～30	17～22	30～100	
	秋分	9月23日	21～26	25～28	15～22	30～60	
	寒露	10月8日	16～22	21～24	10～19	15～75	
	霜降	10月24日	16～18	21～23	7～15	20～50	
	立冬	11月8日	12～16	18～20	4～14	12～54	初霜(北部)
	小雪	11月23日	8～14	14～17	2～9	15～40	初霜(南部)
	大雪	12月7日	4～12	10～15	0～7	5～20	
	冬至	12月22日	2～10	8～13	−2～4	10～30	
	小寒	1月6日	−2～8	5～10	−5～3	5～30	
	大寒	1月20日	−1～8	3～10	−5～4	10～50	
四川、陕西南部地区	立春	2月4日	4～10	7～17	3～7	5～10	
	雨水	2月19日	2～8.8	7～18	1～16	7～25	终霜(南部)
	惊蛰	3月6日	7～12	11～20	4～8	10～20	终霜(中部)
	春分	3月21日	10～15	16～22	7～12	10～27	终霜(北部)
	清明	4月5日	14～18	19～23	9～15	10～50	
	谷雨	4月20日	15～18	18～26	11～16	30～80	
	立夏	5月6日	18～21	23～26	13～19	40～60	暴雨、冰雹
	小满	5月21日	20～24	25～29	14～21	50～100	暴雨、冰雹
	芒种	6月6日	22～25	26～29	14～21	40～100	暴雨、冰雹
	夏至	6月22日	22～26	26～30	16～23	60～100	暴雨、冰雹
	小暑	7月7日	22～27	26～32	16～23	60～240	暴雨
	大暑	7月23日	24～28	27～33	17～25	50～270	暴雨
	立秋	8月8日	24～28	27～33	15～23	50～250	暴雨
	处暑	8月23日	23～27	23～32	15～23	10～220	
	白露	9月8日	20～24	23～29	15～21	40～110	
	秋分	9月23日	18～21	22～25	12～19	40～110	
	寒露	10月8日	14～8	19～21	12～16	21～72	
	霜降	10月24日	12～17	18～21	9～14	10～30	
	立冬	11月8日	10～15	7～21	8～14	5～30	
	小雪	11月23日	6～14	13～17	4～9	5～20	初霜(北部)
	大雪	12月7日	2～11	8～14	−2～7	5～10	初霜(中部)
	冬至	12月22日	2～8	8～12	−3～6	2～10	初霜(南部)
	小寒	1月6日	−2～7	3～10	−6～5	1～6	
	大寒	1月20日	−3～8	3～12	−6～6	2～10	

辖区	节气	日期	气候状况				
			气温/℃			降水量/mm	不利气象条件
			平均	最高	最低		
	立春	2月4日	10~16	14~24	7~13	20~40	终霜(北部)
	雨水	2月19日	8~14	12~21	5~10	20~60	
	惊蛰	3月6日	12~16	14~25	7~13	30~60	终霜(个别年份)
	春分	3月21日	14~20	17~27	11~16	30~100	
	清明	4月5日	18~20	20~26	14~18	30~100	
	谷雨	4月20日	18~22	20~30	14~20	60~100	
	立夏	5月6日	22~26	26~32	19~24	70~140	暴雨(开始)、汛期
	小满	5月21日	24~28	28~32	21~25	100~160	暴雨、汛期
	芒种	6月6日	26~28	30~32	22~25	120~190	暴雨、汛期
	夏至	6月22日	27~29	30~34	24~25	90~200	暴雨、汛期
	小暑	7月7日	28±0.5	31~34	24~26	70~180	台风
	大暑	7月23日	28±0.5	31~35	25~26	90~240	台风
	立秋	8月8日	28±0.5	30~34	24~25	70~160	台风
	处暑	8月23日	27~28	31~34	23~25	63~155	台风
	白露	9月8日	24~28	31~33	22~25	36~117	台风
	秋分	9月23日	22~28	30~32	21~25	20~100	
	寒露	10月8日	20~22	27~30	18~23	20~50	
	霜降	10月24日	18~24	24~28	14~20	18~25	
福建南部、广东及广西地区	立冬	11月8日	16~22	22~27	14~20	15~40	
	小雪	11月23日	14~20	18~23	9~15	15~30	
	大雪	12月7日	12~16	15~21	6~13	10~20	初霜(北部)
	冬至	12月22日	10~16	13~20	7~14	10~20	初霜(中部)
	小寒	1月6日	8~16	10~19	4~12	10~25	初霜、终霜(南部)
	大寒	1月20日	12~16	10~20	4~14	20~40	终霜(南部)
	小暑	7月7日	20~24	26~27	15~20	40~110	暴雨、冰雹
	大暑	7月23日	22~25	27~29	18~21	40~90	暴雨、冰雹
	立秋	8月8日	22~26	27~30	18~23	40~150	暴雨、冰雹
	处暑	8月23日	20~24	26~27	15~18	20~120	暴雨、冰雹
	白露	9月8日	14~20	21~24	12~16	15~47	初霜(个别年份)
	秋分	9月23日	12~18	20~23	7~10	15~40	初霜
	寒露	10月8日	6~10	13~15	0~5	3~20	
	霜降	10月24日	2~8	8~15	-3~3	1~20	
	立冬	11月8日	-8~-4	-2~6	-14~-4	1~20	
	小雪	11月23日	-16~-2	-18~-5	-23~-14	1~5	
	大雪	12月7日	-22~-10	-15~-6	-29~-13	1~5	
	冬至	12月22日	-26~-10	-22~-7	-31~-13	1~5	
	小寒	1月6日	-21~-12	-14~-8	-33~-18	1~4	
	大寒	1月20日	-26~-12	-13~-7	-34~-18	1~3	

附 录 2

蕈菌采集记录表

编号   年 月 日   照片 张

菌 名	学名			中文名		
	地方名					
产 地						
生 境	针叶林、阔叶林、混交林、灌丛、草地、草原、田野等			基物	地上、腐木、立木、粪上等	
生 态	单生、散生、群生、丛生、复瓦生、簇生等					
菌 盖	直径 厘米		颜色：边缘 中间		黏 不黏	
	形状：钟形、斗笠形、半球形、漏斗形、平展、边缘有条纹、无条纹					
	块鳞、角鳞、丛毛鳞片、纤毛、疣、粉末、丝光、腊质、龟裂等					
菌 肉	颜色、味道、气味、伤变色、汁液变色等					
菌 褶	宽度： 毫米、 颜色 密度：中、稀、密					离生
	等长、不等长、分叉、网状、横脉					弯生
菌 管	管口大小： 毫米、管口圆形或角形					直生
	管里颜色 管面颜色 易分离，不易分离，放射状非放射状等					延生
菌 环	膜状、丝膜状、颜色、条纹、脱落、不脱落、上下活动、单层，双层					
菌 柄	长 厘米， 粗 厘米 颜色					
	圆柱形、棒状、纺锤形			基部根状、圆头状、杆状		
	鳞片、腺点、丝光、肉质、纤维质、脆骨质、中实、中空					
菌 托	颜色 苞状、杯状、浅杯状					
	数圈颗粒组成、环带组成			消失、不易消失		
孢子印	白色、粉红色、褐黄色、紫褐色、黑色等					
经济价值	食用、非食用、药用、有毒、其他			产量		
备 注						